高等教育轨道交通“十三五”规划教材·电气牵引类

工程电磁场

（修订本）

方　进　主　编
焦超群　张秀敏　副主编

北京交通大学出版社
·北京·

内 容 简 介

本书是北京交通大学“电气工程及其自动化（铁道电气化方向）专升本”网络课程建设研究成果，是面向专升本的工程电磁场网络课程教材。本书由北京交通大学电气工程学院在多年教学研究和实践的基础上编写而成。全书分9章，内容包括矢量分析与场论基础、静电场、恒定电场、恒定磁场、时变电磁场、准静态电磁场、平面电磁波的传播、均匀传输线、电磁兼容及电磁技术。与理工科高校本科生《工程电磁场导论》相比，本书删去理论性很强的内容，增加电磁兼容的相应内容；不仅保证了强电专业对电磁场理论课程的基本要求，也适当拓展了强电专业的电磁场知识范围。本书突出电磁场理论在工程实际中的应用，并配有丰富的例题、复习参考题，适合网络教学的要求。

本书适用于电气工程与自动化类学科各专业，也可作为选修课教材或供社会读者参考。

图书在版编目(CIP)数据

工程电磁场/方进主编．—北京:北京交通大学出版社,2012.8
(高等教育轨道交通“十三五”规划教材)
ISBN 978-7-5121-1094-6

Ⅰ．①工…　Ⅱ．①方…　Ⅲ．①电磁场-高等学校-教材　Ⅳ．①O441.4

中国版本图书馆 CIP 数据核字（2012）第 170126 号

工程电磁场
GONGCHENG DIANCICHANG

责任编辑：吴嫦娥　　特邀编辑：李晓敏
出版发行：北京交通大学出版社　　邮编：100044　　电话：010-51686414
印 刷 者：北京时代华都印刷有限公司
经　　销：全国新华书店
开　　本：185×260　　印张：18.75　　字数：468 千字
版 印 次：2020 年 4 月第 1 版第 1 次修订　　2020 年 4 月第 3 次印刷
定　　价：49.00 元

本书如有质量问题，请向北京交通大学出版社质监组反映。对您的意见和批评，我们表示欢迎和感谢。
投诉电话：010-51686043，51686008；传真：010-62225406；E-mail：press@bjtu.edu.cn。

高等教育轨道交通“十三五”规划教材·电气牵引类

编 委 会

顾　　问：施仲衡
主　　任：司银涛
副 主 任：陈　庚　姜久春
委　　员：（按姓氏笔画排序）
王立德　方　进　刘文正
刘慧娟　吴俊勇　张晓冬
周　晖　黄　辉

编委会办公室

主　　任：赵晓波
副 主 任：孙秀翠
成　　员：（按姓氏笔画排序）
吴嫦娥　郝建英　徐　琤　高　琦

出版说明

为促进高等轨道交通专业电力牵引类教材体系的建设，满足目前轨道交通类专业人才培养的需要，北京交通大学电气工程学院、远程与继续教育学院和北京交通大学出版社组织以北京交通大学从事轨道交通研究教学的一线教师为主体、联合其他交通院校教师，并在有关单位领导和专家的大力支持下，编写了本套“高等教育轨道交通‘十三五’规划教材”。

本套教材的编写突出实用性。本着“理论部分通俗易懂，实操部分图文并茂”的原则，侧重实际工作岗位操作技能的培养。为方便读者，本系列教材采用“立体化”教学资源建设方式，配套有教学课件、习题库、自学指导书，并将陆续配备教学光盘。本系列教材可供相关专业的全日制或在职学习的本专科学生使用，也可供从事相关工作的工程技术人员参考。

本系列教材得到从事轨道交通研究的众多专家、学者的帮助和具体指导，在此表示深深的敬意和感谢。

本系列教材从2012年1月起陆续推出，首批包括：《电路》、《模拟电子技术》、《数字电子技术》、《工程电磁场》、《电机学》、《电传动控制系统》、《电力系统分析》、《电力系统继电保护》、《高电压技术》、《牵引供电系统》、《城市轨道交通供电》。希望本套教材的出版对轨道交通的发展、轨道交通专业人才的培养，特别是轨道交通电气牵引专业课程的课堂教学有所贡献。

编委会

2012年6月

总　序

我国是一个内陆深广、人口众多的国家。随着改革开放的进一步深化和经济产业结构的调整，大规模的人口流动和货物流通使交通行业承载着越来越大的压力，同时也给交通运输带来了巨大的发展机遇。作为运输行业历史最悠久、规模最大的龙头企业，铁路已成为国民经济的大动脉。铁路运输有成本低、运能高、节省能源、安全性好等优势，是最快捷、最可靠的运输方式，是发展国民经济不可或缺的运输工具。改革开放以来，中国铁路积极适应社会的改革和发展，狠抓制度改革，着力技术创新，抓住了历史发展机遇，铁路改革和发展取得了跨越式的发展。

国家对铁路的发展始终予以高度重视，根据国家《中长期铁路网规划》（2005—2020年）：到2020年，中国铁路网规模达到12万千米以上。其中，时速200千米及以上的客运专线将达到18万千米。加上既有线提速，中国铁路快速客运网将达到5万千米以上，运输能力满足国民经济和社会发展需要，主要技术装备达到或接近国际先进水平。铁路是个远程重轨运输工具，但随着城市建设和经济的繁荣，城市人口大幅增加，近年来城市轨道交通也正处于高速发展时期。

城市的繁荣相应带来了交通拥挤、事故频发、大气污染等一系列问题。在一些大城市和一些经济发达的中等城市，仅仅靠路面车辆运输远远不能满足客运交通的需要。城市轨道交通节约空间、耗能低、污染小、便捷可靠，是解决城市交通的最好方式。未来我国城市将形成地铁、轻轨、市域铁路构成的城市轨道交通网络，轨道交通将在我国城市建设中起着举足轻重的作用。

但是，在我国轨道交通进入快速发展的同时，解决各种管理和技术人才匮乏的问题已迫在眉睫。随着高速铁路和城市轨道新线路的不断增加以及新技术的开发与引进，管理和技术人员的队伍需要不断壮大。企业不仅要对新的员工进行培训，对原有的职工也要进行知识更新。企业急需培养出一支能符合企业要求、业务精通、综合素质高的队伍。

北京交通大学是一所以运输管理为特色的学校，拥有该学科一流的师资和科研队伍，为我国的铁路运输和高速铁路的建设作出了重大贡献。近年来，学校非常重视轨道交通的研究和发展，建有“轨道交通控制与安全”国家级重点实验室、“城市交通复杂系统理论与技术”教育部重点实验室，“基于通信的列车运行控制系统（CBTC）取得了关键技术研究的突破，并用于亦庄城轨线。为解决轨道交通发展中人才需求问题，北京交通大学组织了学校有关院系的专家和教授编写了这套“高等教育轨道交通‘十三五’规划教材”，以供高等学校学生教学和企业技术与管理人员培训使用。

本套教材分为交通运输、机车车辆、电气牵引和土木工程四个系列，涵盖了交通规划、运营管理、信号与控制、机车与车辆制造、土木工程等领域，每本教材都是由该领域的专家执笔，教材覆盖面广，内容丰富实用。在教材的组织过程中，我们进行了充分调研，精心策划和大量论证，并听取了教学一线的教师和学科专家们的意见，经过作者们的辛勤耕耘以及编辑人员的辛勤努力，这套丛书得以成功出版。在此，我们向他们表示衷心的谢意。

希望这套系列教材的出版能为我国轨道交通人才的培养贡献绵薄之力。由于轨道交通是一个快速发展的领域，知识和技术更新很快，教材中难免会有诸多的不足和欠缺，在此诚请各位同仁、专家不吝批评指正，同时也方便以后教材的修订工作。

编委会

2012 年 6 月

前　言

电磁场理论是高等学校工科电类专业的一门技术基础课。它所涉及的内容是电类专业学生应具备的知识结构的必要组成部分，同时又是一些交叉领域的学科生长点和新兴边缘学科发展的基础。学好这门课程将增强学生的适应能力与创造能力。

本书是为高等学校远程教育工科电类专业本科生学习电磁场理论课程而编写的教学用书。编写《工程电磁场》教材的主要目标是：为了适应当前高等远程教育改革中注重素质培养和能力培养、加强应用基础、拓宽专业的需要。在编写中，编者主要作了如下的考虑。

（1）电磁场理论作为一门主干（核心）课程的框架仍将基本保持不变。它仍然是以经典内容为主，是电类专业技术的基础。但是，考虑远程教学的特点，应该重新审视、选择和组织教学内容，处理好基础部分与深入内容、传统方法与现代观点之间的关系。考虑远程课程学习的时间特点，注意知识点的分解教学，不宜片面强调电磁场理论学科本身的系统性和完整性，更强调课程在解决实际问题的实用性。同时明确本门课程是作为专业学习的基本支撑，是为学科方向服务的。

（2）注意精炼教材内容，突出电磁场的普遍规律，注重教材的基础性，使学生对基础知识牢固掌握、灵活运用。注重基本概念、基本规律和基本的分析计算方法。

（3）注意远程教学的学习对象，体现课程的应用性和实践性（即工科特色）。重视工程问题的电磁模型的建立和定性分析，有意识地培养学生从定性的方法入手提出问题和分析问题的能力。

（4）注意本课程与实际工程中电磁场问题的联系。让学生充分发挥已掌握的数学知识和技能，把物理概念和数学工具妥善地结合起来处理实际工程中的电磁问题。

（5）加强电磁场基本计算技能的训练，培养学生应用计算机软件来计算工程中的电磁场，从而有效解决工程中出现的电磁场问题。

在上述指导思想下，本书的编写遵循由特殊到一般、由简单到复杂、循序渐进的原则，在内容的安排上适当强调电磁学在工程技术中的应用。概括起来，本书的主要特点有以下几个方面。

（1）在每一章节中，设立本章学习重点难点和总结，使得重点难点突出、层次分明，便于学习。

（2）突出电磁兼容的分析，并单独设章。这些内容过去不太被注意，但工程中的电磁场问题则有很多属于这一类。

（3）重视阐明边值问题的概念，把“边值”这一概念贯穿于全书的各章节中。这样，理论部分含有计算问题，计算部分含有理论问题，而不是把理论与计算截然分开，有助于学生树立起建立电磁模型的习惯。

（4）为了使学生得到充分训练，精心配备例题和习题。本书列举一定数量的例题。这些例题与正文密切配合，以利于学生更好地理解和掌握基本概念和基本分析方法。各节次均配有相应的习题，可以让学生对内容的理解程度得到检验。此外，结合工程电磁场课程特点，每章之后还配有复习参考题，同时选编不同层次的习题，供学生深入钻研，为教师布置课外作业提供更多的选择，做到因材施教。

全书分9章，内容包括矢量分析与场论基础、静电场、恒定电场、恒定磁场、时变电磁场、准静态电磁场、平面电磁波的传播、均匀传输线、电磁兼容及电磁技术。每章末均附有小结。本书的部分章节相对独立，在教学中可以根据各自的需要取舍。

本书由方进主编，焦超群和张秀敏任副主编。第1章、第6章由张秀敏编写，第2章、第3章、第5章由焦超群编写，第4章、第7章、第8章、第9章由方进编写。书稿承蒙北京交通大学张小青教授指导，提出了许多宝贵修改意见。本书的立项和出版得到北京交通大学远程学院的大力支持，同时也得到工程电磁场课程组老师的支持和北京交通大学教育出版社的大力支持。谨在此一并表示衷心的感谢。

对于书中不妥和错误之处，衷心欢迎使用本书的师生和其他读者批评指正。意见请寄至北京交通大学电气工程学院（邮编100044）。

编　者
2012年6月
于北京交通大学

目 录

第 1 章 矢量分析与场论基础

【本章内容概要】

电磁场是一种矢量场，因此矢量分析是学习、研究电磁场理论及其应用的基本数学工具之一。与场的物理概念相联系的有关矢量分析的数学关系式概括了各类物理场的共同特征及其变化规律，形成了有关场论的基本概念与定理。根据本课程内容的需要，阐述矢量分析和场论的基本概念和定理，着重介绍梯度、散度和旋度的概念及其运算，这些基础知识是后续各章论述的必备条件。

【本章学习重点难点】

学习重点：掌握矢量的运算方法与意义、了解三种常见的正交坐标系。

学习难点：掌握梯度、散度、旋度的定义、计算公式和运算规则；掌握三个重要定理，即高斯定理、斯托克斯定理和亥母霍兹定理。

1.1 矢量分析

实数域内任一代数即一个只有大小的量称为标量，而一个既有大小又有方向特性的量称为矢量。无论是标量还是矢量，一旦被赋予物理单位，则成为一个具有物理意义的量即所谓的物理量。本节从定义标量和矢量出发，讨论矢量在直角坐标系、圆柱坐标系和球坐标系三种正交坐标系中的表示方法及其代数运算和相互关系。

1.1.1 物理量的分类

电磁场中遇到的绝大多数物理量，能够容易地区分为标量（scalar）和矢量（vector）。

只有大小而没有方向的物理量称为标量。如电压 U、电荷量 Q、磁通 Φ、面积 S、温度 T 等。实际上，所有实数都是标量。

既有大小又有方向的物理量称为矢量。如电场强度矢量 $\boldsymbol{E}$、磁场强度矢量 $\boldsymbol{H}$、作用力矢量 $\boldsymbol{F}$、速度矢量 $\boldsymbol{v}$、力矩 $\boldsymbol{T}$ 等。

此外，还有一种既有大小又有多种复杂方向取向的物理量称为张量，如张力。

矢量和张量的区别是：

① 矢量一般就用在物理方面，专指带方向的物理量；

② 矢量可以看作二阶张量；

③ 张量是在线性代数里定义的，可以推广到多个维度，应用范围更广；

④ 高阶张量可以由矢量做并矢运算构成。

1.1.2 矢量的表示方法

矢量有两种表示方法，即图示法和坐标表示法，见表 1–1。

表 1–1 矢量的表示方法

	图 示 法	坐标表示法（以直角坐标系为例）
表示法	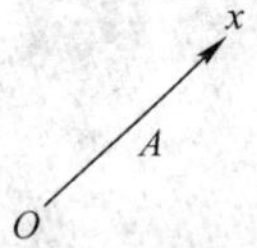 $\boldsymbol{A} = \vert\boldsymbol{A}\vert\boldsymbol{A}_0$	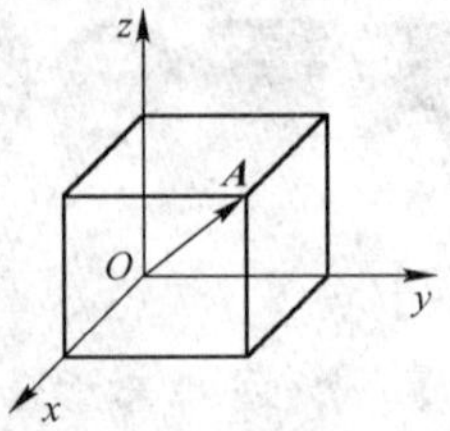 $\boldsymbol{A} = A_x\boldsymbol{e}_x + A_y\boldsymbol{e}_y + A_z\boldsymbol{e}_z$
大小	① 有向线段的长度 ② $\vert\boldsymbol{A}\vert$称为矢量的模	① 有向线段的长度 ② $\vert\boldsymbol{A}\vert = \sqrt{A_x^2 + A_y^2 + A_z^2}$
方向	① 箭头的指向 ② 单位矢量 $\boldsymbol{A}_0 = \frac{\boldsymbol{A}}{\vert\boldsymbol{A}\vert}$	① 单位矢量 ② $\boldsymbol{A}_0 = \frac{\boldsymbol{A}}{\vert\boldsymbol{A}\vert} = \frac{A_x}{\vert\boldsymbol{A}\vert}\boldsymbol{e}_x + \frac{A_x}{\vert\boldsymbol{A}\vert}\boldsymbol{e}_y + \frac{A_x}{\vert\boldsymbol{A}\vert}\boldsymbol{e}_z$

1. 图示法

矢量 $\boldsymbol{A}$ 可采用有头有尾的有向线段表示。线段的长度表示矢量的大小，线段的方向（即箭头的指向）表示矢量的方向。

矢量 $\boldsymbol{A}$ 可表示为：

$$\boldsymbol{A} = |\boldsymbol{A}|\boldsymbol{A}_0 \tag{1-1}$$

其中，$|\boldsymbol{A}|$ 称为矢量的模，表示矢量的大小；$\boldsymbol{A}_0$ 为矢量 $\boldsymbol{A}$ 方向上的单位矢量（模为 1，且方向与 $\boldsymbol{A}$ 相同）。

一个大小为零的矢量称为空矢（null vector）或零矢（zero vector），一个大小为 1 的矢量称为单位矢量（unit vector）。

2. 矢量的坐标表示法

常用的正交坐标系有直角坐标系、圆柱坐标系及球坐标系三种，如图 1–1 和图 1–2 所示。

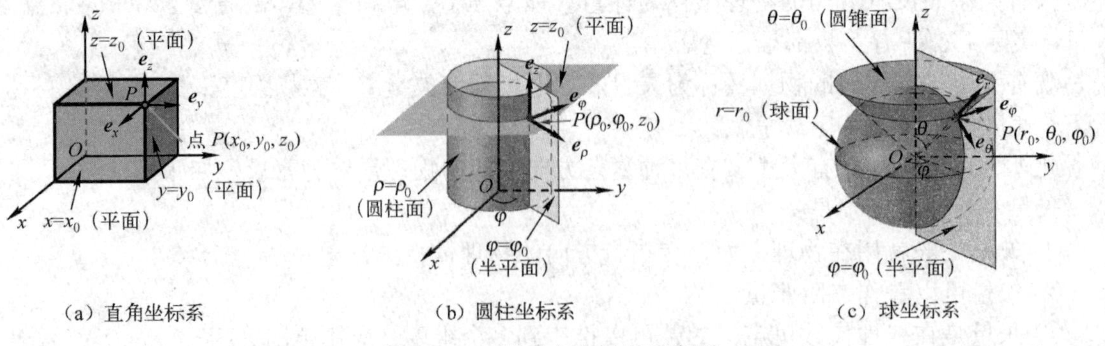

（a）直角坐标系　（b）圆柱坐标系　（c）球坐标系

图 1–1 三种正交坐标系示意图

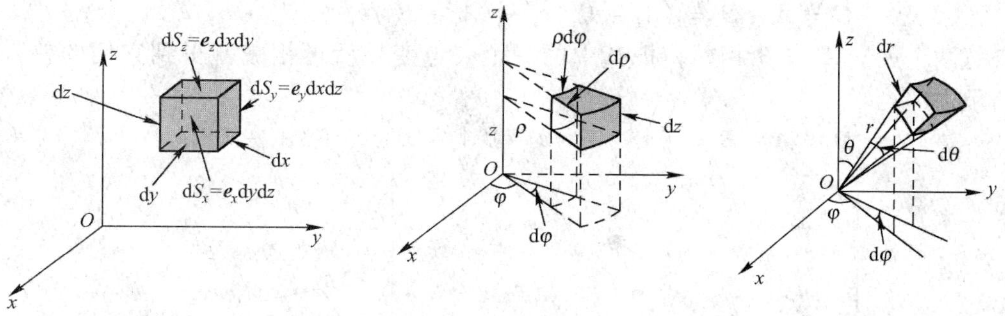

（a）直角坐标系中的元体积　　（b）圆柱坐标系中的元体积　　（c）球坐标系中的元体积

图 1-2　三种正交坐标系中的线元、面元和体积元示意图

任一矢量 $\boldsymbol{A}$ 在三维正交坐标系中都可以用三个相互正交的分量表示为：

直角坐标系：
$$\boldsymbol{A}=A_x\boldsymbol{e}_x+A_y\boldsymbol{e}_y+A_z\boldsymbol{e}_z \tag{1-2}$$

圆柱坐标系：
$$\boldsymbol{A}=A_\rho\boldsymbol{e}_\rho+A_\varphi\boldsymbol{e}_\varphi+A_z\boldsymbol{e}_z \tag{1-3}$$

球坐标系：
$$\boldsymbol{A}=A_r\boldsymbol{e}_r+A_\theta\boldsymbol{e}_\theta+A_\varphi\boldsymbol{e}_\varphi \tag{1-4}$$

例如，在直角坐标系中，用单位矢量 $\boldsymbol{e}_x$、$\boldsymbol{e}_y$、$\boldsymbol{e}_z$ 表征矢量分别沿 x、y 和 z 轴分量的方向。

从原点指向空间一点 $P(x,y,z)$ 的矢量 $\boldsymbol{r}$ 称为位置矢量（position vector），它在直角坐标系中表示为：

$$\boldsymbol{r}=x\boldsymbol{e}_x+y\boldsymbol{e}_y+z\boldsymbol{e}_z \tag{1-5}$$

式中，x、y 和 z 是 $\boldsymbol{r}$ 在 x、y 和 z 轴上的坐标投影。

三种坐标系中坐标单位矢量间的关系如下。

柱坐标与直角坐标：

$$\begin{bmatrix}\boldsymbol{e}_\rho\\ \boldsymbol{e}_\varphi\\ \boldsymbol{e}_z\end{bmatrix}=\begin{bmatrix}\cos\varphi & \sin\varphi & 0\\ -\sin\varphi & \cos\varphi & 0\\ 0 & 0 & 1\end{bmatrix}\begin{bmatrix}\boldsymbol{e}_x\\ \boldsymbol{e}_y\\ \boldsymbol{e}_z\end{bmatrix}$$

球坐标与柱坐标：

$$\begin{bmatrix}\boldsymbol{e}_r\\ \boldsymbol{e}_\theta\\ \boldsymbol{e}_\varphi\end{bmatrix}=\begin{bmatrix}\sin\theta & 0 & \cos\theta\\ \cos\theta & 0 & \sin\theta\\ 0 & 1 & 0\end{bmatrix}\begin{bmatrix}\boldsymbol{e}_\rho\\ \boldsymbol{e}_\varphi\\ \boldsymbol{e}_z\end{bmatrix}$$

球坐标与直角坐标：

$$\begin{bmatrix}\boldsymbol{e}_r\\ \boldsymbol{e}_\theta\\ \boldsymbol{e}_\varphi\end{bmatrix}=\begin{bmatrix}\sin\theta\cos\varphi & \sin\theta\sin\varphi & \cos\theta\\ \cos\theta\cos\varphi & \cos\theta\sin\varphi & -\sin\theta\\ -\sin\theta & \cos\varphi & 0\end{bmatrix}\begin{bmatrix}\boldsymbol{e}_x\\ \boldsymbol{e}_y\\ \boldsymbol{e}_z\end{bmatrix}$$

1.1.3　矢量的代数运算

1. 矢量的加法和减法

任意两个矢量 $\boldsymbol{A}$ 与 $\boldsymbol{B}$ 相加等于两个矢量相应分量相加，它们的和仍为矢量，如图 1-3 所示，即：

$$\boldsymbol{C} = \boldsymbol{A} + \boldsymbol{B} = (A_x + B_x)\boldsymbol{e}_x + (A_y + B_y)\boldsymbol{e}_y + (A_z + B_z)\boldsymbol{e}_z \tag{1-6}$$

任意两个矢量 $\boldsymbol{A}$ 与 $\boldsymbol{B}$ 相减，把其中的一个矢量变号后再相减就得到它们的差，如图 1-4所示，即：

$$\boldsymbol{D} = \boldsymbol{A} - \boldsymbol{B} = (A_x - B_x)\boldsymbol{e}_x + (A_y - B_y)\boldsymbol{e}_y + (A_z - B_z)\boldsymbol{e}_z \tag{1-7}$$

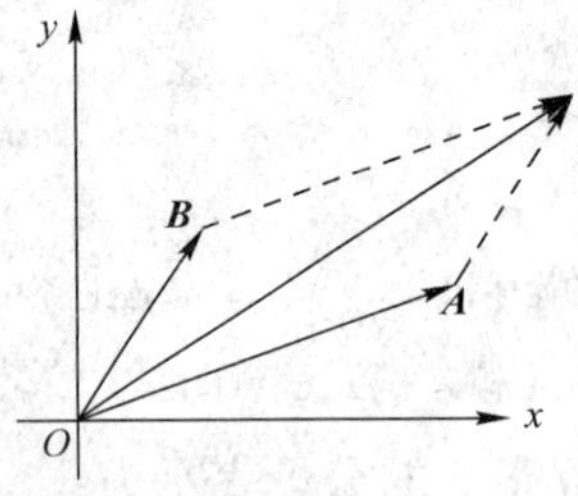

图 1-3 矢量相加图示

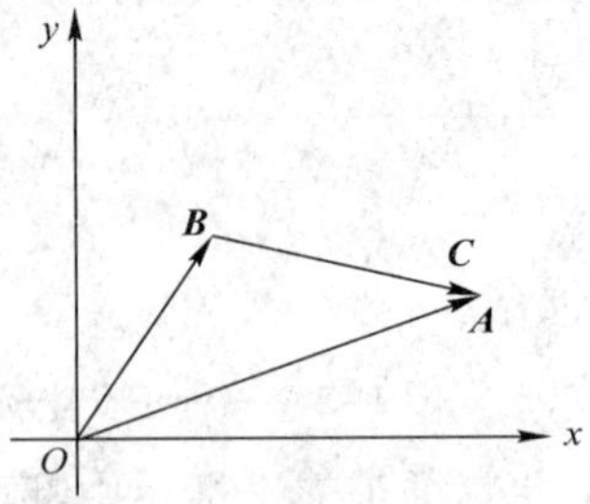

图 1-4 矢量相减图示

2. 矢量的乘积

矢量的乘积包括标量积和矢量积。

1）标量积（点积）

任意两个矢量 $\boldsymbol{A}$ 与 $\boldsymbol{B}$ 的标量积是一个标量，它等于两个矢量的大小与它们的夹角的余弦之乘积：

$$C = \boldsymbol{A} \cdot \boldsymbol{B} = |\boldsymbol{A}||\boldsymbol{B}|\cos\theta \tag{1-8}$$

由定义可知：

当 $\theta=0$ 时，$\cos\theta=1$ $\qquad \boldsymbol{A} \cdot \boldsymbol{B} = |\boldsymbol{A}|\ |\boldsymbol{B}|$

当 $\theta=\pi/2$ 时，$\cos\theta=0$ $\qquad \boldsymbol{A} \cdot \boldsymbol{B} = 0$

可见，如果两个不为零的矢量的标量积等于零，则这两个矢量必然相互垂直，或者说两个互相垂直的矢量的点乘一定为零。

例如，直角坐标系中的单位矢量有下列关系式：

$$\left.\begin{aligned} \boldsymbol{e}_x \cdot \boldsymbol{e}_y = \boldsymbol{e}_y \cdot \boldsymbol{e}_z = \boldsymbol{e}_x \cdot \boldsymbol{e}_z = 0 \\ \boldsymbol{e}_x \cdot \boldsymbol{e}_x = \boldsymbol{e}_y \cdot \boldsymbol{e}_y = \boldsymbol{e}_z \cdot \boldsymbol{e}_z = 1 \end{aligned}\right\} \tag{1-9}$$

若用矢量的三个分量来表示标量积，则有：

$$\boldsymbol{A} \cdot \boldsymbol{B} = A_x B_x + A_y B_y + A_z B_z \tag{1-10}$$

标量积服从交换律和分配律，即：

$$\boldsymbol{A} \cdot \boldsymbol{B} = \boldsymbol{B} \cdot \boldsymbol{A} \tag{1-11}$$

$$\boldsymbol{A} \cdot (\boldsymbol{B} + \boldsymbol{C}) = \boldsymbol{A} \cdot \boldsymbol{B} + \boldsymbol{A} \cdot \boldsymbol{C} \tag{1-12}$$

2）矢量积（叉积）

任意两个矢量 $\boldsymbol{A}$ 与 $\boldsymbol{B}$ 的矢量积是一个矢量，它的大小等于两个矢量的大小与它们的夹角的正弦之乘积，它的方向垂直于矢量 $\boldsymbol{A}$ 与 $\boldsymbol{B}$ 组成的平面，如图 1-5 所示，记为：

$$\boldsymbol{C} = \boldsymbol{A} \times \boldsymbol{B} = \boldsymbol{e}_n AB\sin\theta$$

$$\boldsymbol{e}_n = \boldsymbol{e}_A \times \boldsymbol{e}_B \text{（右手螺旋）} \tag{1-13}$$

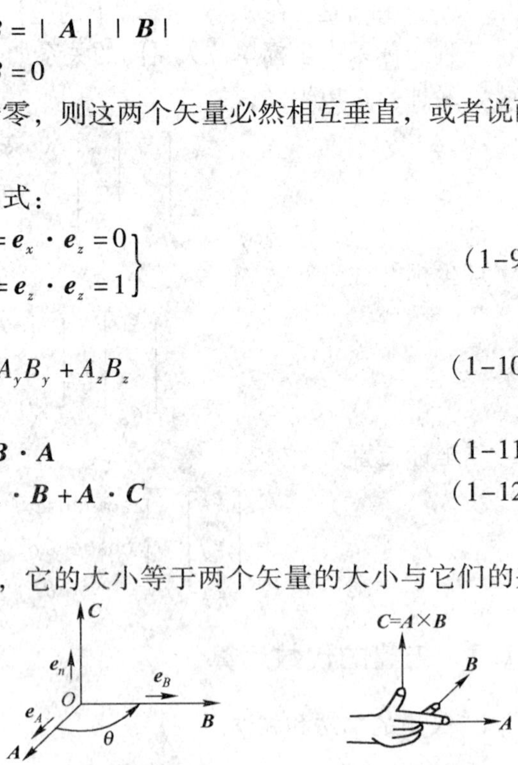

（a）叉积的图示 （b）右手螺旋

图 1-5 矢量积示意图

由定义可知：

当 $\theta=0$ 时，$\sin\theta=0$ $\qquad \boldsymbol{A} \times \boldsymbol{B} = 0$

当 $\theta=\pi/2$ 时，$\sin\theta=1$　　$\boldsymbol{A}\times\boldsymbol{B}=|\boldsymbol{A}||\boldsymbol{B}|$

可见，如果两个不为零的矢量的叉积等于零，则这两个矢量必然相互平行。

矢量叉积不服从交换律，但服从分配律，即：

$$\boldsymbol{A}\times\boldsymbol{B}=-\boldsymbol{B}\times\boldsymbol{A} \tag{1-14}$$

$$\boldsymbol{A}\times(\boldsymbol{B}+\boldsymbol{C})=\boldsymbol{A}\times\boldsymbol{B}+\boldsymbol{A}\times\boldsymbol{C} \tag{1-15}$$

直角坐标系中的单位矢量有下列关系式：

$$\begin{cases}\boldsymbol{e}_x\times\boldsymbol{e}_y=\boldsymbol{e}_z,\boldsymbol{e}_y\times\boldsymbol{e}_z=\boldsymbol{e}_x,\boldsymbol{e}_z\times\boldsymbol{e}_x=\boldsymbol{e}_y\\ \boldsymbol{e}_x\times\boldsymbol{e}_x=\boldsymbol{e}_y\times\boldsymbol{e}_y=\boldsymbol{e}_z\times\boldsymbol{e}_z=0\end{cases} \tag{1-16}$$

矢量叉积还可以用行列式来表示为：

$$\boldsymbol{A}\times\boldsymbol{B}=\begin{vmatrix}\boldsymbol{e}_x & \boldsymbol{e}_y & \boldsymbol{e}_z\\ A_x & A_y & A_z\\ B_x & B_y & B_z\end{vmatrix}=(A_yB_z-A_zB_y)\boldsymbol{e}_x+(A_zB_x-A_xB_z)\boldsymbol{e}_y+(A_xB_y-A_yB_x)\boldsymbol{e}_z \tag{1-17}$$

3）三个矢量的混合积

三个矢量的混合积是一个标量，表示为：

$$\begin{aligned}\boldsymbol{C}\cdot(\boldsymbol{A}\times\boldsymbol{B})&=C_x(\boldsymbol{A}\times\boldsymbol{B})_x+C_y(\boldsymbol{A}\times\boldsymbol{B})_y+C_z(\boldsymbol{A}\times\boldsymbol{B})_z\\&=C_x(A_yB_z-A_zB_y)+C_y(A_zB_x-A_xB_z)+C_z(A_xB_y-A_yB_x)\end{aligned} \tag{1-18}$$

几何解释为以 A、B、C 为棱的平行六面体的体积。

混合积的性质如下。

（1）轮换不变性，在点乘号和叉乘号位置不变的情况下，把矢量按顺序轮换，其混合积不变，即：

$$\boldsymbol{A}\cdot(\boldsymbol{B}\times\boldsymbol{C})=\boldsymbol{B}\cdot(\boldsymbol{C}\times\boldsymbol{A})=\boldsymbol{C}\cdot(\boldsymbol{A}\times\boldsymbol{B})$$

（2）若只把两个矢量对调，则混合积反号，即：

$$\boldsymbol{A}\cdot(\boldsymbol{B}\times\boldsymbol{C})=-\boldsymbol{A}\cdot(\boldsymbol{C}\times\boldsymbol{B})=-\boldsymbol{B}\cdot(\boldsymbol{A}\times\boldsymbol{C})=-\boldsymbol{C}\cdot(\boldsymbol{B}\times\boldsymbol{A})$$

（3）若矢量位置不变只交换点乘号叉乘号，混合积不变，但必须先做叉乘（用括号保证这个顺序），即：

$$\boldsymbol{A}\cdot(\boldsymbol{B}\times\boldsymbol{C})=(\boldsymbol{A}\times\boldsymbol{B})\cdot\boldsymbol{C}$$

4）矢量的求导

设矢量 $\boldsymbol{A}(t)=A_x(t)\boldsymbol{e}_x+A_y(t)\boldsymbol{e}_y+A_z(t)\boldsymbol{e}_z$，则有矢量 $\boldsymbol{A}$ 的导数为：

$$\frac{\mathrm{d}\boldsymbol{A}(t)}{\mathrm{d}t}=\frac{\mathrm{d}A_x(t)}{\mathrm{d}t}\boldsymbol{e}_x+\frac{\mathrm{d}A_y(t)}{\mathrm{d}t}\boldsymbol{e}_y+\frac{\mathrm{d}A_z(t)}{\mathrm{d}t}\boldsymbol{e}_z \tag{1-19}$$

习题 1–1

1. 给定三个矢量 $\boldsymbol{A}$、$\boldsymbol{B}$ 和 $\boldsymbol{C}$：

$$\boldsymbol{A}=\boldsymbol{e}_x+2\boldsymbol{e}_y-3\boldsymbol{e}_z$$

$$\boldsymbol{B}=-4\boldsymbol{e}_y+\boldsymbol{e}_z$$

$$\boldsymbol{C}=5\boldsymbol{e}_x-2\boldsymbol{e}_z$$

求：$\boldsymbol{e}_A$；$|\boldsymbol{A}-\boldsymbol{B}|$；$\boldsymbol{A}\cdot\boldsymbol{B}$；$\theta_{AB}$；$\boldsymbol{A}$ 在 $\boldsymbol{B}$ 上的分量；$\boldsymbol{A}\times\boldsymbol{C}$；$\boldsymbol{A}\cdot(\boldsymbol{B}\times\boldsymbol{C})$ 和 $(\boldsymbol{A}\times\boldsymbol{B})\cdot\boldsymbol{C}$；$(\boldsymbol{A}\times\boldsymbol{B})\times\boldsymbol{C}$ 和 $\boldsymbol{A}\times(\boldsymbol{B}\times\boldsymbol{C})$。

2. 三角形的三个顶点为 $P_1(0,1,-2)$、$P_2(4,1,-3)$ 和 $P_3(6,2,5)$，

(1) 判断 $\triangle P_1P_2P_3$ 是否为一直角三角形；

(2) 求三角形的面积。

3. 给定两矢量 $\boldsymbol{A}=2\boldsymbol{e}_x+3\boldsymbol{e}_y-4\boldsymbol{e}_z$ 和 $\boldsymbol{B}=-6\boldsymbol{e}_x-4\boldsymbol{e}_y+\boldsymbol{e}_z$，求 $\boldsymbol{A}\times\boldsymbol{B}$ 在 $\boldsymbol{C}=\boldsymbol{e}_x-\boldsymbol{e}_y+\boldsymbol{e}_z$ 上的分量。

1.2 场的基本概念和分析方法

1.2.1 场概念的建立

从法拉第到麦克斯韦，场的概念经过一番奋斗终于在物理学中取得了它的地位。麦克斯韦在自己的理论中提出将能量定域在电磁场中，从而赋予场以最为重要的实在性 ——能量。1899 年俄国物理学家列别捷夫（П. Н. ЛебедеВ，1866—1912）证明了电磁场理论所预言的光压的存在，这表明电磁场也具有动量。W · 汤姆孙曾说过：“我与麦克斯韦争论了一辈子，不承认他的光压，而在这里列别捷夫迫使我在他的实验面前认输了。”再联系汤姆孙提出的电磁质量的概念，那么场的物质性的重要属性——质量、动量、能量业已齐备。“在一个现代的物理学家看来，电磁场正和他所坐的椅子一样地实在”。

麦克斯韦电磁场理论从超距作用过渡到以场为基本变量，是科学认识的一个革命性变革，因为电磁场可以独立于物质源而以波动形式存在，静电的相互作用就不可再解释为超距作用，引力也是如此，因此牛顿的超距作用就退让给以有限速度传播着的场了。

电磁场波动方程证明电磁波是一种横波，它的传播速度是仅仅根据电磁学测量就能确定下来的恒量，这个数值又与真空中的光速十分接近。麦克斯韦大胆断言：“光本身是一种电磁干扰，它是波的形式，并按照电磁定律通过电磁场传播。”这样电磁场理论就把电、磁、光学规律统一起来，完成了人类认识史上又一次“大综合”。电磁场理论又为狭义相对论提供了雏形。可以毫不夸张地说，它是物理学发展史上的一座里程碑。但它的思想太不平常，只能逐渐地被物理学家们接受，一直到赫兹成功地实现电磁波——脱离了源而独立存在的电磁场以后，对电磁场理论的抵抗才被完全摧垮。难怪爱因斯坦赞扬说：“法拉第和麦克斯韦的电磁场理论是牛顿时代以来物理学的基础所经历的最深刻的变化。”

1.2.2 场的描述

1. 场的定义

如果空间中的每一个点都对应着某个物理量的一个确定的值，我们就说在这空间里确定了该物理量的场。如果这个物理量是标量，就称之为标量场；如果物理量是矢量就称这个场为矢量场。场的一个重要属性是它占有一个空间，而且在该空间域内，除有限个点或表面外它是处处连续的。如果场中各处物理量不随时间变化，则称该场为静态场，不然，则称为动态场或时变场。

例如，考虑某一空间的温度时，若空间任意点温度 T 和该点坐标 $P(x,y,z)$ 具有函数关系：$T=T(x,y,z)$，这就构成了一种标量场，这个标量场为温度场；若在某一空间存在流

水，当考虑空间处的流速时，若空间任意点流速 $\boldsymbol{v}$ 和该点坐标 $P(x,y,z)$ 具有函数关系：$\boldsymbol{v}=\boldsymbol{v}(x,y,z)=v_x(x,y,z)\boldsymbol{e}_x+v_y(x,y,z)\boldsymbol{e}_y+v_z(x,y,z)\boldsymbol{e}_z$，其中 $v_x(x,y,z)$、$v_y(x,y,z)$ 及 $v_z(x,y,z)$ 分别为矢量 $\boldsymbol{v}(x,y,z)$ 在 x 轴、y 轴及 z 轴的分量，$\boldsymbol{e}_x$、$\boldsymbol{e}_y$ 和 $\boldsymbol{e}_z$ 分别为 x 轴、y 轴和 z 轴三个方向的单位矢量，这就构成了一种矢量场，这个矢量场为流速场。

2. 场的分类及表示方法

（1）按空间物理量的不同，场分为标量场和矢量场，其关系见表 1-2。

表 1-2　标量场与矢量场的关系

	标　量　场	矢　量　场
定义	在指定的时刻，空间每一点可以用一个标量唯一地描述，则该标量函数定出标量场	在指定的时刻，空间每一点可以用一个矢量唯一地描述，则该矢量函数定出矢量场
数学表示法	如：温度场 $T(x,y,z)$ 密度场 $\rho(x,y,z)$	如：速度场 $\boldsymbol{v}(x,y,z)=v_x(x,y,z)\boldsymbol{e}_x+v_y(x,y,z)\boldsymbol{e}_y+v_z(x,y,z)\boldsymbol{e}_z$
图示法	等值面（或者等值线）：空间内标量值相等的点集合形成的曲面称为等值面（图 1-6 所示）。如气象图上的等压线、地图上的等高线等 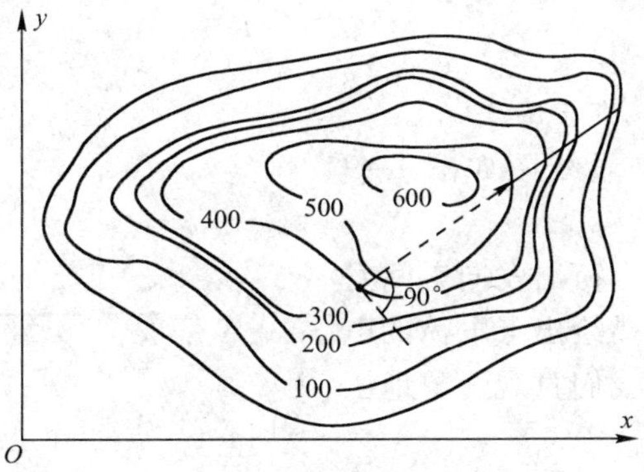 图 1-6　等高线图 其数学表达式为：$H(x,y,z)=\text{const}$	矢量线：用一些有方向曲线来形象表示矢量在空间的分布，称为矢量线。矢线切向→场量方向，疏密程度→场量大小（图 1-7） 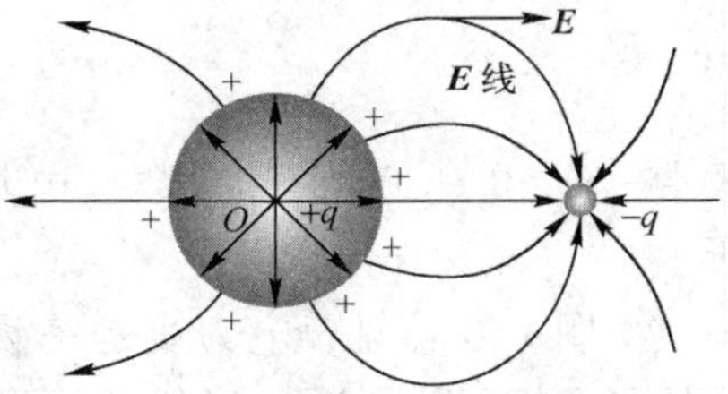 图 1-7　带正电的球体与负电荷的电力线图 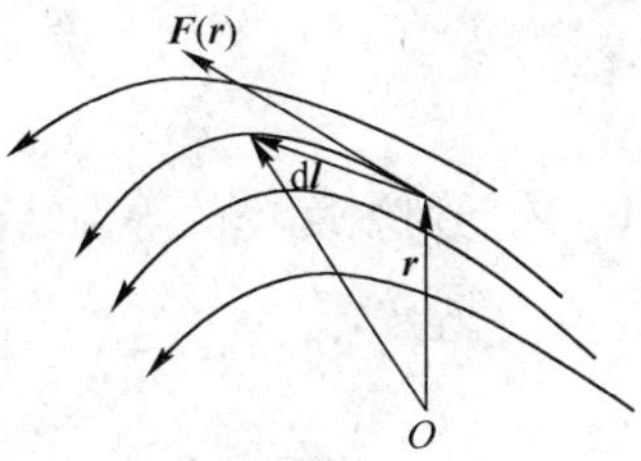 图 1-8　矢量线图

如图 1-8 所示，在矢量线图中，$\mathrm{d}\boldsymbol{l}\times\boldsymbol{F}(\boldsymbol{r})=0$ 称为矢量线的微分方程式。式中 $\mathrm{d}\boldsymbol{l}$ 为矢量线切向的一段矢量。在直角坐标系内，矢量线的微分方程式可写成：

$$\frac{\mathrm{d}x}{F_x(r)}=\frac{\mathrm{d}y}{F_y(r)}=\frac{\mathrm{d}z}{F_z(r)} \tag{1-20}$$

研究标量和矢量场时，用“场图”表示场变量在空间逐点演变的情况具有很大的意义，使抽象的概念具体化，使原来看不见的东西现在看得见。

（2）按物理量随时间变化规律不同，场分为动态场和静态场，见表 1-3。

表 1-3　动态场与静态场

	动态场（时变场）	静态场（恒定场、稳恒场）
定义	场量与时间有关	场量与时间无关
表示方法	$\boldsymbol{F}(x,y,z,t),\boldsymbol{A}(x,y,z,t)$	$\boldsymbol{F}(x,y,z),\boldsymbol{A}(x,y,z)$

【例 1-1】 设点电荷 q 位于坐标原点，它在空间任一点 $P(x,y,z)$ 处所产生的电场强度矢量为：

$$\boldsymbol{E}=\frac{q}{4\pi\varepsilon_0 r^3}\boldsymbol{r}$$

式中，q 和 ε_0 均为常数；$\boldsymbol{r}=x\boldsymbol{e}_x+y\boldsymbol{e}_y+z\boldsymbol{e}_z$ 为 P 点的位置矢量。求 $\boldsymbol{E}$ 的矢量线方程并画出矢量线图。

解： $\boldsymbol{E}=\dfrac{q}{4\pi\varepsilon_0 r^3}\boldsymbol{r}=\dfrac{q}{4\pi\varepsilon_0 r^3}\ (x\boldsymbol{e}_x+y\boldsymbol{e}_y+z\boldsymbol{e}_z)\ =E_x\boldsymbol{e}_x+E_x\boldsymbol{e}_y+E_x\boldsymbol{e}_z$

由式（1-20）简化可得矢量线方程：

$$\frac{\mathrm{d}x}{x}=\frac{\mathrm{d}y}{y}=\frac{\mathrm{d}z}{z}$$

此方程的解为：

$$\begin{cases} y = C_1 x \\ z = C_2 y \end{cases}$$

式中，C_1 和 C_2 为任意常数。电场的矢量线图如图 1-9 所示。

由图 1-9 可见，电力线是一簇从点电荷出发向空间发散的径向辐射线，这一组矢量线形象地描绘出点电荷的电场分布。因此，矢量场的矢量线可以使我们直观形象地了解矢量场在空间的分布状况。

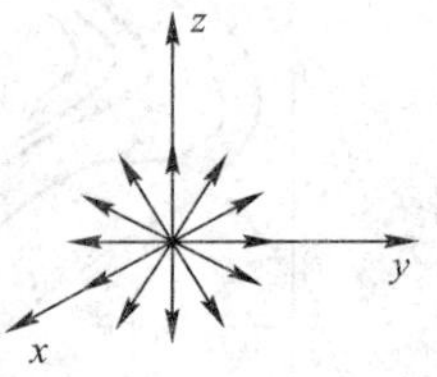

图 1-9　点电荷的电场矢量线

习题 1-2

1. 求下列温度场的等温线：（1）$T=xy$；（2）$T=\dfrac{1}{x^2+y^2}$。

2. 求矢量场 $\boldsymbol{A}=x\boldsymbol{e}_x+y\boldsymbol{e}_y+2z\boldsymbol{e}_z$ 经过点 $M(1.0,2.0,3.0)$ 的矢量线方程。

1.3　标量场的方向导数和梯度

1.3.1　问题的提出

若考查空间某一区域各处的温度，以 $T(x, y, z)$ 或者以 $T(P)$ 表示域中某点 P 处的温度，那么就可以说，在域中构成了一个温度场 T。对于温度场而言，关注两个问题。第一，应确定域中各处的温度；第二，对于域中某点 P，这点温度变化在哪个方向上最大？对于第一个问题，最原始的方法是，用温度计进行逐点测量，能够确定域中各处的温度；对于第二个问题，采取的方法是以 P 点为球心，以一小长度Δl（设$\Delta l=10^{-1}$ m）为半径做一球面，如图 1-10 所示。

测量出球面各点温度，温度分布见表 1-4。

表 1-4　温度分布　单位:℃

$T(P)$	$T(P_1)$	$T(P_2)$	$T(P_3)$	$T(P_4)$	$T(P_5)$
10	9.98	9.96	9.93	10.05	10.07

假设其中变化幅度最大值就在上述所列之中，那么温度变化 $\Delta T_i=T(P_i)-T(P)$ 分别为 -0.02 ℃、-0.04℃、-0.07℃、+0.05℃、+0.07℃，则变化率 $\Delta T_i/\Delta l$ 分别为 -0.2℃/m、-0.4℃/m、-0.7℃/m、+0.5℃/m、+0.7℃/m。由此得出结论，温度沿 P_5 方向变化最大。由此将引出方向导数和梯度的概念。

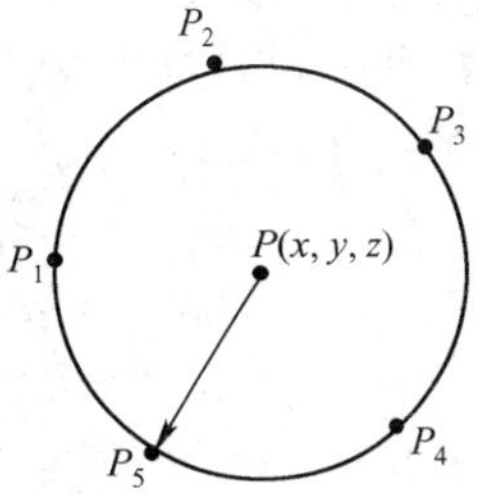

图 1-10　梯度概念示意图

1.3.2　标量场的方向导数

1. 方向导数的定义

设 P_0 为标量场 $u=u(P)$ 中的一点，从点 P_0 出发引出一条射线 l，如图 1-11 所示。在 l 上 P_0 点邻近取一点 P，记线段$\overline{P_0P}=\Delta l$，如果当 $P\to P_0$ 时，

$\left.\dfrac{\Delta u}{\Delta l}\right|=\lim\limits_{\Delta l\to 0}\dfrac{u(P)-u(P_0)}{\Delta l}$的极限存在，则称它为函数 $u(P)$ 在点 P_0 处沿 l 方向的方向导数（directional derivative），记为：

$$\left.\frac{\partial u}{\partial l}\right|_{P_0}=\lim_{\Delta l\to 0}\frac{u(P)-u(P_0)}{\Delta l} \tag{1-21}$$

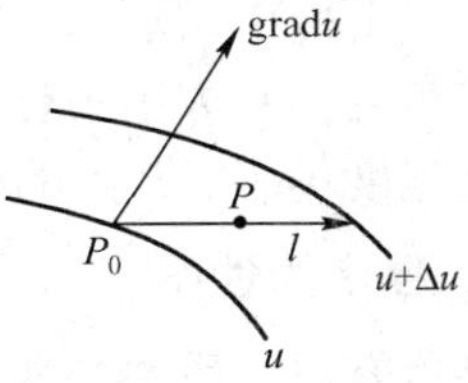

图 1-11　u 沿不同方向的变化率

2. 方向导数的物理意义

方向导数是函数 $u(P)$ 在一个点处沿某一方向对距离的变化率，故当$\dfrac{\partial u}{\partial l}>$时，$u$ 沿 l 方向是增加的，当$\dfrac{\partial u}{\partial l}<0$ 时，u 沿 l 方向是减少的。

3. 方向导数的计算公式

在直角坐标系中，设函数 $u(x,y,z)$ 在 $P_0(x_0,y_0,z_0)$ 处可微，则有：

$$\Delta u=u(P)-u(P_0)=\frac{\partial u}{\partial x}\Delta x+\frac{\partial u}{\partial y}\Delta y+\frac{\partial u}{\partial z}\Delta z+\delta\Delta l \tag{1-22}$$

式（1-22）中，当 $\Delta l\to 0$ 时 $\delta\to 0$。

将式（1-22）两边同除以 $\Delta l\to 0$ 并取极限得到方向导数的计算式：

$$\begin{aligned}\frac{\partial u}{\partial l}&=\frac{\partial u}{\partial x}\cos\alpha+\frac{\partial u}{\partial y}\cos\beta+\frac{\partial u}{\partial z}\cos\gamma\\&=\left(\frac{\partial u}{\partial x},\frac{\partial u}{\partial y},\frac{\partial u}{\partial z}\right)\cdot(\cos\alpha,\cos\beta,\cos\gamma)\end{aligned} \tag{1-23}$$

式中，cosα、cosβ、cosγ 为 l 方向的方向余弦。

1.3.3　标量场的梯度

1. 梯度的定义

方向导数解决了函数在给定点处沿某个方向的变化率问题。然而，从场中的给定点 P 出发，标量场 u 在不同方向上的变化率一般说来是不同的，那么，可以设想，必定在某个方向上变化率为最大。为此，定义一个矢量 $\boldsymbol{G}$，其方向就是函数 u 在点 P 处变化率为最大的方向，其大小就是这个最大变化率的值，这个矢量 $\boldsymbol{G}$ 称为函数 u 在点 P 处的梯度（gradient）。

在式（1–23）中，令：

$$\boldsymbol{G}=\left(\frac{\partial u}{\partial x},\frac{\partial u}{\partial y},\frac{\partial u}{\partial z}\right)=\frac{\partial u}{\partial x}\boldsymbol{e}_x+\frac{\partial u}{\partial y}\boldsymbol{e}_y+\frac{\partial u}{\partial z}\boldsymbol{e}_z,\quad \boldsymbol{e}_l=(\cos\alpha,\cos\beta,\cos\gamma)$$

则

$$\frac{\partial u}{\partial l}=\boldsymbol{G}\cdot\boldsymbol{e}_l=|\boldsymbol{G}|\cos(\boldsymbol{G},\boldsymbol{e}_l)$$

其中矢量 $\boldsymbol{G}$ 即为标量函数 u 的梯度，记为：

$$\boldsymbol{G}=\nabla u=\mathrm{grad}\ u=\frac{\partial u}{\partial x}\boldsymbol{e}_x+\frac{\partial u}{\partial y}\boldsymbol{e}_y+\frac{\partial u}{\partial z}\boldsymbol{e}_z \tag{1-24}$$

式中，$\nabla=\frac{\partial}{\partial x}\boldsymbol{e}_x+\frac{\partial}{\partial y}\boldsymbol{e}_y+\frac{\partial}{\partial z}\boldsymbol{e}_z$ 称为哈密顿算子。

由以上梯度的定义可知，梯度是描述标量场的一个矢量，对于某一标量场而言，在场中某点的梯度，其大小为标量场在这点的最大变化率，方向指向场量变化最快的方向。例如，在上述温度场中，P 点的梯度大小为 0.7，方向则由 P 点指向 P_5 点。

2. 梯度的性质

梯度有以下重要性质。

（1）标量场的梯度是一个矢量，是空间坐标点的函数。

（2）梯度的大小是指该点标量函数 u 的最大变化率，即该点最大方向导数。

（3）梯度的方向是指该点最大方向导数的方向，即与等值线（面）相垂直的方向，它指向函数的增加方向。也就是说，梯度就是该等值面的法向矢量。

（4）方向导数等于梯度在该方向上的投影即 $\frac{\partial u}{\partial l}=\nabla u\cdot\boldsymbol{e}_l$。

【例 1–2】 已知一电位场 V 的空间函数关系为：$V(x,y,z)=\frac{1}{\sqrt{x^2+y^2+z^2}}=\frac{1}{r}$，求在点 $P(1,2,3)$ 处的标量场梯度。

解： 以 $-\boldsymbol{E}$ 表示梯度矢量，则由其定义得：

$$-\boldsymbol{E}=\nabla V=\frac{\partial V}{\partial x}\boldsymbol{e}_x+\frac{\partial V}{\partial y}\boldsymbol{e}_y+\frac{\partial V}{\partial z}\boldsymbol{e}_z$$

$$=-\frac{1}{2}(x^2+y^2+z^2)^{-3/2}(2x\boldsymbol{e}_x+2y\boldsymbol{e}_y+2z\boldsymbol{e}_z)$$

即

$$\boldsymbol{E}=\frac{x\boldsymbol{e}_x+y\boldsymbol{e}_y+z\boldsymbol{e}_z}{(x^2+y^2+z^2)^{3/2}}=\frac{x}{r^3}\boldsymbol{e}_x+\frac{y}{r^3}\boldsymbol{e}_y+\frac{z}{r^3}\boldsymbol{e}_z$$

或

$$\boldsymbol{E}=\boldsymbol{r}/r^3$$

分析：

① 在电磁场中上式是电场强度与电位关系的核心表达式。

② 电场强度 $\boldsymbol{E}$ 的分布看作是由一族等位面构成，$V=C_1$、C_2 等，那么 $\boldsymbol{E}$ 的方向就代表着电位面下降最快的方向。推导过程如下。

在等位面上，任取一点 $P(x,y,z)$，在其附近任取一点做微量位移Δl，由于等位，故：

$$\Delta V = \nabla V(x,y,z)\cdot\Delta l = 0$$

由于是在等位面任取的一有向线段，故由上式说明，电位场的梯度垂直于电位等位面，由于负号的关系，电场强度是指向电位下降的方向。

③ 标量场对空间某方向上的空间距离变化率，有时通常写为如下更为简明的形式，例如，电位场沿某一方向 n 的变化率，通常表示为：

$$\frac{\partial V}{\partial n} = \nabla V(x,y,z)\cdot\boldsymbol{e}_n = -\boldsymbol{E}\cdot\boldsymbol{e}_n = -E_n$$

其中，E_n表示电场沿 n 方向的分量。

习题 1-3

1. 求标量函数 $\varphi=x^2yz$ 的梯度及 φ 在一个指定方向的方向导数，此方向由单位矢量 $\boldsymbol{e}=\boldsymbol{e}_x\dfrac{3}{\sqrt{50}}+\boldsymbol{e}_y\dfrac{4}{\sqrt{50}}+\boldsymbol{e}_z\dfrac{5}{\sqrt{50}}$给出；求(2,3,1)点的方向导数值。

2. 求下列标量场的梯度：

(1) $u=2xy$；

(2) $u=x^2+y^2$；

(3) $u=\mathrm{e}^x\sin y$。

1.4　矢量场的通量和散度

1.4.1　通量概念的引入

假设水流由上而下处处以匀速度 v 流入下面一个矩形盆，盆口面积为 S，则单位时间里流入盆内的水量即水通量为：

$$\Phi = vS$$

若盆口面斜放与水流方向夹角为 θ，如图 1-12所示。在这种情况下，单位时间盆所接的水比平放时要少，因为盆口的进水量只与盆口的平面投影有关，夹角 θ 越小，进水量越大，夹角为零时，进水量最大；夹角 θ 越大，进水量越小，当夹角为直角时，即盆口与水流方向垂直时，那就一滴水也接不着。由于盆口面积 S 的投影面积为：

$$S_1 = S\cos\theta$$

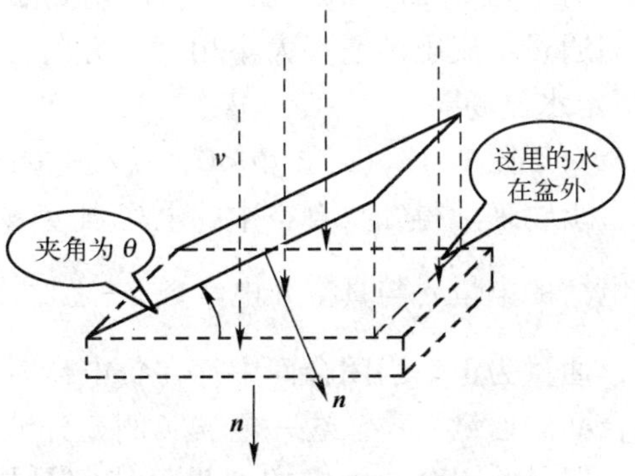

图 1-12　通量演示示意图

则单位时间所接水的通量为：

$$\Phi = vS\cos\theta = \boldsymbol{v} \cdot \boldsymbol{S} \tag{1-25}$$

式中矢量 $\boldsymbol{S}$ 的方向为垂直于盆面向下的法向 $\boldsymbol{n}$。

1.4.2 矢量场的通量

1. 通量的定义

对于一个矢量场 $\boldsymbol{V}(x,y,z)$，通过空间某一曲面的通量为矢量场对该曲面的面积分，用公式可以表达为：

$$\Phi = \int_S \boldsymbol{V}(x,y,z) \cdot \mathrm{d}\boldsymbol{S} \tag{1-26}$$

式中，$\mathrm{d}\boldsymbol{S}$ 表示在曲面 $P(x,y,z)$ 处的微分面元。

若曲面闭合，则式（1-26）又称为闭合曲面的通量，表示为：

$$\Phi = \oint_S \boldsymbol{V}(x,y,z) \cdot \mathrm{d}\boldsymbol{S} \tag{1-27}$$

在式（1-27）中，对于闭合曲面而言，曲面的法向一般是指向闭合曲面的外部。

2. 通量的物理意义

对闭合曲面通量的理解，仍以水流场做形象说明。取空间任意一个闭合曲面，通过积分可得通量，对于通量有 3 种情况，如图 1-13 所示。

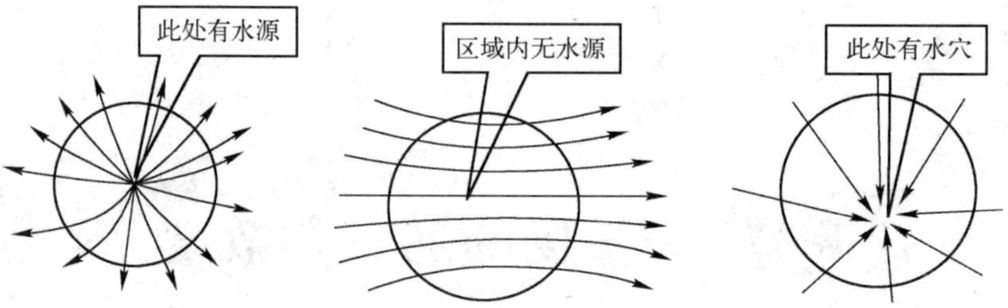

（a）$\Phi>0$ （b）$\Phi=0$ （c）$\Phi<0$

图 1-13 闭合曲面的水流通量示意图

对于图 1-13（a），$\Phi>0$，说明此闭合曲面里面有“水源”，称之为“泉”；

对于图 1-13（b），$\Phi=0$，说明此闭合曲面里面无“水源”，左边流进，右边流出，流进的通量与流出的通量大小相等，方向相反（一负一正），相互抵消，故总量为零，称之为“恒定水流场”；

对于图 1-13（c），$\Phi<0$，说明此闭合曲面里面有“水穴”，因为水只流进，不流出。

由物理学得知，真空中的电场强度 $\boldsymbol{E}$ 通过任一闭合曲面的通量等于该闭合面包围的自由电荷的电量 q 与真空介电常数 ε_0 之比，即 $\oint_S \boldsymbol{E} \cdot \mathrm{d}\boldsymbol{S} = \dfrac{q}{\varepsilon_0}$。可见，当闭合面中存在正电荷时，通量为正。当闭合面中存在负电荷时，通量为负。在电荷不存在的无源区中，穿过任一闭合面的通量为零。这一电学实例充分地显示出闭合面中正源、负源及无源的通量特性。

但是，闭合曲面内的通量仅能定量描述该闭合区域内的源（如水流、电荷）的情况，还不能够确定出区域内哪一点是正源（如水源、正电荷），哪一点是负源（如水穴、负电荷），要确定出区域内的一点有源与否，那就看这一点的“通量”，为此，需要研究矢量场的散度。

1.4.3　矢量场的散度

1. 散度的定义

当闭合面 S 向某点无限收缩时，矢量 $\boldsymbol{A}$ 通过该闭合面 S 的通量与该闭合面包围的体积之比的极限称为矢量场 $\boldsymbol{A}$ 在该点的散度，以 div$\boldsymbol{A}$ 表示，即：

$$\mathrm{div}\boldsymbol{A}(x,y,z) = \nabla\cdot\boldsymbol{A}(x,y,z) = \lim_{\Delta V\to 0}\frac{\oint_S \boldsymbol{A}(x,y,z)\cdot \mathrm{d}\boldsymbol{S}}{\Delta V} \tag{1-28}$$

通过数学理论分析，直角坐标系中散度可表示为：

$$\mathrm{div}\boldsymbol{A} = \frac{\partial A_x}{\partial x} + \frac{\partial A_y}{\partial y} + \frac{\partial A_z}{\partial z} \tag{1-29}$$

式中，$A_x(x, y, z)$、$A_y(x, y, z)$及 $A_z(x, y, z)$为矢量场的三个轴向分量，div 是英文字母 divergence 的缩写，ΔV 为闭合面 S 包围的体积。式（1-29）表明，散度是一个标量，它可理解为通过包围单位体积闭合面的通量。

2. 散度的物理意义

（1）一个矢量场的散度在空间构成一个标量场。

（2）矢量场的散度反映了矢量场在空间各点的净通量状态。如图 1-14 中各场点的物理意义，见表 1-5。

表 1-5　图 1-14 中各场点的物理意义

场点	P 点	Q 点	M 点
散度	$\nabla\cdot\boldsymbol{A}>0$	$\nabla\cdot\boldsymbol{A}<0$	$\nabla\cdot\boldsymbol{A}=0$
源	该点有正源	该点有负源	该点无源
说明	空间有矢量场的净通量汇入（有矢量线在该点流出）	空间有矢量场的净通量汇入（有矢量线在该点终止）	空间没有矢量线的发出或汇入（矢量线仅仅是通过）

【例 1-3】　考虑一个气筒，突然打开气门，被压缩的空气的流速将是越靠近气门越大。设 $\boldsymbol{v}=kx\boldsymbol{e}_x$，如图 1-15 所示。求 $\nabla\cdot\boldsymbol{v}$。

解：

$$\nabla\cdot\boldsymbol{v} = \frac{\partial v_x}{\partial x} = k$$

表明气筒内各点都存在着密度为 k 的气流。

【例 1-4】　想象一个爆炸的气球，设某点处气体的流速同该点与源点的距离成正比，即 $\boldsymbol{v}(r)=\boldsymbol{e}_r kr$，如图 1-16 所示，求 $\nabla\cdot\boldsymbol{v}$。

解： $\nabla\cdot\boldsymbol{v}=\dfrac{1}{r^2}\dfrac{\partial(r^2v_r)}{\partial r}=\dfrac{1}{r^2}\dfrac{\partial(r^2kr)}{\partial r}=3k$

表明空间各点都存在着密度为 $3k$ 的气流。

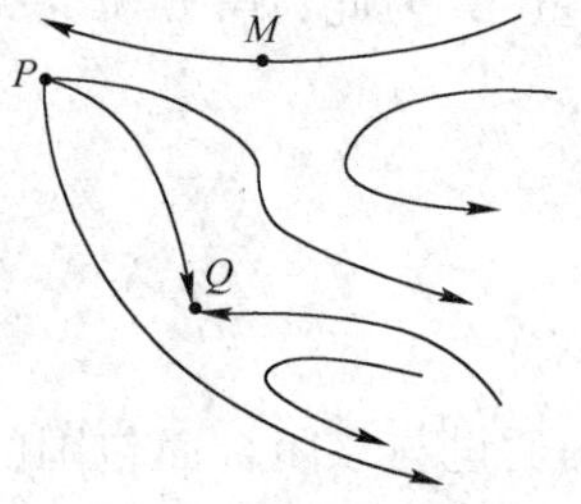

图 1-14　矢量场的通量示意图

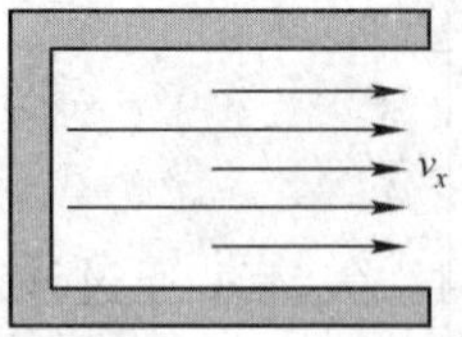

图 1-15　打气筒示意图

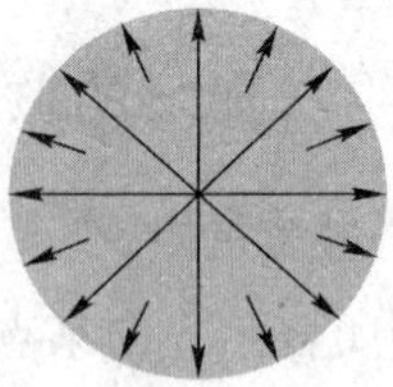

图 1-16　爆炸的气球

【例 1-5】　已知液体的流速场 $\boldsymbol{V}=3x^2\boldsymbol{e}_x+5xy\boldsymbol{e}_y+xyz^3\boldsymbol{e}_z$，问点 $M(1.0,\ 2.0,\ 3.0)$ 是否为源点？

解： $\nabla\cdot\boldsymbol{v}=6x+5x+3xyz^2$，

由于 $\nabla\cdot\boldsymbol{v}\big|_M=65\neq0$，

所以点 M 是源点。

习题 1-4

1. 求下列空间矢量场的散度：

(1) $\boldsymbol{A}=(2z-3y)\boldsymbol{e}_x+(3x-z)\boldsymbol{e}_y+(y-2x)\boldsymbol{e}_z$；

(2) $\boldsymbol{A}=(3x^2-2yz)\boldsymbol{e}_x+(y^3+yz^2)\boldsymbol{e}_y+(xyz-3xz^2)\boldsymbol{e}_z$。

2. 求标量场 $u=x^3y^4z^2$ 的梯度场的散度。

1.5　矢量场的环量和旋度

1.5.1　矢量场的环量

1. 环量的定义

在空间某一路径上的任意点上（如点 $P(x,\ y,\ z)$），矢量场 $\boldsymbol{F}(x,\ y,\ z)$ 与该点的线元的标量积为该路径上矢量场在该点的环量微量，用 $\mathrm{d}\varphi$ 表示，则：

$$\mathrm{d}\varphi=\boldsymbol{F}(x,y,z)\cdot\mathrm{d}\boldsymbol{l}=F_x(x,y,z)\mathrm{d}x+F_y(x,y,z)\mathrm{d}y+F_z(x,y,z)\mathrm{d}z$$

那么整个路径的环量可表示为：

$$\varphi=\int_\Gamma\boldsymbol{F}(x,y,z)\cdot\mathrm{d}\boldsymbol{l}=\int_\Gamma F_x(x,y,z)\mathrm{d}x+F_y(x,y,z)\mathrm{d}y+F_z(x,y,z)\mathrm{d}z$$

若路径为闭合路径，则通量又成为闭合路径环量：

$$\varphi=\oint_\Gamma\boldsymbol{F}(x,y,z)\cdot\mathrm{d}\boldsymbol{l}=\oint_\Gamma F_x(x,y,z)\mathrm{d}x+F_y(x,y,z)\mathrm{d}y+F_z(x,y,z)\mathrm{d}z \tag{1-30}$$

2. 环量的物理意义

某力场 $\boldsymbol{F}(x,y,z)$ 在某一路径的环量微元 $\boldsymbol{F}(x,y,z)\cdot\mathrm{d}\boldsymbol{l}$ 就表示力场在线元上移动所做的功。闭合环量积分能够从另外一个角度体现场的拓扑特征。

对于图 1-17（a）所示的场结构，场是向四面扩散的，在进行闭合环量积分时，环量微元 $\boldsymbol{F}(x,y,z)\cdot \mathrm{d}\boldsymbol{l}$ 有正有负，总量抵消，故环量为零；对于图 1-17（b）所示的场结构，场的方向与闭合路径上线元方向大体上一致，即夹角处处均为锐角，故总量不会抵消，闭合环量不为零。

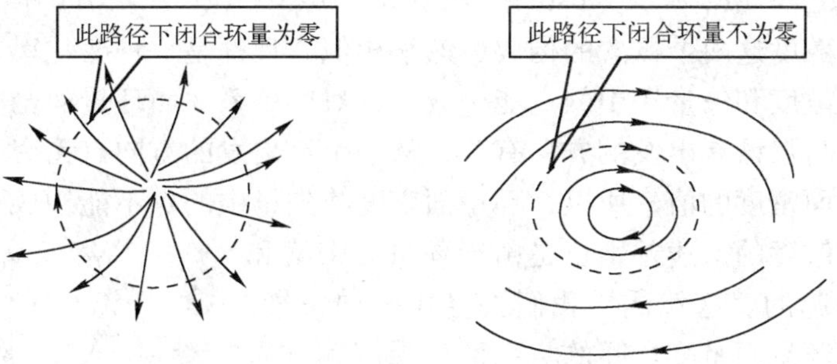

（a）闭合环量为零　　（b）闭合环量不为零

图 1-17　闭合曲线的环量示意图

上述结论也可以从场的几何形状上来看，图 1-17（a）对应的场“不打转”，故称为无旋，图 1-17（b）对应的场呈“旋转状”，故称为有旋。

由物理学得知，真空中磁感应强度 $\boldsymbol{B}$ 沿任一闭合有向曲线 $\boldsymbol{l}$ 的环量等于该闭合曲线包围的传导电流强度 I 与真空磁导率 μ_0 的乘积。即：

$$\oint_l \boldsymbol{B}\cdot \mathrm{d}\boldsymbol{l} = \mu_0 I$$

式中电流 I 的正方向与 $\mathrm{d}\boldsymbol{l}$ 的方向构成右旋关系。由此可见，环量可以表示产生具有旋涡特性的源的强度。

但是矢量场 $\boldsymbol{A}$ 沿有向闭合曲线 l 的环量 $\Gamma = \oint_l \boldsymbol{A}\cdot \mathrm{d}\boldsymbol{l}$ 也是从某些物理量，如力场中的功、流场中的环流及磁场中的电流强度等概念抽象形成的一个数学概念，与通量概念的形成极为类似，通量是一个曲面积分，环量是一个曲线积分。二者在矢量场中都是一种整体性的概念，即通过求通量和环量可以定量描述该闭合区域内的水流情况。

为了研究矢量场的局部性质，即确定出区域内哪一点是水源、哪一点是水穴，要确定出区域内的一点有源与否，前面从通量引出了散度，即通量体密度的概念。同样为了确定区域的旋点，可以从环量引入场点的环量面密度，即需要研究旋度的概念。

1.5.2　矢量场的旋度

1. 旋度概念的引出

在矢量场 $\boldsymbol{A}$ 中的一点 M 处，取定一个方向为 $\boldsymbol{n}$，再经过点 M 处以 $\boldsymbol{n}$ 为法向单位矢量作一微小曲面ΔS，同时以 ΔS 表示其面积，其边界 Δl 之正向与法矢 $\boldsymbol{n}$ 构成右手螺旋关系，则场$\boldsymbol{A}$沿 Δl 之正向的环量 $\Delta \Gamma$ 与面积 ΔS 之比在 ΔS 沿自身缩向 M 点时，其极限就称为矢量场 $\boldsymbol{A}$ 在点 M 处沿方向 $\boldsymbol{n}$ 的环量面密度（就是环量对面积的变化率），即：

$$\mu_n = \lim_{\Delta S \to 0(M)} \frac{\Delta \Gamma}{\Delta S} = \lim_{\Delta S \to 0(M)} \frac{\oint_{\Delta l} \boldsymbol{A}\cdot \mathrm{d}\boldsymbol{l}}{\Delta S} \tag{1-31}$$

可见，环量面密度概念与散度概念（通量的体密度）的构成是非常类似的，二者都是一种局部性的概念。

在直角坐标系中，设矢量场 $\boldsymbol{A}=P(M)\boldsymbol{e}_x+Q(M)\boldsymbol{e}_y+R(M)\boldsymbol{e}_z$，则场 $\boldsymbol{A}$ 在点 M 处沿方向 $\boldsymbol{n}$ 的环量面密度的计算公式为：

$$\mu_n=(R_y-Q_z)\cos\alpha+(P_z-R_x)\cos\beta+(Q_x-P_y)\cos\gamma \tag{1-32}$$

环量面密度与散度这两个概念的构成虽然很相似，且都是一种变化率，但二者有着重要的差别，这就是：散度和矢量场中的点能构成一一对应关系，而环量面密度不仅与场中的点位置有关，而且还与从该点出发的方向有关，从一个点出发的方向有无穷多个方向，对应的也有无穷多个环量面密度的值，所以，环量面密度与矢量中的点不能构成一一对应的关系。

环量面密度和散度的上述差别正是由于环量面密度和方向导数相一致引起的。这就诱导我们去寻找一种矢量，使它在一个点处和环量面密度之间的关系恰如梯度和方向导数之间的关系一样，循此探索，就得出了旋度的概念。

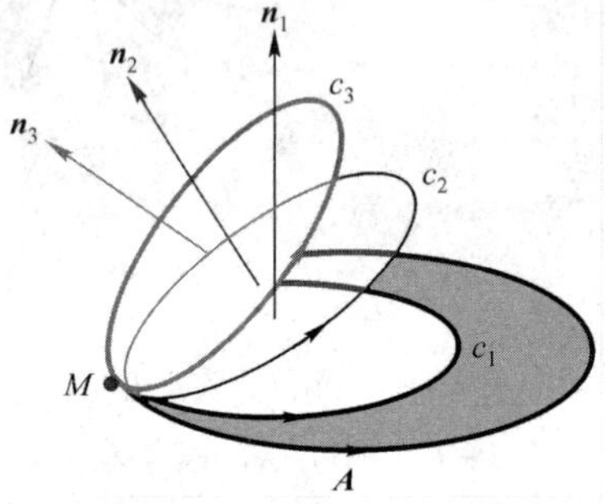

图 1-18　M 点出发的环路

2. 旋度的定义

对 M 点，仿照散度的定义，取环量面密度为：

$$\lim_{\Delta S\to 0(M)}\frac{\oint_c \boldsymbol{A}\cdot \mathrm{d}\boldsymbol{l}}{\Delta S} \tag{1-33}$$

显然，式（1-33）与积分路径的选取有关，可以得到：

$$\lim_{\Delta S\to 0(M)}\frac{\oint_{c_3} \boldsymbol{A}\cdot \mathrm{d}\boldsymbol{l}}{\Delta S}<\lim_{S\to 0(M)}\frac{\oint_{c_2} \boldsymbol{A}\cdot \mathrm{d}\boldsymbol{l}}{\Delta S}<\lim_{\Delta S\to 0(M)}\frac{\oint_{c_1} \boldsymbol{A}\cdot \mathrm{d}\boldsymbol{l}}{\Delta S}$$

定义

$$\mathrm{rot}\boldsymbol{A}=\nabla\times\boldsymbol{A}=\boldsymbol{n}\max\left\{\lim_{\Delta S\to 0(M)}\frac{\oint_c \boldsymbol{A}\cdot \mathrm{d}\boldsymbol{l}}{\Delta S}\right\} \tag{1-34}$$

式中 $\boldsymbol{n}$ 是最大环流密度所在环路的单位法线方向，而与 $\boldsymbol{n}$ 相垂直的面则称为涡旋面或旋涡面，则 $\lim\limits_{\Delta S\to 0(M)}\dfrac{\oint_{c_3} \boldsymbol{A}\cdot \mathrm{d}\boldsymbol{l}}{\Delta S}$、$\lim\limits_{\Delta S\to 0(M)}\dfrac{\oint_{c_2} \boldsymbol{A}\cdot \mathrm{d}\boldsymbol{l}}{\Delta S}$ 分别是 $\mathrm{rot}\boldsymbol{A}$ 在 $\boldsymbol{n}_3$、$\boldsymbol{n}_2$ 上的投影，即：

$$\mathrm{rot}\boldsymbol{A}\cdot\boldsymbol{n}_3=\lim_{\Delta S\to 0(M)}\frac{\oint_{c_3} \boldsymbol{A}\cdot \mathrm{d}\boldsymbol{l}}{\Delta S}$$

$$\mathrm{rot}\boldsymbol{A}\cdot\boldsymbol{n}_2=\lim_{\Delta S\to 0(M)}\frac{\oint_{c_2} \boldsymbol{A}\cdot \mathrm{d}\boldsymbol{l}}{\Delta S}$$

正交坐标系中，矢量场 $\boldsymbol{A}$ 在任意点 M 点的旋度可定义为：

$$\mathrm{rot}\boldsymbol{A}=\boldsymbol{a}_1\lim_{\Delta S_1\to 0(M)}\frac{\oint_{c_1} \boldsymbol{A}\cdot \mathrm{d}\boldsymbol{l}}{\Delta S_1}+\boldsymbol{a}_2\lim_{\Delta S_2\to 0(M)}\frac{\oint_{c_2} \boldsymbol{A}\cdot \mathrm{d}\boldsymbol{l}}{\Delta S_2}+\boldsymbol{a}_3\lim_{\Delta S_3\to 0(M)}\frac{\oint_{c_3} \boldsymbol{A}\cdot \mathrm{d}\boldsymbol{l}}{\Delta S_3}$$

式中，ΔS_1、ΔS_2、ΔS_3 分别是任意环路所围成的面在 a_1 坐标面、a_2 坐标面和 a_3 坐标面上的

投影，其边界分别是 c_1、c_2和 c_3。

通过数学分析，在直角坐标系中，可以得到：

$$\mathrm{rot}\boldsymbol{A} = \nabla\times\boldsymbol{A} = = \begin{vmatrix} \boldsymbol{e}_x & \boldsymbol{e}_y & \boldsymbol{e}_z \\ \dfrac{\partial}{\partial x} & \dfrac{\partial}{\partial y} & \dfrac{\partial}{\partial z} \\ A_x & A_y & A_z \end{vmatrix}$$

$$= \left(\frac{\partial A_z}{\partial y} - \frac{\partial A_y}{\partial z}\right)\boldsymbol{e}_x + \left(\frac{\partial A_x}{\partial z} - \frac{\partial A_z}{\partial x}\right)\boldsymbol{e}_y + \left(\frac{\partial A_y}{\partial x} - \frac{\partial A_x}{\partial y}\right)\boldsymbol{e}_z \tag{1-35}$$

注意：旋度的物理意义在于矢量场在围绕此点周围的场线形状大体上是否成旋状，若是，则场在此点有旋；否则，无旋。例如，假设有一股旋风，若考察旋风所在区域的各点风速，则构成了一个风速场，对此风速场处处求旋度，则在旋风中心所在的点有旋度，即旋度不为零，其余各点旋度均为零。

3. 旋度的性质

旋度的性质如下。

（1）一个矢量场的旋度构成一个新的矢量场。

（2）旋度不为零的点有产生矢量场环流的能力（有旋场）；旋度等于零的点没有产生矢量场环流的能力（无旋场）。

（3）旋度具有环流面密度的量纲。

（4）$\nabla\times\nabla u=0$，说明：如果一个矢量 $\boldsymbol{F}$ 满足 $\nabla\times\boldsymbol{F}=0$，即 $\boldsymbol{F}$ 是一个无旋场，则矢量 $\boldsymbol{F}$ 可以用一个标量函数的梯度来表示，即 $\boldsymbol{F}=\nabla u$。如静电场中的电场强度就可以用一个标量函数的梯度来表示。

（5）$\nabla\cdot(\nabla\times\boldsymbol{A})=0$，说明：任一矢量场的旋度一定是无散的。反过来也成立，即若 $\nabla\cdot\boldsymbol{A}=0$，则一定对应着一个矢量场，使 $\boldsymbol{B}=\nabla\times\boldsymbol{A}$。如静磁场中的磁感应强度就可以用一个矢量函数的旋度来表示。

应该注意的是，无论梯度、散度或旋度都是微分运算，它们表示场在某点附近的变化特性，场中各点的梯度、散度或旋度可能不同。因此，梯度、散度及旋度描述的是场的点特性或称为微分特性。函数的连续性是可微的必要条件。因此在场量发生不连续处，也就不存在前面定义的梯度、散度或旋度。

【例 1-6】 设一刚体绕过原点 O 的某个轴 l 转动，其角速度 $\boldsymbol{\omega}=\omega_x\boldsymbol{e}_x+\omega_y\boldsymbol{e}_y+\omega_z\boldsymbol{e}_z$，则刚体上的每一点处都具有线速度 $\boldsymbol{v}$，从而构成一个线速度场。由运动学知道，矢径为 $\boldsymbol{r}=x\boldsymbol{e}_x+y\boldsymbol{e}_y+z\boldsymbol{e}_z$ 的点 M 的线速度为：$\boldsymbol{v}=\boldsymbol{\omega}\times\boldsymbol{r}=(\omega_y z-\omega_z y)\boldsymbol{e}_x+(\omega_z x-\omega_x z)\boldsymbol{e}_y+(\omega_x y-\omega_y x)\boldsymbol{e}_z$，求线速度 $\boldsymbol{v}$ 的旋度。

解：

$$\mathrm{rot}\boldsymbol{v} = \nabla\times\boldsymbol{v} = = \begin{vmatrix} \boldsymbol{e}_x & \boldsymbol{e}_y & \boldsymbol{e}_z \\ \dfrac{\partial}{\partial x} & \dfrac{\partial}{\partial y} & \dfrac{\partial}{\partial z} \\ v_x & v_y & v_z \end{vmatrix} = \begin{vmatrix} \boldsymbol{e}_x & \boldsymbol{e}_y & \boldsymbol{e}_z \\ \dfrac{\partial}{\partial x} & \dfrac{\partial}{\partial y} & \dfrac{\partial}{\partial z} \\ \omega_y z-\omega_z y & \omega_z x-\omega_x z & \omega_x y-\omega_y x \end{vmatrix}$$

计算后，得：

$$\text{rot}\boldsymbol{v} = 2\omega_x\boldsymbol{e}_x + 2\omega_y\boldsymbol{e}_y + 2\omega_z\boldsymbol{e}_z = 2\boldsymbol{\omega}$$

这说明，在刚体转动的线速度场中，任一点 M 的旋度，除去一个常数因子外，恰恰等于刚体转动的角速度（旋度因此得名）。

习题 1-5

1. 求矢量场 $\boldsymbol{A} = xyz(\boldsymbol{e}_x + \boldsymbol{e}_y + \boldsymbol{e}_z)$ 在点 $M(1.0, 3.0, 2.0)$ 处的旋度及在这点沿方向 $\boldsymbol{e}_n = \frac{1}{3}(\boldsymbol{e}_x + 2\boldsymbol{e}_y + 2\boldsymbol{e}_z)$ 的环量面密度。

2. 求以下矢量场的旋度：

(1) $\boldsymbol{A} = 5x^3\boldsymbol{e}_x + y^2\boldsymbol{e}_y + z\boldsymbol{e}_z$；

(2) $\boldsymbol{A} = 2xy\boldsymbol{e}_x - 4y\boldsymbol{e}_y + 3z^2\boldsymbol{e}_z$；

(3) $\boldsymbol{A} = xy^2z\boldsymbol{r}$，$(\boldsymbol{r} = x\boldsymbol{e}_x + y\boldsymbol{e}_y + z\boldsymbol{e}_z)$。

1.6 三个重要定理

1.6.1 高斯（Gauss）定理

对于矢量场 $\boldsymbol{A}$，高斯（Gauss）定理定义为：

$$\int_V \nabla\cdot \boldsymbol{A}\mathrm{d}V = \oint_S \boldsymbol{A}\cdot \mathrm{d}\boldsymbol{S} \tag{1-36}$$

式中闭曲面 $\boldsymbol{S}$ 为体积 V 的表面，$\mathrm{d}\boldsymbol{S}$ 为曲面 $\boldsymbol{S}$ 的面积元，方向为曲面的外法线方向。

从数学角度可以认为高斯定理建立了面积分和体积分的关系。从物理角度可以理解为高斯定理建立了区域 V 中的场和包围区域 V 的闭合面 $\boldsymbol{S}$ 上的场之间的关系。因此，如果已知区域 V 中的场，根据高斯定理即可求出边界 $\boldsymbol{S}$ 上的场，反之亦然。

1.6.2 斯托克斯（Stokes）定理

对于矢量场 $\boldsymbol{A}$，斯托克斯（Stokes）定理定义为：

$$\int_S (\nabla\times \boldsymbol{A})\cdot \mathrm{d}\boldsymbol{S} = \oint_l \boldsymbol{A}\cdot \mathrm{d}\boldsymbol{l} \tag{1-37}$$

式中线 $\boldsymbol{l}$ 为面 $\boldsymbol{S}$ 的边界，$\boldsymbol{S}$ 的方向与 $\boldsymbol{l}$ 成右手螺旋关系。

与高斯定理类似，从数学角度可以认为斯托克斯定理建立了面积分和线积分的关系。从物理角度可以理解为，斯托克斯定理建立了区域 $\boldsymbol{S}$ 中的场和包围区域 $\boldsymbol{S}$ 的闭合曲线 $\boldsymbol{l}$ 上的场之间的关系。因此，如果已知区域 $\boldsymbol{S}$ 中的场，根据斯托克斯定理即可求出边界 $\boldsymbol{l}$ 上的场，反之亦然。

【例 1-7】 求矢量场 $\boldsymbol{A} = -y\boldsymbol{e}_x + x\boldsymbol{e}_y + c\boldsymbol{e}_z$（$c$ 为常数）沿下列曲线的环量：

(1) 圆周 $x^2 + y^2 = R^2$，$z = 0$（旋转方向与 z 轴呈右手关系）；

(2) 圆周 $(x-2)^2 + y^2 = R^2$，$z = 0$（旋转方向与 z 轴呈右手关系）。

解： 设圆周包围的曲面为 S，则 $S = \pi R^2$，根据斯托克斯定理，得：

$$(1)\oint_l \boldsymbol{A}\cdot \mathrm{d}\boldsymbol{l} = \iint_S (\nabla\times\boldsymbol{A})\cdot \mathrm{d}\boldsymbol{S} = \iint_S \begin{bmatrix} \boldsymbol{e}_x & \boldsymbol{e}_y & \boldsymbol{e}_z \\ \dfrac{\partial}{\partial x} & \dfrac{\partial}{\partial y} & \dfrac{\partial}{\partial z} \\ -y & x & c \end{bmatrix}\cdot \mathrm{d}\boldsymbol{S} = \iint_S 2\boldsymbol{e}_z\cdot \mathrm{d}\boldsymbol{S} = 2\pi R^2$$

$$(2)\oint_l \boldsymbol{A}\cdot \mathrm{d}\boldsymbol{l} = = \iint_S (\nabla\times\boldsymbol{A})\cdot \mathrm{d}\boldsymbol{S} = \iint_S \begin{bmatrix} \boldsymbol{e}_x & \boldsymbol{e}_y & \boldsymbol{e}_z \\ \dfrac{\partial}{\partial x} & \dfrac{\partial}{\partial y} & \dfrac{\partial}{\partial z} \\ -y & x & c \end{bmatrix}\cdot \mathrm{d}\boldsymbol{S} = \iint_S 2\boldsymbol{e}_z\cdot \mathrm{d}\boldsymbol{S} = 2\pi R^2$$

1.6.3　亥姆霍兹定理

如果一个场的旋度为零，则称为无旋场；如果一个场的散度为零，则称为无散场。但就矢量场的整体而言，无旋场的散度不能处处为零；同样无散场的旋度也不能处处为零，否则场就不存在。因为任何一个物理矢量场都必须有源（source），场和源一起出现在某一空间内。假如把源看作是场的起因，矢量场的散度便对应于一种源，称为散度源（divergence source）；矢量场的旋度对应另一种源，称为旋度源（rotational source）。

设一个矢量场 $\boldsymbol{A}$ 既有散度，又有旋度，现将其分解为一个无旋场分量 $\boldsymbol{A}_1$ 和无散场分量 $\boldsymbol{A}_2$ 之和，即：

$$\boldsymbol{A} = \boldsymbol{A}_1 + \boldsymbol{A}_2 \tag{1-38}$$

式中无旋场分量 $\boldsymbol{A}_1$ 的散度不等于零，设为 ρ，无散场分量 $\boldsymbol{A}_2$ 的旋度不等于零，设为 $\boldsymbol{J}$，因此有：

$$\nabla\cdot\boldsymbol{A} = \nabla\cdot(\boldsymbol{A}_1+\boldsymbol{A}_2) = \nabla\cdot\boldsymbol{A}_1 = \rho \tag{1-39}$$

$$\nabla\times\boldsymbol{A} = \nabla\times(\boldsymbol{A}_1+\boldsymbol{A}_2) = \nabla\times\boldsymbol{A}_2 = \boldsymbol{J} \tag{1-40}$$

由上述分析可见，$\boldsymbol{A}$ 的散度代表着形成矢量场 $\boldsymbol{A}$ 的一种源——散度源 ρ，而 $\boldsymbol{A}$ 的旋度代表着形成矢量场 $\boldsymbol{A}$ 的另一种源——旋度源 $\boldsymbol{J}$。一般来说，当一个矢量场的两类源（散度源和旋度源）在空间的分布确定时，如果场域有限，给定边界条件后，该矢量场就唯一地确定了，将这一规律称为亥姆霍兹定理（Helmholtz theorem）。

应该指出，只有在矢量函数 $\boldsymbol{A}$ 连续的区域内，$\nabla\cdot\boldsymbol{A}$ 和 $\nabla\times\boldsymbol{A}$ 才有意义，也就是说不能利用散度和旋度来分析不连续表面邻近的场的行为。

习题 1–6

1. 设矢量场 $\boldsymbol{A}=(x+y)\boldsymbol{e}_x+(y-x)\boldsymbol{e}_y$，求该矢量场沿椭圆周 C：$\dfrac{x^2}{a^2}+\dfrac{y^2}{b^2}=1$ 与 z 轴呈右手关系方向的环量。

2. 已知点电荷 q_1、q_2 分别位于 M_1、M_2 两点处，求从闭合曲面 S 内穿出的电场强度通量 Ψ_E，其中 S 分别为：

（1）不包含 M_1、M_2 两点的任一闭合曲面；

（2）仅包含 M_1 点的任一闭合曲面；

（3）同时包含 M_1、M_2 两点的任一闭合曲面。

1.7 几种比较重要的场

1.7.1 无旋场（有势场）

对于一矢量场 $\boldsymbol{A}(x)$，如果其旋度在该区域内处处为零，则称该矢量场为无旋场。对于无旋场，必存在一个标量函数 $u(x)$ 使得：

$$\boldsymbol{A}(x) = -\mathrm{grad}u = -\nabla u \tag{1-41}$$

所以称无旋场为有势场或梯度场。

无旋场的性质如下。

（1）矢量场为有势场的充要条件为其旋度在该区域内处处为零。

（2）标量函数的梯度是无旋场，如静电场。

（3）无旋场的散度不能处处为零。

1.7.2 无源场（无散场或管形场）

对于一矢量场 $\boldsymbol{A}(x)$，如果其散度处处为零，即：$\mathrm{div}\boldsymbol{A} = \nabla\cdot\boldsymbol{A} = 0$，称该矢量场是一无源场（无散场或管形场）。

无源场的性质如下。

（1）管形场中任意一个矢量管上两个截面的通量保持不变。

（2）矢量场为管形场的充要条件是：它是另外一个矢量场的旋度场。换句话说，矢量场的旋度是无散场，如恒定磁场。

（3）无散场的旋度不能处处为零。

1.7.3 调和场

对于一矢量场 $\boldsymbol{A}(x)$，如果恒有 $\mathrm{div}\boldsymbol{A} = \nabla\cdot\boldsymbol{A} = 0$ 及 $\mathrm{rot}\boldsymbol{A} = \nabla\times\boldsymbol{A} = 0$，称该矢量场是一调和场。也就是说，调和场既无源又无旋。

根据有势场性质，矢量场为有势场的充要条件是：其旋度在该区域内处处为零。所以，对于调和场，一定存在势函数 u，使得 $\boldsymbol{A} = \mathrm{grad}u$，根据定义，有：

$$\mathrm{div}\boldsymbol{A} = 0$$

因此

$$\mathrm{div}(\mathrm{grad}u) = 0$$

写成哈密顿算子形式：

$$\nabla\cdot(\nabla u) = 0 \tag{1-42}$$

或记为

$$\nabla^2 u = 0$$

其中 $\nabla^2 = \nabla\cdot\nabla$ 为拉普拉斯算子（Laplacian），上述方程称为拉普拉斯方程，满足拉普拉斯方程的函数 u 称为调和函数。在直角坐标中，拉普拉斯算子为：

$$\nabla^2 = \frac{\partial^2}{\partial x^2} + \frac{\partial^2}{\partial y^2} + \frac{\partial^2}{\partial z^2} \tag{1-43}$$

在平面问题中，对于调和场，可以找到一对调和函数 u 和 v，它们满足：

$$\nabla^2 u = 0$$

$$\nabla^2 v = 0$$

$$\frac{\partial u}{\partial x} = \frac{\partial v}{\partial y},\quad \frac{\partial u}{\partial y} = -\frac{\partial v}{\partial x} \tag{1-44}$$

则被称为共轭调和场。

1.7.4　保守场

如果标量场 u 的梯度 ∇u 沿线积分与路径无关，沿闭合回路的积分为零，即：

$$\int_{P_1}^{P_2} \nabla u \cdot \mathrm{d}\boldsymbol{l} = u(p_2) - u(p_1) \tag{1-45}$$

则称 ∇u 称为保守场，u 称为保守位场。

习题 1-7

1. 给定矢量函数 $\boldsymbol{E} = y\boldsymbol{e}_x + x\boldsymbol{e}_y$，试求从点 $P_1(2,1,-1)$ 到点 $P_2(8,2,-1)$ 的线积分 $\int \boldsymbol{E} \cdot \mathrm{d}\boldsymbol{l}$：(1)沿抛物线 $x = y^2$；(2)沿连接该两点的直线。这个 $\boldsymbol{E}$ 是保守场吗？

2. 已知矢量 $\boldsymbol{E} = \boldsymbol{e}_x(x^2 + axz) + \boldsymbol{e}_y(xy^2 + by) + \boldsymbol{e}_z(z - z^2 + czx - 2xyz)$，试确定常数 a、b、c 使 $\boldsymbol{E}$ 为无源场。

1.8　微分算子和矢量运算

1.8.1　度量系数

设 x、y、z 是某点的笛卡儿坐标，x_1、x_2、x_3是这点的正交曲线坐标，长度元的平方表示为：

$$\begin{aligned} \mathrm{d}l^2 &= \mathrm{d}x^2 + \mathrm{d}y^2 + \mathrm{d}z^2 \\ &= h_1^2\mathrm{d}x_1^2 + h_2^2\mathrm{d}x_2^2 + h_3^2\mathrm{d}x_3^2 \end{aligned} \tag{1-46}$$

其中

$$h_i = \sqrt{\left(\frac{\partial x}{\partial x_i}\right)^2 + \left(\frac{\partial y}{\partial x_i}\right)^2 + \left(\frac{\partial z}{\partial x_i}\right)^2} \qquad (i = 1, 2, 3)$$

被称为度量系数（或拉梅系数），正交坐标系完全由三个拉梅系数 h_1、h_2、h_3来描述。

1.8.2　微分算子

哈密顿算子 ∇、梯度、散度、旋度及拉普拉斯算子 ∇^2在正交曲线坐标系下的一般表达式为：

$$\begin{cases} \nabla = \boldsymbol{e}_1 \dfrac{1}{h_1}\dfrac{\partial}{\partial x_1} + \boldsymbol{e}_2 \dfrac{1}{h_2}\dfrac{\partial}{\partial x_2} + \boldsymbol{e}_3 \dfrac{1}{h_3}\dfrac{\partial}{\partial x_3} \\ \nabla\varphi = \boldsymbol{e}_1 \dfrac{1}{h_1}\dfrac{\partial \varphi}{\partial x_1} + \boldsymbol{e}_2 \dfrac{1}{h_2}\dfrac{\partial \varphi}{\partial x_2} + \boldsymbol{e}_3 \dfrac{1}{h_3}\dfrac{\partial \varphi}{\partial x_3} \\ \nabla\cdot \boldsymbol{A} = \dfrac{1}{h_1h_2h_3}\left[\dfrac{\partial}{\partial x_1}(h_2h_3A_1) + \dfrac{\partial}{\partial x_2}(h_3h_1A_2) + \dfrac{\partial}{\partial x_3}(h_2h_1A_3)\right] \end{cases} \tag{1-47}$$

$$\nabla\times \boldsymbol{A} = \frac{1}{h_1h_2h_3}\begin{vmatrix} h_1\boldsymbol{e}_1 & h_2\boldsymbol{e}_2 & h_3\boldsymbol{e}_3 \\ \dfrac{\partial}{\partial x_1} & \dfrac{\partial}{\partial x_2} & \dfrac{\partial}{\partial x_3} \\ h_1A_1 & h_2A_2 & h_3A_3 \end{vmatrix}$$

$$= \frac{\boldsymbol{e}_1}{h_2h_3}\left[\frac{\partial}{\partial x_2}(h_3A_3) - \frac{\partial}{\partial x_3}(h_2A_2)\right] + \frac{\boldsymbol{e}_2}{h_1h_3}\left[\frac{\partial}{\partial x_3}(h_1A_1) - \frac{\partial}{\partial x_1}(h_3A_3)\right] + \frac{\boldsymbol{e}_3}{h_1h_2}\left[\frac{\partial}{\partial x_1}(h_2A_2) - \frac{\partial}{\partial x_2}(h_1A_1)\right] \tag{1-48}$$

$$\nabla^2\varphi = \frac{1}{h_1h_2h_3}\left[\frac{\partial}{\partial x_1}\left(\frac{h_2h_3}{h_1}\frac{\partial\varphi}{\partial x_1}\right) + \frac{\partial}{\partial x_2}\left(\frac{h_3h_1}{h_2}\frac{\partial\varphi}{\partial x_2}\right) + \frac{\partial}{\partial x_3}\left(\frac{h_1h_2}{h_3}\frac{\partial\varphi}{\partial x_3}\right)\right] \tag{1-49}$$

式中，$\boldsymbol{e}_1$、$\boldsymbol{e}_2$、$\boldsymbol{e}_3$ 为正交曲线坐标系的基矢；$\varphi=\varphi(x_1,x_2,x_3)$是一个标量函数；$\boldsymbol{A}=\boldsymbol{A}(x_1,x_2,x_3)=A_1\boldsymbol{e}_1+\boldsymbol{A}_2\boldsymbol{e}_2+A_3\boldsymbol{e}_3$ 是一个矢量函数，只有在笛卡儿坐标系中，有：$\nabla^2\boldsymbol{A}=(\nabla^2\boldsymbol{A})_1\boldsymbol{e}_1+(\nabla^2\boldsymbol{A})_2\boldsymbol{e}_2+(\nabla^2\boldsymbol{A})_3\boldsymbol{e}_3$，在其他正交坐标系中，有：

$$(\nabla^2\boldsymbol{A})_i \neq \nabla^2\boldsymbol{A}_i \tag{1-50}$$

1.8.3 不同坐标系中的微分表达式

1. 笛卡儿坐标

坐标变量：$x_1=x$，$x_2=y$，$x_3=z$

拉梅系数：$h_1=1$，$h_2=1$，$h_3=1$

$$\nabla = \boldsymbol{e}_x\frac{\partial}{\partial x} + \boldsymbol{e}_y\frac{\partial}{\partial y} + \boldsymbol{e}_z\frac{\partial}{\partial z} \tag{1-51}$$

$$\nabla u = \boldsymbol{e}_x\frac{\partial u}{\partial x} + \boldsymbol{e}_y\frac{\partial u}{\partial y} + \boldsymbol{e}_z\frac{\partial u}{\partial z}$$

$$\nabla\cdot \boldsymbol{A} = \frac{\partial A_x}{\partial x} + \frac{\partial A_y}{\partial y} + \frac{\partial A_z}{\partial z}$$

$$\nabla\times \boldsymbol{A} = \begin{vmatrix} \boldsymbol{e}_x & \boldsymbol{e}_y & \boldsymbol{e}_z \\ \dfrac{\partial}{\partial x} & \dfrac{\partial}{\partial y} & \dfrac{\partial}{\partial z} \\ A_x & A_y & A_z \end{vmatrix}$$

$$\nabla^2\varphi = \frac{\partial^2\varphi}{\partial x^2} + \frac{\partial^2\varphi}{\partial y^2} + \frac{\partial^2\varphi}{\partial z^2}$$

$$\nabla^2\boldsymbol{A} = (A_x)\boldsymbol{e}_x + (\nabla^2A_y)\boldsymbol{e}_y + (\nabla^2A_z)\boldsymbol{e}_z \tag{1-52}$$

2. 圆柱坐标系

坐标变量：$x_1=r$，$x_2=\varphi$，$x_3=z$

与笛卡儿坐标的关系：$x=r\cos\varphi$，$y=r\sin\varphi$，$z=z$

拉梅系数：$h_1 = 1$，$h_2 = r$，$h_3 = 1$

$$\nabla = \boldsymbol{e}_r \frac{\partial}{\partial r} + \boldsymbol{e}_\varphi \frac{\partial}{r\,\partial \varphi} + \boldsymbol{e}_z \frac{\partial}{\partial z} \tag{1-53}$$

$$\nabla u = \boldsymbol{e}_r \frac{\partial u}{\partial r} + \boldsymbol{e}_\varphi \frac{1}{r}\frac{\partial u}{\partial \varphi} + \boldsymbol{e}_z \frac{\partial u}{\partial z}$$

$$\nabla \cdot \boldsymbol{A} = \frac{1}{r}\frac{\partial}{\partial r}(rA_r) + \frac{1}{r}\frac{\partial A_\varphi}{\partial \varphi} + \frac{\partial A_z}{\partial z}$$

$$\nabla \times \boldsymbol{A} = \begin{vmatrix} \frac{1}{r}\boldsymbol{e}_r & \boldsymbol{e}_\varphi & \frac{1}{r}\boldsymbol{e}_z \\ \frac{\partial}{\partial r} & \frac{\partial}{\partial \varphi} & \frac{\partial}{\partial z} \\ A_r & rA_\varphi & A_z \end{vmatrix}$$

$$= \left(\frac{1}{r}\frac{\partial A_z}{\partial \varphi} - \frac{\partial A_\varphi}{\partial z}\right)\boldsymbol{e}_r + \left(\frac{\partial A_r}{\partial z} - \frac{\partial A_z}{\partial r}\right)\boldsymbol{e}_\varphi + \left[\frac{1}{r}\frac{\partial}{\partial r}(rA_\varphi) - \frac{1}{r}\frac{\partial A_r}{\partial \varphi}\right]\boldsymbol{e}_z \tag{1-54}$$

$$\nabla^2 u = \frac{1}{r}\frac{\partial}{\partial r}\left(r\frac{\partial u}{\partial r}\right) + \frac{1}{r^2}\frac{\partial^2 u}{\partial \varphi^2} + \frac{\partial^2 u}{\partial z^2}$$

$$\nabla^2 \boldsymbol{A} = (\nabla^2 \boldsymbol{A})_r \boldsymbol{e}_r + (\nabla^2 \boldsymbol{A})_\varphi \boldsymbol{e}_\varphi + (\nabla^2 \boldsymbol{A})_z \boldsymbol{e}_z$$

3. 球坐标系

坐标变量：$x_1 = r$，$x_2 = \theta$，$x_3 = \varphi$

与笛卡儿坐标的关系：$x = r\sin\theta\cos\varphi$，$y = r\sin\theta\sin\varphi$，$z = r\cos\theta$

拉梅系数：$h_1 = 1$，$h_2 = r$，$h_3 = r\sin\theta$

$$\nabla = \boldsymbol{e}_r \frac{\partial}{\partial r} + \boldsymbol{e}_\theta \frac{1}{r}\frac{\partial}{\partial \theta} + \boldsymbol{e}_\varphi \frac{1}{r\sin\theta}\frac{\partial}{\partial \varphi}$$

$$\nabla u = \boldsymbol{e}_r \frac{\partial u}{\partial r} + \boldsymbol{e}_\theta \frac{1}{r}\frac{\partial u}{\partial \theta} + \boldsymbol{e}_\varphi \frac{1}{r\sin\theta}\frac{\partial u}{\partial \varphi}$$

$$\nabla \cdot \boldsymbol{A} = \frac{1}{r^2}\frac{\partial}{\partial r}(r^2 A_r) + \frac{1}{r\sin\theta}\frac{\partial}{\partial \theta}(\sin\theta A_\theta) + \frac{1}{r\sin\theta}\frac{\partial A_\varphi}{\partial \varphi} \tag{1-55}$$

$$\nabla \times \boldsymbol{A} = \begin{vmatrix} \boldsymbol{e}_r \frac{1}{r^2\sin\theta} & \boldsymbol{e}_\theta \frac{1}{r\sin\theta} & \boldsymbol{e}_\varphi \frac{1}{r} \\ \frac{\partial}{\partial r} & \frac{\partial}{\partial \theta} & \frac{\partial}{\partial \varphi} \\ A_r & rA_\theta & r\sin\theta A_\varphi \end{vmatrix}$$

$$= \frac{1}{r\sin\theta}\left[\frac{\partial}{\partial \theta}(\sin\theta A_\varphi) - \frac{\partial A_\theta}{\partial \varphi}\right]\boldsymbol{e}_r + \frac{1}{r}\left[\frac{1}{\sin\theta}\frac{\partial A_r}{\partial \varphi} - \frac{\partial}{\partial r}(rA_\varphi)\right]\boldsymbol{e}_\theta + \frac{1}{r}\left[\frac{\partial}{\partial r}(rA_\theta) - \frac{\partial A_r}{\partial \theta}\right]\boldsymbol{e}_\varphi \tag{1-56}$$

$$\nabla^2 u = \frac{1}{r^2}\frac{\partial}{\partial r}\left(r^2\frac{\partial u}{\partial r}\right)+\frac{1}{r^2\sin\theta}\frac{\partial}{\partial\theta}\left(\sin\theta\frac{\partial u}{\partial\theta}\right)+\frac{1}{r^2\sin^2\theta}\frac{\partial^2 u}{\partial\varphi^2} \tag{1-57}$$

$$\nabla^2\boldsymbol{A} = (\nabla^2\boldsymbol{A})_r\boldsymbol{e}_r + (\nabla^2\boldsymbol{A})_\theta\boldsymbol{e}_\theta + (\nabla^2\boldsymbol{A})_\varphi\boldsymbol{e}_\varphi$$

其中

$$(\nabla^2\boldsymbol{A})_r = \nabla^2 A_r - \frac{2}{r^2}\left[A_r + \frac{1}{\sin\theta}\frac{\partial}{\partial\theta}(\sin\theta A_\theta) + \frac{1}{\sin\theta}\frac{\partial A_\varphi}{\partial\varphi}\right] \tag{1-58}$$

$$(\nabla^2\boldsymbol{A})_\theta = \nabla^2 A_\theta + \frac{2}{r^2}\left(\frac{\partial A_r}{\partial\theta} - \frac{A_\theta}{2\sin^2\theta} - \frac{\cos\theta}{\sin^2\theta}\frac{\partial A_\varphi}{\partial\varphi}\right)$$

$$(\nabla^2\boldsymbol{A})_\varphi = \nabla^2 A_\varphi + \frac{2}{r^2\sin\theta}\left(\frac{\partial A_r}{\partial\varphi} + \cot\theta\frac{\partial A_\theta}{\partial\varphi} - \frac{A_\varphi}{2\sin\theta}\right) \tag{1-59}$$

1.8.4 常用的矢量运算公式

设 F、G 为标量场，$\boldsymbol{a}$、$\boldsymbol{b}$ 为矢量场，并设它们连续且存在二阶偏导数，$\boldsymbol{r}$ 为位置矢量，即 $r=\sqrt{(x-x')^2+(y-y')^2+(z-z')^2}$ 为源点x'与场点x之间的距离，r 的方向规定为由源点指向场点，则有：

$$\nabla\frac{1}{r} = \boldsymbol{e}_x\left(-\frac{x-x'}{r^3}\right)+\boldsymbol{e}_y\left(-\frac{y-y'}{r^3}\right)+\boldsymbol{e}_z\left(-\frac{z-z'}{r^3}\right)$$

$$= -\frac{\boldsymbol{r}}{r^3} \tag{1-60}$$

$$\nabla\cdot\frac{\boldsymbol{r}}{r^3} = \begin{cases}0 & (r\neq 0)\\ +4\pi & (r=0)\end{cases} \tag{1-61}$$

$$\nabla\times\frac{\boldsymbol{r}}{r^3} = \nabla\times\left(-\nabla\frac{1}{r}\right) = -\nabla\times\left(\nabla\frac{1}{r}\right) = 0 \tag{1-62}$$

$$\nabla\times\boldsymbol{r} = \begin{vmatrix}\boldsymbol{e}_x & \boldsymbol{e}_y & \boldsymbol{e}_z\\ \frac{\partial}{\partial x} & \frac{\partial}{\partial y} & \frac{\partial}{\partial z}\\ r_x & r_y & r_z\end{vmatrix} = 0 \tag{1-63}$$

$$(\boldsymbol{a}\cdot\nabla)\boldsymbol{r} = \boldsymbol{a} \tag{1-64}$$

$$\nabla(\boldsymbol{a}\cdot\boldsymbol{r}) = \boldsymbol{a} \tag{1-65}$$

$$\nabla(F+G) = \nabla F + \nabla G \tag{1-66}$$

$$\nabla(FG) = G\nabla F + F\nabla G \tag{1-67}$$

$$\nabla\cdot(\boldsymbol{a}+\boldsymbol{b}) = \nabla\cdot\boldsymbol{a} + \nabla\cdot\boldsymbol{b} \tag{1-68}$$

$$\nabla\times(\boldsymbol{a}+\boldsymbol{b}) = \nabla\times\boldsymbol{a} + \nabla\times\boldsymbol{b} \tag{1-69}$$

$$\nabla\cdot(F\boldsymbol{a}) = (\nabla F)\cdot\boldsymbol{a} + F(\nabla\cdot\boldsymbol{a}) \tag{1-70}$$

$$\nabla\times(F\boldsymbol{a}) = (\nabla F)\times\boldsymbol{a} + F(\nabla\times\boldsymbol{a}) \tag{1-71}$$

$$\nabla\cdot(\boldsymbol{a}\times\boldsymbol{b}) = (\nabla\times\boldsymbol{a})\cdot\boldsymbol{b} - \boldsymbol{a}\cdot(\nabla\times\boldsymbol{b}) \tag{1-72}$$

$$\nabla\times(\boldsymbol{a}\times\boldsymbol{b}) = (\boldsymbol{b}\cdot\nabla)\boldsymbol{a} - (\boldsymbol{a}\cdot\nabla)\boldsymbol{b} + (\nabla\cdot\boldsymbol{b})\boldsymbol{a} - (\nabla\cdot\boldsymbol{a})\boldsymbol{b} \tag{1-73}$$

$$\nabla(\boldsymbol{a}\cdot\boldsymbol{b}) = (\boldsymbol{b}\cdot\nabla)\boldsymbol{a} + (\boldsymbol{a}\cdot\nabla)\boldsymbol{b} + \boldsymbol{b}\times(\nabla\times\boldsymbol{a}) + \boldsymbol{a}\times(\nabla\times\boldsymbol{b}) \tag{1-74}$$

$$\nabla\cdot(\nabla F) = \nabla^2 F \tag{1-75}$$

$$\nabla\times(\nabla F)=0 \tag{1-76}$$

$$\nabla\cdot(\nabla\times\boldsymbol{a})=0 \tag{1-77}$$

$$\nabla\times(\nabla\times\boldsymbol{a})=\nabla(\nabla\cdot\boldsymbol{a})-\nabla^2\boldsymbol{a} \tag{1-78}$$

【例 1-8】 设 $r=\sqrt{(x-x')^2+(y-y')^2+(z-z')^2}$ 为源点 x' 与场点 x 之间的距离，r 的方向规定为由源点指向场点，试分别对场点和源点求标量场 r 的梯度。

解：

对于场点，

$$\begin{aligned}\nabla r&=\boldsymbol{e}_x\frac{\partial r}{\partial x}+\boldsymbol{e}_y\frac{\partial r}{\partial y}+\boldsymbol{e}_z\frac{\partial r}{\partial z}\\&=\boldsymbol{e}_x\frac{x-x'}{r}+\boldsymbol{e}_y\frac{y-y'}{r}+\boldsymbol{e}_z\frac{z-z'}{r}\\&=\frac{1}{r}[\boldsymbol{e}_x(x-x')+\boldsymbol{e}_y(y-y')+\boldsymbol{e}_z(z-z')]=\frac{\boldsymbol{r}}{r}\end{aligned}$$

对于源点，

$$\begin{aligned}\nabla' r&=\boldsymbol{e}_x\frac{\partial r}{\partial x'}+\boldsymbol{e}_y\frac{\partial r}{\partial y'}+\boldsymbol{e}_z\frac{\partial r}{\partial z'}\\&=-\boldsymbol{e}_x\frac{x-x'}{r}-\boldsymbol{e}_y\frac{y-y'}{r}-\boldsymbol{e}_z\frac{z-z'}{r}\\&=-\frac{\boldsymbol{r}}{r}\\&=-\nabla r\end{aligned} \tag{1-79}$$

习题 1-8

1. 对任意标量场 φ，证明：$\nabla\times(\nabla\varphi)=0$。
2. 对任意标量场 A，证明：$\nabla\cdot(\nabla\times\boldsymbol{A})=0$。

本 章 小 结

(1) 本章知识结构图如图 1-19 所示。

(2) 场的三要素：空间、边界、按一定规律连续分布的物理量。

(3) 描述场的工具：刻画场在任意点的变化时，标量场 u 用梯度 ∇u 表示，矢量场 $\boldsymbol{F}$ 用散度 $\nabla\cdot\boldsymbol{F}$ 和旋度 $\nabla\times\boldsymbol{F}$ 表示；形象化表示时，标量场用等值面 $u=C$，矢量场用矢量线 $\mathrm{d}\boldsymbol{l}\times\boldsymbol{F}(\boldsymbol{r})=0$或箭头图描述。

(4) 基本定理如下。

高斯定理：$\oint_S\boldsymbol{A}\cdot\mathrm{d}\boldsymbol{S}=\int_V\mathrm{div}\boldsymbol{A}\mathrm{d}V$

斯托克斯定理：$\oint_l\boldsymbol{A}\cdot\mathrm{d}\boldsymbol{l}=\int_S(\nabla\times\boldsymbol{A})\cdot\mathrm{d}\boldsymbol{S}$

亥姆霍兹定理：一个矢量场只可能有两种源——旋度源和散度源，此外，再无其他类型的源。

(5) 几种特殊的场如下。

无旋场（有势场）：旋度在该区域内处处为零的矢量场。

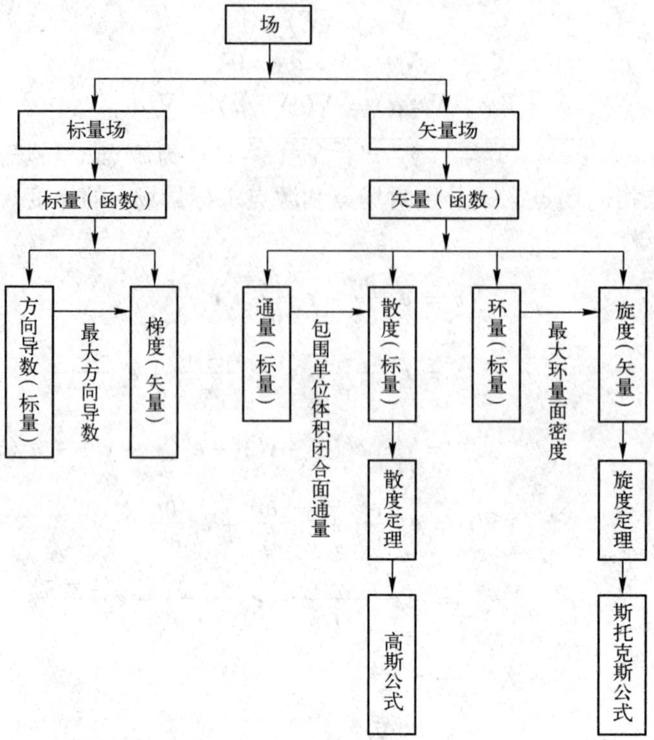

图 1-19　本章知识结构图

无源场（无散场或管形场）：散度处处为零的矢量场。

调和场：调和场既无源又无旋。

保守场：∇u 沿线积分与路径无关的标量场。

复习参考题

一、思考题

1. 标量场和矢量场有何区别？
2. 标量场的梯度的物理意义是什么？
3. 散度的物理意义是什么？
4. 无旋场有哪些基本性质？
5. 无源场有哪些基本性质？

二、习题

1. 给定两矢量 $\boldsymbol{A}=2\boldsymbol{e}_x+3\boldsymbol{e}_y-4\boldsymbol{e}_z$ 和 $\boldsymbol{B}=4\boldsymbol{e}_x-5\boldsymbol{e}_y+6\boldsymbol{e}_z$，求它们之间的夹角和 $\boldsymbol{A}$ 在 $\boldsymbol{B}$ 上的分量。

2. 在圆柱坐标系中，一点的位置由 $\left(4,\ \frac{2}{3}\pi,\ 3\right)$ 定出，求该点在直角坐标系中的坐标和球坐标系中的坐标。

3. 求下列标量场的等值面：

（1）$u=\dfrac{1}{ax+by+cz}$；

（2）$u=z-\sqrt{x^2+y^2}$；

（3）$u=\ln\ (x^2+y^2+z^2)$。

4. 求矢量场 $\boldsymbol{A}=y^2x\boldsymbol{e}_x+x^2y\boldsymbol{e}_y+y^2z\boldsymbol{e}_z$ 的矢量线方程。

5. 已知标量函数场 $u=x^2+2y^2+3z^2+3x-2y-6z$。求：（1）∇u；（2）在哪些点上 ∇u 等于零。

6. 设 $u(M)=3x^2+z^2-2yz+2xz$，求：

（1）$u(M)$ 在点 $M_0(1.0,2.0,3.0)$ 处沿矢量 $\boldsymbol{l}=yx\boldsymbol{e}_x+zx\boldsymbol{e}_y+xy\boldsymbol{e}_z$ 方向的方向导数，

（2）$u(M)$ 在点 $M_0(1.0,2.0,3.0)$ 处沿矢量 $\boldsymbol{l}=(6x+2z)\boldsymbol{e}_x-2z\boldsymbol{e}_y+(2z-2y+2x)\boldsymbol{e}_z$ 方向的方向导数。

7. 设有标量场 $u=2xy-z^2$，求 u 在点 $(2.0,-1.0,1.0)$ 处沿该点至 $(3.0,1.0,-1.0)$ 方向的方向导数。在点 $(2.0,-1.0,1.0)$ 沿什么方向的方向导数达到最大值？其值是多少？

8. 设 $\boldsymbol{r}=x\boldsymbol{e}_x+y\boldsymbol{e}_y+z\boldsymbol{e}_z, r=|\boldsymbol{r}|$，$n$ 为正整数，试求：

（1）∇r^2，∇r^n，$\nabla f(r)$；

（2）证明 $\nabla(\boldsymbol{a}\cdot\boldsymbol{r})=\boldsymbol{a}$，（$\boldsymbol{a}$ 是常矢量）。

9. 设 S 为上半球面 $x^2+y^2+z^2=a^2(z\geqslant 0)$ 其法向单位矢量 $\boldsymbol{e}_n$ 与 z 轴的夹角为锐角，求矢量场 $\boldsymbol{r}=x\boldsymbol{e}_x+y\boldsymbol{e}_y+z\boldsymbol{e}_z$ 沿 $\boldsymbol{e}_n$ 所指的方向穿过 S 的通量。（提示：注意 $\boldsymbol{r}$ 与 $\boldsymbol{e}_n$ 同向）

10. 试采用与推导直角坐标中 $\nabla\cdot\boldsymbol{A}=\dfrac{\partial A_x}{\partial x}+\dfrac{\partial A_y}{\partial y}+\dfrac{\partial A_z}{\partial z}$ 相似的方法推导圆柱坐标下的公式：

$$\nabla\cdot\boldsymbol{A}=\frac{1}{r}\frac{\partial}{\partial r}(rA_r)+\frac{1}{r}\frac{\partial A_\varphi}{\partial\varphi}+\frac{\partial A_z}{\partial z}。$$

11. 已知液体的流速场 $\boldsymbol{V}=3x\boldsymbol{e}_x+y^2\boldsymbol{e}_y+xz^3\boldsymbol{e}_z$，问点 $M(3.0,2.0,1.0)$ 是否为源点？

12. 求 div$\boldsymbol{A}$ 在给定点处的值：

（1）$\boldsymbol{A}=x^3\boldsymbol{e}_x+y^3\boldsymbol{e}_y+z^3\boldsymbol{e}_z$ 在 $M(1.0,0.0,-1.0)$ 处；

（2）$\boldsymbol{A}=4x\boldsymbol{e}_x-2xy\boldsymbol{e}_y+z^2\boldsymbol{e}_z$ 在 $M(1.0,1.0,3.0)$ 处；

（3）$\boldsymbol{A}=xyz\boldsymbol{r}(\boldsymbol{r}=x\boldsymbol{e}_x+y\boldsymbol{e}_y+z\boldsymbol{e}_z)$ 在 $M(1.0,3.0,2.0)$ 处。

13. 求题 1－12 中各矢量场的旋度：

（1）$\boldsymbol{A}=x^3\boldsymbol{e}_x+y^3\boldsymbol{e}_y+z^3\boldsymbol{e}_z$；

（2）$\boldsymbol{A}=4x\boldsymbol{e}_x-2xy\boldsymbol{e}_y+z^2\boldsymbol{e}_z$；

（3）$\boldsymbol{A}=xyz\boldsymbol{r}(\boldsymbol{r}=x\boldsymbol{e}_x+y\boldsymbol{e}_y+z\boldsymbol{e}_z)$。

14. 试求：

（1）矢量 $\boldsymbol{A}=x^3\boldsymbol{e}_x+x^2y^2\boldsymbol{e}_y+24x^2y^2z^3\boldsymbol{e}_z$ 的散度；

（2）$\nabla\cdot\boldsymbol{A}$ 对中心在原点的一个单位立方体的积分；

（3）$\boldsymbol{A}$ 对此立方体表面的积分，并验证散度定理。

15. 计算矢量 $\boldsymbol{r}$ 对一个球心在原点、半径为 a 的球表面的积分，并求 $\nabla\cdot\boldsymbol{r}$ 对球体积的积分。

16. 求矢量$\boldsymbol{A}=\boldsymbol{e}_x x+\boldsymbol{e}_y x^2+\boldsymbol{e}_z y^2 z$沿 xy 平面上的一个边长为 2 的正方形回路的线积分，此正方形的两边分别与 x 轴和 y 轴相重合；$\nabla\times\boldsymbol{A}$ 对此回路所包围的曲面积分，并验证斯托克斯定理。

17. 求矢量$\boldsymbol{A}=\boldsymbol{e}_x x+\boldsymbol{e}_y xy^2$ 沿圆周 $x^2+y^2=a^2$ 的线积分，并计算 $\nabla\times\boldsymbol{A}$ 对此圆面积的积分。

18. 在由 $r=5$、$z=0$ 和 $z=4$ 围成的圆柱形区域，对矢量$\boldsymbol{A}=\boldsymbol{e}_r r^2+\boldsymbol{e}_z 2z$ 验证散度定理。

19. 证明：$\nabla\cdot\boldsymbol{R}=3$；$\nabla\times\boldsymbol{R}=0$；$\nabla(\boldsymbol{A}\cdot\boldsymbol{R})=\boldsymbol{A}$。其中，$\boldsymbol{R}=\boldsymbol{e}_x x+\boldsymbol{e}_y y+\boldsymbol{e}_z z$；$\boldsymbol{A}$ 为一常矢量。

20. 利用直角坐标，证明：$\nabla(F\boldsymbol{A})=F\,\nabla\cdot\boldsymbol{A}+\boldsymbol{A}\cdot\nabla F$。

21. 设 u 是空间坐标 x、y、z 的函数，证明：$\nabla f(u)=\dfrac{\mathrm{d}f}{\mathrm{d}u}\nabla u$。

22. 设 u 是空间坐标 x、y、z 的函数，证明：$\nabla\cdot\boldsymbol{A}(u)=\nabla u\cdot\dfrac{\mathrm{d}\boldsymbol{A}}{\mathrm{d}u}$。

23. 设 u 是空间坐标 x、y、z 的函数，证明：$\nabla\times\boldsymbol{A}(u)=\nabla u\times\dfrac{\mathrm{d}\boldsymbol{A}(u)}{\mathrm{d}u}$。

第2章

静电场

【本章内容概要】

首先由库仑定律引入静电场中最主要的场量——电场强度 $\boldsymbol{E}$。进而研究静电场的旋度特性$\left(\oint_l \boldsymbol{E}\cdot \mathrm{d}\boldsymbol{l} = 0\right)$和散度特性静电场高斯定律$\left(\oint_S \boldsymbol{D}\cdot \mathrm{d}\boldsymbol{S} = q\right)$，构成静电场的积分形式的基本方程。其次，应用积分形式的基本方程，推导出不同媒质分界面上的边界条件，即应用微分形式的基本方程($\nabla\cdot\boldsymbol{D}=\rho$ 和 $\nabla\times\boldsymbol{E}=0$)，推导出电位 φ 满足的泊松方程($\nabla^2\varphi=-\rho/\varepsilon$)和拉普拉斯方程($\nabla^2\varphi=0$)，把静电场问题归结为在给定边界条件下求解泊松方程和拉普拉斯方程的边值问题。另外，将电容概念推广于多导体系统，引入部分电容。最后，从场的角度，讨论静电能量的计算和静电能量的分布，引入静电能量密度，重点讨论应用虚位移法求电场力，并介绍关于电场力的法拉第观点。

【本章学习重点难点】

学习重点：要求深刻理解电场强度、电位移矢量、电位、极化等概念；掌握电位的边值问题及其解法；熟练掌握电场、电容、能量和力的各种计算方法，有静电场的基本方程的积分和微分形式、静电场的边值问题、静电能量和静电力的计算。

学习难点：电位边值问题及其解法（分离变量法、有限差分法、镜像法、电轴法等）。

2.1 电场强度的引入——库仑定律

电荷的周围存在着一种特殊的物质，称为电场。电场是指统一的电磁场的一个方面，它的表现是指对被引入场中的电荷有力的作用。相对于观察者为静止且其电荷量不随时间变化的电荷所引起的电场，称为静电场。本节首先从库仑定律出发引入静电场的一个基本场量——电场强度 $\boldsymbol{E}$。

库仑定律是静电现象的基本实验定律。大量试验表明，真空中两个静止的点电荷 q_1 与 q_2之的相互作用力可表示为：

$$\boldsymbol{F}_{21} = \frac{q_1 q_2}{4\pi\varepsilon_0}\cdot\frac{\boldsymbol{e}_{12}}{R^2} \tag{2-1}$$

$$\boldsymbol{F}_{12} = \frac{q_1 q_2}{4\pi\varepsilon_0}\cdot\frac{\boldsymbol{e}_{21}}{R^2} \tag{2-2}$$

$$\boldsymbol{F}_{21} = -\boldsymbol{F}_{12} \tag{2-3}$$

满足式（2-1）和式（2-2）、式（2-3）的这一规律称为库仑定律。式中，q_1 和 q_2 分别为两带电体的电荷量。R 是两带电体间的距离；$\boldsymbol{e}_{21}$ 和 $\boldsymbol{e}_{12}$ 是沿两带电体之间连线方向的单位矢量；ε_0 是真空中的介电常数；$\boldsymbol{F}_{12}$ 是带电体 q_1 对带电体 q_2 的作用力，$\boldsymbol{F}_{21}$ 是带电体 q_2 对带电体 q_1 的作用力。采用国际单位制，在库仑定律的表达式中，电荷量的单位是库仑，距离的单位是米，力的单位是牛顿，ε_0 的单位是法拉/米，其值为 $10^{-9}/36\pi$。库仑定律的适用条件是带电体本身尺寸远远小于它们之间的距离。在这样的条件下，可以把带电体看成几何上的点，称为点电荷。库仑定律给出了两点电荷之间作用力的量值和方向，但并未说明作用力是通过什么途径传递的。历史上，围绕静电力的传递问题有过多年的争论。目前普遍认为，电荷之间的作用力是通过周围空间存在的一种特殊物质——电场，以有限速度传递的。任何电荷都在其周围产生电场。电场的一个重要特性就是对处在其中的电荷产生作用力，通常引入电场强度来描述电场的这一重要特性。

设在电场中某点放置一检验电荷，电场对其作用力为 q_0，则电场强度的定义为：

$$\boldsymbol{E} = \lim_{q_0 \to 0} \frac{\boldsymbol{F}}{q_0} \tag{2-4}$$

在国际单位制（SI）中，电场强度的单位是伏/米（V/m）。

根据电场强度的定义和库仑定律，可以得到无限大真空中，在坐标系任意一点 $\boldsymbol{r}'$ 上的点电荷在点 $\boldsymbol{r}$ 产生的电场强度为：

$$\boldsymbol{E}(r) = \frac{q}{4\pi\varepsilon_0 |\boldsymbol{r} - \boldsymbol{r}'|^2} \cdot \frac{\boldsymbol{r} - \boldsymbol{r}'}{|\boldsymbol{r} - \boldsymbol{r}'|} = \frac{q}{4\pi\varepsilon_0 R^2}\boldsymbol{e}_R \tag{2-5}$$

式（2-5）涉及空间两个点，一个是点电荷所在的位置，其坐标为 $\boldsymbol{r}'(x',y',z')$，称“源点”；另一个是需要确定场量的点，其坐标为 $\boldsymbol{r}(x,y,z)$，称“场点”。假设，“源点”选在坐标原点，则其在点 $\boldsymbol{r}$ 产生的电场强度为：

$$\boldsymbol{E}(r) = \frac{q}{4\pi\varepsilon_0 r^2}\boldsymbol{e}_R \tag{2-6}$$

式（2-6）说明，电场强度与产生电场的点电荷的电荷量成正比。所以计算 n 个点电荷产生的电场强度时，根据线性叠加原理，等于各个点电荷单独在该点产生的电场强度的矢量和为：

$$\boldsymbol{E}(r) = \frac{1}{4\pi\varepsilon_0}\sum_{k=1}^{n} \frac{q_k}{|\boldsymbol{r} - \boldsymbol{r}'_{kk}|^2} \frac{\boldsymbol{r} - \boldsymbol{r}'_k}{|\boldsymbol{r} - \boldsymbol{r}'_k|} = \frac{1}{4\pi\varepsilon_0}\sum_{k=1}^{n} \frac{q_k}{R_k^2}\boldsymbol{e}_R \tag{2-7}$$

对于以体密度连续分布的体积电荷，其所产生的电场强度为：

$$\boldsymbol{E}(\boldsymbol{r}) = \frac{1}{4\pi\varepsilon_0}\int_{V'} \frac{\rho(\boldsymbol{r}')}{R^2}\boldsymbol{e}_R \mathrm{d}V' \tag{2-8}$$

同理，对于面电荷和线电荷，其所产生的电场强度为：

面电荷
$$\boldsymbol{E}(\boldsymbol{r}) = \frac{1}{4\pi\varepsilon_0}\int_{S'} \frac{\sigma(\boldsymbol{r}')}{R^2}\boldsymbol{e}_R \mathrm{d}S' \tag{2-9}$$

线电荷
$$\boldsymbol{E}(\boldsymbol{r}) = \frac{1}{4\pi\varepsilon_0}\int_{l'} \frac{\tau(\boldsymbol{r}')}{R^2}\boldsymbol{e}_R \mathrm{d}l' \tag{2-10}$$

【例 2-1】 真空中有限长直线段 l 上均匀分布线电荷密度为 τ 的电荷，如图 2-1 所示。求线外中垂面上任意场点 P 处的电场强度。

解：采用圆柱坐标系，令 z 轴与线电荷重合，原点置于线段 l 的中点。则：

$$\mathrm{d}E_\rho = \mathrm{d}E\cos\alpha = \frac{1}{4\pi\varepsilon_0}\frac{\tau \mathrm{d}z'}{R^2}\cos\alpha = \frac{1}{4\pi\varepsilon_0}\frac{\tau\rho \mathrm{d}z'}{(\rho^2 + z'^2)^{\frac{3}{2}}}$$

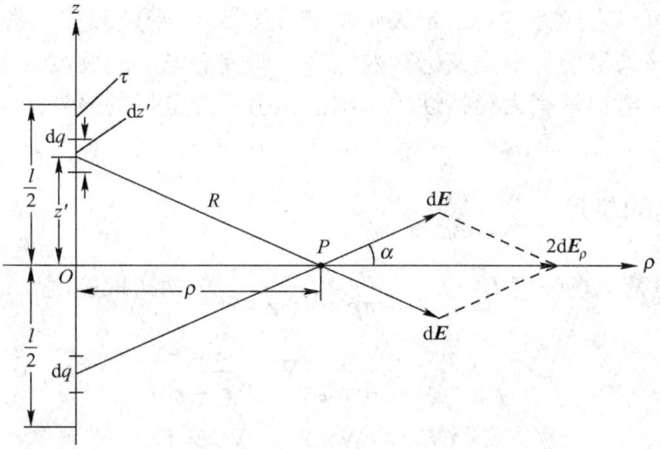

图 2-1 有限长直线电荷沿 ρ 方向的电场

$$E_{\rho}(\rho,0,0) = \int_{0}^{\frac{l}{2}} dE_{\rho} = 2 \cdot \frac{\tau}{4\pi\varepsilon_0}\int_{0}^{\frac{l}{2}} \frac{\rho dz'}{(\rho^2 + z'^2)^{\frac{3}{2}}}$$

利用变量代换 $z' = \rho\tan\alpha$ 导出，$dz' = \rho\sec^2\alpha d\alpha$，并代入上式，得：

$$E_{\rho}(\rho,0,0) = 2 \cdot \frac{\tau}{4\pi\varepsilon_0\rho}\int_{0}^{\alpha_0} \cos\alpha d\alpha \boldsymbol{e}_{\rho} = \frac{\tau}{2\pi\varepsilon_0\rho}\sin\alpha_0 \boldsymbol{e}_{\rho}$$

式中，$\alpha_0 = \arctan\dfrac{l}{2\rho}$。

如果$\dfrac{l}{2\rho} \ll 1$，这意味着 l 很小或 ρ 很大，此时，$\sin\alpha_0 \approx \dfrac{l}{2\rho}$，则：

$$\boldsymbol{E}_{\rho} = \frac{\tau l}{4\pi\varepsilon_0\rho^2}\boldsymbol{e}_{\rho}$$

相当于电量为 τl 的点电荷产生的电场。如果$\dfrac{l}{2\rho} \gg 1$，这可以视为无限长直的线电荷，此时，$\alpha_0 = \arctan\dfrac{l}{2\rho} \approx \dfrac{\pi}{2}$，则：

$$\boldsymbol{E}_{\rho} = \frac{\tau}{2\pi\varepsilon_0\rho}\boldsymbol{e}_{\rho}$$

习题 2-1

1. 两点电荷 $q_1 = 8C$ 位于 z 轴上 $z = 4$ 处，$q_2 = -4C$ 位于 y 轴上 $y = 4$ 处，求点(4,0,0)处的电场强度。

2. 一个半圆环上均匀分布线电荷 ρ_l，求垂直于圆平面的轴线上 $z = a$ 处的电场强度 $\boldsymbol{E}(0,0,a)$，设半圆环的半径也为 a，如题 2 图所示。

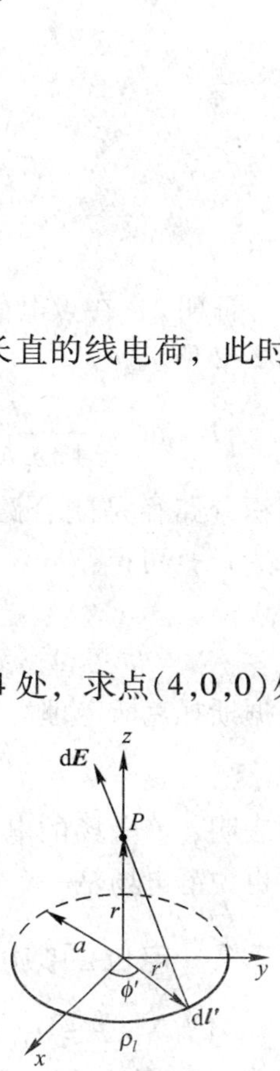

题 2 图

2.2 电场强度的旋度

亥姆霍兹定理指出：在空间有限区域 V 内的任一个矢量场 $\boldsymbol{F}$，由它的散度、旋度和边界条件（即包围 V 的闭合面 S 上矢量场分布）

唯一地确定。它还可以表述为：当给定矢量场 $\boldsymbol{F}$ 的通量源密度和旋涡源密度及场域的边界条件，就可以确定该矢量场。根据亥姆霍兹定理，研究静电场的旋度、散度和边界条件。在应用矢量分析阐明静电场具有无旋特性的基础上，引入静电场的另外一个重要的场量——标量电位，简称电位。

2.2.1 电场强度的旋度

证明1：将点电荷电场强度 $\boldsymbol{E}(\boldsymbol{r})=\dfrac{q}{4\pi\varepsilon_0}\cdot\dfrac{\boldsymbol{r}-\boldsymbol{r}'}{|\boldsymbol{r}-\boldsymbol{r}'|^3}$两边取旋度，得：

$$\nabla\times\boldsymbol{E}(\boldsymbol{r})=\frac{q}{4\pi\varepsilon_0}\nabla\times\frac{\boldsymbol{r}-\boldsymbol{r}'}{|\boldsymbol{r}-\boldsymbol{r}'|^3} \tag{2-11}$$

根据矢量恒等式
$$\nabla\times C\boldsymbol{F}=C\nabla\times\boldsymbol{F}+\nabla C\times\boldsymbol{F} \tag{2-12}$$

得
$$\nabla\times\frac{\boldsymbol{r}-\boldsymbol{r}'}{|\boldsymbol{r}-\boldsymbol{r}'|^3}=\frac{1}{|\boldsymbol{r}-\boldsymbol{r}'|^3}\nabla\times(\boldsymbol{r}-\boldsymbol{r}')+\nabla\frac{1}{|\boldsymbol{r}-\boldsymbol{r}'|^3}\times(\boldsymbol{r}-\boldsymbol{r}') \tag{2-13}$$

又因为

$$\begin{aligned}\nabla\times(\boldsymbol{r}-\boldsymbol{r}')&=\nabla\times[(x-x')\boldsymbol{e}_x+(y-y')\boldsymbol{e}_y+(z-z')\boldsymbol{e}_z]\\&=\begin{vmatrix}\boldsymbol{e}_x & \boldsymbol{e}_y & \boldsymbol{e}_z\\ \dfrac{\partial}{\partial x} & \dfrac{\partial}{\partial y} & \dfrac{\partial}{\partial z}\\ x-x' & y-y' & z-z'\end{vmatrix}=0\end{aligned} \tag{2-14}$$

$$\nabla\frac{1}{|\boldsymbol{r}-\boldsymbol{r}'|^3}\times(\boldsymbol{r}-\boldsymbol{r}')=-3\frac{\boldsymbol{r}-\boldsymbol{r}'}{|\boldsymbol{r}-\boldsymbol{r}'|^5}\times(\boldsymbol{r}-\boldsymbol{r}')=0 \tag{2-15}$$

所以
$$\nabla\times\boldsymbol{E}(\boldsymbol{r})\equiv 0 \tag{2-16}$$

证明2：在点电荷 q 的场中取一条曲线连接 A、B 两点，计算 E 沿此曲线的线积分，如图2-2所示。

$$\int_l\boldsymbol{E}\cdot d\boldsymbol{l}=\frac{q}{4\pi\varepsilon_0}\int_l\frac{\boldsymbol{e}_R}{R^2}\cdot d\boldsymbol{l}=\frac{q}{4\pi\varepsilon_0}\int_{R_A}^{R_B}\frac{dR}{R^2}=-\frac{q}{4\pi\varepsilon_0}\left[\frac{1}{R}\right]\Bigg|_{R_A}^{R_B}=\frac{q}{4\pi\varepsilon_0}\left(\frac{1}{R_A}-\frac{1}{R_B}\right) \tag{2-17}$$

当积分路径是闭合路径时，即当 A、B 点重合时，由式（2－17）可得：

$$\oint_l\boldsymbol{E}\cdot d\boldsymbol{l}=0 \tag{2-18}$$

根据斯托克斯定理
$$\oint_l\boldsymbol{E}\cdot d\boldsymbol{l}=\int_S\nabla\times\boldsymbol{E}\cdot d\boldsymbol{S}$$
$$\nabla\times\boldsymbol{E}\equiv 0$$

这表明，静电场的电场强度 $\boldsymbol{E}$ 的旋度到处为零。因此通常也说静电场是一个无旋场。

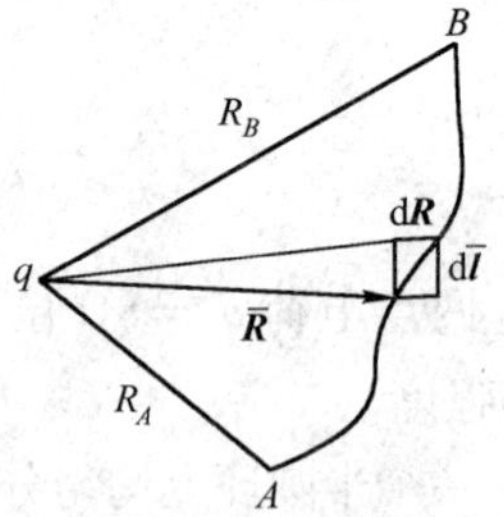

图2-2 在点电荷场中计算 $\boldsymbol{E}$ 的线积分

2.2.2 电位函数的引入

因为 $\nabla\times\boldsymbol{E}=0$，由矢量分析知，任意一个标量函数的梯度的旋度恒等于零，即矢量恒等式 $\nabla\times(\nabla\varphi)=0$，$\boldsymbol{E}(\boldsymbol{r})$可以表示为：

$$E(r) = -\nabla\varphi(r) \tag{2-19}$$

式（2－19）中，称标量函数 $\varphi(r)$ 为静电场的标量电位函数，简称电位。这表明，自由空间中任一点静电场的电场强度 E 等于该点电位梯度的负值。电位函数的表达式为：

点电荷
$$\varphi(r) = \frac{1}{4\pi\varepsilon_0}\frac{q(r')}{R} \tag{2-20}$$

线电荷
$$\varphi(r) = \frac{1}{4\pi\varepsilon_0}\int_{l'}\frac{\tau(r')}{R}\mathrm{d}l' \tag{2-21}$$

面电荷
$$\varphi(r) = \frac{1}{4\pi\varepsilon_0}\int_{S'}\frac{\sigma(r')}{R}\mathrm{d}S' \tag{2-22}$$

体电荷
$$\varphi(r) = \frac{1}{4\pi\varepsilon_0}\int_{V'}\frac{\rho(r')}{R}\mathrm{d}V' \tag{2-23}$$

电场强度的表达式为：

$$E(r) = -\nabla\varphi = -\nabla\int_{V'}\frac{\rho(r')}{4\pi\varepsilon_0 R}\mathrm{d}V' = -\int_{V'}\frac{\rho(r')}{4\pi\varepsilon_0}\nabla\left(\frac{1}{R}\right)\mathrm{d}V' \tag{2-24}$$

因为

$$\nabla\left(\frac{1}{R}\right) = e_x\frac{\partial}{\partial x}\left(\frac{1}{R}\right) + e_y\frac{\partial}{\partial y}\left(\frac{1}{R}\right) + e_z\frac{\partial}{\partial z}\left(\frac{1}{R}\right) = -\frac{1}{R^3}[(x-x')e_x + (y-y')e_y + (z-z')e_z]$$

$$= -\frac{R}{R^3} = -\frac{e_R}{R^2} \tag{2-25}$$

则得
$$E(r) = \frac{1}{4\pi\varepsilon_0}\int_{V'}\frac{\rho(r')}{R^2}e_R\mathrm{d}V'$$

点电荷
$$E(r) = \frac{1}{4\pi\varepsilon_0}\frac{q(r')}{R^2}e_R$$

线电荷
$$E(r) = \frac{1}{4\pi\varepsilon_0}\int_{l'}\frac{\tau(r')}{R^2}e_R\mathrm{d}l'$$

面电荷
$$E(r) = \frac{1}{4\pi\varepsilon_0}\int_{S'}\frac{\sigma(r')}{R^2}e_R\mathrm{d}S'$$

【例 2-2】 求电偶极子产生的空间电场强度与电位分布，如图 2-3 所示。

解： 定义电偶极矩 p（简称电矩，即 $p = qd$，d 为正负电荷间的距离，且规定 d 的方向由负电荷指向正电荷）表征其特性。在电介质中的场与电磁波辐射场等问题的分析中，电偶极子作为基本激励单元具有实际应用价值。仅考虑 $r \gg d$ 的情况，现采用球坐标系，设原点在电偶极子的中心，z 轴与 d 相重。应用叠加原理，任意点的电位为：

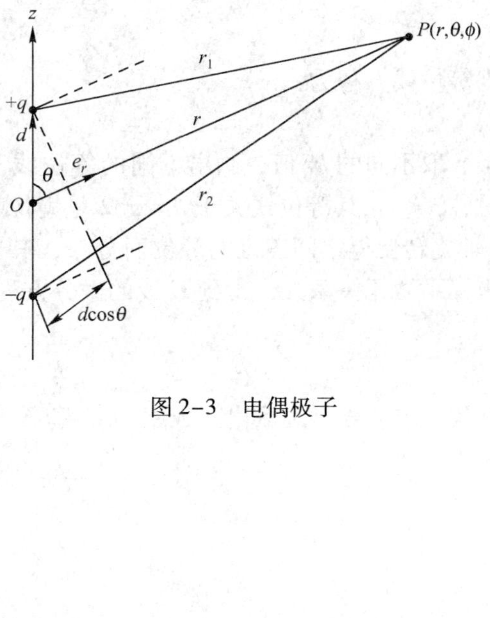

图 2-3 电偶极子

$$\varphi = \frac{q}{4\pi\varepsilon_0}\left(\frac{1}{r_1} - \frac{1}{r_2}\right) = \frac{q}{4\pi\varepsilon_0}\frac{r_2 - r_1}{r_1 r_2}$$

当 r 很大时，r_1、r_2 和 r 三者将近乎平行，此时 $r_2-r_1\approx d\cos\theta$，$r_1r_2\approx r^2$ 代入上式，得：

$$\varphi=\frac{qd\cos\theta}{4\pi\varepsilon_0 r^2}=\frac{1}{4\pi\varepsilon_0}\frac{\boldsymbol{p}\cdot\boldsymbol{e}_r}{r^2}$$

应用球坐标系中的梯度公式，则任意点的电场强度为：

$$\boldsymbol{E}=-\nabla\varphi=-\left(\frac{\partial\varphi}{\partial r}\boldsymbol{e}_r+\frac{1}{r}\frac{\partial\varphi}{\partial\theta}\boldsymbol{e}_\theta\right)=\frac{p_s}{4\pi\varepsilon_0 r^3}(2\cos\theta\boldsymbol{e}_r+\sin\theta\boldsymbol{e}_\theta)$$

可见，电偶极子的电位与距离平方成反比，电场强度的大小与距离的三次方成反比。此外，其电位或电场强度均与方位角 θ 相关。

2.2.3 电力线和等位面（线）

电力线（**E** 线）的概念是法拉第提出的，是用图形描绘电场分布的有效工具之一。**E** 线定义为其上任一点的切线方向应与该点电场强度方向相一致，即：

$$\boldsymbol{E}\times \mathrm{d}\boldsymbol{l}=0$$

在直角坐标系下，有：

$$\begin{aligned}&(E_x\boldsymbol{e}_x+E_y\boldsymbol{e}_y+E_z\boldsymbol{e}_z)\times(\mathrm{d}x\boldsymbol{e}_x+\mathrm{d}y\boldsymbol{e}_y+\mathrm{d}z\boldsymbol{e}_z)\\&=(E_y\mathrm{d}z-E_z\mathrm{d}y)\boldsymbol{e}_x+(E_z\mathrm{d}x-E_x\mathrm{d}z)\boldsymbol{e}_y+(E_x\mathrm{d}y-E_y\mathrm{d}x)\boldsymbol{e}_z=0\end{aligned}$$

则 **E** 线的微分方程为：

$$\frac{\mathrm{d}x}{E_x}=\frac{\mathrm{d}y}{E_y}=\frac{\mathrm{d}z}{E_z}$$

该微分方程的解就是描绘 **E** 线的函数关系式。通常，**E** 线的函数关系式可一般性地记为 $\psi(x,y,z)=C$，取不同的 C 值，即可获得一系列 **E** 线的分布，从而直观地描绘电场场强 **E** 的空间分布。

等位面是用图形描绘电场分布的另一种有效工具。根据电场强度的定义，等位面分布越密，该处电场场强越高，且电力线与等位面正交。

利用例 2-2 的结果，可以画出电偶极子远区的等电位线和电力线场图。电偶极子远区电位分布为：

$$\varphi_P(r,\theta,\varphi)=\frac{qd\cos\theta}{4\pi\varepsilon_0 r^2}=C$$

则等位线方程为：

$$r^2=k_1\cos\theta$$

取不同的 k_1 值，画出不同的等位线。在 $0\leqslant\theta\leqslant\pi/2$ 范围内，$\varphi>0$；而在 $\pi/2\leqslant\theta\leqslant\pi$ 时，$\varphi<0$，其等位线关于 $\theta=\pi/2$ 呈镜像对称。基于电偶极子电场的轴对称性，将等位线绕 z 轴旋转便得空间三维的等位面分布，其中 $z=0$（即 $\theta=\pi/2$）的平面为零电位面。由利用球坐标系微元关系式，得到 **E** 线的微分方程：

$$\frac{\mathrm{d}r}{E_r}=\frac{r\mathrm{d}\theta}{E_\theta}=\frac{r\sin\theta\mathrm{d}\varphi}{E_\varphi}$$

并代入电偶极子远区电场强度的 E_r 和 E_θ 分量，得：

$$\frac{\mathrm{d}r}{2\cos\theta}=\frac{r\mathrm{d}\theta}{\sin\theta}\Rightarrow\frac{\mathrm{d}r}{r}=\frac{2\mathrm{d}(\sin\theta)}{\sin\theta}$$

解得　　$\ln r = 2\ln \sin\theta + \ln k_2$

E 线等位线方程为：　　$r = k_2 \sin^2\theta$

取不同的 k_2 值，可画出不同的电力线（**E** 线）。电偶极子远区场如图 2-4 所示。

几种典型的场图如图 2-5　图 2-12 所示。

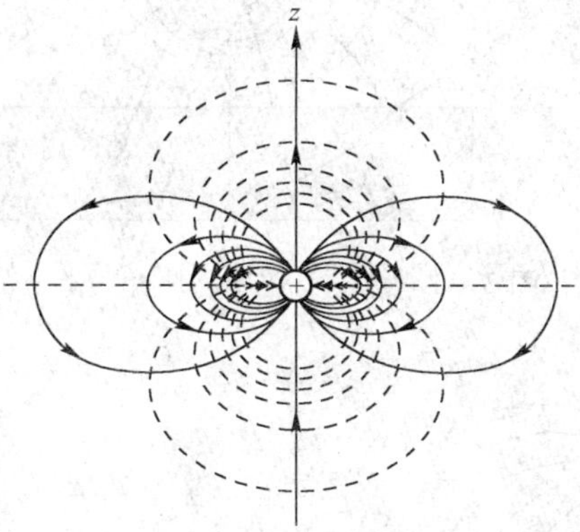

图 2-4　电偶极子的等位线和电力线

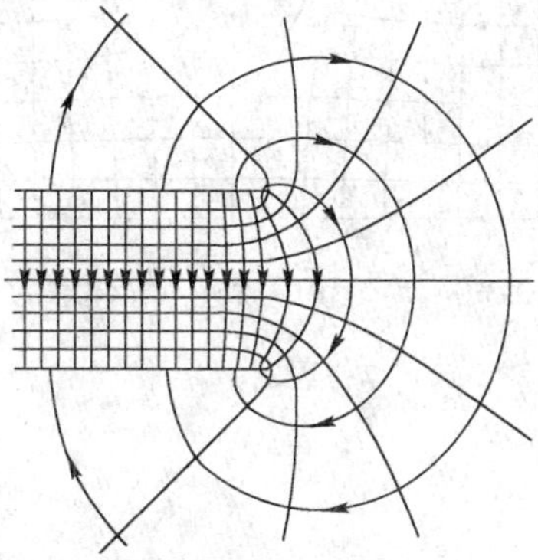

图 2-5　平板电容器端部

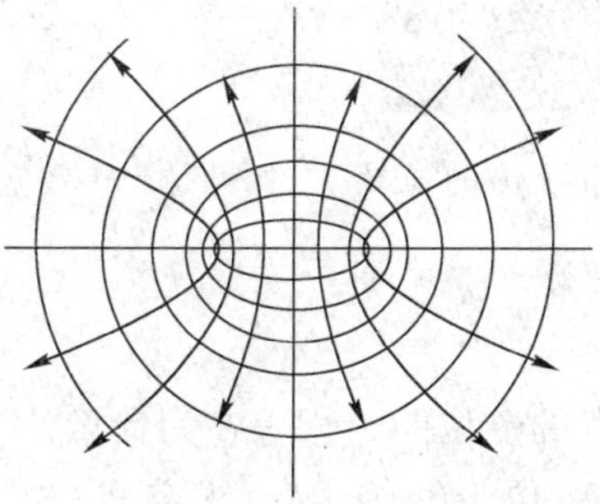

图 2-6　均匀带电圆盘的场图

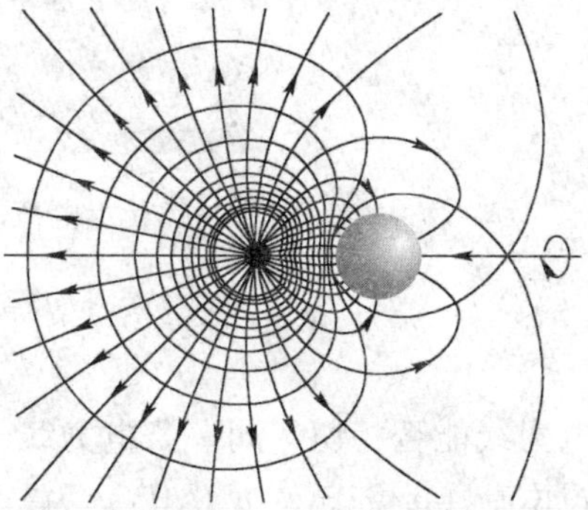

图 2-7　点电荷与接地导体的电场

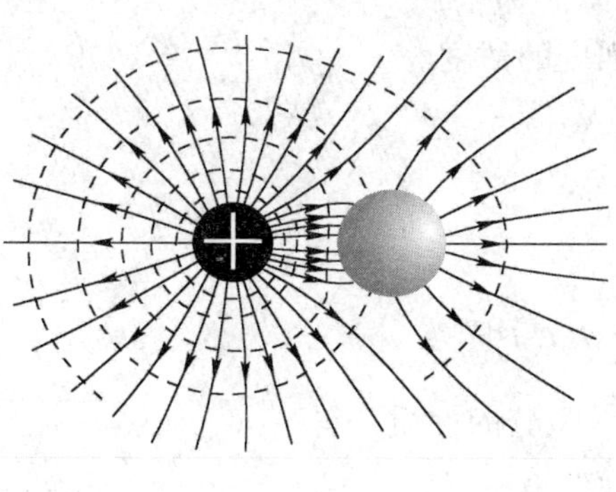

图 2-8　点电荷与不接地导体的电场

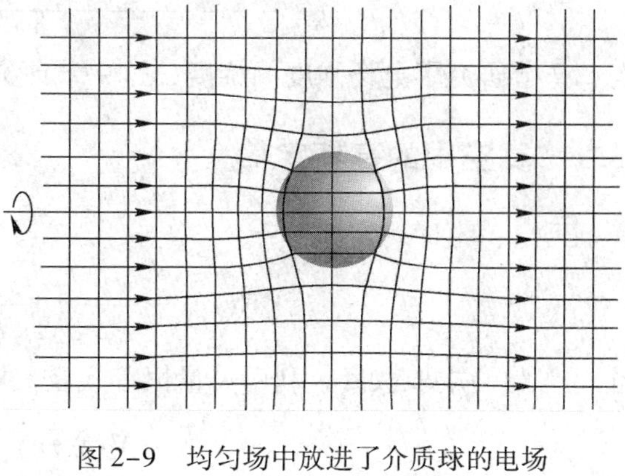

图 2-9　均匀场中放进了介质球的电场

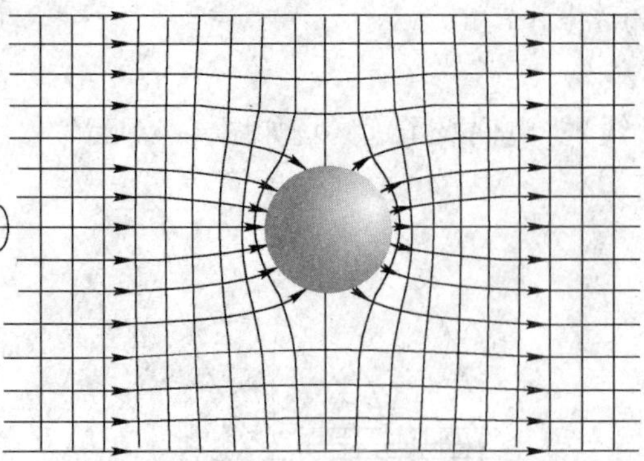

图 2-10　均匀场中放进了导体球的电场

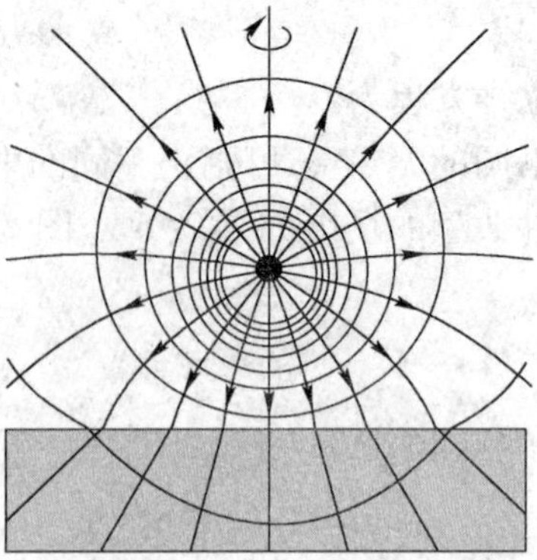

图 2-11　点电荷位于一块介质上方的电场

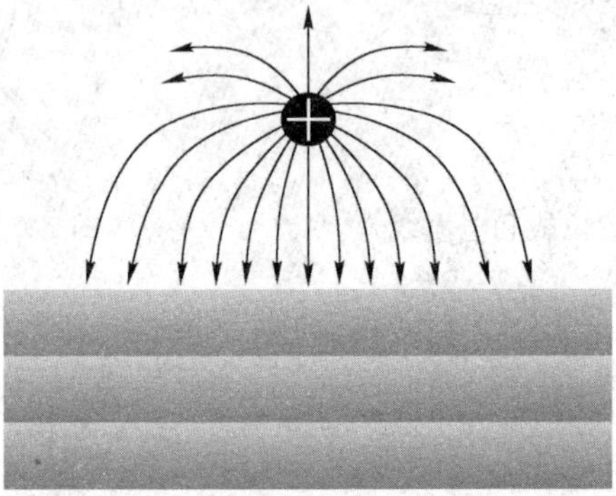

图 2-12　点电荷位于导体平面上方的场图

习题 2-2

1. 两电力线能否相切？同一条电力线上任意两点的电位能否相等？为什么？
2. 一点电荷 $+q$ 位于$(-a,0,0)$，另一点电荷 $-2q$ 位于$(a,0,0)$，求空间的零电位面。

2.3　电场强度的散度

2.2 节研究了电场强度的旋度，这一节研究电场强度的散度。

2.3.1　真空中的高斯定律

证明 1：由库仑定律得：

$$\boldsymbol{E}(\boldsymbol{r}) = \frac{1}{4\pi\varepsilon_0}\int_{V'}\frac{\boldsymbol{r}-\boldsymbol{r}'}{|\boldsymbol{r}-\boldsymbol{r}'|^3}\rho(\boldsymbol{r}')\mathrm{d}V'$$

对上式等号两端取散度，利用矢量恒等式及矢量积分、微分的性质，得：

$$\nabla\cdot\boldsymbol{E}(\boldsymbol{r}) = \frac{\rho(\boldsymbol{r}')}{\varepsilon_0} \tag{2-26}$$

证明 2：为了证明高斯定律，引入立体角概念。在一个半径 R 的球面上取一个面元 $\mathrm{d}S$，则此面元可构成一个以球心为顶点的锥体，如图2-13所示。取 dS 与 R^2 的比值来定义为面元 dS 对球心所张的立体角，用 dΩ 表示。立体角是一个无量纲量，其单位是球面度（sr）。因为球面面积为 $4\pi R^2$，所以整个球面对球心的立体角为：$4\pi R^2/R^2=4\pi$。一个不是球面面元 dS 对一点 O 所张的立体角也可以这样计算：以 O 点为中心、O 到 dS 的距离 R 为半径作一个球面，取 dS 在球面上的投影 dS 与 R^2 的比值，即为面元对 O 所张的立体角为：

$$\mathrm{d}\Omega=\frac{\mathrm{d}\boldsymbol{S}\cdot\boldsymbol{e}_R}{R^2}=\frac{\mathrm{d}S\cos\theta}{R^2} \tag{2-27}$$

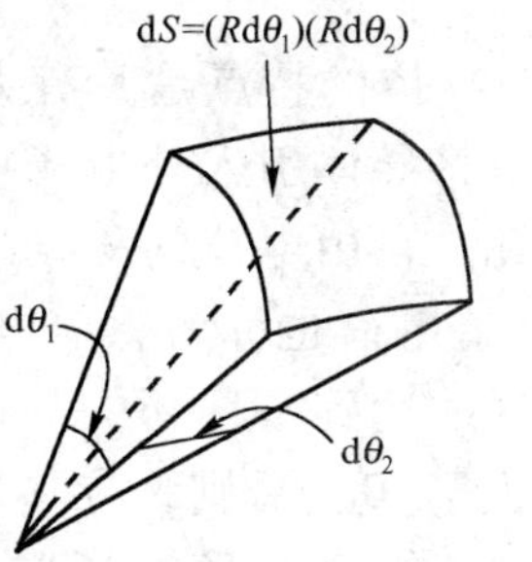

图2-13　球面上一个面元对球心的立体角

一个任意形状的闭合面对一点 O 所张的立体角有两种情形，一种是 O 在闭合面内，可以用点 O 为心，任意半径作一球面，则闭合面上任一面元 dS 对点 O 所张立体角也就是它对 O 点构成的锥体在球面上割出一块球面元的立体角。可见，整个闭合面对 O 点所张的立体角和球面对 O 点的立体角是相等的，即为 4π。另一种情形是 O 点在闭合面外，不难看出，它所张的立体角为零，这是因为闭合面的两部分表面的立体角等值异号。

现在来证明高斯定律，先研究一个点电荷 q 情形，即：

$$\int_S\boldsymbol{E}\cdot\mathrm{d}S=\frac{q}{4\pi\varepsilon_0}\int_S\frac{\boldsymbol{e}_R\cdot\mathrm{d}\boldsymbol{S}}{R^2}=\frac{q}{4\pi\varepsilon_0}\oint\mathrm{d}\Omega \tag{2-28}$$

式（2-28）中间部分积分号内是面元对点电荷 q 所张的立体角，积分是闭合面对 q 所张立体角。如果闭合面包围点电荷，由于闭合面内一点的立体角为 4π，式（2-28）变为：

$$\int_S\boldsymbol{E}\cdot\mathrm{d}\boldsymbol{S}=\frac{q}{4\pi\varepsilon_0}4\pi=\frac{q}{\varepsilon_0} \tag{2-29}$$

当点电荷在闭合面外时，则由于闭合面对面外的点的立体角为零，故闭合面的 $\boldsymbol{E}$ 的通量为零。

如果闭合面内有 N 个点电荷 q_1、q_2、…、q_N，则从闭合面穿出的通量等于各个点电荷产生通量的代数和，即：

$$\int_S\boldsymbol{E}\cdot\mathrm{d}\boldsymbol{S}=\int_S\boldsymbol{E}_1\cdot\mathrm{d}\boldsymbol{S}+\int_S\boldsymbol{E}_2\cdot\mathrm{d}\boldsymbol{S}+\cdots+\int_S\boldsymbol{E}_N\cdot\mathrm{d}\boldsymbol{S}=\frac{q_1}{\varepsilon_0}+\frac{q_2}{\varepsilon_0}+\cdots+\frac{q_N}{\varepsilon_0}=\frac{\sum_{i=1}^{N}q_i}{\varepsilon_0} \tag{2-30}$$

当闭合面包围的体积内电荷以体密度 ρ 分布时，式（2-30）右边的 $\sum_{i=1}^{N}q_i$ 应代以 $\int_\tau\rho\mathrm{d}\tau$，对左边应用散度定理 $\int_\tau\nabla\cdot\boldsymbol{A}\mathrm{d}\tau=\oint_S\boldsymbol{A}\cdot\mathrm{d}\boldsymbol{S}$，得：

$$\int_\tau\nabla\cdot\boldsymbol{E}\mathrm{d}\tau=\frac{1}{\varepsilon_0}\int_\tau\rho\mathrm{d}\tau$$

因为闭合面是任取的，所包围的体积也是任意的，因此有：

$$\nabla\cdot\boldsymbol{E}(r)=\frac{\rho(r')}{\varepsilon_0}$$

此式就是高斯定律的微分形式。

2.3.2 电场中的导体

导体的特点是其有大量的自由电子，因此导体为自由电荷可以在其中自由运动的物质。将导体引入外电场中后，其自由电荷将会在导体中移动，原来的静电平衡状态被破坏。自由电荷的移动将使其积累在导体表面，并建立附加电场，直至其表面电荷（这些电荷也称为感应电荷）建立的附加电场与外加电场在导体内部处处相抵消为止，这样才达到一种新的静电平衡状态。这时，将出现下列现象。第一，导体内的电场为零，$\boldsymbol{E}=0$。否则，导体内的自由电荷将受到电场力的作用而移动，就不属静电问题的范围。第二，静电场中导体必为一等位体，导体表面必为等位面，因为导体中 $\boldsymbol{E}=-\nabla\varphi=0$。第三，导体表面上的 $\boldsymbol{E}$ 必定垂直于表面。第四，导体如带电，则电荷只能分布于其表面。总之，静电场中导体的特点是：在导体表面形成一定的面积电荷分布，使导体内的电场为零，每个导体都成为等位体，其表面为等位面。导体表面必与其外侧的电力线正交，电荷以面电荷密度的形式分布在导体表面，且其分布密度取决于导体表面的曲率。

2.3.3 电介质中的高斯定律

与导体不同，电介质的特点是其电子被原子核所束缚而不能自由运动，称为束缚电荷。但在外加电场的作用下，电介质分子中的正负电荷可以有微小的移动，但不能离开分子的范围，其作用中心不再重合，形成一个个小的电偶极子，如图 2-14 所示，这种现象称为介质极化。含位移极化和取向极化。无论哪种极化现象，极化的结果是使电介质内部出现连续的电偶极子分布。这些电偶极子形成附加电场，从而引起原来电场分布的变化。其结果均使束缚电荷的分布发生变化，导致极化电场。极化电场与外电场相叠加，便形成有电介质存在时的合成电场。

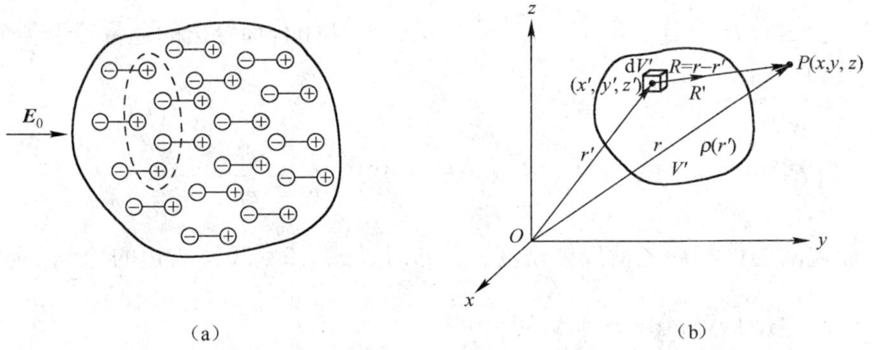

图 2-14 电介质的极化电场

介质的分类：当电极化率与电场方向无关时，称为各向同性介质，否则，称为各向异性介质；当电极化率为常数时，称为均匀介质，否则就为非均匀介质；当电极化率的值不随电场强度的量值变化，称为线性介质，反之，为非线性介质。

极化的电介质可视为体分布的电偶极子，因此引起的附加电场可视为这些电偶极子的电场的叠加。在介质中取一足够小的体积元 $\mathrm{d}V'$，设它到场点 P 的矢径为 $\boldsymbol{R}$，它的总电偶极矩是其中所有电偶极子的电偶极矩的矢量和，则由体积元 dV'所产生的电位为：

$$\mathrm{d}\varphi = \frac{\boldsymbol{P}\mathrm{d}V' \cdot \boldsymbol{e}_R}{4\pi\varepsilon_0 R^2} \tag{2-31}$$

其中

$$\boldsymbol{P} = \lim_{\Delta V \to 0} \frac{\sum \boldsymbol{p}}{\Delta V} \tag{2-32}$$

整个极化电介质产生的电位为：

$$\varphi(\boldsymbol{r}) = \int \mathrm{d}\varphi = \frac{1}{4\pi\varepsilon_0}\int_{V'} \boldsymbol{P} \cdot \left(\nabla' \frac{1}{R}\right)\mathrm{d}V' \tag{2-33}$$

又由矢量恒等式

$$\boldsymbol{P} \cdot \nabla' \frac{1}{R} = \nabla' \cdot \left(\boldsymbol{P}\frac{1}{R}\right) - \frac{1}{R} \nabla' \cdot \boldsymbol{P}$$

得

$$\varphi(\boldsymbol{r}) = \frac{1}{4\pi\varepsilon_0}\left[\int_{V'} \nabla' \cdot \left(\boldsymbol{P}\frac{1}{R}\right)\mathrm{d}V' - \int_{V'} \frac{\nabla' \cdot \boldsymbol{P}}{R}\mathrm{d}V'\right] = \frac{1}{4\pi\varepsilon_0}\oint_{S'} \frac{\boldsymbol{P} \cdot \mathrm{e}_n \mathrm{d}S'}{R} + \frac{1}{4\pi\varepsilon_0}\int_{V'} \frac{-\nabla' \cdot \boldsymbol{P}}{R}\mathrm{d}V' \tag{2-34}$$

从式（2-34）可以看出，面积分中的($\boldsymbol{P} \cdot \boldsymbol{e}_n$)相当于一种面电荷密度，体积分中的($-\nabla' \cdot \boldsymbol{P}$)相当于一种体电荷密度。因此，定义极化电荷的面密度与体密度分别为：

$$\sigma_P = \boldsymbol{P} \cdot \boldsymbol{e}_n \tag{2-35}$$

$$\rho_P = -\nabla' \cdot \boldsymbol{P} \tag{2-36}$$

显然，均匀介质其内部无极化电荷分布，$\rho_P = 0$，极化电荷只出现在介质的表面上。此外，介质极化后整体极化电荷分布的总和应等于零，即：

$$(q_P)_\mathrm{t} = \oint_{S'} \boldsymbol{P} \cdot \boldsymbol{e}_n \mathrm{d}S + \int_{V'} -\nabla \cdot \boldsymbol{P}\mathrm{d}V = \oint_{S'} \boldsymbol{P} \cdot \boldsymbol{e}_n \mathrm{d}S = \oint_{S'} \chi_\mathrm{e}\varepsilon_0 \boldsymbol{E} \cdot \boldsymbol{e}_n \mathrm{d}S = 0 \tag{2-37}$$

电极化强度矢量，是指极化后形成的每单位体积内电偶极矩的矢量和，即：

$$\boldsymbol{P} = \lim_{\Delta V \to 0} \frac{\sum \boldsymbol{p}}{\Delta V} \quad (\mathrm{C/m^2})$$

实验结果表明，大多数电介质的电极化强度 $\boldsymbol{P}$ 与电介质中的合成电场强度 $\boldsymbol{E}$ 成正比，即：

$$\boldsymbol{P} = \chi_\mathrm{e}\varepsilon_0 \boldsymbol{E} \tag{2-38}$$

式中，χ_e 称为电介质的电极化率，它是一个无量纲的正实数。

由高斯定理，得：

$$\nabla \cdot \boldsymbol{E} = \frac{\rho + \rho_P}{\varepsilon_0} = \frac{1}{\varepsilon_0}(\rho - \nabla \cdot \boldsymbol{P}) \tag{2-39}$$

整理，得

$$\nabla \cdot (\varepsilon_0 \boldsymbol{E} + \boldsymbol{P}) = \rho \tag{2-40}$$

定义电位移矢量为：

$$\boldsymbol{D} = \varepsilon_0 \boldsymbol{E} + \boldsymbol{P} = \varepsilon_0(1 + \chi_\mathrm{e})\boldsymbol{E} = \varepsilon \boldsymbol{E} \tag{2-41}$$

其中

$$\varepsilon = \varepsilon_0(1 + \chi_\mathrm{e}) = \varepsilon_\mathrm{r}\varepsilon_0 \tag{2-42}$$

$$\varepsilon_\mathrm{r} = \varepsilon/\varepsilon_0 = 1 + \chi_\mathrm{e} \tag{2-43}$$

式（2-42）、式（2-43）分别给出了介质的介电常数和相对介电常数，从而电介质中电场问题可简洁地归结为场量 $\boldsymbol{D}$、$\boldsymbol{E}$ 或位函数 φ 的定解问题。

【例 2-3】 如图 2-15 所示，同轴电缆其长度 L 远大于截面半径，已知内、外导体半径分别为 a 和 b。其间充满介电常数为 ε 的介质，将该电缆的内外导体与直流电压源 U_0 相连接。试求：(1) 介质中的电场强度 $\boldsymbol{E}$；(2) 介质中 $\boldsymbol{E}_{\max}$ 位于哪里？其值多大？

解：(1) 设内、外导体沿轴线方向线电荷密度分别为 $+\tau$ 和 $-\tau$。应用高斯定理，得：

$$\oint_S \boldsymbol{D}\cdot d\boldsymbol{S} = D_\rho 2\pi\rho L = \tau L$$

即
$$\boldsymbol{D} = \frac{\tau}{2\pi\rho}\boldsymbol{e}_\rho$$

所以
$$E = \frac{\boldsymbol{D}}{\varepsilon} = \frac{\tau}{2\pi\varepsilon\rho}\boldsymbol{e}_\rho \qquad (a < \rho < b)$$

又因为
$$U_0 = \int_l \boldsymbol{E}\cdot d\boldsymbol{l} = \int_a^b E_\rho d\rho = \frac{\tau}{2\pi\varepsilon}\ln\frac{b}{a}$$

则
$$\tau = \frac{2\pi\varepsilon U_0}{\ln\dfrac{b}{a}}$$

得
$$\boldsymbol{E} = \frac{U_0}{\rho\ln\dfrac{b}{a}}\boldsymbol{e}_\rho \quad (a < \rho < b)$$

(2) 最大场强位于内导体表面 ($\rho = a$)，其值为：

$$\boldsymbol{E}_{\max} = \frac{U_0}{a\ln\dfrac{b}{a}}\boldsymbol{e}_\rho$$

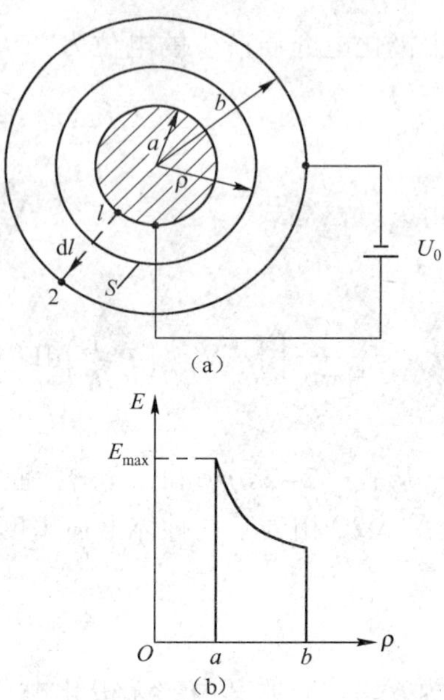

图 2-15 同轴电缆的电场

【例 2-4】 求真空中球状分布电荷所产生的空间电场强度和电位分布，设电荷体密度为：

$$\begin{cases}\rho = \dfrac{1}{r} & (0 < r \leqslant a)\\ \rho = 0 & (r > a)\end{cases}$$

解：当 $r \leqslant a$ 时，由高斯定理得：

$$\oint_S \boldsymbol{E}\cdot d\boldsymbol{S} = E_r\oint_S dS = E_r(4\pi r^2) = \frac{\int_V \rho dV}{\varepsilon_0} = \frac{1}{\varepsilon_0}\int_0^{2\pi}\int_0^{\pi}\int_0^r \frac{1}{r}r^2\sin\theta d r d\theta d\varphi = \frac{2\pi r^2}{\varepsilon_0}$$

$$\boldsymbol{E} = \frac{1}{2\varepsilon_0}\boldsymbol{e}_r \qquad (r \leqslant a)$$

当 $r > a$ 时，
$$E_r(4\pi r^2) = \frac{2\pi a^2}{\varepsilon_0}$$

$$\boldsymbol{E} = \frac{a^2}{2\varepsilon_0 r^2}\boldsymbol{e}_r \qquad (r > a)$$

设无限远处为电位参考点，则：

当 $r \leqslant a$ 时，

$$\varphi(r) = \int_r^\infty \boldsymbol{E}\cdot\boldsymbol{e}_r dr = \int_r^a \boldsymbol{E}\cdot\boldsymbol{e}_r dr + \int_a^\infty \boldsymbol{E}\cdot\boldsymbol{e}_r dr = \int_r^a \frac{1}{2\varepsilon_0}dr + \int_a^\infty \frac{a^2}{2\varepsilon_0 r^2}dr = \frac{a}{\varepsilon_0} - \frac{r}{2\varepsilon_0} \quad (r \leqslant a)$$

当 $r > a$ 时，

$$\varphi(r) = \int_r^{\infty} \boldsymbol{E} \cdot \boldsymbol{e}_r \mathrm{d}r = \int_r^{\infty} \frac{a^2}{2\varepsilon_0 r^2}\mathrm{d}r = \frac{a^2}{2\varepsilon_0 r} \qquad (r > a)$$

习题 2–3

1. 两个无限长的同轴圆柱半径分别为 $r = a$ 和 $r = b$ ($b > a$)，圆柱表面分别带有密度为 σ_1 和 σ_2 的面电荷。计算各处的电位移 $\boldsymbol{D}_0$；欲使 $r > b$ 区域内 $\boldsymbol{D}_0 = 0$，则 σ_1 和 σ_2 应具有什么关系？

2. 真空中半径为 a 的一个球面，球的两极点处分别设置点电荷 q 和 $-q$，试计算球赤道平面上电通密度的通量 Φ（如题 2 图所示）。

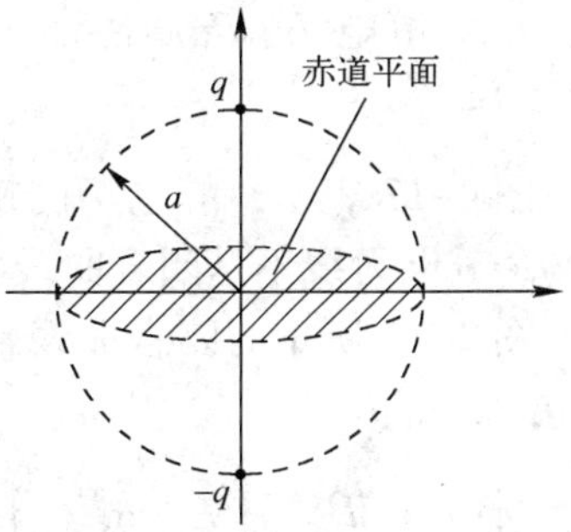

题 2 图

2.4　静电场的方程和边界条件

2.4.1　静电场的方程

由前几节可知，静电场的基本方程为：

$$\nabla \times \boldsymbol{E} = 0$$
$$\nabla \cdot \boldsymbol{D} = \rho$$

其媒质的构成方程为：

$$\boldsymbol{D} = \varepsilon \boldsymbol{E}$$

显然，静电场是有散（有源）、无旋场。

1. 静电场的有散性

在真空中，有：

$$\nabla \cdot \boldsymbol{E} = \frac{\rho}{\varepsilon_0}$$

其积分形式为（高斯定理）：

$$\oint_S \boldsymbol{E} \cdot \mathrm{d}\boldsymbol{S} = \frac{\int_V \rho \mathrm{d}V}{\varepsilon_0} = \frac{q}{\varepsilon_0}$$

由图 2–16 表明：静电场是有散（有源）场。若场中某点 $\nabla \cdot \boldsymbol{E} > 0$，则 $\rho > 0$（正电荷），

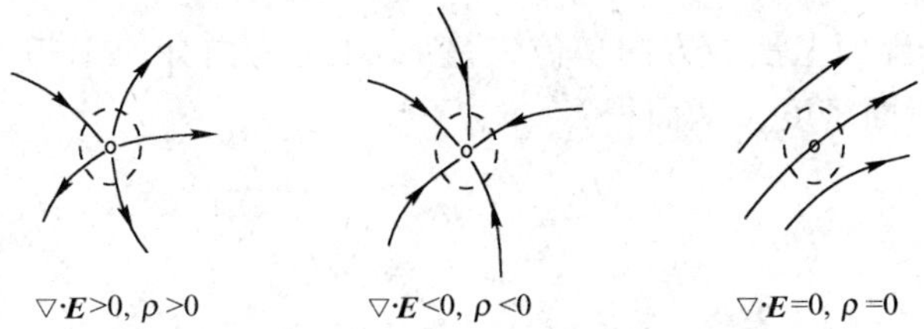

图 2–16　散度与场源的关系

该点电力线向外发散，且为“源”的所在处；若某点 $\nabla\cdot\boldsymbol{E}<0$，则 $\rho<0$（负电荷），电力线从周围向该点汇集，是“汇”的所在处；若某点的 $\nabla\cdot\boldsymbol{E}=0$，则 $\rho=0$（无电荷），电力线既不自该点发出，也不向该点汇集，而是通过该点，因此该点不存在场源。

2. 静电场的无旋性

$$\nabla\times\boldsymbol{E}=0$$

由图 2-17 表明，静电场的旋度处处为零，静电场为无旋场，其电力线不是闭合曲线。

对图 2-17 所示的闭合曲线作曲线积分，并应用斯托克斯定理，得：

$$\oint_{AmBnA}\boldsymbol{E}\cdot\mathrm{d}\boldsymbol{l}=\int_{AmB}\boldsymbol{E}\cdot\mathrm{d}\boldsymbol{l}+\int_{BnA}\boldsymbol{E}\cdot\mathrm{d}\boldsymbol{l}=\int_{S}\nabla\times\boldsymbol{E}\cdot\mathrm{d}S=0$$

即

$$\int_{AmB}\boldsymbol{E}\cdot\mathrm{d}\boldsymbol{l}=-\int_{BnA}\boldsymbol{E}\cdot\mathrm{d}\boldsymbol{l}=\int_{AnB}\boldsymbol{E}\cdot\mathrm{d}\boldsymbol{l}$$

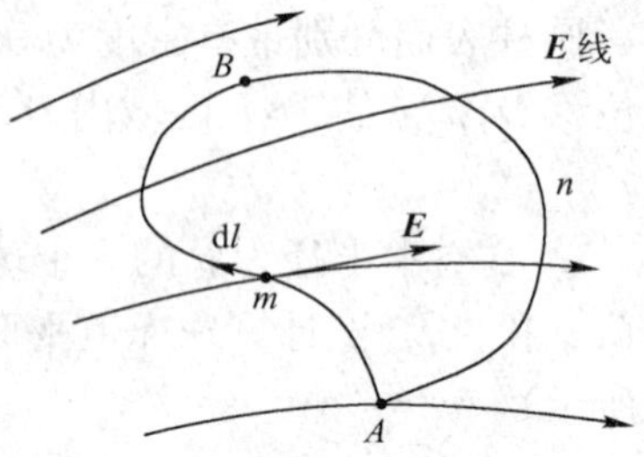

图 2-17　电场力做功与路径无关

上式表明，在静电场中，电场力做功与路径无关，仅取决于起点和终点的位置。

2.4.2　静电场的边界条件

1. 介质分界面上的边界条件

（1）对于跨越分界面的一狭小的矩形回路 l，如图 2-18 所示，且令 $\Delta l_2\to 0$ 而 Δl_1 足够地短。

求电场强度在 l 上的环量，有：

$$\oint_{l}\boldsymbol{E}\cdot\mathrm{d}\boldsymbol{l}=\int_{\Delta l_1}\boldsymbol{E}_1\cdot\mathrm{d}\boldsymbol{l}+\int_{\Delta l_1}\boldsymbol{E}_2\cdot\mathrm{d}\boldsymbol{l}=-E_{1t}\Delta l_1+E_{2t}\Delta l_1=0 \qquad (2\text{-}44)$$

即

$$E_{1t}=\boldsymbol{E}_{2t} \qquad (2\text{-}45)$$

或

$$\boldsymbol{e}_n\times(\boldsymbol{E}_2-\boldsymbol{E}_1)=0 \qquad (2\text{-}46)$$

式（2-45）或式（2-46）表明，在介质分界面上电场强度的切向分量是连续的。

（2）对于跨越分界面的一个扁平圆柱体 S，如图 2-19 所示，令两个底面 ΔS 足够小且平行于分界面，圆柱面高度 $\Delta l\to 0$。

求电位移矢量在圆柱面的通量，有：

$$\oint_{S}\mathrm{D}\cdot\mathrm{dS}=(\boldsymbol{D}_{2n}-D_{1n})\Delta S=\sigma\Delta S \qquad (2\text{-}47)$$

式（2-47）中分界面上法线方向单位矢量 $\boldsymbol{e}_n$ 规定为由介质 1 指向介质 2，σ 是分界面上可能存在的自由电荷面密度，从而得：

$$D_{2n}-D_{1n}=\sigma \qquad (2\text{-}48)$$

或

$$\boldsymbol{e}_n\cdot(\boldsymbol{D}_2-\boldsymbol{D}_1)=\sigma \qquad (2\text{-}49)$$

一般两种介质分界面上不存在自由电荷（$\sigma=0$），则：

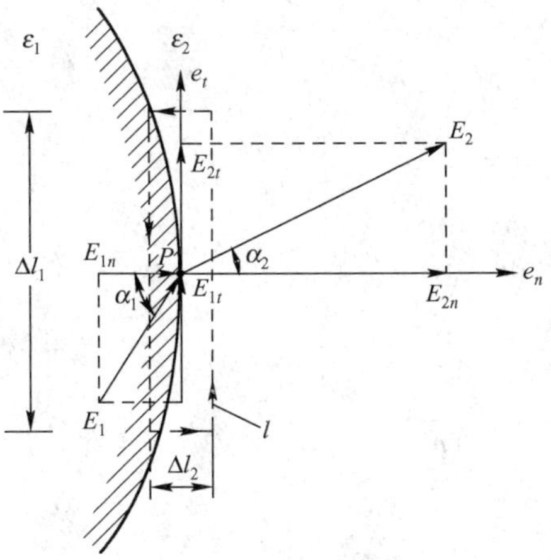

图 2-18　**E** 切向分量的边界条件

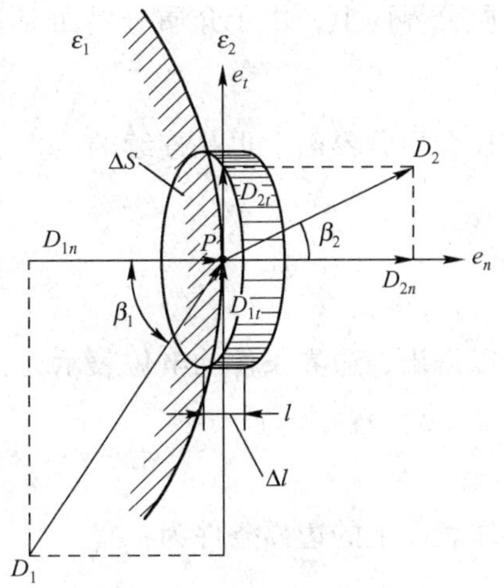

图 2-19　**D** 法向分量的边界条件

$$D_{2n}=D_{1n} \tag{2-50}$$

或

$$\boldsymbol{e}_n\cdot(\boldsymbol{D}_2-\boldsymbol{D}_1)=0 \tag{2-51}$$

式（2-51）表明，在介质分界面上电位移矢量的法向分量是连续的。

对于两种线性且各向同性介质，应用上述边界条件，得：

$$E_1\sin\alpha_1=E_2\sin\alpha_2$$

$$\varepsilon_1E_1\cos\alpha_1=\varepsilon_2E_2\cos\alpha_2$$

两式相除，得：

$$\frac{\tan\alpha_1}{\tan\alpha_2}=\frac{\varepsilon_1}{\varepsilon_2} \tag{2-52}$$

式（2-52）综合表述了场量在介质分界面上遵循的物理规律，称为静电场的折射定律。

2. 导体表面上的边界条件

设导体为媒质 1、导体外介质为媒质 2，考虑到导体内部电场强度和电位移矢量均为零且其电荷只能分布在导体表面，则：

$$E_{1t}=E_{2t}=0$$

$$D_{2n}-D_{1n}=D_{2n}=\sigma$$

式中 σ 是导体表面的电荷面密度。

上式说明，导体表面相邻处的电场强度 **E** 和电位移 **D** 都垂直于导体表面，且电位移的量值等于该点的电荷面密度（需注意 $\boldsymbol{e}_n$ 是导体表面的外法线单位矢量）。一般写为：

$$E_t=0\quad 或\quad \boldsymbol{e}_n\times\boldsymbol{E}=0;\quad D=\sigma\quad 或\quad \boldsymbol{e}_n\cdot\boldsymbol{D}=\sigma$$

边界条件的电位表达如下。

介质分界面上，由于介质分界面上 $E_{1t}=E_{2t}$，显然可以得出：

$$\varphi_1 = \varphi_2 \tag{2-53}$$

即电位在介质分界面上也是连续的。

又由于
$$D_{2n}-D_{1n}=\sigma$$

故
$$D_n = -\varepsilon\frac{\partial\varphi}{\partial n}$$

最后可以得出，边界条件的电位表示为：

$$\varphi_1=\varphi_2，\ \varepsilon_2\frac{\partial\varphi_2}{\partial n}-\varepsilon_1\frac{\partial\varphi_1}{\partial n}=-\sigma \tag{2-54}$$

导体表面上的边界条件为：

$$\varphi=C，\ \varepsilon\frac{\partial\varphi}{\partial n}=-\sigma$$

式中，C 是由所论静电场导体系统决定的常数。

【例 2-4】 平行板电容器如图 2-20 所示，其极板间介质由两种绝缘材料组成，介质的分界面与极板平行。设电容器外施电压为 U_0，试求：(1)两绝缘材料中的电场强度；(2)极板上的电荷面密度。

解：(1) 在电压 U_0 下，应用分界面的边界条件，得：

$$\begin{cases}E_1d_1+E_2d_2=U_0\\ \varepsilon_1E_1=\varepsilon_2E_2\end{cases}$$

$$E_1=\frac{\varepsilon_2U_0}{\varepsilon_1d_2+\varepsilon_2d_1}=\frac{U_1}{d_1+\dfrac{\varepsilon_{r1}}{\varepsilon_{r2}}d_2}，\ E_2=\frac{\varepsilon_1U_0}{\varepsilon_1d_2+\varepsilon_2d_1}=\frac{U}{\dfrac{\varepsilon_{r2}}{\varepsilon_{r1}}d_1+d_2}$$

(2) 极板 A 上的电荷面密度为：

$$\sigma=D_{1n}=\varepsilon_1E_1=\frac{\varepsilon_2U_0}{d_2+\dfrac{\varepsilon_2}{\varepsilon_1}d_1}$$

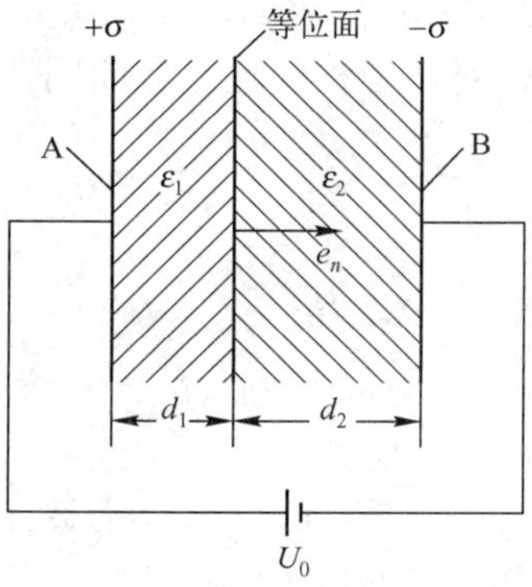

图 2-20 平板电容器

极板 B 上的电荷面密度为：

$$\sigma'=-D_{2n}=-\varepsilon_2E_2=-\sigma$$

本例中，设 $\varepsilon_{r2}>\varepsilon_{r1}$，则 $E_1>E_2$。在实际中，如果因制造工艺上的不完善性，使极板与绝缘材料间留有一空气层，设绝缘材料的相对介电常数为 ε_{r2}，则空气层中电场强度 E_1 将为绝缘材料中电场强度 E_2 的 ε_{r2} 倍，这很容易由于空气层被击穿而导致电容器的损坏。

习题 2-4

两种电介质的相对介电常数分别为 $\varepsilon_{r1}=2$ 和 $\varepsilon_{r2}=3$，其分界面为 $z=0$ 平面。如果已知介质 1 中的电场 $\boldsymbol{E}_1=\boldsymbol{e}_x2y+\boldsymbol{e}_y3x+\boldsymbol{e}_z(5+z)$，那么对于介质 2 中的 $\boldsymbol{E}_2$ 和 $\boldsymbol{D}_2$，可得到什么结果？能否求出介质 2 中任意点的 $\boldsymbol{E}_2$ 和 $\boldsymbol{D}_2$？

2.5 边值问题

2.5.1 泛定方程

由 $\nabla\cdot\boldsymbol{D}=\rho$、$\boldsymbol{D}=\varepsilon\boldsymbol{E}$ 和 $\boldsymbol{E}=-\nabla\varphi$，得：

$$\nabla\cdot\boldsymbol{D}=\nabla\cdot\varepsilon\boldsymbol{E}=-\nabla\cdot\varepsilon\nabla\varphi=\rho\quad\nabla\cdot D$$

及

$$\nabla\cdot\varepsilon\nabla\varphi=-\rho$$

对于均匀介质 ε 为常数，得：

$$\nabla^2\varphi=-\rho/\varepsilon \tag{2-55}$$

式（2-55）称为电位 φ 的泊松方程，式中 $\nabla^2\varphi=\nabla\cdot\nabla\varphi$，称为拉普拉斯算子，在直角坐标系中 $\nabla^2\varphi=\frac{\partial^2\varphi}{\partial x^2}+\frac{\partial^2\varphi}{\partial y^2}+\frac{\partial^2\varphi}{\partial z^2}$，对于场中无自由电荷分布（$\rho=0$）的区域，泊松方程退化为拉普拉斯方程，即：

$$\nabla^2\varphi=0 \tag{2-56}$$

2.5.2 边界条件

$\boldsymbol{E}$ 切向分量的边界条件见图 2-18。

第一类边界条件（狄利赫莱条件）：场域边界 S 上的电位分布已知，即

$$\varphi(r)\big|_S=f_1(\boldsymbol{r}_\mathrm{b}) \tag{2-57}$$

式（2-57）中 $\boldsymbol{r}_\mathrm{b}$ 为相应边界点的位置矢量。它与泛定方程构成第一类边值问题。

第二类边界条件（纽曼条件）：场域边界 S 上电位的法向导数分布已知，即

$$\left.\frac{\partial\varphi(\boldsymbol{r})}{\partial n}\right|_S=f_2(\boldsymbol{r}_\mathrm{b}) \tag{2-58}$$

当 $f_2(\boldsymbol{r}_\mathrm{b})$ 取零时，称为第二类齐次边界条件。它与泛定方程构成第二类边值问题。

第三类边界条件（混合条件）：场域边界 S 上电位及其法向导数的线性组合已知，即

$$\left[\varphi(\boldsymbol{r})+f_3(\boldsymbol{r})\frac{\partial\varphi(\boldsymbol{r})}{\partial n}\right]\Bigg|_S=f_4(\boldsymbol{r}_\mathrm{b}) \tag{2-59}$$

它与泛定方程构成第三类边值问题。

无限远边界条件：对于电荷分布在有限域的无边界电场问题，在无限远处有

$$\lim_{r\to\infty}r\varphi(\boldsymbol{r})=\text{有限值} \tag{2-60}$$

即电位 φ 在无限远处趋于零：

$$\varphi(\boldsymbol{r})\big|_{r\to\infty}=0 \tag{2-61}$$

介质分界面条件：当场域中存在多种媒质时，还必须引入不同介质分界面上的边界条件，常称为辅助的边界条件。

静电场边值问题：就是在给定的边界条件下，求解满足泊松方程或拉普拉斯方程的电位函数。

2.5.3 直接积分法

对于一些具有对称结构的静电场问题，电位函数仅是一个坐标变量的函数。静电场边值

问题可归结为常微分方程的定解问题。这时可以直接积分求解电位函数。

【例 2-5】 如图 2-21 所示两块半无限大导电平板构成夹角为 α 的电极系统。设板间电压为 U_0，试求导电平板间电场。

解：本例为平行平面场问题，选极坐标系进行分析。显然，电位仅是变量 ϕ 的函数，可以写出如下的第一类边值问题：

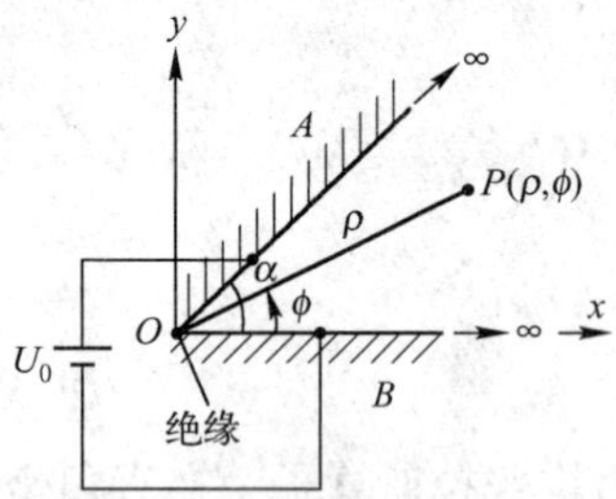

图 2-21 角形电极系统

$$\begin{cases} \nabla^2 \varphi = \dfrac{d^2\varphi}{d\phi^2} = 0 & (\rho,\phi) \in D \\ \varphi\big|_{\phi=0} = 0 \\ \varphi\big|_{\phi=\alpha} = U_0 \end{cases}$$

将泛定方程直接积分二次，则通解为：

$$\varphi = C_1\phi + C_2$$

由给定的两个边界条件，得：

$$C_1 = \frac{U_0}{\alpha},\ C_2 = 0$$

所以

$$\varphi = \frac{U_0}{\alpha}\phi$$

$$\boldsymbol{E} = -\nabla\varphi = -\frac{\partial\varphi}{\rho\,\partial\phi}\boldsymbol{e}_\phi = -\frac{U_0}{\rho\alpha}\boldsymbol{e}_\phi$$

【例 2-6】 求真空中球状分布电荷所产生的空间电场强度和电位分布，设电荷体密度为：

$$\begin{cases} \rho = \dfrac{1}{r} & (0 < r \leqslant a) \\ \rho = 0 & (r > a) \end{cases}$$

解：设球状电荷分布内、外的电位分别为 φ_1 和 φ_2，显然，φ_1 满足泊松方程，φ_2 满足拉普拉斯方程。由于电荷分布的球对称性，选球坐标系，有：

$$\nabla^2\varphi_1 = \frac{1}{r^2}\frac{d}{dr}\left(r^2\frac{d\varphi_1}{dr}\right) = -\frac{\rho}{\varepsilon_0} = -\frac{1}{\varepsilon_0 r} \qquad (0 < r \leqslant a)$$

$$\nabla^2\varphi_2 = \frac{1}{r^2}\frac{d}{dr}\left(r^2\frac{d\varphi_2}{dr}\right) = 0 \qquad (r \geqslant a)$$

边界条件为：

$$\frac{d\varphi_1}{dr}\bigg|_{r=0} = 0,\ \varphi_1\big|_{r=a} = \varphi_2\big|_{r=a}$$

$$\varepsilon_0\frac{d\varphi_1}{dr}\bigg|_{r=a} = \varepsilon_0\frac{d\varphi_2}{dr}\bigg|_{r=a},\ \varphi_2\big|_{r\to\infty} = 0$$

则 φ_1 和 φ_2 的通解为：

$$\varphi_1 = -\frac{r}{2\varepsilon_0} - \frac{C_1}{r} + C_2$$

$$\varphi_2 = -\frac{C_3}{r} + C_4$$

代入边界条件，得：

$$C_1=0,\ C_4=0,\ C_2=\frac{a}{\varepsilon_0},\ C_3=-\frac{a^2}{2\varepsilon_0}$$

电位函数的解为：

$$\varphi_1=-\frac{r}{2\varepsilon_0}+\frac{a}{\varepsilon_0}\qquad (r\leqslant a)$$

$$\varphi_2=\frac{a^2}{2\varepsilon_0 r}\qquad (r\geqslant a)$$

利用球坐标系中的梯度表达式，得：

$$\boldsymbol{E}_1=-\nabla\varphi_1=-\frac{\mathrm{d}\varphi_1}{\mathrm{d}r}\boldsymbol{e}_r=\frac{1}{2\varepsilon_0}\boldsymbol{e}_r\qquad (r\leqslant a)$$

$$\boldsymbol{E}_2=-\nabla\varphi_2=-\frac{\mathrm{d}\varphi_2}{\mathrm{d}r}\boldsymbol{e}_r=\frac{a^2}{2\varepsilon_0 r^2}\boldsymbol{e}_r\qquad (r\geqslant a)$$

可见，以上结果与应用高斯定理求得的结果完全一致。

2.5.4 分离变量法

基本思路：当待求电位函数是二个或三个坐标变量的函数时，分离变量法是直接求解偏微分方程定解问题的一种经典方法。对于拉普拉斯方程对应的边值问题，其步骤是：首先，结合场域边界形状，选用适当的坐标系；其次，设待求电位函数由两个或三个各自仅含一个坐标变量的函数乘积组成，并代入拉普拉斯方程，借助于“分离”常数，将拉普拉斯方程转换为两个或三个常微分方程；最后，解这些常微分方程并以给定的定解条件决定其中的待定常数和函数后，即可解得待求的电位函数。

一般而言，当场域边界和某一正交曲线坐标系的坐标面相吻合时，分离变量法往往是一种简便而有效的方法。

1. 直角坐标系中的平行平面场问题

设电位函数为 $\varphi(x,y)$，满足拉普拉斯方程：

$$\nabla^2\varphi(x,y)=\frac{\partial^2\varphi}{\partial x^2}+\frac{\partial^2\varphi}{\partial y^2}=0 \tag{2-62}$$

设电位函数有分离变量形式，即：

$$\varphi(x,y)=X(x)Y(y) \tag{2-63}$$

代入拉普拉斯方程并整理，得：

$$\frac{1}{X}\frac{\mathrm{d}^2X}{\mathrm{d}x^2}=-\frac{1}{Y}\frac{\mathrm{d}^2Y}{\mathrm{d}y^2} \tag{2-64}$$

显然，式（2-64）两边在 x 和 y 取任意值时恒成立，即等式两边应该恒为同一常数。记该常数（常称为分离常数）为 λ，这样，式（2-64）即转化为两个常微分方程：

$$\frac{\mathrm{d}^2X}{\mathrm{d}x^2}-\lambda X=0 \tag{2-65}$$

$$\frac{\mathrm{d}^2Y}{\mathrm{d}y^2}+\lambda Y=0 \tag{2-66}$$

式中，分离常数 λ 可取 0、$m_n^2>0$ 和 $-m_n^2<0$，可分别得出如下 3 种形式的解，即：

当 $\lambda=0$ 时，$\qquad X(x)=A_{10}+A_{20}x$

$$Y(y)=B_{10}+B_{20}x$$

当 $\lambda=m_n^2>0$ 时，

$$X(x)=A_{1n}\text{ch}m_nx+A_{2n}\text{sh}m_nx$$

$$Y(y)=B_{1n}\cos m_ny+B_{2n}\sin m_ny$$

当 $\lambda=-m_n^2<0$ 时，

$$X(x)=A'_{1n}\cos m_nx+A'_{2n}\sin m_nx$$

$$Y(y)=B'_{1n}\text{ch}m_ny+B'_{2n}\text{sh}m_ny$$

当 m_n 取不同值时，上述解的线性组合便构成拉普拉斯方程的通解，即：

$$\begin{aligned}\varphi(x,y)=&\sum_{n=1}^{\infty}(A_{1n}\text{ch}m_nx+A_{2n}\text{sh}m_nx)(B_{1n}\cos m_ny+B_{2n}\sin m_ny)+\\&\sum_{n=1}^{\infty}(A'_{1n}\cos m_nx+A'_{2n}\sin m_nx)(B'_{1n}\text{ch}m_ny+B'_{2n}\text{sh}m_ny)+\\&(A_{10}+A_{20}x)\ (B_{10}+B_{20}y)\end{aligned}\tag{2-67}$$

最后，可根据给定的定解条件，通过傅立叶级数展开方法，确定各个待定常数。

【例 2-7】 长直接地金属槽的横截面如图 2-22 所示，其侧壁与底面电位均为零，顶盖电位为 φ_0，求槽内电位分布。

解： 依题意，本问题为第一类边值问题，即：

$$\begin{cases}\nabla^2\varphi(x,y)=\dfrac{\partial^2\varphi}{\partial x^2}+\dfrac{\partial^2\varphi}{\partial y^2}=0,(0<x<a,0<y<b)\\\varphi=0\qquad(x=0,0\leqslant y\leqslant b)\\\varphi=0\qquad(0\leqslant x\leqslant a,y=0)\\\varphi=0\qquad(x=a,0\leqslant y\leqslant b)\\\varphi=\varphi_0\qquad(0<x<a,y=b)\end{cases}$$

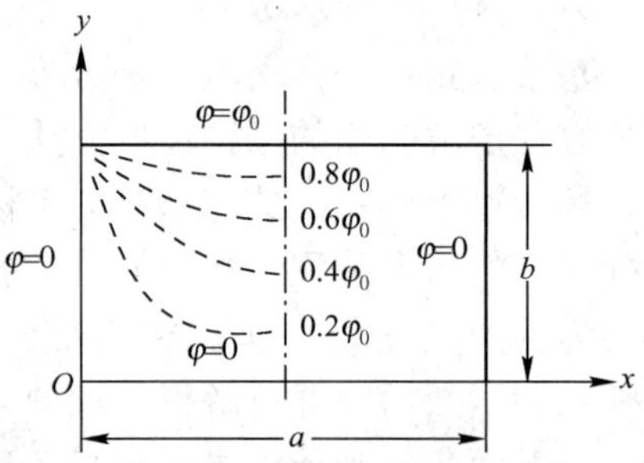

图 2-22　接地金属槽的横截面

由于电位函数在 x 方向具有周期性、在 y 方向具有单调性，则 $A_{1n}=0$，$A_{2n}=0$。通解为：

$$\varphi(x,y)=(A_{10}+A_{20}x)(B_{10}+B_{20}y)+\sum_{n=1}^{\infty}(A'_{1n}\cos m_nx+A'_{2n}\sin m_nx)(B'_{1n}\text{ch}m_ny+B'_{2n}\text{sh}m_ny)$$

根据边界条件，当 $x=0$ 和 $y=0$ 时，$\varphi=0$，则：

$$A_{10}=0,\ A'_{1n}=0,\ B_{10}=0,\ B'_{1n}=0$$

即

$$\varphi(x,y)=C_0xy+\sum_{n=1}^{\infty}C_n\sin m_nx\,\text{sh}m_ny$$

又因为当 $x=a$ 时，$\varphi=0$，则：

$$C_0=0,\ m_n=\frac{n\pi}{a},\ (n=1,\ 2,\ 3,\ \cdots)$$

故

$$\varphi(x,y)=\sum_{n=1}^{\infty}C_n\sin\frac{n\pi x}{a}\text{sh}\frac{n\pi y}{a}$$

当 $y=b$ 时，将 $\varphi=\varphi_0$ 代入上式，得：

$$\varphi_0=\sum_{n=1}^{\infty}C_n\text{sh}\frac{n\pi b}{a}\sin\frac{n\pi x}{a}=\sum_{n=1}^{\infty}E_n\sin\frac{n\pi x}{a}$$

对上式作傅立叶正弦级数展开，则：

$$\int_0^a\varphi_0\sin\frac{k\pi x}{a}\text{d}x=\int_0^a\sum_{n=1}^{\infty}E_n\sin\frac{n\pi x}{a}\sin\frac{n\pi x}{a}\text{d}x$$

经积分，得：
$$-\frac{a}{n\pi}\varphi_0[(-1)^n-1]=E_n\frac{a}{2}$$
简化整理，得：
$$E_n=\frac{4\varphi_0}{n\pi},\quad C_n=\frac{4\varphi_0}{n\pi}\cdot\frac{1}{\operatorname{sh}\frac{n\pi b}{a}},\quad n=2k+1(k=0,1,2,\cdots)$$

故槽内电位函数为：
$$\varphi(x,y)=\frac{4\varphi_0}{\pi}\sum_{k=0}^{\infty}\frac{1}{(2k+1)\operatorname{sh}\frac{2k+1}{a}\pi b}\sin\frac{(2k+1)\pi}{a}x\cdot\operatorname{sh}\frac{(2k+1)\pi}{a}y$$
槽内等位线的分布见图2-22中虚线。

2. 圆柱坐标系中的平行平面场问题

设电位函数为 $\varphi(\rho,\phi)$，满足拉普拉斯方程：
$$\nabla^2\varphi(\rho,\phi)=\frac{1}{\rho}\frac{\partial}{\partial\rho}\left(\rho\frac{\partial\varphi}{\partial\rho}\right)+\frac{1}{\rho^2}\frac{\partial^2\varphi}{\partial\phi^2}=0 \tag{2-68}$$
令电位函数为 $\varphi(\rho,\phi)=R(\rho)Q(\phi)$，代入式（2-68），得：
$$\frac{\rho}{R}\frac{\mathrm{d}}{\mathrm{d}\rho}\left(\rho\frac{\mathrm{d}R}{\mathrm{d}\rho}\right)=-\frac{1}{Q}\frac{\mathrm{d}^2Q}{\mathrm{d}\phi^2}=n^2 \tag{2-69}$$
式中 n^2 为分离常数，将式（2-69）转化为下列两个常微分方程：
$$\rho^2\frac{\mathrm{d}^2R}{\mathrm{d}\rho^2}+\rho\frac{\mathrm{d}R}{\mathrm{d}\rho}-n^2R=0 \tag{2-70}$$
$$\frac{\mathrm{d}^2Q}{\mathrm{d}\phi^2}+n^2Q=0 \tag{2-71}$$

当 $n=0$ 时，$R(\rho)=A_{10}+A_{20}\ln\rho$，$Q(\phi)=B_{10}+B_{20}\phi$

当 $n\neq0$ 时，$R(\rho)=A_{1n}\rho^n+A_{2n}\rho^{-n}$，$Q(\phi)=B_{1n}\cos n\phi+B_{2n}\sin n\phi$

则电位函数的通解为：
$$\varphi(\rho,\varphi)=(A_{10}+A_{20}\ln\rho)(B_{10}+B_{20}\varphi)+\sum_{n=1}^{\infty}(A_{1n}\rho^n+A_{2n}\rho^{-n})(B_{1n}\cos n\phi+B_{2n}\sin n\phi) \tag{2-72}$$
由给定的边界条件，即可确定式（2-72）中的各个待定常数，最终得到待求的电位函数。

【例2-8】 一个横截面半径为 a、介电常数为 ε_1 的长直介质圆柱体放置在均匀的外电中（场强为 E_0，方向与介质圆柱的轴线相垂直），介质外的介电常数为 ε_2，如图2-23所示。求圆柱体放入后，场域中的电位和电场强度。

解： 采用圆柱坐标系，且令 z 轴与圆柱轴重合，外电场方向与 x 轴同向，分别以 φ_1 和 φ_2 表示圆柱内外的电位函数。

首先，确定定解条件。选坐标原点为电位参考点，即 $\varphi_1=0$，$\rho=0$，因而，均匀外电场 $\boldsymbol{E}_0=E_0\boldsymbol{i}$ 对应的电位函数为：

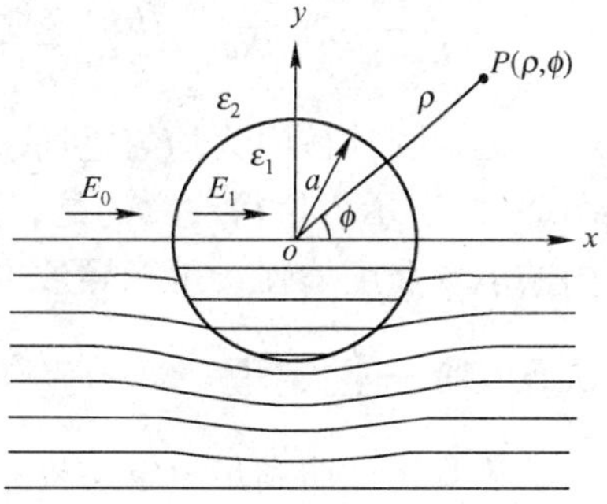

图2-23 均匀外电场中的介质圆柱体

$$\varphi_0 = -xE_0 = -E_0\rho\cos\phi$$

显然，当 $\rho\to\infty$ 时介质圆柱体产生的极化电场应当消失，在 $\rho\to\infty$ 处的电位应与均匀外电场对应的电位 φ_0 相一致，即：

$$\varphi_2 = \varphi_0 = -E_0\rho\cos\phi,\ \rho\to\infty$$

在圆柱表面 $\rho = a$ 处，介质分界面的边界条件为：

$$\varphi_1 = \varphi_2$$

$$\varepsilon_1\frac{\partial\varphi_1}{\partial\rho} = \varepsilon_2\frac{\partial\varphi_2}{\partial\rho}$$

由图 2-23 可以看出，电场分布关于 x 轴对称，即 $\varphi_{1,2}(\rho,\phi) = \varphi_{1,2}(\rho,-\phi)$，这意味着特解 $Q(\phi)$ 是偶函数，所以，$B_{20} = B_{2n} = 0$。另外，根据场的对称性可以推知，y 轴是电位等于零的等位线，即 $\varphi(\rho,\pm\pi/2) = 0$，也就是：

$$A_{10} = A_{20} = 0,\ B_{1n}\cos(\pm n\pi) = 0$$

由此可知，n 取奇整数。然而，分析 $\rho\to\infty$ 的电位可知，$B_{1n} = 0\ (n = 3,5,\cdots)$。综上讨论，得：

$$\varphi_1 = (C_1\rho + D_1\rho^{-1})\cos\phi \qquad (\rho\leqslant a)$$

$$\varphi_1 = (C_2\rho + D_2\rho^{-1})\cos\phi \qquad (\rho\geqslant a)$$

由 $\rho = 0$、$\varphi_1 = 0$，得：$D_1 = 0$。又由 $\rho\to\infty$、$\varphi_2 = -E_0\rho\cos\phi$，得：$C_2 = -E_0$。最后利用介质分界面的边界条件，有：

$$C_1 a\cos\phi = (-E_0 a + D_1/a)\cos\phi$$

$$\varepsilon_1 C_1\cos\phi = \varepsilon_2(-E_0 + D_2/a^2)\cos\phi$$

得

$$C_1 = -\frac{2\varepsilon_2}{\varepsilon_1+\varepsilon_2}E_0,\ D_2 = \frac{\varepsilon_1-\varepsilon_2}{\varepsilon_1+\varepsilon_2}a^2E_0$$

电位函数为：

$$\varphi_1 = -\frac{2\varepsilon_2}{\varepsilon_1+\varepsilon_2}E_0\rho\cos\phi = -\frac{2\varepsilon_2}{\varepsilon_1+\varepsilon_2}E_0 x \qquad (\rho\leqslant a)$$

$$\varphi_2 = -\left(1-\frac{\varepsilon_1-\varepsilon_2}{\varepsilon_1+\varepsilon_2}\cdot\frac{a^2}{\rho^2}\right)E_0\rho\cos\phi \qquad (\rho\geqslant a)$$

圆柱介质内外的电场强度为：

$$\boldsymbol{E}_1 = -\nabla\phi_1 = -\frac{\partial\phi_1}{\partial x}\boldsymbol{e}_x = \frac{2\varepsilon_2}{\varepsilon_1+\varepsilon_2}E_0\boldsymbol{e}_x$$

$$\boldsymbol{E}_2 = -\nabla\varphi_2 = \left(1+\frac{\varepsilon_1-\varepsilon_2}{\varepsilon_1+\varepsilon_2}\cdot\frac{a^2}{\rho^2}\right)E_0\cos\phi\boldsymbol{e}_\rho - \left(1-\frac{\varepsilon_1-\varepsilon_2}{\varepsilon_1+\varepsilon_2}\cdot\frac{a^2}{\rho^2}\right)E_0\sin\phi\boldsymbol{e}_\phi$$

可见，圆柱体内为均匀电场，且与外加均匀电场方向一致，当 $\varepsilon_2 > \varepsilon_1$ 时的电场分布图如图 2-23 所示。值得注意的是，此时 $E_1 > E_0$，这表明若电介质内部有细长的空气泡，则气泡内的电场强度增强，可能导致击穿绝缘损坏。

2.5.5 唯一性定理

本小节将证明满足给定边界条件的泊松方程或拉普拉斯方程的解是唯一的，这也称作静电场的唯一性定理。

如图2-24所示，充满均匀介质和置有n个导体的场域空间V的边界为S_1、S_2、…、S_n及外边界面S_0。设V中存在两个电位函数φ_1和φ_2，对于给定第一类或第二类边界条件，均满足泊松方程，即：

$$\nabla^2 \varphi_1 = -\frac{\rho}{\varepsilon},\quad \nabla^2 \varphi_2 = -\frac{\rho}{\varepsilon}$$

令$\varphi_d = \varphi_1 - \varphi_2$

因此

$$\nabla^2 \varphi_d = 0$$

利用格林公式：

$$\int_V [\varphi \nabla^2 \psi + (\nabla \varphi \cdot \nabla \psi)] \mathrm{d}V = \oint_S \varphi \frac{\partial \psi}{\partial n} \mathrm{d}S$$

令$\varphi = \psi = \varphi_d$，并代入上式，得：

$$\int_V (\nabla \varphi_d)^2 \mathrm{d}V = \oint_S \varphi_d \frac{\partial \varphi_d}{\partial n} \mathrm{d}S \qquad (2-73)$$

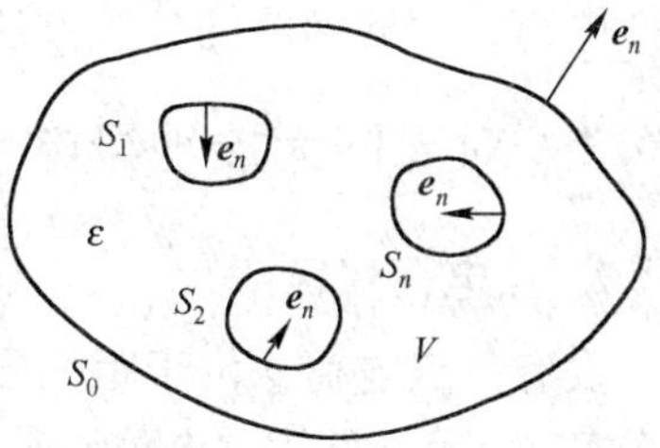

图2-24 包围含有导体的场域

如图2-24所示，式（2-73）场域V的边界面$S = S_0 + S_1 + S_2 + \cdots + S_n$。如果所设的这两个不同的电位函数解$\varphi_1$和$\varphi_2$，在全部边界面上都有相同的第一类边界条件或第二类边界条件，则它们在相应边界面S_i上的差值$\varphi_d |_{S_i} = 0$或$\frac{\partial \varphi_d}{\partial n} |_{S_i} = 0$。代入上式，有：

$$\int_V (\nabla \varphi_d)^2 \mathrm{d}V = 0$$

这说明场域V内φ_d的梯度处处为零，即V内所有场点上的φ_d值与其在各导体表面S_1、S_2、…、S_n上的值是相同的。对于第一类边值问题，由于在导体表面上$\varphi_d = 0$，所以整个场域内必有$\varphi_d = 0$，由此可证明$\varphi_1 = \varphi_2$，即解唯一。对于第二类边值问题，已知各导体表面上的面电荷分布，此时$\varphi_d = C$，即电位φ_1和φ_2之间可能相差一个常数，但采用相同的电位参考点将导致$C = 0$，所以解仍是唯一的。

静电场唯一性定理的重要意义在于，求解静电场问题时，不论采用哪一种解法，只要在场域内满足相同的偏微分方程、在边界上满足相同的给定边界条件，就可确信其解答是正确的。

习题2-5

1. 已知$y > 0$的空间中没有电荷，下列几个函数中哪些是可能的电位的解？

(1) $e^{-y}\mathrm{ch}x$；

(2) $e^{-y}\cos x$；

(3) $e^{-\sqrt{2}y}\cos x \sin x$；

(4) $\sin x \cos y \sin z$。

2. 试证直角坐标系中的电位函数$\varphi_1 = Cz/(x^2 + y^2 + z^2)^{\frac{3}{2}}$及圆球坐标系中电位函数$\varphi_2 = \frac{C}{r}$均满足拉普拉斯方程，式中$C$为常数。

2.6 镜 像 法

镜像法的实质是以一个或多个位于场域边界外虚设的镜像（等效）电荷替代实际边界上未知的较为复杂的电荷分布，将原来具有边界的非均匀空间变换成无限大均匀媒质的空间，从而使计算过程得以简化。根据唯一性定理可知，这些等效电荷的引入必须维持原问题边界条件不变，以保证原场域中的静电场分布不变。通常这些等效电荷位于镜像位置，故称镜像电荷，由此构成的分析方法即称为镜像法。

2.6.1 对无限大接地导电平面的镜像

1. 点电荷情况

设有一点电荷 q 位于距无限大接地导电平面上方 h 处，其周围介质的介电常数为 ε，如图 2-25 所示。显然，电位函数在场域内满足如下边值：

$$\nabla^2 \varphi = 0 \qquad \text{（除去点电荷所在点）}$$

边界条件为：

$$\varphi \big|_{y=0} = 0$$

可以设想，在场域边界外引入一个与点电荷 q 呈镜像对称的点电荷 $q' = -q$，并将原来的导体场域由介电常数为 ε 的介质所替换。这样，原场域边界面（$z=0$）上的边界条件 $\varphi=0$ 保持不变，而对应的边值问题被简化为同一均匀介质 ε 空间内两个点电荷的电场计算问题。根据解的唯一性定理可知，其解的有效区域仅限于图 2-25 所示上半部分介质场域。应用镜像法，电位为：

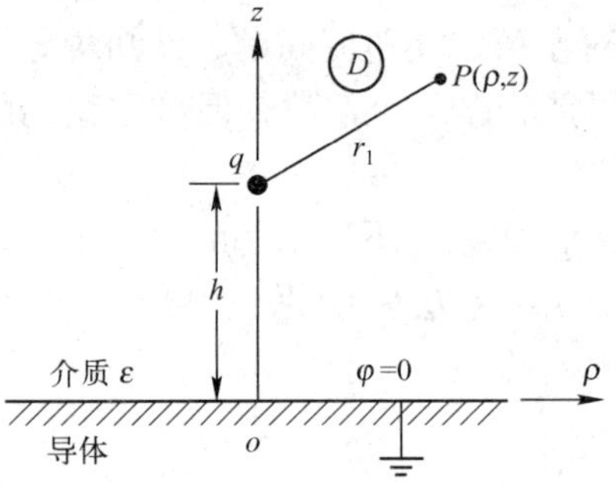

（a）无限大接地导电平面上的点电荷

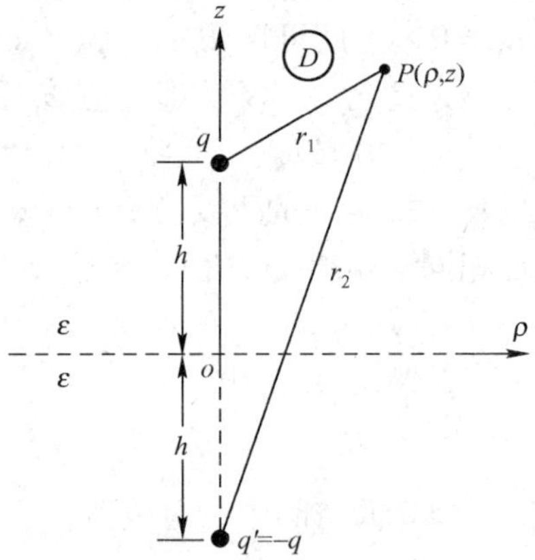

（b）点电荷的镜像

图 2-25 点电荷对无限大接地导电平面的镜像

$$\varphi(\rho,z) = \frac{q}{4\pi\varepsilon}\left(\frac{1}{r_1} - \frac{1}{r_2}\right) = \frac{q}{4\pi\varepsilon}\left(\frac{1}{\sqrt{\rho^2 + (z-h)^2}} - \frac{1}{\sqrt{\rho^2 + (z+h)^2}}\right) \tag{2-74}$$

无限大接地导电平面上的感应电荷的面密度分布为：

$$\sigma = D_n = \varepsilon E_z = -\varepsilon \frac{\partial \varphi}{\partial z}\bigg|_{z=0} = -\frac{qh}{2\pi(\rho^2 + h^2)} \tag{2-75}$$

式中负号表示感应电荷与点电荷 q 的极性相反。对感应电荷作面积分，得：

$$\int_S \sigma \mathrm{d}S = -\frac{qh}{2\pi}\int_0^{\infty}\int_0^{2\pi}\frac{\rho\ \ \mathrm{d}\varphi\ \ \mathrm{d}\rho}{(\rho^2+h^2)^{\frac{3}{2}}} = -q = q' \tag{2-76}$$

式（2-76）表明镜像电荷 q' 确实与无限大接地导电平面上的全部感应电荷等效。

此外，上述方法很容易推广到由半无限大导电平面形成的劈形边界且其夹角为π的整数分之一的情况，如图 2-26 所示。图中夹角为 π/3 的导电劈可以引入 5 个镜像电荷，以保证劈形边界电位为零的边界条件。

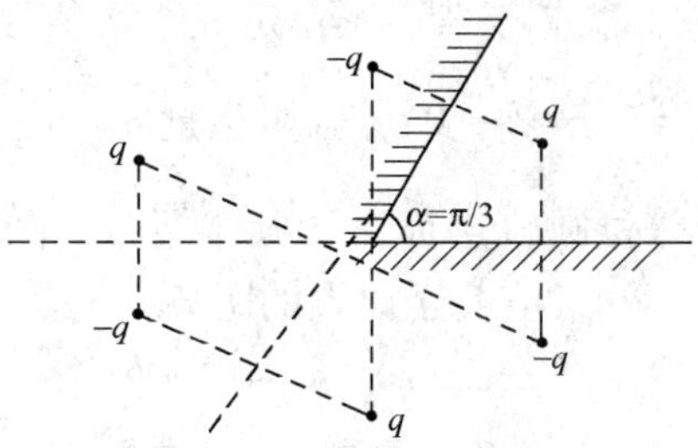

图 2-26　导电劈的镜像法

2. 线电荷情况

线电荷 τ 及其镜像电荷如图 2-27 所示。

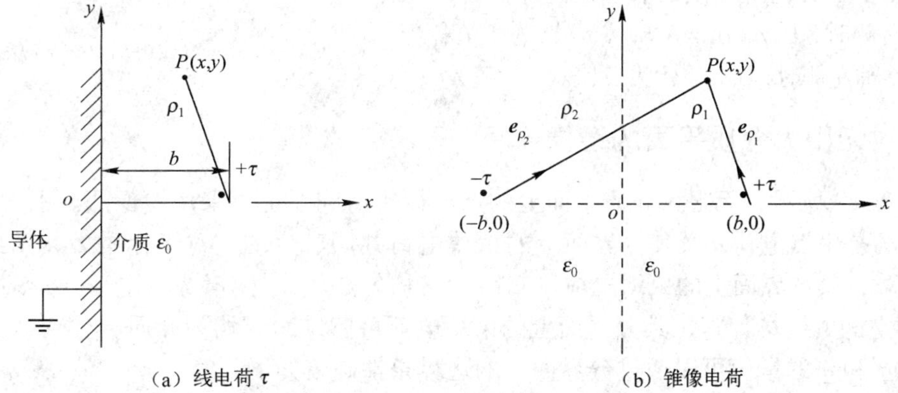

图 2-27　线电荷 τ 及其镜像电荷

由高斯定理得到 P 点的电场强度：

$$\boldsymbol{E}_P = \boldsymbol{E}'_P + \boldsymbol{E}''_P = \frac{\tau}{2\pi\varepsilon_0\rho_1}e_{\rho_1} + \frac{-\tau}{2\pi\varepsilon_0\rho_2}e_{\rho_2} \tag{2-77}$$

现任取 Q 点为电位参考点，则 P 点电位为：

$$\begin{aligned}\varphi_P &= \int_{\rho_1}^{\rho_{1Q}}\frac{\tau}{2\pi\varepsilon_0\rho}\mathrm{d}\rho - \int_{\rho_2}^{\rho_{2Q}}\frac{\tau}{2\pi\varepsilon_0\rho}\mathrm{d}\rho \\ &= \frac{\tau}{2\pi\varepsilon_0}(\ln\rho_{1Q} - \ln\rho_1) - \frac{\tau}{2\pi\varepsilon_0}(\ln\rho_{2Q} - \ln\rho_2) = C + \frac{\tau}{2\pi\varepsilon_0}\ln\frac{\rho_2}{\rho_1}\end{aligned} \tag{2-78}$$

设在无限大接地导电平面上，即 $\rho_1 = \rho_2$ 时，$\varphi = 0$，则电位参考点 Q 应选在接地导电平面上，$C = 0$。由式（2-78）得到场中任意点电位：

$$\varphi_P = \frac{\tau}{2\pi\varepsilon_0}\ln\frac{\rho_2}{\rho_1} = \frac{\tau}{2\pi\varepsilon_0}\ln\left[\frac{(x+b)^2+y^2}{(x-b)^2+y^2}\right]^{\frac{1}{2}} \tag{2-79}$$

由式（2-79）可以进一步获得到其等位线分布。按等位线定义 $\rho_1/\rho_2 = K$，经平方得：

$$\frac{\rho_2^2}{\rho_1^2} = \frac{(x+b)^2+y^2}{(x-b)^2+y^2} = K^2 \tag{2-80}$$

整理，得：

$$\left[x - \left(\frac{K^2+1}{K^2-1}\right)b\right]^2 + y^2 = \left(\frac{2bK}{K^2-1}\right)^2 \tag{2-81}$$

显然，式（2-81）为直角坐标系中圆的方程。所以在 XOY 平面上，等位线分布如图 2-28 虚线所示的一簇圆。

对应于某一给定的 K 值，圆心坐标是 $\left(h=\dfrac{K^2+1}{K^2-1}b,\ 0\right)$，圆半径是 $a=\left|\dfrac{2bK}{K^2-1}\right|$。对于每个等位圆轨迹而言，圆半径 a、圆心到原点的距离 h 和线电荷至原点的距离 b 三者间关系为：

$$h^2=a^2+b^2 \tag{2-82}$$

亦即

$$a^2=h^2-b^2=(h+b)(h-b) \tag{2-83}$$

这表明，两线电荷（$\pm\tau$）位置对每个等位圆的圆心来说，满足圆的几何上反演的关系。此外，当 P 点位于 y 轴右侧时，因 $\rho_1/\rho_2=K>1$，φ_P 皆为正值；当 P 点位于 y 轴左侧时，则 φ_P 皆为负值。

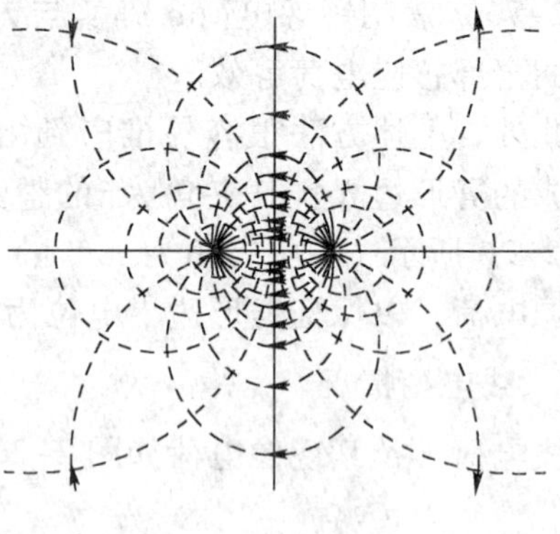

图 2-28 一对线电荷（$\pm\tau$）的电场

2.6.2 对无限大介质平面的镜像

如图 2-29 所示，无限大介质平面上的点电荷边值问题也可采用镜像法。上下半无限空间中的电场是由点电荷 q 及其分界面上的束缚电荷共同产生的。对于介质为 ε_1 的上半空间的电场计算，其分界面上的束缚电荷可归结为在均匀介质 ε_1 中镜像点电荷 q'；对于介质为 ε_2 的下半空间的电场计算，其分界面上的束缚电荷可归结为在均匀介质 ε_2 中点电荷 $q''-q$。镜像电荷 q' 和 q'' 的量值可以通过分界面上的边界条件确定如下。

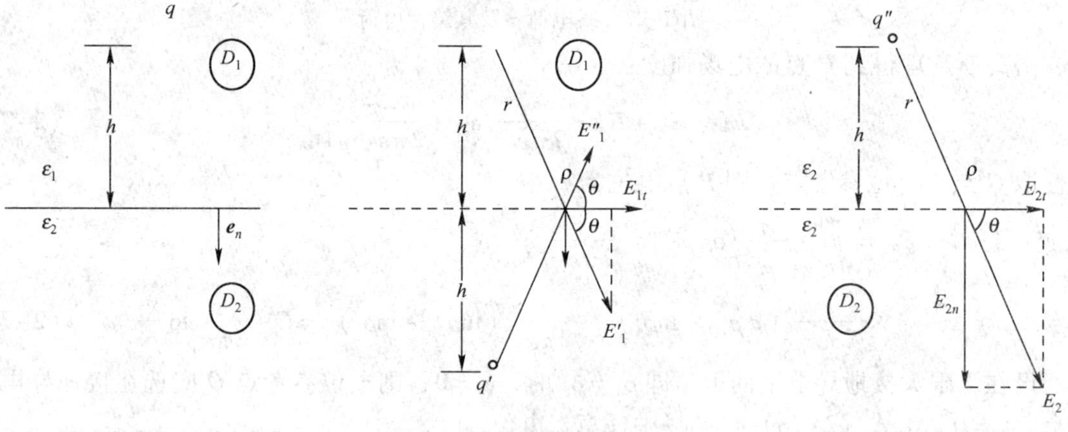

（a）无限大介质平面上的点电荷　（b）上半空间电场计算的镜像　（c）下半空间电场计算的镜像

图 2-29 无限大介质平面镜像

对于分界面上任意点 P，由其上的边界条件 $E_{1t}=E_{2t}$ 和 $D_{1n}=D_{2n}$，得：

$$\frac{q}{4\pi\varepsilon_1 r^2}\cos\theta+\frac{q'}{4\pi\varepsilon_1 r^2}\cos\theta=\frac{q''}{4\pi\varepsilon_2 r^2}\cos\theta \tag{2-84}$$

$$\frac{q}{4\pi r^2}\sin\theta-\frac{q'}{4\pi r^2}\sin\theta=\frac{q''}{4\pi r^2}\sin\theta \tag{2-85}$$

解得

$$q'=\frac{\varepsilon_1-\varepsilon_2}{\varepsilon_1+\varepsilon_2}q \tag{2-86}$$

$$q'' = \frac{2\varepsilon_2}{\varepsilon_1 + \varepsilon_2} q \tag{2-87}$$

对于线电荷 τ 与无限大介质平面系统的电场，可类比推得。

2.6.3 电轴法

1. 两半径相同的圆柱导体电场

基于线电荷对无限大接地导电平面的镜像分析，进而讨论两同半径、带有等量异号电荷的平行长直圆柱导体间的电场问题。此时，尽管圆柱导体表面电荷面密度不是常量，但沿轴向单位长电荷分布（线密度 τ）是相同的，圆柱导体表面为等位面。若设想圆柱导体表面与线电荷对应的等位面重合，即可以用等效线电荷计算圆柱导体外的电场分布，该线电荷就是圆柱导体表面电荷的等效电荷，如图 2-30 所示。为表述方便，称这个线电荷为圆柱导体的等效电轴，这种方法称为电轴法。

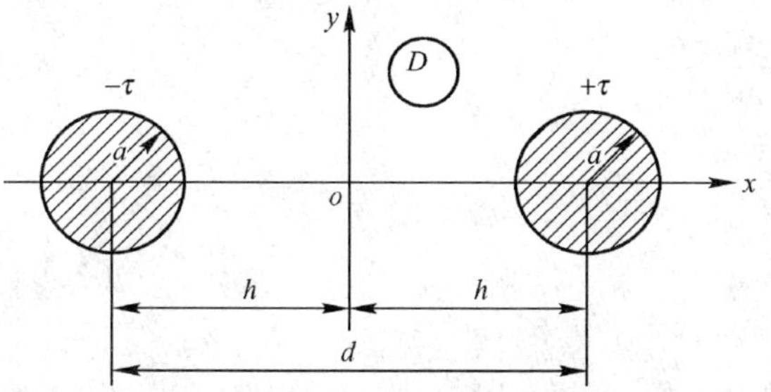

（a）同半径两线输电线系统

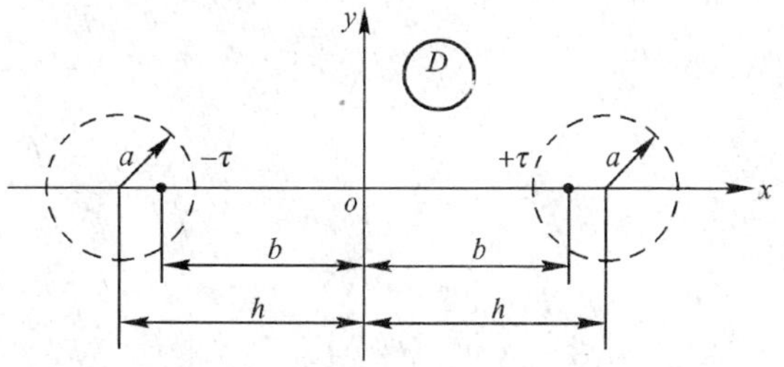

（b）电轴法图示

图 2-30 电轴法

设圆柱导体半径为 a，间距为 $2h$，电轴间距为 $2b$。三者之间的关系为：

$$b = \sqrt{h^2 - a^2} \tag{2-88}$$

【例 2-9】 半径为 a 的传输线平行于地面，传输线轴心对地高度为 h，对地电位为 U_0，如图 2-31 所示。试求：（1）大地上方传输线的电场；（2）场域最大电场场强的位置及其数值。

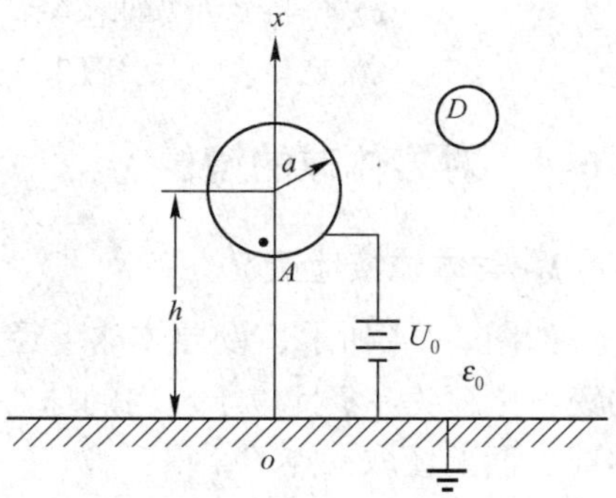

图 2-31 传输线的电场

解：（1）首先，由电轴法确定电轴的位置，得：

$$b = \sqrt{h^2 - a^2}$$

大地上方任意场点 P 处的电位为：

$$\varphi = \frac{\tau}{2\pi\varepsilon_0}\ln\frac{\rho_2}{\rho_1} = \frac{\tau}{2\pi\varepsilon_0}\ln\left[\frac{(x+b)^2 + y^2}{(x-b)^2 + y^2}\right]^{\frac{1}{2}} \tag{2-89}$$

由传输线表面点 A 的电位 U_0，得：

$$\varphi_A = U_0 = \frac{\tau}{2\pi\varepsilon_0}\ln\frac{b+(h-a)}{b-(h-a)} \Rightarrow \tau = \frac{2\pi\varepsilon_0 U_0}{\ln\dfrac{b+(h-a)}{b-(h-a)}}$$

大地上方任意场点 P 处的电位为：

$$\varphi=\frac{U_0}{\ln\dfrac{b+(h-a)}{b-(h-a)}}\ln\left[\frac{(x+b)^2+y^2}{(x-b)^2+y^2}\right]^{\frac{1}{2}} \tag{2-90}$$

（2）显然，最大场强将出现在导线相距地面最近处，即点 A 处，有：

$$|\boldsymbol{E}_A|=E_{\max}=\left|-\frac{\partial\varphi}{\partial n}\mathrm{e}_n\right|_{\substack{x=h-a\\y=0}}=\left|\frac{\partial\varphi}{\partial x}\right|_{\substack{x=h-a\\y=0}}=\frac{2bU_0}{[(h-a)^2-b^2]\ln\left(\dfrac{b+h-a}{a-h+b}\right)} \tag{2-91}$$

2. 两半径不同的圆柱导体电场

如图 2-33 所示，设两平行长直圆柱导体半径分别为 a_1 和 a_2，图 2-33（a）轴心距 $d=h_1+h_2$，图 2-33（b）轴心距为 $d=h_2-h_1$（设 $a_2>a_1$）。

可以应用电轴法计算这两种情况的电场问题。其关键问题仍然是确定等效电轴的位置。显然

$$h_1^2=b^2+a_1^2 \quad h_2^2=b^2+a_2^2 \quad d=h_2\pm h_1$$

已知 a_1、a_2 和 d，联合求解上述三个方程，得：

$$h_1=\left|\frac{d^2+a_1^2-a_2^2}{2d}\right| \tag{2-92}$$

$$h_2=\frac{d^2+a_2^2-a_1^2}{2d} \tag{2-93}$$

$$b=(h_1^2-a_1^2)^{\frac{1}{2}} \tag{2-94}$$

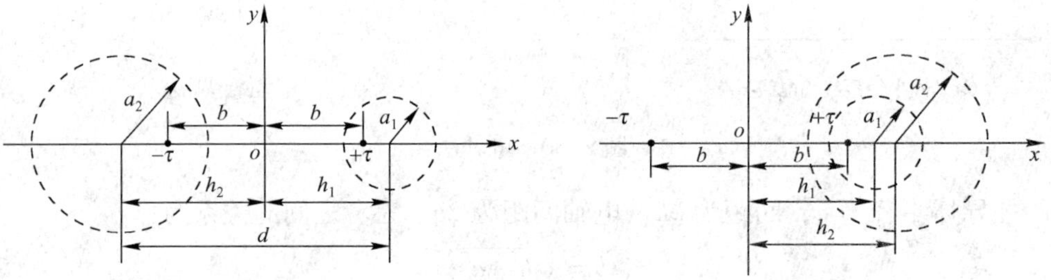

（a）不同半径两线输电线系统　　（b）电轴法图示

图 2-33　半径不同圆柱导体的电轴法

2.6.4　对导体球的镜像

1. 导体球接地情况

如图 2-34 所示，设导体球半径为 a，点电荷 q 至球心距为 d，等效导体球表面感应电荷的镜像电荷为 $-q'$ 且位于球内的球心与点电荷的连线上，其到球心的距离为 b。那么，在导体球表面上任取一点 P，得：

$$\varphi_P=\frac{q}{4\pi\varepsilon_0 r}-\frac{q'}{4\pi\varepsilon_0 r'}=0 \tag{2-95}$$

$$\frac{q^2}{q'^2}=\frac{r^2}{r'^2}=\frac{a^2+d^2-2ad\cos\theta}{a^2+b^2-2ab\cos\theta} \tag{2-96}$$

整理，得：

$$q^2(a^2+b^2)-q'^2(a^2+d^2)+2a(q'^2d-q^2)\cos\theta=0 \tag{2-97}$$

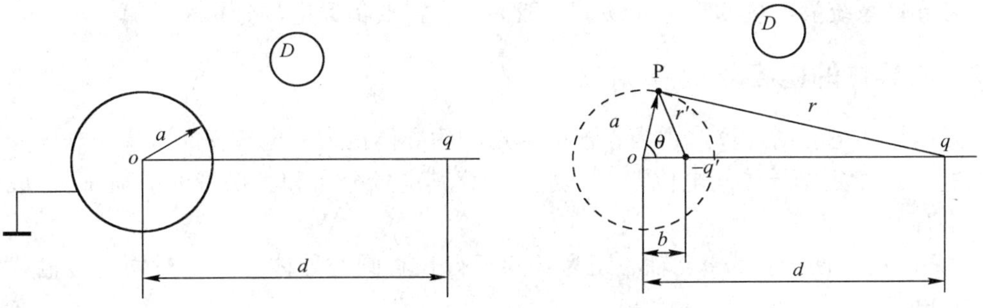

（a）（b）

图2-34 对接地导体球的镜像

对于任意的 θ 值，式（2-97）恒成立，故有：

$$q^2(a^2+b^2)-q'^2(a^2+d^2)=0 \tag{2-98}$$

$$q'^2 d-q^2 b=0 \tag{2-99}$$

解得

$$a^2=bd \tag{2-100}$$

$$q'=\frac{a}{d}q \tag{2-101}$$

可以看出，点电荷 q 和其镜像电荷 $-q'$ 的位置满足球反演的几何关系。根据 q 及 $-q'$ 即可方便地计算点电荷在接地导体球外的电场分布。可以证明，接地导体球面上感应电荷的总量等于 $-q'$。

2. 导体球不接地情况

如果导体球原不带净电荷，即呈中性，为使导体球表面上等电位，除引入镜像电荷 $-q'$ 外，还应在原导体球的球心处再引入一个镜像电荷 $q''=q'$。同理，对呈电性的不接地导体球和位于导体球腔内的点电荷的电场计算问题，也可以应用镜像法进行计算。

【例2-10】 如图2-35所示，半径为 a 的接地导体球壳外置有一沿直径方向的线段电荷，线段的一端距球心为 d。求导体球壳上总的感应电荷。

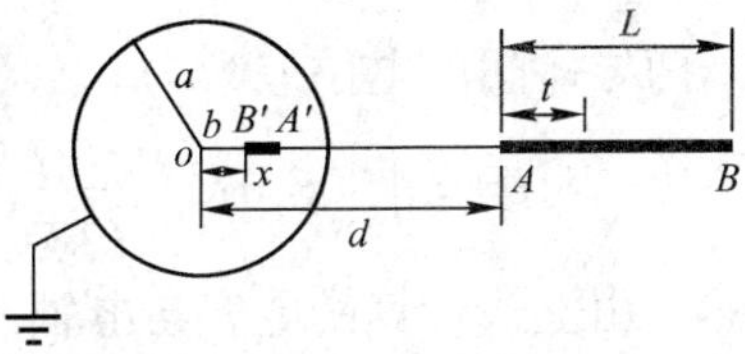

图2-35 线段电荷的镜像

解： 应用点电荷对接地导体球的镜像，有：元电荷为 $\tau \mathrm{d}t$，元电荷的位置为 $d+t$；镜像元电荷为 $\tau'\mathrm{d}x=-a\tau\mathrm{d}t/(d+t)$，镜像元电荷的位置为 $x+a^2/d=a^2/(d+t)$。所以，导体球壳上总的感应电荷为：

$$Q=\int_0^{\frac{a^2}{d+L}-\frac{a^2}{d}}\tau'\mathrm{d}x=-\int_0^L\frac{a\tau}{d+t}\mathrm{d}t=-a\tau\ln\frac{d+L}{d}=-a\tau\ln\left(1+\frac{L}{d}\right)$$

习题2-6

试证当点电荷 q 位于无限大的导体平面附近时，导体表面上总感应电荷等于 $-q$。

2.7 电容与部分电容

电容或部分电容是导体系统的重要的集总电气参数，也是电网络中电容元件的重要参数，还是导体系统静电场的集总体现。一般而言，需要借助电场分析来计算。

2.7.1 两导体的电容

一般两导体电容的计算过程为：根据给定的两导体携带的电荷 $\pm q$ 计算其电场分布和其间电位差 U 或给定两导体间电位差 U，通过计算其电场分布和其携带的电荷 $\pm q$，最后按定义计算电容 $C=q/U$。

【例 2-11】 两半径为 a、轴心距为 d 的平行长直圆柱导体构成一对均匀传输线，试求其单位长电容。

解：应用电轴法，令 $h=d/2$。首先确定电轴位置 $b=\sqrt{h^2-a^2}$，基于电轴法的分析结果，两导体表面最近距离对应的点 $A_1(h-a,0)$ 和点 $A_2(-h+a,0)$ 的电位差为：

$$U=\varphi_{A_1}-\varphi_{A_2}=\frac{\tau}{\pi\varepsilon_0}\ln\frac{b+(h-a)}{b-(h-a)}$$

从而，均匀传输线的单位长度电容为：

$$C_l=\frac{\tau}{U}=\frac{\pi\varepsilon_0}{\ln\dfrac{b+(h-a)}{b-(h-a)}}$$

通常有 $h\gg a$，此时 $b\approx h$，故：

$$C_l=\frac{\pi\varepsilon_0}{\ln\dfrac{2h}{a}}=\frac{\pi\varepsilon_0}{\ln\dfrac{d}{a}}$$

此外，对于 $h\gg a$ 的情况，也可以采用高斯定理计算。设均匀传输线单位长线电荷密度为 τ，则两导体轴心连线上距带正电荷导体 x 处的电场强度为：

$$E_x=\frac{\tau}{2\pi\varepsilon_0 x}+\frac{\tau}{2\pi\varepsilon_0(d-x)}$$

两导体间的电位差为：

$$U=\int_a^{d-a}E_x\mathrm{d}x=\frac{\tau}{2\pi\varepsilon_0}\left(\ln\frac{d-a}{a}-\ln\frac{a}{d-a}\right)=\frac{\tau}{\pi\varepsilon_0}\ln\frac{d-a}{a}\approx\frac{\tau}{\pi\varepsilon_0}\ln\frac{d}{a}$$

显然，由上式计算的电容与电轴法获得的结果相同。

【例 2-12】 内导体半径为 a、外导体半径为 b 的无限长同轴圆柱导体构成电容器，试求其单位长电容。

解：假设内导体每单位长度带有电荷 τ，外导体带有等量异种电荷。应用高斯定理，可求得两导体柱面间的电压为：

$$U=\frac{\tau}{2\pi\varepsilon}\ln\frac{b}{a}$$

则每单位长度电容为：

$$C=\frac{2\pi\varepsilon}{\ln(b/a)}$$

【例 2-13】 内导体半径为 a、外导体半径为 b 的同心球面导体构成电容，试求其电容。

解：假设内导体外表面带有电荷 q，外导体内表面带有等量异种电荷。应用高斯定理，可求得两导体柱面间的电压为：

$$U=\frac{b-a}{4\pi\varepsilon ab}$$

从而，其电容为：

$$C=\frac{4\pi\varepsilon ab}{b-a}$$

2.7.2 部分电容

许多电气设备是由两个或两个以上的导体形成的一个带电系统，如三相输电线、多级电子管、铁路供电线和铁轨。对于由三个及三个以上带电导体组成的系统，任意两个导体之间的电压不仅要受到它们自身电荷还要受到其他导体上电荷的影响。这时，系统中导体间的电压与导体电荷关系一般不能仅用一个电容来表示，需要引入部分电容概念。

如果一个系统的电场分布只与系统内各带电导体的形状、相互位置和电介质的分布有关，而与系统外的带电导体无关，并且所有电位移通量全部从系统内的带电导体发出又全部终止于系统内的带电导体，则称为静电独立系统。

现考察由（$n+1$）个导体组成的静电独立系统。令各导体按 0—n 顺序编号，其相应的带电量分别为 q_0，q_1，…，q_k，…，q_n。由定义，得：

$$q_0+q_1+\cdots+q_k+\cdots+q_n=0 \tag{2-102}$$

选 0 号导体为电位参考点，即 $\varphi_0=0$，应用叠加原理，可得到各个导体电位与各个导体上电荷的关系：

$$\begin{cases}\varphi_1=\alpha_{11}q_1+\alpha_{12}q_2+\cdots+\alpha_{1k}q_k+\cdots+\alpha_{1n}q_n\\ \qquad\vdots\\ \varphi_k=\alpha_{k1}q_1+\alpha_{k2}q_2+\cdots+\alpha_{kk}q_k+\cdots+\alpha_{kn}q_n\\ \qquad\vdots\\ \varphi_n=\alpha_{n1}q_1+\alpha_{n2}q_2+\cdots+\alpha_{nk}q_k+\cdots+\alpha_{nn}q_n\end{cases} \tag{2-103}$$

写成矩阵形式，为：

$$[\varphi]=[\alpha][q] \tag{2-104}$$

式中系数 α_{ij} 称为电位系数，其含义不难从以下定义式得到理解。

$$\alpha_{ij}=\left.\frac{\varphi_i}{q_j}\right|_{q_j\neq 0,\text{其余导体}q_i\text{为零}} \tag{2-105}$$

式中，α_{ii} 称为自有电位系数；$\alpha_{ij}(i\neq j)$ 称为互有电位函数。显然，电位系数只与导体的形状、相互位置及电介质的介电常数有关。当给出各个导体的电位时，由式（2-103）、式（2-104），得：

$$[q]=[\alpha]^{-1}[\varphi]=[\beta][\varphi] \tag{2-106}$$

或

$$\begin{cases}q_1=\beta_{11}\varphi_1+\beta_{12}\varphi_2+\cdots+\beta_{1k}\varphi_k+\cdots+\beta_{1n}\varphi_n\\ \qquad\vdots\\ q_k=\beta_{k1}\varphi_1+\beta_{k2}\varphi_2+\cdots+\beta_{kk}\varphi_k+\cdots+\beta_{kn}\varphi_n\\ \qquad\vdots\\ q_n=\beta_{n1}\varphi_1+\beta_{n2}\varphi_2+\cdots+\beta_{nk}\varphi_k+\cdots+\beta_{nn}\varphi_n\end{cases} \tag{2-107}$$

式中，系数 β_{ij} 称为感应系数，与电位系数之间的关系为：

$$\beta_{ij}=\frac{A_{ij}}{\Delta} \tag{2-108}$$

式中，Δ 是［α］行列式，A_{ij}是相应的代数余子式。β_{ij}称为自有感应系数，$\beta_{ij}(i\neq j)$称为互有感应系数，即：

$$\beta_{ij}=\frac{q_i}{\varphi_j}\Bigg|_{\varphi_j\neq 0,\text{其余导体接地,电位为零}} \tag{2-109}$$

显然，感应系数也只和导体的形状、相互位置及介质的介电常数有关。

为了采用电网络方法分析导体系统的电气特性，一般将电荷与电位的关系表达为：

$$\begin{cases} q_1=C_{11}(\varphi_1-\varphi_0)+C_{12}(\varphi_1-\varphi_2)+\cdots+C_{1k}(\varphi_1-\varphi_k)+\cdots+C_{1n}(\varphi_1-\varphi_n) \\ \vdots \\ q_k=C_{k1}(\varphi_k-\varphi_1)+C_{k2}(\varphi_k-\varphi_2)+\cdots+C_{kk}(\varphi_k-\varphi_0)+\cdots+C_{kn}(\varphi_k-\varphi_n) \\ \vdots \\ q_n=C_{n1}(\varphi_n-\varphi_0)+C_{n2}(\varphi_n-\varphi_2)+\cdots+C_{nk}(\varphi_n-\varphi_k)+\cdots+C_{nn}(\varphi_n-\varphi_0) \end{cases} \tag{2-110}$$

式中系数 C_{ij}为导体系统的部分电容。对比上述两种表达形式，得：

$$C_{ii}=\beta_{i1}+\beta_{i2}+\cdots+\beta_{ii}+\cdots+\beta_{in} \tag{2-111}$$

$$C_{ij}=-\beta_{ij}(i\neq j) \tag{2-112}$$

式中，C_{i0}称为导体 i 的自有部分电容，即各导体与参考导体（电位参考点导体）之间的部分电容；C_{ij}称为导体 i 和导体 j 互有部分电容，即相应的两个导体间的部分电容，显然，$C_{ij}=C_{ji}$。三导体系统的部分电容如图 2-36 所示。

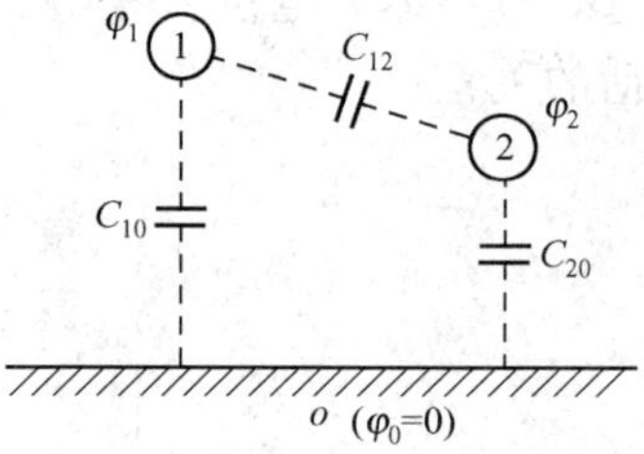

图 2-36　三导体系统的部分电容

我们既可以利用电场计算的方法计算电位系数 α_{ij}或感应系数β_{ij}并按上述定义计算部分电容 C_{ij}，也可以通过实验方法通过测量感应系数β_{ij}或直接测量部分电容的线性组合来计算部分电容。

习题 2-7

在无限大的导体平面上空平行放置一根半径为 a 的圆柱导线。已知圆柱导线的轴线离开平面的距离为 h，试求单位长度圆柱导线与导体平面之间的电容。

2.8 静电能量

静电场中的带电体受到电场力作用，会产生运动，这说明静电场有做功的能力，而做功必须消耗能量，由此可见，静电场中储存着能量。静电能量是在电场建立的过程，由外力做功转化而来的，因此可根据建立静电系统的过程，计算外力做功来计算静电能量。另外，从场的观点来看，能量是场的物质性的基本属性之一，因此静电场能量应该分布在整个场域空间，因此可以通过能量分布密度的体积分来计算。

2.8.1　带电体系统中的静电场能量

设在建立带电系统电场的某一瞬时，场中某一点的电位是 $\varphi'(r)$，引入增量电荷 δq 需做功：

$$\delta W=\varphi'(r)\delta q \tag{2-113}$$

并将此功转化为电场能量存贮在电场之中。由于静电场的能量仅取决于电荷的最终分布状态，与电荷怎样达到该状态的过程无关。因此，可设想这样一种充电方式，使任何瞬间所有带电体的电荷密度都按同一比例增长。充电开始时各处电荷密度都为零（相当于 $m=0$），充电结束时各处电荷密度都等于其最终值（相当于 $m=1$）。由此可知，在充电过程中的任何时刻，电荷密度的增量为：

$$\delta\rho=\delta[m\rho(r)]=\rho(r)\delta m \tag{2-114}$$

$$\delta\sigma=\delta[m\sigma(r)]=\sigma(r)\delta m \tag{2-115}$$

对 m 积分，总电场能量为：

$$W_{\mathrm{e}}=\int_0^1\delta m\int_V\rho(r)\varphi'(m,r)\mathrm{d}V+\int_0^1\delta m\oint_S\sigma(r)\varphi'(m,r)\mathrm{d}S \tag{2-116}$$

由于所有电荷按同一比例 m 增长，故电位 $\varphi'(m,r)=m\varphi(r)$。由式（2-116）得：

$$W_{\mathrm{e}}=\frac{1}{2}\int_V\rho\varphi\mathrm{d}V+\frac{1}{2}\oint_S\sigma\varphi\mathrm{d}S \tag{2-117}$$

如果系统中无空间电荷，只有带电导体的情况，其电场能量为：

$$W_{\mathrm{e}}=\frac{1}{2}\oint_S\sigma\varphi\mathrm{d}S \tag{2-118}$$

式中积分面积 S 应为全部导体表面。由于每一导体表面都是等位面，而对于第 k 个导体，则：

$$\frac{1}{2}\oint_{S_k}\sigma\varphi\mathrm{d}S=\frac{1}{2}\varphi_k\oint_{S_k}\sigma\mathrm{d}S=\frac{1}{2}\varphi_k q_k\qquad(k=1,2,\cdots,n) \tag{2-119}$$

从而，得

$$W_{\mathrm{e}}=\frac{1}{2}\sum_{k=1}^{n}\varphi_k q_k \tag{2-120}$$

2.8.2　静电场能量密度

不失讨论的一般性，现以两个带电导体在无界空间建立的静电场为例。设两导体携带的电量分别为 q_1 和 q_2，其表面积对应为 S_1 和 S_2，如图 2-37 所示。该系统的总电场能量为：

$$W_{\mathrm{e}}=\frac{1}{2}\oint_{S_1}\sigma\varphi\mathrm{d}S+\frac{1}{2}\oint_{S_2}\sigma\varphi\mathrm{d}S \tag{2-121}$$

由于导体表面的电荷面密度为：

$$\sigma=\boldsymbol{D}\cdot\boldsymbol{e}'_n=-\boldsymbol{D}\cdot\boldsymbol{e}_n \tag{2-122}$$

式中，$\boldsymbol{e}'_{\mathrm{n}}$ 为导体表面的外法线方向的单位矢量；$\boldsymbol{e}_{\mathrm{n}}$ 为导体表面的内法线方向上的单位矢量。

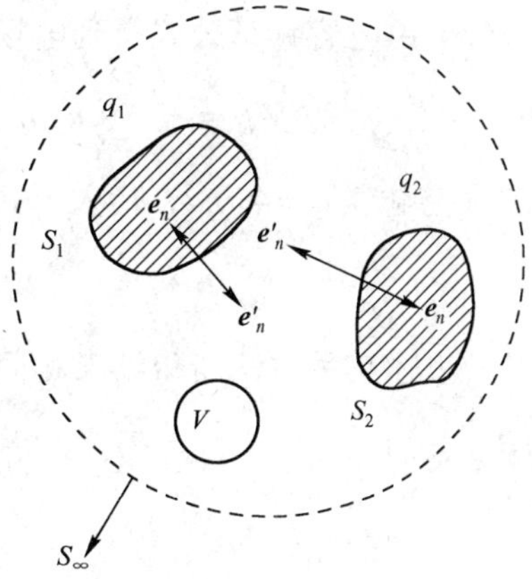

图 2-37　电场能量

将 σ 代入式（2-121），得：

$$W_e = -\frac{1}{2}\oint_{S_1}\varphi\boldsymbol{D}\cdot d\boldsymbol{S} - \frac{1}{2}\oint_{S_2}\varphi\boldsymbol{D}\cdot d\boldsymbol{S} \tag{2-123}$$

在无限远处作一个无限大的球面 S_∞（见图 2-37），则由于电荷分布在有限区域，无限远处的场强按 R^{-2} 及电位按 R^{-1} 趋于零。因此，该系统总的电场能量为：

$$W_e = -\frac{1}{2}\oint_{S_1}\varphi\boldsymbol{D}\cdot d\boldsymbol{S} - \frac{1}{2}\oint_{S_2}\varphi\boldsymbol{D}\cdot dS - \frac{1}{2}\oint_{S_\infty}\varphi\boldsymbol{D}\cdot d\boldsymbol{S} = -\frac{1}{2}\oint_{S}\varphi\boldsymbol{D}\cdot d\boldsymbol{S} \tag{2-124}$$

应用高斯定理，将式（2-124）改写为：

$$W_e = -\frac{1}{2}\int_V \nabla\cdot(\varphi\boldsymbol{D})\,dV = -\frac{1}{2}\int_V(\varphi\nabla\cdot\boldsymbol{D} + \boldsymbol{D}\cdot\nabla\varphi)\,dV \tag{2-125}$$

考虑到场域中没有自由电荷分布，故 $\nabla\cdot\boldsymbol{D}=0$，又由 $\boldsymbol{E}=-\nabla\varphi$，代入式（2-125），得：

$$W_e = \int_V\left(\frac{1}{2}\boldsymbol{D}\cdot\boldsymbol{E}\right)dV \tag{2-126}$$

由此可见，电场能量密度为：

$$\omega'_e = \frac{\boldsymbol{D}\cdot\boldsymbol{E}}{2} \tag{2-127}$$

对于各向同性的线性介质，$\boldsymbol{D}=\varepsilon\boldsymbol{E}$，代入式（2-127），得：

$$\omega'_e = \frac{\varepsilon\cdot\boldsymbol{E}^2}{2} \tag{2-128}$$

【例 2-13】 试计算半径为 a，带电量为 q 的孤立导体球所具有的电场能量。

解： 采用如下三种方法进行计算。

（1）孤立导体球的电位为：

$$\varphi = \frac{q}{4\pi\varepsilon a}$$

则

$$W_e = \frac{1}{2}\cdot\frac{q^2}{4\pi\varepsilon a} = \frac{q^2}{8\pi\varepsilon a}$$

（2）应用电场能量密度公式，积分得：

$$W_e = \int_V \frac{1}{2}\boldsymbol{D}\cdot\boldsymbol{E}\,dV = \frac{1}{2\varepsilon}\int_V D^2\,dV = \frac{1}{2\varepsilon}\int_a^\infty\left(\frac{q}{4\pi r^2}\right)^2 4\pi r^2\,dr = \frac{q^2}{8\pi\varepsilon}\int_a^\infty\frac{dr}{r^2} = \frac{q^2}{8\pi\varepsilon a}$$

（3）由电容计算公式得到电场能量：

$$W_e = \frac{1}{2}\sum_{k=1}^{2}\varphi_k q_k = \frac{1}{2}q(\varphi_1-\varphi_2) = \frac{1}{2}qU = \frac{1}{2}CU^2 = \frac{q^2}{2C}$$

而该系统电容 $C=4\pi\varepsilon a$，代入上式，得：

$$W_e = \frac{q^2}{2C} = \frac{q^2}{8\pi\varepsilon a}$$

可见，上述三种方法所得结果相同。

习题 2-8

已知两个电容器 C_1 及 C_2 的电量分别为 q_1 及 q_2，试求两者并联后的总储能。若要求并联前后的总储能不变，则两个电容器的电容及电量应满足什么条件？

2.9 静 电 力

2.9.1 库仑力

静电场中，各个带电体都要受到电场力。电场力的计算原则上可应用电场强度的定义，即点电荷受到的电场力为：

$$\boldsymbol{F}=q\boldsymbol{E} \tag{2-129}$$

式中 $\boldsymbol{E}$ 是除电荷 q 外其余电荷在该电荷所在处所产生的电场强度。

可利用镜像法求解电荷所受的库仑力，下面举例说明。

【例 2-14】 试证位于半径为 a 的导体球外的点电荷 q 受到的电场力大小 $F=-\dfrac{q^2a^3(2f^2-a^2)}{4\pi\varepsilon_0 f^3(f^2-a^2)^2}$，式中 f 为点电荷至球心的距离。计算该球接地后点电荷 q 的受力。

证明：根据镜像法，必须在球内距球心 $d=\dfrac{a^2}{f}$ 处引入的镜像电荷 $q'=-\dfrac{a}{f}q$。由于球未接地，为了保持总电荷量为零，还必须引入另一个镜像电荷 $-q'$，且应位于球心，以保持球面为等电位。那么，点电荷 q 受到的力可等效两个镜像电荷对它的作用力，即：

$$\boldsymbol{F}_1=\frac{qq'}{4\pi\varepsilon_0(f-d)^2}\boldsymbol{e}_r=-\frac{afq^2}{4\pi\varepsilon_0(f^2-a^2)^2}\boldsymbol{e}_r \quad (\mathrm{N})$$

$$\boldsymbol{F}_2=\frac{-qq'}{4\pi\varepsilon_0 f^2}\boldsymbol{e}_r=\frac{aq^2}{4\pi\varepsilon_0 f^3}\boldsymbol{e}_r \quad (\mathrm{N})$$

合力为：

$$\boldsymbol{F}=\boldsymbol{F}_1+\boldsymbol{F}_2=-\frac{q^2a^3(2f^2-a^2)}{4\pi\varepsilon_0 f^3(f^2-a^2)^2}\boldsymbol{e}_r \quad (\mathrm{N})$$

当导体球接地时，仅需一个镜像电荷 q'，故 q 所受到的电场力为 $\boldsymbol{F}_1$。

【例 2-15】 试证位于内半径为 a 的导体球形空腔中的点电荷 q 受到的电场力大小为：

$$F=\frac{q^2ad}{4\pi\varepsilon_0(a^2-d^2)^2}$$

式中 d 为点电荷离球心的距离。再计算腔中电位分布及腔壁上的电荷分布。

证明：根据点电荷与导体球的镜像关系可知，点电荷 q 在腔外的镜像电荷为 $q'=-\dfrac{a}{d}q$，距球心 $f=\dfrac{a^2}{d}$，如图 2-38 所示。

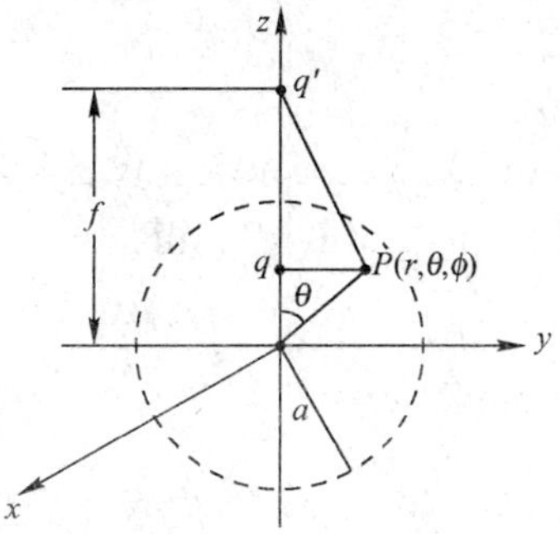

图 2-38

则 q 所受到的力可等效为镜像电荷 q' 对它的电场力，其大小为：

$$F=\frac{qq'}{4\pi\varepsilon_0(f-d)^2}=-\frac{q^2ad}{4\pi\varepsilon_0(a^2-d^2)^2}$$

显然，腔内任一点 $P(r,\theta)$ 电位与 ϕ 无关，它可表示为：

$$\varphi=\frac{1}{4\pi\varepsilon_0}\left(\frac{q}{\sqrt{r^2+d^2-2rd\cos\theta}}-\frac{aq}{d\sqrt{r^2+f^2-2rf\cos\theta}}\right)$$

已知导体表面的电荷密度为：

$$\rho_S = D_n \big|_{r=a} = \varepsilon_0 E_r \big|_{r=a} = -\varepsilon_0 \frac{\partial \varphi}{\partial(-r)} \bigg|_{r=a}$$

得
$$\rho_S = \frac{q(d^2 - a^2)}{4\pi a(a^2 + d^2 - 2ad\cos\theta)^{\frac{3}{2}}}$$

2.9.2 虚位移法

对于电荷分布复杂的带电系统，根据上式计算电场力是非常困难的，甚至是无法求解的。由于力和能量之间有密切联系，所以根据能量可以求力，而且有时要简单得多。而根据能量求力通常选用基于虚功原理的虚位移法。其原理就是假设带电体发生一定的位移，利用位移过程中电场能量的变化与外力及电场力做功之间的关系来计算电场力。

应用虚位移法，虚引入广义坐标和广义力的概念。广义坐标是指确定系统中各带电体形状、尺寸和位置的一组独立几何变量，如距离、体积、面积或角度等。企图改变某一广义坐标的力称为对应于该广义坐标的广义力。广义力乘上由它引起的广义坐标的增量应等于功。因此，分别与广义坐标如距离、面积、体积和角度等对应的广义力是机械力、表面张力、压强和转矩等。

设一个由（$n+1$）个导体组成的系统，对导体依次编号并以 0 号导体为参考导体。假定除 p 号导体外其余导体都不动，且 p 号导体也只在一个广义坐标 g 上发生所设想的位移（虚位移）$\mathrm{d}g$，这时，该系统发生的功能转换过程为：

$$\mathrm{d}W = \mathrm{d}_g W_e + F\mathrm{d}g \tag{2-130}$$

式中，
$$\mathrm{d}W_e = \sum \varphi_k \mathrm{d}q_k \tag{2-131}$$

式（2-130）中等号左边表示与导体系统连接的外电源提供的能量，等号右边两项分别表示电场能量的增量和电场力所做的功。有以下两类电场力计算方法。

（1）常电位系统。设各带电导体的电位保持不变，则：

$$\mathrm{d}_g W_e = \frac{1}{2}\sum \varphi_k \mathrm{d}q_k \tag{2-132}$$

式（2-132）表明，与导体系统连接的外电源提供的能量，有一半作为电场储能的增量，另一半用于克服电场力做的功。因而

$$F\mathrm{d}g = \mathrm{d}W - \mathrm{d}W_e = \mathrm{d}W_e \tag{2-133}$$

则广义力为：

$$F = \frac{\partial W_e}{\partial g}\bigg|_{\varphi_k = 常量} \tag{2-134}$$

（2）常电荷系统。设各带电导体的电荷保持不变，也就是说所有带电导体都不与外电源连接。因而 $\mathrm{d}W = 0$，得：

$$0 = \mathrm{d}_g W_e + F\mathrm{d}g \tag{2-135}$$

从而得
$$F = -\frac{\partial W_e}{\partial g}\bigg|_{q_k = 常量} \tag{2-136}$$

式（2-136）表明，电场力做功所需的能量来自于系统内电场能量的减少值。

尽管上述两种电场力计算公式的形式不同，但所得结果是相同的。即：

$$F = \frac{\partial W_e}{\partial g}\bigg|_{\varphi_k = 常量} = -\frac{\partial W_e}{\partial g}\bigg|_{q_k = 常量} \tag{2-137}$$

【例 2-16】 如图 2-39 所示，设平行板电容器的极板面积为 S，板间距离为 h，忽略极板的边缘效应。试应用虚位移法计算平行板电容器两极板之间的作用力。

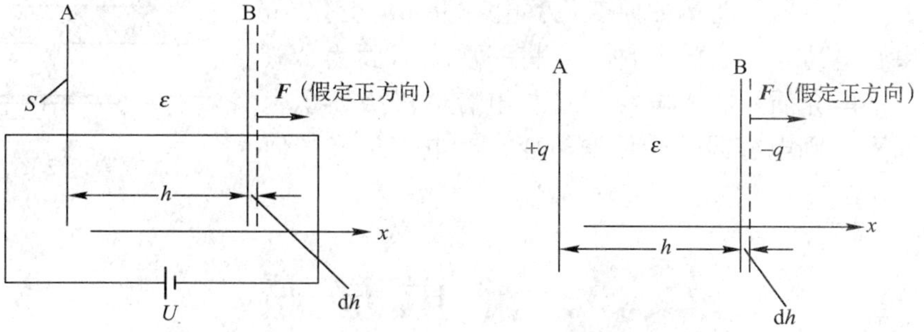

（a）常电位系统　　（b）常电荷系统

图 2-39　平行电容器极板受力计算的虚位移法图示

解：分别对常电位系统和常电荷系统进行计算，对负极板作虚位移。

（1）常电位系统：对于给定的极板间电压 U，两导体系统的电场能量为：

$$W_e = \frac{1}{2}CU^2 = \frac{1}{2}\frac{\varepsilon S}{h}U^2$$

负极板受到的电场力为：

$$F = \frac{\partial W_e}{\partial g}\bigg|_{\varphi_k = C} = \frac{\partial W_e}{\partial h}\bigg|_{\varphi_k = C} = \frac{U^2}{2}\frac{\partial}{\partial h}\left(\frac{\varepsilon S}{h}\right) = -\frac{\varepsilon S U^2}{2h^2}$$

式中负号表示电场力的实际方向与假定正方向（即广义坐标 h 增加的方向）相反，所以

$$\boldsymbol{F} = -\frac{\varepsilon S U^2}{2h^2}\boldsymbol{e}_x$$

（2）常电荷系统：对于给定的极板电荷 q，两导体极板电场能量为：

$$W_e = \frac{q^2}{2C} = \frac{q^2 h}{2\varepsilon S}$$

负极板受到的电场力为：

$$F = -\frac{\partial W_e}{\partial g}\bigg|_{q_k = C} = -\frac{q^2}{2\varepsilon S}$$

即

$$\boldsymbol{F} = -\frac{q^2}{2\varepsilon S}\boldsymbol{e}_x = -\frac{C^2U^2}{2\varepsilon S}\boldsymbol{e}_x = -\frac{(\varepsilon S)^2U^2}{2\varepsilon S h^2}\boldsymbol{e}_x = -\frac{\varepsilon S U^2}{2h^2}\boldsymbol{e}_x$$

不难看出，上述两种计算方法得到的计算结果相同。同理，正极板受力为：

$$\boldsymbol{F} = \frac{q^2}{2\varepsilon S}\boldsymbol{e}_x = \frac{\varepsilon S U^2}{2h^2}\boldsymbol{e}_x$$

习题 2-9

1. 证明：同轴线单位长度的静电储能 $W_e = \frac{q_l^2}{2C}$。其中，q_l 为单位长度上的电荷量；C 为

单位长度上的电容。

2. 平行板电容器的电容是 $\varepsilon_0 S/d$，其中 S 是板的面积，d 为间距，忽略边缘效应。

(1) 如果把一块厚度 Δd 的不带电金属插入两极板之间，但不与两极接触，如题 2 图。则在原电容器电压 U_0 一定的条件下，电容器的能量如何变化？电容量如何变化？

(2) 如果在电荷 q 一定的条件下，将一块横截面为 ΔS、介电常数为 ε 的电介质片插入电容器（与电容器极板面积基本上垂直地插入）则电容器的能量如何变化？电容量又如何变化？

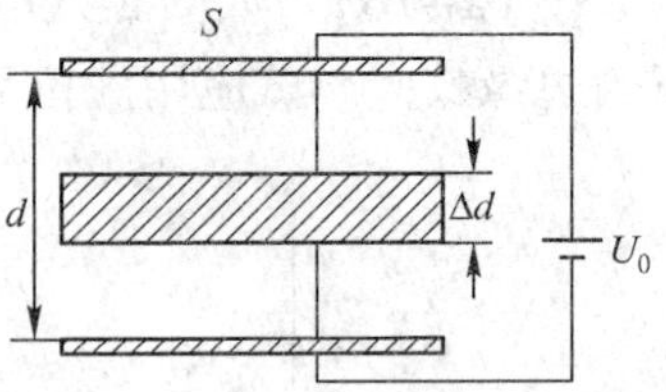

题 2 图

2.10 静电屏蔽

如果将导体放在电场强度为 $\boldsymbol{E}_{外}$ 的外电场中，导体内的自由电子在电场力的作用下，会逆电场方向运动。这样，导体的负电荷分布在一边，正电荷分布在另一边，这就是静电感应现象。由于导体内电荷的重新分布，这些电荷在与外电场相反的方向形成另一电场，电场强度为 $\boldsymbol{E}_{内}$。根据场强叠加原理，导体内的电场强度等于 $\boldsymbol{E}_{外}$ 和 $\boldsymbol{E}_{内}$ 的叠加。当导体内部总电场强度为零时，导体内的自由电子不再移动。物理学中将导体中没有电荷移动的状态叫做静电平衡。处于静电平衡状态的导体，内部电场强度处处为零。由此可推知，处于静电平衡状态的导体，电荷只分布在导体的外表面上。如果这个导体是中空的，当它达到静电平衡时，内部也将没有电场。这样，导体的外壳就会对它的内部起到“保护”作用，使它的内部不受外部电场的影响，这种现象称为静电屏蔽。

因为封闭导体壳内的电场具有典型意义和实际意义，以封闭导体壳内的电场为例对静电屏蔽做一些讨论。

2.10.1 封闭导体壳内部电场不受壳外电荷或电场影响

若壳内无带电体而壳外有电荷 q，则静电感应使壳外壁带电。静电平衡时壳内无电场。这不是说壳外电荷不在壳内产生电场，而是 q 与外壁带电电场抵消。由于壳外壁感应出异号电荷，它们与 q 在壳内空间任一点激发的合场强为零。因而导体壳内部不会受到壳外电荷 q 或其他电场的影响。壳外壁的感应电荷起到自动调节作用。如果把上述空腔导体外壳接地，则外壳上感应正电荷将沿接地线流入地下。静电平衡后空腔导体与大地等势，空腔内场强仍然为零。如果空腔内有电荷，则空腔导体仍与地等势，导体内无电场。这时因空腔内壁有异号感应电荷，因此空腔内有电场。此电场由壳内电荷产生，壳外电荷对壳内电场仍无影响。由以上讨论可知，封闭导体壳不论接地与否，内部电场不受壳外电荷影响。

2.10.2 接地封闭导体壳外部电场不受壳内电荷的影响

如果壳内空腔有电荷 q，因为静电感应，壳内壁带有等量异号电荷，壳外壁带有等量同号电荷，壳外空间有电场存在，此电场可以说是由壳内电荷 q 间接产生，也可以说是由壳外感应电荷直接产生的。但如果将外壳接地，则壳外电荷将消失，壳内电荷 q 与内壁感应电荷在壳外产生的电场为零。封闭导体壳不论接地与否，内部电场不受壳外电荷与电场影响；接地封闭导体壳外电场不受壳内电荷的影响。这种现象称静电屏蔽。

静电屏蔽在工程中有重要的用途，仅举一例来从部分电容的角度阐述其原理。设带电的电气设备以导体 1 表示，带电荷为 q_1，且被置于接地导体薄壳 2 中，它们与邻近的导体 3 一起组成三导体系统，其静电屏蔽示意图如图 2-40 所示。

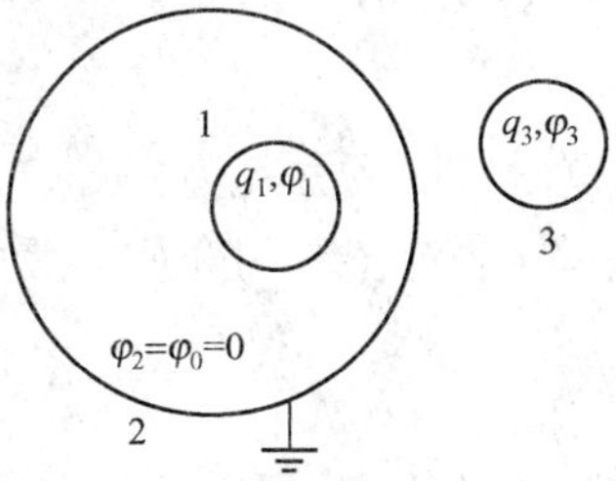

图 2-40 三导系统静电屏蔽示意图

显然，$\varphi_2=\varphi_0=0$，有：

$$\begin{cases} q_1=C_{10}\varphi_1+C_{12}\varphi_1+C_{13}(\varphi_1-\varphi_3) \\ q_2=C_{21}(-\varphi_1)+C_{20}\times 0+C_{23}(-\varphi_3) \\ q_3=C_{31}(\varphi_3-\varphi_1)+C_{32}\varphi_3+C_{30}\varphi_3 \end{cases}$$

上述三式在任何情况下均应成立。

设 $q_1=0$，即导体 1 不带电，此时导体 2 内部为等电位区，得 $\varphi_1=0$。这样，上述第一式为：

$$0=-C_{13}\varphi_3$$

因 φ_3 可以不等于零，由此可推得 $C_{13}=0$。这表明因接地导体 2 包围导体 1 后，导体 1 与导体 3 被互相隔离，而不存在两导体之间静电耦合作用。如果导体 1、3 均带电，则有：

$$q_1=(C_{10}+C_{12})\varphi_1$$
$$q_3=(C_{32}+C_{30})\varphi_3$$

这两式表明，因接地导体 2 的静电屏蔽，其内外形成两个相互独立的静电系统。

本 章 小 结

（1）根据电场强度的定义和库仑定律，可以得到无限大真空中，在坐标系任意一点 $\boldsymbol{r}'$ 上的点电荷在点 $\boldsymbol{r}$ 产生的电场强度为：

$$\boldsymbol{E}(r)=\frac{q}{4\pi\varepsilon_0|\boldsymbol{r}-\boldsymbol{r}'|^2}\frac{\boldsymbol{r}-\boldsymbol{r}'}{|\boldsymbol{r}-\boldsymbol{r}'|}=\frac{q}{4\pi\varepsilon_0 R^2}\boldsymbol{e}_R$$

$$\boldsymbol{E}(r)=\frac{q}{4\pi\varepsilon_0 r^2}\boldsymbol{e}_R$$

（2）电极化强度矢量，是指极化后形成的每单位体积内电偶极矩的矢量和，即：

$$\boldsymbol{P}=\lim_{\Delta V\to 0}\frac{\sum \boldsymbol{p}}{\Delta V}\ (\mathrm{C/m^2})$$

实验结果表明，大多数电介质的电极化强度 $\boldsymbol{P}$ 与电介质中的合成电场强度 $\boldsymbol{E}$ 成正比，即：

$$\boldsymbol{P}=\chi_e\varepsilon_0\boldsymbol{E}$$

由此，定义极化电荷的面密度与体密度分别为：

$$\sigma_P=\boldsymbol{P}\cdot\boldsymbol{e}_n$$

此式等同于式（2-35）。

$$\rho_P=-\nabla'\cdot\boldsymbol{P}$$

此式等同于式（2-36）。

（3）静电场的基本方程为：

$$\nabla\times\boldsymbol{E}=0$$

$$\nabla\cdot\boldsymbol{D}=\rho$$

其媒质的构成方程为：
$$\boldsymbol{D}=\varepsilon\boldsymbol{E}$$

（4）对于均匀介质 ε 为常数，有：

$$\nabla^2\varphi=-\rho/\varepsilon$$

$$\nabla^2\varphi=0$$

（5）静电场边值问题。边界条件分为以下三类。

第一类边界条件：

$$\varphi(\boldsymbol{r})\big|_S=f_1(\boldsymbol{r}_b)$$

第二类边界条件（纽曼条件）：

$$\left.\frac{\partial\varphi(\boldsymbol{r})}{\partial n}\right|_{\mathrm{S}}=f_2(\boldsymbol{r}_{\mathrm{b}})$$

第三类边界条件（混合条件），场域边界 S 上电位及其法向导数的线性组合已知，即：

$$\left.\left[\varphi(\boldsymbol{r})+f_3(\boldsymbol{r})\frac{\partial\varphi(\boldsymbol{r})}{\partial n}\right]\right|_{\mathrm{S}}=f_4(\boldsymbol{r}_{\mathrm{b}})$$

无限远边界条件：对于电荷分布在有限域的无边界电场问题，在无限远处有：

$$\lim_{r\to\infty}r\varphi(\boldsymbol{r})=\text{有限值}$$

即电位 φ 在无限远处趋于零。

$$\varphi(\boldsymbol{r})\big|_{r\to\infty}=0$$

（6）点电荷情况。对于无限大介质平面上的点电荷边值问题也可采用镜像法。

$$q'=\frac{\varepsilon_1-\varepsilon_2}{\varepsilon_1+\varepsilon_2}q$$

$$q''=\frac{2\varepsilon_2}{\varepsilon_1+\varepsilon_2}q$$

对于线电荷 τ 与无限大介质平面系统的电场，可类比推得。

（7）设圆柱导体半径为 a，间距为 $2h$，电轴间距为 $2b$。三者之间的关系为：

$$b=\sqrt{h^2-a^2}$$

（8）电场能量为：

$$W_{\mathrm{e}}=\frac{1}{2}\oint_S\sigma\varphi\,\mathrm{d}S$$

$$W_{\mathrm{e}}=\frac{1}{2}\sum_{k=1}^{n}\varphi_k q_k$$

$$W_{\mathrm{e}}=\int_V\left(\frac{1}{2}\boldsymbol{D}\cdot\boldsymbol{E}\right)\mathrm{d}V$$

（9）广义力：

$$F=\left.\frac{\partial W_{\mathrm{e}}}{\partial g}\right|_{\varphi_k=\text{常量}}=-\left.\frac{\partial W_{\mathrm{e}}}{\partial g}\right|_{q_k=\text{常数}}$$

复习参考题

一、思考题

1. 库仑定律的适用条件是什么？
2. 两条电力线能否相切？同一条电力线上任意两点电位能否相等？为什么？
3. 电场与导体、介质相互作用后，会发生什么现象？
4. 处于静电场中的任何导体是否一定是等位体？
5. 自由电荷是否仅存于导体的表面？
6. 静电场的泊松方程和拉普拉斯方程有什么区别？
7. 镜像法的理论依据是什么？
8. 镜像法能计算所有的静电场问题吗？
9. 应用镜像法需要注意什么？
10. 电容的定义是什么？如何计算多导体之间的电容？
11. 点电荷的能量有多大？
12. 如何计算电场力？什么是广义力及广义坐标？如何利用电场线判断电场力的方向？

二、习题

1. 一点电荷 $+q$ 位于（$-a$，0，0）处，另一点电荷 $-2q$ 位于（a，0，0）处，空间有没有电场强度 $\boldsymbol{E}=0$ 的点？

2. 如题 2 图所示，三根长度均为 L，均匀带电荷密度分别为 ρ_{l1}、ρ_{l2} 和 ρ_{l3} 地线电荷构成等边三角形。设 $\rho_{l1}=2\rho_{l2}=2\rho_{l3}$，计算三角形中心处的电场强度。

3. 电荷均匀分布于两圆柱面间的区域中，体密度为 $\rho_0\,\mathrm{C/m^3}$，两圆柱面半径分别为 a 和 b，轴线相距为 c（$c<b-a$），如题 3 图所示。求空间各部分的电场。

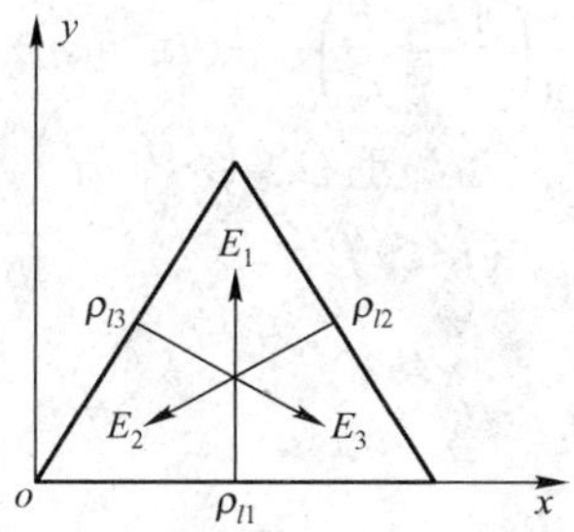

题 2 图

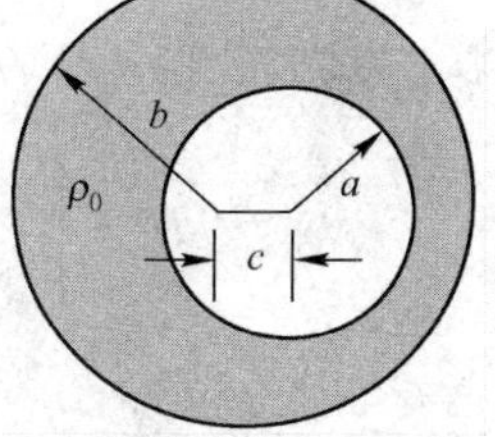

题 3 图

4. 圆柱形电容器外导体内半径为 b，内导体半径为 a。当外加电压 U 固定时，在 b 一定的条件下，求使电容器中的最大电场强度取极小值 $E_{\min}$ 的内导体半径 a 的值和这个 $E_{\min}$ 的值。

5. 已知无限长均匀线电荷 ρ_l 的电场 $\boldsymbol{E}=\boldsymbol{e}_r\dfrac{\rho_l}{2\pi\varepsilon_0 r}$，试用定义式 $\varphi(r)=\int_r^P \boldsymbol{E}\cdot\mathrm{d}\boldsymbol{l}$ 求其电位函数。其中 r_P 为电位参考点。

6. 1911 年卢瑟福在实验中使用的是半径为 r_a 的球体原子模型，其球体内均匀分布有总电荷量为 $-Ze$ 的电子云，在球心有一正电荷 Ze（Z 是原子序数，e 是质子电荷量），证明：其电位表达式为：

$$\varphi(r)=\boldsymbol{e}_r\frac{Ze}{4\pi\varepsilon_0}\left(\frac{1}{r}+\frac{r^2}{2r_a}-\frac{3}{2r_a}\right)$$

7. 计算在电场强度 $\boldsymbol{E}=\boldsymbol{e}_x y+\boldsymbol{e}_y x$ 的电场中把带电量为 $-2\mu C$ 的点电荷从点 $P_1(2,1,-1)$ 移到点 $P_2(8,2,-1)$ 时电场所做的功。计算：（1）沿曲线 $x=2y^2$；（2）沿连接该两点的直线。

8. 电场中有一半径为 a 的圆柱体，已知柱内外的电位函数分别为：

$$\begin{cases}\varphi(r)=0 & (r\leqslant a)\\ \varphi(r)=A\left(r-\dfrac{a^2}{r}\right)\cos\phi & (r\geqslant a)\end{cases}$$

（1）求圆柱内、外的电场强度；

（2）这个圆柱是什么材料制成的？表面有电荷分布吗？试求之。

9. 长度为 L 的细导线带有均匀电荷，其电荷线密度为 ρ_{l0}。

（1）计算线电荷平分面上任意点的电位 φ；

（2）利用直接积分法计算线电荷平分面上任意点的电场 $\boldsymbol{E}$，并用 $\boldsymbol{E}=-\nabla\varphi$ 核对。

10. 一个半径为 a 薄导体球壳内表面涂覆了一薄层绝缘膜，球内充满总电荷量为 Q 的体电荷，球壳上又另充有电荷量 Q。已知球内部的电场为 $\boldsymbol{E}_0=\boldsymbol{e}_r(r/a)^4$，设球内介质为真空。计算：

（1）球内的电荷分布；

（2）球壳外表面的电荷面密度。

11. 1911 年卢瑟福在实验中使用的是半径为 r_a 的球体原子模型，其球体内均匀分布有总电荷量为 $-Ze$ 的电子云，在球心有一正电荷 Ze（Z 是原子序数，e 是质子电荷量），通过实验得到球体内的电通量密度表达式为 $\boldsymbol{D}_0=\boldsymbol{e}_r\dfrac{Ze}{4\pi}\left(\dfrac{1}{r^2}-\dfrac{r}{r_a^3}\right)$，试证明之。

12. 半径为 a 的球中充满密度 $\rho(r)$ 的体电荷，已知电位移分布为：

$$D_r=\begin{cases}r^3+Ar^2 & (r\leqslant a)\\ \dfrac{a^5+Aa^4}{r^2} & (r\geqslant a)\end{cases}$$

其中 A 为常数，试求电荷密度 $\rho(r)$。

13. 验证下列标量函数在它们各自的坐标系中满足 $\nabla^2\varphi=0$：

（1）$\sin(kx)\sin(ly)\mathrm{e}^{-kz}$，其中 $h^2=k^2+l^2$；

（2）$r^n[\cos(n\phi)+A\sin(n\varphi)]$，圆柱坐标；

（3）$r^{-n}\cos(n\phi)$，圆柱坐标；

（4）$r\cos\phi$，球坐标；

（5）$r^{-2}\cos\phi$，球坐标。

14. 一半径为 R_0 的介质球，介电常数为 ε_r、ε_0，其内均匀分布自由电荷 ρ，证明中心点的电位为：$\dfrac{2\varepsilon_r+1}{2\varepsilon_r}\left(\dfrac{\rho}{3\varepsilon_0}\right)R_0^2$。

15. 一个半径为 R 的介质球，介电常数为 ε，球内的极化强度 $\boldsymbol{P}=\boldsymbol{e}_r K/r$，其中 K 为一常数。计算：

（1）束缚电荷体密度和面密度；

（2）自由电荷密度；

（3）球内、外的电场和电位分布。

16. 证明不均匀电介质在没有自由电荷密度时可能存在束缚电荷体密度，并推导出束缚电荷密度 ρ_P 的表达式。

17. 电场中一半径为 a、介电常数为 ε 的介质球，已知球内、外的电位函数分别为：

$$\varphi_1=-E_0 r\cos\theta+\frac{\varepsilon-\varepsilon_0}{\varepsilon+2\varepsilon_0}a^3E_0\frac{\cos\theta}{r^2}\qquad(r\geqslant a)$$

$$\varphi_2=-\frac{3\varepsilon_0}{\varepsilon+2\varepsilon_0}E_0 r\cos\theta\qquad(r\leqslant a)$$

验证球表面的边界条件，并计算球表面的束缚电荷密度。

18. 平行板电容器的长、宽分别为 a 和 b，极板间距离为 d。电容器的一半厚度 $\left(0\sim\dfrac{d}{2}\right)$ 用介电常数为 ε 的电介质填充，如题 18 图所示。

（1）板上外加电压 U_0，求板上的自由电荷面密度、束缚电荷。

（2）若已知板上的自由电荷总量为 Q，求此时极板间电压和束缚电荷。

（3）求电容器的电容量。

19. 厚度为 t、介电常数计算 $\varepsilon=4\varepsilon_0$ 的无限大介质板，放置于均匀电场 $\boldsymbol{E}_0$ 中，板与 $\boldsymbol{E}_0$ 成角 θ_1，如题 19 图所示。计算：（1）使 $\theta_2=\pi/4$ 的 θ_1 值；（2）介质板两表面的极化电荷密度。

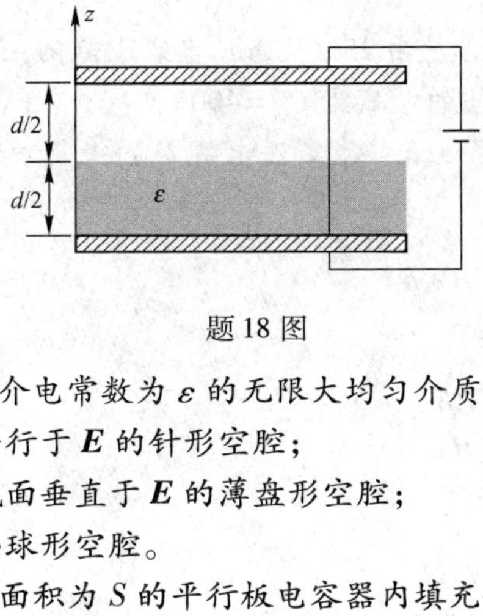

题 18 图

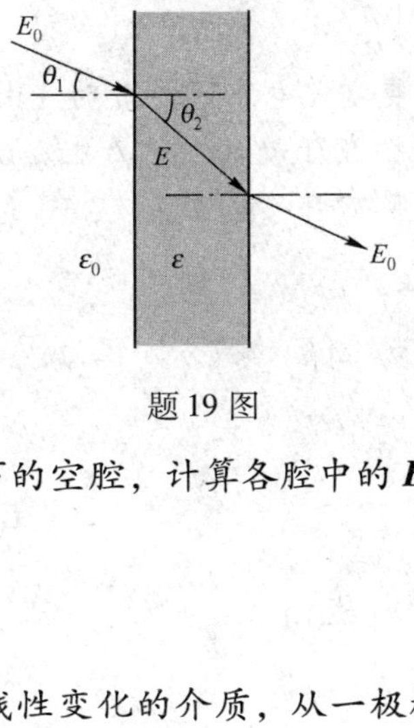

题 19 图

20. 在介电常数为 ε 的无限大均匀介质中，开有如下的空腔，计算各腔中的 $\boldsymbol{E}_0$ 和 $\boldsymbol{D}_0$：

（1）平行于 $\boldsymbol{E}$ 的针形空腔；

（2）底面垂直于 $\boldsymbol{E}$ 的薄盘形空腔；

（3）小球形空腔。

21. 在面积为 S 的平行板电容器内填充介电常数作线性变化的介质，从一极板（$y=0$）处的 ε_1 一直变化到另一极板（$y=d$）处的 ε_2，试求电容量。

22. 一体密度为 $\rho=2.32\times10^{-7}\mathrm{C/m^3}$ 的质子束，束内的电荷均匀分布，束直径 2mm，束

外没有电荷分布，试计算质子束内部和外部的径向电场强度。

23. 考虑一块电导率不为零的电介质（γ，ε），设其介质特性和导电特性都是不均匀的。证明：当介质中有恒定电流 $\boldsymbol{J}$ 时，体积内将出现自由电荷，体密度 $\rho = \boldsymbol{J} \cdot \nabla\left(\frac{\varepsilon}{\gamma}\right)$。试问有没有束缚体电荷 ρ_P？若有则进一步求出 ρ_P。

24. 中心位于原点，边长为 L 的电介质立方体的极化强度矢量为：$\boldsymbol{P} = P_0 \ (\boldsymbol{e}_x x + \boldsymbol{e}_y y + \boldsymbol{e}_z z)$

(1) 计算面束缚电荷密度和体束缚电荷密度；

(2) 证明总的束缚电荷为零。

25. 如题 25 图所示，一半径为 a、带电量 q 的导体球，其球心位于两种介质的分界面上，此两种介质的电容率分别为 ε_1 和 ε_2，分界面为无限大平面。试求：

(1) 导体球的电容；(2) 总的静电能量。

26. 把一带电量 q、半径为 a 的导体球切成两半，求两半球之间的电场力。

27. 如题 27 图所示，两平行的金属板，板间距离为 d，竖直地插入在电容率为 ε 的液体中，两板间加电压 U，证明液面升高 $h = \frac{1}{2\rho g}\ (\varepsilon - \varepsilon_0)\ \left(\frac{U}{d}\right)^2$，其中 ρ 为液体的质量密度。

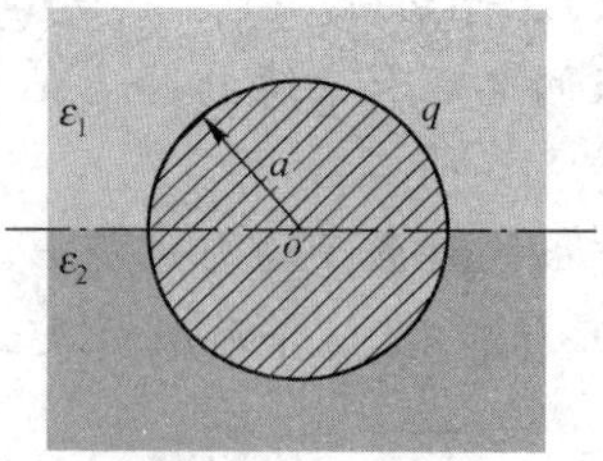

题 25 图

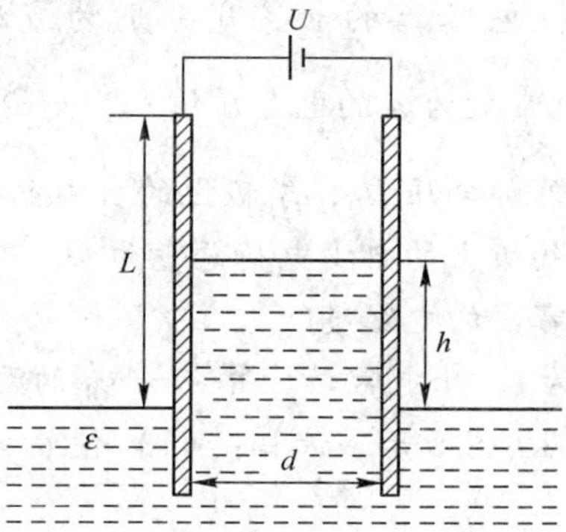

题 27 图

28. 可变空气电容器，当动片由 0° 至 180° 电容量由 25 ~ 350pF 直线地变化，当动片为 θ 角时，试求作用于动片上的力矩。设动片与定片间的电压为 $U_0 = 400\text{V}$。

29. 如果不引入电位函数，静电问题也可以通过直接求解法求解 $\boldsymbol{E}$ 的微分方程而得以解决。证明：

(1) 有源区 $\boldsymbol{E}$ 的微分方程为 $\nabla^2 \boldsymbol{E} = \frac{\nabla \rho_t}{\varepsilon_0}$，$\rho_t = \rho + \rho_P$；

(2) $\boldsymbol{E}$ 的解为：

$$\boldsymbol{E} = -\frac{1}{4\pi\varepsilon_0}\int_\tau \frac{\nabla' \rho_t}{R} \mathrm{d}\tau'。$$

30. $\int_\tau \nabla'\left(\frac{\rho_t}{R}\right)\mathrm{d}\tau' = 0$。

第3章

恒定电场

【本章内容概要】

主要讨论导电媒质中的恒定电场（通常又称恒定电流场）。首先介绍各种形式的电流密度及其相应的元电流段。随后讨论欧姆定律的微分形式、焦耳定律的微分形式及维持恒定电场所需的电源。电场强度 E 和电流密度 J 是恒定电场的主要场量。在分别研究 E 的回路线积分和 J 的闭合面积分之后，得出导电媒质中恒定电场（电源外）的基本方程。根据基本方程，得到不同媒质分界面上的衔接条件。在微分形式基本方程的基础上，推导出拉普拉斯方程。把无电荷分布区域的静电场与电源外导电媒质中的恒定电场相对比，两者有相似的关系，从而引出静电比拟。最后介绍电导与接地电阻、跨步电压和危险区半径的计算。

【本章学习重点难点】

学习重点：理解恒定电场概念、各种电流密度概念，通过欧姆定律和焦耳定律深刻理解常量之间的关系；导电媒质中的恒定电场基本方程和分界面衔接条件；静电比拟法和电导的计算。

学习难点：边值问题的解法，主要内容和问题是边值问题的概念和分类，掌握静电比拟法求解原理及注意要点。

3.1 导体媒质中的电流

第2章讨论了对于观察者没有相对运动的电荷所引起的电场。在静电场中导体内电场强度为零，导体内部也没有电荷的运动。若在外电场的作用下，自由电荷定向运动形成电流。在导电媒质（如导体、电解液）中，电荷的定向运动形成的电流为传导电流。在自由空间（如真空等）中，电荷运动形成的电流称为运流电流。

单位时间内通过某一横截面的电荷量，称为电流强度（简称电流），即：

$$I=\frac{\mathrm{d}q}{\mathrm{d}t} \tag{3-1}$$

I 的单位是安培，它只描述了每秒通过某一面积的电荷总量。从场的观点来看电流强度是一个通量概念的量，没有说明电荷在导体截面上每一点流动的情况。为了描述导体中每一点处电荷运动的情况，引入电流密度这个物理量。

3.1.1 电流密度和元电流

电流按分布的情况可分为体电流、面电流、线电流。电荷在空间某一体积内流动形成体电流。在某个面积上流动形成面电流。当电荷沿一根截面积等于零的几何曲线流动时，形成线电流。

当按体密度 ρ 分布的电荷，以速度 $\boldsymbol{v}$ 做匀速运动时，形成电流密度矢量 $\boldsymbol{J}$，且表示为：

$$\boldsymbol{J}=\rho\boldsymbol{v} \tag{3-2}$$

J 的单位是安/米^2，故称为电流面密度。它描述了某点处通过垂直于电流方向的单位面积上的电流。由此可知，通过任意面积元 d$\boldsymbol{S}$ 的电流为：

$$\mathrm{d}\boldsymbol{I}=\boldsymbol{J}\cdot\mathrm{d}\boldsymbol{S} \tag{3-3}$$

流过任意面积 S 的电流为：

$$\boldsymbol{I}=\oint_S\boldsymbol{J}\cdot\mathrm{d}\boldsymbol{S} \tag{3-4}$$

若按面密度 σ 和线密度 τ，分布的电荷，以速度 $\boldsymbol{v}$ 运动（设面电荷在其所分布的面上运动，线电荷沿其所分布的线上运动），就分别形成电流线密度矢量 $\boldsymbol{K}(=\ \ \boldsymbol{v})$ 和线电流矢量 $\boldsymbol{I}$ $(=z\boldsymbol{v})$，其单位分别为 A/m（安/米）和 A（安）。其中电流线密度描述在该面上某点处，通过垂直于电流方向单位宽度的电流。由此可知，通过该面上某点元线段 dl 的电流为：

$$\mathrm{d}\boldsymbol{I}=(\boldsymbol{K}\cdot\boldsymbol{e}_n)\ \mathrm{d}l \tag{3-5}$$

式（3-5）中 $\boldsymbol{e}_n$ 为垂直于元线段 dl 的方向上的单位矢量。这样，流过任意线段 l 的电流为：

$$\boldsymbol{I}=\int(\boldsymbol{K}\cdot\boldsymbol{e}_n)\mathrm{d}l \tag{3-6}$$

由此可见，电流密度概念的应用更为广泛。一般把电流密度矢量在各处都不随时间而变化的电流称为恒定电流。

若有元电荷 dq 以速度 $\boldsymbol{v}$ 运动，则其单位为：C · m/s = A · m，称之为元电流段。因此，可以得到作不同分布的元电荷运动后形成的元电流段有下列不同形式。

3.1.2 欧姆定律的微分形式

若要在导电媒质中维持恒定电流，必须存在一个恒定电场。因此，电流密度矢量与电场强度矢量一定存在某种函数关系。

由电路理论知，导体两端的电压与流过它的电流成正比，即：

$$U=IR \tag{3-7}$$

式（3-7）称为欧姆定律，其中 R 是导体的电阻。对于均匀截面的导体，有：

$$R=\frac{l}{\gamma S} \tag{3-8}$$

式中，γ 为电导率，单位为 S/m。γ 的倒数称为电阻率，单位为 Ω · m。

在场论中，对各向同性导电媒质中任意点，选一段元电流管，其长度为 dl，管的截面积 d$\boldsymbol{S}$ 在此长度上可以认为是均匀的。流过该管的电流为 $\mathrm{d}\boldsymbol{I}=\boldsymbol{J}\cdot\mathrm{d}\boldsymbol{S}$，d$l$ 段两端的电压为 d$\boldsymbol{U}$，$\mathrm{d}\boldsymbol{U}=\boldsymbol{E}\cdot\mathrm{d}\boldsymbol{l}$。利用欧姆定律，有：

$$\boldsymbol{E}\cdot\mathrm{d}\boldsymbol{l}=\boldsymbol{J}\cdot\mathrm{d}S\,\frac{\mathrm{d}l}{\gamma\mathrm{d}S} \tag{3-9}$$

因为 d$\boldsymbol{I}$ 的方向就是 d$\boldsymbol{S}$ 的法线方向，所以得：

$$\boldsymbol{J}=\gamma\boldsymbol{E} \tag{3-10}$$

式（3-10）就是欧姆定律的微分形式。它给出了导电媒质中任一点的电流密度与电场强度间的关系。此式虽是从恒定情况下推导出的，但对非恒定情况也适用。

3.1.3 焦耳定律的微分形式

自由电荷在导电媒质内移动时，不可避免地会与其他质点发生碰撞。如金属导体中自由电子在电场力作用下定向运动时，会不断与原子晶格发生碰撞，将动能转变为原子的热振动，造成能量损耗。因此，如果要在导体内维持恒定电流，必须持续地对电荷提供能量，这些能量最终都转化为热能。下面介绍功率密度的表达式。

设导体流单位体积有 N 个自由电子，它们的平均速度为 $\boldsymbol{v}$，式（3-2）可写成：

$$\boldsymbol{J}=N(-e)\boldsymbol{v} \tag{3-11}$$

若导体中存在电场强度 $\boldsymbol{E}$，则每一电子所收的电场作用力是 $\boldsymbol{f}=-e\boldsymbol{E}$。在 $\mathrm{d}t$ 时间内，电场力对每一电子所做的功为：

$$\mathrm{d}A_{\mathrm{e}}=\boldsymbol{f}\cdot\mathrm{d}\boldsymbol{l}=-e\boldsymbol{E}\cdot\boldsymbol{v}\mathrm{d}t \tag{3-12}$$

移动元体积 $\mathrm{d}V$ 内的所有电子，需要做功：

$$\mathrm{d}A=(N\mathrm{d}V)\mathrm{d}A_{\mathrm{e}}=N(-e)\boldsymbol{v}\cdot\boldsymbol{E}\mathrm{d}V\mathrm{d}t \tag{3-13}$$

式（3-13）又可写成：

$$\mathrm{d}A=\boldsymbol{J}\cdot\boldsymbol{E}\mathrm{d}V\mathrm{d}t \tag{3-14}$$

式（3-14）给出了在 $\mathrm{d}t$ 时间内，导体每一元体积 $\mathrm{d}V$ 内，由于电子运动而转换成热能，从而可得到功率密度：

$$p=\frac{\mathrm{d}P}{\mathrm{d}V}=\frac{\mathrm{d}A/\mathrm{d}t}{\mathrm{d}V}=\boldsymbol{J}\cdot\boldsymbol{E} \tag{3-15}$$

式（3-15）即焦耳定律的微分形式。p 的单位是 $\mathrm{W/m^3}$。表示导体内任一点单位体积的功率损耗与该点的电流密度和电场强度的关系。电路理论中的焦耳定律由它积分而得。

习题 3-1

已知一根长直导线的长度为 1km，半径为 0.5mm，当两端外加电压 6V 时，线中产生的电流为 $\frac{1}{6}$A，试求：导线的电导率；导线中的电场强度和损耗功率。

3.2 电源电动势与局外场强

焦耳定律说明恒定电流通过导电媒质，将电能转化为热能而损耗。所以，要在导电媒质中维持一恒定电场从而维持一恒定电流，必须将导电媒质与电源相接，由电源不断地提供维持电流流动所需的能量。下面介绍电源的电动势与局外场强概念。

3.2.1 电源电动势与局外场强

电源是一种能将其他形式的能量（机械能、化学能、热能等）转换成电能的装置，它能把电源内导体原子或分子中的正负电荷分开，使正负电极之间的电压维持恒定，从而使与它们相联结的（电源外）导体之间的电压也恒定，并在其周围维持一恒定电场。电源中能将正负电荷分离开来的力 $\boldsymbol{f}_{\mathrm{e}}$ 称为局外力，将作用于单位正电荷上的局外力 $\boldsymbol{f}_{\mathrm{e}}/q$ 设想为一等效场强，称为局外场强，并用 $\boldsymbol{E}_e$ 表示。其方向由电源的负极指向正极。这样，从场的角度，可用局外场强来描述电源的特性，电源的电动势 ε 与局外场强的关系为：

$$\varepsilon = \int \boldsymbol{E}_e \cdot d\boldsymbol{l} \tag{3-16}$$

在电源内部，除了有两极上电荷所引起的库仑电场强度 $\boldsymbol{E}$ 以外，还有局外场强 $\boldsymbol{E}_e$，因此其合成场强应为两者之和即 $\boldsymbol{E}+\boldsymbol{E}_e$。应该注意，$\boldsymbol{E}$ 与 $\boldsymbol{E}_e$ 是反向的，前者由正极指向负极，后者则由负极指向正极（见图 2-1）。因此，通过含源导电媒质的电流为：

$$\boldsymbol{J} = \gamma(\boldsymbol{E}+\boldsymbol{E}_e) \tag{3-17}$$

在电源以外区域中，则只存在库仑电场。产生库仑场强 $\boldsymbol{E}$ 的不是静止电荷，而是处于动态平衡下的恒定电荷。

3.2.2 恒定电场

对于恒定电场应分别考虑两种情况：一种是导电媒质中的恒定电场；另一种是通有恒定电流的导体周围电介质或空气中的恒定电场。由于电介质中的恒定电场是由其分布不随时间变化的导体上电荷引起的，因此这类电场也是保守场，可以用电位函数表征其特性，用解静电场问题相同的方法处理。虽然严格地说，导体中如通有电流，导体就不是等位体，它的表面也就不是等位面。可是在很多实际问题中，紧挨导体表面的电介质内电场强度 $\boldsymbol{E}$ 的切线分量，较其法线分量小得多，往往可以忽略不计。这样一来导体表面上的边界条件就可认为与静电场中的相同。因此，在研究有恒定电流通过的导体周围电介质中的恒定电场时，就可以应用相应的静电场问题的解答。所以，这里将着重讨论电源以外导电媒质内的恒定电场。

习题 3-2

局外场强满足无旋特性吗，为什么？

3.3 恒定电场基本方程分界面上的衔接条件

本节介绍恒定电场的基本方程，并在积分形式的基本方程基础上研究不同媒质分界面两侧场量间的关系，导出分界面上的衔接条件。

3.3.1 电流连续性方程

根据电荷守恒定律，由任一闭合面流出的传导电流应等于该面内自由电荷的减少率，即：

$$\oint_S \boldsymbol{J} \cdot d\boldsymbol{S} = -\frac{\partial q}{\partial t} \tag{3-18}$$

式（3-18）是电流连续性方程（积分形式）的一般形式。

若确保导电媒质中的电场恒定，任意闭合面内不能有电荷的增减，否则会导致电场的变化。也就是说，要在导电媒质中维持一恒定电场，由任一闭合面净流出的传导电流为零。这样，式（3-18）就变成：

$$\oint_S \boldsymbol{J} \cdot d\boldsymbol{S} = 0 \tag{3-19}$$

式（3-19）是恒定电场中的传导电流连续性方程。

3.3.2　电场强度的环路线积分

先设所取积分路线经过电源。考虑到在电源内的合成场强，因此电场强度矢量的环路线积分为：

$$\oint_l (\boldsymbol{E} + \boldsymbol{E}_e) \cdot \mathrm{d}\boldsymbol{l} = \oint \boldsymbol{E} \cdot \mathrm{d}\boldsymbol{l} + \oint \boldsymbol{E}_e \cdot \mathrm{d}\boldsymbol{l} = 0 + \varepsilon \tag{3-20}$$

可见

$$\oint_l (\boldsymbol{E} + \boldsymbol{E}_e) \cdot d\boldsymbol{l} = \varepsilon \tag{3-21}$$

如果所取积分路线不经过电源，由于整个积分线路上只存在库仑场强，则有：

$$\oint_l \boldsymbol{E} \cdot \mathrm{d}\boldsymbol{l} = 0 \tag{3-22}$$

3.3.3　恒定电场的基本方程

导电媒质电源外中积分形式的恒定电场基本方程为：

$$\oint_S \boldsymbol{J} \cdot \mathrm{d}\boldsymbol{S} = 0$$

$$\oint_l \boldsymbol{E} \cdot \mathrm{d}\boldsymbol{l} = 0$$

它们表征导电媒质中恒定电场的基本性质。

由散度定理和斯托克斯定理，恒定电场的基本方程可以写成：

$$\nabla \cdot \boldsymbol{J} = 0 \tag{3-23}$$

$$\nabla \times \boldsymbol{E} = 0 \tag{3-24}$$

式（3-23）、式（3-24）是导电媒质（除电源外）中积分形式的恒定电场基本方程。它说明电场强度的旋度等于零，恒定电场是一个保守场。同时说明 $\boldsymbol{J}$ 线是无头无尾的闭合曲线，因此恒定电流只能在闭合电路中流动。电路中只要有一处断开，电流就不能存在。

电流密度 $\boldsymbol{J}$ 与电场强度 $\boldsymbol{E}$ 间的关系为：

$$\boldsymbol{J} = \gamma \boldsymbol{E} \tag{3-25}$$

【例 3-1】　设一扇形导电片，如图 3-1 所示，给定两端面电位差为 U_0。试求导电片内电流场分布及其两端面间的电阻。

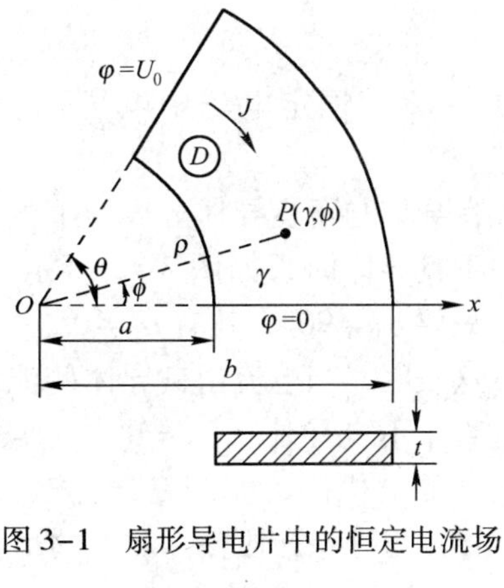

图 3-1　扇形导电片中的恒定电流场

解：采用圆柱坐标系，设待求场量为电位 φ，其边值问题为：

$$\begin{cases} \nabla^2 \varphi(\rho,\phi,z) = \dfrac{1}{\rho^2} \cdot \dfrac{\partial^2 \varphi}{\partial \phi^2} = 0 & (\rho,\phi) \in D \\ \varphi \mid_{\phi=0} = 0 \\ \varphi \mid_{\phi=\theta} = U_0 \end{cases}$$

积分，得：

$$\varphi = C_1 \phi + C_2$$

由边界条件，得：

$$C_1 = \frac{U_0}{\theta},\ C_2 = 0$$

则导电片内的电位 $\varphi = (U_0/\theta)\phi$

电流密度分布为：

$$\boldsymbol{J} = \gamma \boldsymbol{E} = -\gamma \nabla \varphi = -\frac{\gamma}{\rho} \cdot \frac{\partial}{\partial \phi}\left(\frac{U_0 \phi}{\theta}\right)\boldsymbol{e}_\phi = -\frac{\gamma U_0}{\rho \theta}\boldsymbol{e}_\phi$$

图中厚度为 h 的导电片两端面的电阻为：

$$R = \frac{U_0}{I} = \frac{U_0}{\int_S \boldsymbol{J} \cdot \mathrm{d}\boldsymbol{S}} = \frac{U_0}{-\int_a^b \frac{\gamma U_0}{\rho \theta}\boldsymbol{e}_\phi \cdot h\mathrm{d}\rho(-\boldsymbol{e}_\phi)} = \frac{\theta}{\gamma h \ln\left(\frac{b}{a}\right)}$$

3.3.4 分界面上的衔接条件

在两种不同导电媒质分界面上，由于物性发生突变，场量也会随之突变，故必须补充适合于分界面上的衔接条件。由于电源以外区域的恒定电场与无体积电荷分布区域的静电场的基本方程相似，恒定电场分界面上的衔接条件的推导也与静电场相仿。

设在分界面无局外场存在，则根据 $\oint_l \boldsymbol{E} \cdot \mathrm{d}\boldsymbol{l} = 0$，得：

$$E_{1t} = E_{2t} \tag{3-26}$$

式（3-26）说明电场强度 $\boldsymbol{E}$ 在分界面的切向分量是连续的。

根据 $\oint_S \boldsymbol{J} \cdot \mathrm{d}\boldsymbol{S} = 0$，得：

$$J_{1n} = J_{2n} \tag{3-27}$$

式（3-27）说明电流密度 $\boldsymbol{J}$ 在分界面的切向分量是连续的。

如果媒质是各向同性的，即 $\boldsymbol{J}$ 和 $\boldsymbol{E}$ 的方向一致，则式（3-26）和式（3-27）可分别写成：

$$E_1 \sin\alpha_1 = E_2 \sin\alpha_2$$

$$\gamma_1 E_1 \sin\alpha_1 = \gamma_2 E_2 \sin\alpha_2$$

对于线性且各向同性的两种导电媒质，有类比于静电场的折射定律，即：

$$\frac{\tan\alpha_1}{\tan\alpha_2} = \frac{\gamma_1}{\gamma_2} \tag{3-28}$$

式（3-28）恒定电场中电场强度和电流密度矢量线的折射定律。

良导体与不良导体分界面上的边界条件：当电流从良导体流向不良导体时，如图 3-2 所示，设 $\gamma_1 \gg \gamma_2$，由折射定律可知，只要 $\alpha_1 \neq 90°$，就有 $\alpha_2 \neq 0°$。

这表明，当电流由良导体侧流向不良导体侧时，电流线总是垂直于不良导体（$\alpha_2 = 0°$）。换句话说，这时可以忽略良导体内部的电压降，而把良导体表面近似为等位面。即设 $\gamma_1 \gg \gamma_2$，导体与理想介质分界面上的边界条件：$J_{2n} = 0$，$J_{1n} = 0$，且 $E_{1t} = E_{2t}$，电场强度的切向分量连续。应指出的是，虽然 $E_{1n} =$

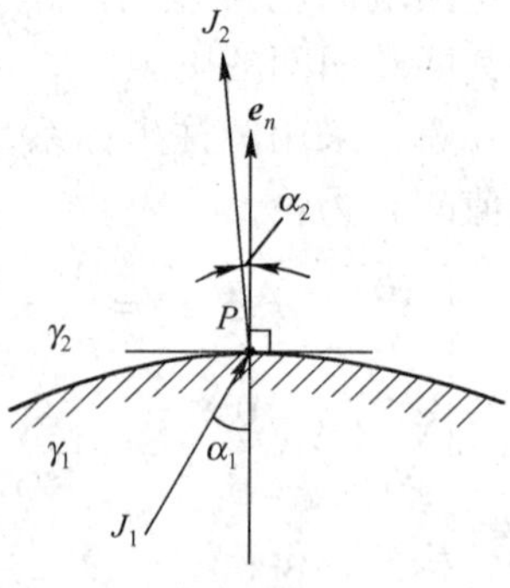

图 3-2 由良导体（γ_1）到不良导体（γ_2）的电流流向

$J_{1n}/\gamma_1=0$，但 $E_{2n}\neq0$，其结果将使导体外表面处的电场强度 E_2 与导体表面不相垂直，如图 3-3 所示。然而，分量 E_{2t} 与 E_{2n} 相比是极其微小的，因而在研究导体外表面附近的电场时，可以忽略 E_{2t} 分量的影响。即近似为静电场中导体的边界条件。也就是说，当分析载有恒定电流的导体外部电场时，可以应用静电场分析方法。

如图 3-4 所示，在两种有损电介质的分界面上的边界条件为：

$$\gamma_1E_{1n}=\gamma_2E_{2n} \tag{3-29}$$

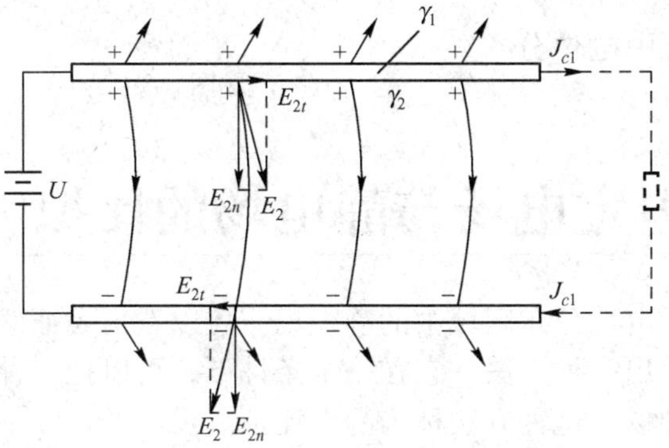

图 3-3　输电线电场示意图

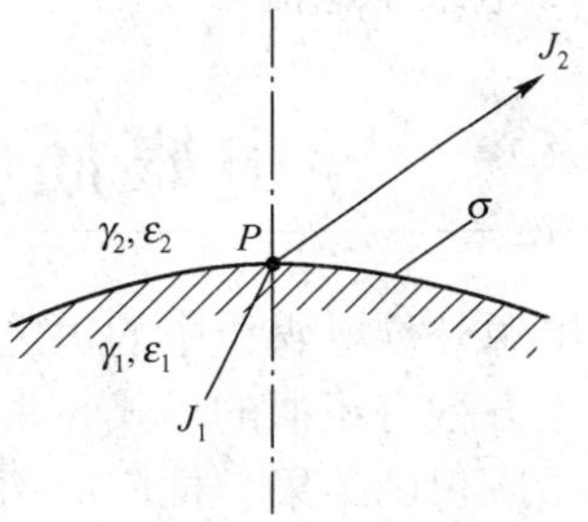

图 3-4　两种有损电介质的分界面

同时，还有：

$$\varepsilon_2E_{2n}-\varepsilon_1E_{1n}=\sigma \tag{3-30}$$

联立求解，分界面上自由电荷面密度为：

$$\sigma=\frac{\varepsilon_2\gamma_1-\varepsilon_1\gamma_2}{\gamma_1\gamma_2}J_{2n} \tag{3-31}$$

可见，只有当两种媒质参数满足 $\varepsilon_2\gamma_1=\varepsilon_1\gamma_2$ 条件时，其上表面自由电荷才为零，即 $\sigma=0$。

【例 3-2】　设一平板电容器由两层非理想介质串联构成，如图 3-5 所示。其介电常数和电导率分别为 ε_1、γ_1 和 ε_2、γ_2，厚度分别为 d_1 和 d_2，外施恒定电压 U_0，忽略边缘效应。试求：（1）两层非理想介质中的电场强度；（2）单位体积中的电场能量密度及功率损耗密度；（3）两层介质分界面上的自由电荷面密度。

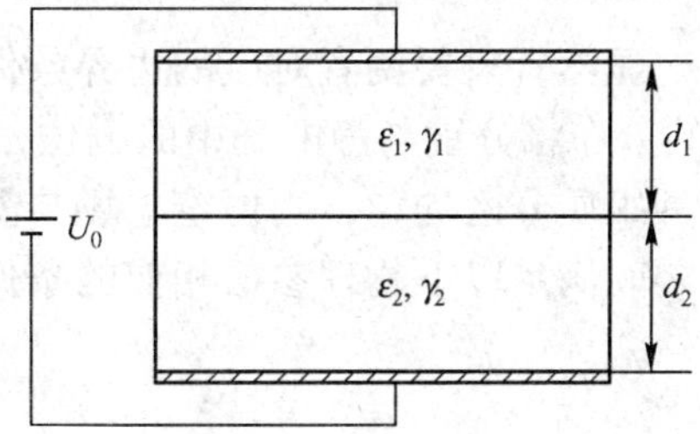

图 3-5　非理想介质的平板电容器中的恒定电流场

解：（1）忽略边缘效应，可以认为电容器中电流线与两介质交界面相垂直，根据边界条件 $\gamma_1E_1=\gamma_2E_2$、电压关系 $E_1d_1+E_2d_2=U_0$，联合求解，得：

$$E_1=\frac{\gamma_2U_0}{\gamma_1d_2+\gamma_2d_1}\qquad E_2=\frac{\gamma_1U_0}{\gamma_1d_2+\gamma_2d_1}$$

（2）两非理想介质中的电场能量密度分别为：

$$w_{e1}=\frac{1}{2}\varepsilon_1E_1^2,\qquad w_{e2}=\frac{1}{2}\varepsilon_2E_2^2$$

相应的单位体积中的功率损耗分别为：

$$p_1 = \gamma_1 E_1^2 \qquad p_2 = \gamma_2 E_2^2$$

(3) 分界面上的自由电荷面密度为：

$$\sigma = \frac{\varepsilon_2\gamma_1 - \varepsilon_1\gamma_2}{\gamma_1\gamma_2}J_2 = \frac{\varepsilon_2\gamma_1 - \varepsilon_1\gamma_2}{\gamma_1 d_2 + \gamma_2 d_1}U_0$$

习题 3-3

若一张矩形导电纸的电导率为 σ，面积为 $a\times b$，四周电位如题图所示。试求：(1) 导电纸中电位分布；(2) 导电纸中电流密度。

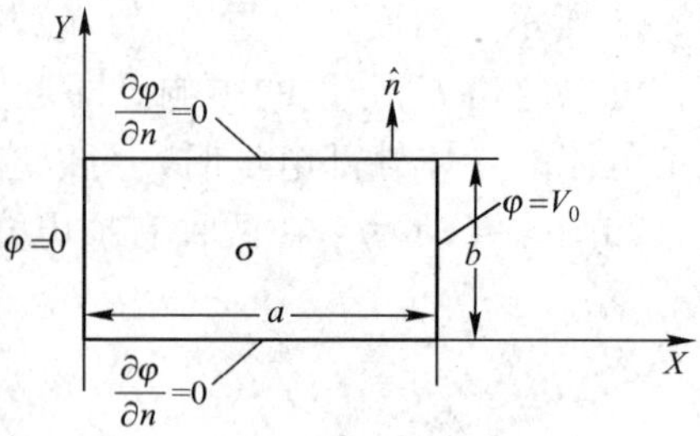

题图

3.4 导电媒质中的恒定电场与静电场的比拟

比较电源外导电媒质中的恒定电场与无电荷分布区域中的静电场，可以看出表征两类场性质的基本方程有相似的形式，由此可以引出一种方法，它在一定条件下，可以把一种场的计算或实验所得的结果，推广应用于另一种场，这种方法称为静电比拟。

为了便于了解两种场的共同点，两种场对应的物理量的比较见表 3-1。

表 3-1 两种场对应的物理量的比较

均匀导电媒质中的恒定电场	无源区中均匀介质中的静电场
$\nabla\cdot\boldsymbol{J}=0$	$\nabla\cdot\boldsymbol{D}=0$
$\nabla\times\boldsymbol{E}=0 \quad \boldsymbol{E}=-\nabla\varphi$	$\nabla\times\boldsymbol{E}=0 \quad \boldsymbol{E}=-\nabla\varphi$
$\boldsymbol{J}_c=\gamma\boldsymbol{E}$	$\boldsymbol{D}=\varepsilon\boldsymbol{E}$
$\nabla^2\varphi=0$	$\nabla^2\varphi=0$
$I=\int_S\boldsymbol{J}_c\cdot d\boldsymbol{S}$	$q=\int_S\boldsymbol{D}\cdot d\boldsymbol{S}$

显然，只要两者对应的边界条件相同，则恒定电流场中电位 φ、电场强度 $\boldsymbol{E}$ 和电流密度 $\boldsymbol{J}$ 的分布将分别与静电场中的电位 φ、电场强度 $\boldsymbol{E}$ 和电位移矢量 $\boldsymbol{D}$ 的分布相一致。如果场中两种媒质分区均匀，当恒定电场与静电场两者边界条件相似，且两者对应的电导率与介电常数之间满足以下物理参数相似的条件时：

$$\frac{\gamma_1}{\gamma_2}=\frac{\varepsilon_1}{\varepsilon_2} \tag{3-32}$$

则两种场在分界面上的 $\boldsymbol{J}$ 线与对应的 $\boldsymbol{D}$ 线折射情况相同。根据以上相似原理，就可以将一种场的计算和实验结果，推广应用于另一种场，这就是静电比拟法。

由静电比拟法，有：

$$\frac{G}{C}=\frac{\gamma}{\varepsilon} \tag{3-33}$$

因此，可以利用电容的计算方法计算电导或电阻，反之亦然。即：

$$G=\frac{I}{U}=\frac{\int_S\boldsymbol{J}_c\cdot d\boldsymbol{S}}{\int_l\boldsymbol{E}\cdot d\boldsymbol{l}}=\frac{\gamma\int_S\boldsymbol{E}\cdot d\boldsymbol{S}}{\int_l\boldsymbol{E}\cdot d\boldsymbol{l}} \qquad C=\frac{q}{U}=\frac{\int_S\boldsymbol{D}\cdot d\boldsymbol{S}}{\int_l\boldsymbol{E}\cdot d\boldsymbol{l}}=\frac{\varepsilon\int_S\boldsymbol{E}\cdot d\boldsymbol{S}}{\int_l\boldsymbol{E}\cdot d\boldsymbol{l}} \tag{3-34}$$

【例 3-3】　如图 3-6 所示，内外导体半径分别为 a 和 b 的同轴电缆，导体间外施电压 U_0。试求其因绝缘介质不完善而引起的电缆内的泄漏电流密度及其单位长绝缘电阻。

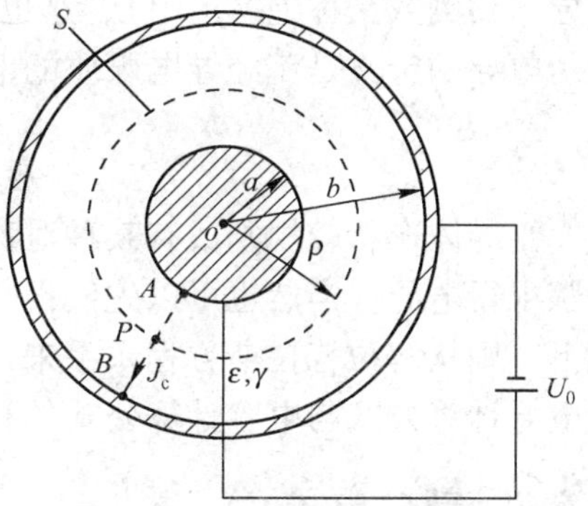

图 3-6　同轴电缆中的泄漏电流

解：(1) 解法一，恒定电场分析法。

电场强度 $\boldsymbol{E}$ 和泄漏电流密度 $\boldsymbol{J}$ 均只有径向分量，作一半径为 ρ 的同轴单位圆柱面，且令单位长泄漏电流为 I，则：

$$J_c = \frac{1}{2\pi\rho}, \qquad E = \frac{I}{2\pi\rho\gamma}$$

内外导体间电压为：

$$U_{AB} = U_0 = \int_b^a E\mathrm{d}\rho = \frac{\mathrm{I}}{2\pi\gamma}\ln\frac{b}{a}$$

由此可知泄漏电流密度为：

$$\boldsymbol{J}_c = \frac{\gamma U_0}{\rho\ln\frac{b}{a}}\boldsymbol{e}_\rho \qquad (a<\rho<b)$$

电缆的单位长绝缘电阻为：

$$R = \frac{U_0}{I} = \frac{1}{2\pi\gamma}\ln\frac{b}{a}$$

(2) 解法二，静电比拟法。

在同轴电缆分析中，已求得电场强度为：

$$\boldsymbol{E} = \frac{U_0}{\rho\ln\frac{b}{a}}\boldsymbol{e}_\rho \qquad (a<\rho<b)$$

则泄漏电流密度为：

$$\boldsymbol{J}_c = \gamma\boldsymbol{E} = \frac{\gamma U_0}{\rho\ln\frac{b}{a}}\boldsymbol{e}_\rho \qquad (a<\rho<b)$$

同理，单位长度电导可以由单位长度电容求得，即电缆的单位长度绝缘电阻为：

$$R = \frac{1}{G} = \frac{\varepsilon}{\gamma}\cdot\frac{1}{C} = \frac{1}{2\pi\gamma}\ln\frac{b}{a}$$

习题 3-4

如题图所示两种不同导电媒质中放置一电极，请用静电比拟法计算媒质 1 和媒质 2 中的场。

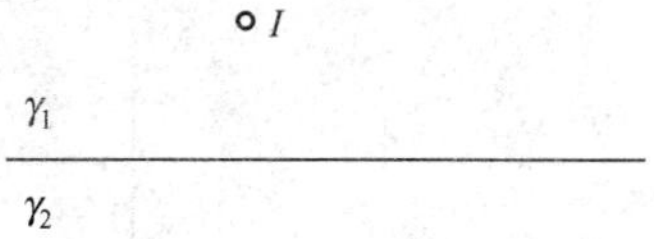

题图

3.5　电导和部分电导

3.5.1　电导

工程上常常需要计算两电极之间充填的导电媒质（或有损耗绝缘材料）的电导（或漏

电导，其倒数又称绝缘电阻)，这也是恒定电场中的一个重要问题。

电导的定义是流经导电媒质的电流与导电媒质两端电压之比，即：

$$G=\frac{I}{U} \tag{3-35}$$

当导体形状较规则或有某种对称关系时，可先假设一电流，然后按 $\boldsymbol{I}\to\boldsymbol{J}\to\boldsymbol{E}\to U\to G$ 的步骤求得电导。当然也可以先假设一电压，然后按 $U\to\boldsymbol{J}\to\boldsymbol{E}\to\boldsymbol{I}\to G$ 的步骤求电导。一般情况下，则从解拉普拉斯方程入手来计算电导。当恒定电场与静电场两者边界条件相同时，利用电导计算公式与电容计算公式的相似性，可用静电比拟法。

3.5.2 部分电导

在导电媒质中，对于由三个及三个以上的良导体电极（可看成等位体）组成的多电极系统，任意两个电极之间的电流不仅要受到它们自身间电压还要受其他电极间电压的影响。这时系统中电极间的电压与电流关系不能再仅用一个电导来表示，需将电导的概念加以扩充，引入部分电导概念。

设在线性各向同性导电媒质中有（$n+1$）个排列一定的电极，它们的电流分别为 I_0，I_1，…，I_k，…，I_n，且有关系：

$$I_0+I_1+\cdots+I_k+\cdots+I_n=0 \tag{3-36}$$

则根据叠加原理得各电极与0号电极间的电压和各电极的电流之间有下列关系，（$n+1$）个多导体系统只有 n 个电位线性独立方程，即：

$$\begin{cases} U_{10}=R_{11}I_1+R_{12}I_2+\cdots+R_{1k}I_k+\cdots+R_{1n}I_n \\ \qquad\vdots \\ U_{k0}=R_{k1}I_1+R_{k2}I_2+\cdots+R_{kk}I_k+\cdots+R_{kn}I_n \\ \qquad\vdots \\ U_{n0}=R_{n1}I_1+R_{n2}I_2+\cdots+R_{nk}I_k+\cdots+R_{nn}I_n \end{cases} \tag{3-37}$$

由于受式的约束，式（3-37）中没有出现 I_0，等号右边各项中电流的系数可分为两类：下标相同的如 R_{11}，…，R_{kk}，…，R_{nn}，称为自有电阻系数；下标不同的如 R_{12}，R_{23}，…，R_{kn}，称为互有电阻系数。电阻系数只和电极的几何形状、尺寸、相互位置及导电媒质的电阻率有关。且 $R_{jk}=R_{kj}$。

由式（3-37）求解各电流，得：

$$\begin{cases} I_1=P_{11}U_{10}+P_{12}U_{20}+\cdots+P_{1k}U_{k0}+\cdots+P_{1n}U_{n0} \\ \qquad\vdots \\ I_k=P_{k1}U_{10}+P_{k2}U_{20}+\cdots+P_{kk}U_{k0}+\cdots+P_{kn}U_{n0} \\ \qquad\vdots \\ I_n=P_{n1}U_{10}+P_{n2}U_{20}+\cdots+P_{nk}U_{k0}+\cdots+P_{nn}U_{n0} \end{cases} \tag{3-38}$$

其中

$$P_{kk}=\frac{A_{kk}}{\Delta} \tag{3-39}$$

$$P_{kn}=\frac{A_{kn}}{\Delta} \tag{3-40}$$

这里 Δ 是方程组中电阻系数组成的行列式。A_{kk}是 R_{kk}的余因式，A_{kn}是 R_{kn}的余因式。P_{kj}称为电导系数，与 R_{kj}一样，P_{kj}也只和所有电极的几何形状、尺寸、相互位置及导电媒质的电导率有关。由于 $R_{jk}=R_{kj}$，可知，$P_{jk}=P_{kj}$。另外，下标相同的 P_{kk}都是正值；下标不同的如 P_{kj}都是负值，且 P_{kk}大于与它有关的 P_{kj}的绝对值。

另外，还可以将方程组式改写为另外一种形式，以其中第 k 式为例，对式中每一项加减同一量，即有：

$$\begin{aligned}I_k &= P_{k1}U_{10}+P_{k2}U_{20}+\cdots+P_{kk}U_{k0}+\cdots+P_{kn}U_{n0}\\ &= -P_{k1}(U_{k0}-U_{10})-P_{k2}(U_{k0}-U_{20})-\cdots-P_{kk}(U_{k0}-U_{k0})-\cdots-\\ &\quad P_{kn}U_{n0}(U_{k0}-U_{n0})+(P_{k1}+P_{k2}+\cdots P_{kk}+\cdots+P_{kn})U_{k0}\\ &= -P_{k1}U_{k1}-P_{k2}U_{k2}-\cdots+(P_{k1}+P_{k2}+\cdots+P_{kk}+\cdots+P_{kn})U_{k0}-\cdots-P_{kn}U_{kn}\\ &= G_{k1}U_{k1}+G_{k2}U_{k2}+\cdots+G_{k0}U_{k0}+\cdots+G_{kn}U_{kn}\end{aligned} \tag{3-41}$$

式中，

$$G_{k1}=-P_{k1},G_{k2}=-P_{k2},\cdots,G_{kn}=-P_{kn} \tag{3-42}$$

$$G_{k0}=(P_{k1}+P_{k2}+\cdots+P_{kk}+\cdots+P_{kn}) \tag{3-43}$$

同理，整个方程组可以写为：

$$\begin{cases}I_1=G_{11}U_{10}+G_{12}U_{20}+\cdots+G_{1k}U_{k0}+\cdots+G_{1n}U_{n0}\\ \qquad\vdots\\ I_k=G_{k1}U_{10}+G_{k2}U_{20}+\cdots+G_{kk}U_{k0}+\cdots+G_{kn}U_{n0}\\ \qquad\vdots\\ I_n=G_{n1}U_{10}+G_{n2}U_{20}+\cdots+G_{nk}U_{k0}+\cdots+G_{nn}U_{n0}\end{cases} \tag{3-44}$$

式中，G_{kj}称为多电极系统中电极间的部分电导。其中 G_{10}，G_{20}，…，G_{k0}，…，G_{n0}称为自有部分电导，即各电极与 0 号电极间的部分电导；而 G_{12}，G_{23}，…，G_{kn}称为互有部分电导，即相应两个电极间的部分电导。所有的部分电导都为正值，且 $G_{jk}=G_{kj}$。在（$n+1$）个电极组成的多电极系统中，共应有$\dfrac{n(n+1)}{2}$个部分电导。可以看到，静电系统的部分电容与多电极系统的部分电导两者间可以相互比拟。

习题 3–5

设同轴线内导体半径为 a，外导体的内半径为 b，填充媒质的电导率为 σ。根据恒定电流场方程，计算单位长度内同轴线的漏电导。

3.6 接　　地

工程上常将电气设备的一部分和大地连接，这就叫接地。如果是为了保护工作人员及电气设备的安全而接地，称为保护接地。如果以大地为导线或为消除电气设备的导电部分对地电压的升高而接地，称为工作接地。为了接地将金属导体埋入地内，而将设备中需要接地的部分与该导体连接，这种埋在地内的导体或导体系统称为接地体。连接电力设备与接地体的导线称为接地线，接地体与接地线总称接地装置。

3.6.1 接地电阻

接地电阻就是电流由接地装置流入大地再经大地流向另一接地体或向远处扩散所遇到的

电阻，它包括接地线和接地体本身的电阻、接地体与大地之间的接触电阻及两接地体之间大地的电阻或接地体到无限远处的大地电阻。其中前三部分电阻值比最后部分要小得多，因此，接地电阻主要是指后者，即大地的电阻。

计算接地电阻，必须研究地中电流的分布。分析时，可把接地体看作电极，并以离它足够远处作为零点位点。地中电流的电流线不是散发到无限远，而是汇集在另一电极上或绝缘破坏之处。但是这一情况，对于电极附近的电流分布影响不大，因此对于相应的接地电阻影响很小。这是因为电流流散时，在电极附近电流密度最大，所遇到的电阻也就主要集中在电极附近。

深埋地中半径为 a 的接地导体球，土壤的电导率为 r，此时不考虑地面的影响。设电流 I 进入土壤到达某点，则在该点：$J=\dfrac{I}{4\pi r^2}$，$E=\dfrac{J}{\gamma}=\dfrac{I}{4\pi\gamma r^2}$，$U_{球\infty}=\int_a^\infty \dfrac{I}{4\pi r^2}\mathrm{d}r=\dfrac{I}{4\pi\gamma a}$，接地电阻 $R=\dfrac{U_{球\infty}}{I}=\dfrac{1}{4\pi\gamma a}$。

如果接地球不是深埋地中，这时必须考虑地面的影响，靠近地面处 $\boldsymbol{J}$ 线将与地面相切。对于这类问题，可应用镜像法求解，即可用图进行计算。显然，实际电极与其镜像所构成系统中流出的电流为实际电极流出电流的两倍，所以实际接地电阻应等于实际电极与其镜像所构成系统接地电阻的两倍。

例如，如图 3-7 所示紧靠地面的半球形接地体，用镜像法得到一个孤立球，并考虑到均匀介质中孤立球的电容，所以所求的接地电阻 $R=2\times\dfrac{1}{4\pi\gamma a}=\dfrac{1}{2\pi\gamma a}$。

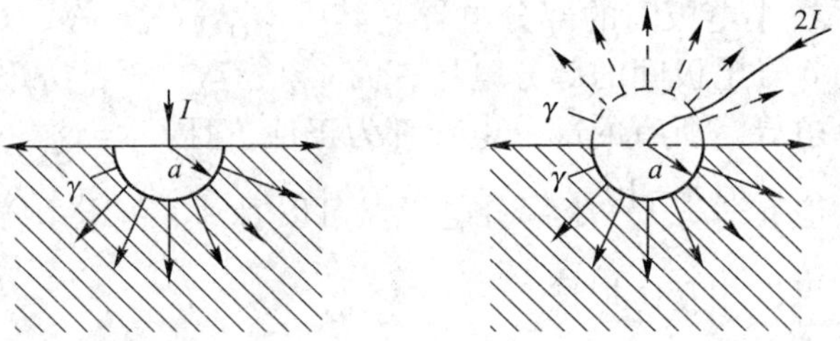

（a）电流线 $\boldsymbol{J}$ 的分布　　（b）镜像法图示

图 3-7　半球形接地器

3.6.2 跨步电压

电力系统接地体一旦有电流通过，由于接地电阻的存在，在地面上存在电位分布。此时，人体跨步的两足之间的电压称为跨步电压。当跨步电压超过允许值时，将威胁人的生命。对于图 3-8 所示的半球形接地器，设一电场强度为：

$$E=\frac{I}{2\pi\gamma r^2}r \tag{3-45}$$

由镜像法，地面上任意点 P 的电位为：

$$\varphi(r)=\int_P^\infty \boldsymbol{E}\cdot\mathrm{d}\boldsymbol{r}=\int_r^\infty \frac{1}{2\pi\gamma r^2}\mathrm{d}r=\frac{1}{2\pi\gamma r} \tag{3-46}$$

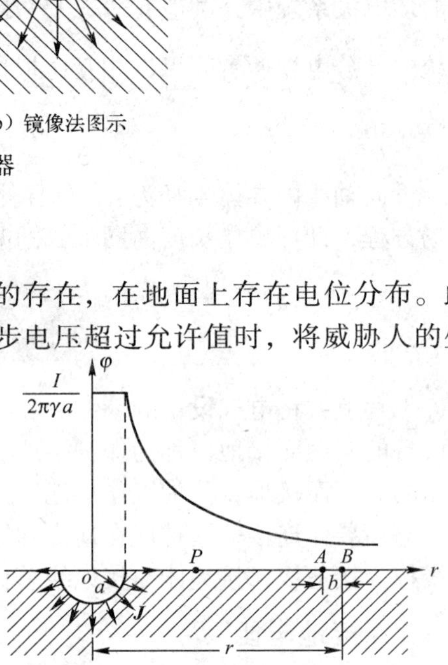

图 3-8　跨步电压与危险区的分析

如图 3-8 所示，设人的跨步距离为 b，在距半球中心距离 r 点的跨步电压为：

$$U_{AB} = \int_A^B \boldsymbol{E} \cdot \mathrm{d}\boldsymbol{l} = \int_{r-b}^{r} \frac{\boldsymbol{I}}{2\pi\gamma r}\mathrm{d}r = \frac{I}{2\pi\gamma}\left(\frac{1}{r-b} - \frac{1}{r}\right) \approx \frac{\boldsymbol{I}b}{2\pi\gamma r^2} \tag{3-47}$$

设 U_0 为人体安全的临界跨步电压（通常小于 50～70V），可以确定危险区半径为：

$$r_0 = \sqrt{\frac{Ib}{2\pi\gamma U_0}} \tag{3-48}$$

习题 3-6

一半径为 0.5m 的导体球当作接地电极深埋地下，土壤的电导率为 10^{-2}S/m，求此接地体的接地电阻。

本章小结

（1）静电比拟。

两种场对应的物理量见表 3-2。

表 3-2　两种场对应的物理量

均匀导电媒质中的恒定电场	无源区中均匀介质中的静电场
$\nabla \cdot \boldsymbol{J} = 0$	$\nabla \cdot \boldsymbol{D} = 0$
$\nabla \times \boldsymbol{E} = 0 \quad \boldsymbol{E} = -\nabla\varphi$	$\nabla \times \boldsymbol{E} = 0 \quad \boldsymbol{E} = -\nabla\varphi$
$\boldsymbol{J}_c = \gamma\boldsymbol{E}$	$\boldsymbol{D} = \varepsilon\boldsymbol{E}$
$\nabla^2\varphi = 0$	$\nabla^2\varphi = 0$
$I = \int_S \boldsymbol{J}_c \cdot \mathrm{d}\boldsymbol{S}$	$q = \int_S \boldsymbol{D} \cdot \mathrm{d}\boldsymbol{S}$

（2）当按体密度 $\boldsymbol{\rho}$ 分布的电荷，以速度 $\boldsymbol{v}$，做匀速运动时，形成电流密度矢量 $\boldsymbol{J}$，且表示为：$\boldsymbol{J} = \boldsymbol{\rho v}$；若按面密度 $\boldsymbol{\sigma}$ 和线密度 $\boldsymbol{\tau}$，分布的电荷，以速度 $\boldsymbol{v}$ 运动（设面电荷在其所分布的面上运动，线电荷沿其所分布的线上运动），就分别形成电流线密度矢量 $\boldsymbol{K}$（$=\boldsymbol{\sigma v}$）和线电流 $\boldsymbol{I}$（$=\boldsymbol{\tau v}$）。

（3）功率密度：

$$p = \frac{\mathrm{d}P}{\mathrm{d}V} = \frac{\mathrm{d}A/\mathrm{d}t}{\mathrm{d}V} = \boldsymbol{J} \cdot \boldsymbol{E}$$

为焦耳定律的微分形式。p 的单位是 W/m^3。

（4）导电媒质电源外中积分形式的恒定电场基本方程为：

$$\oint_S \boldsymbol{J} \cdot d\boldsymbol{S} = 0$$

$$\oint_l \boldsymbol{E} \cdot d\boldsymbol{l} = 0$$

$$\nabla \cdot \boldsymbol{J} = 0$$

$$\nabla \times \boldsymbol{E} = 0$$

$$\nabla^2\varphi\ (\rho,\ \phi,\ z) = 0$$

(5) 设在分界面无局外场存在，则根据 $\oint_l \boldsymbol{E} \cdot \mathrm{d}\boldsymbol{l} = 0$，可以得到 $E_{1l} = E_{2l}$，再根据 $\oint_S \boldsymbol{J} \cdot \mathrm{d}\boldsymbol{S} = 0$，可以得到 $J_{1n} = J_{2n}$。

复习参考题

一、思考题

1. 恒定电场中的导体，其表面存在自由电荷分布，这些自由电荷是否都是静止不动的？其电荷面密度是否随时间变化？

2. 在恒定电场中，局外场强是否满足保守场的条件？

3. 静电比拟的理论依据是什么？静电比拟的条件是什么？

4. 接地有哪些类型？

5. 接地电阻是接地体的电阻吗？为什么？

二、习题

1. 恒定电流通过无限大的非均匀电媒质时，试证任意一点的电荷密度可以表示为：

$$\rho = \boldsymbol{E} \cdot \left[\nabla\varepsilon - \left(\frac{\varepsilon}{\sigma}\right) \nabla\sigma \right]$$

2. 已知圆柱电容器的长度为 L，内外电极半径分别为 a 及 b，填充的介质分为两层，界面半径为 c。在 $a<r<c$ 区域中，填充媒质的参数为 ε_1、σ_1；在 $c<r<b$ 区域中，媒质参数为 ε_2、σ_2。若接上电动势为 e 的电源，试求：(1) 各区域中的电流密度；(2) 内外导体表面上及介质表面上的驻立电荷密度。

3. 已知电导率为 σ 的无限大的导电媒质中均匀电流密度 $\boldsymbol{J} = \boldsymbol{e}_x J_0$。若沿 z 轴方向挖出半径为 a 的无限长圆柱孔，如题 3 图所示。试求导电媒质中的电位分布。(提示：当 $r \to \infty$ 时，电位 $\varphi \to -\dfrac{J_0 r}{\sigma}\cos\phi$)

4. 设双导线的半径 a，轴线间距为 D，导线之间的媒质电导率为 σ，根据电流场方程，计算单位长度内双导线之间的漏电导。

5. 已知环形导体块尺寸如题 5 图所示。试求 $r=a$ 与 $r=b$ 两个表面之间的电阻。

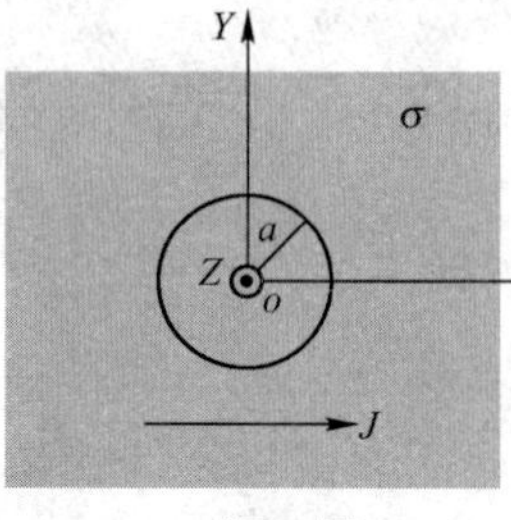

题 3 图

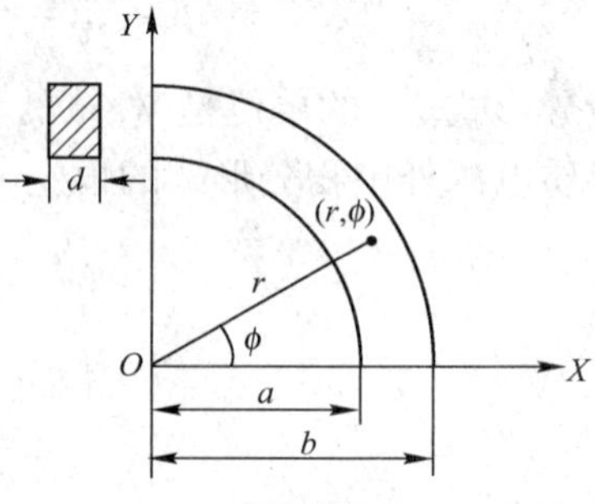

题 5 图

6. 若两个同心的球形金属壳的半径为 r_1 及 r_2 ($r_1 < r_2$)，球壳之间填充媒质的电导率

$\sigma=\sigma_0\left(1+\dfrac{k}{r}\right)$，试求两球壳之间的电阻。

7. 若题 6 中电导率 $\sigma=\sigma_0\dfrac{r_1}{r}$，再求两球面之间的电阻。

8. 已知截断的球形圆锥尺寸范围为：$r_1\leqslant r\leqslant r_2$，$0\leqslant\theta\leqslant\theta_0$，电导率为 σ，试求 $r=r_1$ 及 $r=r_2$ 两个球形端面之间的电阻。

9. 若两个半径为 a_1 及 a_2 的理想导体球埋入无限大的导电媒质中，媒质的电参数为 ε 及 σ，两个球心间距为 d，且 $d\gg a_1$，$d\gg a_2$，试求两导体球之间的电阻。

10. 知半径为 25mm 的半球形导体球埋入地中，如题 10 图所示。若土壤的电导率 $\sigma=10^{-6}$（S/m），试求导体球的接地电阻（即导体球与无限远处之间的电阻）。

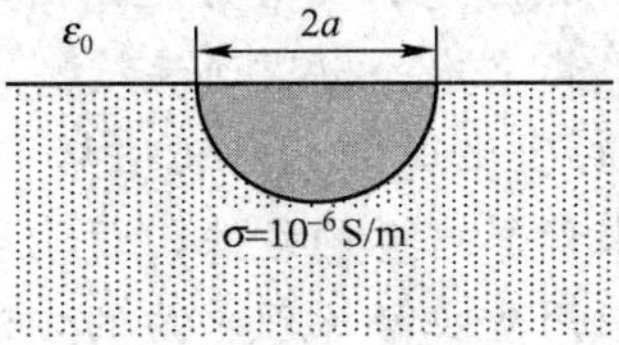

题 10 图

第4章

恒定磁场

【本章内容概要】

主要讨论恒定电流引起的磁场。首先从安培力定律出发导出电流在真空中的磁感应强度 **B** 的关系，即毕奥—萨伐尔定律，其次推导出磁通连续性定理和真空中的安培环路定律，并引入磁化强度矢量 **M** 讨论磁媒质的磁化现象，定义磁场强度矢量 **H**，推导出安培环路定律的一般形式。还介绍了通过磁链来计算电感的方法，讨论磁场能量、磁能密度及它们的计算公式。在磁场力部分，重点讨论应用虚位移原理求力的方法，并推导有关计算式。最后，简要介绍磁路的基本定律和恒定磁通磁路的计算。

【本章学习重点难点】

学习重点：磁感应强度、磁通、磁化、磁场强度的概念；恒定磁场的基本方程和分界面的衔接条件；磁位及其边值问题；磁场、电感、能量与力的各种计算方法；了解磁路定律及磁路计算。

学习难点：毕奥—萨伐尔定律的掌握、磁感应强度的概念及磁场的计算

4.1 真空中的恒定磁场

4.1.1 磁感应强度

在任何运动电荷或电流的周围，除了电场，还存在磁场，磁场对场中的电流或运动电荷有作用力。不随时间变化的磁场称为恒定磁场。

表征磁场特性的基本场量是磁感应强度 **B**。根据实验，一个带电量 q、运动速度为 v 的电荷，在磁场中受力可表示为：

$$\boldsymbol{f} = qv \times \boldsymbol{B} \tag{4-1}$$

式中，$\boldsymbol{f}$ 称洛仑兹力，大小为 $qvB\sin\alpha$，α 为 v 与 **B** 的夹角。**B** 称为磁场的磁感应强度，是表征磁场的基本场矢量。

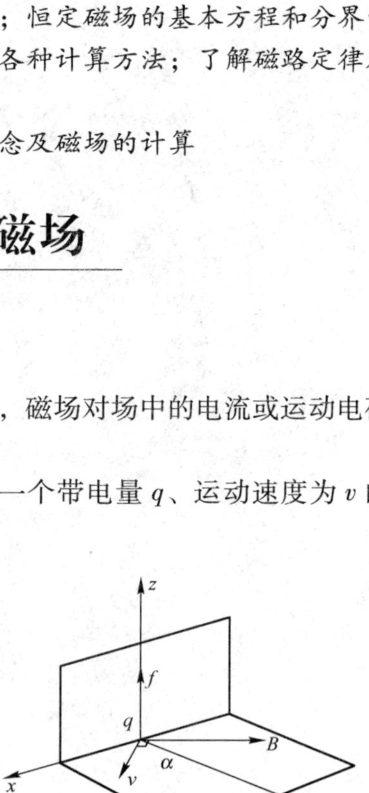

图 4-1 洛伦兹力

如图 4-1 所示，洛仑兹力的方向总与 **v** 和 **B** 的方向垂直，因而它不对运动电荷做功。在国际单位制中，**B** 的单位是 T（特斯拉），1T 即为 1Wb/m^2（韦伯/米^2），工程上也用 Gs（高斯）为单位，$1\text{T} = 10^4\text{Gs}$。

导体内的电流是由电荷的定向运动形成的，因此磁场对载流导体也有力的作用。考虑一个电流回路上任一电流

元 $I\mathrm{d}\boldsymbol{l}$。设回路中电荷运动速度为 $\boldsymbol{v}$，$\mathrm{d}q$ 等于 $\mathrm{d}\boldsymbol{l}$ 段内所有运动电荷的量值，它在 $\mathrm{d}t$ 时间内位移线段 $\mathrm{d}\boldsymbol{l}$，则：

$$\mathrm{d}q\boldsymbol{v}=\mathrm{d}q\frac{\mathrm{d}\boldsymbol{l}}{\mathrm{d}t}=\frac{\mathrm{d}q}{\mathrm{d}t}\mathrm{d}\boldsymbol{l}=I\mathrm{d}\boldsymbol{l} \tag{4-2}$$

因此电流元在磁场中的受力为：

$$\mathrm{d}\boldsymbol{f}=I\mathrm{d}\boldsymbol{l}\times\boldsymbol{B} \tag{4-3}$$

其大小为 $\mathrm{d}f=I\mathrm{d}lB\sin\alpha$，$\alpha$ 为 $\mathrm{d}\boldsymbol{l}$ 与 B 的夹角。由式（4-3）可得到长为 l 的一段导线，通有电流 I 时所受到的力为：

$$\boldsymbol{f}=\int_l \mathrm{d}\boldsymbol{f}=\int_l I\mathrm{d}\boldsymbol{l}\times\boldsymbol{B} \tag{4-4}$$

对于面电流和体电流分布，面电流密度为 $\boldsymbol{J}_S$ 和体电流密度为 $\boldsymbol{J}$，分别用面电流元 $\boldsymbol{J}_S\mathrm{d}S$ 和体电流元 $\boldsymbol{J}\mathrm{d}V$ 代替式（4-4）中 $I\mathrm{d}\boldsymbol{l}$，则面电流和体电流的载流导体所受的磁场力分别为：

$$\boldsymbol{f}=\int_S(\boldsymbol{J}_S\times\boldsymbol{B})\mathrm{d}S \tag{4-5}$$

$$\boldsymbol{f}=\int_V(\boldsymbol{J}\times\boldsymbol{B})\mathrm{d}V \tag{4-6}$$

下面讨论真空中由电流产生的磁感应强度的表达式。磁场与电流是同一物理过程中的两个方面。有电流就有磁场，有磁场也一定有电流存在。与静电场类似，反映磁场对电流有作用力这一基本性质的物理量是用磁感应强度矢量 $\boldsymbol{B}$ 描述，磁感应强度表达式是由实验得出的磁场力定律来确定的。所以首先介绍安培力定律。

如图 4-2 所示，由实验得出，在真空中，一个电流为 I_1 的载流回路 l_1 对另一个电流为 I_2 的载流回路 l_2 的作用力为：

$$\boldsymbol{f}_{21}=\frac{\mu_0}{4\pi}\oint_{l_2}\oint_{l_1}\frac{I_2\mathrm{d}\boldsymbol{l}_2\times(I_1\mathrm{d}\boldsymbol{l}_1\times\boldsymbol{e}_R)}{R^2} \tag{4-7}$$

式中，R 为电流元 $I_1\mathrm{d}\boldsymbol{l}_1$ 至电流元 $I_2\mathrm{d}\boldsymbol{l}_2$ 的距离；$\boldsymbol{e}_R$ 为 $I_1\mathrm{d}\boldsymbol{l}_1$ 至 $I_2\mathrm{d}\boldsymbol{l}_2$ 的单位矢量；μ_0 中的磁导率，$\mu_0\approx4\pi\times10^{-7}$ H/m（亨［利］/米）。

电流元 $I_1\mathrm{d}\boldsymbol{l}_1$ 对电流元 $I_2\mathrm{d}\boldsymbol{l}_2$ 之间的相互作用力可表示成：

$$\mathrm{d}\boldsymbol{f}_{21}=\frac{\mu_0}{4\pi}\frac{I_2\mathrm{d}\boldsymbol{l}_2\times(I_1\mathrm{d}\boldsymbol{l}_1\times\boldsymbol{e}_R)}{R^2} \tag{4-8}$$

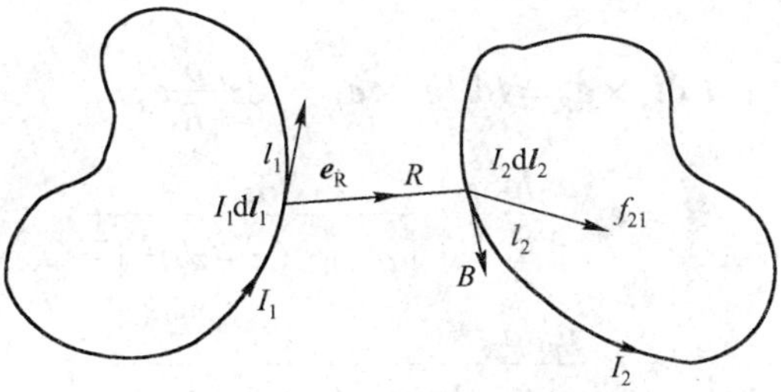

图 4-2　两电流元间相互作用力

式（4-7）和式（4-8）称为安培力定律和磁场力定律。

参照式（4-3），式（4-8）可写成：

$$\mathrm{d}\boldsymbol{f}_{21}=I_2\mathrm{d}\boldsymbol{l}_2\times\mathrm{d}\boldsymbol{B} \tag{4-9}$$

df_{21}即是电流元$I_1 d\boldsymbol{l}_1$在周围空间所激发的磁场在电流元$I_2 d\boldsymbol{l}_2$上产生的磁场力，因此电流元$I_1 d\boldsymbol{l}_1$在电流元$I_2 d\boldsymbol{l}_2$处激发的磁感应强度为：

$$d\boldsymbol{B} = \frac{\mu_0}{4\pi}\frac{(I_1 d\boldsymbol{l}_1 \times \boldsymbol{e}_R)}{R^2} \tag{4-10}$$

因此，真空中一个电流为I的载流回路在空间建立的磁感应强度为：

$$\boldsymbol{B} = \frac{\mu_0}{4\pi}\oint_l \frac{I d\boldsymbol{l} \times \boldsymbol{e}_R}{R^2} \tag{4-11}$$

式（4-10）和式（4-11）称为毕奥—沙伐尔定律。

对于面电流和体电流分布，分别用面电流元$\boldsymbol{J}_S dS$和体电流元$\boldsymbol{J}dV$代替式（4-7）中$I d\boldsymbol{l}$，得：

$$\boldsymbol{B} = \frac{\mu_0}{4\pi}\int_S \frac{\boldsymbol{J}_S \times \boldsymbol{e}_R}{R^2} dS \tag{4-12}$$

$$\boldsymbol{B} = \frac{\mu_0}{4\pi}\int_V \frac{\boldsymbol{J} \times \boldsymbol{e}_R}{R^2} dV \tag{4-13}$$

类似电力线，也可用磁感应强度线来形象地描绘磁场的分布。磁感应线上每一点的切线方向与该点处磁感应强度的方向一致，磁感应线的密度正比于该点磁感应强度的量值。磁感应线方程为：

$$\boldsymbol{B} \times d\boldsymbol{l} = 0 \tag{4-14}$$

在直角坐标系中，$\boldsymbol{B}$线的微分方程应为：

$$\frac{dx}{B_x} = \frac{dy}{B_y} = \frac{dz}{B_z} \tag{4-15}$$

【例4-1】 计算真空中载电流I的长为$2L$的长直细在导线外任一点所引起的磁感应强度。

解： 导线上恒定电流为I，考虑到对称性，选择圆柱坐标系，导线与z轴重合，坐标原点放在导线中点上，直导线产生的磁场与ϕ角无关，如图4-3所示。P点的磁感应强度由式（4-11）可写为：

$$\boldsymbol{B} = \frac{\mu_0}{4\pi}\oint_{l'} \frac{I' d\boldsymbol{l}' \times \boldsymbol{e}_R}{R^2}$$

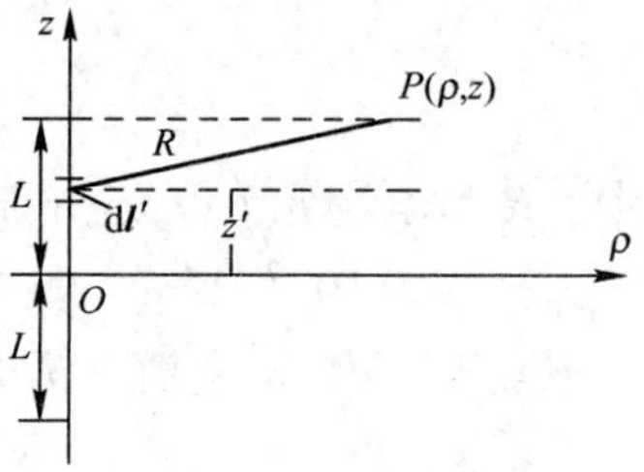

图4-3 长直细导线

式中，$R = \sqrt{\rho^2 + (z-z')^2}$；$I' d\boldsymbol{l}' \times \boldsymbol{e}_R = I dz' \boldsymbol{e}_z \times \boldsymbol{e}_R = I dz' \frac{\rho}{R}\boldsymbol{e}_\phi$。

$$\begin{aligned}\boldsymbol{B} &= \boldsymbol{e}_\phi \frac{\mu_0 I\rho}{4\pi}\int_{-L}^{L}\frac{dz'}{[\rho^2 + (z-z')^2]^{\frac{3}{2}}} \\ &= \boldsymbol{e}_\phi \frac{\mu_0 I\rho}{4\pi}\left.\frac{-(z-z')}{\rho^2[\rho^2 + (z-z')^2]^{\frac{1}{2}}}\right|_{-L}^{L} \\ &= \boldsymbol{e}_\phi \frac{\mu_0 I}{4\pi\rho}\left[\frac{z+L}{\sqrt{\rho^2 + (z+L)^2}} - \frac{z-L}{\sqrt{\rho^2 + (z-L)^2}}\right]\end{aligned}$$

式中，ρ是场点到导线的垂直距离，$\boldsymbol{B}$的方向垂直穿入纸平面，若为无限长载流长细直导线，即$L\to\infty$，则通过对上式取极限，得：

$$\boldsymbol{B}=\frac{\mu_0 I}{2\pi\rho}\boldsymbol{e}_\phi$$

在无限长载流直导线所产生的磁场中，容易看出，磁感应强度线是中心在导线轴上而与导线垂直的一些圆。

【例 4-2】　$y=0$ 平面上有恒定电流线密度 $K_0\boldsymbol{e}_z$，求其所产生的磁感应强度。

解： 如图 4-4 所示，设无限大电流片在 xOz 平面上，电流沿正 z 方向，则电流线密度 K_0 所产生的磁感应强度方向将平行于 x 轴。现在 $z=0$ 平面上取一矩形回路，使它平行于 x 轴的两条边，对称于 x 轴。因此，整个面电流分布所产生的合成磁感应强度为：

$$B=B_x\boldsymbol{e}_x=\left[-\int_{-\infty}^{+\infty}\frac{\mu_0 K_0\sin\alpha}{2\pi(x^2+y^2)^{1/2}}-\mathrm{d}x\right]\boldsymbol{e}_x$$

$$=\left(-\frac{\mu_0 K_0 y}{2\pi}\int_{-\infty}^{+\infty}\frac{\mathrm{d}x}{x^2+y^2}\right)\boldsymbol{e}_x=\left(-\frac{\mu_0 K_0}{2\pi}\arctan\frac{x}{y}\Bigg|_{-\infty}^{+\infty}\right)\boldsymbol{e}_x$$

$$=\begin{cases}-\dfrac{\mu_0 K_0}{2}\boldsymbol{e}_x & (y>0)\\ +\dfrac{\mu_0 K_0}{2}\boldsymbol{e}_x & (y<0)\end{cases}$$

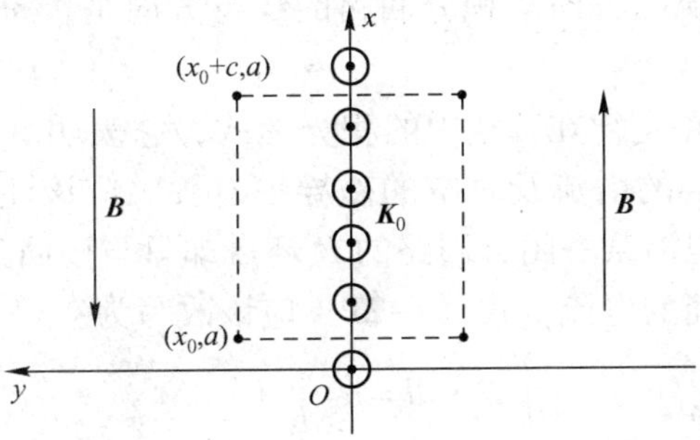

图 4-4　无限大电流片

4.1.2　磁通连续性定理、安培环路定律

下面介绍恒定磁场的两个基本定律，即磁通连续性定理和安培环路定律。本节暂限定于讨论真空中的磁场。

1. 磁通连续性定理

在磁场中，穿过任一面积 S 的 $\boldsymbol{B}$ 的磁通量，称为磁通 Φ_{m}，即：

$$\Phi_{\mathrm{m}}=\int_S \boldsymbol{B}\cdot\mathrm{d}\boldsymbol{S} \tag{4-16}$$

在 SI 中，磁通的单位是 Wb（韦伯）。

实验表明磁感应线是闭合的，既无始端又无终端。这说明自然界中不存在像电荷那样供 $\boldsymbol{E}$ 线发出或终止的磁荷，因此也就没有供 $\boldsymbol{B}$ 线发出或终止的源或沟。这样对于任何闭合面，都有：

$$\oint_S \boldsymbol{B}\cdot\mathrm{d}\boldsymbol{S}=0 \tag{4-17}$$

式（4–17）为磁通连续性定理（积分形式）。利用高斯散度定理，得：

$$\oint_S \boldsymbol{B} \cdot \mathrm{d}\boldsymbol{S} = \oint_V \nabla \cdot \boldsymbol{B} \mathrm{d}V = 0 \tag{4-18}$$

从而，有

$$\nabla \cdot \boldsymbol{B} = 0 \tag{4-19}$$

式（4–19）是磁通连续性定理的微分形式，恒定磁场的散度处处为零，它表明恒定磁场是一个无散场。如果这一个场的散度恒等于零，则它可能是恒定磁场。

2. 安培环路定理

磁场的另一基本方程就是安培环路定理。在真空中，若磁场是一根无限长载流 I 的直导线引起的，根据例 4–1 可知，距离导线 r 远处的磁感应强度 $B = \mu_0 I/2\pi r$。沿任一半径为 r、圆心在导线轴上的圆，做 $\boldsymbol{B}$ 的线积分，应有：

$$\oint_l \boldsymbol{B} \cdot \mathrm{d}\boldsymbol{l} = \oint_l \frac{\mu_0 I}{2\pi r}\boldsymbol{e}_\phi \cdot \mathrm{d}\boldsymbol{l} = \frac{\mu_0 I}{2\pi r}\oint_l \mathrm{d}l = \frac{\mu_0 I}{2\pi r}2\pi r = \mu_0 I \tag{4-20}$$

这一结论可以推广到任意分布的电流产生的磁场和任意形状的闭合回路，即在真空的磁场中对任一闭合回路 l 做 $\boldsymbol{B}$ 的线积分，有：

$$\oint_l \boldsymbol{B} \cdot \mathrm{d}\boldsymbol{l} = \mu_0 \sum_{k=1}^{n} I_k \tag{4-21}$$

式中 I_k 的正负取决定于电流的方向与积分回路的绕行方向是否符合右手螺旋关系，符合时为正，否则为负。

式（4–21）为安培环路定律在真空中的积分形式，它表明真空中磁感应强度 $\boldsymbol{B}$ 的闭合路径线积分只与路径所交链的电流及真空的磁导率有关。应该注意到，式中磁感应强度 $\boldsymbol{B}$ 是由所有源共同产生的，但沿某一闭合回路的 $\boldsymbol{B}$ 环量却只与该回路交链的电流有关。

以体密度 $\boldsymbol{J}$ 分布于空间的电流，式（4–21）应该改写为：

$$\oint_l \boldsymbol{B} \cdot \mathrm{d}\boldsymbol{l} = \mu_0 \int_S \boldsymbol{J} \cdot \mathrm{d}\boldsymbol{S} \tag{4-22}$$

式中积分面积 S 为闭合回路 l 所围的面积。

对式（4–22）左边应用斯托克斯定律，有：

$$\oint_l \boldsymbol{B} \cdot \mathrm{d}\boldsymbol{l} = \int_S \nabla \times \boldsymbol{B} \cdot \mathrm{d}\boldsymbol{S} = \mu_0 \int_S \boldsymbol{J} \cdot \mathrm{d}\boldsymbol{S} \tag{4-23}$$

可见

$$\nabla \times \boldsymbol{B} = \mu_0 \boldsymbol{J} \tag{4-24}$$

式（4–24）是安培环路定律在真空中的微分形式，证明磁场是有旋场，磁感应线围绕电流闭合，这是磁场不同于静电场的另一个特征。如图 4–5（a）所示。

【例 4–3】 如图 4–5 所示，一根无限长同轴电缆的截面，芯线通有均匀分布的电流 I，外皮通有量值相同但方向相反的电流，试求各部分的磁感应强度。

解： 这是一个平行平面磁场，磁场的分布与电缆的长度无关，也和 ϕ 角无关。根据图中给定的电流方向，用右手螺旋法则判断 $\boldsymbol{B}$ 线应是反时针方向的同心圆。

当 $\rho < R_1$ 时，内导体中电流密度 $J = \dfrac{I}{\pi R_1^2}$，取一圆周为积分回路，则穿过圆面积的电流 I' 为：

$$I' = \frac{I}{\pi R_1^2}\int_0^\rho \int_0^{2\pi} \rho \mathrm{d}\rho \mathrm{d}\phi = I\frac{\rho^2}{R_1^2}$$

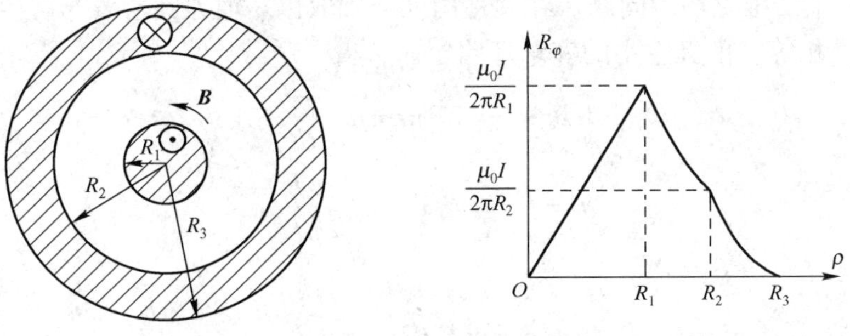

（a）同轴电缆截面　（b）同轴电缆的磁场分布

图 4-5　无限长同轴电缆

$$\int_0^{2\pi} B_\phi \rho \mathrm{d}\phi = \mu_0 \frac{I^2\rho}{R_1^2} \quad 或 \quad B\phi\rho \int_0^{2\pi} \mathrm{d}\phi = \mu_0 \frac{I^2\rho}{R_1^2}$$

得
$$B_\phi = \frac{\mu_0 I\rho}{2\pi R_1^2}$$

当 $R_1 < \rho < R_2$ 时，以 ρ 为半径取一圆周为积分回路，应用式（4-20），得：

$$\int_0^{2\pi} B_\phi \rho \mathrm{d}\phi = \mu_0 I$$

$$B_\phi = \frac{\mu_0 I}{2\pi\rho}$$

当 $R_2 < \rho < R_3$ 时，采用同样的方法，穿过半径为 ρ 的圆面积的电流为：

$$I' = I - I\frac{\rho^2 - R_2^2}{R_3^2 - R_2^2} = I\frac{R_3^2 - \rho^2}{R_3^2 - R_2^2}$$

应用式（4-20），得：

$$B_\phi = \frac{\mu_0 I}{2\pi\rho}\frac{R_3^2 - \rho^2}{R_3^2 - R_2^2}$$

对于电缆外（$\rho > R_3$ 处），$I' = 0$，则 $B_\phi = 0$。B_ϕ 随 ρ 变化的曲线，如图 4-5（b）所示。

【例 4-4】　如图 4-6 所示，求真空中通有电流 I、半径为 R 的无限长圆柱导体的内外的磁感应强度。设导体的磁导率为 μ_0。

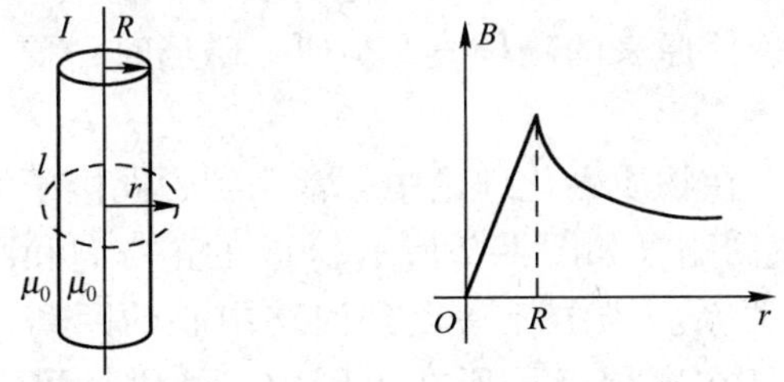

（a）圆柱导体截面　（b）圆柱导体的磁场分布

图 4-6　无限长圆柱导体

解：采用圆柱坐标系，使其 z 轴与圆柱导体轴线重合，方向与导体中电流方向一致。由于是无限长直圆柱，则磁场沿轴线方向无变化，$\boldsymbol{B}$ 的大小仅随 r 坐标变化，$\boldsymbol{B}$ 线是与 z 轴垂直的圆族，是一个二维磁场的问题。在圆柱内外分别取以 z 轴为圆心、半径为 r 的圆，则每个圆上 $\boldsymbol{B}$ 值处处相等。由真空中的安培环路定律，得：

在 $r<R$ 处，
$$\oint_l \boldsymbol{B}\cdot \mathrm{d}\boldsymbol{l}=2B\pi r=\mu_0\frac{\pi r^2}{\pi R^2}I$$

$$B=\frac{\mu_0 Ir}{2\pi R^2}\text{或}\boldsymbol{B}=\boldsymbol{\alpha}^0\frac{\mu_0 Ir}{2\pi R^2}$$

在 $r>R$ 处，
$$\oint_l \boldsymbol{B}\cdot \mathrm{d}\boldsymbol{l}=B2\pi r=\mu_0 I$$

得
$$B=\frac{\mu_0 I}{2\pi r}\text{或}\boldsymbol{B}=\boldsymbol{\alpha}^0\frac{\mu_0 I}{2\pi r}$$

圆柱内外 B 值随坐标 r 的变化曲线如图 4-6（b）中所示。

习题 4-1

1. 有一半径为 a 的长直圆柱形导体，通有电流密度 $\boldsymbol{J}=J_0\dfrac{\rho}{a}e_z$ 的恒定电流（z 轴就是圆柱导体的轴线）。试求导体内外的磁场强度 $\boldsymbol{H}$。

2. 求题 2 图所示，真空中有一半径为 R_1 的无限长圆柱导体，在其内部挖有一半径为 R_2 的不同轴心圆柱形空腔，圆柱导体轴心与空腔轴心间距离为 d，在圆柱导体内沿轴线方向通有电流 I，并在导体截面上均匀分布。设导体的磁导率为 μ_0。试求空腔内的磁感应强度。

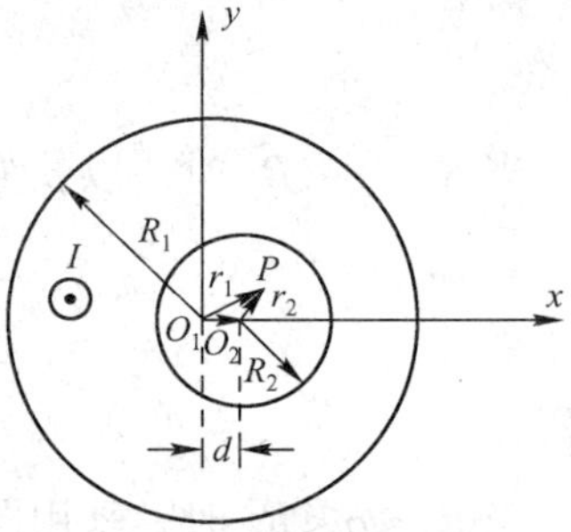

题 2 图　无限长圆柱导体截面图

4.2　媒质中的恒定磁场

4.2.1　磁媒质的磁化现象

前面讨论了真空中的磁场。当空间存在其他物质时，物质会在外加磁场作用下被磁化，并因此产生一个附加磁场，使原来的磁场改变。研究磁场时，置于磁场中的物质称为磁媒质或磁介质。

下面介绍媒质的磁化。在物质磁化理论中，常用到磁偶极子的概念。磁偶极子，是指一个很小的面积为 d$\boldsymbol{S}$ 的载流回路，如图 4-7 所示，d$\boldsymbol{S}$ 的正方向和回路电流的正方向应成右螺旋关系。场中任一点到回路中心的距离，都比回路的尺寸大得多，并且在磁偶极子所在范围内，外磁场可以认为是均匀的。把这样的小载流回路称为磁偶极子。

磁偶极子的性质，常用磁偶极矩（简称磁矩）表示。定义磁偶极矩矢量 $\boldsymbol{m}=I\mathrm{d}\boldsymbol{S}$，在国际单位制中，磁偶极矩的单位是 A · m²（安培 · 米²）。

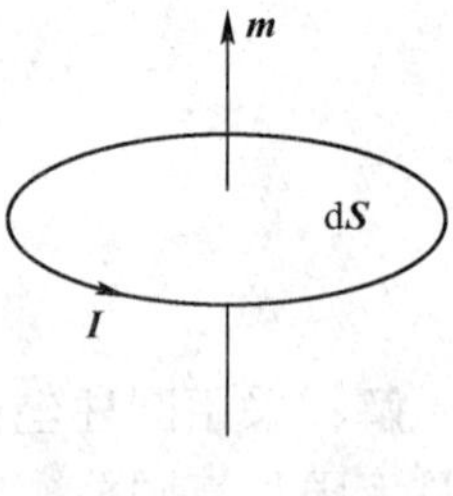

图 4-7　磁偶极子

如果将磁介质看成是由许多极小的磁偶极子组成，这些磁偶极子产生的磁矩来源于：物质的原子或分子中的电子的自旋；电子绕原子核作轨道旋转运动；原子核的自旋。

磁介质按磁性分为顺磁性物质、抗磁性物质和铁磁性物质。所谓顺磁性物质是指由上述三个原因造成的单个原子的磁矩不完全抵消，因此顺磁性物质的单个原子在外磁场为零时磁矩不为零，但从宏观角度看，对一块顺磁性物质而言，由于热运动使每个原子的磁矩排列是随机的，因此总的磁矩仍等于零，对外不显示磁性。如果将顺磁性物质放到外磁场中，其内的原子就会受到力矩的作用，该力矩力图使原子的磁矩和外磁场方向一致，因而顺磁性物质出现沿外磁场方向的磁矩分量，使物质产生磁性，这种现象称为磁化。抗磁性物质是指由上述三个原因造成的单个原子的磁矩完全抵消的这一类磁媒质，当外加磁场后，电子的轨道运动发生变化，而产生与外磁场相反的磁矩，使外磁场受到削弱。铁磁性物质是指在无外加磁场时就会自发地显示出磁化现象的一类磁介质，其磁化强度比顺磁性和抗磁性物质要大几个数量级，这是因为铁磁性物质可以看成是由许多小区域组成，每个小区域称为一个磁畴，每个磁畴中的每个原子的磁矩排列是一致的，当无外磁场时，每个磁畴的磁化强度的方向是随机的，加入外磁场后，在外磁场的作用下，所有磁畴呈现向外磁场作用方向的一致排列，形成强大的磁场效应。

每一原子电流是一个极小的闭合回路，因此可用磁偶极子加以描述。磁媒质的宏观磁化状态可以用磁化强度（矢量）$\boldsymbol{M}$ 来描述。所谓磁化强度，是指物质处于磁化状态中每单位体积内原子的平均磁矩矢量和，即：

$$\boldsymbol{M}=\lim_{\Delta V\to 0}\frac{\sum_i \boldsymbol{m}}{\Delta V} \tag{4-25}$$

式中，$\sum_i \boldsymbol{m}$ 是体积 ΔV 内各磁矩的矢量和，在未磁化时，由于原子电流的方向杂乱无章，元体积 ΔV 内的 $\sum_i \boldsymbol{m}$ 为零，物质对外不显现磁性；但在外磁场作用下，各个磁矩都向同一方向排列，这时 $\sum_i \boldsymbol{m}$ 就不再为零，则磁化强度为：

$$\boldsymbol{M}=N\boldsymbol{m} \tag{4-26}$$

式中，N 为单位体积内的原子数；磁化强度 $\boldsymbol{M}$ 的单位为 A/m（安培/米）。

综上所述，在外加磁场的作用下磁媒质内部出现宏观净磁矩，磁矩矢量和不再等于零，这种现象称为磁媒质的磁化。这时磁媒质对外显现磁性，即对外产生附加磁场。

4.2.2　磁媒质中的磁场

所有物质都包含有原子，每一原子中有运动的电子。对于局限于原子范围内的运动电荷形成的电流，称为束缚电流 I_{m}。磁媒质被磁化，可看作出现了等效的宏观束缚电流，因此也称为磁化电流。如图 4-8 所示，在磁媒质均匀且其内不存在自由电流情况下，磁媒质内部没有磁化体电流而磁媒质表面出现磁化面电流，$\boldsymbol{J}_{\mathrm{mS}}$ 表示磁化面电流密度。磁媒质不均匀时，磁媒质内部可能存在磁化体电流，$\boldsymbol{J}_{\mathrm{m}}$ 表示磁化体电流密度。磁媒质的磁场可以等效为磁化电流建立的磁场。考虑到束缚电流的作用，有：

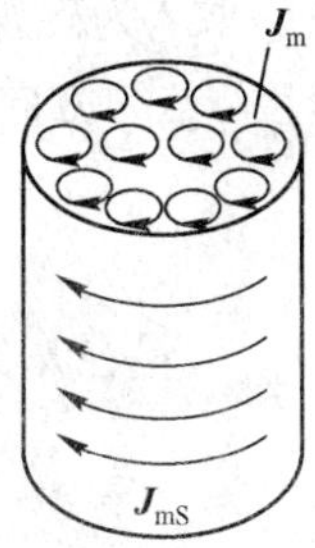

图 4-8　磁化面电流密度

$$\oint_l \boldsymbol{B} \cdot \mathrm{d}\boldsymbol{l} = \mu_0 (I + I_\mathrm{m}) \tag{4-27}$$

束缚电流 I_m 与磁化强度 $\boldsymbol{M}$ 有关，分析如下。

如图 4-9 所示，在磁媒质中任一闭合回路 l 上取一高度为 $\mathrm{d}l$，截面积为 $\mathrm{d}S$ 的微小斜圆柱体，它包围的磁化电流 $\mathrm{d}I_\mathrm{m}$ 为：

$$\mathrm{d}I_\mathrm{m} = N(\mathrm{d}\boldsymbol{S} \cdot \mathrm{d}\boldsymbol{l}) I_0 = N(\boldsymbol{I}_0 \mathrm{d}\boldsymbol{S} \cdot \mathrm{d}\boldsymbol{l}) = N\boldsymbol{m} \cdot \mathrm{d}\boldsymbol{l} = \boldsymbol{M} \cdot \mathrm{d}\boldsymbol{l} \tag{4-28}$$

整个 l 回路包围的总磁化电流为：

$$I_\mathrm{m} = \int_S \boldsymbol{J}_\mathrm{m} \cdot \mathrm{d}\boldsymbol{S} = \oint_l \boldsymbol{M} \cdot \mathrm{d}\boldsymbol{l} \tag{4-29}$$

若 l 回路完全在磁媒质内部，由斯托克斯定理，得：

$$\int_S \boldsymbol{J}_\mathrm{m} \cdot \mathrm{d}\boldsymbol{S} = \oint_l \boldsymbol{M} \cdot \mathrm{d}\boldsymbol{l} = \iint_S (\nabla \times \boldsymbol{M}) \cdot \mathrm{d}\boldsymbol{S}$$

即

$$\int_S (\boldsymbol{J}_\mathrm{m} - \nabla \times \boldsymbol{M}) \cdot \mathrm{d}\boldsymbol{S} = 0$$

导出磁媒质中磁化电流的体密度与磁化强度之间的关系为：

$$\boldsymbol{J}_\mathrm{m} = \nabla \times \boldsymbol{M} \tag{4-30}$$

式（4-30）说明磁媒质中任一点处的磁化电流的体密度等于该点处磁化强度的旋度。

同样，磁媒质表面的磁化面电流密度 $\boldsymbol{J}_\mathrm{m}$ 与 $\boldsymbol{M}$ 之间的关系也可通过式（4-29）导出。

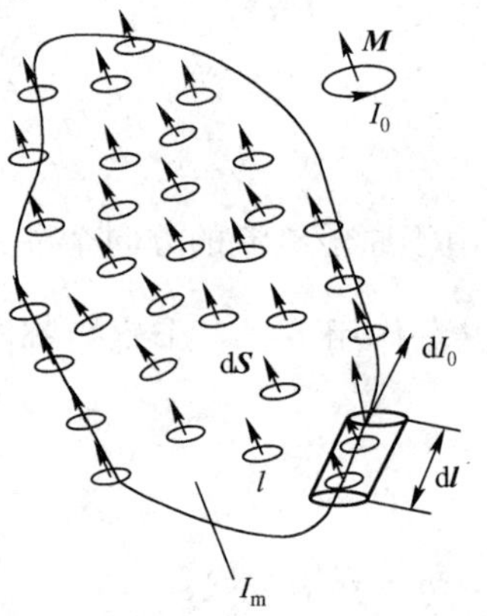

图 4-9 磁化电流

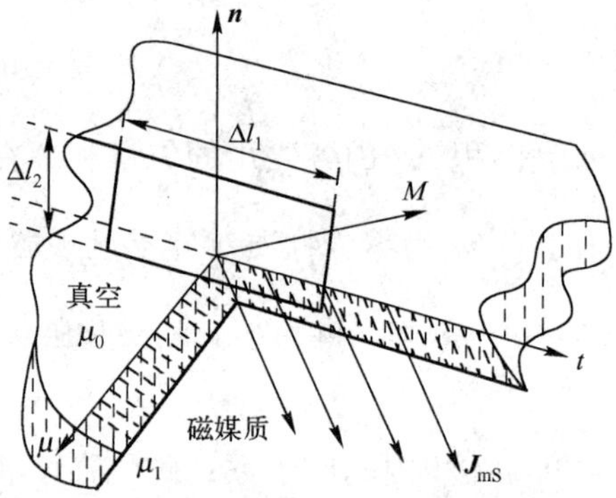

4-10 磁媒质表面 n 方向磁化电流密度

如图 4-10 所示，$\boldsymbol{n}$ 表示磁媒质表面的外法线单位矢量。跨磁媒质表面两侧取一微小矩形回路 l，其短边 $\Delta l_2 \to 0$。设 $\boldsymbol{l}$ 所包围平面的外法线单位矢量为 $\boldsymbol{u}$，$\boldsymbol{u}$ 与 $\boldsymbol{l}$ 的绕行方向为右螺旋关系。取 $\boldsymbol{t}$ 为磁媒质表面某一切线方向，则有 $\boldsymbol{t} = \boldsymbol{n} \times \boldsymbol{u}$。如果所取回路的 $\boldsymbol{u}$ 方向与磁化面电流密度 $\boldsymbol{J}_\mathrm{mS}$的方向不重合，由式（4-29）得：

$$I_{\mathrm{mS}u} = \boldsymbol{J}_{\mathrm{mS}u} \Delta l_1 = M_t \Delta l_1$$

即

$$J_{\mathrm{mS}u} = M_t \tag{4-31}$$

$J_{\mathrm{mS}u}$为 $\boldsymbol{J}_{\mathrm{mS}u}$矢量在 $\boldsymbol{u}$ 方向上的分量，M_t 为磁媒质表面磁化强度沿 t 方向的分量。因此由式（4-31）得：

$$\boldsymbol{J}_{\mathrm{mS}u} = \boldsymbol{u} \cdot \boldsymbol{J}_\mathrm{mS} = \boldsymbol{M} \cdot (\boldsymbol{n} \times \boldsymbol{u}) = \boldsymbol{u} \cdot (\boldsymbol{M} \times \boldsymbol{n}) = M_t$$

此式对观察点处沿磁媒质表面任意的 $\boldsymbol{u}$ 方向均成立，则式（4-31）用矢量表示为：

$$\boldsymbol{J}_{\mathrm{mS}u} = \boldsymbol{M} \times \boldsymbol{n} \tag{4-32}$$

由上述可知，磁媒质的作用可以用磁化电流替代。据此分析，通过恒定电流的磁场中如果存在磁媒质，则可以看做是自由电流和磁化电流在真空中共同建立的磁场。这样，前述真空中磁场的定理和定律就可以移植到存在磁媒质的磁场中。

4.2.3　含有磁媒质的恒定磁场中安培环路定律的一般形式

下面推导含有磁媒质的恒定磁场中一般形式的安培环路定律。如果在具有导磁媒质的磁场中，任意地取一闭合路径 l，则磁感应强度沿此回路的线积分在真空中的安培环路定律则应写成：

$$\oint_l \boldsymbol{B} \cdot \mathrm{d}\boldsymbol{l} = \mu_0 \sum (I + I_{\mathrm{m}})$$

式中，$\sum I$ 和 $\sum I_{\mathrm{m}}$ 分别为 l 所围面积上穿过的自由电流与磁化电流的代数和。
将式（4-27）代入上式，得：

$$\oint_l \boldsymbol{B} \cdot \mathrm{d}\boldsymbol{l} = \mu_0 \left(\sum I + \oint_l \boldsymbol{M} \cdot \mathrm{d}\boldsymbol{l} \right)$$

即

$$\oint_l \left(\frac{\boldsymbol{B}}{\mu_0} - \boldsymbol{M} \right) \cdot \mathrm{d}\boldsymbol{l} = \sum I \tag{4-33}$$

定义

$$\boldsymbol{H} = \frac{\boldsymbol{B}}{\mu_0} - \boldsymbol{M} \tag{4-34}$$

式中 $\boldsymbol{H}$ 称为磁场强度矢量，单位为 A/m，则式（4-33）可写成：

$$\oint_l \boldsymbol{H} \cdot \mathrm{d}\boldsymbol{l} = \sum I \tag{4-35}$$

式（4-35）是磁场中安培环路定律的一般形式，它适用于磁媒质中和真空中磁场。它表明，磁场强度 $\boldsymbol{H}$ 沿闭合路径线积分等于该路径所围面积上穿过的自由电流的代数和，而与磁媒质的分布无关。在此需要正确理解的是：$\boldsymbol{H}$ 的闭合环路积分仅与自由电流有关，而 $\boldsymbol{H}$ 的分布与自由电流和磁媒质的分布都有关。

对于各向同性的线性媒质，磁化强度与磁场强度之间有正比关系，即：

$$M = \chi_{\mathrm{m}} \boldsymbol{H} \tag{4-36}$$

比例系数 χ_{m} 称为磁媒质的磁化率，为无量纲的常数。根据式（3-34）和式（3-36），有：

$$\boldsymbol{B} = \mu_0 (\boldsymbol{H} + \boldsymbol{M}) = \mu_0 (1 + \chi_{\mathrm{m}}) \boldsymbol{H} = \mu_0 \mu_{\mathrm{r}} \boldsymbol{H} = \mu \boldsymbol{H} \tag{4-37}$$

式中 μ 为磁媒质的磁导率 $\mu = B/H$，单位为 H/m。

而

$$\mu_{\mathrm{r}} = \frac{\mu}{\mu_0} = 1 + \chi_{\mathrm{m}}$$

比例系数 μ_{r} 称为相对磁导率，也是一个无量纲的常数。式（4-37）也被称为磁媒质的本构方程或成分方程。

χ_{m}、μ 和 μ_{r} 都是表征磁媒质磁化性能的参量。若磁媒质的 **B—H** 曲线为线性的，即 χ_{m}、μ 和 μ_{r} 为常量，这种磁媒质称为线性磁媒质，否则，称为非线性磁媒质。如工程上可将非铁磁性物质当作线性磁媒质情况处理，而铁磁物质的 **B—H** 曲线为闭合线，是非线性曲线，又叫做磁滞回线，所以是非线性磁媒质。

【例 4-5】　磁导率为 μ、半径为 a 的无限长导磁媒质圆柱，其中心有无限长的线电流 I，圆柱内外是空气。求圆柱内外的磁感应强度、磁场强度和磁化强度。

解： 先利用安培环路定律求磁场强度。以线电流 I 为轴线，作半径为 ρ 的圆周为安培环路。

当 $\rho>0$ 时，

$$\oint_l \boldsymbol{H}\cdot \mathrm{d}\boldsymbol{l}=2\pi\rho H_\phi=I$$

$$\boldsymbol{H}=\frac{I}{2\pi\rho}e_\phi$$

当 $0<\rho<a$ 时，

$$\boldsymbol{B}=\mu\boldsymbol{H}=\frac{\mu I}{2\pi\rho}e_\phi$$

$$M=\frac{\mu}{\mu_0}\boldsymbol{H}-\boldsymbol{H}=\left(\frac{\mu}{\mu_0}-1\right)\frac{I}{2\pi\rho}\boldsymbol{e}_\phi$$

当 $\rho>a$ 时，

$$\boldsymbol{B}=\mu_0\boldsymbol{H}=\frac{\mu_0 I}{2\pi\rho}\boldsymbol{e}_\phi$$

$$\boldsymbol{M}=0$$

【例 4-6】 如图 4-11 所示，一磁导率为 μ、半径为 a 的无限长的磁介质圆柱，其中心有一无限长的线电流 I，沿 z 轴正方向流动。圆柱外为空气，磁导率为 μ_0，求：(1) 各处的磁感应强度、磁场强度；(2) 磁化体电流密度、磁化面电流密度及磁化电流。

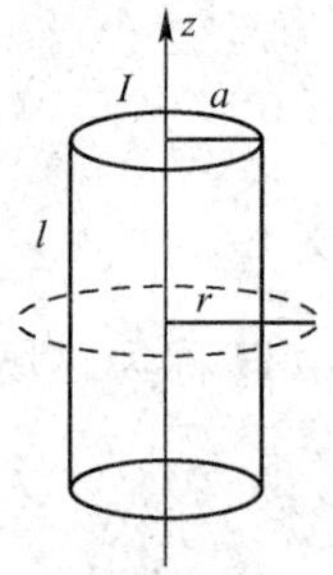

图 4-11 一无限长的磁介质圆柱

解：(1) 利用安培环路定律的一般形式求磁场强度 H。取以圆柱中心线上的点为圆心、半径为 r 的圆周 l 作积分回路，有：

$$\oint_l \boldsymbol{H}\cdot \mathrm{d}\boldsymbol{l}=H2\pi r=I$$

$$\boldsymbol{H}=\boldsymbol{\alpha}^0\ \frac{I}{2\pi r}\qquad (r>0)$$

圆柱内外的磁感应强度为：

$$\boldsymbol{B}=\mu\boldsymbol{H}=\boldsymbol{\alpha}^0\ \frac{\mu I}{2\pi r}\qquad (0<r<a)$$

$$\boldsymbol{B}=\mu_0\boldsymbol{H}=\boldsymbol{\alpha}^0\ \frac{\mu_0 I}{2\pi r}\qquad (r>a)$$

(2) 因磁化强度 $\boldsymbol{M}=\dfrac{\boldsymbol{B}}{\mu_0}-\boldsymbol{H}=\left(\dfrac{\mu}{\mu_0}-1\right)\boldsymbol{H}$，故圆柱内外的磁化强度：

$$\boldsymbol{M}=\left(\frac{\mu}{\mu_0}-1\right)\boldsymbol{H}=\boldsymbol{\alpha}^0\left(\frac{\mu}{\mu_0}-1\right)\frac{I}{2\pi r}=M_\alpha\boldsymbol{\alpha}^0\qquad (0<r<a)$$

$$\boldsymbol{M}=\left(\frac{\mu_0}{\mu_0}-1\right)\boldsymbol{H}=0\qquad (r>a)$$

磁化电流体密度为：

$$\boldsymbol{J}_\mathrm{m}=\nabla\times\boldsymbol{H}=\begin{vmatrix}\frac{1}{r}\boldsymbol{r}^0 & \boldsymbol{\alpha}^0 & \frac{1}{r}\boldsymbol{k}\\ \frac{\partial}{\partial r} & \frac{\partial}{\partial \alpha} & \frac{\partial}{\partial k}\\ 0 & rM_\alpha & 0\end{vmatrix}=0$$

则磁化电流体密度为零，在磁媒质圆柱中只有表面有磁化面电流密度，即：

$$J_{mS}\Big|_{r=a}=M\times n=M\times r^0=(\alpha^0\times r^0)\left(\frac{\mu}{\mu_0}-1\right)\frac{I}{2\pi a}=-k\left(\frac{\mu}{\mu_0}-1\right)\frac{I}{2\pi a}$$

其方向指向 z 轴的负方向。则磁媒质圆柱表面的磁化面电流为：

$$I_m=J_{mS}\cdot l=-\left(\frac{\mu}{\mu_0}-1\right)\frac{I}{2\pi a}\cdot 2\pi a=-\left(\frac{\mu}{\mu_0}-1\right)I$$

上式说明，磁化面电流在圆柱体的表面流过，其方向与传导电流 I 相反。

习题 4-2

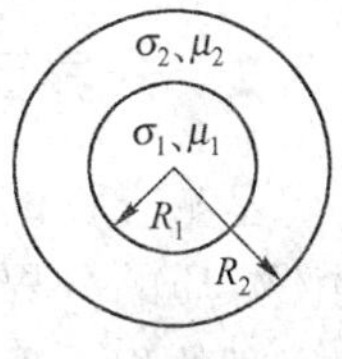

题图

一长直圆柱形导线由内外两种导电材料构成，其截面如题图所示。两种导体分界面处半径为 R_1，导线外半径为 R_2。内外导体的电导率和磁导率 R_2。内外导体的电导率和磁导率分别为 σ_1、μ_1 和 σ_2、μ_2。设导体中沿轴向通电流为 I，求内、外导体的磁场强度。

4.3 恒定磁场的基本方程和分界面上的边界条件

4.3.1 恒定磁场的基本方程

1. 磁通连续性原理和安培环路定律

磁通连续性原理和安培环路定律用于表征恒定磁场的基本性质。不论导磁媒质分布情况如何，凡是恒定磁场，都具备这两个特性。这里将它们的表达式重新列出：

$$\oint_l H\cdot dl=\int_S J_c\cdot dS=I \tag{4-38}$$

$$\oint_l B\cdot dS=0 \tag{4-39}$$

式（4-38）、式（4-39）称为恒定磁场（积分形式）的基本方程。对于各向同性磁媒质，B 和 H 的本构方程为：

$$B=\mu H \tag{4-40}$$

2. 恒定磁场的无散性和有旋性

恒定磁场与静电场虽同属矢量场，静电场是有源场、无旋场；而恒定磁场是无散场和有旋场，通过推导恒定磁场的基本方程的微分形式，就可说明恒定磁场的无散性和有旋性。

应用散度定理，由式（4-39）得：

$$\oint_S B\cdot dS=\int_V\nabla\cdot B dV=0$$

即

$$\nabla\cdot B=0 \tag{4-41}$$

式（4-41）称为磁通连续性定律的微分形式。它表示磁场中任一点出的磁感应强度的散度恒等于零，说明磁场是一个无散场；提供了用来检验一个给定的磁场是否有可能是恒定磁场的简单办法，即考察给定磁场的散度。如果这一场的散度恒等于零，则它可能是恒定磁场。

利用斯托克斯定理：

$$\oint_l \boldsymbol{H} \cdot d\boldsymbol{l} = \int_S (\nabla \times \boldsymbol{H}) \cdot d\boldsymbol{S} = \int_S \boldsymbol{J} \cdot d\boldsymbol{S}$$

得

$$\nabla \times \boldsymbol{H} = \boldsymbol{J} \tag{4-42}$$

式（4-42）称为安培环路定律的微分形式。它表明磁场中任一点处的磁场强度的旋度等于该点处的电流密度，说明磁场是一个有旋场，或称旋涡场。电流是激发磁场的漩涡源，磁感应线围绕电流而闭合。

4.3.2 分界面上的衔接条件

基本方程的微分形式只适用于同一种磁媒质内部，即场矢量连续变化的区域。在两种不同磁媒质的分界面上，由于存在磁化面电流，场矢量在分界面两侧将发生突变。下面利用基本方程的积分形式导出两侧场矢量的关系，即分界面上的边界条件。

在媒质分界面上，围绕任一点 P 取一矩形回路，如图4-12 所示。

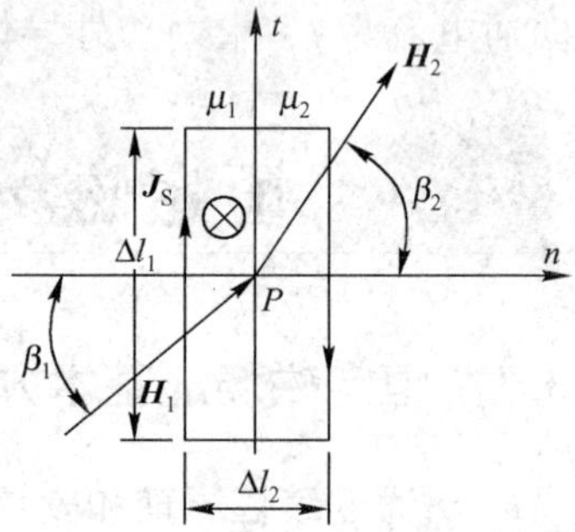

图 4-12 围绕 P 点作一小矩形回路

令 $\Delta l_2 \to 0$，根据 $\oint_l \boldsymbol{H} \cdot d\boldsymbol{l} = I$，如果分界面上存在面自由电流，则有：

$$H_{1t}\Delta l_1 - H_{2t}\Delta l_1 = K\Delta l_1 \tag{4-43}$$

或

$$H_{1t} - H_{2t} = K \tag{4-44}$$

式（4-43）还可以写为：

$$\frac{B_{1t}}{\mu_1} - \frac{B_{2t}}{\mu_2} = K \tag{4-45}$$

电流线密度 K 的正负，要看它的方向与沿 H_{1t} 绕行方向是否符合右手螺旋关系而定。可写成矢量形式：$(\boldsymbol{H}_1 - \boldsymbol{H}_2) \times \boldsymbol{e}_n = \boldsymbol{K}$。其中 $\boldsymbol{e}_n$ 为分界面上从媒质 1 指向媒质 2 的法线方向单位矢量。

如果分界面上无面电流，则：

$$H_{1t} = H_{2t} \tag{4-46}$$

式（4-46）表明，在这种条件下，磁场强度的切线分量是连续的，但磁感应强度的切线分量是不连续的。

若在媒质分界面上，包围某点 P 作一扁小圆柱体，如图 4-13 所示。令 $\Delta h \to 0$，则根据 $\oint_S \boldsymbol{B} \cdot d\boldsymbol{S} = 0$，得：

$$B_{1n} = B_{2n} \tag{4-47}$$

式（4-47）还可以写成：

$$\mu_1 H_{1n} = \mu_2 H_{2n} \tag{4-48}$$

也可写成矢量形式：$(\boldsymbol{B}_1 - \boldsymbol{B}_2) \cdot \boldsymbol{e}_n = 0$。

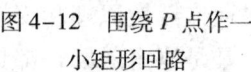

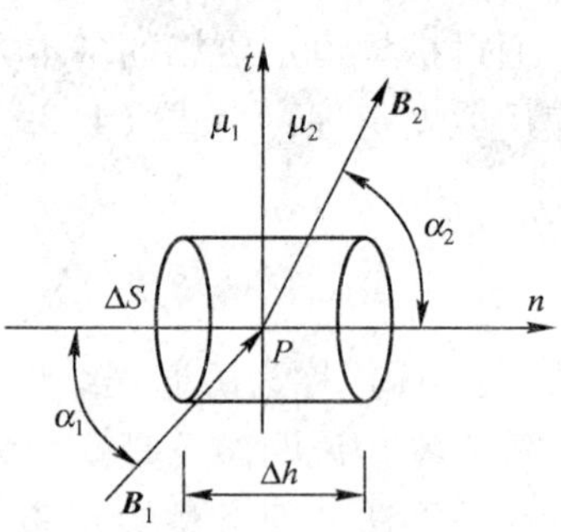

图 4-13 围绕 P 点作一小扁圆柱形闭合面

可见，磁感应强度的法线方向分量是连续的，而磁场强度的法线方向分量则不连续。

根据式（4-44）和式（4-45），考虑到 $\boldsymbol{B} = \mu\boldsymbol{H}$ 所示的关系，可以得出如下结论：若两种媒质均为各向同性，图 4-14 和图 4-15 中 $\alpha_1 = \beta_1$、$\alpha_2 = \beta_2$，则在

它们的分界面上（设无电流线密度）**B** 线和 **H** 线的折射规律为：

$$\frac{\tan\alpha_1}{\tan\alpha_2}=\frac{\mu_1}{\mu_2} \tag{4-49}$$

式（4-49）表明，磁场从第 1 种媒质进入到第 2 种媒质时，它的方向要发生折射。例如，当磁感应线强度线由铁磁质进入非铁磁质时，由于铁磁质的磁导率较非铁磁质的磁导率大得多，故无论磁感应线在铁磁质中与分界面的法线成什么角度，它在紧挨着分界面的非铁磁质中，都可认为是与分界面相垂直的。设 $\mu_1=3000\mu_0$，则当 $\alpha_1=88°$时，真空中磁感应线与法线的夹角为：

$$\alpha_2=\arctan\left(\frac{\mu_0}{3000\mu_0}\tan 88°\right)=\arctan 0.00955=33'$$

【例 4-7】　设 $y=0$ 平面是两种媒质的分界面。在 $y>0$ 处媒质的磁导率 $\mu_1=5\mu_0$；在 $y<0$ 处，磁质的磁导率 $\mu_2=3\mu_0$。设已知分界面上无电流分布，且 $\boldsymbol{H}_2=(10\boldsymbol{e}_x+20\boldsymbol{e}_y)$ A/m，求 $\boldsymbol{B}_2$、$\boldsymbol{B}_1$ 和 $\boldsymbol{H}_1$。

解：

$$\boldsymbol{B}_2=\mu_2\boldsymbol{H}_2=3\mu_0\boldsymbol{H}_2=\mu_0(30\boldsymbol{e}_x+60\boldsymbol{e}_y)\ (\mathrm{T})$$

由于分界面上无电流线密度（$K=0$），因此：

$$H_{1x}=H_{1t}=H_{2t}=10$$

$$B_{1y}=B_{1n}=B_{2n}=60\mu_0$$

得 $B_{1x}=\dfrac{\mu_1}{\mu_2}B_{2x}=\dfrac{5}{3}(30\mu_0)=50\mu_0$　$H_{1y}=\dfrac{\mu_2}{\mu_1}H_{2y}=\dfrac{5}{3}(20)=12$

因此

$$\boldsymbol{B}_1=\mu_0(50\boldsymbol{e}_x+60\boldsymbol{e}_y)\quad(\mathrm{T})$$

$$\boldsymbol{H}_1=(10\boldsymbol{e}_x+12\boldsymbol{e}_y)\quad(\mathrm{A/m})$$

习题 4-3

1. 下列矢量中哪些可能是磁感应强度 **B**？如果是的，试求相应的电流密度 J：

（1）$\boldsymbol{F}=K(x\boldsymbol{e}_y-y\boldsymbol{e}_x)$；

（2）$\boldsymbol{F}=K(x\boldsymbol{e}_x-y\boldsymbol{e}_y)$；

（3）$\boldsymbol{F}=K\rho\boldsymbol{e}_\rho$；

（4）$\boldsymbol{F}=Kr\boldsymbol{e}_\phi$。

2. 在恒定磁场中，若两种不同媒质分界面为 xOz 平面，其上有电流线密度 $\boldsymbol{K}=2\boldsymbol{e}_x$（A/m），已知 $\boldsymbol{H}_1=(\boldsymbol{e}_x+2\boldsymbol{e}_y+3\boldsymbol{e}_z)$(A/m)，求 $\boldsymbol{H}_2$。

4.4　磁矢位和磁位

在静电场中，由于 $\nabla\times\boldsymbol{E}=0$，曾经引入电位函数来表征静电场的特性，从而使电场的分析计算得以简化。对于恒定磁场，是否也能得到类似的位函数？为了便于磁场的计算，这一节中介绍一个称为磁矢位的位函数，并讨论恒定磁场的边值问题。

4.4.1　矢量磁位的引入

根据磁场的基本方程 $\nabla\cdot\boldsymbol{B}=0$，可将矢量 **B** 表示成另一个矢量 **A** 的旋度，因为 $\nabla\cdot(\nabla\times\boldsymbol{A})$

$\equiv 0$，故

$$\boldsymbol{B}=\nabla\times\boldsymbol{A} \tag{4-50}$$

式中，$\boldsymbol{A}$ 称为恒定磁场的磁矢位，在 SI 制中单位是 Wb/m（韦伯/米）。

由安培环路定律的微分形式 $\nabla\times\boldsymbol{H}=\boldsymbol{J}$，同时考虑到各向同性的线性导磁媒质中 $\boldsymbol{B}=\mu\boldsymbol{H}$，因此：

$$\nabla\times\boldsymbol{B}=\mu\boldsymbol{J} \tag{4-51}$$

将式（4-50）代入式（4-51），得：

$$\nabla\times(\nabla\times\boldsymbol{A})=\mu\boldsymbol{J}$$

应用矢量恒等式
$$\nabla\times(\nabla\times\boldsymbol{A})=\nabla(\nabla\cdot\boldsymbol{A})-\nabla^2\boldsymbol{A}$$

则
$$\nabla(\nabla\cdot\boldsymbol{A})-\nabla^2\boldsymbol{A}=\mu\boldsymbol{J} \tag{4-52}$$

在矢量场中，要确定一个矢量，必须同时知道它的散度与旋度。因此，必须规定 $\boldsymbol{A}$ 的散度。为了简便，令

$$\nabla\cdot\boldsymbol{A}=0 \tag{4-53}$$

式（4-53）称为库仑规范条件。这样式（4-50）可写成：

$$\nabla^2\boldsymbol{A}=-\mu\boldsymbol{J} \tag{4-54}$$

式（4-54）表明，磁矢位 $\boldsymbol{A}$ 满足矢量形式的泊松方程。它相当于三个标量形式的泊松方程。在直角坐标系中，它们分别为：

$$\begin{cases}\nabla^2 A_x=-\mu J_x\\ \nabla^2 A_y=-\mu J_y\\ \nabla^2 A_z=-\mu J_z\end{cases} \tag{4-55}$$

在式（4-55）中，这三个方程的形式和静电场电位的泊松方程完全一样。参照静电场中泊松方程的解答形式，当电流分布在有限空间，且规定无限远处磁失位的量值为零时，各式的解答分别为：

$$\begin{cases}A_x=\dfrac{\mu}{4\pi}\displaystyle\int_{V'}\frac{I_x\mathrm{d}V'}{R}\\ A_y=\dfrac{\mu}{4\pi}\displaystyle\int_{V'}\frac{I_y\mathrm{d}V'}{R}\\ A_z=\dfrac{\mu}{4\pi}\displaystyle\int_{V'}\frac{I_z\mathrm{d}V'}{R}\end{cases} \tag{4-56}$$

将以上三式合并，得：

$$\boldsymbol{A}=\frac{\mu}{4\pi}\int_{V'}\frac{\boldsymbol{J}\mathrm{d}V'}{R} \tag{4-57}$$

元电流段还有 $I\mathrm{d}\boldsymbol{l}$ 和 $K\mathrm{d}\boldsymbol{S}$ 形式，因此由这两种电流分布的整个电流引起的磁矢位应为：

$$\begin{cases}\boldsymbol{A}=\dfrac{\mu}{4\pi}\displaystyle\int_{V'}\frac{I\mathrm{d}\boldsymbol{l}'}{R}\\ \boldsymbol{A}=\dfrac{\mu}{4\pi}\displaystyle\int_{V'}\frac{K\mathrm{d}\boldsymbol{S}'}{R}\end{cases} \tag{4-58}$$

由式（4-55）和式（4-56）可知，每个元电流产生的磁矢位与此元电流有相同的方向。由所得的矢量磁位 $\boldsymbol{A}$，便可计算 $\boldsymbol{B}(r)$。

【例 4-8】 如图 4-14 所示，应用矢量磁位求长度为 $2L$ 的长直载流细导线的磁感应强度。

解： 在 xOy 平面上取一点 $P(x, y, 0)$，因电流只沿 z 轴方向，所以矢量磁位 $\boldsymbol{A}$ 只有 z 方向分量，即：

$$\boldsymbol{A} = A_z\boldsymbol{k} = \boldsymbol{k}\frac{\mu_0 I}{4\pi}\int_{-L}^{L}\frac{\mathrm{d}z}{R} = \boldsymbol{k}\frac{\mu_0 I}{4\pi}\int_{-L}^{L}\frac{\mathrm{d}z}{\sqrt{r^2+z^2}}$$

$$= \boldsymbol{k}\frac{\mu_0 I}{4\pi}\ln\left(z+\sqrt{r^2+z^2}\right)\Big|_{-L}^{L}$$

$$= \boldsymbol{k}\frac{\mu_0 I}{2\pi}\ln\frac{L+\sqrt{r^2+L^2}}{r}$$

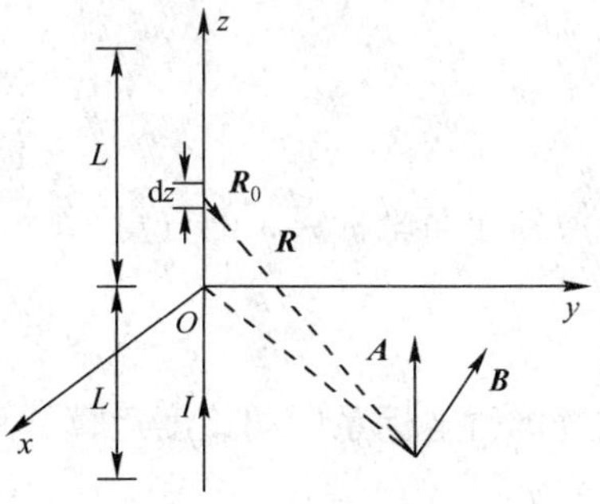

图 4-14

当 $L \gg r$ 时，

$$\boldsymbol{A} = \boldsymbol{k}\frac{\mu_0 I}{2\pi}\ln\frac{2L}{r}$$

磁感应强度为：

$$\boldsymbol{B} = \nabla\times\boldsymbol{A} = \begin{vmatrix} \frac{1}{r}\boldsymbol{r}^0 & \boldsymbol{\alpha}^0 & \frac{1}{r}\boldsymbol{k} \\ \frac{\partial}{\partial r} & \frac{\partial}{\partial\alpha} & \frac{\partial}{\partial k} \\ 0 & 0 & A_z \end{vmatrix} = -\frac{\partial A_z}{\partial r}\boldsymbol{\alpha}^0 = \frac{\mu_0 I}{2\pi r}\boldsymbol{\alpha}^0$$

当载流长直导线无限长时，矢量磁位 $\boldsymbol{A}$ 也将是无限大，因此，当电流分布不在有限区域内时，无限远处不能选为参考点，要取非无限远点为参考点。

【例 4-9】 如图 4-15 所示，应用磁矢位分析真空中磁偶极子的磁场。

解： 磁偶极子是指一个面积 $\mathrm{d}S$ 很小的任意形状的平面载流回路。$\mathrm{d}\boldsymbol{S}$ 的正方向和回路电流的正方向应符合右手螺旋关系。场中任一点到回路中心的距离，都比回路的线性尺寸大得多。设磁偶极子被置于 xOy 平面上，如图 4-15 所示。根据式（4-58），任一点的磁矢位为：

$$A = \frac{\mu_0 I}{4\pi}\oint_{l'}\frac{\mathrm{d}\boldsymbol{l}'}{R}$$

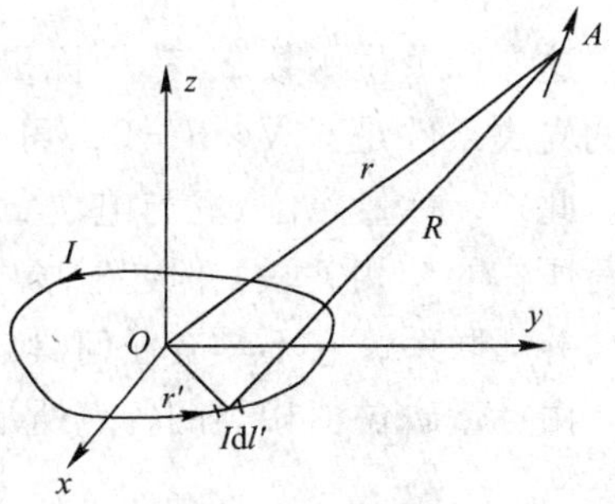

图 4-15 磁偶极子的磁场

应用矢量恒等式
$$\oint_l \alpha\mathrm{d}\boldsymbol{l} = \int_S(\boldsymbol{e}_n\times\nabla\alpha)\mathrm{d}S$$

则
$$A = \frac{\mu_0 I}{4\pi}\int_{S'}\left[\boldsymbol{e}_z\times\nabla'\left(\frac{1}{R}\right)\right]\mathrm{d}S' = \frac{\mu_0 I}{4\pi}\int_{S'}\left(\boldsymbol{e}_z\times\frac{\boldsymbol{e}_R}{R^2}\right)\mathrm{d}S'$$

由于磁偶极子的尺度远小于到场点的距离，$R\approx r$，$\boldsymbol{e}_r\approx\boldsymbol{e}_R$，因而上式可以写为：

$$\boldsymbol{A} \approx \frac{\mu_0 I}{4\pi}\int_{S'}\left(\boldsymbol{e}_z\times\frac{\boldsymbol{e}_r}{r^2}\right)\mathrm{d}S' = \frac{\mu_0 I}{4\pi r^2}\int_{S'}(\boldsymbol{e}_z\times\boldsymbol{e}_r)\mathrm{d}S'$$

将
$$\boldsymbol{e}_r = \frac{\boldsymbol{r}}{r} = \frac{x\boldsymbol{e}_x+y\boldsymbol{e}_y+z\boldsymbol{e}_z}{r} = \frac{r\sin\theta\cos\phi\boldsymbol{e}_x+r\sin\theta\cos\phi\boldsymbol{e}_y+r\cos\theta\boldsymbol{e}_z}{r}$$

代入 $\boldsymbol{A}$ 的计算式中，则磁矢位的分量为：

$$A_x = -\frac{\mu_0 I_y}{4\pi r^3}\int_{S'} dS' = -\frac{\mu_0 IS}{4\pi r^2}\sin\theta\sin\phi$$

$$A_y = -\frac{\mu_0 I_x}{4\pi r^3}\int_{S'} dS' = -\frac{\mu_0 IS}{4\pi r^2}\sin\theta\cos\phi$$

$$A_z = 0$$

转换到球面坐标，$\boldsymbol{A}$ 的分量为：

$$A_r = 0,\quad A_\theta = 0,\quad A_\phi = \frac{\mu_0 IS}{4\pi r^2}\sin\theta$$

通过球面坐标系中的旋度运算，可得磁感应强度的分量：

$$B_r = \frac{\mu_0 IS}{2\pi r^3}\cos\theta,\quad B_\theta = \frac{\mu_0 IS}{4\pi r^3}\sin\theta,\quad B_\phi = 0$$

令 $\boldsymbol{m} = I\boldsymbol{S}$ 为磁偶极子的磁矩，可将磁矢位 $\boldsymbol{A}$ 和磁感应强度 $\boldsymbol{B}$ 两式写为：

$$\boldsymbol{A} = \frac{\mu_0}{4\pi}\frac{\boldsymbol{m}\times\boldsymbol{e}_R}{R^2}$$

$$\boldsymbol{B} = \frac{\mu_0 m}{4\pi r^3}(2\cos\theta\boldsymbol{e}_r + \sin\theta\boldsymbol{e}_\theta)$$

4.4.2 标量磁位的引入

在无源区中，因 $J_c = 0$，固有 $\nabla\times\boldsymbol{B} = 0$。这表明无源区矢量场 $\boldsymbol{B}$ 是无旋的，可以引入一个标量位函数 φ_m，而令用标量场 φ_m 的梯度表征无源区中的磁感应强度 $\boldsymbol{B}$，即：

$$\boldsymbol{B} = -\mu_0\nabla\varphi_m \tag{4-59}$$

这一标量位函数 φ_m 称为标量磁位。标量磁位的 SI 单位是安培（A）。上述标量磁位引入的先决条件是：$\nabla\times\boldsymbol{B} = 0$，可见标量磁位 φ_m 的应用仅限于无电流分布区域中的恒定磁场。此外，标量磁位 φ_m 与电位 φ 不同，电位具有明确的物理意义，即与电场力移动单位正电荷所作的功相关联。但在磁场中，磁场力总是垂直于磁感应强度，因此标量磁位与磁场力做功并无联系，它不具有任何具体的物理意义，纯粹是一个计算辅助量。

由标量磁位值相等的各点所形成的等值面，称为等磁位面，其方程为：

$$\varphi_m(r) = \varphi_m(x, y, z) = C \tag{4-60}$$

式中 C 是常数，通过不同的 C 值，可获得一系列等磁位面，这些等磁位面处处应与 $\boldsymbol{B}$ 线正交，从而可直观地由标量磁位场 φ_m 的分布描绘相应磁场线的分布。

与静电场中电压的定义相仿，可以写出自由空间中 P 和 Q 两点间磁位差为：

$$U_{mPQ} = \int_P^Q \frac{1}{\mu_0}\boldsymbol{B}\cdot d\boldsymbol{l} \tag{4-61}$$

根据式（4-59），考虑到方向导数与梯度之间的关系式：

$$\frac{\partial\varphi_m}{\partial l} = \nabla\varphi_m\cdot\boldsymbol{e}_l$$

故

$$\frac{1}{\mu_0}\boldsymbol{B}\cdot d\boldsymbol{l} = -\nabla\varphi_m\cdot\boldsymbol{e}_l dl = -d\varphi_m$$

从而，有

$$U_{mPQ}=\int_P^Q \frac{1}{\mu_0}\boldsymbol{B}\cdot d\boldsymbol{l}=-\int_{\varphi_{mP}}^{\varphi_{mQ}} d\varphi_m=\varphi_{mP}-\varphi_{mQ} \tag{4-62}$$

即磁位差等于相应两点间标量磁位之差。

应该指出，当磁场中存在电流分布时，对应其有旋场的特性，两点间的磁位差不仅与该两点的位置有关，而且还与积分路径相关。如图 4-16 所示，如取与电流 I 相互交链的闭合路径 $PnQmP$，根据真空中的安培环路定律，则有：

$$\oint_{PnQmP} \boldsymbol{B}\cdot d\boldsymbol{l}=\mu_0 I$$

或

$$\int_{PnQ} \boldsymbol{B}\cdot d\boldsymbol{l}=\int_{PmQ} \boldsymbol{B}\cdot d\boldsymbol{l}+\mu_0 I$$

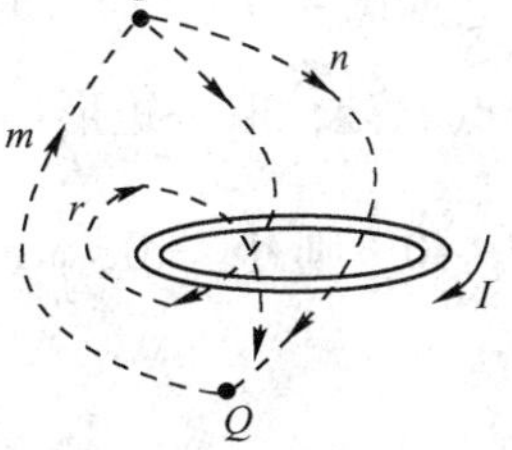

图 4-16　磁压和标量磁位多值性的说明图

显然，如取积分回路交链电流 K 次（图 4-18 中闭合路径 $PrQmP$ 交链电流两次，即 $K=2$），则：

$$\oint_{PnQmP} \boldsymbol{B}\cdot d\boldsymbol{l}=\mu_0 kI$$

即

$$\int_{PnQ} \boldsymbol{B}\cdot d\boldsymbol{l}=\int_{PmQ} \boldsymbol{B}\cdot d\boldsymbol{l}+\mu_0 kI$$

这表明，P、Q 两点间磁位差与所取积分路径相关。

由上述分析可知，磁位差和标量磁位多值性所差异的数值是与积分回路相互交链的电流值的整倍数（$=\mu_0 kI$）。虽然，这种多值性对计算磁感应强度并没有影响，但工程分析依然要求磁位差和标量磁位采用单值函数表述。另外，还可以作一些规定来消除多值性。例如，在电流回路引起的磁场中，可以规定积分路线不准穿过回路所限定的面，即所谓磁屏障面。使磁场中各点的磁位成为单值函数两点间的磁压，也就与积分路径无关。如图 4-17 所示，规定：当式（4-62）积分运算时，其积分路径 l 不允许穿越载流回路所限定的某一曲面 S（磁屏障），以避免闭合积分路径与电流之间的磁链，保证 $\oint_l \boldsymbol{B}\cdot d\boldsymbol{l}=0$，使两点间磁位差与积分路径无关。这样，若选定 Q 点为标量磁位参考点，则由式（4-62）可知，场中任意场点 P 的标量磁位：

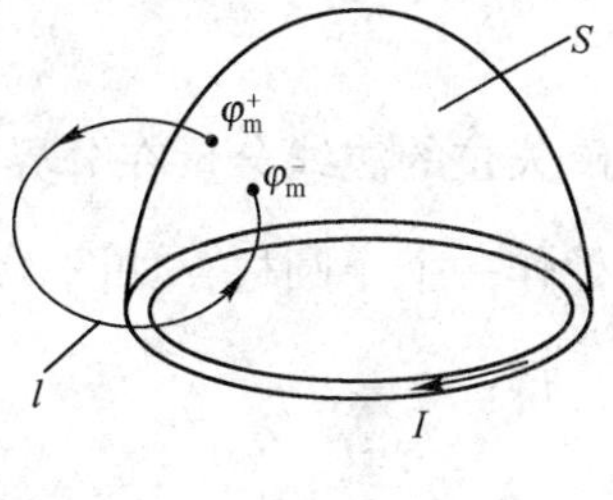

图 4-17　磁屏障设置示意图

$$\varphi_{mP}=\int_P^Q \frac{1}{\mu_0}\boldsymbol{B}\cdot d\boldsymbol{l} \tag{4-63}$$

可表述为 P 点空间坐标的单值函数。

由于恒定磁场的无散性，$\nabla\cdot\boldsymbol{B}=0$，故根据标量磁位的定义式（4-59），得：

$$\nabla\cdot(-\mu_0\nabla\varphi_m)=-\nabla\varphi_m\cdot\nabla\mu_0-\mu_0\nabla\cdot\nabla\varphi_m=0$$

因媒质均匀，$\nabla\mu_0=0$，因此：

$$\nabla\cdot(-\mu_0\nabla\varphi_m)=-\mu_0\nabla\cdot\nabla\varphi_m=-\mu_0\nabla^2\varphi_m=0$$

亦即

$$\nabla^2\varphi_m=0 \tag{4-64}$$

可见，标量磁位 φ_m 满足拉普拉斯方程，这样，对于一般性问题的分析，据此标量磁位的泛定方程，即可根据具体问题的边界条件，通过分离变量法、数值计算法等的应用，由所构造的边值问题解出待求的标量磁位。

4.4.3　磁矢位和磁位的边值问题

磁矢位满足泊松方程或拉普拉斯方程。与第 2、3 章一样，当场中电流分布已知时，可以通过建立微分方程和相关的边界条件，建立起恒定磁场中磁矢位的边值问题。

如图 4-18（a）所示，先推导媒质分界面上用 $\boldsymbol{A}$ 表示的衔接条件。在媒质分界面上任一点 P 处，取一矩形回路，此回路所围的面积上通过的磁通量 $\Phi_m=\int_S \boldsymbol{B}\cdot d\boldsymbol{S}=\oint_l \boldsymbol{A}\cdot d\boldsymbol{l}$，令 $\Delta l_2\to 0$，则 $\Phi_m=0$，$\oint_l \boldsymbol{A}\cdot d\boldsymbol{l}=0$，得：

$$A_{1t}-A_{2t}=0 \tag{4-65}$$

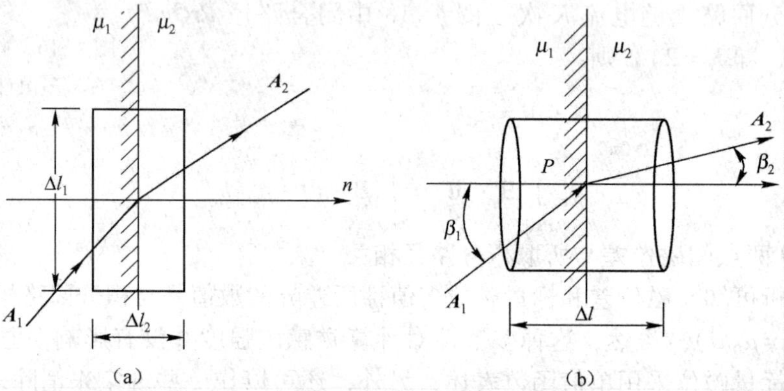

图 4-18　媒质分界面示意图

即磁矢位的法线分量在分界面上也连续。又因为 $\nabla\cdot\boldsymbol{A}=0$（库仑规范条件），可在分界面 P 点处作一个小圆柱，如图 4-18（b）所示，利用 $\oint_S \boldsymbol{A}\cdot d\boldsymbol{S}=\int_V \nabla\cdot\boldsymbol{A}dV=0$。当圆柱的高 $\Delta h\to 0$ 时，得：

$$A_{2n}-A_{1n}=0 \tag{4-66}$$

即磁矢位的法线分量在分界面上也连续。因此，由式（4-65）和式（4-66），得：

$$\boldsymbol{A}_1=\boldsymbol{A}_2 \tag{4-67}$$

式（4-67）表明，在媒质分界面上磁矢量连续。另外，由式（4-50）和式（4-45），得：

$$\left(\frac{1}{\mu_1}\nabla\times\boldsymbol{A}_1-\frac{1}{\mu_2}\nabla\times\boldsymbol{A}_2\right)\times\boldsymbol{e}_n=K \tag{4-68}$$

或

$$\frac{1}{\mu_1}(\nabla\times\boldsymbol{A}_1)_t-\frac{1}{\mu_2}(\nabla\times\boldsymbol{A}_2)_t=K \tag{4-69}$$

对于平行平面磁场，分界面上的衔接条件为：

$$\begin{cases}\boldsymbol{A}_1=\boldsymbol{A}_2\\ \dfrac{1}{\mu_1}\dfrac{\partial\boldsymbol{A}_1}{\partial n}-\dfrac{1}{\mu_2}\dfrac{\partial\boldsymbol{A}_2}{\partial n}=K\end{cases} \tag{4-70}$$

以上给出的是磁矢位在媒质分界面上所满足的衔接条件。它和磁矢位所满足的微分方程：

$$\nabla^2\boldsymbol{A}=-\mu\boldsymbol{J} \tag{4-71}$$

及场域边界上给定的边界条件一起来描述恒定磁场的边值问题。

【例 4-10】 如图 4-19 所示，一半径为 a 的长直圆柱导体通有电流，电流密度 $\boldsymbol{J}=J_z\boldsymbol{e}_z$。求导体内外的磁矢位（导体内外媒质的磁导率均为 μ_0）。

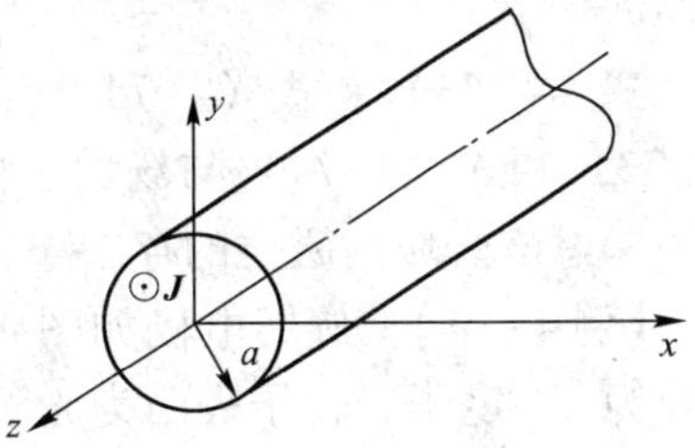

图 4-19　长直圆柱导体

解： 由对称性可知，$\boldsymbol{A}=A_z\boldsymbol{e}_z$，$A_z$ 仅为 ρ 的函数，且满足方程：

$$\nabla^2\boldsymbol{A}=-\mu_0\boldsymbol{J}$$

当 $\rho\leqslant a$ 时，
$$\frac{1}{\rho}\frac{\partial}{\partial\rho}\left(\rho\frac{\partial A_1}{\partial\rho}\right)=-\mu_0 J_z$$

当 $\rho\geqslant a$ 时，
$$\frac{1}{\rho}\frac{\partial}{\partial\rho}\left(\rho\frac{\partial A_2}{\partial\rho}\right)=0$$

边界条件为：

$$A_1\big|_{\rho=a}=A_2\big|_{\rho=a},\quad \frac{1}{\mu_1}\frac{\partial A_1}{\partial\rho}\bigg|_{\rho=a}=\frac{1}{\mu_2}\frac{\partial A_2}{\partial\rho}\bigg|_{\rho=a},\qquad \frac{\partial A_1}{\partial\rho}\bigg|_{\rho=a}=\frac{\partial A_2}{\partial\rho}\bigg|_{\rho=a}$$

设 $\rho=a$ 处，$A_1\big|_{\rho=a}=A_2\big|_{\rho=a}=0$；当 $\rho\to0$，A_1 为有限值。则：

$$A_1=-\frac{\mu_0 J_z}{4}\rho^2+C_1\ln\rho+C_2 \text{ 和 } A_2=C_3\ln\rho+C_4$$

代入边界条件，当 $\rho\to0$，A_1 为有限值，故 $C_1=0$。

当 $\rho=a$ 时，$A_1=0$，$C_2=\dfrac{\mu_0 Ja^2}{4}$，$\boldsymbol{A}_1=\dfrac{\mu_0 J_z}{4}(a^2-\rho^2)\boldsymbol{e}_z$

当 $\rho=a$ 时，$A_1=A_2=0$，$C_4=-C_3\ln a$

由于
$$\frac{\partial A_1}{\partial\rho}\bigg|_{\rho=a}=\frac{\partial A_2}{\partial\rho}\bigg|_{\rho=a}$$

得
$$-\frac{\mu_0 J_z}{2}a=\frac{C_3}{a},\quad C_3=-\frac{\mu_0 J_z}{2}a^2$$

故
$$\boldsymbol{A}_2=\frac{\rho_0 J_z a^2}{2}\ln\frac{a}{\rho}\boldsymbol{e}_z$$

由于 $\boldsymbol{B}=\nabla\times\boldsymbol{A}$，则磁感应强度为：

$$\boldsymbol{B}=\begin{cases}\dfrac{\mu_0 J_z\rho}{2}\boldsymbol{e}_\phi & (\rho\leqslant a)\\[2ex] \dfrac{\mu_0 J_z a^2}{2\rho}\boldsymbol{e}_\phi & (\rho\geqslant a)\end{cases}$$

在均匀媒质中，磁位也满足拉普拉斯方程：

$$\nabla\cdot\boldsymbol{B}=0$$

将 $\boldsymbol{B}=\mu\boldsymbol{H}$ 代入上式，考虑到 $\boldsymbol{H}=-\nabla\varphi_{\mathrm{m}}$，则：

$$\nabla\cdot(-\mu\nabla\varphi_{\mathrm{m}})=-\nabla\varphi_{\mathrm{m}}\cdot\nabla\mu-\mu\nabla\cdot\nabla\varphi_{\mathrm{m}}=0$$

由于媒质是均匀的，$\nabla\mu=0$，因此上式成为：

$$\nabla^2\varphi_{\mathrm{m}}=0 \tag{4-72}$$

式（4-72）就是磁位的拉普拉斯方程。

两种不同媒质分界面上的衔接条件，也可以用磁位表示，即：

$$\varphi_{m1}=\varphi_{m2} \tag{4-73}$$

$$\mu_1\frac{\partial\varphi_{m1}}{\partial n}=\mu_2\frac{\partial\varphi_{m2}}{\partial n} \tag{4-74}$$

式（4-73）和式（4-74）分别与式（4-46）和式（4-47）相对应。式（4-72）、式（4-73）和式（4-74）与场域边界条件一起用磁位描述恒定磁场的边值问题。但是应用时，还须考虑该区域内磁位的存在条件（即应注意在有电流分布的区域力，不用引用磁位）。

【例 4-11】 旋转电机如图 4-20 所示，设转子和定子的轴向长度比转子半径大得多，气隙为 a，定子、转子表面为光滑圆柱面，定子绕组的电流为沿定子内表面周界作正弦分布的面电流，电流线密度 $K=K_m\sin\left(\frac{2\pi}{b}x\right)$，$b$ 为极距。求气隙中的磁场分布。

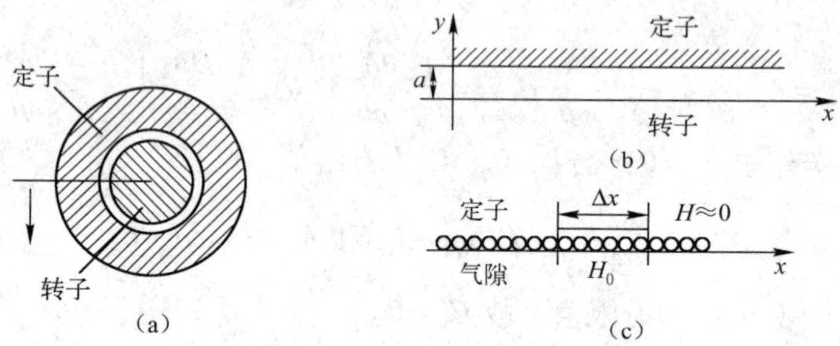

图 4-20　旋转电机的气隙磁场

解：忽略边缘效应，气隙中的磁场可视为沿轴向不变的平行平面场，为了简化计算，将圆形气隙展开成平面，如图 4-22 所示，这对磁场的计算不会造成太大的影响。可用直角坐标系。因为定子电流沿轴向，故气隙中磁矢位只有轴向分量 A_z。又因为气隙中无电流分布，故磁矢位 A_z 满足：

$$\frac{\partial^2A_z}{\partial x^2}+\frac{\partial^2A_z}{\partial y^2}=0$$

由于定子铁芯 $\mu\gg\mu_0$，故定子内的磁场强度近似为零。

当 $y=a$ 时，

$$\frac{1}{\mu_0}\frac{\partial A_z}{\partial y}\bigg|_{y=a}=K$$

即

$$\frac{\partial A_z}{\partial y}\bigg|_{y=a}=\mu_0K_m\sin\left(\frac{2\pi}{b}x\right)$$

同理，转子 $\mu\gg\mu_0$，且转子表面无电流分布，故 $\frac{\partial A_z}{\partial y}\Big|_{y=0}=0$。由分离变量法，得：

$$A_z=\sum_{n=1}^{\infty}\left[(A_n\text{ch}m_nx+B_n\text{sh}m_nx)(C_n\cos m_ny+D_n\sin m_ny)+\right.$$
$$\left.(A'_n\cos m_nx+B'_n\sin m_nx)(C'_n\text{ch}m_ny+D'_n\text{sh}m_ny)+(A_0x+B_0)(C_0y+D_0)\right]$$

根据边界条件，A_z 应是 x 的周期函数，故 $A_n=B_n=0$、$A_0=0$ 和 $B_0=0$。于是，有：

$$A_z=\sum_{n=1}^{\infty}(A'_n\cos m_nx+B'_n\sin m_nx)(C'_n\text{ch}m_ny+D'_n\text{sh}m_ny)$$

由条件

$$\left.\frac{\partial A_z}{\partial y}\right|_{y=a} = \sum_{n=1}^{\infty} (A'_n \cos m_n x + B'_n \sin m_n x)(C'_n \mathrm{ch} m_n a + D'_n \mathrm{sh} m_n a)$$
$$= \mu_0 K_{\mathrm{m}} \sin\left(\frac{2\pi}{b}x\right)$$

可知，应取 $A'_n = 0$、$m_n = m_1 = \frac{2\pi}{b}$，$n \neq 1$ 时，$B'_n = C'_n = D'_n = 0$

所以
$$B'_1 \sin\left(\frac{2\pi}{b}x\right)\left(C'_1 \frac{2\pi}{b}\mathrm{sh}\frac{2\pi}{b}a + D'_1 \frac{2\pi}{b}\mathrm{ch}\frac{2\pi}{b}a\right) = \mu_0 K_{\mathrm{m}} \sin\left(\frac{2\pi}{b}x\right)$$
$$B'_1 \frac{2\pi}{b}\left(C'_1 \mathrm{sh}\frac{2\pi}{b}a + D'_1 \mathrm{ch}\frac{2\pi}{b}a\right) = \mu_0 K_{\mathrm{m}}$$

因此，解可简化为：
$$A_z = B'_1 \sin\frac{2\pi}{b}x\left(C'_1 \mathrm{ch}\frac{2\pi}{b}y + D'_1 \mathrm{sh}\frac{2\pi}{b}y\right)$$

由于
$$\left.\frac{\partial A_z}{\partial y}\right|_{y=0} = 0$$

则
$$D'_1 = 0$$

因此
$$B'_1 C'_1 = \mu_0 K_{\mathrm{m}} \Big/ \left(\frac{2\pi}{b}\mathrm{sh}\frac{2\pi}{b}a\right)$$

气隙中磁矢位为：
$$A_z = \frac{\mu_0 K_{\mathrm{m}} b}{2\pi \mathrm{sh}\left(\frac{2\pi}{b}a\right)} \sin\left(\frac{2\pi}{b}x\right)\mathrm{ch}\left(\frac{2\pi}{b}y\right)$$

气隙中磁感应强度的分量为：
$$B_x = \frac{\partial A_z}{\partial y} = \frac{\mu_0 K_{\mathrm{m}} b}{\mathrm{sh}\left(\frac{2\pi}{b}a\right)} \sin\left(\frac{2\pi}{b}x\right)\mathrm{sh}\left(\frac{2\pi}{b}y\right)$$
$$B_y = -\frac{\partial A_z}{\partial x} = -\frac{\mu_0 K_{\mathrm{m}}}{\mathrm{sh}\left(\frac{2\pi}{b}a\right)} \cos\left(\frac{2\pi}{b}x\right)\mathrm{ch}\left(\frac{2\pi}{b}y\right)$$

【例 4-12】 设在均匀磁场 $\boldsymbol{H}_0$ 中，放置一个磁导率为 μ 的无限长直圆柱体，如图 4-21 所示，其截面半径为 a，圆柱外磁导率为 μ_0，求圆柱内、外的磁场。

解：选择圆柱坐标系，使圆柱的轴线与 z 轴重合，用 φ_{m1}、φ_{m2} 分别表示圆柱内、外的磁位，它们所满足的方程为：

$$\nabla^2 \varphi_{\mathrm{m1}} = 0 \quad (\rho \leqslant a),\ \nabla^2 \varphi_{\mathrm{m2}} = 0 \quad (\rho \geqslant a)$$

边界条件为：$\rho = 0$，令 $\varphi_{\mathrm{m1}} = 0$ 为参考磁位，则：

$$\rho = a, \varphi_{\mathrm{m1}} = \varphi_{\mathrm{m2}}, \quad \mu \frac{\partial \varphi_{\mathrm{m1}}}{\partial \rho} = \mu_0 \frac{\partial \varphi_{\mathrm{m2}}}{\partial \rho}$$

当 $\rho \to \infty$ 时，$\varphi_{\mathrm{m2}} = -H_0 \rho \cos\phi$

则方程的通解为：

$$\varphi(\rho, \phi) = (A_0 + B_0 \ln\rho)(C_0 + D_0 \phi)$$

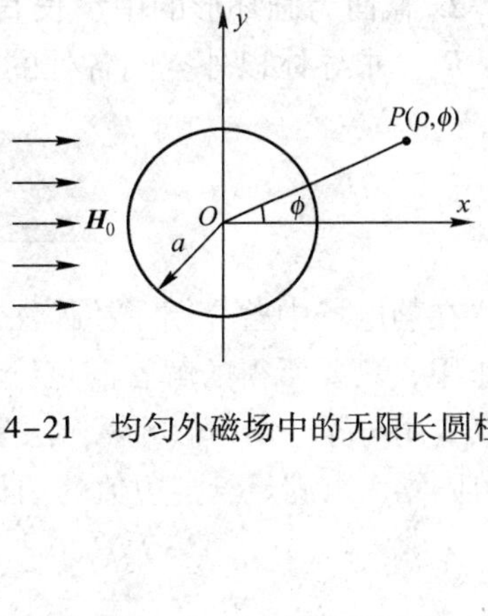

图 4-21　均匀外磁场中的无限长圆柱体

$$+\sum_{n=1}^{\infty}(A_n\rho^n+B_n\rho^{-n})(C_n\cos n\phi+D_n\sin n\phi)$$

当$\rho\to\infty$时，$\varphi_{m2}=-H_0\rho\cos\phi$，得：$A_0=B_0=0$。且$n$只取值1，则：

$$\varphi_{m2}=-A_1C_1\rho\cos\phi+\frac{B_1C_1}{\rho}\cos\phi=-H_0\rho\cos\phi+\frac{F_1}{\rho}\cos\phi$$

由于$\rho=a$、$\varphi_{m1}=\varphi_{m2}$，则：

$$\varphi_{m1}=-F_2\rho\cos\phi+\frac{F_3}{\rho}\cos\phi$$

式中，F_1、F_2、F_3为待定系数。

由$\rho=0$、$\varphi_{m1}=0$，则$F_3=0$。所以$\varphi_{m1}=-F_2\rho\cos\phi$

因$\rho=a$，$\varphi_{m1}=\varphi_{m2}$，$\mu_1\dfrac{\partial\varphi_{m1}}{\partial\rho}=\mu_0\dfrac{\partial\varphi_{m2}}{\partial\rho}$

则

$$F_1=\frac{\mu_1-\mu_0}{\mu+\mu_0}a^2H_0$$

$$F_2=\frac{2\mu_0}{\mu+\mu_0}H_0$$

故

$$\varphi_{m1}(\rho,\phi)=-\frac{2\mu_0}{\mu+\mu_0}H_0\rho\cos\phi\qquad(\rho\leqslant a)$$

$$\varphi_{m2}(\rho,\phi)=-H_0\rho\cos\phi+\frac{\mu-\mu_0}{\mu+\mu_0}a^2H_0\frac{1}{\rho}\cos\phi\qquad(\rho\geqslant a)$$

利用$\boldsymbol{H}=-\nabla\varphi_m$，得：

$$\boldsymbol{H}_1=\frac{2\mu_0}{\mu+\mu_0}H_0(\boldsymbol{e}_\rho\cos\phi-\boldsymbol{e}_\phi\sin\phi)$$

$$\boldsymbol{H}_2=\boldsymbol{e}_\rho\left[1-\frac{(\mu-\mu_0)a^2}{(\mu+\mu_0)\rho^2}\right]H_0\cos\phi+\boldsymbol{e}_\phi\left(\frac{\mu-\mu_0}{\mu+\mu_0}\cdot\frac{a^2}{\rho^2}-1\right)H_0\sin\phi$$

从结果$\boldsymbol{H}_1$、$\boldsymbol{H}_2$可看出，圆柱内的磁场均匀且小于外磁场；圆柱外的磁场在ρ接近a时，媒质影响较大；当$\rho\to\infty$时，$\boldsymbol{H}_2=\boldsymbol{H}_0$。

习题 4-4

1. 某一场域内，如果磁矢位$\boldsymbol{A}=5x^3\boldsymbol{e}_x$，试求电流密度$\boldsymbol{J}$的分布。

2. 截面为圆环形的中空长直导线沿轴向流过的电流为I，导线圆环的内外半径分布为R_1、R_2。求导体以外空间各处的磁位和磁场强度。

4.5 镜 像 法

在静电场中曾介绍了镜像法的概念，它是用镜像电荷来代替分布的感应电荷或极化电荷的作用，只要所得的解答满足给定的边值，它就是唯一的。根据磁场边值问题解的唯一性，可以应用与静电场相似的镜像法来求解恒定磁场的边值问题。这种方法属于间接求解法，通常都可归结为求满足给定边值的泊松方程（$\nabla^2\boldsymbol{A}=-\mu\boldsymbol{J}$）或拉普拉斯方程（$\nabla^2\boldsymbol{A}=0$ 或 $\nabla^2\varphi_m=$

0）的解，即用镜像电流来代替分布的磁化电流的作用而简化求解，称为磁场的镜像法。

4.5.1 载流导线与无限大的媒质平面系统的磁场

如图 4-22（a）所示，有两种磁媒质，其磁导率分别为 μ_1 和 μ_2，两者的分界面为无限大平面。在第一种磁媒质中置有一平行于分界面的无限长直导线，通以恒定电流 I。计算两种磁媒质中的磁场。

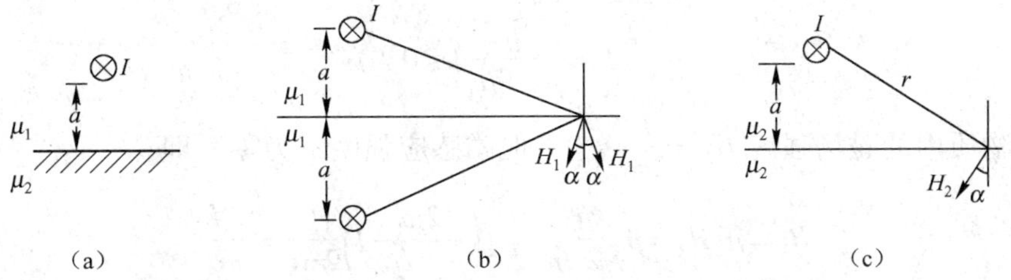

图 4-22 载流导体与无限大媒质平面系统磁场

用镜像法解此问题，基本思想与静电场中相仿，若要求解上半空间磁媒质 1 中的磁场，可考虑为整个场都充满磁导率为 μ_1 的磁媒质，则上半空间的磁场是由线电流 I 和镜像电流 I' 共同产生的，如图 4-22（b）所示。同样地，对于下半空间磁媒质 2 中的磁场，可考虑是由 I'' 的线电流在磁导率为 μ_2 的磁媒质中产生的，如图 4-22（c）所示。镜像电流 I' 和 I'' 的作用是代替原分界面上分布的磁化电流。由于 I' 和 I'' 均位于有效求解区域之外，故两个区域中矢量磁位 $\boldsymbol{A}$ 的方程仍得到满足，在媒质 1 中除长直导线所在处外，应有 $\nabla^2\boldsymbol{A}_1=0$，同时在媒质 2 中，应有 $\nabla^2\boldsymbol{A}_2=0$。如果在两种媒质分界面上满足边界条件，则原来场中的一切条件都得到满足。现利用分界面上的边界条件来确定 I' 和 I'' 的数值。

若分界面处不存在自由面电流，因磁场强度的切向分量及磁感应强度的法向分量分别连续，即：

$$H_{1t}=H'_{1t}-H''_{1t}=H_{2t} \tag{4-75}$$

$$B_{1n}=B'_{1n}+B''_{1n}=B_{2n} \tag{4-76}$$

得

$$\frac{I}{2\pi r}\sin\alpha-\frac{I'}{2\pi r}\sin\alpha=\frac{I''}{2\pi r}\sin\alpha \tag{4-77}$$

$$\frac{\mu_1 I}{2\pi r}\cos\alpha+\frac{\mu_1 I'}{2\pi r}\cos\alpha=\frac{\mu_2 I''}{2\pi r}\cos\alpha \tag{4-78}$$

上述方程组可写为：

$$I-I'=I'' \tag{4-79}$$

$$\mu_1(I+I')=\mu_2 I'' \tag{4-80}$$

解方程组，得

$$I'=\frac{\mu_2-\mu_1}{\mu_2+\mu_1}I \tag{4-81}$$

$$I''=\frac{2\mu_1}{\mu_2+\mu_1}I \tag{4-82}$$

式中 I' 和 I'' 的参考方向都规定和 I 的参考方向一致。可以看出，I'' 总是正的，即总和 I 的参考方向一致；但 I' 的方向要看（$\mu_2-\mu_1$）的正负而定。

4.5.2 媒质为空气和铁磁物质时的磁场

下面分别讨论两种特殊情况。

（1）若第 1 种磁媒质是空气（$\mu_1=\mu_0$），第 2 种磁媒质是铁磁物质（$\mu_2\to\infty$），无限长载流直导线置于空气中，则根据式（4-81）和式（4-82），得：

$$I'=\frac{\mu_2-\mu_1}{\mu_2+\mu_1}I=I \tag{4-83}$$

$$I''=\frac{2\mu_1}{\mu_2+\mu_1}I\approx 0 \tag{4-84}$$

这时，铁磁物质内的磁场强度 $H_2=\dfrac{I''}{2\pi r}\approx 0$，但磁感应强度不为零，即：

$$B_2=\mu_2H_2=\mu_2\frac{I''}{2\pi r}=\mu_2\left(\frac{2\mu_1}{\mu_2+\mu_1}I\right)\frac{1}{2\pi r}=\frac{\mu_0 I}{\pi r} \tag{4-85}$$

空气和铁中的磁感应线的分布如图 4-23 所示。

（2）两种媒质的分布不变，但载流直导线置于铁磁物质中，即 $\mu_1\to\infty$，$\mu_2=\mu_0$。此时：

$$I'=\frac{\mu_2-\mu_1}{\mu_2+\mu_1}I\approx -I \tag{4-86}$$

$$I''=\frac{2\mu_1}{\mu_2+\mu_1}I\approx 2I \tag{4-87}$$

空气和铁中磁感应线的分布如图 4-24 所示。

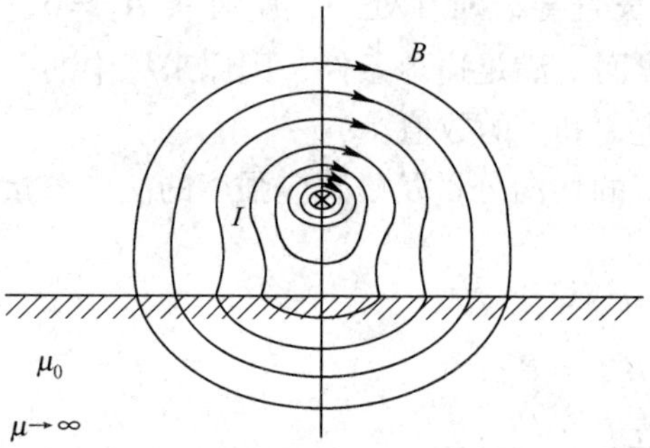

图 4-23　空气和铁中的磁感应分布（一）

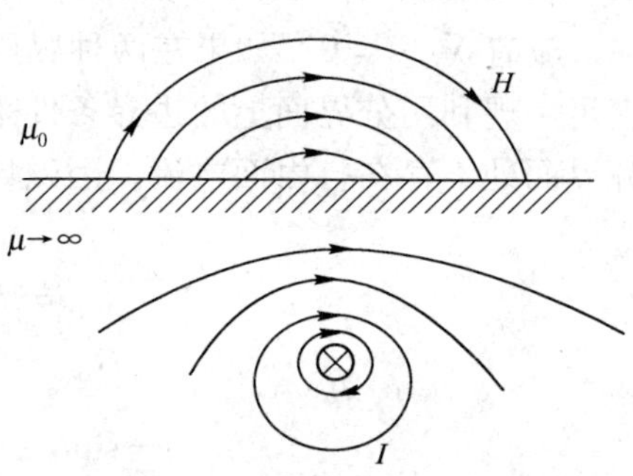

4-24　空气和铁中的磁感应分布（二）

【例 4-13】 在磁导率为 $\mu_1=9\mu_0$ 的媒质中，有载流直导线与两种媒质的分界面平行，垂直距离为 h，设媒质 2 的磁导率为 $\mu_2=\mu_0$，如图 4-25（a）所示。试求两媒质中的磁感应强度和载流直导线每单位长度所受的力。

解： 采用镜像法，在有效区 $\mu_1=9\mu_0$ 所分布的区域，如图 4-25（b）所示，镜像电流为：

$$I'=\frac{\mu_2-\mu_1}{\mu_2+\mu_1}I=\frac{\mu_0-9\mu_0}{\mu_0+9\mu_0}I=-\frac{4}{5}I$$

有效区内 P 点的磁感应强度为：

$$\boldsymbol{B}=\boldsymbol{B}_1+\boldsymbol{B}_2=\frac{\mu_1 I}{2\pi r_1}\boldsymbol{\alpha}_1^0+\frac{\mu_1 I'}{2\pi r_2}\boldsymbol{\alpha}_2^0=\frac{9\mu_0 I}{2\pi}\left(\frac{1}{r_1}\boldsymbol{\alpha}_1^0-\frac{4}{5r_2}\boldsymbol{\alpha}_2^0\right)\quad(\mathrm{T})$$

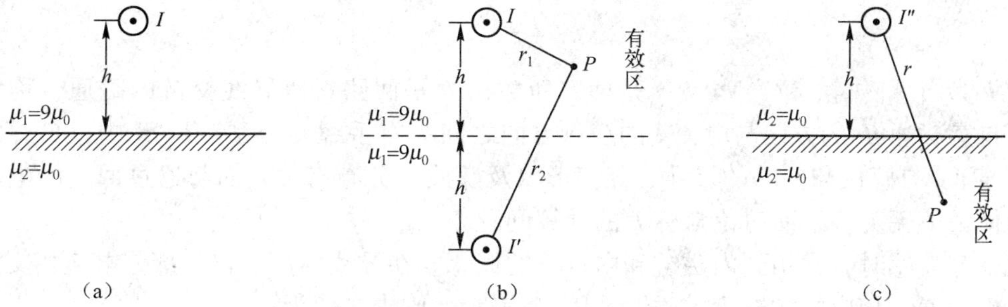

图 4-25 线电流对在两种不同媒质的分界面

而有效区 $\mu_2=\mu_0$ 内，如图 4-25（c）所示，镜像电流 I″为：

$$I''=\frac{2\mu_1}{\mu_2+\mu_1}I=1.8I$$

而有效区内 P 点的磁感应强度为：

$$\boldsymbol{B}=\frac{\mu_2 I''}{2\pi r}\boldsymbol{\alpha}^0=\frac{0.9\mu_0 I}{\pi r}\boldsymbol{\alpha}^0 \quad (\mathrm{T})$$

载流直导线每单位长度所受的力为：

$$f=|I\boldsymbol{l}\times\boldsymbol{B}|=IlB_2=I\frac{\mu_1 I'}{2\pi(2h)}=-\frac{1.8\mu_0}{h\pi}I^2 \quad (\mathrm{N/m})$$

式中，负号表示载流直导线每单位长度所受的力为斥力，方向向上。

习题 4-5

1. 在磁导率 $\mu=7\mu_0$ 的半无限大导磁媒质中，距媒质分界面 2cm 处有载流为 10A 的长直细导线，试求媒质分界面另一侧（空气）中距分界面 1cm 处 P 点的磁感应强度 $\boldsymbol{B}$。

2. 如题 2 图所示，求电流 I 所在区域为有效区时，镜像电流的大小、位置。

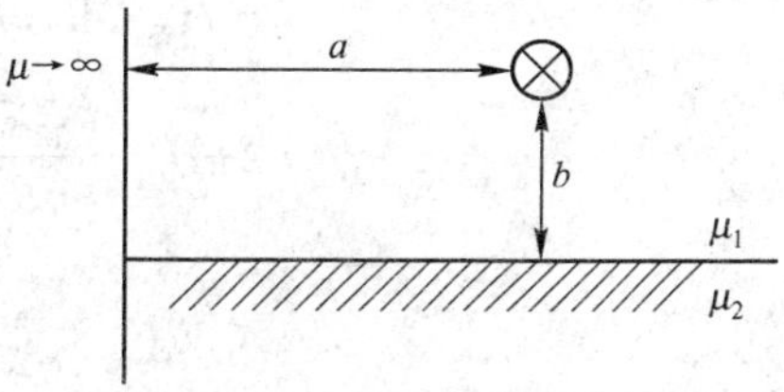

题 2 图

4.6 电 感

由电磁学、电路理论已知，描述一个电路或两个相邻电路间因电流变化而感生电动势效应的物理参数分别是自感系数 L 和互感系数 M，它们统称为电感。这一节将通过磁链来定义自感和互感，并介绍它们的计算方法。

4.6.1 自感

一个线圈或电流回路各匝导线交链的磁通量总和，称为该线圈或回路的磁链。在各向同性、线性磁媒质中，磁链与建立磁场的回路电流成正比。由回路本身电流所建立的与该回路交链的磁链 Ψ 与电流 I 的比值称为该回路的自感系数，简称自感，用 L 表示，即：

$$L=\frac{\Psi}{I} \tag{4-88}$$

式中，Ψ 为自感磁链，$\Psi=N\Phi$，N 是回路匝数，Φ 是回路每匝导线交链的磁通，称为自感磁通，自感磁通 Φ 的方向与电流 I 的绕行方向之间为右手螺旋关系。在 SI 中，自感的单位是 H（亨）。自感仅与回路的尺寸、几何形状及媒质的分布有关，而与通过回路的电流及磁链的具体量值无关。下面讨论自感 L 的计算问题。

在计算自感时，常用到内磁链和内自感的概念。在导线内部，仅与部分电流相交链的磁通称为内磁通，相应的磁链为内磁链，用 Ψ_i 表示，则内自感为：

$$L=\frac{\Psi_i}{I} \tag{4-89}$$

同理，完全在导线外部闭合的磁通称为外磁通，相应的磁链称为外磁链，用 Ψ_0 表示。则外自感：

$$L_o=\frac{\Psi_o}{I} \tag{4-90}$$

因而自感为内自感与外自感之和，即：

$$L=L_i+L_o \tag{4-91}$$

【例 4-14】 圆导线的截面图如图 4-26 所示，导线长为 l，半径为 R，磁导率为 μ，沿轴向流过电流为 I，且均匀分布。计算长直圆截面导线的内自感。

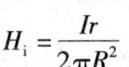

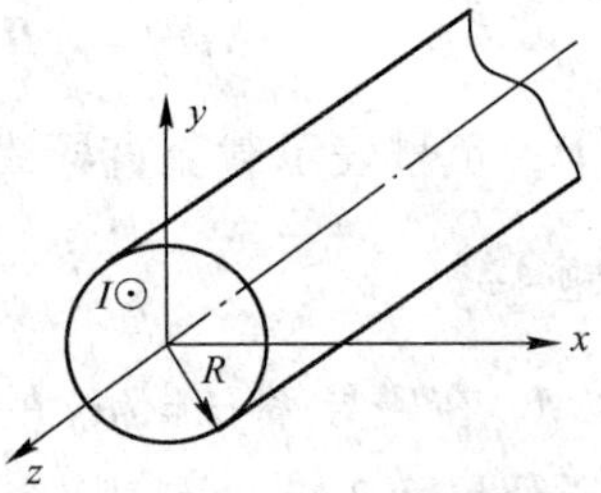

图 4-26 圆导线的截面图

解：先求导线内部的内磁通和内磁链。在导线内部取一半径为 r 的圆，其交链的电流记作 I'，由于：

$$\oint_l \boldsymbol{H}_i\cdot d\boldsymbol{l}=I'$$

即

$$2\pi r H_i=\frac{\pi r^2}{\pi R^2}I$$

得

$$H_i=\frac{Ir}{2\pi R^2}$$

因此

$$B_i=\frac{\mu I r}{2\pi R^2} \qquad (r\leqslant R)$$

穿过轴向长为 l、宽为 dr 构成的矩形面积元（ldr）上的元磁通为：

$$d\Phi_i=B_i dS=\frac{\mu I r}{2\pi R^2}l dr$$

求磁链时必须注意，与 $d\Phi_i$ 相交链的电流不是 I，仅是它的一部分 I'，即：

$$I'=\frac{\pi r^2}{\pi R^2}I=\frac{r^2}{R^2}I$$

因此，与 $d\Phi_i$ 相应的元磁链为：

$$d\Psi_i=\frac{I'}{I}d\Phi_i=\frac{\mu I r^3}{2\pi R^4}l dr$$

总的内磁链为：

$$\Psi_i=\int d\Psi_i=\int_0^R\frac{\mu I r^3}{2\pi R^4}l dr=\frac{\mu I l}{8\pi}$$

故长直圆导线的内自感为：

$$L_i = \frac{\Psi_i}{I} = \frac{\mu l}{8\pi}$$

可见，内自感的值仅与圆导线的长度有关，而与半径无关。

一般情况下，电流回路的曲率半径比导体的横截面半径要大得多，所以大部分导体的内自感可均采用上式计算。

【例 4-15】 求图 4-27 所示二线传输线的自感。

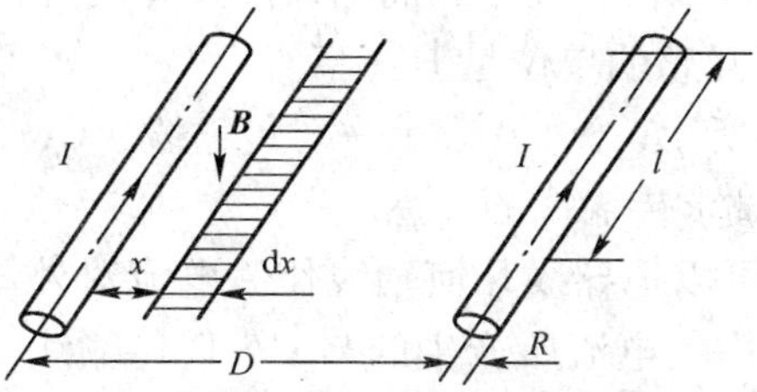

图 4-27　二线传输线的自感

解： 两导线的几何尺寸如图 4-27 所示，由于电流均匀分布，在计算外磁链时，可认为电流集中在几何轴线上，在距左轴线 x 处的磁场强度为：

$$H = \frac{I}{2\pi x} + \frac{I}{2\pi(D-x)}$$

其方向垂直进入纸平面，穿过元面积 $l\mathrm{d}x$ 的磁通 $\mathrm{d}\Phi_m = Bl\mathrm{d}x$，故外磁链为：

$$\Psi_o = \int \mathrm{d}\Phi_m = \int_R^{D-R} Bl\mathrm{d}x = \frac{\mu_0 Il}{\pi}\ln\frac{D-R}{R}$$

则外自感为：

$$L_o = \frac{\Psi_o}{I} = \frac{\mu_0 l}{\pi}\ln\frac{D-R}{R}$$

一般情况下，$D \gg R$，故：

$$L_o \approx \frac{\mu_0 l}{\pi}\ln\frac{D}{R}$$

二根导线的内自感为：

$$L_i = 2\times\frac{\mu_0 l}{8\pi} = \frac{\mu_0 l}{4\pi}$$

由此得到二线传输线的自感：

$$L = \frac{\mu_0 l}{4\pi} + \frac{\mu_0 l}{\pi}\ln\frac{D}{R} = \frac{\mu_0 l}{\pi}\left(\frac{1}{4} + \ln\frac{D}{R}\right)$$

4.6.2　互感

在线性媒质中，由回路 1 的电流 I_1 所产生而与回路 2 相交链的磁链 Ψ_{21} 和 I_1 成正比，即：

$$\Psi_{21} = M_{21} I_1 \tag{4-92}$$

或
$$M_{21}=\frac{\Psi_{21}}{I_1} \tag{4-93}$$
式中，M_{21}即回路 1 对回路 2 的互感。同理，回路 2 对回路 1 的互感可表示为：
$$M_{12}=\frac{\Psi_{12}}{I_2} \tag{4-94}$$

以上三个式子中的 Ψ_{12}和 Ψ_{21}都表示互感磁链，它们下标的第 1 个数字表示与磁通交链的回路，第 2 个数字表示引起磁通的电流回路。在线性媒质中可以证明 $\boldsymbol{M}_{12}=\boldsymbol{M}_{21}$。

互感不仅和线圈及导线的形状、尺寸和周围媒质及导线材料的磁导率有关，还与两回路的相互位置有关。在 SI 中，互感的单位是 H（亨）。

【例 4-16】 如图 4-28 所示，A、B 表示一对传输线，C、D 表示另一对传输线，设 A、B 上电流方向如图中所示。试求传输线的互感。

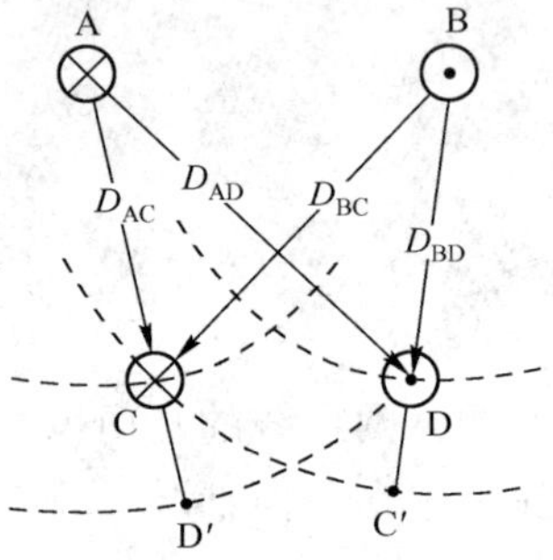

图 4-28　二对传输线的互感

解：电流均匀流动，故可以把导线几何轴线作为电流对外作用的中心线，因此导线 A 中的电流所产生的与 C、D 传输线相交链的互感磁链应为：
$$\Psi_{MA}=\Phi_{MA}=\frac{\mu_0 Il}{2\pi}\ln\frac{D_{AD}}{D_{AC}}$$
同理，导线 B 中的电流所产生的与 C、D 传输线相交链的互感磁链为：
$$\Psi_{MB}=\Phi_{MB}=\frac{\mu_0 Il}{2\pi}\ln\frac{D_{BC}}{D_{BD}}$$
由于这两部分磁通方向相同，总的互感磁链为：
$$\Psi_M=\Phi_{MA}+\Psi_{MB}=\frac{\mu_0 Il}{2\pi}\ln\frac{D_{AD}\cdot D_{BC}}{D_{AC}\cdot D_{BD}}$$
则互感为：
$$M=\frac{\Psi_M}{I}=\frac{\mu_0 l}{2\pi}\ln\frac{D_{AD}\cdot D_{BC}}{D_{AC}\cdot D_{BD}}$$

习题 4-6

1. 如题 1 图所示，试求：真空中沿 z 轴放置的无限长线电流和匝数为 1000 的矩形回路之间的互感；如矩形回路及其他长度所标尺寸的单位不是米而是厘米，重新求互感。

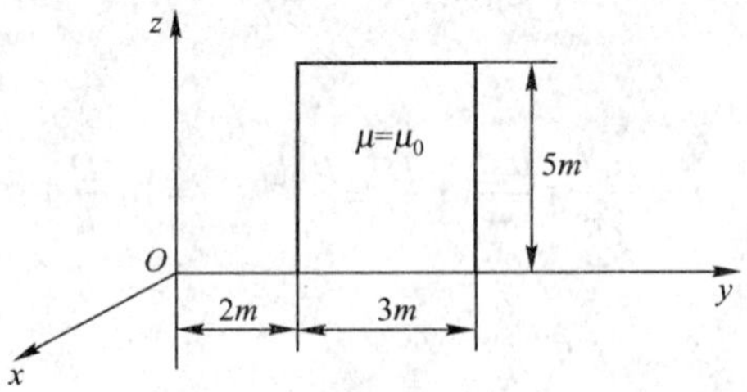

题 1 图

2. 有一横截面为正方形的铁磁镯环，均匀绕有 500 匝导线，镯环内外半径分别为 $R_1=$

6cm 和 $R_2=7\text{cm}$，高 $h=1\text{cm}$，$\mu=800\mu_0$，求线圈的自感系数。

4.7　磁场能量与力

与电场中储存有电场能量一样，在磁场中储存有磁场能量。它们是在磁场建立过程中，由外电源输送到磁场中的。

4.7.1　恒定磁场中的能量

首先，讨论单个载流回路的磁场能量。设回路电流从零开始缓慢地增长到终值 I，因而回路磁通链也由零值逐渐缓慢地增加到终值，并引起感应电动势 $\boldsymbol{e}=-\mathrm{d}\Psi/\mathrm{d}t$ 阻碍电流的增长。因此，外电源必须克服该感应电动势做功，对应 $\mathrm{d}t$ 时间间隔，电源做功 $\mathrm{d}W=ui\mathrm{d}t$。假如电源在建立该回路电流 i 的过程没有其他能量损失，如无机械能、焦耳热损耗，且设建立过程足够缓慢，故亦无涡流损耗或电磁辐射损失。这样，$u=\mathrm{d}\Psi/\mathrm{d}t$，而且电源所做的功将全部转换为磁场储存的能量，即：

$$\mathrm{d}W_{\mathrm{m}}=\mathrm{d}W=i\mathrm{d}\Psi=iL\mathrm{d}i \tag{4-95}$$

因此，在线性媒质中，当回路电流增至终值 I 时，单个载流回路的磁场能量为：

$$W_{\mathrm{m}}=\int \mathrm{d}W_{\mathrm{m}}=\int_0^I iL\mathrm{d}i=\frac{1}{2}Li^2 \tag{4-96}$$

式（4-96）表明磁场能量只与回路电流最终状态有关，与电流建立的过程无关。应指出，根据式（4-96），若已知单个载流回路的电流及其磁场能量，则可方便地计算该回路的自感为：

$$L=\frac{2W_{\mathrm{m}}}{I^2} \tag{4-97}$$

考虑到单回路电感 $L=\Psi/I$，故式（4-95）又可表示为：

$$W_{\mathrm{m}}=\frac{1}{2}\Psi I \tag{4-98}$$

式中 Ψ 为电流 I 与回路相互交链的磁通链。

对于由 n 个载流回路系统建立的磁场，可以设想这样一种磁场的建立过程：令各个回路电流均按同一比例由零值缓慢地增长到终值，该增长的比例系数为 $m(0\leqslant m\leqslant 1)$。由此可知，在磁场建立过程中的某一时刻，各回路电流 $i_k(t)=m(t)I_k$，式中 I_k 为 k 号载流回路电流的终值。由于媒质线性决定了各回路中磁链和电流间的线性关系，故对应于该时刻 t，与回路交链的磁链 $\Psi_k(t)=m(t)\Psi_k$。这样，由式（4-95）知，在 $\mathrm{d}t$ 时间间隔内，外源在 n 个载流回路中所做的功为：

$$\begin{aligned}\mathrm{d}W_{\mathrm{m}}=\mathrm{d}W&=\sum_{k=1}^{n} i_k\mathrm{d}\Psi_k(t)\\&=\sum_{k=1}^{n} mI_k\mathrm{d}(m\Psi_k)\\&=\sum_{k=1}^{n} mI_k\Psi_k\mathrm{d}m\end{aligned}$$

当各回路电流均达到终值（$m=1$）时，外源所做的总功，即该 n 个载流回路系统的磁场能量为：

$$W_m = \int \mathrm{d}W_\mathrm{m} = \sum_{k=1}^{n} I_k \Psi_k \int_0^1 m\mathrm{d}m$$
$$= \frac{1}{2}\sum_{k=1}^{n} I_k \Psi_k \tag{4-99}$$

注意到，在线性媒质中，以 k 号载流回路为例，其磁链 Ψ_k 可表示为自感磁链和互感磁链之和，即：

$$\Psi_k = (\Psi_\mathrm{L})_k + (\Psi_\mathrm{M})_k = L_k I_k + M_{k1}I_1 + M_{k2}I_2 + \cdots + M_{kn}I_n$$
$$= L_k I_k + \sum_{\substack{h=1\\(h\neq k)}}^{n} M_{kh}I_h \tag{4-100}$$

将式（4–100）代入式（4–99），于是 n 个载流回路系统的磁场能量还可通过系统的电感参数表示成：

$$W_\mathrm{m} = \left(\frac{1}{2}L_1 I_1^2 + \frac{1}{2}L_2 I_2^2 + \cdots + \frac{1}{2}L_n I_n^2\right) +$$
$$[M_{12}I_1I_2 + M_{13}I_1I_3 + \cdots + M_{(n-1)n}I_{n-1}I_n]$$
$$= \frac{1}{2}\sum_{k=1}^{n} L_k I_k^2 + \frac{1}{2}\sum_{k=1}^{n}\sum_{\substack{h=1\\(h\neq k)}}^{n} M_{kh}I_kI_h \tag{4-101}$$

式中应用了 $\boldsymbol{M}_{kh}=\boldsymbol{M}_{hk}$。其第一项为各载流回路的固有能之总和；第二项为各相关载流回路间的相互作用能。

若各载流回路均设为单匝线形载流回路，则以 k 号回路为例，其磁链为：

$$\Psi_k = \oint_{l_k} \boldsymbol{A}\cdot \mathrm{d}\boldsymbol{l}_k \tag{4-102}$$

式中 $\boldsymbol{A}$ 是各回路电流在 k 号回路长度元 $\mathrm{d}\boldsymbol{l}_k$ 处产生的合成矢量磁位。将式（4–102）代入式（4–99），则 n 个线性载流回路系统的磁场能量为：

$$W_\mathrm{m} = \frac{1}{2}\sum_{k=1}^{n} I_k \oint_{l_k} \boldsymbol{A}\cdot \mathrm{d}\boldsymbol{l}_k \tag{4-103}$$

若载流回路中电流分布为体电流分布，则先对元电流 $I_k\mathrm{d}\boldsymbol{l}_k = \boldsymbol{J}\mathrm{d}V$ 在电流所在体积 V_k 中积分。然后再将式（4–103）化为体积分，并进一步扩展积分域至整个场空间。这样，n 个载流回路系统的磁场能量也可用矢量磁位 $\boldsymbol{A}$ 表示为：

$$W_\mathrm{m} = \frac{1}{2}\int_V \boldsymbol{A}\cdot \boldsymbol{J}\mathrm{d}V \tag{4-104}$$

4.7.2 磁场能量的分布及其分布密度

4.7.1 节使用与载流回路相关的电磁量，如电流、磁链、电感及回路处的矢量磁位，给出了关于磁场能量的各计算公式。基于能量是场的物质性的基本属性之一，可以证明：磁场能量分布在整个场域空间。因而也可以通过能量分布密度的体积分来计算磁场能量。

已知 $\boldsymbol{J}=\nabla\times\boldsymbol{H}$，代入式（4–104），得：

$$W_\mathrm{m} = \frac{1}{2}\int_V \boldsymbol{A}\cdot(\nabla\times\boldsymbol{H})\mathrm{d}V \tag{4-105}$$

应用矢量恒等式 $\nabla\cdot(\boldsymbol{H}\times\boldsymbol{A})=\boldsymbol{A}\cdot(\nabla\times\boldsymbol{H})-\boldsymbol{H}\cdot(\nabla\times\boldsymbol{A})$ 及散度定理，式（4-105）写为：

$$W_{\mathrm{m}}=\frac{1}{2}\int_V\nabla\cdot(\boldsymbol{H}\times\boldsymbol{A})\mathrm{d}V+\frac{1}{2}\int_V\boldsymbol{H}\cdot(\nabla\times\boldsymbol{A})\mathrm{d}V$$

$$=\frac{1}{2}\oint_S(\boldsymbol{H}\times\boldsymbol{A})\cdot\mathrm{d}S+\frac{1}{2}\int_V\boldsymbol{H}\cdot\boldsymbol{B}\mathrm{d}V \tag{4-106}$$

式中 S 为包围场空间 V 的表面，可等同地看作位于无限远处的无限大球面。这样，因 $H\propto\frac{1}{r^2}$、$A\propto\frac{1}{r}$，而面积 $S\propto r^2$，故当 $r\to\infty$ 时第一项积分应等于零。因此：

$$W_{\mathrm{m}}=\frac{1}{2}\int_V\boldsymbol{H}\cdot\boldsymbol{B}\mathrm{d}V \tag{4-107}$$

式（4-107）积分遍及整个场空间 V。由此可见，磁场能量分布于整个磁场空间中，而式（4-107）中的被积函数表征磁场能量的分布密度，若记为 w'_{m}，则：

$$w'_{\mathrm{m}}=\frac{1}{2}\boldsymbol{H}\cdot\boldsymbol{B} \tag{4-108}$$

对于各向同性的线性媒质，$\boldsymbol{B}=\mu\boldsymbol{H}$，因此磁场能量密度可以写为：

$$w'_{\mathrm{m}}=\frac{1}{2}\mu H^2=\frac{B^2}{2\mu} \tag{4-109}$$

式（4-109）表明，由于磁场能量与磁场强度平方成正比，因此与电场能量一样，磁场能量不符合叠加原理。

【例 4-17】 已知同轴电缆长度为 l，内外导体半径分别为 R_1 和 R_2（外导体很薄），通有电流 I，试求电缆所具有的磁场能量（两导体间媒质的磁导率为 μ_0）。

解： 当 $\rho<R_1$ 时，$H_1=\frac{I'}{2\pi\rho}=\frac{\rho I}{2\pi R_1^2}$，$B_1=\frac{\mu_0\rho I}{2\pi R_1^2}$

当 $R_1<\rho<R_2$ 时，$H_2=\frac{I}{2\pi\rho}$，$B_2=\frac{\mu_0 I}{2\pi\rho}$

当 $\rho>R_2$ 时，$H_2=0$，$B_2=0$，则：

$$W_{\mathrm{m}}=\frac{1}{2}\int_V H\cdot B\mathrm{d}V=\frac{1}{2}\left(\int_0^{R_1}\frac{\rho I}{2\pi R_1^2}\cdot\frac{\mu_0 I\rho}{2\pi R_1^2}\cdot l2\pi\rho\mathrm{d}\rho+\right.$$

$$\left.\int_{R_1}^{R_1}\frac{I}{2\pi\rho}\cdot\frac{\mu_0 I}{2\pi\rho}l2\pi\rho\mathrm{d}\rho\right)$$

$$=\frac{\mu_0}{2}\frac{I^2 l}{4\pi^2}\left(\int_0^{R_1}\frac{\rho^3}{R_1^4}2\pi\mathrm{d}\rho+\int_{R_1}^{R_1}2\pi\frac{\mathrm{d}\rho}{\rho}\right)$$

$$=\frac{I^2\mu_0 l}{4\pi}\left(\frac{1}{4}+\ln\frac{R_2}{R_1}\right)$$

4.7.3 磁场力的计算

载流导体或运动电荷在磁场中所受的力叫磁场力或电磁力，工程中许多仪表就是利用电磁力进行设计的。

磁场作用于元电流段 $I\cdot\mathrm{d}l$ 的力 $\mathrm{d}\boldsymbol{f}=I\mathrm{d}\boldsymbol{l}\times\boldsymbol{B}$，磁场作用于载流回路的力 $\boldsymbol{F}=\oint_l I\mathrm{d}\boldsymbol{l}\times\boldsymbol{B}$。原则上，磁场力都可归结为磁场作用于元电流段的力，但这样需用矢量积分式来计算，通常是

很烦琐的。如能采用静电场中的虚位移法来求磁场力，则很多问题都可以简化计算。

设有 n 个载流回路所构成的系统，它们分别与电压为 U_1，U_2，…，U_n 的外源相连，且分别通有电流 I_1，I_2，…，I_n。假设除了第 P 号回路外，其余都固定不动，且回路 P 也只能这样运动，即仅有一个广义坐标 g 发生变化，这时该系统中发生的功能过程为：

$$dW = dW_m + f dg \tag{4-110}$$

即所有电源提供的能量等于磁场能量的增量加上磁场力所做的功。式（4-110）中的 dW 可写为：

$$dW = \sum_{k=1}^{n} I_k d\Psi_k \tag{4-111}$$

下面分别讨论两种情况。

（1）假定各回路中的电流保持不变，即 $I_k=$ 常量，这时根据式（4-99），有：

$$dW_m \Big|_{I_k=\text{常量}} = \frac{1}{2}\sum_{k=1}^{n} I_k d\Psi_k \tag{4-112}$$

可见，$dW_m \Big|_{I_k=\text{常量}} = \frac{1}{2}dW$，即外源提供的能量，有一半作为磁场能量的增量，另一半用于机械功，即：

$$f dg = dW_m \Big|_{I_k=\text{常量}} \tag{4-113}$$

由此可得，广义力为：

$$f = \frac{dW_m}{dg}\Big|_{I_k=\text{常量}} = +\frac{\partial W_m}{\partial g}\Big|_{I_k=\text{常量}} \tag{4-114}$$

（2）假定与各回路相交链的磁链保持不变，即 $\Psi_k=$ 常量，$d\Psi_k=0$。这时 dW 也为零，即外源提供的能量为零。根据式（4-110），有：

$$f dg = -dW_m \Big|_{\Psi_k=\text{常量}}$$

由此可得广义力为：

$$f = -\frac{dW_m}{dg}\Big|_{\Psi_k=\text{常量}} = -\frac{\partial W}{\partial g}\Big|_{\Psi_k=\text{常量}} \tag{4-115}$$

此时，磁场力做功只有靠系统内磁场能量的减少来完成。

式（4-114）和式（4-115）两式所得的广义力均为在当时的电流和磁链情况下的力，因此，两者是相等的，即：

$$f = -\frac{dW_m}{dg}\Big|_{I_k=\text{常量}} = -\frac{\partial W}{\partial g}\Big|_{\Psi_k=\text{常量}}$$

在实际问题中，有时只要求计算某一系统中的相互作用力，这时，只要写出它们相互作用的表达式，然后求偏导数即可。

【例 4-18】 求图 4-29 所示电磁铁的起重力（设空气隙中的磁场均匀分布）。

解：由于电磁铁的钢芯内部磁场强度很小，故储存在铁磁媒质中的磁场能量远小于储存在空气隙中的部分，因而，前者可以忽略不计。储存在每个空气隙中的磁场能量为：

$$W_m = \frac{B^2}{2\mu_0}Sl = \frac{\Phi_m^2}{2\mu_0 S}l$$

作用在每个磁极上的总力为：

$$f = -\frac{\partial W_{\mathrm{m}}}{\partial l}\bigg|_{\Phi_{\mathrm{m}}=\text{常量}} = -\frac{\Phi_{\mathrm{m}}^2}{2\mu_0 S}$$

式中，$f<0$，表示该力要使广义坐标 l 减小，即有使气隙缩短的趋势。这样电磁铁的起重力应为：

$$F = 2f = \frac{\Phi_{\mathrm{m}}^2}{\mu_0 S} = \frac{B^2 S}{\mu_0}$$

则每单位面积的力为：

$$f_0 = \frac{1}{2}\frac{B^2}{\mu_0} = \frac{1}{2}\mu_0 H^2$$

即磁场力面密度等于该处磁场能量体密度。

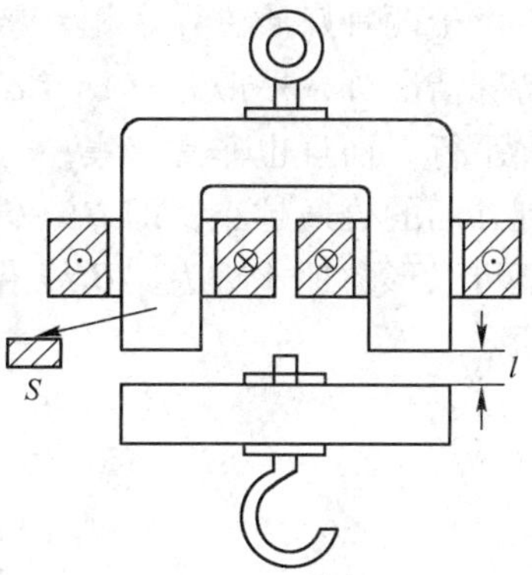

图 4-29　电磁铁

习题 4-7

1. 求无限长同轴电缆单位长度内导体和内外导体之间区域所储存的磁场能量。设内导体半径为 R_1，外导体很薄，半径为 R_2，内外导体及内外导体之间媒质的磁导率均为 μ_0，通有电流 I。

4.8　磁路及其计算

磁路就是磁通（磁力线）所通过的闭合路径。当磁场中存在磁导率极高的材料（如铁磁材料，又称铁磁质。它的 $\mu \gg \mu_0$，甚至大到几千、几万倍）时，会显著影响并改变磁场的分布，磁通基本上在铁芯：空气中仍然还会有少量的漏磁通，如图 4-30 所示。在工程应用上，常可作近似计算，作初步分析时可略去不计，把磁场简化为磁路来处理。如图 4-31，将线圈绕在铁芯上，由于铁磁物质的优良导磁性能，电流所产生的磁力线基本上都局限在铁芯内。不仅如此，在同样大小的电流作用下，有铁芯时磁通将大大增加。也就是说，用较小的电流可以产生较大的磁通。这就是在电磁器件中采用铁芯的原因。

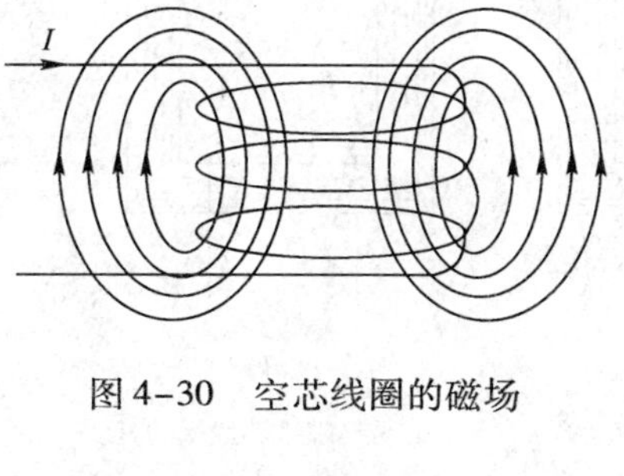

图 4-30　空芯线圈的磁场

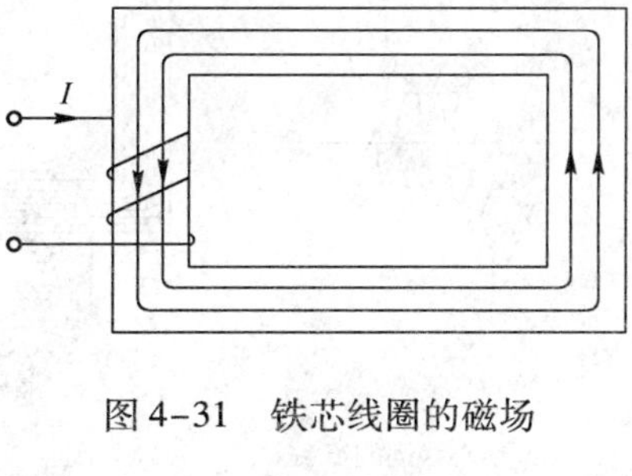

图 4-31　铁芯线圈的磁场

4.8.1　铁磁质和非铁磁质的分界面磁路分析

现在讨论铁磁质和真空分界面处磁场分布的特征。设分界面媒质 2 一侧为铁磁质，媒质 1 一侧为真空或非铁磁质。根据磁场的折射规律，分界面两侧处磁感应强度的方向满足：

$$\frac{\tan\alpha_2}{\tan\alpha_1} = \frac{\mu_2}{\mu_1} = \frac{\mu_{r2}}{\mu_{r1}} \tag{4-116}$$

由于两种媒质磁导率相差悬殊，$\mu_{r1}\approx1$，而μ_{r2}可达数千甚至数十万，因而除$\alpha_1=\alpha_2=0$的特殊情况外，一般总有$\alpha_1\ll\alpha_2$，且常常是$\alpha_2\approx90°$，$\alpha_1\approx0°$。这样铁磁质内**B**线几乎与分界面平行，而且也非常密集，μ_2越大，α_2越接近于90°，**B**线就越接近于与表面平行，从而漏到外面的磁通越小，即**B**在铁磁质内远大于其外，如图4-32所示，这种磁感应线分布的特征可以形象地比喻为"**B**线沿铁走"，或定性地说：铁磁质具有把**B**线聚集于自己内部的性质。

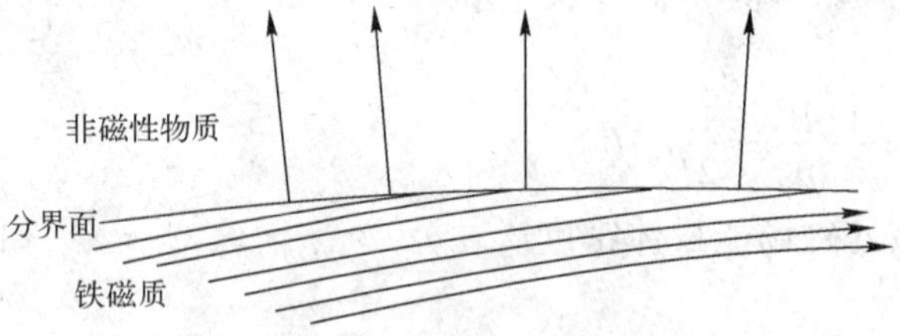

图4-32 **B**线集中在铁磁体内部

利用上述铁磁质与非铁磁质分界面处磁场分布的特征，如果铁磁质为闭合或基本闭合的形状，就会使**B**线基本上聚集在铁芯内部。这一情况与电流几乎全部集中在导体内部相似。由于电流流经的区域称为电路，故把能使磁通集中通过的区域称为磁路。例如，如图4-33所示，一个没有铁芯的载流线圈产生的**B**线是弥散在整个空间的，若把同样的载流线圈绕在一个闭合或基本闭合的铁芯上，则不仅磁通量大大增加，而且这使绝大部分**B**线都集中于铁芯内部且沿着铁芯走向分布。这样，闭合的铁芯或开有狭窄空气隙的铁芯称为**B**线的主要通路，也就是所称的磁路。在电器工程和无线电技术中，很多需要较强磁场或较大磁通的设备（如电机、变压器及各种电感线圈等）都采用闭合或近似闭合的铁磁材料，即所谓铁芯。绕在铁芯上的线圈通以较小的电流（励磁电流），便能得到较强的磁场，且磁场差不多约束在由铁磁质组成的磁路内，周围非铁磁质中的磁场则很弱。

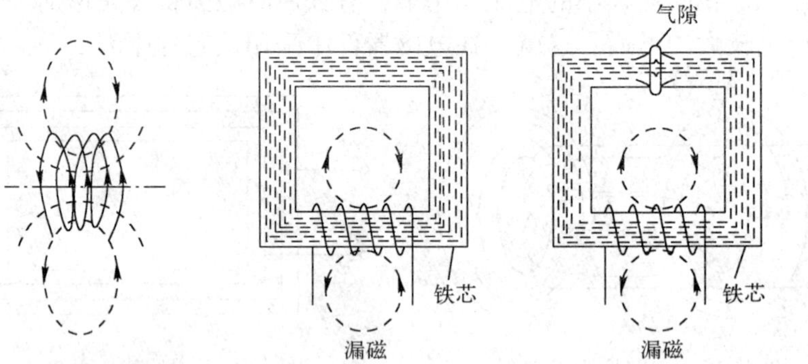

（a）空心线圈的**B**线　（b）闭合线圈的**B**线　（c）带气隙铁芯线圈的**B**线

图4-33 磁路

磁路与电路有一系列对应的概念。磁路中的磁通Φ对应于电路中的电流，因为前者是**B**的通量而后者是**J**的通量，而**B**线和恒定电流的**J**线又都是连续曲线，当然，与传导电流只在电路中流动不同，在磁路的情况下，绝大部分**B**线是通过磁路（包括气隙）闭合的，称为主磁通，用 Φ 表示；磁路外部也有 $\boldsymbol{B}$ 线，即穿出铁芯经过磁路周围非铁磁质（包括空气）而闭合的磁通，通常称为漏磁通。

4.8.2　磁路定律

在许多实际问题中，计算铁芯内的主磁通或 $\boldsymbol{B}$ 是很重要的。但在一般情况下，要精确地求得铁芯的磁场分布比较困难，因为磁场的分布与线圈和铁芯的形状密切相关。所以工程上一般都是利用磁路的方法近似计算主磁通。磁场的基本方程用于给定的磁路时，在合理的近似条件下可以方便地求得磁场，并可以得出磁路近似计算的定律，其形式也与电路定律相同。

先讨论简单的无分支闭合铁芯的磁路，如图 4-36 所示。将安培环路定律用于铁芯的一条闭合磁力线，有：

$$\oint_l \boldsymbol{H} \cdot \mathrm{d}\boldsymbol{l} = NI \tag{4-117}$$

式中，I、N 分别是线圈中的电流及匝数。因积分路径上各点的 $\boldsymbol{H}$（及 $\boldsymbol{B}$）与 $\mathrm{d}\boldsymbol{l}$ 平行，故被积函数为：

$$\boldsymbol{H} \cdot \mathrm{d}\boldsymbol{l} = \frac{B}{\mu}\mathrm{d}\boldsymbol{l} = \Phi \frac{1}{\mu} \frac{\mathrm{d}\boldsymbol{l}}{S}$$

式中 S 是铁芯横截面积。注意到 Φ 对铁芯各截面为常数，将以上两式联合求解，得：

$$\Phi \cdot \oint_l \frac{1}{\mu} \frac{\mathrm{d}\boldsymbol{l}}{S} = NI \tag{4-118}$$

对比一般导体的电阻公式 $R = \int_l \frac{1}{\gamma} \frac{\mathrm{d}\boldsymbol{l}}{S}$，将 $\oint_l \frac{1}{\mu} \frac{\mathrm{d}\boldsymbol{l}}{S}$ 叫做此无分支闭合磁路的磁阻，记作：

$$R_{\mathrm{m}} = \oint_l \frac{1}{\mu} \frac{\mathrm{d}\boldsymbol{l}}{S} \tag{4-119}$$

式中磁导率 μ 与电导率 γ 对应。把式（4-119）代入式（4-118），得：

$$\Phi R_{\mathrm{m}} = NI$$

与全电路欧姆定律 $IR = \varepsilon$ 对比，将 NI 叫做磁路的磁动势，记作：

$$\varepsilon_{\mathrm{m}} = NI \tag{4-120}$$

于是

$$\Phi R_{\mathrm{m}} = \varepsilon_{\mathrm{m}} \tag{4-121}$$

式（4-121）称为无分支闭合磁路的欧姆定律，即引入磁动势和磁阻之后，磁路中的磁通、磁动势和磁阻三者之间的关系与电路中的欧姆定律完全相似。如图 4-34 所示，铁芯电感线圈的磁路对应于电路的电源，正是它激发起磁路中的磁通。

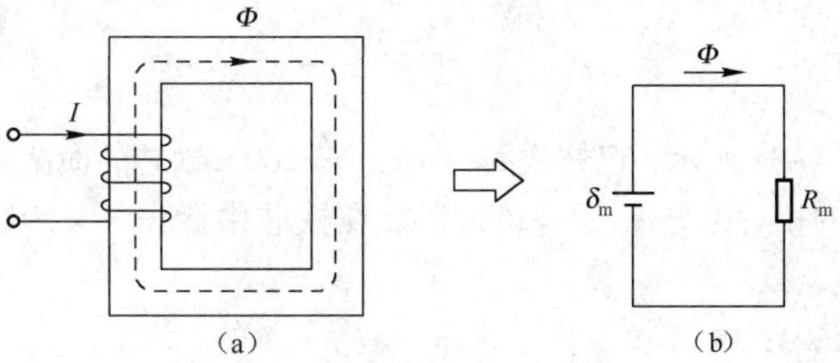

图 4-34　无分支闭合回路

当磁路存在分支时，一般说来各分支的磁通不相同，一个有分支的磁路并联如图 4-35

所示，对应于一个两节点、三支路的电路。如果忽略从铁芯侧面露出的 B 线，由磁通连续性原理（$\oint_B \boldsymbol{B} \cdot \mathrm{d}\boldsymbol{S}=0$）可知，连接同一节点的各支路的磁通代数和为零，即：

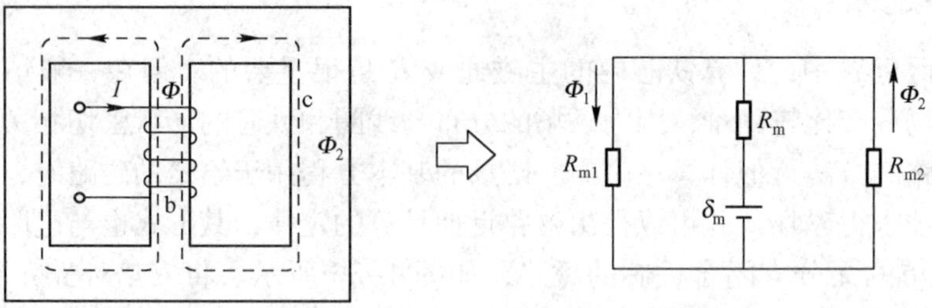

图 4-35　有分支的磁路并联

$$\boldsymbol{\Phi}=\boldsymbol{\Phi}_1+\boldsymbol{\Phi}_2 \tag{4-122}$$

式（4-122）与电路中基尔霍夫的节点电流方程相对应。

不仅如此，对于任意复杂的磁路，在磁路的每一个分支点上所连各支路的磁通代数和等于零，即：

$$\sum \boldsymbol{\Phi}_i=0 \tag{4-123}$$

而对于每一个闭合回路，则有：

$$\sum \boldsymbol{\Phi}_i R_{mi}=\sum \boldsymbol{\varepsilon}_{mi} \tag{4-124}$$

式（4-124）表明，在磁路的任意闭合回路中，各段磁路上的乘积值 $\boldsymbol{\Phi}_i R_{mi}$（称作磁压）的代数和等于闭合回路中磁动势的代数和。

式（4-123）和式（4-124）分别对应电路的基尔霍夫第一定律和第二定律，总称磁路定律。这种磁路与电路的对应关系，可使我们将熟悉的电路计算方法移植用于计算磁路。为了明确起见，常画出简化磁路图。

应当指出，上述磁路定律是从磁场的基本方程——安培环路定律和磁通连续性出发，作了许多近似（如不计漏磁，认为 $\boldsymbol{B}$ 线沿着铁芯周线走向及铁芯截面各处 $\boldsymbol{B}$ 均匀等）而得出的，因此实际上只是一种估算。这种估算对有关的工程技术问题是十分必要的。磁路的计算在电机、变压器、电磁铁和仪表设计得到广泛应用。

以上讨论了不含永磁体的磁路。当磁路中有永磁体时，问题较复杂，因为永磁体本身也能激发磁场，本身也相当于一个磁动势，这个磁动势显然不能归结为 NI（安匝数），这里讨论从略。

4.8.3　磁路的计算

【例 4-19】　如图 4-34 所示，已知线圈的匝数 $N=300$，铁芯的横截面积 $S=3\times10^{-3}\mathrm{m}^2$，平均长度 $l=1\mathrm{m}$，铁磁质的相对磁导率 $\mu_r=2600$，欲在铁芯中激发 $3\times10^{-3}\mathrm{Wb}$ 的磁通，线圈应通过多大的电流？

解：磁路的总磁阻为：

$$R_m=\frac{1}{\mu}\ \frac{l}{S}=\frac{1}{2600\times(4\pi\times10^{-7})}\cdot\frac{1}{3\times10^{-3}}=10^5\quad(1/\mathrm{H})$$

磁路的磁动势为：

$$\xi_m = \Phi R_{\mathrm{m}} = (3\times10^{-3})\times10^5 = 300$$

故线圈应通过的电流为：

$$I = \frac{\xi_m}{N} = \frac{300}{300} = 1(\mathrm{A})$$

4.8.4　磁屏蔽

实际中（如做精密的磁场测试实验时）有时需要把一部分空间屏蔽起来，免受外界磁场的干扰。上述铁芯具有把 $\boldsymbol{B}$ 线集中到内部的特性，可以起到磁屏蔽的作用。如图 4-36 所示，一个高 μ 值铁磁质制成的屏蔽罩就能起到磁屏蔽的作用，其原理可借助磁阻的并联来说明。罩与空腔可看作并联的磁阻，由于空腔的磁导率 μ_0 远小于罩的磁导率 μ，其磁阻远大于罩的磁阻，因此，来自外界的 $\boldsymbol{B}$ 线绝大部分将沿着空腔两侧的铁壳壁内“通过”，“进入”空腔内部的很少，可以达到屏蔽的目的。

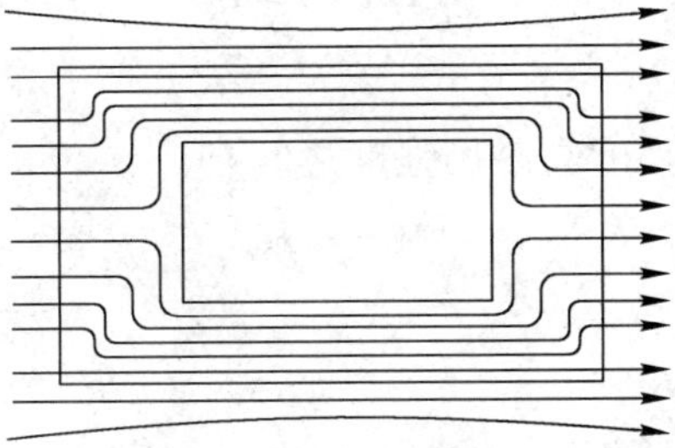

图 4-36　铁磁屏蔽

应当指出的是，与闭合导体空腔内静电场为零不同，外磁场中闭合铁磁质空腔中的磁场并不为零，因而采用较厚的屏蔽罩或多层铁壳的方法，将屏蔽漏进空腔中的磁通。另外，这种磁屏蔽方法不宜用于屏蔽高频交变磁场，因为它会在铁磁屏蔽罩中引起很大的铁损。

本 章 小 结

（1）安培定律表明，真空中两个电流回路之间的相互作用力为：

$$\boldsymbol{F} = \frac{\mu_0}{4\pi}\oint_l\oint_{l'}\frac{I\mathrm{d}\boldsymbol{l}\times(I'\mathrm{d}\boldsymbol{l}'\times\boldsymbol{e}_R)}{R^2}$$

式中，$\mu_0 = 4\pi\times10^{-7}\mathrm{H/m}$。

（2）磁场的基本物理量是磁感应强度，由毕奥—沙伐定律可知，真空中线电流回路 l' 引起的磁感应强度为：

$$\boldsymbol{B} = \frac{\mu_0}{4\pi}\oint_{l'}\frac{I\mathrm{d}\boldsymbol{l}'\times\boldsymbol{e}_R}{R^2}$$

体分布及面分布的电流引起的磁感应强度分别为：

$$\boldsymbol{B} = \frac{\mu_0}{4\pi}\oint_{V'}\frac{\boldsymbol{J}(x',y',z')\times\boldsymbol{e}_R}{R^2}\mathrm{d}V'$$

$$\boldsymbol{B} = \frac{\mu_0}{4\pi}\oint_{S'}\frac{\boldsymbol{K}(x',y',z')\times\boldsymbol{e}_R}{R^2}\mathrm{d}S'$$

（3）导磁媒质的磁化程度，可用磁化强度 $\boldsymbol{M}$ 表示为：

$$\boldsymbol{M}=\lim_{\Delta V\to 0}\frac{\sum \boldsymbol{m}_i}{\Delta V}$$

导磁媒质对磁场的作用，可看作是由磁化电流产生的磁感应强度所致。磁化电流的面密度和线密度与磁化强度的关系分别为：

$$\boldsymbol{J}_{\mathrm{m}}=\nabla\times\boldsymbol{M},\ \boldsymbol{K}_{\mathrm{m}}=\boldsymbol{M}\times\boldsymbol{e}_n$$

（4）安培环路定律在真空中的形式为：

$$\oint_l \boldsymbol{B}\cdot \mathrm{d}\boldsymbol{l}=\mu_0 I$$

式中 I 是穿过回路 l 所限定面积 S 的电流。

引入磁场强度 $\boldsymbol{H}=\dfrac{\boldsymbol{B}}{\mu_0}-\boldsymbol{M}$，可得一般形式的安培环路定律：

$$\oint_l \boldsymbol{H}\cdot \mathrm{d}\boldsymbol{l}=I$$

式中等号右边仅指自由电流。

（5）对于线性媒质，磁化强度与磁场强度之间有：

$$\boldsymbol{M}=\chi_{\mathrm{m}}\boldsymbol{H}$$

式中 χ_{m} 为磁化率。

磁感应强度 $\boldsymbol{B}=\mu\boldsymbol{H}$

式中磁导率 $\mu=\mu_r\mu_0=(1+\chi_{\mathrm{m}})\mu_0$。

（6）恒定磁场基本方程的积分形势和微分形式分别为：

$$\oint_S \boldsymbol{B}\cdot \mathrm{d}\boldsymbol{S}=0,\ \nabla\times\boldsymbol{B}=0$$

$$\oint_l \boldsymbol{H}\cdot \mathrm{d}\boldsymbol{l}=l,\ \nabla\times\boldsymbol{H}=\boldsymbol{J}$$

在两种不同媒质分界面上，衔接条件为：

$$B_{2n}-B_{1n}=0$$

$$H_{1t}-H_{2t}=K$$

（7）根据磁通的连续性，即 $\nabla\times\boldsymbol{B}=0$，可以引入磁矢位 $\boldsymbol{A}$：

$$\nabla\times\boldsymbol{A}=\boldsymbol{B},\quad \nabla\cdot\boldsymbol{A}=0$$

对于不同形式的元电流段，当电流分布在有限空间，磁矢位的计算式为：

$$\boldsymbol{A}=\frac{\mu}{4\pi}\int_{l'}\frac{I\mathrm{d}\boldsymbol{l}'}{R}$$

$$\boldsymbol{A}=\frac{\mu}{4\pi}\int_{V'}\frac{\boldsymbol{J}(x',y',z')\mathrm{d}V'}{R}$$

$$\boldsymbol{A}=\frac{\mu}{4\pi}\int_{S'}\frac{\boldsymbol{K}(x',y',z')\mathrm{d}S'}{R}$$

磁矢位满足泊松方程：

$$\nabla^2\boldsymbol{A}=-\mu\boldsymbol{J}$$

（8）在无电流（$\boldsymbol{J}=0$）域，可以定义磁位 φ_{m}，使

$$\boldsymbol{H}=-\varphi_{\mathrm{m}}$$

与静电场中电位相仿，磁位也满足拉普拉斯方程：

$$\nabla^2\varphi_{\mathrm{m}}=0$$

（9）在磁场中也可用镜像法，即用镜像电流代替分布在分界面的磁化电流的影响，以求得满足给定边界条件的解答。

（10）电感有自感和互感之分，它们分别定义为：

$$L=\frac{\Psi_L}{I},\ M_{21}=\frac{\Psi_{21}}{I_1}$$

计算电感应先求磁通。磁通可以通过下列关系式之一求得。

$$\Phi_m=\int_S \boldsymbol{B}\cdot\mathrm{d}\boldsymbol{S}\qquad \Phi_m=\oint_l \boldsymbol{A}\cdot\mathrm{d}\boldsymbol{l}$$

（11）一个电流回路系统的磁场改变时，与它们相连的外电源所做的功为：

$$\mathrm{d}W=\sum_{k=1}^{n} I_k\Psi_k$$

其中不包括供给回路电阻的焦耳热。

在线性媒质中，电流回路系统的能量为：

$$W_{\mathrm{m}}=\frac{1}{2}\sum_{k=1}^{n} I_k\Psi_k$$

对于连续的电流分布，磁场能量可写为：

$$W_{\mathrm{m}}=\frac{1}{2}\int_V \boldsymbol{J}\cdot\boldsymbol{A}\mathrm{d}V$$

磁场能量还可表示为：

$$W_{\mathrm{m}}=\frac{1}{2}\int_V \boldsymbol{H}\cdot\boldsymbol{B}\mathrm{d}V=\int_V w'_{\mathrm{m}}\mathrm{d}V$$

其中

$$w'_{\mathrm{m}}=\frac{1}{2}\boldsymbol{H}\cdot\boldsymbol{B}$$

为磁场能量的体密度。

（12）运动电荷在磁场中的受力可用 $\boldsymbol{F}=q\boldsymbol{v}\times\boldsymbol{B}$ 计算，载流导体在磁场中受力可用 $\boldsymbol{F}=\oint_l I\mathrm{d}\boldsymbol{l}\times\boldsymbol{B}$ 计算。

磁场力也可以应用虚功原理计算：

$$f=\frac{\partial W_{\mathrm{m}}}{\partial g}\bigg|_{\Psi=\text{常量}},\ f=+\frac{\partial W_{\mathrm{m}}}{\partial g}\bigg|_{I=\text{常量}}$$

磁场力也可应用法拉第观点进行分析。纵张力和侧压力都等于$\frac{1}{2}$（$\boldsymbol{H}\cdot\boldsymbol{B}$）。

（13）铁磁物质具有高导磁率及非线性和磁滞性。磁路是指由铁磁物质所组成的、能使磁通集中通过的整体。

磁路的三个基本定律反应磁动势、磁通和磁路结构三者之间的关系，它们分别为：

$$\varepsilon_{\mathrm{m}}=R_{\mathrm{m}}\Phi,\ \sum\Phi_i=0,\ \sum H_kI_k=\sum N_kI_k$$

利用磁路定律，讨论了恒定磁通磁路的计算。

复习参考题

一、思考题

1. 在均匀磁场中，能否证明通电流 I 的闭合线圈所受合力为零。

2. 静电场中由 $\nabla\times\boldsymbol{E}=0$ 引入电位 φ，而恒定磁场中引入 φ_{m}，所以恒定磁场必有 $\nabla\times\boldsymbol{H}=0$。

3. 在什么条件下，两种不同媒质分界面一侧的 $\boldsymbol{B}$ 线垂直于分界面。

4. 解决磁位多值性的方法是什么？磁位的使用条件是什么？

5. 平行平面磁场中 $\boldsymbol{B}$ 线即等 $\boldsymbol{A}$ 线的含义是什么？

6. 两线圈 L_1、L_2 的形状、尺寸和相互间距离不改变。请回答：当两线圈处在铁板同一侧时和铁板放在两线圈之间时两线圈的自感、互感将如何发生变化？

7. 在无限大被均匀磁化的导磁媒质中，有一圆柱形空腔，其轴线平行于磁化强度 $\boldsymbol{M}$，则空腔中一点 P 的磁场强度 $\boldsymbol{H}_P$ 与导磁媒质中的磁场强度 $\boldsymbol{H}$ 满足什么关系？

8. 磁矢位在 $\mu\to\infty$ 的铁磁质与空气分界面上所满足的衔接条件是什么？

9. 载流回路 l_1 单独作用时，在空间产生 $\boldsymbol{B}_1$ 和 H_1，载流回路 l_2 单独作用时在空间产生 $\boldsymbol{B}_2$ 和 $\boldsymbol{H}_2$，当两者同时作用时，在空间总的能量密度 w_{m}' 等于什么？

10. 由自由电流激发的磁场中，当存在导磁媒质时，磁场仅有自由电流产生吗？还应考虑什么的共同作用？

11. 何谓媒质的磁化？表征磁化程度的物理量是什么？它是如何定义的？如何考虑媒质在磁场中的效应？

12. 在二维场中，$\boldsymbol{B}$ 线即等 $\boldsymbol{A}$ 线，能否说等 $\boldsymbol{A}$ 线上各点的 $\boldsymbol{B}$ 值都相等，为什么？

13. 列出自感计算的步骤，自感、互感与哪些因素有关？现有一个线圈置于空气中，其周围放入一块铁磁物质，此线圈的自感有何变化？如果放入一块铜，自感有何变化？

14. 总结磁场能量的计算方法。何谓自有能和互有能？现有的磁场能量计算公式能否适用于非线性媒质？试解释之。

二、习题

1. 四条平行的载流为 I 的无限长直导线垂直地通过一边长为 a 的正方形顶点，求正方形中心点 P 处的磁感应强度值。

2. 求题 2 图所示真空中半径为 R、电流为 I 的圆环形线圈在轴线上的磁感应强度。

3. 真空中，一通有电流（密度 $\boldsymbol{J}=J_0\boldsymbol{e}_z$）、半径为 b 的无限长圆柱内，有一半径为 a 不同轴圆柱形空洞，两轴线之间相距 d，如题 3 图所示，求空洞内的 $\boldsymbol{B}$。

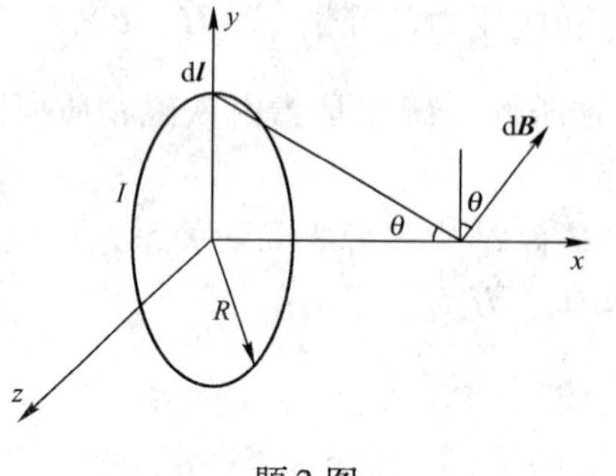

题 2 图

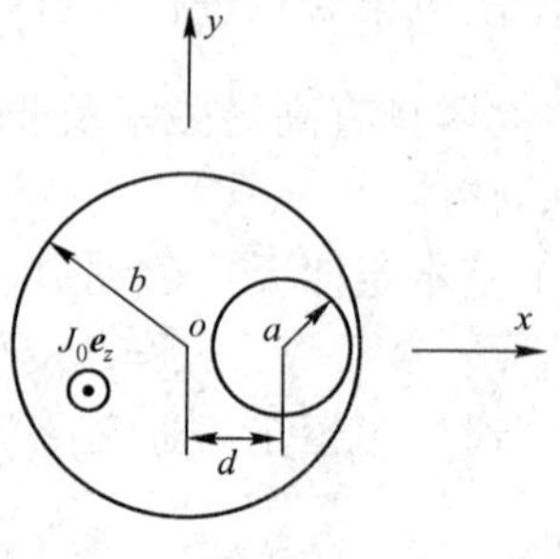

题 3 图

4. 真空中，有一厚度为 d 的，无限大载流（均匀密度 $J_0\boldsymbol{e}_z$）平板，在其中心位置有一半径等于 a 的圆柱形空洞，如题 4 图所示。求各处的磁感应强度。

5. 电流线密度 $\boldsymbol{K}=K_0\boldsymbol{e}_z$ 的无限大电流片置于 $x=0$ 平面，如取 $z=0$ 平面上半径为 a 的一个圆为积分回路，求 $\oint_l \boldsymbol{H}\cdot\mathrm{d}\boldsymbol{l}$。

6. 两无限大电流片如题 6 图所示，试分别确定区域①、②和③中的 $\boldsymbol{B}$、$\boldsymbol{H}$ 及 $\boldsymbol{M}$。已知：

（1）所有区域 $\mu_\mathrm{r}=0.998$；

（2）区域②中 $\mu_\mathrm{r}=1000$，区域①及③中 $\mu=\mu_0$。

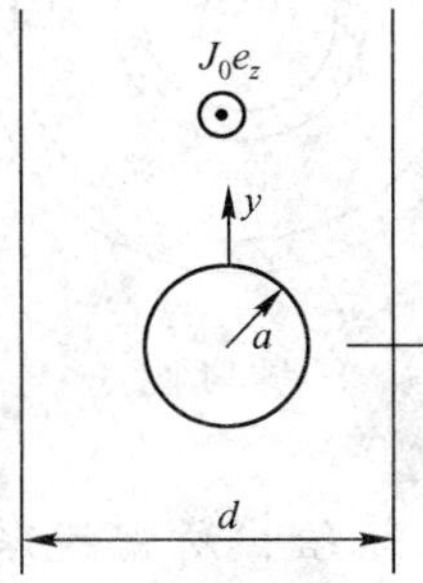

题 4 图

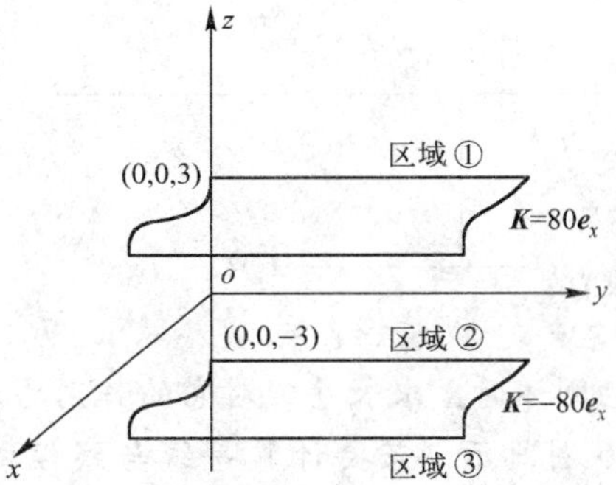

题 6 图

7. 半径为 a，长度为 l 的圆柱，被永久磁化到磁化强度为 $M_0\boldsymbol{e}_z$。（z 轴就是圆柱的轴线）。试求：

（1）沿轴各处的 $\boldsymbol{B}$ 及 $\boldsymbol{H}$；

（2）远离圆柱（$\rho\gg a$，$\rho\gg l$）处的磁场。

8. 有一圆形截面铁环，环的内外半径分别为 10cm、12cm，$\mu_\mathrm{r}=500$，环上绕有 50 匝 2A 电流的线圈。求环的圆截面内外的磁场强度与磁感应强度（忽略漏磁，且环外磁导率为 μ_0）。

9. 已知：在 $z>0$ 区域中，$\mu_{\mathrm{r}1}=4$；在 $z<0$ 区域中，$\mu_{\mathrm{r}2}=1$。设在 $z>0$ 处 $\boldsymbol{B}$ 是均匀的，其方向为：$\theta=60°$，$\phi=45°$，量值为 $1\mathrm{Wb/m^2}$，试求 $z<0$ 处的 $\boldsymbol{B}$ 和 $\boldsymbol{H}$。

10. 已知真空中电流分布如下，求 $\boldsymbol{B}$。

（1）当 $-a<y<a$ 时，$\boldsymbol{J}=J_0\dfrac{y}{a}\boldsymbol{e}_z$；

（2）$\boldsymbol{J}=J_0\dfrac{\rho}{a}\boldsymbol{e}_z$，其中 $\rho<a$。

11. 对于真空中下列电流分布求磁矢位及磁感应强度。

（1）半径为 a 的无限长圆柱，带有面电流，电流线密度 $\boldsymbol{K}=K_0\boldsymbol{e}_z$；

（2）厚度为 d 的无限长电流片，通有电流，电流面密度 $\boldsymbol{J}=J_0\boldsymbol{e}_z$。

12. 如题 12 图所示各种情况下的镜像电流，注明电流的方向、量值及有效的计算区域。

13. 在磁导率为 $\mu_2=\mu_0$，$\mu_1=9\mu_0$。如题 13 图所示，求两种媒质中的磁场强度和载流导线每单位长度所受的力，并回答对于 μ_2 媒质中的磁场，由于 μ_1 的存在，磁场强度比全部为均匀媒质（μ_2）时大还是小。

14. 如题 14 图所示，求两同轴导体壳系统中储存的磁场能量及自感。

15. 如题 15 图所示，计算两平行长直导线对中间线框的互感；当线框通有电流 I_2，且

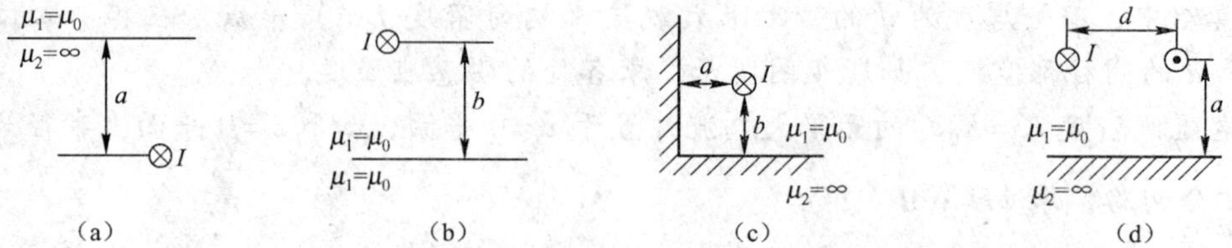

题 12 图

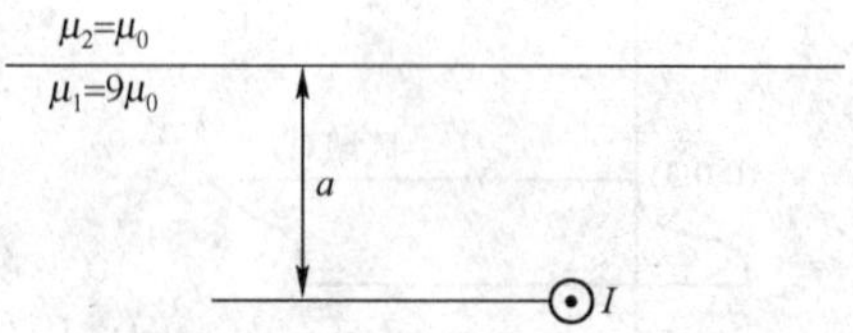

题 13 图

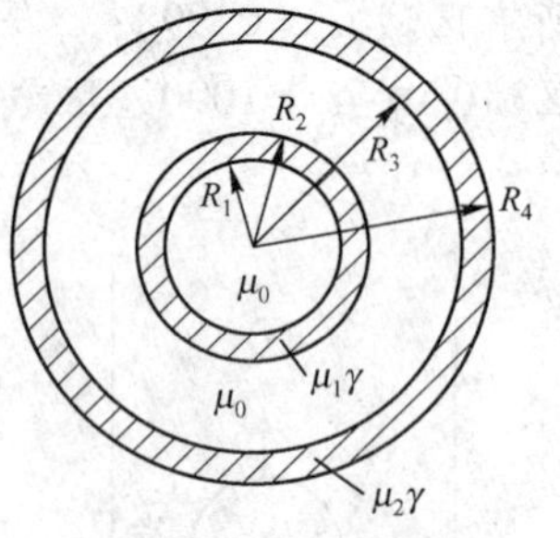

题 14 图

线框为不变形的刚体时，求长导线对它的作用力。

16. 如题 16 图所示，若要计算导线与线框之间的互感，请给出所需镜像电流的大小、方向及位置，并给出此时导线与线框的互感。

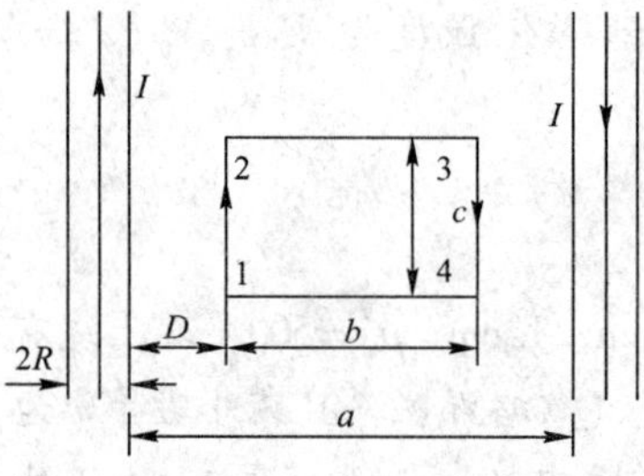

题 15 图

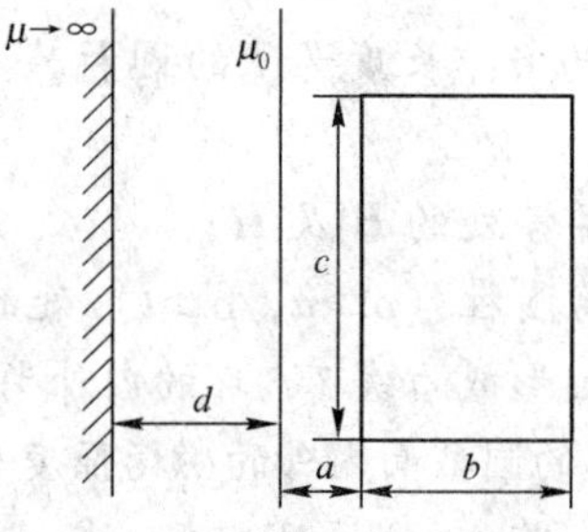

题 16 图

17. 如题 17 图所示，对于附图所示厚度为 D（垂直于纸面方向）的磁路，试求：

（1）线圈的自感；

（2）可动部件所受的力。

18. 试证明，在两种媒质的分界面上，不论磁场方向如何，磁场力总是垂直于分界面，且总是由磁导率大的媒质指向磁导率小的媒质。

19. 如题 19 图所示，在均匀外磁场 H_0 中，有一圆柱形屏蔽腔，试求屏蔽腔内空间的磁场 H_i。

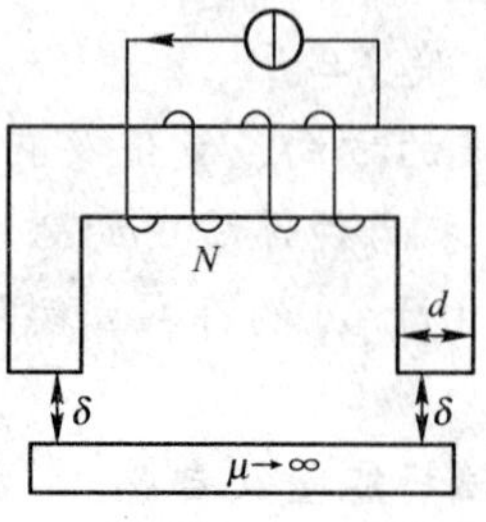

题 17 图

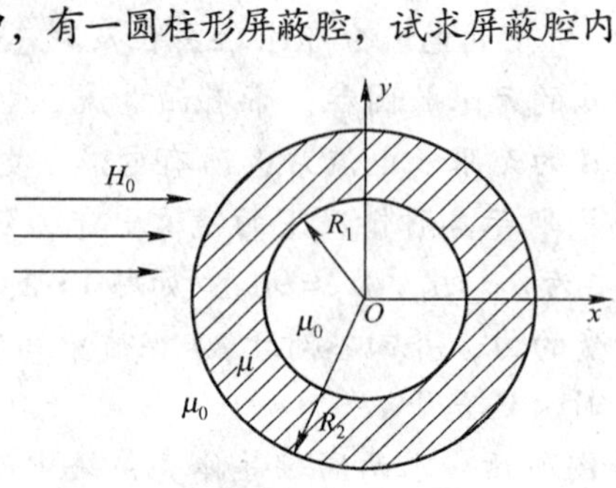

题 19 图

第5章 时变电磁场

【本章内容概要】

讨论随时间变化的电磁场。时变电磁场中，电场和磁场不仅是空间坐标的函数，还是时间的函数。首先从法拉第电磁感应定律引出感应电场的概念，然后介绍麦克斯韦关于位移电流的假设及表征时变电磁场特性的电磁场基本方程组，并由此推导出时变电磁场的能量守恒定律——坡印廷定理，同时介绍表征功率流密度的坡印廷矢量。为了便于计算电磁场，引入时变位函数及其方程，最后对电磁辐射展开讨论，并简述各个频段电磁波的主要用途。

【本章学习重点难点】

学习重点：掌握电磁场基本方程组的物理意义、掌握电磁能流密度（坡印廷矢量）和坡印廷定理、了解电磁辐射的特性。

学习难点：位移电流、动态位的定义及时变电磁场的求解。

5.1 电磁感应定律和全电流定律

前面各章分别讨论了静止电荷的电场和恒定电流的电场和磁场。它们都不随时间变化，而且彼此独立无关。从这一章开始，将讨论随时间变化的电场和磁场。把随时间变化的电场和磁场统称为时变电磁场。本节将介绍时变电磁场中两个最基本的定律——电磁感应定律和全电流定律，它们反映了时变的电场及磁场之间相互依存和转化的关系。

5.1.1 电磁感应定律

大量的实验证实存在如下的普遍规律：当穿过一闭合导体回路的磁通（不论由于什么原因）发生变化时，在导体回路中就会出现电流，这种现象称为电磁感应现象，出现的电流称为感应电流。

导体回路中出现感应电流是导体回路中必然存在着某种电动势的反映，这种由电磁感应引起的电动势叫做感应电动势。法拉第对电磁感应现象作了精心的研究，总结出电磁感应定律如下：闭合回路中的感应电动势 ε 与穿过此回路的磁通 Φ_{m} 随时间的变化率$\frac{\mathrm{d}\Phi_{\mathrm{m}}}{\mathrm{d}t}$成正比。其数学形式为：

$$\varepsilon=-\frac{\mathrm{d}\Phi_{\mathrm{m}}}{\mathrm{d}t}=-\int_S\frac{\partial \boldsymbol{B}}{\partial t}\cdot\mathrm{d}\boldsymbol{S} \tag{5-1}$$

式中负号表示感应电流产生的磁场总是阻碍原磁场的变化。闭合回路磁通变化的原因不外乎有下面三种。

（1）$\boldsymbol{B}$ 随时间变化而闭合回路的任一部分对媒质没有相对运动。这样产生的感应电动势叫做感生电动势。有：

$$\varepsilon = -\int_S \frac{\partial \boldsymbol{B}}{\partial t} \cdot \mathrm{d}\boldsymbol{S} \tag{5-2}$$

变压器就是利用这一原理制成的，所以也称这一感应电动势为变压器电动势，如图 5-1 所示。

（2）$\boldsymbol{B}$ 不随时间变化（恒定磁场）而闭合回路的整体或局部相对于媒质在运动。这样产生的感应电动势叫做动生电动势。有：

$$\varepsilon = \oint_l (v \times \boldsymbol{B}) \cdot \mathrm{d}\boldsymbol{l} \tag{5-3}$$

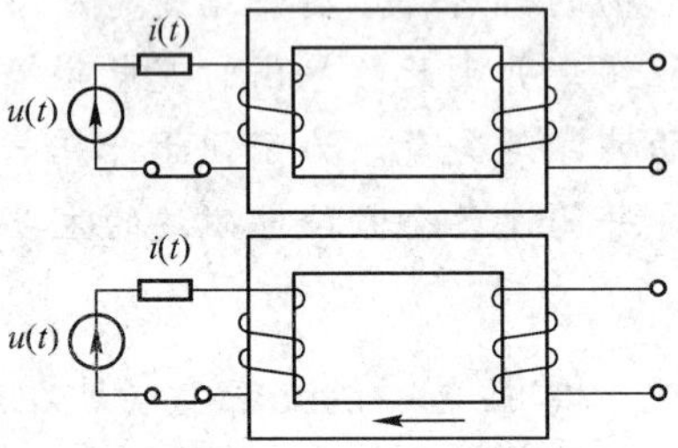

图 5-1　变压器电动势

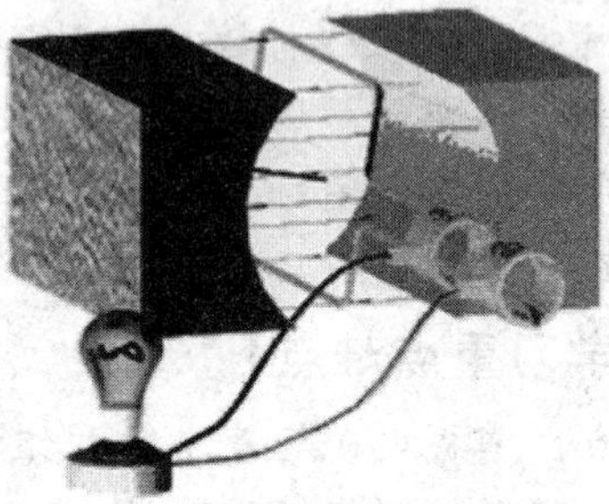

图 5-2　发电机电动势

式（5-3）说明了发电机的工作原理，故将 ε 称为发电机电动势，如图 5-2 所示。

（3）$\boldsymbol{B}$ 随时间变化且闭合回路也有运动。这时的感应电动势是感生电动势和动生电动势的叠加。有：

$$\varepsilon = -\int_S \frac{\partial \boldsymbol{B}}{\partial t} \cdot \mathrm{d}\boldsymbol{S} + \oint_l (v \times \boldsymbol{B}) \cdot \mathrm{d}\boldsymbol{l} \tag{5-4}$$

在理解电磁感应现象时，感应电动势是比感应电流更为本质的物理量。感应电动势的大小只与穿过回路磁通随时间的变化率有关，而与构成回路的材料的特性无关。因此，电磁感应定律可以推广到任意媒质内的假想回路中。

5.1.2　感应电场

麦克斯韦假设：除了电荷产生电场外，变化的磁场也总要在空间产生电场，由变化磁场产生的电场，称为感应电场，记作 $\boldsymbol{E}_{\mathrm{i}}$。变化的磁场在固定不动的导体回路中产生的感应电流就是由这种感应电场引起的。

应该注意，法拉第建立的电磁感应定律是对一个回路而言的，而上述麦克斯韦的假设并无此限制，即认为不论空间有无导体，有无回路，不论是在真空中或媒质中它都适用。这一假设为无数实验所证实而被公认为是反映客观规律的理论。

由电动势的定义可知，回路中的感应电动势 ε 应为：

$$\varepsilon = \oint_l \boldsymbol{E}_{\mathrm{i}} \cdot \mathrm{d}\boldsymbol{l} \tag{5-5}$$

根据电磁感应定律，有：

$$\oint_l \boldsymbol{E}_{\mathrm{i}} \cdot \mathrm{d}\boldsymbol{l} = \frac{\mathrm{d}\phi_{\mathrm{m}}}{\mathrm{d}t} = -\frac{\mathrm{d}}{\mathrm{d}t}\int_S \boldsymbol{B} \cdot \mathrm{d}\boldsymbol{S} = -\int_S \frac{\partial \boldsymbol{B}}{\partial t} \cdot \mathrm{d}\boldsymbol{S} + \oint_l (v \times \boldsymbol{B}) \cdot \mathrm{d}\boldsymbol{l} \tag{5-6}$$

式（5-6）就是感应电场与变化磁场的定量关系式。它表明，感应电场的环量不等于零，与静电场不同，感应电场是非保守场，它的力线是一些无头无尾的闭合曲线，所以感应电场又称为涡旋电场。

一般情况下，空间中既存在电荷产生的电场也存在感应电场。麦克斯韦将上述关系式（5-5）、式（5-6）推广，对任何电磁场都有：

$$\oint_l \boldsymbol{E} \cdot \mathrm{d}\boldsymbol{l} = -\int_S \frac{\partial \boldsymbol{B}}{\partial t} \cdot \mathrm{d}\boldsymbol{S} + \oint_l (v \times \boldsymbol{B}) \cdot \mathrm{d}\boldsymbol{l} \tag{5-7}$$

这里 $\boldsymbol{E}$ 表示空间的总场强。

应用斯托克斯定理，可得对应式（5-7）的微分形式：

$$\nabla \times \boldsymbol{E} = -\frac{\partial \boldsymbol{B}}{\partial t} + \nabla \times (v \times \boldsymbol{B}) \tag{5-8}$$

式（5-8）是电磁感应定律的微分形式。在静止媒质中，则有：

$$\nabla \times \boldsymbol{E} = -\frac{\partial \boldsymbol{B}}{\partial t} \tag{5-9}$$

麦克斯韦将上述关系作为电磁场的基本方程之一。它揭示了变化磁场产生电场这一重要的物理本质，从而把电场与磁场更紧密地联系在一起。

5.1.3　全电流定律

感应电场的概念揭开了电场与磁场联系的一个方面——变化的磁场要产生电场。在研究从库仑到法拉弟等前人成果的基础上，深信电场、磁场有着密切关系且具有对称性的麦克斯韦，为解决将安培环路定律应用到非恒定电流电路时所遇到的矛盾，又提出“位移电流”的假说——随时间变化的电场将激发磁场，从而揭示了电场与磁场联系的另一个方面。麦克斯韦对电磁场理论的重大贡献的核心是位移电流的假说。

麦克斯韦认为，磁场对任意闭合曲线的积分取决于通过该路径所包围面积的全电流，即：

$$\oint_l \boldsymbol{H} \cdot \mathrm{d}\boldsymbol{l} = \int_S (\boldsymbol{J} + \boldsymbol{J}_\mathrm{d}) \cdot \mathrm{d}\boldsymbol{S} \tag{5-10}$$

式（5-10）称为全电流定律。与它相应的微分形式为：

$$\nabla \times \boldsymbol{H} = J + J_\mathrm{d} \tag{5-11}$$

以上两式揭示了一个新的物理内容：不但传导电流 $\boldsymbol{J}$ 能够激发磁场，而且位移电流 J_d 也以相同的方式激发磁场。

5.1.4　时变电磁场

按照位移电流的概念，任何随时间而变化的电场，都要在邻近空间激发磁场。一般说来，随时间变化的电场所激发的磁场也随时间变化。概括而言，充满变化电场的空间，同时也充满变化的磁场。

按照感应电场的概念，任何随时间而变化的磁场，都要在邻近空间激发感应电场，一般说来，随时间变化的磁场所激发的电场也随时间变化。因而，充满变化磁场的空间，同时充满变化的电场。

这两种变化的场——电场和磁场，永远互相联系着，形成了统一的电磁场。在此基础上麦克斯韦又预言了电磁波（变化电磁场在空间的传播）的存在，且算出电磁波的传播速度与光速一样。这些预言于1888年由赫兹用实验得到证实。从此，电磁感应定律和全电流定律便被确认为反映普遍电磁规律的客观真理。

习题5-1

1. 平行双线传输线与一矩形回路共面，如题1图所示。设 $a=0.2\text{ m}$、$b=c=d=0.1\text{ m}$、$i=1.0\cos(2\times10^7)$ A，求回路中的感应电动势。

2. 一圆柱形电容器，内导体半径为 a，外导体内半径为 b，长为 l。设外加电压 $U_0=\sin\omega t$，试计算电容器极板间的总位移电流，证明它等于电容器的传导电流。

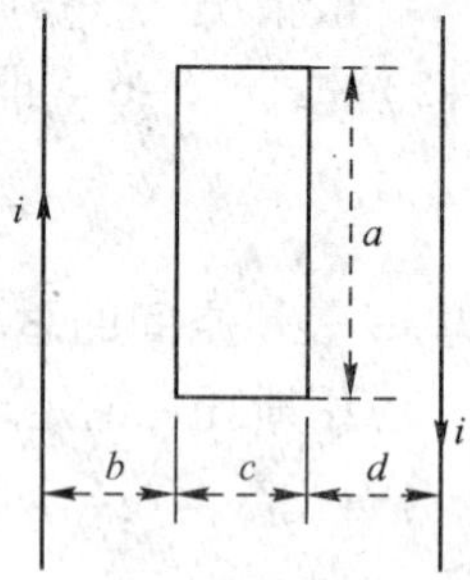

题1图

5.2 电磁场基本方程组

时变电场和时变磁场是相互依存又相互制约的，这种相互作用和相互耦合的时变电磁场通常被称为时变电磁场。本节介绍描述时变电磁场的麦克斯韦方程组。

5.2.1 时变电磁场的有关方程

麦克斯韦方程组是经典电磁理论的基本方程，它用数学形式概括了宏观电磁场的基本性质。其积分形式为：

$$\oint_l \boldsymbol{H}\cdot d\boldsymbol{l}=\int_S\left(\boldsymbol{J}+\frac{\partial \boldsymbol{D}}{\partial t}\right)\cdot d\boldsymbol{S} \tag{5-12}$$

$$\oint_l \boldsymbol{E}\cdot d\boldsymbol{l}=-\int_S\left(\frac{\partial \boldsymbol{B}}{\partial t}\right)\cdot d\boldsymbol{S} \tag{5-13}$$

$$\oint_S \boldsymbol{B}\cdot d\boldsymbol{S}=0 \tag{5-14}$$

$$\oint_S \boldsymbol{D}\cdot d\boldsymbol{S}=q \tag{5-15}$$

相应的微分形式为：

$$\nabla\times\boldsymbol{H}=\boldsymbol{J}_c+\frac{\partial \boldsymbol{D}}{\partial t} \tag{5-16}$$

$$\nabla\times\boldsymbol{E}=-\frac{\partial \boldsymbol{B}}{\partial t} \tag{5-17}$$

$$\nabla\cdot\boldsymbol{B}=0 \tag{5-18}$$

$$\nabla\cdot\boldsymbol{D}=\rho \tag{5-19}$$

对于各向同性介质，由媒质特性构成的方程组为：

$$\boldsymbol{D}=\varepsilon\boldsymbol{E} \tag{5-20}$$

$$\boldsymbol{B}=\mu\boldsymbol{H} \tag{5-21}$$

$$\boldsymbol{J}=\gamma\boldsymbol{E} \tag{5-22}$$

一般而言，反映媒质特性的三个参数 ε、μ 和 γ 与时变电磁场的工作频率有关。如在

200 MHz 以下时，水的相对介电常数约 80，而在光频时则减小到 1.75。本书假设它们在一定频率范围内均为常数。

电磁场基本方程组全面总结了电磁场的规律，是宏观电磁场理论的基础。它在电磁场理论中的地位与牛顿定律在经典力学中的地位相仿。利用这组方程加上辅助方程原则上可以解决各种宏观电磁场问题。例如，在具体问题中给出电磁场量的初始条件与边界条件，则求解方程组可得 $\boldsymbol{E}(x,y,z,t)$ 和 $\boldsymbol{B}(x,y,z,t)$。这就是说，当电荷、电流给定时，从电磁场基本方程组根据初始条件及边界条件就可以完全决定电磁场的变化。这就是电磁场中的唯一性定理。

5.2.2　分界面的边界条件

类似于静态和准静态电磁场中边界条件的推导，只要 $\partial \boldsymbol{D}/\partial t$ 和 $\partial \boldsymbol{B}/\partial t$ 在媒质分界面上是有限的，其边界条件与静态电磁场的边界条件相同。事实上，在时变电磁场中，媒质分界面上的 $\partial \boldsymbol{D}/\partial t$ 和 $\partial \boldsymbol{B}/\partial t$ 均为有限量。不同媒质分界面上的时变电磁场的边界条件为：

$$H_{1t} - H_{2t} = K \tag{5-23}$$

$$E_{1t} = E_{2t} \tag{5-24}$$

$$B_{1n} = B_{2n} \tag{5-25}$$

$$D_{2n} - D_{1n} = \sigma \tag{5-26}$$

在理想导体内，$\gamma \to \infty$ 时 $\boldsymbol{J}$ 是有限的，可知 $\boldsymbol{E}=0$。再由 $-\partial \boldsymbol{B}/\partial t = \nabla \times \boldsymbol{E} = 0$ 可知，在理想导体内也不存在随时间变化的磁场。在理想导体（设为媒质 1）与介质（设为媒质 2）交界面上的边界条件为：

$$H_t = K \tag{5-27}$$

$$E_t = 0 \tag{5-28}$$

$$B_n = 0 \tag{5-29}$$

$$D_n = 0 \tag{5-30}$$

上述边界条件表明，电力线垂直于理想导体表面，而磁力线沿着理想导体表面分布。

【例 5-1】　如图 5-3 所示，两个无限大理想导体平板间的无源自由空间中，时变电磁场的磁场强度 $\boldsymbol{H} = H_0 \cos\left(\dfrac{\pi}{d}z\right)\cos(\omega t - \beta x)\boldsymbol{e}_y$，$\beta$ 为常数。试求：（1）板间电场强度；（2）两导体表面的面电流密度和电荷面密度。

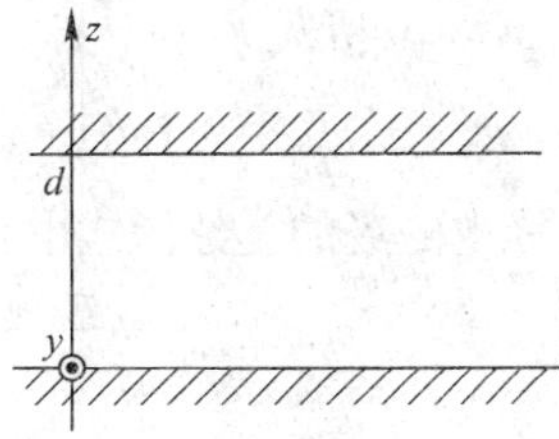

图 5-3　两无限大理想导体平板

解：（1）由麦克斯韦方程第一式，得：

$$\frac{\partial \boldsymbol{E}}{\partial t} = \frac{1}{\varepsilon}\nabla \times \boldsymbol{H} = \frac{1}{\varepsilon}\left(-\boldsymbol{e}_x \frac{\partial H_y}{\partial z} + \boldsymbol{e}_z \frac{\partial H_y}{\partial x}\right)$$

$$\boldsymbol{E} = \frac{1}{\varepsilon}\int\left(-\boldsymbol{e}_x \frac{\partial H_y}{\partial z} + \boldsymbol{e}_z \frac{\partial H_y}{\partial x}\right)\mathrm{d}t = \frac{H_0}{\omega\varepsilon}\left[\boldsymbol{e}_x \frac{\pi}{d}\sin\frac{\pi}{d}z\sin(\omega t - \beta x) - \boldsymbol{e}_z\beta\cos\frac{\pi}{d}z\cos(\omega t - \beta x)\right]$$

（2）根据边界条件，在 $z=0$ 的导体表面上，有：

$$\boldsymbol{K} = \boldsymbol{e}_n \times \boldsymbol{H} = \boldsymbol{e}_z \times \boldsymbol{H} = -\boldsymbol{e}_x H_0 \cos(\omega t - \beta x)$$

$$\sigma = \boldsymbol{e}_n \cdot \boldsymbol{D} = -\boldsymbol{e}_z \cdot \boldsymbol{D} = -\frac{\beta}{\omega}H_0\cos(\omega t - \beta x)$$

在 $z=d$ 的导体表面上，有：

$$\boldsymbol{K}=\boldsymbol{e}_n\times\boldsymbol{H}=-\boldsymbol{e}_z\times\boldsymbol{H}=-\boldsymbol{e}_xH_0\cos(\omega t-\beta x)$$

$$\sigma=\boldsymbol{e}_n\cdot\boldsymbol{D}=-\boldsymbol{e}_z\cdot\boldsymbol{D}=-\frac{\beta}{\omega}H_0\cos(\omega t-\beta x)$$

习题 5-2

1. 试将麦克斯方程的微分形式写成 8 个标量方程：
(1) 在直角坐标中；
(2) 在圆柱坐标中；
(3) 在球坐标中。
2. 已知在空气中 $\boldsymbol{E}=\boldsymbol{e}_y 0.1\sin 10\pi x\cos(6\pi\times10^9 t-\beta z)$，求 $\boldsymbol{H}$ 和 β。

5.3 正弦电磁场的复数表示

在时变电磁场中，场量和场源是空间坐标的函数，也是时间的函数。电磁场随时间作正弦变化是最常见也是最重要的形式，称为正弦电磁场。

5.3.1 麦克斯韦方程组的复数表示

正弦电磁场的复数形式与正弦稳态电路中的相量法类同，相量法有三要素，包括振幅（标量，常数）、频率和相位，即：

$$i(t)=\sqrt{2}I\cos(\omega t+\varphi) \tag{5-31}$$

相量形式为：

$$\dot{I}=I\mathrm{e}^{\mathrm{j}\varphi} \tag{5-32}$$

对时间求导：

$$\frac{\mathrm{d}i(t)}{\mathrm{d}t}=\sqrt{2}I\omega\cos(\omega t+90°) \tag{5-33}$$

相量形式为：

$$\mathrm{j}\omega\dot{I}=\mathrm{j}\omega I\mathrm{e}^{\mathrm{j}\varphi} \tag{5-34}$$

正弦电磁场的复数形式也有三要素，包括振幅（矢量、空间坐标的函数）、频率和相位，即：

$$\begin{aligned}\boldsymbol{E}(x,y,z,t)=&E_{x\mathrm{m}}(x,y,z)\cos(\omega t+\varphi_x)\boldsymbol{e}_x+\\&E_{y\mathrm{m}}(x,y,z)\cos(\omega t+\varphi_y)\boldsymbol{e}_y+\\&E_{z\mathrm{m}}(x,y,z)\cos(\omega t+\varphi_z)\boldsymbol{e}_z\end{aligned} \tag{5-35}$$

式中 ω 是角频率。φ_x、φ_y 和 φ_z 分别为各坐标分量的初相角，它们仅仅是空间位置的函数。式（5-35）也可写为：

$$\boldsymbol{E}(x,y,z,t)=\mathrm{Re}[\dot{\boldsymbol{E}}_{x\mathrm{m}}(x,y,z)\sqrt{2}\mathrm{e}^{\mathrm{j}\omega t}] \tag{5-36}$$

其中

$$\begin{aligned}\dot{\boldsymbol{E}}_{x\mathrm{m}}(x,y,z)&=\dot{E}\boldsymbol{e}_x+\dot{E}\boldsymbol{e}_y+\dot{E}\boldsymbol{e}_z\\&=\frac{1}{\sqrt{2}}E_{x\mathrm{m}}\mathrm{e}^{\mathrm{j}\varphi_x}\boldsymbol{e}_x+\frac{1}{\sqrt{2}}E_{y\mathrm{m}}\mathrm{e}^{\mathrm{j}\varphi_y}\boldsymbol{e}_y+\frac{1}{2}E_{z\mathrm{m}}\mathrm{e}^{\mathrm{j}\varphi_z}\boldsymbol{e}_z\end{aligned} \tag{5-37}$$

将 $\dot{\boldsymbol{E}}_{xm}(x,y,z)$ 称为电场强度 $\boldsymbol{E}$ 的复数形式。

对时间求导：

$$\frac{\partial \boldsymbol{E}(x,y,z,t)}{\partial t}=\mathrm{Re}[\mathrm{j}\omega\dot{\boldsymbol{E}}_{xm}(x,y,z)\sqrt{2}\mathrm{e}^{\mathrm{j}\omega t}] \tag{5-38}$$

所以正弦电磁场麦克斯韦方程组积分形式的复数形式为：

$$\oint_l \dot{\boldsymbol{E}}\cdot\mathrm{d}\boldsymbol{l}=-\int_S \mathrm{j}\omega\,\dot{\boldsymbol{B}}\cdot\mathrm{d}\boldsymbol{S} \tag{5-39}$$

$$\oint_l \dot{H}\cdot d\boldsymbol{l}=\int_S(\dot{J}+\mathrm{j}\omega\,\dot{D})\cdot\mathrm{d}\boldsymbol{S} \tag{5-40}$$

$$\oint_S \dot{\boldsymbol{B}}\cdot\mathrm{d}\boldsymbol{S}=0 \tag{5-41}$$

$$\oint_S \dot{\boldsymbol{D}}\cdot\mathrm{d}\boldsymbol{S}=\dot{q} \tag{5-42}$$

相应的微分形式的复数形式为：

$$\nabla\times\dot{\boldsymbol{H}}=\dot{\boldsymbol{J}}+\frac{\partial\dot{\boldsymbol{D}}}{\partial t} \tag{5-43}$$

$$\nabla\times\dot{\boldsymbol{E}}=-\frac{\partial\dot{\boldsymbol{B}}}{\partial t} \tag{5-44}$$

$$\nabla\cdot\dot{\boldsymbol{B}}=0 \tag{5-45}$$

$$\nabla\cdot\dot{\boldsymbol{D}}=\rho \tag{5-46}$$

同理，得到电磁场本构关系的复数形式：

$$\dot{\boldsymbol{D}}=\varepsilon\dot{\boldsymbol{E}} \tag{5-47}$$

$$\dot{\boldsymbol{B}}=\mu\dot{\boldsymbol{H}} \tag{5-48}$$

$$\dot{\boldsymbol{J}}=\gamma\dot{\boldsymbol{E}} \tag{5-49}$$

5.3.2　有损媒质的复数表示

在实际中，一方面导体的电导率是有限的；另一方面介质是有损耗的（如电极化损耗、或磁化损耗、或欧姆损耗等）。对于正弦电磁场中介电常数为 ε' 的导电媒质，根据麦克斯韦方程和媒质的构成方程，得：

$$\nabla\times\dot{\boldsymbol{H}}=\mathrm{j}\omega\left(\varepsilon'-\mathrm{j}\frac{\gamma}{\omega}\right)\dot{\boldsymbol{E}}=\mathrm{j}\omega\,\dot{\boldsymbol{D}} \tag{5-50}$$

其中

$$\dot{\boldsymbol{D}}=\left(\varepsilon'-\mathrm{j}\frac{\gamma}{\omega}\right)\dot{\boldsymbol{E}} \tag{5-51}$$

由式（5-51）可见，这类有损媒质的欧姆损耗是以负虚数形式反映在媒质的构成方程中。类似地，为表征存在电极化损耗的有损电介质的极化性能，可以定义如下复介电常数：

$$\tilde{\varepsilon}=\varepsilon'-\mathrm{j}\varepsilon'' \tag{5-52}$$

同样，为表征有损磁介质的磁化性能，也可以定义如下复磁导率：

$$\tilde{\mu}=\mu'-\mathrm{j}\mu'' \tag{5-53}$$

可见，$\tilde{\varepsilon}$ 和 $\tilde{\mu}$ 的实部，即 ε' 和 μ' 就是通常的介电常数和磁导率；而虚部 ε'' 和 μ'' 则分别

表征电介质中的电极化损耗与磁介质中的磁化损耗。在高频正弦电磁场中，ε'、ε''、μ'和μ''通常是频率的函数。

当电介质同时存在电极化损耗和欧姆损耗时，其等效复介电常数可写为：

$$\tilde{\varepsilon}_e = \varepsilon' - j\left(\varepsilon'' + \frac{\gamma}{\omega}\right) \tag{5-54}$$

为了表征电介质中损耗的特性，通常采用损耗角的正切（工程上记作 $\tan\delta$），即：

$$\tan\delta = \frac{\varepsilon'' + \dfrac{\gamma}{\omega}}{\varepsilon'} \tag{5-55}$$

ε'和 $\tan\delta$ 是在正弦电磁场中表征电介质特性的两个重要参数。工程上，称 $\tan\delta \ll 1$ 的介质为低损耗介质。显然，$\tan\delta$ 越小，介质的绝缘特性越好。通过测量电气设备的 $\tan\delta$ 可以检验设备的绝缘缺陷，如绝缘受潮、老化等。反之，$\tan\delta \gg 1$ 的媒质被称为良导体。在微波炉中，微波频率为 2.45 GHz，面食的 $\tan\delta$ 约 0.073，菜和肉的 $\tan\delta$ 更高，而包装用的聚苯乙烯泡沫材料的 $\tan\delta$ 仅为 3×10^{-5}，所以包装盒中的食品得以加热，而包装盒几乎不从微波中获取能量。

5.4 坡印廷定理

5.4.1 坡印廷定理

时变电磁场的能量守恒关系可以由麦克斯韦方程组推导出。在单位体积内，时变电磁场在导电媒质中消耗的电功率为：

$$\boldsymbol{E}\cdot\boldsymbol{J}_c = \boldsymbol{E}\cdot\left(\nabla\times\boldsymbol{H} - \frac{\partial \boldsymbol{D}}{\partial t}\right) \tag{5-56}$$

利用矢量恒等式 $\nabla\cdot(\boldsymbol{E}\times\boldsymbol{H}) = (\nabla\times\boldsymbol{E})\cdot\boldsymbol{H} - \boldsymbol{E}\cdot(\nabla\times\boldsymbol{H})$，式（5-56）写为：

$$\boldsymbol{E}\cdot\boldsymbol{J}_c = -\boldsymbol{E}\cdot\frac{\partial \boldsymbol{D}}{\partial t} + \boldsymbol{H}\cdot(\nabla\times\boldsymbol{E}) - \nabla\cdot(\boldsymbol{E}\times\boldsymbol{H}) = -\boldsymbol{E}\cdot\frac{\partial \boldsymbol{D}}{\partial t} - \boldsymbol{H}\cdot\frac{\partial \boldsymbol{B}}{\partial t} - \nabla\cdot(\boldsymbol{E}\times\boldsymbol{H}) \tag{5-57}$$

式（5-57）等号右边的前两项可写为：

$$\boldsymbol{E}\cdot\frac{\partial \boldsymbol{D}}{\partial t} = \frac{1}{2}\boldsymbol{E}\cdot\frac{\partial \boldsymbol{D}}{\partial t} + \frac{1}{2}\boldsymbol{E}\cdot\frac{\partial \boldsymbol{D}}{\partial t} = \frac{1}{2}\boldsymbol{E}\cdot\frac{\partial \boldsymbol{D}}{\partial t} + \frac{1}{2}\boldsymbol{D}\cdot\frac{\partial \boldsymbol{E}}{\partial t} = \frac{\partial}{\partial t}\left(\frac{1}{2}\boldsymbol{E}\cdot\boldsymbol{D}\right) = \frac{\partial w_e}{\partial t} \tag{5-58}$$

$$\boldsymbol{H}\cdot\frac{\partial \boldsymbol{B}}{\partial t} = \frac{\partial}{\partial t}\left(\frac{1}{2}\boldsymbol{H}\cdot\boldsymbol{B}\right) = \frac{\partial w_m}{\partial t} \tag{5-59}$$

将式（5-58）、式（5-59）代入式（5-57），得：

$$\nabla\cdot(\boldsymbol{E}\times\boldsymbol{H}) = -\frac{\partial}{\partial t}(w_e + w_m) - \boldsymbol{E}\cdot\boldsymbol{J}_c \tag{5-60}$$

将式（5-60）两边对任意闭合曲面 S 包围的体积 V 积分，并由散度定理，得：

$$\oint_S(\boldsymbol{E}\times\boldsymbol{H})\cdot d\boldsymbol{S} = -\frac{d}{dt}\int_V(w_e + w_m)dV - \int_V \boldsymbol{E}\cdot\boldsymbol{J}_c dV = -\frac{d}{dt}(W_e + W_m) - P \tag{5-61}$$

等式（5-61）改写为：

$$-\oint_S (\boldsymbol{E}\times\boldsymbol{H})\cdot \mathrm{d}\boldsymbol{S}=\frac{\mathrm{d}}{\mathrm{d}t}(W_e+W_m)+P \tag{5-62}$$

令 $\boldsymbol{S}=\boldsymbol{E}\times\boldsymbol{H}$，对式（5-62）分析可知，$\boldsymbol{S}$（$\mathrm{W/m^2}$）表征单位时间内穿过单位面积的电磁能量，即单位时间内穿过闭合面 S 流入体积 V 的电磁能量等于该体积内电磁场能量 $W=(W_e+W_m)$ 的增加率和电磁能量的消耗率。显然，式（5-62）反映了时变电磁场的能量守恒和功率平衡关系，又被称为坡印廷定理的积分形式，其微分形式为：

$$\nabla\cdot(\boldsymbol{E}\times\boldsymbol{H})=-\frac{\partial}{\partial t}(w_e+w_m)-\boldsymbol{E}\cdot\boldsymbol{J} \tag{5-63}$$

式（5-63）被称为坡印廷定理的微分形式。

5.4.2 坡印廷矢量

矢量 $\boldsymbol{S}$ 不仅表征穿过单位面积上的电磁功率，还确定地描述该电磁功率流的空间流动方向。这一电磁功率流面密度矢量，被称为坡印廷矢量，即：

$$\boldsymbol{S}=\boldsymbol{E}\times\boldsymbol{H} \tag{5-64}$$

在正弦电磁场中，坡印廷矢量的瞬时形式为：

$$\begin{aligned}\boldsymbol{S}(\boldsymbol{r},t)&=\sqrt{2}\boldsymbol{E}(\boldsymbol{r})\cos(\omega t+\phi_E)\times\sqrt{2}\boldsymbol{H}(\boldsymbol{r})\cos(\omega t+\phi_H)\\&=(\boldsymbol{E}\times\boldsymbol{H})[\cos(\phi_E-\phi_H)+\cos(2\omega t+\phi_E+\phi_H)]\end{aligned} \tag{5-65}$$

$\boldsymbol{S}$ 在一个周期内的平均值为：

$$\boldsymbol{S}_{\mathrm{aV}}(\boldsymbol{r})=\frac{1}{T}\int_0^T\boldsymbol{S}(\boldsymbol{r},t)\,\mathrm{d}t=(\boldsymbol{E}\times\boldsymbol{H})\cos(\phi_E-\phi_H) \tag{5-66}$$

将 $\boldsymbol{S}_{\mathrm{aV}}(\boldsymbol{r})$ 称之为平均功率密度。

容易证明
$$\boldsymbol{S}_{\mathrm{aV}}(\boldsymbol{r})=R_e(\dot{\boldsymbol{E}}\times\dot{\boldsymbol{H}}^*) \tag{5-67}$$

因为
$$\boldsymbol{E}(\boldsymbol{r},t)=\boldsymbol{E}(\boldsymbol{r})\cos(\omega t+\phi_E) \tag{5-68}$$

所以
$$\dot{\boldsymbol{E}}=\boldsymbol{E}(\boldsymbol{r})\mathrm{e}^{\mathrm{j}\phi_{\mathrm{E}}} \tag{5-69}$$

同理，
$$\dot{\boldsymbol{H}}=\boldsymbol{H}(\boldsymbol{r})\mathrm{e}^{\mathrm{j}\phi_{\mathrm{H}}} \tag{5-70}$$

又因为
$$\dot{\boldsymbol{E}}\times\dot{\boldsymbol{H}}^*=\boldsymbol{E}(\boldsymbol{r})\mathrm{e}^{\mathrm{j}\phi_E}\times\boldsymbol{H}(\boldsymbol{r})\mathrm{e}^{-\mathrm{j}\phi_H}=(\boldsymbol{E}\times\boldsymbol{H})\mathrm{e}^{\mathrm{j}(\phi_E-\phi_H)} \tag{5-71}$$

$$\mathrm{Re}[\dot{\boldsymbol{E}}\times\dot{\boldsymbol{H}}^*]=(\boldsymbol{E}\times\boldsymbol{H})\cos(\phi_E-\phi_H)=\boldsymbol{S}_{\mathrm{aV}} \tag{5-72}$$

定义 $\tilde{\boldsymbol{S}}=\dot{\boldsymbol{E}}\times\dot{H}^*$ 为坡印廷矢量的复数形式，其实部为平均功率流密度，虚部为无功功率流密度。

对 $\tilde{\boldsymbol{S}}$ 取散度，展开为：

$$\nabla\cdot(\dot{\boldsymbol{E}}\times\dot{\boldsymbol{H}}^*)=\dot{\boldsymbol{H}}^*\cdot(\nabla\times\dot{\boldsymbol{E}})-\dot{\boldsymbol{E}}\cdot(\nabla\times\dot{\boldsymbol{H}}^*)=-\mathrm{j}\omega\dot{\boldsymbol{B}}\cdot\dot{\boldsymbol{H}}^*-\dot{\boldsymbol{E}}(\dot{\boldsymbol{J}}^*-\mathrm{j}\omega\dot{\boldsymbol{D}}^*) \tag{5-73}$$

对式（5-73）取体积分，利用高斯散度定理，并代入体积分项，有：

$$\oint_S(\dot{\boldsymbol{E}}\times\dot{\boldsymbol{H}}^*)\cdot\mathrm{d}\boldsymbol{S}=\int_V\dot{\boldsymbol{E}}_e\cdot\boldsymbol{J}^*\,\mathrm{d}V-\int_V\frac{J^2}{\gamma}\mathrm{d}V-\mathrm{j}\omega\int_V(\mu H^2-\varepsilon E^2)\,\mathrm{d}V \tag{5-74}$$

若体积 V 内无电源，闭合面 S 内吸收的功率为：

$$\oint_S (\dot{\boldsymbol{E}} \times \dot{\boldsymbol{H}}^*) \cdot \mathrm{d}\boldsymbol{S} = \int_V \frac{J^2}{\gamma}\mathrm{d}V + \mathrm{j}\omega\int_V (\mu H^2 - \varepsilon E^2)\mathrm{d}V = P + \mathrm{j}Q \tag{5-75}$$

式（5-75）右端实部表示体积 V 内有损媒质吸收的有功功率 P（平均功率），它不仅包含传导电流产生的欧姆损耗，还包含媒质的极化和磁化损耗；右端虚部表示体积 V 内吸收的无功功率 Q，既包含磁场（感性）无功功率，也包含电场（容性）无功功率。

式（5-75）可用于求解电磁场问题的等效电路参数：

$$R = \frac{P}{I^2} = -\frac{1}{I^2}\mathrm{Re}\left[-\oint_S (\dot{\boldsymbol{E}} \times \dot{\boldsymbol{H}}^*)\mathrm{d}\boldsymbol{S}\right] = \frac{1}{I^2}\int_V \frac{J^2}{\gamma}\mathrm{d}V \tag{5-76}$$

$$X = \frac{Q}{I^2} = -\frac{1}{I^2}\mathrm{Im}\left[-\oint_S (\dot{\boldsymbol{E}} \times \dot{\boldsymbol{H}}^*) \cdot \mathrm{d}\boldsymbol{S}\right] = \frac{1}{I^2}\omega\int_V (\mu H^2 - \varepsilon E^2)\mathrm{d}V \tag{5-77}$$

【例 5-2】 如图 5-4 所示，直流电压源 U_0 经同轴电缆向负载电阻 R 供电。设该电缆内导体半径为 a，外导体的内、外半径分别为 b 和 c。试用坡印廷矢量分析其能量的传输过程。

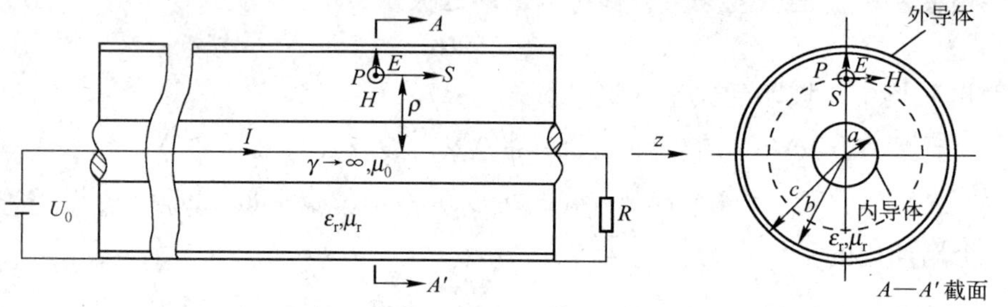

图 5-4 同轴电缆横截面中的 E、H 和 S 的分布

解：设同轴电缆为理想导体，内导体电位为 U_0，电流 $I = U_0/R$ 沿 z 轴方向流动；外导体电位为零，电流与内导体电流反向。则同轴电缆内外电、磁场分别为：

$$\boldsymbol{E} = \begin{cases} 0 & (0 \leqslant \rho < a) \\ \dfrac{U_0}{\rho \ln \dfrac{b}{a}}\boldsymbol{e}_\rho & (a \leqslant \rho \leqslant b) \\ 0 & (b < \rho < c) \\ 0 & (\rho > c) \end{cases}$$

$$\boldsymbol{H} = \begin{cases} \dfrac{U_0}{2\pi a^2 R}\rho \boldsymbol{e}_\phi & (0 \leqslant \rho < a) \\ \dfrac{U_0}{2\pi R_\rho}\boldsymbol{e}_\phi & (a \leqslant \rho \leqslant b) \\ \dfrac{U_0}{2\pi R\rho}\left(1 - \dfrac{\rho^2 - b^2}{c^2 - b^2}\right)\boldsymbol{e}_\phi & (b < \rho < c) \\ 0 & (\rho \geqslant c) \end{cases}$$

不难看出，除同轴电缆内外导体间的坡印廷矢量：

$$\boldsymbol{S} = \boldsymbol{E} \times \boldsymbol{H} = \frac{U_0^2}{2\pi R \ln \dfrac{b}{a}} \cdot \frac{1}{\rho^2}\boldsymbol{e}_z \qquad (a \leqslant \rho \leqslant b)$$

不为零外，其余各处均为零。对同轴电缆截面积分，同轴电缆传输的功率为：

$$P=-\oint_S \boldsymbol{S}\cdot \mathbf{d}\boldsymbol{S}=\int_0^{+\infty}\boldsymbol{S}\cdot \boldsymbol{e}_z 2\pi\,\rho \mathrm{d}\,\rho=\int_a^b \frac{U_0^2}{2\pi R\ln\dfrac{b}{a}}\cdot\frac{2\pi}{\rho}\mathrm{d}\,\rho=\frac{U_0^2}{R}$$

显然，与电路理论获得的结果相同。

在以上例题中坡印廷矢量仅存在于同轴电缆的内外导体之间的空间，且垂直于 $\boldsymbol{E}$ 和 $\boldsymbol{H}$ 组成的平面。这说明电磁能量是以电磁场方式通过空间传输给负载的，而不是像人们直观臆断的那样是以电流为载体通过导体传送给电阻的。应该指出，导体的作用仅在于建立空间电磁场并从电源定向导引电磁能量输入负载。

习题 5-4

设电场强度和磁场强度分别为 $\boldsymbol{E}=\boldsymbol{E}_0\cos(\omega t+\psi_{\mathrm{e}})$，$\boldsymbol{H}=\boldsymbol{H}_0\cos(\omega t+\psi_{\mathrm{m}})$，证明其坡印廷矢量的平均值 $\boldsymbol{S}_{\mathrm{av}}=\dfrac{1}{2}\boldsymbol{E}_0\times\boldsymbol{H}_0\cos(\psi_{\mathrm{e}}-\psi_{\mathrm{m}})$。

5.5 电　磁　位

5.5.1　电磁位的引入

类似于恒定磁场，由麦克斯韦方程的 $\nabla\cdot\boldsymbol{B}=0$，定义时变矢量位 $\boldsymbol{A}$：

$$\boldsymbol{B}=\nabla\times\boldsymbol{A} \tag{5-78}$$

将式（5-78）代入麦克斯韦方程 $\nabla\times\boldsymbol{E}=-\dfrac{\partial\boldsymbol{B}}{\partial t}$，得：

$$\nabla\times\left(\boldsymbol{E}+\frac{\partial\boldsymbol{A}}{\partial t}\right)=0 \tag{5-79}$$

由式（5-79）括号中矢量的无旋性，进一步定义时变标量位 φ：

$$\boldsymbol{E}=-\nabla\varphi-\frac{\partial\boldsymbol{A}}{\partial t} \tag{5-80}$$

式中 $\boldsymbol{A}$ 和 φ 的单位分别为韦/米（Wb/m）和伏（V），上述定义的位函数组 $\boldsymbol{A}$ 和 φ 被称为时变电磁场的电磁位。

5.5.2　洛仑兹规范

为唯一地确定 $\boldsymbol{A}$，还必须规定 $\boldsymbol{A}$ 的散度。将上述定义式（5-78）代入麦克斯韦方程组的另外两个方程，整理得：

$$\nabla^2\boldsymbol{A}-\mu\varepsilon\frac{\partial^2\boldsymbol{A}}{\partial t^2}-\nabla\left(\nabla\cdot\boldsymbol{A}+\mu\varepsilon\frac{\partial\varphi}{\partial t}\right)=-\mu\boldsymbol{J} \tag{5-81}$$

$$\nabla^2\varphi+\frac{\partial}{\partial t}(\nabla\cdot\boldsymbol{A})=-\frac{\rho}{\varepsilon} \tag{5-82}$$

从以上两个二阶偏微分方程不难看出，对 $\boldsymbol{A}$ 的散度规范不同，方程组的形式也将不同。如取库仑规范，尽管上述标量方程可以转化为简单的泊松方程，但上述矢量方程中依然存在着$\boldsymbol{A}$与φ的耦合。为去掉$\boldsymbol{A}$与φ的耦合，考虑到上述矢量方程式（5-81）和式（5-82）中梯度项为零，即：

$$\nabla \cdot \boldsymbol{A} = -\mu\varepsilon \frac{\partial \varphi}{\partial t} \tag{5-83}$$

式（5-83）被称为洛仑兹规范。此时，上述两个偏微分方程转化为：

$$\nabla^2 \boldsymbol{A} - \mu\varepsilon \frac{\partial^2 \boldsymbol{A}}{\partial t^2} = -\mu \boldsymbol{J} \tag{5-84}$$

$$\nabla^2 \varphi - \mu\varepsilon \frac{\partial^2 \varphi}{\partial t^2} = -\frac{\rho}{\varepsilon} \tag{5-85}$$

式（5-84）、式（5-85）被称为电磁位的非齐次波动方程，又称为达朗贝尔方程。

5.5.3 达朗贝尔方程的积分解

令

$$v = \frac{1}{\sqrt{\mu\varepsilon}} \tag{5-86}$$

时变标量位非齐次波动方程重写为：

$$\nabla^2 \varphi - \frac{1}{v^2} \frac{\partial^2 \varphi}{\partial t^2} = -\frac{\rho}{\varepsilon} \tag{5-87}$$

对位于坐标原点的时变点电荷q，其场分布具有球对称特征，即时变标量位仅为球坐标系变量r的函数。在除去坐标原点以外的整个无源空间，位函数满足齐次波动方程：

$$\nabla^2 \varphi = \frac{1}{r^2} \frac{\partial}{\partial r}\left(r^2 \frac{\partial \varphi}{\partial r}\right) = \frac{1}{r} \frac{\partial^2 (r\varphi)}{\partial r^2} = \frac{1}{v^2} \frac{\partial^2 \varphi}{\partial t^2} \tag{5-88}$$

即

$$\frac{\partial^2 (r\varphi)}{\partial r^2} = \frac{1}{v^2} \frac{\partial^2 (r\varphi)}{\partial t^2} \qquad (0 < r < \infty) \tag{5-89}$$

由直接代入法可以证明，其通解为：

$$r\varphi = f_1\left(t - \frac{\boldsymbol{r}}{\boldsymbol{v}}\right) + f_2\left(t + \frac{\boldsymbol{r}}{\boldsymbol{v}}\right) \tag{5-90}$$

由上述分析可知，在无界空间中，上式右端第二项不符合实际的物理条件，应舍去。因此，位于原点的时变电荷q产生的时变标量位为：

$$\varphi(\boldsymbol{r}, t) = \frac{f_1\left(t - \frac{\boldsymbol{r}}{\boldsymbol{v}}\right)}{r} \tag{5-91}$$

式中函数f_1取决于场域中的媒质和q的变化形式。当q与时间无关时，即为静电场，这时它所产生的电位为：

$$\varphi(\boldsymbol{r}) = \frac{q}{4\pi\varepsilon r} \tag{5-92}$$

可见，函数f_1应表示为：

$$f_1\left(t - \frac{r}{\boldsymbol{v}}\right) = \frac{q\left(t - \frac{r}{\boldsymbol{v}}\right)}{4\pi\varepsilon} \tag{5-93}$$

所以，位于原点的时变电荷q产生的时变标量位为：

$$\varphi(\boldsymbol{r},t)=\frac{q\left(t-\dfrac{\boldsymbol{r}}{\boldsymbol{v}}\right)}{4\pi\varepsilon r} \tag{5-94}$$

由此推知，场域 V' 中体电荷 $\rho(r',t)$ 在场点 r 处产生的时变标量位为：

$$\varphi(\boldsymbol{r},t)=\frac{1}{4\pi\varepsilon}\int_{V'}\frac{\rho\left(\boldsymbol{r}',t-\dfrac{|\boldsymbol{r}-\boldsymbol{r}'|}{\boldsymbol{v}}\right)}{|\boldsymbol{r}-\boldsymbol{r}'|}\mathrm{d}V' \tag{5-95}$$

观察上述积分解可知，在时变电磁场中时变标量位的积分解与静电场中电位的积分解形式相似，但在时间上是滞后的。为说明其物理含义，设在坐标原点有一个按图示随时间变化的点电荷 $q(t)$，如图 5-5 所示。不难看出，给定点的电位不是瞬间建立起来的，只有当 $t\geqslant r/v$ 时，才不为零。也就是说，在时变电磁场中，$q(t)$ 在空间 r 点处产生的电位，需要一个时间 $t=r/v$ 的传播过程，其传播速度为 v。这表明时变点电荷产生的电位是以点电荷为中心、幅值与传播距离成反比的球面波，其波速由介质的介电常数和磁导率确定。在自由空间中正是光波在真空中的传播速度，即光速 c。

$$v=\frac{1}{\sqrt{\mu_0\varepsilon_0}}=3\times10^8(\mathrm{m/s}) \tag{5-96}$$

时变点电荷在空间产生的电位传播过程，如图 5-6 所示。

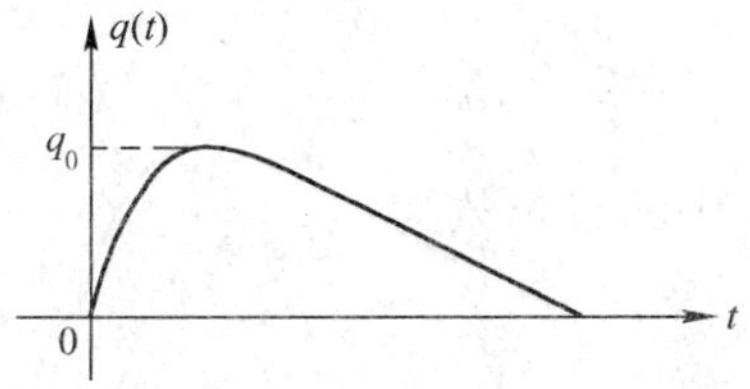

图 5-5　时变点电荷波形

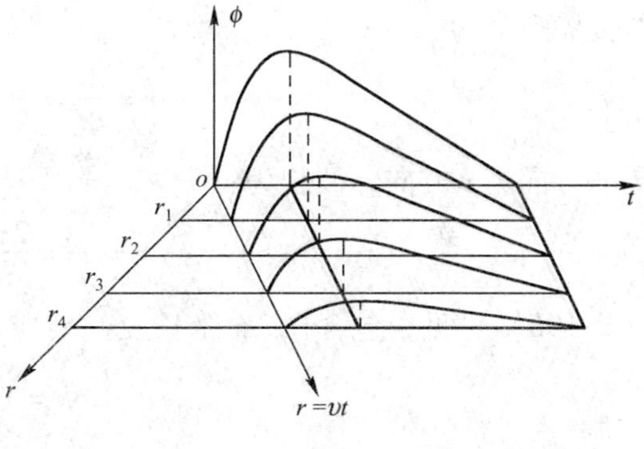

图 5-6　标量电位的传播

同理，时变矢量位非齐次波动方程的积分解为：

$$\boldsymbol{A}(\boldsymbol{r},t)=\frac{\mu}{4\pi}\int_{V'}\frac{\boldsymbol{J}\left(\boldsymbol{r}',t-\dfrac{|\boldsymbol{r}-\boldsymbol{r}'|}{\boldsymbol{v}}\right)}{|\boldsymbol{r}-\boldsymbol{r}'|}\mathrm{d}V' \tag{5-97}$$

由以上分析可知，空间各点时变标量位 φ 和时变矢量位 $\boldsymbol{A}$ 随时间的变化总是落后于场源的变化。因此，通常也称 $\boldsymbol{A}$ 与 φ 为滞后位。

5.5.4　非齐次波动方程的复数形式

场与时变位的关系为：

$$\nabla\cdot\dot{\boldsymbol{A}}=-\mathrm{j}\omega\mu\varepsilon\,\dot{\varphi} \tag{5-98}$$

$$\dot{\boldsymbol{B}}=\nabla\times\dot{\boldsymbol{A}} \tag{5-99}$$

$$\dot{\boldsymbol{E}} = -\mathrm{j}\omega\dot{\boldsymbol{A}} - \nabla\dot{\varphi} = -\mathrm{j}\omega\dot{\boldsymbol{A}} + \frac{1}{\mathrm{j}\omega\mu\varepsilon}\nabla(\nabla\cdot\dot{\boldsymbol{A}}) \tag{5-100}$$

达朗贝尔方程的复数形式及其解为：

$$\nabla^2\dot{\varphi} + \beta^2\dot{\varphi} = -\dot{\rho}/\varepsilon \tag{5-101}$$

$$\nabla^2\dot{\boldsymbol{A}} + \beta^2\dot{\boldsymbol{A}} = -\mu\dot{\boldsymbol{J}} \tag{5-102}$$

式中，$\beta=\omega\sqrt{\mu\varepsilon}$，称为相位常数，单位是弧度/米。对于正弦电磁场，时间 t 写为时间延迟 $t-\frac{r}{v}$，进一步可写为 $\omega\left(t-\frac{r}{v}\right)=\omega t-\frac{\omega}{v}r=\omega t-kr$，则其解的复数形式为：

$$\dot{\boldsymbol{A}}(\boldsymbol{r}) = \frac{\mu}{4\pi}\int_{V'}\frac{\dot{\boldsymbol{J}}(\boldsymbol{r}')}{|\boldsymbol{r}-\boldsymbol{r}'|}\mathrm{e}^{-\mathrm{j}k|\boldsymbol{r}-\boldsymbol{r}'|}\mathrm{d}V' \tag{5-103}$$

$$\dot{\varphi}(\boldsymbol{r}) = \frac{1}{4\pi\varepsilon}\int_{V'}\frac{\dot{\rho}(\boldsymbol{r}')}{|\boldsymbol{r}-\boldsymbol{r}'|}\mathrm{e}^{-\mathrm{j}k|\boldsymbol{r}-\boldsymbol{r}'|}\mathrm{d}V' \tag{5-104}$$

式（5-103）和式（5-104）是非齐次亥姆霍兹方程的解。

5.5.5 波长与波数

采用等相位点的传播过程分析电磁波传播的滞后效应，即对 $\theta_0=\omega t-kr$ 求导，则等相位点的传播速度为：

$$v=\frac{\mathrm{d}r}{\mathrm{d}t}=\frac{\omega}{k}=\frac{1}{\sqrt{\mu\varepsilon}} \tag{5-105}$$

波的传播方向为 r 方向，波长为：

$$\lambda=\frac{v}{f}=\frac{2\pi v}{\omega}=\frac{2\pi}{k} \tag{5-106}$$

由式（5-106）可见，包含在 2π 米长度（对应 2π 相位）中的波长数为：

$$k=\frac{2\pi}{\lambda} \tag{5-107}$$

因此，k 被称为波数，也称为相位系数。

习题 5-5

在应用电磁位时，如果不采用洛仑兹条件，而采用所谓的库仑规范，令 $\nabla\cdot\boldsymbol{A}=0$，试推导出 $\boldsymbol{A}$ 和 φ 所满足的微分方程。

5.6 电磁辐射

在时变电场中空间电磁场并不取决于同一时刻的源的特性，即便在同一时刻源已消失，只要前一时刻源还存在，它们原来产生的空间电磁场仍然存在。这表明源已将电磁能量释放到空间，电磁能量脱离源而单独存在于空间中，这种现象称为电磁辐射。这就是说，当有随时间变化的电流、电荷时，就会产生电磁辐射。电磁辐射的过程就形成电磁波，并以一定的速度在空间传播。随时间变化的场源 ρ 或 $\boldsymbol{J}$ 产生的电磁场以波的形式在空间传播，这种现象被称为场源的电磁辐射。今后主要讨论正弦电磁场。这主要基于两方面的考虑：一是在实际工程中，电磁发射往往是以某一频率的正弦波为载频；二是正弦电磁场分析相对比较简单，其结果易于延拓到整个频域，并可借助傅立叶分析计算其他类型的时变电磁场。

5.6.1　电偶极子的电磁场

如图 5-7 所示，电偶极子 $I\Delta l$ 是最简单的电磁辐射元件，通常称产生电磁辐射的元件为天线。设电偶极子长度 Δl 远小于其上电流频率对应的电磁波波长，其横截面忽略不计。$\dot{I}$ 为电流有效值相量。$\Delta l \ll r$，得：

$$\dot{\boldsymbol{A}} = \frac{\mu_0 \dot{I} \Delta l}{4\pi r} \mathrm{e}^{-\mathrm{j}kr} \boldsymbol{e}_z \qquad (5-108)$$

将式（5-108）在球坐标系下展开，可写成：

$$\dot{\boldsymbol{A}} = \frac{\mu_0 \dot{I} \Delta l}{4\pi r} \mathrm{e}^{-\mathrm{j}kr} (\cos\theta \boldsymbol{e}_r - \sin\theta \boldsymbol{e}_\theta) \qquad (5-109)$$

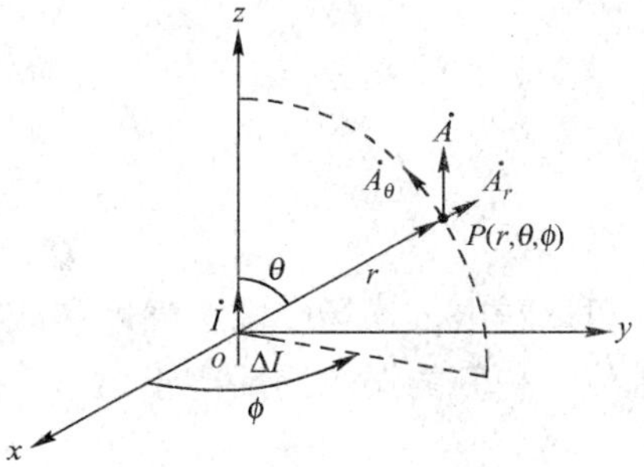

图 5-7　电偶极子（元天线）

根据 $\dot{\boldsymbol{H}} = \nabla \times \dot{\boldsymbol{A}} / \mu_0$，可得：

$$\dot{\boldsymbol{H}} = \frac{\dot{I} \Delta l}{4\pi r^2} \mathrm{e}^{-\mathrm{j}kr} (1 + \mathrm{j}kr) \sin\theta \boldsymbol{e}_\phi \qquad (5-110)$$

$$\begin{aligned} \dot{\boldsymbol{E}} &= \frac{1}{\mathrm{j}\omega\varepsilon} \nabla \times \dot{\boldsymbol{H}} \\ &= -\mathrm{j} \frac{\dot{I} \Delta l}{2\pi\omega\varepsilon_0} \cdot \frac{\mathrm{e}^{-\mathrm{j}kr}}{r^3} (1 + \mathrm{j}kr) \cos\theta \boldsymbol{e}_r - \mathrm{j} \frac{\dot{I} \Delta l}{4\pi\omega\varepsilon_0} \cdot \frac{\mathrm{e}^{-\mathrm{j}kr}}{r^3} (1 + \mathrm{j}kr - k^2 r^2) \sin\theta \boldsymbol{e}_\theta \end{aligned} \qquad (5-111)$$

5.6.2　近场与远场

1. 近场

定义靠近电偶极子的区域即 $kr \ll 1$（相当于 $r \ll \lambda$）为近区。此时：

$$\dot{\boldsymbol{E}} \approx -\mathrm{j} \frac{\dot{I} \Delta l \cos\theta}{2\pi\omega\varepsilon_0 r^3} \boldsymbol{e}_r - \mathrm{j} \frac{\dot{I} \Delta l \sin\theta}{4\pi\omega\varepsilon_0 r^3} \boldsymbol{e}_\theta \qquad (5-112)$$

$$\dot{\boldsymbol{H}} \approx \frac{\dot{I} \Delta l \sin\theta}{4\pi r^2} \boldsymbol{e}_\phi \qquad (5-113)$$

利用电流与电荷的关系即 $\dot{I} = \mathrm{j}\omega \dot{q}$，电场强度又可写为：

$$\dot{\boldsymbol{E}} \approx \frac{\dot{q} \Delta l \cos\theta}{2\pi\varepsilon_0 r^3} \boldsymbol{e}_r + \frac{\dot{q} \Delta l \sin\theta}{4\pi\varepsilon_0 r^3} \boldsymbol{e}_\theta \qquad (5-114)$$

将上述电场强度和磁场强度分别与电偶极子产生的静电场的电场强度和电流元产生的恒定磁场的磁场强度相对比，可以看出，其场分布是相同的。此外，场与源的相位完全相同，两者之间没有时差。因此，虽然源随时间变化，但它产生的近场与静态电磁场的特性完全相同，无滞后效应，所以近场也称为似稳场。同时，从式（5-114）还可看出，电场强度和磁场强度的相位差为90°，故坡印廷矢量的平均值 $\boldsymbol{S}_{av}$ 为零。这说明存储在电偶极子附近空间的能量表现为电场与磁场之间相互交换的方式，而并不会产生向无限远空间传送的电磁辐射。

应该指出的是，事实上近场也传输平均功率，而且正是这部分功率提供了向外空间传送的辐射功率，只是相对于存储在近场的功率而言，其值可以忽略不计。

2. 远场

定义远离电偶极子的区域即 $kr \gg 1$（相当于 $r \gg \lambda$）为远区。此时：

$$\dot{\boldsymbol{E}} = \mathrm{j}\frac{\dot{I}\,\Delta l k^2}{4\pi\omega\varepsilon_0 r}\sin\theta \mathrm{e}^{-\mathrm{j}kr}\boldsymbol{e}_\theta \tag{5-115}$$

$$\dot{\boldsymbol{H}} = \mathrm{j}\frac{\dot{I}\,\Delta l k}{4\pi r}\sin\theta \mathrm{e}^{-\mathrm{j}kr}\boldsymbol{e}_\phi \tag{5-116}$$

可以看出，远场中电场强度和磁场强度在空间上相互垂直并与半径为 r 的球面相切，且同相位。它们的振幅均反比于 r，其振幅之比定义为介质的特性阻抗，即：

$$\eta = \frac{F_\theta}{H_\phi} = \frac{k}{\omega\varepsilon} = \sqrt{\frac{\mu}{\varepsilon}} \tag{5-117}$$

在自由空间中，

$$\eta_0 = \sqrt{\frac{\mu_0}{\varepsilon_0}} \approx 377(\Omega) \tag{5-118}$$

由于特性阻抗反映了电磁波的电场强度和磁场强度之比，它又被称为介质的波阻抗。

求空间任意一点复坡印廷矢量的平均值：

$$\boldsymbol{S}_{av} = \eta\left(\frac{I\Delta l}{2\lambda r}\right)^2 \sin^2\theta\boldsymbol{e}_r \tag{5-119}$$

式（5-119）表明电磁能量向无限远辐射。由此可见，正弦振荡的电流以波的形式向空间辐射电磁能量。将此种辐射电磁能量的电磁场称之为辐射场，亦即电磁波。

可以看出，对于远场中的电磁波，无论是电场强度还是磁场强度，它们的相位在以电偶极子为中心形成的球面上是相等的，即等相位的，称等相位面为球面的电磁波为球面波。它具有如下特点。

（1）$\dot{\boldsymbol{E}}$、$\dot{\boldsymbol{H}}$ 和 $\boldsymbol{S}_{av}$ 相互垂直，且满足右手螺旋关系。

（2）$\dot{\boldsymbol{E}}$ 和 $\dot{\boldsymbol{H}}$ 同相位且它们的振幅之比为介质的特性阻抗。

（3）传播方向由相位因子 $\mathrm{e}^{\pm\mathrm{j}kr}$ 确定，当 jkr 前取“-”时，沿 $\boldsymbol{e}_x$ 方向传播；反之，沿 $-\boldsymbol{e}_x$ 方向传播。可见，在无限大空间中，只需知道 $\dot{\boldsymbol{E}}$ 和 $\dot{\boldsymbol{H}}$ 中的一个，另一个就可以利用上述的特点求出。所以今后只分析电磁波的电场强度。

5.6.3 方向图

电偶极子是最简单的天线，它产生的辐射场不仅与场点到源点的距离有关，还与同一球面上的 θ 和 ϕ 角度有关。当 $\theta = 0°$，即在 z 轴方向上辐射为零；当 $\theta = 90°$，也就是在垂直 z 轴的方向上辐射最强。

辐射场的电场强度随 θ 和 ϕ 角度变化的函数 $f(\theta,\phi)$ 被称为天线的方向图因子，根据 $f(\theta,\phi)$ 画出的图形被称为该天线的方向图。方向图描述天线辐射场强在空间的分布情况。

则电偶极子的方向图因子为：

$$f(\theta,\phi)=\sin\theta \tag{5-120}$$

电偶极子天线在子午面上的方向图如图 5-8 所示。

在远场选一个包围电偶极子的半径为 r 的球面，由复坡印廷矢量的平均值得到电偶极子向外发出的总辐射功率：

$$P=\oint_S \boldsymbol{S}_{\text{av}}\cdot \mathrm{d}\boldsymbol{S}=\frac{2\pi}{3}\eta\left(\frac{I\Delta l}{\lambda}\right)^2 \tag{5-121}$$

可见，总辐射功率与半径无关，即总辐射功率辐射到无限远。将式（5-121）写为：$P=I^2R_{\text{re}}$，则

$$R_{\text{re}}=\frac{2\pi}{3}\left(\frac{\Delta l}{\lambda}\right)^2\eta \tag{5-122}$$

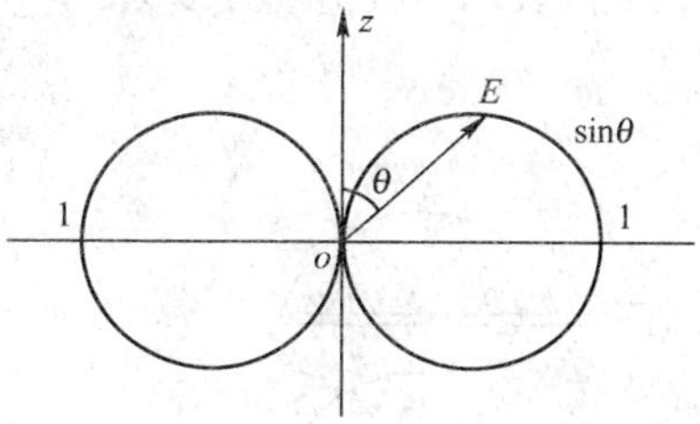

图 5-8　电偶极子天线在斜面上的方向图

称为天线的辐射电阻，它表示天线的辐射能力。R_{re}越大则天线的辐射功率也就越强。由于辐射电阻与 $\Delta l/\lambda$ 有关，当电源频率较高即 λ 较小时，可使用长度较短的天线发送一定量的辐射功率；而当电源频率较低即 λ 较大时，就必须使用相当长的天线才能发送一定量的辐射功率。

有时还常用 P 或 R_{re}表示坡印廷矢量的平均值，即：

$$\boldsymbol{S}_{\text{av}}=\frac{3P}{8\pi r^2}\sin^2\theta\ \boldsymbol{e}_r \tag{5-123}$$

或

$$\boldsymbol{S}_{\text{av}}=\frac{3R_{\text{re}}I^2}{8\pi r^2}\sin^2\theta\ \boldsymbol{e}_r \tag{5-124}$$

【例 5-3】 个人通信系统频率范围为 800 MHz　3 GHz。GSM 系统双频移动电话天线的发射功率，当 $f=900$ MHz 时为 0.1　2 W；当 $f=1.8$ GHz 时为 0.1　1 W。若将该移动电话天线近似看作为偶极子天线，试分别计算距移动电话 3 cm 处的最大功率面密度。

解： 在距离一定的情况下，最大功率面密度出现在 $\theta=90°$情况：

当 $f=900$ MHz 时，$S_{\text{avmax}}=265.2\ \text{W/m}^2=26.52\ \text{mW/cm}^2$；

当 $f=1.8$ GHz 时，$S_{\text{avmax}}=132.6\ \text{W/m}^2=13.26\ \text{mW/cm}^2$。

需要说明的是，以上仅是估算值。这是因为，在自由空间中，900 MHz 电磁波对应的波长为 33.3 cm，1.8 GHz 电磁波对应的波长为 16.7 cm。而移动电话的天线长度既不满足且远小于波长，也不满足远场条件，还未考虑使用移动电话时人体头部媒质对电磁场的扰动。但是 1　3 GHz 频率范围内的电磁波能够全部被皮肤、脂肪和肌肉所吸收，使人体深处的细胞加热，导致内部器官损伤。因此，世界各国均对功率面密度限值作了规定，如美国 IEEE/ANSI 标准规定功率面密度限值为 1 mW/cm²。显然，本例在两个工作频率下的最大功率面密度均超过 1 mW/cm²。所以，从健康的角度考虑，不应长时间使用移动电话。

5.6.4　线天线与天线阵

1. 线天线

线天线是指具有一定长度，且线半径远小于长度的直线导体构成的天线。由终端开路传输

线形成半波线天线示意图如图5-9所示，电压和电流沿线分布曲线如图5-9（c）所示。在距终端四分之一波长处，将传输线分别向上和向下折90°，就形成半波线天线，见图5-9（b）。这表明半波线天线易于与传输线匹配，天线上的电流分布可以用终端开路传输线上的电流分布予以近似表示，其电场强度为：

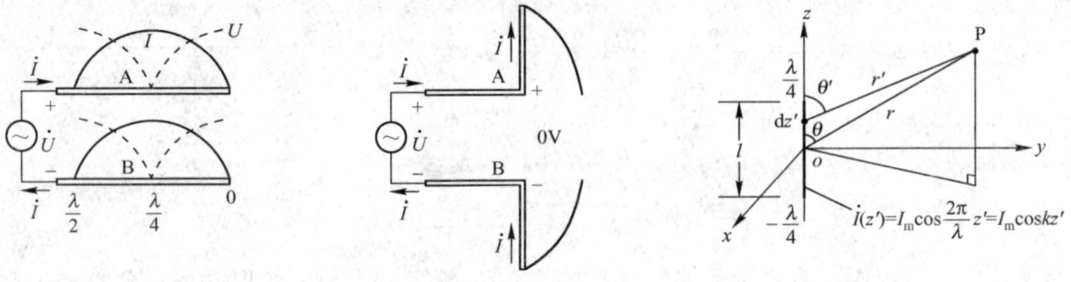

图5-9 由终端开路传输线形成半波线天线示意图

$$\dot{\boldsymbol{E}}=\mathrm{j}\frac{\dot{I}k^2}{4\pi\omega\varepsilon_0}\int_{-\frac{\lambda}{4}}^{\frac{\lambda}{4}}\frac{1}{r'}\cos kz'\sin\theta \mathrm{e}^{-\mathrm{j}kr'}\mathrm{d}z'\boldsymbol{e}_\theta \tag{5-125}$$

由于 $r\gg l$，有 $\theta'\approx\theta$，$r'\approx r-z'\cos\theta$，电场强度可改写为：

$$\begin{aligned}\dot{\boldsymbol{E}}&=\mathrm{j}\frac{\dot{I}k^2}{4\pi\omega\varepsilon_0 r}\sin\theta \mathrm{e}^{-\mathrm{j}kr}\int_{-\frac{\lambda}{4}}^{\frac{\lambda}{4}}\cos kz'\mathrm{e}^{\mathrm{j}kz'\cos\theta}\mathrm{d}z'\boldsymbol{e}_\theta\\&=\mathrm{j}\frac{\dot{I}k^2}{4\pi\omega\varepsilon_0 r}\sin\theta \mathrm{e}^{-\mathrm{j}kr}\cdot\frac{2\cos\left(\frac{\pi}{2}\cos\theta\right)}{k\sin^2\theta}\boldsymbol{e}_\theta\\&=\mathrm{j}\frac{\dot{I}k}{2\pi\omega\varepsilon_0 r}\cdot\frac{\cos\left(\frac{\pi}{2}\cos\theta\right)}{\sin\theta}\mathrm{e}^{-\mathrm{j}kr}\boldsymbol{e}_\theta\end{aligned} \tag{5-126}$$

方向图因子为：

$$f(\theta,\phi)=\frac{\cos\left(\frac{\pi}{2}\cos\theta\right)}{\sin\theta} \tag{5-127}$$

半波线天线的方向图如图5-10（a）所示，可以看出，它比电偶极子有更好的方向性。

2. 天线阵

将多个线天线组合在一起即构成天线阵。如图5-10（b）所示，以由 N 个相互平行的线天线构成的天线阵（N 元天线阵）为例。设相邻两天线距离为 d，电流振幅分布相同，相位依次滞后为 α。从图5-10（c）可以看出，相邻两天线在场点由于波程差和电流相位差产生的总相位差为：

$$\psi=kd\sin\theta\cos(\phi-\alpha) \tag{5-128}$$

设图中原点线天线的辐射电场强度为 $\dot{\boldsymbol{E}}_0$，则 N 元天线阵在场点总的辐射电场为：

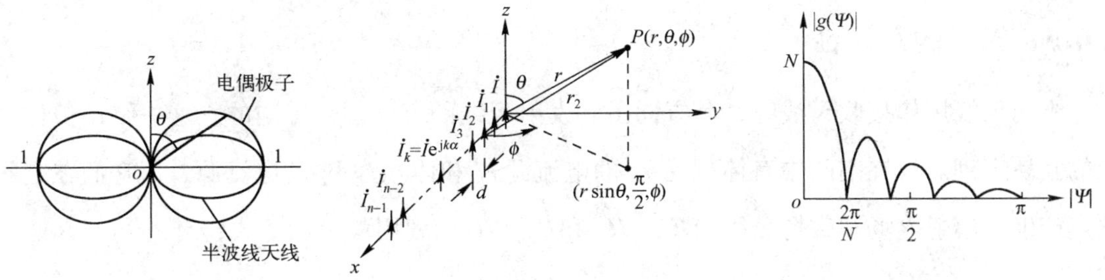

（a）半波线天线方向图　　（b）N 元天线阵　　（c）阵因子分布曲线

图 5-10　半波线天线的方向图

$$\dot{\boldsymbol{E}} = \dot{\boldsymbol{E}}_0(1 + e^{j\psi} + e^{j2\psi} + \cdots + e^{j(N-1)\psi}) = \dot{\boldsymbol{E}}_0 \frac{1 - e^{jN\psi}}{1 - e^{j\psi}}$$

$$= \dot{\boldsymbol{E}}_0 e^{j\frac{(N-1)\psi}{2}} \frac{\sin \frac{N\psi}{2}}{\sin \frac{\psi}{2}} = \dot{\boldsymbol{E}}_0 e^{j\frac{(N-1)\psi}{2}} g(\psi) \tag{5-129}$$

其中

$$g(\psi) = \frac{\sin \frac{N\psi}{2}}{\sin \frac{\psi}{2}} \tag{5-130}$$

被称为 N 元天线阵的阵因子。如果上述 N 元天线阵均由半波线天线组成，则总辐射电场强度为：

$$\dot{\boldsymbol{E}} = j \frac{\dot{I} k}{2\pi\omega\varepsilon_0 r} e^{j\frac{(N-1)\psi}{2}} f(\theta,\phi) g(\psi) \boldsymbol{e}_\theta \tag{5-131}$$

式（5-131）表明，N 元天线阵的方向图因子为线天线方向图因子与天线阵阵因子的乘积。为理解天线阵的方向性，取 $\theta = 90°$，则：

$$\psi = kd\cos\phi - \alpha \tag{5-132}$$

阵因子 $g(\psi)$ 随 ψ 的变化曲线如图 5-10（c），可以用来确定天线阵的最大辐射方向。可见，当 $\psi = 0$ 时，辐射最强，最强的主瓣宽度为 π/N，由式（5-132）得到最强辐射的角度：

$$\phi = \arccos \frac{\alpha}{kd} = \arccos \frac{\alpha\lambda}{2\pi d} \tag{5-133}$$

式（5-133）表明，当 d 一定时，调整各个线天线的相位差 α，可以改变天线阵的最大辐射方向，这就是相控天线阵的工作原理。$d = \lambda/2$ 的六元天线阵不同相位差 α 时对应的方向图如图 5-11 所示。

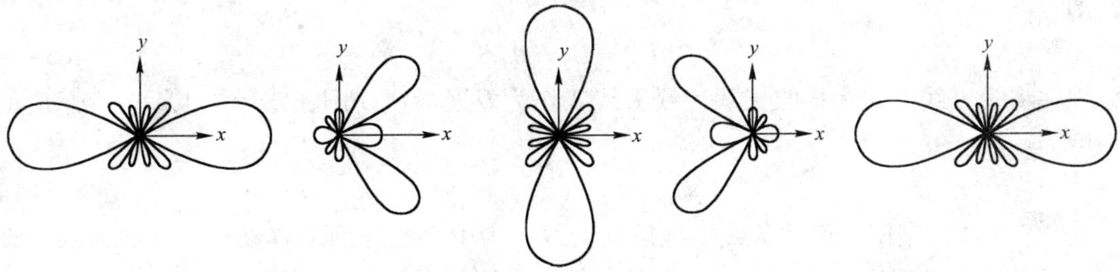

α=180°　　α=90°　　α=0°　　α=−90°　　α=−180°

图 5-11　$d = \lambda/2$ 的六元天线阵不同相位差 α 时对应的方向图

5.6.5 天线的互易性

当线天线用作接收天线时，其方向图和发射天线的方向图是等同的。这一结论被称为天线的互易定理。设在空间中有体积为 V_1 的电流源$\dot{\boldsymbol{J}}_1$ 和体积为 V_2 的电流源$\dot{\boldsymbol{J}}_2$，它们在空间任意点产生的辐射电场和磁场分别为$\dot{\boldsymbol{E}}_1$、$\dot{\boldsymbol{H}}_1$ 和$\dot{\boldsymbol{E}}_2$、$\dot{\boldsymbol{H}}_2$。利用矢量恒等式，有：

$$\begin{aligned}\nabla\cdot(\dot{\boldsymbol{E}}_1\times\dot{\boldsymbol{H}}_2)&=\dot{\boldsymbol{H}}_2\cdot(\nabla\times\dot{\boldsymbol{E}}_1)-\dot{\boldsymbol{E}}_1\cdot(\nabla\times\dot{\boldsymbol{H}}_2)\\&=-\mathrm{j}\omega(\varepsilon\dot{\boldsymbol{E}}_1\cdot\dot{\boldsymbol{E}}_2+\mu\dot{\boldsymbol{H}}_1\cdot\dot{\boldsymbol{H}}_2)-\dot{\boldsymbol{E}}_1\cdot\dot{\boldsymbol{J}}_2\end{aligned}\tag{5-134}$$

将式（5-134）变量下标 1 和 2 互换，得：

$$\nabla\cdot(\dot{\boldsymbol{E}}_2\times\dot{\boldsymbol{H}}_1)=-\mathrm{j}\omega(\varepsilon\dot{\boldsymbol{E}}_2\cdot\dot{\boldsymbol{E}}_1+\mu\dot{\boldsymbol{H}}_2\cdot\dot{\boldsymbol{H}}_1)-\dot{\boldsymbol{E}}_2\cdot\dot{\boldsymbol{J}}_1\tag{5-135}$$

将两式相减且在无限大空间积分，并应用散度定理，得：

$$\oint_{S_\infty}(\dot{\boldsymbol{E}}_1\times\dot{\boldsymbol{H}}_2-\dot{\boldsymbol{E}}_2\times\dot{\boldsymbol{H}}_1)\cdot\mathrm{d}\boldsymbol{S}=\int_{V_1+V_2}(\dot{\boldsymbol{E}}_2\cdot\dot{\boldsymbol{J}}_1-\dot{\boldsymbol{E}}_1\cdot\dot{\boldsymbol{J}}_2))\mathrm{d}V\tag{5-136}$$

在式（5-136）推导中，应用了在非 V_1 和 V_2 的体积中条件：$\dot{\boldsymbol{J}}_1=\dot{\boldsymbol{J}}_2=0$。式（5-136）的面积分为零，且均为线天线，则此式可改为：

$$\int_{l_1}\dot{\boldsymbol{E}}_2\cdot\dot{\boldsymbol{I}}_1\mathrm{d}l=\int_{l_2}\dot{\boldsymbol{E}}_1\cdot\dot{\boldsymbol{I}}_2\mathrm{d}l\tag{5-137}$$

由于假定线天线为理想导体，这意味着在线天线表面上无电场强度的切向分量。式（5-136）的线积分仅在线天线信号馈入点成立，如图 5-12 所示，则应为：

$$\dot{\boldsymbol{E}}_{12}\cdot\dot{I}_1\boldsymbol{h}_1=\dot{\boldsymbol{E}}_{21}\cdot\dot{I}_2\boldsymbol{h}_2\tag{5-138}$$

式中，$\dot{\boldsymbol{E}}_{12}$表示线天线 2 在线天线 1 处产生的电场强度；$\dot{\boldsymbol{E}}_{21}$表示线天线 1 在线天线 2 处产生的电场强度。若令这两线天线电流和几何尺寸完全相同，则式（5-138）写为：

$$\dot{E}_{12}=\dot{E}_{21}\tag{5-139}$$

如果将线天线 1 作为发射天线，线天线 2 作为接收天线。则在线天线 2 馈入点感应的电场强度应正比于线天线 1 的方向图因子，即：

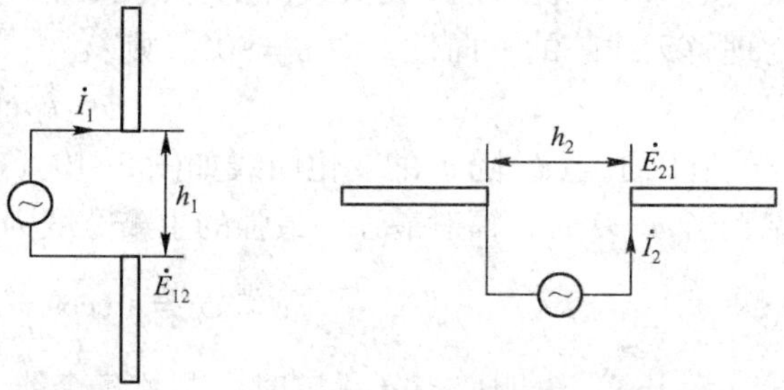

图 5-12 两个线天线

$$E_{21}=E_0f(\theta,\phi)\tag{5-140}$$

现在将线天线 1 作为接收天线，线天线 2 作为发射天线，则在线天线 1 馈入点感应的电场强度为：

$$E_{12}=E_{21}=E_0f(\theta,\phi)\tag{5-141}$$

式（5-141）表明，当线天线 1 在以线天线 2 为中心的球面上移动时，在线天线 1 馈入点感应的电场强度正比于将它作为发射天线的方向图因子。这就证明了天线用作接收时的方向图因子与用作发射时的方向图因子是相同的。

习题 5–6

1. 设元天线的轴线沿东西方向放置，在远方有一移动接收台停在正南方而收到最大电场强度，当电台沿以元天线为中心的圆周在地面移动时，电场强度渐渐减小，问当电场强度减小到最大值的$\frac{1}{\sqrt{2}}$时，电台的位置偏离正南多少度？

2. 题 1 中如果接收台不动，将元天线在水平面内绕中心旋转，结果如何？如果接收天线也是元天线，讨论收发两天线的相对方位对测量结果的影响。

5.7　电磁波频谱

天线向空间发射电磁波信号，并占用一定的频谱宽度。因此，频谱成为一种特殊资源。为了防止电磁波信号相互干扰，必须将电磁波的频谱进行合理分配，并进行有效的管理。我国由全国无线电管理委员会负责频谱分配、协调和管理。电磁波频谱分配图如图 5–13 所示，图中不仅给出了频率、波长范围，还简明地描述了相应的应用领域。

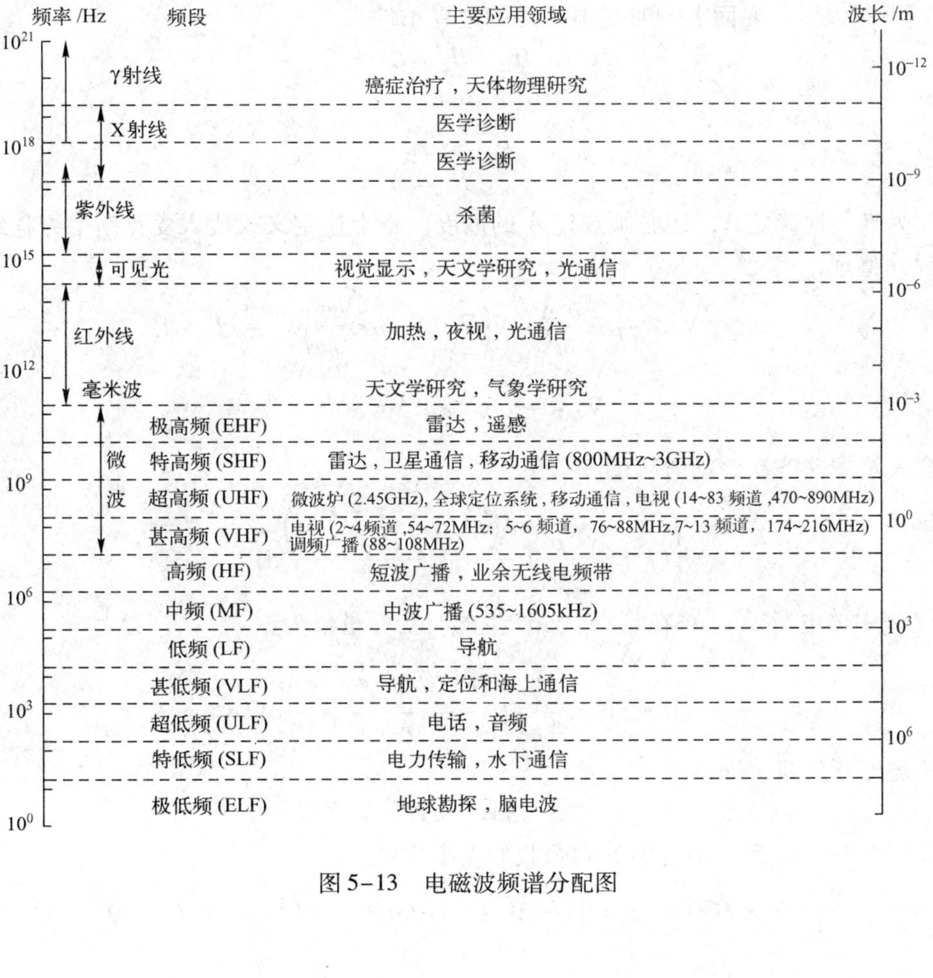

图 5–13　电磁波频谱分配图

习题 5–7

简述电磁波各个频段的主要用途。

本章小结

（1）麦克斯韦方程组是经典电磁理论的基本方程，相应微分形式为：

$$\nabla \times \boldsymbol{H} = J_{c} + \frac{\partial \boldsymbol{D}}{\partial t}$$

$$\nabla \times \boldsymbol{E} = -\frac{\partial \boldsymbol{B}}{\partial t}$$

$$\nabla \cdot \boldsymbol{B} = 0$$

$$\nabla \cdot \boldsymbol{D} = \rho$$

对于各向同性介质，媒质特性的构成方程组为：

$$\boldsymbol{D} = \varepsilon \boldsymbol{E}$$

$$\boldsymbol{B} = \mu \boldsymbol{H}$$

$$\boldsymbol{J} = \gamma \boldsymbol{E}$$

（2）不同媒质分界面上的时变电磁场的边界条件为：

$$H_{1t} - H_{2t} = K$$

$$E_{1t} = E_{2t}$$

$$B_{1n} = B_{2n}$$

$$D_{2n} - D_{1n} = \sigma$$

（3）为唯一地确定 $\boldsymbol{A}$，还必须规定 $\boldsymbol{A}$ 的散度。将上述定义式代入麦克斯韦方程组的另外两个方程并整理，得：

$$\nabla^{2}\boldsymbol{A} - \mu\varepsilon\frac{\partial^{2}\boldsymbol{A}}{\partial t^{2}} - \nabla\left(\nabla \cdot \boldsymbol{A} + \mu\varepsilon\frac{\partial \varphi}{\partial t}\right) = -\mu\boldsymbol{J}$$

$$\nabla^{2}\varphi + \frac{\partial}{\partial t}(\nabla \cdot \boldsymbol{A}) = -\frac{\rho}{\varepsilon}$$

时变矢量位非齐次波动方程的积分解为：

$$\boldsymbol{A}(\boldsymbol{r},t) = \frac{\mu}{4\pi}\int_{V'}\frac{\boldsymbol{J}\left(\boldsymbol{r}', t - \frac{|\boldsymbol{r} - \boldsymbol{r}'|}{v}\right)}{|\boldsymbol{r} - \boldsymbol{r}'|}\mathrm{d}V'$$

场域 V' 中体电荷 $\rho(r',t)$ 在场点 r 处产生的时变标量位为：

$$\varphi(\boldsymbol{r},t) = \frac{1}{4\pi\varepsilon}\int_{V'}\frac{\rho\left(\boldsymbol{r}', t - \frac{\boldsymbol{r} - \boldsymbol{r}'}{v}\right)}{|\boldsymbol{r} - \boldsymbol{r}'|}\mathrm{d}V'$$

（4）坡印廷矢量，即：

$$\boldsymbol{S} = \boldsymbol{E} \times \boldsymbol{H}$$

若体积 V 内无电源，闭合面 S 内吸收的功率为：

$$\oint_{S}(\dot{\boldsymbol{E}} \times \dot{\boldsymbol{H}}^{*}) \cdot \mathrm{d}\boldsymbol{S} = \int_{V}\frac{J^{2}}{\gamma}\mathrm{d}V + \mathrm{j}\omega\int_{V}(\mu H^{2} - \varepsilon E^{2})\mathrm{d}V = P + \mathrm{j}Q$$

求解电磁场问题的等效电路参数：

$$R = \frac{P}{I^2} = -\frac{1}{I^2}\mathrm{Re}\left[-\oint_S(\dot{\boldsymbol{E}}\times\dot{\boldsymbol{H}}^*)\,\mathrm{d}\boldsymbol{S}\right] = \frac{1}{I^2}\int_V \frac{J^2}{\gamma}\mathrm{d}V$$

$$X = \frac{Q}{I^2} = -\frac{1}{I^2}\mathrm{Im}\left[-\oint_S(\dot{\boldsymbol{E}}\times\dot{\boldsymbol{H}}^*)\cdot\mathrm{d}\boldsymbol{S}\right] = \frac{1}{I^2}\omega\int_V(\mu H^2-\varepsilon E^2)\,\mathrm{d}V$$

(5) 电偶极子向外发出的总辐射功率为：

$$P = \oint_S \boldsymbol{S}_{\mathrm{av}}\cdot\mathrm{d}\boldsymbol{S} = \frac{2\pi}{3}\eta\left(\frac{I\Delta l}{\lambda}\right)^2$$

可见，总辐射功率与半径无关，即总辐射功率辐射到无限远。将其写为 $P=I^2R_{\mathrm{re}}$形式，则：

$$R_{\mathrm{re}} = \frac{2\pi}{3}\left(\frac{\Delta l}{\lambda}\right)^2\eta$$

称为天线的辐射电阻，它表示天线的辐射能力。R_{re}越大则天线的辐射功率也就越强。

复习参考题

一、思考题

1. 什么是位移电流？它与传导电流及运流电流的本质区别是什么？为什么在不良导体中位移电流有可能大于传导电流？

2. 写出麦克斯韦方程的积分形式与微分形式，并阐述其物理意义。

3. 什么是洛仑兹条件？为什么采用洛仑兹条件？

4. 什么是电磁场的能量守恒定律？叙述坡印廷定理的物理意义，解释其中各项的含义是什么？

5. 电磁能量是通过电流在导体中传输的吗？为什么？

6. 什么是正弦电磁场？如何用复矢量表示正弦电磁场？

7. 给出麦克斯韦方程及其位函数方程的复矢量形式。

8. 什么是电磁辐射？为什么会产生电磁辐射？

二、习题

1. 有一导体滑片在两根平行的轨道上滑动，整个装置位于正弦时变磁场 $\boldsymbol{B}=\boldsymbol{e}_z 5\cos\omega t$ (mT) 之中，如题 1 图所示。滑片的位置由 $x=0.35(1-\cos\omega t)$ (m) 确定，轨道终端接有电阻 $R=0.2\Omega$，试求电流 i。

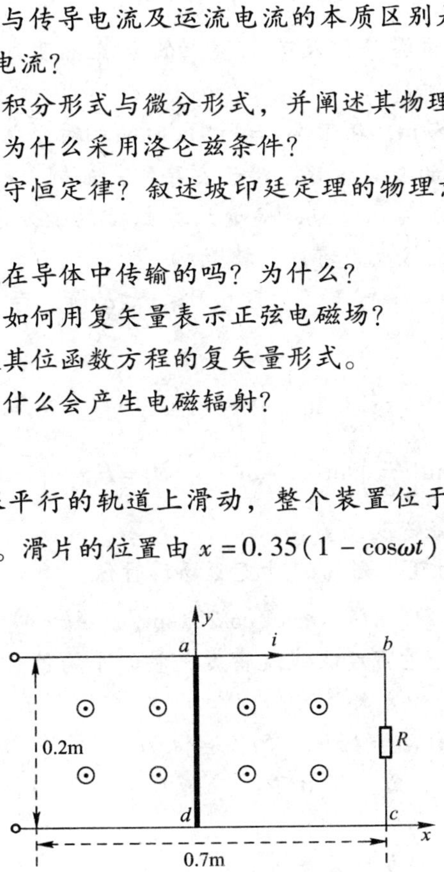

题 1 图

2. 一根半径为 a 的长圆柱形介质棒放入均匀磁场 $\boldsymbol{B}=\boldsymbol{e}_z B_0$ 中与 z 轴平行。设棒以角速度 ω 绕轴作等速旋转，求介质内的极化强度、体积内和表面上单位长度的极化电荷。

3. 有一个环形线圈，导线的长度为 l，分别通过以直流电源供应电压 U_0 和时变电源供应电压 $U(t)$。讨论这两种情况下导线内的电场强度 $\boldsymbol{E}$。

4. 由麦克斯韦方程组出发，导出点电荷的电场强度公式和泊松方程。

5. 已知自由空间中球面波的电场为 $\boldsymbol{E}=\boldsymbol{e}_\theta \dfrac{E_0}{r}\sin\theta\cos(\omega t-kr)$，求 $\boldsymbol{H}$ 和 k。

6. 试推导在线性、无损耗、各向同性的非均匀媒质中用 $\boldsymbol{E}$ 和 $\boldsymbol{B}$ 表示的麦克斯韦方程。

7. 写出在空气和 $\mu=\infty$ 的理想磁介质之间分界面上的边界条件。

8. 提出推导 $\boldsymbol{n}\times\boldsymbol{H}_1=\boldsymbol{J}_s$ 的详细步骤。

9. 如题9图所示，在由理想导电壁（$\gamma=\infty$）限定的区域 $0\leqslant x\leqslant a$ 内，存在一个由以下各式表示的电磁场：

$$E_y=H_0\mu\omega\left(\frac{a}{\pi}\right)\sin\left(\frac{\pi x}{a}\right)\sin(kz-\omega t)$$

$$H_x=H_0k\left(\frac{a}{\pi}\right)\sin\left(\frac{\pi x}{a}\right)\sin(kz-\omega t)$$

$$H_z=H_0\cos\left(\frac{\pi x}{a}\right)\cos(kz-\omega t)$$

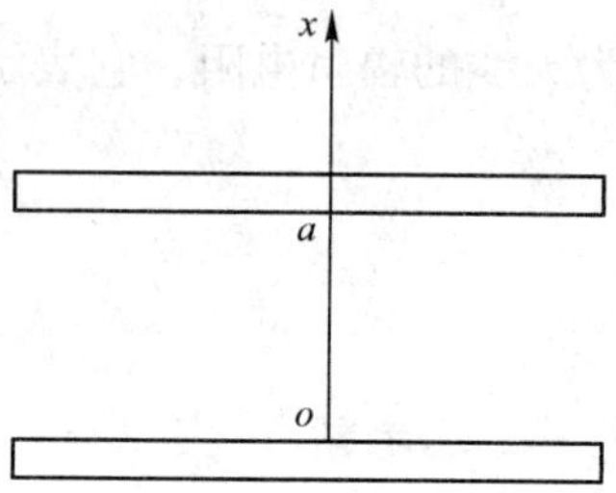

题9图

试求此电磁场应满足的边界条件及导电壁上的电流密度的值。

10. 海水的电导率 $\gamma=4\,\mathrm{S/m}$，在频率 $f=1\,\mathrm{GHz}$ 时的相对介电常数 $\varepsilon_r=\infty$。如果把海水视为一等效的电介质，写出 $\boldsymbol{H}$ 的微分方程。对于良导体，如铜，$\varepsilon_r=1$，$\gamma=5.7\times10^7\,\mathrm{S/m}$，比较在 $f=1\,\mathrm{GHz}$ 时的位移电流和传导电流的幅度，写出 $\boldsymbol{H}$ 的微分方程。(可以看出，即使在微波频率下，良导体中的位移电流也是可以忽略的。)

11. 在由理想导电壁（$\gamma=\infty$）限定的区域 $0\leqslant x\leqslant a$ 内，存在一个由以下各式表示的电磁场：

$$E_y=H_0\mu\omega\left(\frac{a}{\pi}\right)\sin\left(\frac{\pi x}{a}\right)\sin(kz-\omega t)$$

$$H_x=H_0k\left(\frac{a}{\pi}\right)\sin\left(\frac{\pi x}{a}\right)\sin(kz-\omega t),\quad H_z=H_0\cos\left(\frac{\pi x}{a}\right)\cos(kz-\omega t)$$

计算能流密度矢量和平均能流密度矢量。

12. 已知某真空区域中时变电磁场的时变磁场瞬时值：

$$\boldsymbol{H}(y,t)=\boldsymbol{e}_x\sqrt{2}\cos 20x\sin(\omega t-k_y y)$$

试求电场强度的复数形式、能量密度及能流密度矢量的平均值。

13. 已知真空中正弦电场的复矢量为：

$$\boldsymbol{E}(\boldsymbol{r})=(3\mathrm{j}\boldsymbol{e}_x+5\boldsymbol{e}_y-4\mathrm{j}\boldsymbol{e}_z)\mathrm{e}^{-\mathrm{j}0.02\pi(4x+3z)}$$

试证电场强度 $\boldsymbol{E}$ 的等相面为平面；试求磁感应强度 $\boldsymbol{B}$、平均储能密度 w 及复能流密度矢量 $\boldsymbol{S}_c$。

14. 若真空中正弦电磁场的电场复矢量为：

$$\boldsymbol{E}(\boldsymbol{r})=(-\mathrm{j}\boldsymbol{e}_x-2\boldsymbol{e}_y+\mathrm{j}\sqrt{3}\boldsymbol{e}_z)\mathrm{e}^{-\mathrm{j}0.05\pi(\sqrt{3}x+z)}$$

试求电场强度的瞬时值 $\boldsymbol{E}(\boldsymbol{r},t)$、磁感应强度的复矢量 $\boldsymbol{B}(r)$ 及复能流密度矢量 $\boldsymbol{S}_c$。

15. 已知真空中时变电磁场的电场强度在球坐标系中的瞬时值为：

$$\boldsymbol{E}(\boldsymbol{r},t)=\boldsymbol{e}_\theta\frac{E_0}{r}\sin\theta\cos(\omega t-k_0r)$$

式中 $k_0=\omega\sqrt{\varepsilon_0\mu_0}$。试求磁场强度的复数形式、储能密度及能流密度的平均值。

16. 若真空中两个时变电磁场的电场强度分别为：

$$\begin{cases}\boldsymbol{E}_1(z)=\boldsymbol{e}_xE_{10}\mathrm{e}^{-\mathrm{j}\omega_1\sqrt{\varepsilon_0\mu_0}z}\\ \boldsymbol{E}_2(z)=\boldsymbol{e}_xE_{20}\mathrm{e}^{-\mathrm{j}\omega_2\sqrt{\varepsilon_0\mu_0}z}\end{cases}$$

试证总平均能流密度等于两个时变场的平均能流密度之和。

17. 已知 $\nabla\times\boldsymbol{H}=\boldsymbol{J}'+\sigma\boldsymbol{E}+\mathrm{j}\omega\varepsilon\boldsymbol{E}$ 及 $\nabla\times\boldsymbol{E}=-\mathrm{j}\omega\mu\boldsymbol{H}$，试证此时复能量定理为：

$$-\oint_S\boldsymbol{S}_c\cdot\mathrm{d}\boldsymbol{S}=\int_V(\sigma\boldsymbol{E}\cdot\boldsymbol{E}^*)\mathrm{d}V+\int_V(\boldsymbol{E}\cdot\boldsymbol{J}'^*)\mathrm{d}V+\mathrm{j}2\omega\int_V(w_{\mathrm{mav}}-w_{\mathrm{eav}})\mathrm{d}V$$

并解释其物理意义。

18. 若考虑媒质极化和磁化损耗，认为 $\varepsilon=\varepsilon'-\mathrm{j}\varepsilon''$, $\mu=\mu'-\mathrm{j}\mu''$。试证无外源区（$\boldsymbol{J}'=0$）中的能量定理为：

$$-\oint_S\boldsymbol{S}_c\cdot\mathrm{d}\boldsymbol{S}=\omega\int_V(\varepsilon''\boldsymbol{E}\cdot\boldsymbol{E}^*+\mu''\boldsymbol{H}\cdot\boldsymbol{H}^*)\mathrm{d}V-\int_V(\sigma\boldsymbol{E}\cdot\boldsymbol{E}^*)\mathrm{d}V+\mathrm{j}2\omega\int_V(w_{\mathrm{mav}}-w_{\mathrm{eav}})\mathrm{d}V$$

并解释其物理意义。

19. 写出存在电荷 ρ 和电流密度 $\boldsymbol{J}$ 的无损耗媒质中 $\boldsymbol{E}$ 和 $\boldsymbol{H}$ 的波动方程。

20. 证明在无源空间（$\boldsymbol{J}=0,\rho=0$），可以引入一个矢量位 $\boldsymbol{A}_\mathrm{m}$ 和标量位 φ_m，定义 $\boldsymbol{D}=-\nabla\times\boldsymbol{A}_\mathrm{m}$、$\boldsymbol{H}=-\nabla\varphi_\mathrm{m}-\dfrac{\partial\boldsymbol{A}_\mathrm{m}}{\partial t}$，试推导 $\boldsymbol{A}_\mathrm{m}$ 和 φ_m 的微分方程。

21. 给定标量位 $\varphi=x-ct$ 及矢量位 $\boldsymbol{A}=\boldsymbol{e}_x\left(\dfrac{x}{t}-t\right)$，式中 $c=\dfrac{1}{\sqrt{\mu_0\varepsilon_0}}$。（1）试证明：$\nabla\cdot\boldsymbol{A}=-\mu_0\varepsilon_0\dfrac{\partial\varphi}{\partial t}$；（2）求 $\boldsymbol{B}$、$\boldsymbol{H}$、$\boldsymbol{E}$ 和 $\boldsymbol{D}$；（3）证明上述结果满足自由空间中的麦克斯韦方程。

22. 如题 22 图所示，一半波天线上电流分布：$I=I_\mathrm{m}\cos(kz)\left(-\dfrac{1}{2}<z<\dfrac{1}{2}\right)$。试求：（1）远区的磁场和电场；（2）求坡印廷矢量。

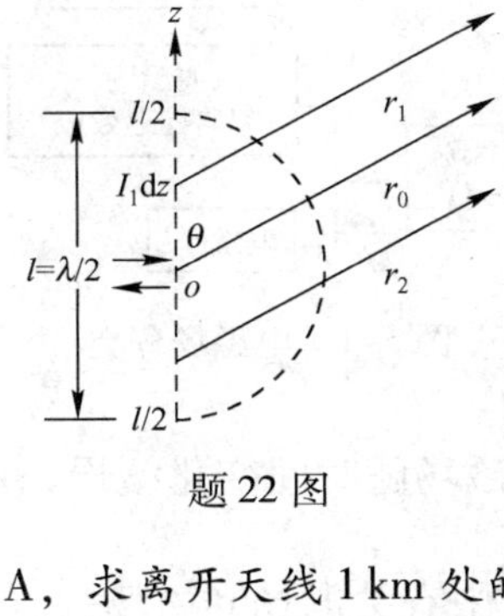

题 22 图

23. 半波天线的电流振幅为 1 A，求离开天线 1 km 处的最大电场强度。

第6章

准静态电磁场

【本章内容概要】

首先讨论电准静态场和磁准静态场的特点、各自的基本方程组和判别方法，以及与电路理论的关系。其次着重讨论导体中的准静态场问题、电准静态场，包括自由电荷在导体中的弛豫过程和自由电荷在分界面上的积累过程；磁准静态场，包括导体中的电流流动、涡流和磁扩散过程。最后对集肤效应、邻近效应和电磁屏蔽等现象定性地作了说明，还介绍了导体的交流内阻抗概念。

【本章学习重点难点】

学习重点：掌握准静态场的概念及准静态条件、EQS和MQS的异同点，以及准静态场的计算方法；了解电荷弛豫、集肤效应、临近效应和涡流的概念，导体交流内阻抗的计算。

学习难点：计算准静态场。可利用静态场的方法求解电（磁）准静态场的电（磁）场，再用Maxwell方程求解与之共存的磁（电）场。

6.1 电准静态场和磁准静态场

第5章介绍的时变电磁场，根据激励源频率的不同，可分为高频电磁场和低频电磁场，如图6-1所示。

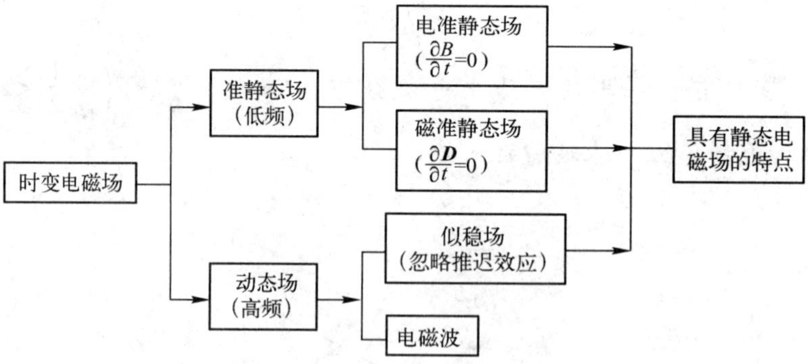

图6-1　电磁场分类

根据麦克斯韦方程组，如果电磁场随时间变化缓慢，可以忽略场量对时间的导数项$\frac{\partial \boldsymbol{B}}{\partial t}$和$\frac{\partial \boldsymbol{D}}{\partial t}$的作用，这时麦克斯韦方程组中有关电场和磁场的方程分别和静电场和恒定磁场的方程类同，这时将时变电磁场称为似稳电磁场。

根据忽略$\dfrac{\partial \boldsymbol{B}}{\partial t}$和$\dfrac{\partial \boldsymbol{D}}{\partial t}$的不同，准静态电磁场分为电准静态场和磁准静态场两类。它们的特点是：都属时变电磁场但却具有静态场的一些性质。

6.1.1　电准静态场

时变电场由电荷 $q(t)$ 和变化的磁场$\dfrac{\partial \boldsymbol{B}}{\partial t}$产生，分别建立对应的库仑电场 $\boldsymbol{E}_c$ 和感应电场 $\boldsymbol{E}_i$。当场随时间变化，感应电场 $\boldsymbol{E}_i$ 远小于库仑电场 $\boldsymbol{E}_c$ 时，可以忽略感应电场 $\boldsymbol{E}_i=\dfrac{\partial \boldsymbol{B}}{\partial t}$，即：

$$\nabla\times\boldsymbol{E}=\nabla\times(\boldsymbol{E}_c+\boldsymbol{E}_i)\approx\nabla\times\boldsymbol{E}_c=0 \tag{6-1}$$

从而，麦克斯韦方程组变化为：

$$\begin{cases}\nabla\times\boldsymbol{H}=\boldsymbol{J}+\dfrac{\partial \boldsymbol{D}}{\partial t}\\ \nabla\times\boldsymbol{E}=-\dfrac{\partial \boldsymbol{B}}{\partial t}\\ \nabla\cdot\boldsymbol{B}=0\\ \nabla\cdot\boldsymbol{D}=\rho\end{cases}\xrightarrow{\text{忽略 }\boldsymbol{E}_i=\frac{\partial \boldsymbol{B}}{\partial t}}\begin{cases}\nabla\times\boldsymbol{H}=\boldsymbol{J}+\dfrac{\partial \boldsymbol{D}}{\partial t}\\ \nabla\times\boldsymbol{E}=0\\ \nabla\cdot\boldsymbol{B}=0\\ \nabla\cdot\boldsymbol{D}=\rho\end{cases} \tag{6-2}$$

与静电场相比，磁场方程发生变化，电场方程无变化。这时只考虑时变电场激发的磁场，而没有考虑时变磁场激发的电场，即认为电场只是由电荷 $q(t)$ 产生。这样的电磁场称为电准静态场，记作 EQS（Electro-Quasi-Static）。也就是说，在忽略电磁感应的前提下，电准静态场具有与静电场类同的有源、无旋性。

因此，电准静态场的求解与静电场的计算方法相同。与静电场不同的是，电准静态场要考虑对应的时变磁场，如图 6-2 所示。

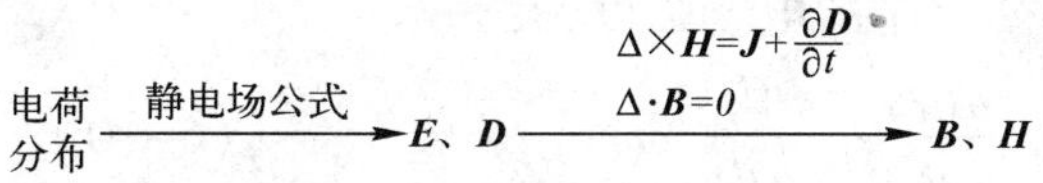

图 6-2　电准静态场求解步骤

由图 6-2 可见，只要已知电荷和电位分布，就可以仿照静电场的方法先确定电场强度 $\boldsymbol{E}$ 和电位移矢量 $\boldsymbol{D}$，然后求得磁场强度 $\boldsymbol{H}$ 和磁感应强度 $\boldsymbol{B}$。

电力系统和电气装置中，时变磁场产生的感应电场相对于高电压产生的库仑电场很小，可忽略不计，因此属电准静态场问题。在某些低频情况下，感应电场的旋度很小，在计算精度允许的范围内，也可按电准静态场考虑。例如，低频交流线圈导线中的电场可按恒定电场考虑，认为感应电场并不影响电流密度 $\boldsymbol{J}$ 的均匀分布。

【例 6-1】　证明在电准静态场中动态位 $\boldsymbol{A}$、ϕ 满足微分方程 $\nabla^2\boldsymbol{A}=-\mu\boldsymbol{J}$ 和 $\nabla^2\varphi=-\dfrac{\rho}{\varepsilon}$。

证明：在电准静态场中，动态位 $\boldsymbol{A}$、ϕ 满足微分方程：

$$\nabla\times\boldsymbol{E}\approx 0 \tag{6-3}$$

$$\nabla\cdot\boldsymbol{D}=\rho \tag{6-4}$$

由式（6–3）可推导出 $\boldsymbol{E}=-\nabla\phi$，将 $\boldsymbol{E}=-\nabla\phi$ 和 $\boldsymbol{D}=\varepsilon\boldsymbol{E}$ 代入式（6–4），得：

$$\nabla\cdot\varepsilon(-\nabla\phi)=\rho$$

即

$$\nabla^2\phi=-\frac{\rho}{\varepsilon}\tag{6-5}$$

同理，电准静态场满足微分方程：

$$\nabla\cdot\boldsymbol{B}=0\tag{6-6}$$

$$\nabla\times\boldsymbol{H}=\boldsymbol{J}+\frac{\partial\boldsymbol{D}}{\partial t}\tag{6-7}$$

由式（6–6）可推出 $\boldsymbol{B}=\nabla\times\boldsymbol{A}$，将 $\boldsymbol{B}=\nabla\times\boldsymbol{A}$、$\boldsymbol{E}=-\nabla\phi$ 和 $\boldsymbol{B}=\mu\boldsymbol{H}$ 代入式（6–7），得：

$$\nabla\times(\nabla\times\boldsymbol{A})=\mu\boldsymbol{J}-\mu\varepsilon\frac{\partial(\nabla\phi)}{\partial t},$$

利用矢量恒等式 $\nabla\times(\nabla\times\boldsymbol{A})=\nabla(\nabla\cdot\boldsymbol{A})-\nabla^2\boldsymbol{A}$，得：

$$\nabla^2\boldsymbol{A}=-\mu\boldsymbol{J}+\nabla(\nabla\cdot\boldsymbol{A})+\mu\varepsilon\nabla\frac{\partial\phi}{\partial t}\tag{6-8}$$

引入洛仑兹规范 $\nabla\cdot\boldsymbol{A}+\mu\varepsilon\frac{\partial\phi}{\partial t}=0$，则式（6–8）写为：

$$\nabla^2\boldsymbol{A}=-\mu\boldsymbol{J}\tag{6-9}$$

证毕。

【例 6–2】 平行板电容器极板为半径为 R 的圆形金属片（如图 6–3 所示），极间距离为 d，理想介质的介电常数为 $3\varepsilon_0$，外接缓变电压为 $u(t)=U_m\sin\omega t$，试求：（1）介质中的时变电场强度 $\boldsymbol{E}(t)$；（2）介质中的时变磁场强度。

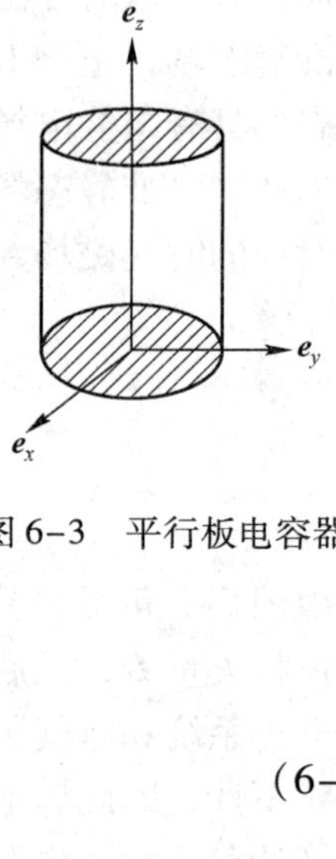

图 6–3 平行板电容器

解：由于电压 $u(t)$ 随时间变化缓慢，可近似为电准静态场。

（1）仿照静电场求得介质中的电场强度为：

$$\boldsymbol{E}(t)=\frac{u(t)}{d}\boldsymbol{e}_z=\frac{U_m}{d}\sin\omega t\boldsymbol{e}_z\tag{6-10}$$

（2）理想介质中没有传导电流，则位移电流密度为：

$$\frac{\partial\boldsymbol{D}}{\partial t}=\varepsilon\frac{\partial\boldsymbol{E}}{\partial t}=\varepsilon\frac{\partial}{\partial t}(E_m\sin\omega t)\boldsymbol{e}_z=\frac{\omega\varepsilon}{d}U_m\cos\omega t\boldsymbol{e}_z\tag{6-11}$$

在介质中取半径为 $r<R$ 的同心圆 l 为闭合回路，由

$$\oint_l\boldsymbol{H}\cdot d\boldsymbol{l}=\int_S\frac{\partial\boldsymbol{D}}{\partial t}\cdot d\boldsymbol{S}\tag{6-12}$$

得

$$2\pi rH=\pi r^2\frac{\omega\varepsilon}{d}U_m\cos\omega t\tag{6-13}$$

则

$$\boldsymbol{H}(t)=\frac{r\omega\varepsilon}{2d}U_m\cos\omega t\boldsymbol{e}_\phi\tag{6-14}$$

【例 6–3】 内外导体半径分别为 a 和 b 的同轴圆柱形电容器，其长度为 l（$\gg a$，b），充填有电介质（μ，ε）。若内外导体间加一正弦电压 $u=U_0\sin\omega t$，且假定频率不高，则可认为电容器内的电场分布与恒定情况相同。试求：（1）电容器中的电场强度 $\boldsymbol{E}$；（2）证明通过半径为 ρ 的圆柱面的位移电流总值等于电容器引线中的传导电流。

解：(1) 由于频率不高，故电场可近似为电准静态场，电容器中的电场强度 $\boldsymbol{E}$ 的求解方法与静电场相同，为：

$$\boldsymbol{E}=\frac{U_0\sin\omega t}{\rho\ln(b/a)}\boldsymbol{e}_\rho \tag{6-15}$$

(2) 位移电流密度为：

$$\boldsymbol{J}_\mathrm{D}=\frac{\partial \boldsymbol{D}}{\partial t}=\varepsilon\frac{\partial \boldsymbol{E}}{\partial t}=\varepsilon\omega\frac{U_0\cos\omega t}{\rho\ln(b/a)}\boldsymbol{e}_\rho \tag{6-16}$$

所以通过半径为 ρ 的圆柱面的位移电流总值为：

$$i_\mathrm{D}=\int_S \boldsymbol{J}_\mathrm{D}\cdot\mathrm{d}\boldsymbol{S}=2\pi\rho l\varepsilon\omega\frac{U_0\cos\omega t}{\rho\ln(b/a)}=\frac{2\pi\varepsilon l}{\ln(b/a)}\omega U_0\cos\omega t=C\omega U_0\cos\omega t \tag{6-17}$$

根据电路理论可求得，电容器引线中的传导电流 $I=\dfrac{U}{X_\mathrm{C}}=C\omega U_0\cos\omega t$，其中 X_C 为电容器的电抗。

6.1.2　磁准静态场

时变磁场由传导电流 $\boldsymbol{J}(t)$ 和位移电流 $\dfrac{\partial \boldsymbol{D}}{\partial t}$ 产生，当位移电流远远小于传导电流时，$\dfrac{\partial \boldsymbol{D}}{\partial t}$ 可以忽略不计，即：$\nabla\times\boldsymbol{H}=\boldsymbol{J}+\dfrac{\partial \boldsymbol{D}}{\partial \boldsymbol{t}}\approx\boldsymbol{J}$，从而麦克斯韦方程组变化为：

$$\begin{cases}\nabla\times\boldsymbol{H}=\boldsymbol{J}+\dfrac{\partial \boldsymbol{D}}{\partial t}\\ \nabla\times\boldsymbol{E}=-\dfrac{\partial \boldsymbol{B}}{\partial t}\\ \nabla\cdot\boldsymbol{B}=0\\ \nabla\cdot\boldsymbol{D}=\rho\end{cases}\xrightarrow{\frac{\partial \boldsymbol{D}}{\partial t}\ll\boldsymbol{J}}\begin{cases}\nabla\times\boldsymbol{H}=\boldsymbol{J}\\ \nabla\times\boldsymbol{E}=-\dfrac{\partial \boldsymbol{B}}{\partial t}\\ \nabla\cdot\boldsymbol{B}=0\\ \nabla\cdot\boldsymbol{D}=\rho\end{cases} \tag{6-18}$$

与恒定磁场相比，电场方程发生变化，磁场方程无变化。显然，磁准静态场的磁场具有与恒定磁场类同的有旋无源性。这样的场称为磁准静态场，记作 MQS（Magneto-Quasi-Static）。

因此，磁准静态场的求解与恒定磁场的计算方法基本相同，不同的是，磁准静态场要考虑对应的时变电场，如图 6-4 所示。

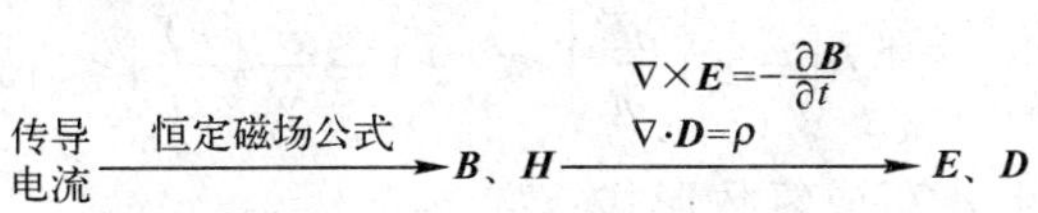

图 6-4　磁准静态场求解步骤

因此，只要已知传导电流分布，就可以仿照恒定磁场的方法先确定 $\boldsymbol{B}$ 和 $\boldsymbol{H}$，然后求得 $\boldsymbol{E}$ 和 $\boldsymbol{D}$。

【例 6-4】　试证明在磁准静态场中，动态位 $\boldsymbol{A}$、ϕ 满足微分方程 $\nabla^2\boldsymbol{A}=-\mu\boldsymbol{J}$ 和 $\nabla^2\phi=-\dfrac{\rho}{\varepsilon}$。

证明：在磁准静态场中，满足微分方程：

$$\nabla \cdot \boldsymbol{B}=0 \tag{6-19}$$

$$\nabla \times \boldsymbol{H}=\boldsymbol{J} \tag{6-20}$$

由式（6-19）可推导出 $\boldsymbol{B}=\nabla \times \boldsymbol{A}$，将其代入式（6-20），得：

$$\nabla \times (\nabla \times \boldsymbol{A})=\mu \boldsymbol{J}$$

即

$$\nabla^2 \boldsymbol{A}=-\mu \boldsymbol{J}+\nabla(\nabla \cdot \boldsymbol{A}) \tag{6-21}$$

取库仑规范 $\nabla \cdot \boldsymbol{A}=0$，则：

$$\nabla^2 \boldsymbol{A}=-\mu \boldsymbol{J} \tag{6-22}$$

同理，磁准静态场满足微分方程：

$$\nabla \times \boldsymbol{E}=-\frac{\partial \boldsymbol{B}}{\partial t} \tag{6-23}$$

$$\nabla \cdot \boldsymbol{D}=\rho \tag{6-24}$$

将 $\boldsymbol{B}=\nabla \times \boldsymbol{A}$ 代入式（6-23），得：

$$\nabla \times \left(\boldsymbol{E}+\frac{\partial \boldsymbol{A}}{\partial t}\right)=0 \tag{6-25}$$

根据矢量恒等式 $\nabla \times \nabla \phi=0$，则有：

$$\boldsymbol{E}=-\nabla \phi-\frac{\partial \boldsymbol{A}}{\partial t} \tag{6-26}$$

将式（6-26）代入式（6-24），得：

$$\nabla \cdot \varepsilon\left(-\nabla \phi-\frac{\partial \boldsymbol{A}}{\partial t}\right)=\rho \tag{6-27}$$

取库仑规范 $\nabla \cdot \boldsymbol{A}=0$，则：

$$\nabla^2 \phi=-\frac{\rho}{\varepsilon} \tag{6-28}$$

证毕。

电磁场从随时间变化的场源传播出去，位移电流是其先决条件。由于忽略位移电流，电场和磁场不再相互激发，空间就不会有波的传播，即没有波的传播效应存在。空间中任一点任意时刻的场由该时刻的场源决定，一旦场源消失，场也就消失。现在研究在什么情况下，略去位移电流项才算合理。

（1）对导体内的时变电磁场，因为：

$$\left|\frac{\partial \boldsymbol{D}}{\partial t}\right| \ll |\boldsymbol{J}| \Rightarrow \varepsilon\left|\frac{\partial \boldsymbol{E}}{\partial t}\right| \ll |\boldsymbol{J}| \Rightarrow \frac{\varepsilon}{\gamma}\left|\frac{\partial \boldsymbol{J}}{\partial t}\right| \ll |\boldsymbol{J}|$$

当电磁场量为正弦波时，上式写成复数形式：

$$\frac{\omega\varepsilon}{\gamma}|\dot{\boldsymbol{J}}| \ll |\dot{\boldsymbol{J}}|$$

因此导体若满足条件：

$$\frac{\omega\varepsilon}{\gamma} \ll 1 \tag{6-29}$$

或

$$\omega\varepsilon \ll \gamma \tag{6-30}$$

这意味着导体中的位移电流远远小于传导电流，位移电流可以忽略不计，此时导体内的时变电磁场属于磁准静态场问题。通常把导体中的磁准静态场也叫作涡流准静态场，简称涡流场。把满足条件式（6-30）的导体称为良导体。对于纯金属来说，$\gamma \approx 10^7$ s/m、$\varepsilon \approx \varepsilon_0$，可以得到 $\omega \ll 10^7\ \mathrm{s}^{-1}$。可见，在导体中一直到紫外线波长都允许将位移电流略去。

（2）对理想介质中的时变电磁场，要使场与源之间近似具有瞬时对应关系，即忽略推迟效应，就要求推迟效应的因子 $e^{-j\frac{\omega R}{v}}$ 近似为 1，因此有：

$$e^{-j\frac{\omega R}{v}} \approx 1 \Rightarrow \frac{\omega R}{v} = \frac{2\pi R}{\lambda} \ll 1 \Rightarrow R \ll \lambda$$

因此理想介质中的时变电磁场可按磁准静态场处理的条件是：场点到源点的距离 R 远远小于波长 λ，即：

$$\frac{\omega R}{v} = \frac{2\pi R}{\lambda} \ll 1 \text{ 或 } R \ll \lambda \tag{6-31}$$

此时略去位移电流才是合理的。把满足式（6-31）条件的区域称为近区或似稳区。

此条件表明：

① 处于时变电磁场的近区范围（似稳场），推迟作用可以忽略不计，电磁场的分布遵守静态场的规律，随时间与源同步变化而没有相位移；

② 如果系统用准静态方法处理，载流系统的尺寸必须远小于电磁波的波长 λ。

除了运行于低频（如工频）情况下的各类电磁装置中的磁场问题，电工技术中的涡流问题也存在于这类磁准静态场的典型应用中。磁准静态场广泛应用于电机、变压器、感应加热装置、磁悬浮系统、电磁测量仪表、磁记录头和螺线管传动机构等工程。

【例 6-5】 已知大地的电导率 $\gamma = 5 \times 10^{-3}$ S/m，相对介电常数 $\varepsilon_r = 10$，试问可把大地视为良导体的最高工作频率是多少？

解：由题意知满足磁准静态场的条件，当$\dfrac{\omega\varepsilon}{\gamma} \ll 1$ 时，大地可视为良导体。工程中取两个数量级时可认为满足远远小于条件，即：

$$\frac{\omega\varepsilon}{\gamma} = \frac{2\pi f\varepsilon}{\gamma} = 0.01$$

因此
$$f = \frac{0.01 \times 5 \times 10^{-3}}{2\pi \times 8.854187818 \times 10^{-12}} = 9 \times 10^4\ \mathrm{Hz}$$

6.1.3　电准静态场与磁准静态场的共性与个性

（1）在电准静态场与磁准静态场中，同时存在电场与磁场，两者相互依存。

（2）在电准静态场与磁准静态场中，标量电位 ϕ 和磁矢量位 $\boldsymbol{A}$ 满足泊松方程，说明忽略滞后效应，属于似稳场。

（3）电准静态场的电场与静电场满足相同的微分方程，在任一时刻 t，两种电场分布一致，解题方法相同。电准静态场的磁场按$\nabla \times \boldsymbol{H} = \boldsymbol{J} + \dfrac{\partial \boldsymbol{D}}{\partial t}$计算。

（4）磁准静态场的磁场与恒定磁场满足相同的基本方程，在任一时刻 t，两种磁场分布一致，解题方法相同。磁准静态场的电场按$\nabla \times \boldsymbol{E} = -\dfrac{\partial \boldsymbol{B}}{\partial t}$计算。

习题 6-1

1. 准静态场是如何进行分类的？其各自特点是什么？
2. 电准静态场的位函数是如何定义的？它与静电场的位函数有什么区别？
3. 磁准静态场的位函数是如何定义的？它与静磁场的位函数有什么区别？
4. 在良导体内电场强度 $\boldsymbol{E}$ 等于零，磁感应强度是否也为零？为什么？

6.2 电准静态场与电荷弛豫

导体中，自由电荷体密度随时间衰减的过程称为电荷弛豫。本节以自由电荷在导体中的弛豫过程为例，介绍电准静态场的分析方法，其中引进标量电位函数。

6.2.1 电荷在均匀导体中的弛豫过程

在导电媒质中，设电导率 γ，介电常数 ε 均匀且各向同性，对电准静态场基本方程式（6-2）两边取散度，得：

$$\nabla\cdot(\nabla\times\boldsymbol{H})=\nabla\cdot\boldsymbol{J}+\frac{\partial}{\partial t}\nabla\cdot\boldsymbol{D} \tag{6-32}$$

根据矢量恒等式，式（6-32）左边等于零，设导体中自由电荷密度为 ρ，将 $\nabla\cdot\boldsymbol{D}=\rho$、$\boldsymbol{J}=\gamma\boldsymbol{E}$ 和 $\boldsymbol{D}=\varepsilon\boldsymbol{E}$ 代入式（6-32），并利用电荷守恒定律，则有：

$$\nabla\cdot\boldsymbol{J}=\nabla\cdot\left(\gamma\frac{\boldsymbol{D}}{\varepsilon}\right)=\frac{\gamma}{\varepsilon}\nabla\cdot\boldsymbol{D}=\frac{\gamma}{\varepsilon}\rho$$

$$\nabla\cdot\boldsymbol{D}=-\frac{\partial\rho}{\partial t}$$

即

$$\frac{\partial\rho}{\partial t}+\frac{\gamma}{\varepsilon}\rho=0 \tag{6-33}$$

式（6-33）是一阶常微分方程，其解为：

$$\rho(t)=\rho_0(x,y,z)\mathrm{e}^{-\frac{\gamma t}{\varepsilon}}=\rho_0(x,y,z)\mathrm{e}^{-\frac{t}{\tau_e}} \tag{6-34}$$

式中，ρ_0 为 $t=0$ 时的电荷分布；$\tau_e=\dfrac{\varepsilon}{\gamma}$称为弛豫时间。

可见，在导体中的自由电荷体密度随时间按指数规律衰减，其衰减快慢取决于驰豫时间。一般情况下，良导体的介电常数为 $\varepsilon\approx\varepsilon_0$，电导率很大，为 10^7 S/m 的数量级，所以 τ_e 非常小。例如，铜的弛豫时间 $\tau=1.52\times10^{-19}$ s，这表明，在导体内部体电荷很快衰减至零，其衰减过程就是自由电荷的弛豫过程。一般可以认为良导体内部没有电荷积累，即 $\rho=0$。自由电荷在弛豫过程中的定向运动形成电流，该电流也是衰减的，所以，电流产生的磁感应强度随时间的变化率可以忽略不计，电荷弛豫过程的电磁场可近似为电准静态场。

以下研究电荷弛豫过程中导体内的电位分布。

在电准静态场中，由于$\nabla\times\boldsymbol{E}\approx0$，因此可定义电位函数 $\boldsymbol{E}=-\nabla\phi$，将其代入$\nabla\cdot\boldsymbol{D}=\rho$，结合式（6-34），则电位 ϕ 满足：

$$\nabla^2\phi=-\frac{\rho}{\varepsilon}=-\frac{1}{\varepsilon}\rho_0\mathrm{e}^{-\frac{t}{\tau_e}} \tag{6-35}$$

式（6-35）是支配电位变化所要求的偏微分方程。对于空间某一导电媒质，其体积为 V，表面分布电荷面密度为 σ。其解为：

$$\phi(r,t)=\int_V \frac{\rho_0}{4\pi\varepsilon R}\mathrm{e}^{-\frac{t}{\tau_e}}\mathrm{d}V+\oint_S \frac{\sigma}{4\pi\varepsilon R}\mathrm{d}S=\phi_0(r)\mathrm{e}^{-\frac{t}{\tau_e}}+\oint_S \frac{\sigma}{4\pi\varepsilon R}\mathrm{d}S \tag{6-36}$$

式中，$\phi_0(r)=\int_V \frac{\rho_0\mathrm{d}V}{4\pi\varepsilon R}$ 为 $t=0$ 时的电位分布；S 为体积 V 的表面积。

式（6-36）说明导体中体电荷 ρ 产生的电位分布随时间也按指数规律很快衰减，其衰减的快慢同样取决于弛豫时间 τ_e，体电位由面电荷决定。在电荷的弛豫过程中，导体中的电场为典型的电准静电场。

6.2.2 电荷在分片均匀导体中的弛豫过程

电荷在分片均匀导体中的弛豫过程分析较复杂，但可忽略磁场随时间变化产生的感应电场，按电准静态场分析。在分界面两侧其关系式为：

$$E_{1t}=E_{2t}\Longleftrightarrow \phi_1=\phi_2 \tag{6-37}$$

$$D_{2n}-D_{1n}=\sigma\Longleftrightarrow \varepsilon_2E_{2n}-\varepsilon_1E_{1n}=\sigma \tag{6-38}$$

仍然成立。此外，表示电荷守恒原理 $\oint_S \boldsymbol{J}\cdot\mathrm{d}\boldsymbol{S}=-\frac{\partial q}{\partial t}$ 的分界面电流连续性条件为：

$$J_{2n}-J_{1n}+\frac{\partial\sigma}{\partial t}=0 \tag{6-39}$$

根据 $\boldsymbol{J}=\gamma\boldsymbol{E}$ 及式（6-38），此连续性条件就变为：

$$(\gamma_2E_{2n}-\gamma_1E_{1n})+\frac{\partial}{\partial t}(\varepsilon_2E_{2n}-\varepsilon_1E_{1n})=0 \tag{6-40}$$

【例 6-6】 如图 6-5 所示，研究双层有损介质平板电容器接至直流电压源的过渡过程，写出分界面上面电荷密度的表达式。

解： 当 $t=0$ 时，开关闭合，电源电压加到两个极板间，而后将出现过渡过程。该过程可分为两个阶段：第一阶段是在 $0_-\leqslant t\leqslant 0_+$，即开关接通前后无限短时间间隔内，将出现无限大冲击电流，使电容器两极板突然分别带电荷 $+q$ 和 $-q$。第二阶段是冲激过后的 $t>0_+$ 时期，呈现连续的过渡过程。由于电压较高而电流较小，故库仑电场强、磁场弱，磁场随时间变化的感应电场可忽略，可按电准静态场分析。

假定极板面积足够大，忽略边缘效应，每层介质中的电场可看成是均匀的，即：

$$E=\begin{cases}E_1(t)\boldsymbol{e}_x & (0<x<a)\\ E_2(t)\boldsymbol{e}_x & (-b<x<0)\end{cases}$$

因电源电压 $u(t)$ 是板间电场的线积分，则有：

$$\int_{-b}^{a}E_x\mathrm{d}x=u(t)=aE_1+bE_2 \tag{6-41}$$

在分界面处电场满足连续性条件：

$$(\gamma_2E_2-\gamma_1E_1)+\frac{\partial}{\partial t}(\varepsilon_2E_2-\varepsilon_1E_1)=0 \tag{6-42}$$

联立求解式（6-41）和式（6-42）组成的方程组可得面电荷密度，即：

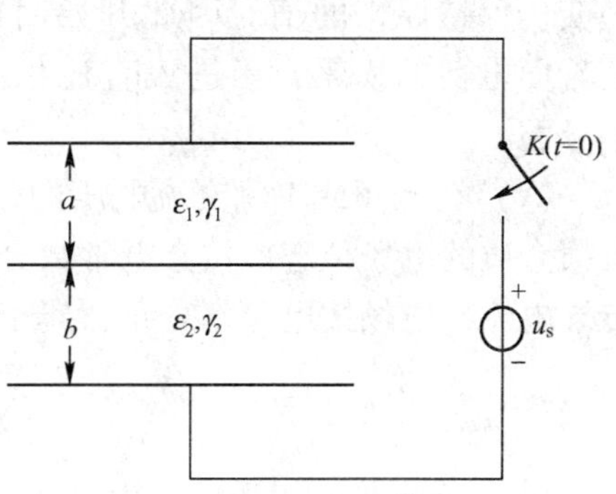

图 6-5 双层有损介质平板电容器

$$\begin{cases} aE_1+bE_2=u(t) \\ (\gamma_2E_2-\gamma_1E_1)+\dfrac{\partial}{\partial t}(\varepsilon_2E_2-\varepsilon_1E_1)=0 \end{cases}$$

解得
$$(a\varepsilon_2+b\varepsilon_1)\frac{\mathrm{d}E_2}{\mathrm{d}t}+(a\gamma_2+b\gamma_1)E_2=\gamma_1u(t)+\varepsilon_1\frac{\mathrm{d}}{\mathrm{d}t}u(t) \tag{6-43}$$

通解为：

$$E_2=E'_2+E''_2=A\mathrm{e}^{pt}+E''_2=A\mathrm{e}^{-\frac{t}{\tau_e}}+E''_2 \tag{6-44}$$

特征根为：

$$p=-\frac{a\gamma_2+b\gamma_1}{a\varepsilon_2+b\varepsilon_1}=-\frac{1}{\tau_e},\quad \tau_e=\frac{a\varepsilon_2+b\varepsilon_1}{a\gamma_2+b\gamma_1}$$

$t\to\infty$ 时，E 和 $u(t)$ 均不随 t 变化，从式（6-43）得出稳态解：

$$E''_2=\frac{\gamma_1}{a\gamma_2+b\gamma_1}U_s \tag{6-45}$$

确定 $E_2(0_+)$，即对式（6-43）积分，t 从 $0_-\to0_+$，且 $U(0_-)=0$、$E_2(0_-)=0$，得：

$$E_2(0_+)=\frac{\varepsilon_1}{a\varepsilon_2+b\varepsilon_1}U_s=A+E''_2 \tag{6-46}$$

将式（6-45）代入式（6-46），得：

$$A=U_s\left(\frac{\varepsilon_1}{a\varepsilon_2+b\varepsilon_1}-\frac{\gamma_1}{a\gamma_2+b\gamma_1}\right) \tag{6-47}$$

因此
$$E_2(t)=\frac{\gamma_1}{a\gamma_2+b\gamma_1}U_s+U_s\left(\frac{\varepsilon_1}{a\varepsilon_2+b\varepsilon_1}-\frac{\gamma_1}{a\gamma_2+b\gamma_1}\right)\mathrm{e}^{-\frac{t}{\tau_e}} \tag{6-48}$$

同理
$$E_1(t)=\frac{\gamma_2}{a\gamma_2+b\gamma_1}U_s+U_s\left(\frac{\varepsilon_2}{a\varepsilon_2+b\varepsilon_1}-\frac{\gamma_1}{a\gamma_2+b\gamma_1}\right)\mathrm{e}^{-\frac{t}{\tau_e}} \tag{6-49}$$

则面电荷密度为：

$$\sigma=\varepsilon_2E_2(t)-\varepsilon_1E_1(t)=\frac{\varepsilon_2\gamma_1-\varepsilon_1\gamma_2}{a\gamma_2+b\gamma_1}U_s(1-\mathrm{e}^{-\frac{t}{\tau_e}}) \tag{6-50}$$

当 $t=0$ 时，$\sigma=0$；$t\to\infty$ 时，$\sigma=$ 常数。可见，电荷的弛豫过程导致分界面有累积的面电荷。但需要注意以下两点。

（1）当电容器极板上的电荷或电压突变瞬间，导电媒质分界面上的自由电荷来不及突变仍保持原来的值。因此开始时两电介质中的电场就如同两层都是理想介质时一样；随着面电荷的积累，当进入直流稳态后，这些场趋近于和稳定传导相一致，电场按电导率分配。

（2）在低频或工频交流电压的作用下，若位移电流远远大于介质中的漏电流，则多层有损介质的电场稳态值按介电常数分布，属于静电场问题；而在直流电压作用下，稳态仅有传导电流，电场按电导率分布，属于恒定电流场问题。

习题 6-2

1. 什么是导电媒质中自由电荷的弛豫过程？
2. 弛豫时间是如何定义的？

6.3 磁准静态场与电路定律

电磁场理论处理问题的特点是逐点研究系统中所发生的电磁过程；电路理论中的物理量是概括系统中一个区域中电磁场场量的积分特性。电路问题是电磁场问题的特殊情况，电路理论中的基尔霍夫定律和电路参数都可由电磁场理论推出。磁准静态场方程是交流电路的场理论基础。

首先，证明基尔霍夫电流定律。基尔霍夫电流定律指出，从一个节点流出的电流的总和必须等于零。下面通过全电流定律来证明在磁准静态场近似条件下该定律成立。

对磁准静态场基本方程式（6–18）两边取散度，根据矢量恒等式，左边为零，则：

$$\nabla \cdot \boldsymbol{J}=0 \tag{6-51}$$

式（6–51）是时变情况下的全电流连续性方程微分形式。对此式进行体积分，并应用高斯散度定理，则全电流连续性方程的积分形式为：

$$\oint_S \boldsymbol{J} \cdot \mathrm{d}\boldsymbol{S}=0 \tag{6-52}$$

在电路中围绕任一节点做一闭合面 S，如图 6–6 所示，其中 S_1 为电阻导线穿过 S 时的截面；S_2 为电感导线穿过 S 时的截面；S_3 为电容器介质穿过 S 时的截面，则：

$$\int_{S_1} \boldsymbol{J}_1 \cdot \mathrm{d}\boldsymbol{S}+\int_{S_2} \boldsymbol{J}_2 \cdot \mathrm{d}\boldsymbol{S}+\int_{S_3} \boldsymbol{J}_3 \cdot \mathrm{d}\boldsymbol{S}=0$$

面积分的结果分别为电流 i_1、i_2 和 i_3，因此得：

$$i_1+i_2+i_3=0$$

即集总电路的基尔霍夫电流定律为：

$$\sum i=0$$

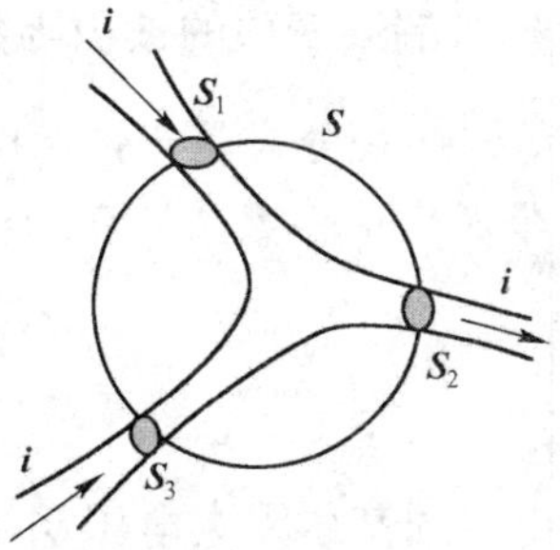

图 6–6 磁准静态场中电流连续性与基尔霍夫电流定律的关系

另外，也可以从更基本的电荷守恒定律出发，即：

$$\oint_S \boldsymbol{J} \cdot \mathrm{d}\boldsymbol{S}=-\frac{\mathrm{d}q}{\mathrm{d}t}$$

磁准静态场近似下，其右边项直接为零，同样可以得到式（6–52）。

其次，证明基尔霍夫电压定律。基尔霍夫电压定律指出，沿电路中的任意闭合路径，其支路电压的代数和必须等于零。

考虑磁准静态场中一个由电阻、电感和电容的串联电路，如图 6–7 所示。由于在磁准静态场近似中传导电流是连续的，所以电路中任一时刻 t 的电流 $i(t)$ 处处相等。电路中任一点的传导电流密度为：

$$\boldsymbol{J}=\gamma(\boldsymbol{E}+\boldsymbol{E}_{\mathrm{e}}) \tag{6-53}$$

$\boldsymbol{E}_{\mathrm{e}}$ 是电源内部的局外场，由式（6–53），得：

$$\boldsymbol{E}_{\mathrm{e}}=\frac{\boldsymbol{J}}{\gamma}-\boldsymbol{E}$$

又因为 $\boldsymbol{E}=-\dfrac{\partial \boldsymbol{A}}{\partial t}-\nabla \phi$

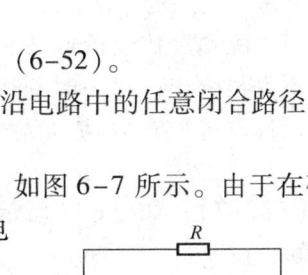

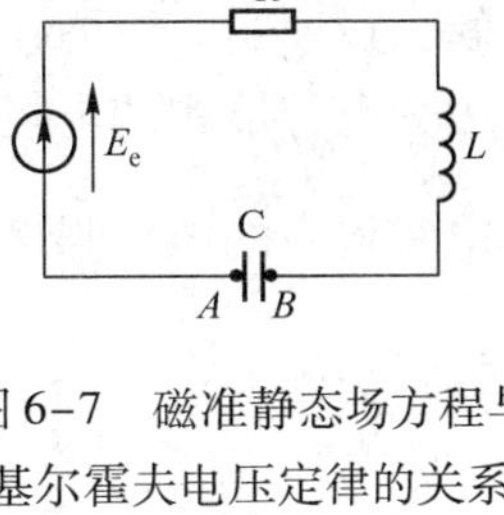

图 6–7 磁准静态场方程与基尔霍夫电压定律的关系

所以
$$\boldsymbol{E}_{\mathrm{e}}=\frac{\partial \boldsymbol{A}}{\partial t}+\nabla \phi+\frac{\boldsymbol{J}}{\gamma} \tag{6-54}$$

沿着导线由 A 到 B 积分，得：

$$\int_A^B \boldsymbol{E}_{\mathrm{e}} \cdot \mathrm{d}\boldsymbol{l}=\int_A^B \frac{\partial \boldsymbol{A}}{\partial t} \cdot \mathrm{d}\boldsymbol{l}+\int_A^B \nabla \phi \cdot \mathrm{d}\boldsymbol{l}+\int_A^B \frac{\boldsymbol{J}}{\gamma} \cdot \mathrm{d}\boldsymbol{l} \tag{6-55}$$

式（6-55）表明：

（1）由于局外场只存在于电源中，等式左端一项是电源电动势。

（2）右端第一项忽略电容器极板间的距离，近似于闭合积分，而 $\psi_{\mathrm{m}}=\oint_l \boldsymbol{A} \cdot \mathrm{d}\boldsymbol{l}$ 是磁链，因而这一项是感应电动势，而磁链又主要集中在电感线圈中，故该项应等于 $L\frac{\mathrm{d}i}{\mathrm{d}t}$。

（3）右端第二项是标量位梯度的线积分，积分数值与路径无关，可在电容器内部积分，所以这一项等于极板间的瞬时电压：

$$u=\frac{q}{C}=\frac{1}{C}\int_t i\mathrm{d}t$$

（4）右端第三项的被积函数可写为 $\frac{|\boldsymbol{J}|}{\gamma}=\frac{i}{\gamma S}$，$S$ 是电流穿过的横截面积。沿线的电流 i 处处相等，线积分应等于包括电源内阻 R_{i}、导线电阻 r 和电阻器电阻 R 在内的总电阻与 i 的乘积，即 $i(R_{\mathrm{i}}+r+R)$，因此有：

$$\varepsilon(t)=L\frac{\mathrm{d}i}{\mathrm{d}t}+\frac{1}{C}\int_t i\mathrm{d}t+i(R_{\mathrm{i}}+r+R)$$

或
$$\varepsilon(t)=u_{\mathrm{L}}+u_{\mathrm{C}}+u_{\mathrm{R}}$$

即集总电路的基尔霍夫电压定律：

$$\sum u=0$$

可见，交流电路中的基尔霍夫电流、电压定律等效于磁准静态场的基本方程。也就是说，电路理论是在特殊条件下的麦克斯韦电磁理论的近似。研究实际电磁问题时，究竟采用场的方法还是路的方法，还需要看具体问题的条件而定。

当电源频率比较低或波长很长，而电路尺寸又比较小时，电路中的电磁场波动性表现得不是很突出，每一时刻每一地方的电磁场和该时刻电荷、电流分布相对应的恒定场相同，即没有推迟效应（光速相当于无限），此时准静态近似得以成立，电路理论可以使用。

【例 6-7】 如图 6-8 所示，试求缓变场中电容器的等效电路模型。

解： 设 $u_{\mathrm{s}}(t)=U\cos\omega t$

因为电容器中的电场频率很低，所以不考虑感应电场，则：

电容器中的电场强度　$E=\frac{u_{\mathrm{s}}(t)}{d}$

漏电流密度　$J_{\mathrm{c}}=\gamma\frac{u_{\mathrm{s}}(t)}{d}$

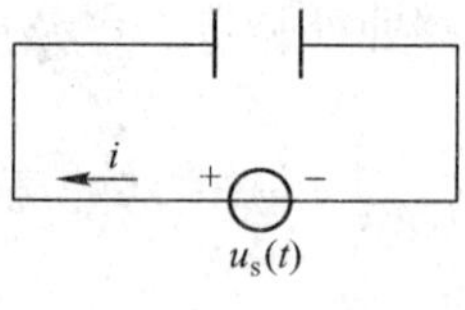

图 6-8　电容器电路

位移电流密度 $J_d = \frac{\varepsilon}{d}\frac{du_s(t)}{dt}$

所以 漏电流 $i_c = J_c S = \frac{\gamma S}{d}u_s(t) = Gu_s(t)$

位移电流 $i_d = J_d S = \frac{\varepsilon S}{d}\frac{du_s(t)}{dt} = C\frac{du_s(t)}{dt}$

总电流 $i = i_c + i_d = Gu_s(t) + C\frac{du_s(t)}{dt}$

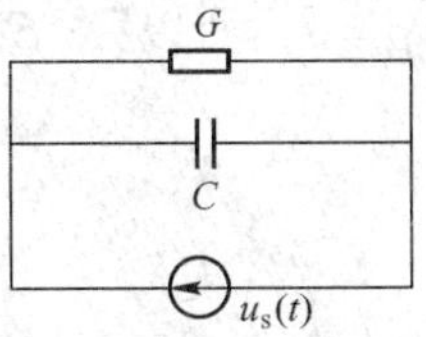

图 6-9 缓变场中电容器等效电路模型

所以等效电路模型如图 6-9 所示。

习题 6-3

由圆形极板构成的平行板电容器，间距为 d，其间的均匀介质电导率为 γ，介电常数为 ε，磁导率为 μ_0，当外加电压为 $u = U_m\sin\omega t$(V)时，忽略电容器的边缘效应。假设圆形极板的面积是 A，在频率不很高时，用坡印廷定理证明电容器内由于介质的损耗所吸收的平均功率是 $P = \frac{U^2}{R}$，式中 R 是极板间介质的漏电阻。

6.4 集肤效应、邻近效应和涡流

集肤效应、邻近效应和涡流问题是时变磁场中常见的三个现象，它们产生的条件相同，都是由于交变电流流过导体，导体自身会产生一个磁场，实际上是由时变电磁场的相互作用而产生。而电磁屏蔽的主要用途是如何去避免和消除时变电磁场对某一些电磁设备的影响，与前三者虽然不同，但是，电磁屏蔽还需从其源头出发，应重点研究时变电磁场。在耐变磁场中研究集肤效应、涡流效应、邻近效应及电磁屏蔽，主要解决彼此之间的一些关联，取长补短，提高电器设备的寿命和效率。

6.4.1 电磁场的扩散方程

在磁准静态场近似中，导体中的位移电流$\frac{\partial \boldsymbol{D}}{\partial t}$忽略不计，全电流方程简化为$\nabla\times\boldsymbol{H} = \boldsymbol{J}$，对其两边取旋度，并运用矢量恒等式，得：

$$\nabla\times\nabla\times\boldsymbol{H} = \nabla(\nabla\cdot\boldsymbol{H}) - \nabla^2\boldsymbol{H} = \nabla\times\boldsymbol{J} \tag{6-56}$$

由于 $\nabla\cdot\boldsymbol{H} = 0,\ \boldsymbol{J} = \gamma\boldsymbol{E}$

因而 $$\nabla^2\boldsymbol{H} = -\gamma\nabla\times\boldsymbol{E} \tag{6-57}$$

将$\nabla\times\boldsymbol{E} = -\mu\frac{\partial \boldsymbol{H}}{\partial t}$代入式（6-57），得：

$$\nabla^2\boldsymbol{H} = \mu\gamma\frac{\partial \boldsymbol{H}}{\partial t} \tag{6-58}$$

对 $\nabla\times\boldsymbol{E} = -\frac{\partial \boldsymbol{B}}{\partial t}$两边取旋度，得：

$$\nabla\times\nabla\times\boldsymbol{E} = \nabla(\nabla\cdot\boldsymbol{E}) - \nabla^2\boldsymbol{E} = -\frac{\partial}{\partial t}\nabla\times\boldsymbol{B} \tag{6-59}$$

由于$\rho=0$，所以$\nabla\cdot\boldsymbol{E}=0$，代入式（6-59），得：

$$\nabla^2\boldsymbol{E}=\frac{\partial}{\partial t}(\mu\ \nabla\times\boldsymbol{H})=\mu\gamma\ \frac{\partial\boldsymbol{E}}{\partial t} \tag{6-60}$$

即

$$\nabla^2\boldsymbol{E}=\mu\gamma\ \frac{\partial\boldsymbol{E}}{\partial t} \tag{6-61}$$

上式两边同乘γ，得：

$$\nabla^2\boldsymbol{J}=\mu\gamma\ \frac{\partial\boldsymbol{J}}{\partial t} \tag{6-62}$$

式（6-58）、式（6-61）和式（6-62）就是在 MQS 近似下导体中任一点的$\boldsymbol{E}$、$\boldsymbol{H}$、$\boldsymbol{J}$所满足的微分方程，称为电磁场的扩散方程。在正弦电磁场中，其相应的复数形式为：

$$\nabla^2\dot{\boldsymbol{H}}=\mathrm{j}\omega\mu\gamma\ \dot{\boldsymbol{H}}=k^2\ \dot{\boldsymbol{H}} \tag{6-63}$$

$$\nabla^2\dot{\boldsymbol{E}}=\mathrm{j}\omega\mu\gamma\ \dot{\boldsymbol{E}}=k^2\ \dot{\boldsymbol{E}} \tag{6-64}$$

$$\nabla^2\dot{\boldsymbol{J}}=\mathrm{j}\omega\mu\gamma\ \dot{\boldsymbol{J}}=k^2\ \dot{\boldsymbol{J}} \tag{6-65}$$

式中，$k=\sqrt{\mathrm{j}\omega\mu\gamma}=\alpha+\mathrm{j}\beta$；$\alpha=\beta=\sqrt{\omega\mu\gamma/2}$。

电磁场扩散方程是研究准静态情况下集肤效应、邻近效应和涡流问题的基础。

6.4.2 集肤效应与透入深度

在导电媒质中通以交变电流时，由于导线周围交变的磁场也要在导线中产生感应电流，从而使导线截面的电流分布不均匀。尤其，频率较高时，此电流几乎在导线表面附近的一薄层中流动，这一现象称为集肤效应现象。

从能量的观点很容易定性地理解产生集肤效应的原因。由于导体的电导率$\gamma\neq\infty$，即电阻率$\rho\neq0$，所以其中有能量损耗，即有一部分电磁能转变成热能。因此，当电磁波进入导体内部时，随着与表面距离的增大，能量逐渐减少，从而引起电磁能量的逐渐减弱。对平板来说，场量按指数规律下降；对圆柱体来说，衰减的规律比较复杂，若频率很高，当电磁波透入导体的深度较圆柱体的曲率半径小得多时，则可把圆柱体近似地看成平板，因而其内部的电磁场量随距离的变化，也可看成是按指数规律衰减的。

对以下例子进行分析。如图 6-10 所示，设在半无限大导体（$x>0$）中，正弦电流i沿y轴方向流动，电流密度$\boldsymbol{J}$只有y分量并在yOz平面上处处相等，即：

$$\dot{\boldsymbol{J}}=\dot{J}_y\boldsymbol{e}_y \tag{6-66}$$

而且只是x的函数，所以方程简化后的复数形式为：

$$\frac{\mathrm{d}^2\ \dot{J}_y}{\mathrm{d}x^2}=\mathrm{j}\omega\mu\gamma\ \dot{J}_y \tag{6-67}$$

令

$$k^2=\mathrm{j}\omega\mu\gamma$$

则上述二阶常微分方程的一般解为：

$$\dot{J}_y=C_1\mathrm{e}^{-kx}+C_2\mathrm{e}^{+kx} \tag{6-68}$$

由于在$x\to\infty$时电流密度J_y为有限值，故应取$C_2=0$。

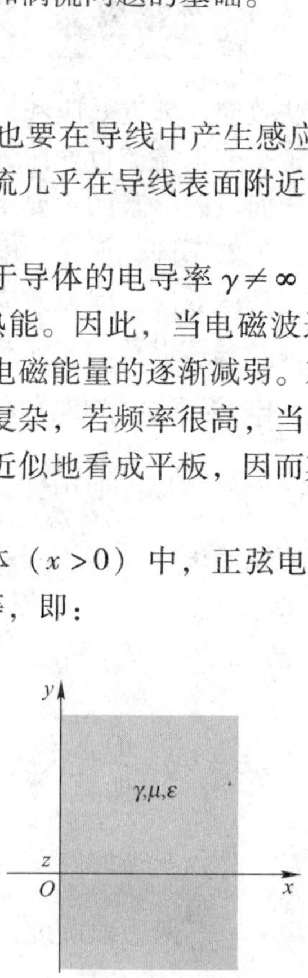

图 6-10　半无限大导体中的电磁场

假设 $x=0$ 时，$\dot{J}_y=J_0$，则：

$$\dot{J}_y=J_0\mathrm{e}^{-\alpha x}\cdot\mathrm{e}^{-\mathrm{j}\beta x} \tag{6-69}$$

式中，$k=\alpha+\mathrm{j}\beta=\sqrt{\dfrac{\omega\mu\gamma}{2}}(1+\mathrm{j})$

电场强度的解为：

$$\dot{E}_y=\frac{\dot{J}_\gamma}{\gamma}=\frac{J_0}{\gamma}\mathrm{e}^{-\alpha x}\cdot\mathrm{e}^{-\mathrm{j}\beta x}=E_0\mathrm{e}^{-\alpha x}\cdot\mathrm{e}^{-\mathrm{j}\beta x} \tag{6-70}$$

由$\nabla\times\dot{\boldsymbol{E}}=-\mathrm{j}\omega\mu\dot{\boldsymbol{H}}$可求得磁场强度的解为：

$$\dot{H}_z=-\frac{\mathrm{j}k}{\omega\mu}E_0\mathrm{e}^{-\alpha x}\cdot\mathrm{e}^{-\mathrm{j}\beta x} \tag{6-71}$$

由以上各式可见，电流密度、电场强度和磁场强度的振幅沿导体的纵深都是按指数规律 $\mathrm{e}^{-\alpha x}$衰减，相位也随之改变。这说明，当交变电流流过导体时，靠近导体表面处电流密度大，越深入导体内部，它们越小。当频率很高时，它们几乎只在导体表面附近一薄层中存在。

考虑到交流电的集肤效应，为了有效利用导体材料和便于散热，发电厂的大电流母线常做成槽形或菱形母线；另外，在高频电路中可以采用空心导线代替实心导线，也往往使用多股相互绝缘细导线编织成束来代替同样截面积的粗导线，以便削弱集肤效应，这种多股线束称为辫线。在工业应用方面，利用集肤效应可以对金属进行表面淬火。在高压输配电线路中，利用集肤效应原理用钢芯铝绞线代替铝绞线，这样既节省铝导线，又增加导线的机械强度。

工程上，常用透入深度 d 来表示场量在良导体中的集肤效应。它等于场量振幅衰减到其表面值的$\dfrac{1}{\mathrm{e}}$时所经过的距离。由此可得：

$$d=\frac{1}{\alpha}=\sqrt{\frac{2}{\omega\mu\gamma}} \tag{6-72}$$

式（6-72）表明，频率越高，导电性能越好的导体，集肤效应越显著。

另外在进行学习时，还应该注意以下几点。

（1）透入深度 d 仅表示场强或电流密度在该处已衰减到表面值的 $1/\mathrm{e}$，而在大于 d 的区域内，场强和电流密度继续衰减，但并不等于零。d 越小，表示电磁波衰减得越快。

（2）透入深度与电导率、磁导率及频率的平方根成反比，所以 ω、μ 和 γ 值越大，d 越小。从物理意义来看，ω、μ 越大，感应电动势就越大；而 γ 越大，引起的感应电流就越大，从而消耗的功率越大。所以电磁波不易深入到导体内部区域。

（3）严格地讲，式（6-72）只适用于表面积很大的平面导体。但只要计算的 d 值比表面的曲率半径小得多，也可推广应用于其他形状的导体。

6.4.3 导体的交流阻抗计算

时变电磁场中，导体的集肤效应使导体的实际载流面积减小，因而当导体的高频电阻大于低频和直流电阻时，导体的内电感与直流也不同。

设导体中通有总电流 $\dot{I}$，它的等效交流电路参数 $Z=R+\mathrm{j}X$，则该导体消耗的复功率为：

$$\dot{I}Z\dot{I}^*=I^2Z=I^2(R+\mathrm{j}X)=-\oint_S(\dot{\boldsymbol{E}}\times\dot{\boldsymbol{H}}^*)\cdot\mathrm{d}\boldsymbol{S} \tag{6-73}$$

则导体的等效交流内阻抗为：

$$Z=R+\mathrm{j}X=-\frac{1}{I^2}\oint_S(\dot{\boldsymbol{E}}\times\dot{\boldsymbol{H}}^*)\cdot\mathrm{d}\boldsymbol{S} \tag{6-74}$$

【例6-8】 设有 $x>0$ 半无限大导体，如图6-11所示。试求图示斜线柱体体积（底面积为 $h\times a$）的交流内阻抗。

解： 导体位于 $x>0$ 半无限大空间，其电流、电场和磁场沿 x 方向的分布可根据式(6-69)　式(6-71)得：

$$\dot{J}_y=\gamma E_0\mathrm{e}^{-kx}$$

$$\dot{E}_y=E_0\mathrm{e}^{-kx}$$

$$\dot{H}_z=-\frac{\mathrm{j}k}{\omega\mu}E_0\mathrm{e}^{-kx}$$

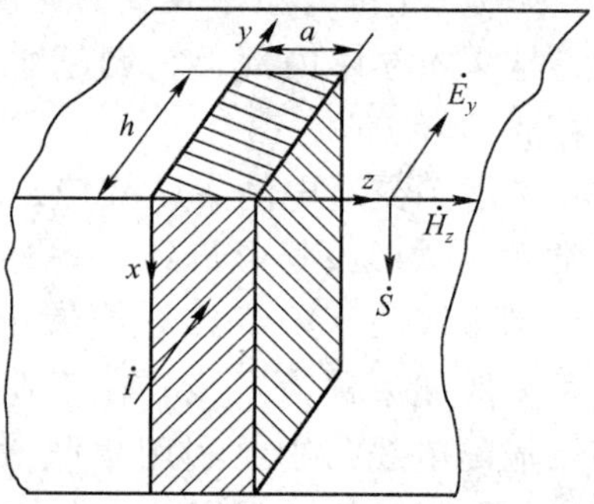

图6-11　半无限大导体

流过宽度为 a、在 x 方向无限深截面上的总电流为：

$$\dot{I}=\int_S\dot{J}_y\mathrm{d}S=a\gamma E_0\int_0^\infty\mathrm{e}^{-kx}\mathrm{d}x=\frac{a\gamma E_0}{k}$$

本题中，坡印廷矢量的方向沿 x 轴，且其通量只在导体上底面（$x=0$）时才不为零。由式（6-74），得：

$$Z=R+\mathrm{j}X=-\frac{1}{I^2}\oint_S(\dot{\boldsymbol{E}}\times\dot{\boldsymbol{H}}^*)\cdot\mathrm{d}\boldsymbol{S}$$

$$=-\frac{\dot{\boldsymbol{E}}_y\times\dot{\boldsymbol{H}}_z^*\mid_{x=0}\times h\times a}{|\dot{I}|^2}$$

$$=\frac{h}{a\gamma}(1+\mathrm{j})\sqrt{\frac{\omega\mu\gamma}{2}}=\frac{h}{a\gamma d}(1+\mathrm{j})$$

因此

$$R=\frac{h}{a\gamma d} \tag{6-75}$$

$$L_{\mathrm{i}}=\frac{X}{\omega}=\frac{h}{a\gamma d\omega} \tag{6-76}$$

上述结果表明：

（1）虽然导体在 x 方向伸展到无限远，但实际有效厚度只有 d，即交流电阻只相当于直流电流集中在透入深度 d 范围内的直流电阻，这也是透入深度的另一物理意义。

（2）等效电阻和等效电感都是频率的函数，随频率增高电阻增大，电感减小。

6.4.4　邻近效应与电磁屏蔽

1. 邻近效应

当相互靠近的导体通有电流时，每一导体不仅处于自身电流产生的电磁场中，同时还处于其他导体电流产生的电磁场中。因此，这时导体中的电流分布会受到邻近导体的影响，与它单独存在时不一样，这种现象称为邻近效应。频率越高，导体靠得越近，邻近效应越显著。邻近效应与集肤效应共存，它会使导体的电流分布更不均匀。

邻近效应可以从电磁场的观点来解释。设有一单根导线，其中通以交变电流，由于集肤效应，电流主要集中在导体表面附近，但沿着导体圆周的电流分布还是均匀的。如果在相邻的地方有另一根导线，载有相同方向的交变电流，结果将使两导线之间的内侧电磁场减弱，而外侧的电磁场增强。故从两导体外侧进入导体的能量要比从内侧进入导体的能量多，故导线外侧处的电磁场和电流密度比内侧处大，从而使电流的分布更不均匀。反之，如两导线载有相反方向的交变电流，其结果将使两导线间的内侧电磁场增强，外侧电磁场减弱。这将使导体的有效电阻进一步增大。例如，单根交流汇流排的电流集肤效应和两根交流汇流排的邻近效应，如图 6-12、图 6-13 所示。

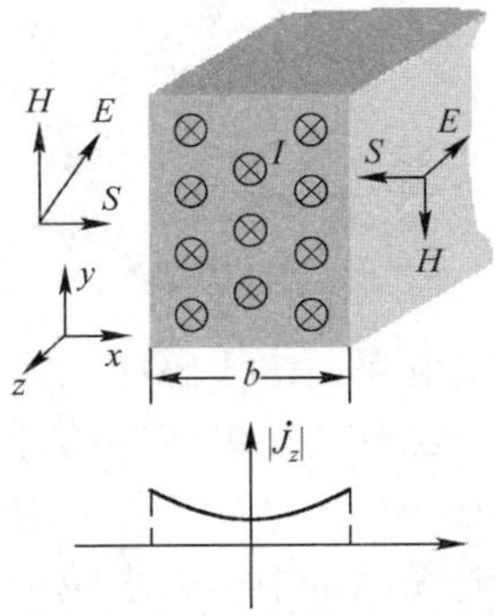

图 6-12　单根交流汇流排的电流集肤效应

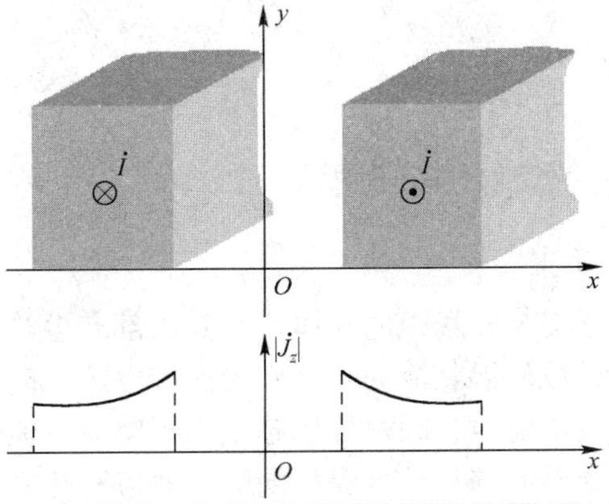

图 6-13　两根交流汇流排的邻近效应

实际生活里，在开关电源电磁元件中，一般不可能没有线圈。线圈中的可变磁场感应产生涡流，从而导致集肤效应和邻近效应。集肤效应是由绕线的自感产生的涡流引起的，而邻近效应是由绕线的互感产生的涡流引起的。集肤效应使电流只流经绕线外层极薄的部分，这部分的厚度与频率的平方成反比。因此，频率越高，绕线损失的固态面积就越多，交流阻抗就增加，从而铜损也增大。邻近效应引起的铜损比集肤效应大得多。多层绕组的邻近效应损耗相当大，主要是因为感应的涡流迫使静电流只流经铜线截面的一小部分，增加了铜线的阻抗。最严重的是，邻近效应感应的涡流是原来流经绕组或绕组层的净电流的很多倍。

相邻导线流过电流时会产生可变磁场，从而形成邻近效应。如果是属于线圈层间的邻近效应，则其危害性更大。邻近效应比集肤效应更严重，因为集肤效应只是将绕线导电面积限制在表面的一小部分，使铜损增加。它没有改变电流幅值，只是改变了绕线表面的电流密度。但相对来看，邻近效应中的涡流是由相邻线圈层电流的可变磁场引起的，且涡流的大小随线圈层数的增加是按指数规律递增。

2. 电磁屏蔽

为了使某一区域不受外来杂散电磁场的影响，或使该区域中的电磁场不影响外界，不至于成为影响其他电磁设备的干扰源，可以利用电磁场在导体内很快衰减的特点，即用一个金属屏蔽罩把这个区域屏蔽起来，称为电磁屏蔽。电磁场在穿过此罩时，将会得到很大衰减。只要罩的厚度达到屏蔽材料的透入深度 d 的 3 ~ 6 倍，电磁场实际上便不能透过，从而可有效地抑制干扰。高频时一层薄铜片（或铝片）便可有效地把电磁场隔离。例如，当 $f=1$ MHz 时，铝的透入深度为 82 μm 左右。所以，通常无线电、电子设备中各个高频部件差不多都是放在铜（或铝）制的屏蔽罩内。但低频时（音频或更低频率），例如，要屏蔽电源变压器产生的50 Hz 的低频电磁场，如果用铜，因 $d=9.35$ mm，则要求厚度过大，这时用铁皮效果较好。高频时一般不用铁制屏蔽，因为铁磁材料在高频时功率损耗较大，对被屏蔽设备有不利影响。

电磁屏蔽的效能可以用屏蔽系数来表征，它被定义为：存在屏蔽体时空间防护区的场强（E 或 H）与不存在屏蔽体时该区域的场强（E_0 或 H_0）的比值，用 S 来表示，即：

$$S=\frac{E}{E_0} \tag{6-77}$$

或

$$S=\frac{H}{H_0} \tag{6-78}$$

6.4.5 涡流及其应用

1. 涡流

位于交变磁场中的导体，在其内部产生与磁场交链的感应电流，由于感应电流自行闭合成回路，成旋涡状流动，又称为涡旋电流，简称涡流。例如，含有圆柱导体芯的螺管线圈中通有交变电流时，圆柱导体芯中出现感应电流或涡流。

涡流具有与传导电流相同的磁效应和热效应。在大多数电气设备中，力求减少涡流的热效应及涡流损耗。但是另一方面，在工业中又充分利用涡流的热效应和磁效应。工业上利用涡流的热效应进行金属的加热和冶炼，与其他加热技术相比，利用涡流加热技术能产生更高的温度，并具有高效、节能等优异特性；利用涡流的磁效应可以制成电磁阀、涡流传感器等。

在磁准静态场情况下，涡流问题中的电场强度 $\boldsymbol{E}$、磁场强度 $\boldsymbol{H}$ 和电流密度 $\boldsymbol{J}$ 同样遵守 6.4.1 节中导出的电磁场扩散方程式（6-58）、式（6-61）、式（6-62）。所以通常也称这些方程为涡流方程，或磁扩散方程。它们是研究涡流问题的基础。

下面以变压器芯片为例，研究变压器铁芯叠片中的电磁场，如图 6-14 所示。

为了分析薄导电板中的电磁场分布，假设：由于 $h \ll a$，$l \ll a$，故钢片截面内磁感应强度沿 z 轴方向，且是 x 的函数，即 $\dot{\boldsymbol{B}}=\dot{B}_z(x)\boldsymbol{e}_z$，对应的涡流分布位于 xOy 平面。就钢片中间区段的涡流场分布而言，感应电场 $\dot{\boldsymbol{E}}$ 和涡流密度 $\dot{\boldsymbol{J}}$ 仅有 y 方向上的分量，且是 x 的函数，即 $\dot{\boldsymbol{E}}=\dot{E}_y(x)\boldsymbol{e}_y$ 和 $\dot{\boldsymbol{J}}=\dot{J}_y(x)\boldsymbol{e}_y$，如图 6-15 所示。

设磁场随时间作正弦变化，且对 y 轴呈对称分布。忽略位移电流，故铁芯叠片中的涡流场可近似为磁准静态场，其磁感应强度 $\dot{B}_z$ 满足条件：

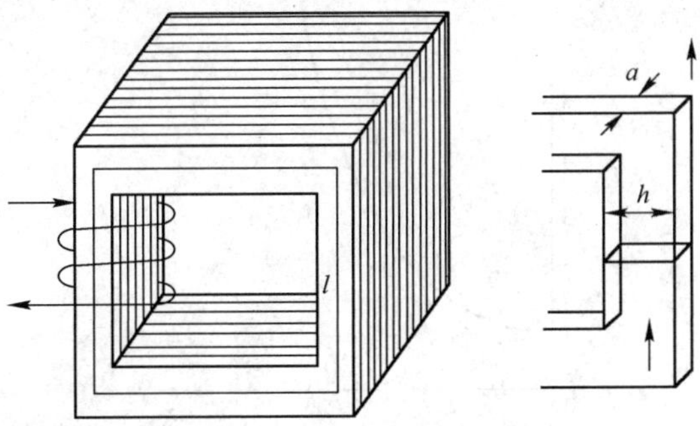

图 6-14　变压器铁芯叠片

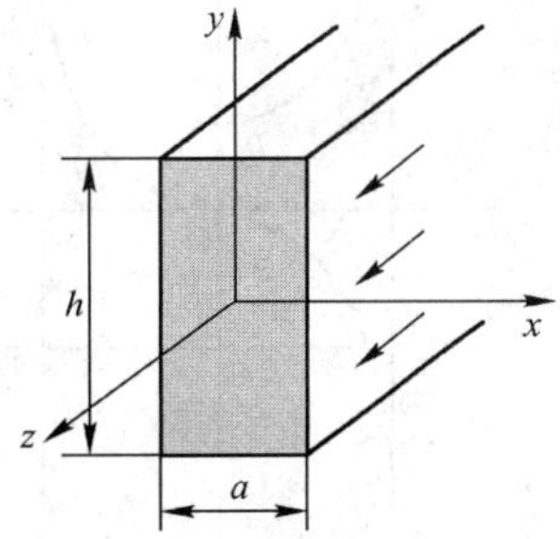

图 6-15　薄导电平板

$$\frac{d^2\dot{B}_z}{dx^2}=j\omega\mu\gamma\dot{B}_z=k^2\dot{B}_z \tag{6-79}$$

通解为：

$$\dot{B}_z=C_1e^{-kx}+C_2e^{kx} \tag{6-80}$$

显然，磁场沿 x 方向的分布应是对称的，即：

$$\dot{B}_z\left(-\frac{a}{2}\right)=\dot{B}_z\left(\frac{a}{2}\right)$$

故取 $C_1=C_2=C/2$。因此薄导电平板中的磁感应强度和磁场强度分别为：

$$\dot{B}_z=\dot{B}_0\mathrm{ch}(kx) \tag{6-81}$$

$$\dot{H}_z=\frac{\dot{B}_0}{\mu}\mathrm{ch}(kx) \tag{6-82}$$

式中 $\dot{B}_0$ 是在 $x=0$ 处的磁感应强度，$\dot{B}_0=C\mu$。

由 $\nabla\times\dot{\boldsymbol{B}}=\mu\dot{\boldsymbol{J}}$、$\dot{\boldsymbol{J}}=\gamma\dot{\boldsymbol{E}}$，则薄导电平板中的电场强度和电流密度分别为：

$$\dot{E}_y=-\frac{\dot{B}_0k}{\gamma\mu}\mathrm{sh}kx \tag{6-83}$$

$$\dot{J}_y=-\frac{\dot{B}_0k}{\mu}\mathrm{sh}kx \tag{6-84}$$

电工钢片中 B_z 和 J_y 的模值分布曲线如图 6-16 所示，图中 $k=\sqrt{\frac{\omega\mu\gamma}{2}}$。可以看出，钢片内部的电场和磁场的分布不均匀，越深入内部场量越小，在钢片中心为最小值，这是由涡流的去磁效应形成的。涡流密度 J_y 分布对 y 轴成奇对称，它密集于导体表面，在 $x=0$ 处为零。由此可见，电磁场量由表及里逐渐衰减，呈现集肤效应。

应用 B/B_0 对 $2Kx$ 的关系曲线可以说明一些实际问题。对于电工钢片来说，一般 $\mu\approx1\,000\mu_0$，$\gamma=10^7$S/m，厚度 $a=0.5$mm。分析结果见表 6-1。

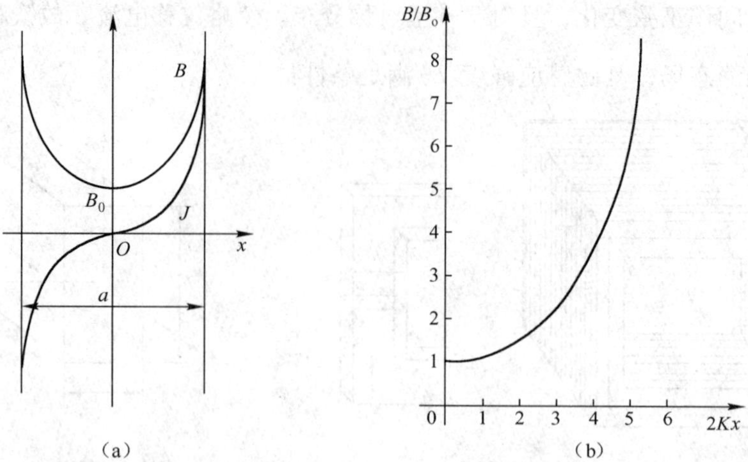

图6-16 $\dot{\boldsymbol{B}}$ 和 $\dot{\boldsymbol{J}}$ 的模值分布曲线

由表6-1可看出，当$f=50\text{Hz}$时，$\frac{a}{d}=0.7$，集肤效应不明显，可以认为$\boldsymbol{B}$还是沿截面均匀分布；而当$f=2\,000\text{Hz}$时，$\frac{a}{d}=4.4$，其表面的磁通密度已达到其中间部分量值的4.5倍。

表6-1 硅钢片中不同工作频率下透入深度的比较

工作频率/Hz	$d=\sqrt{\frac{2}{\omega\mu\gamma}}/\text{m}$	$\frac{a}{d}$
50	约0.715×10^{-3}	0.7
2 000	约0.114×10^{-3}	4.4

由此可见，在音频时，不适宜采用厚度为0.5mm的钢片，而应用以0.05～0.1mm的钢片。在无线电频率时，即使钢片再薄，磁通沿钢片厚度的分布还是极不均匀，必须考虑集肤效应的影响。

涡流在导体内流动时，会产生损耗引起导体发热，因此它具有热效应。涡流电流在钢片中消耗的平均功率为：

$$P=\int_V\frac{|\dot{J}_\gamma|^2}{\gamma}\mathrm{d}V=B_{zav}^2\rho h\,\frac{\omega}{2\mu}ka^2\,\frac{\text{sh}ka-\sin ka}{\text{ch}ka-\cos ka}\tag{6-85}$$

当频率较低时，即当钢片厚度与透入深度之比$\frac{a}{d}$较小时，涡流损耗近似为：

$$P=\frac{1}{12}\gamma\omega^2a^2B_{zav}^2V\tag{6-86}$$

式中，V是铁芯的体积；B_{zav}是磁感应强度$\boldsymbol{B}$在板厚度上的平均值。

由此可见，钢片的电导率γ及其厚度a越大，损耗越大。所以交流电器的铁芯都由彼此绝缘的硅钢片组成。从电的角度看，钢片间的绝缘相当于使整块铁芯变薄，而在材料中加硅是为了增加材料的电阻率以减小其电导率。此外，损耗随频率而增加，当频率高到一定程度时，不适宜采用薄板形式，而应采用由粉状材料压制而成的铁芯。

2. 涡流的应用

1）涡流的热效应

电磁炉、电磁灶的工作原理是采用磁场感应涡流加热原理。电磁炉、电磁灶的台下面布满了金属导线缠绕的线圈，当通上交替变化极快的交流电时，利用电流通过线圈产生强大的交变的磁场，当磁场内的磁力线通过铁质锅底时会产生强涡流，涡流受材料电阻的阻碍时，就放出大量的热量，将饭菜煮熟。这种最新的加热方式，能减少热量传递的中间环节，可大大提升制热效率，比传统炉具（电炉、气炉）节省能源一半以上。

高频焊接起源于20世纪50年代，它是利用高频电流所产生的涡流的热效应，将钢板和其他金属材料对接起来的新型焊接工艺。当高频焊接机的线圈中通以高频交流电时，待焊接的金属工件中就产生感应电流（涡电流）。由于焊缝处的接触电阻很大，放出的焦耳热很多，致使温度升得很高，将金属熔化而焊接在一起。我国生产的自行车架就是采用这种方法焊接的。

2）涡流的机械效应

先介绍涡流的第一个机械效应——电磁阻尼现象，如图6-17所示。

把铜板做成的摆放到电磁铁的磁场中，当电磁铁未通电时，摆要往复多次，才能停止下来。如果电磁铁通电，则磁场在摆动的铜板中产生涡流。涡流受磁场作用力的方向与摆动方向相反，因而增大了摆的阻尼，摆很快就能停止。这种现象称为电磁阻尼。

电磁阻尼在日常生活中起到很重要的作用。如电磁仪表中的电磁阻尼器就是根据涡流磁效应制作的。在磁电式测量仪表中，常把使指针偏转的线圈绕在闭合铝框上，当测量电流流过线圈时，铝框随线圈指针一起在磁场中转动，这时铝框内产生的涡流将受到磁场作用力，抑制指针的摆动，使指针较快地稳定在指示位置上。此外，电气机车的电磁涡流制动器也是根据这一效应制作。当激磁线圈通电时形成磁场，制动轴上的电枢旋转切割磁力线而产生涡流，电枢内的涡流与磁场相互作用形成制动力矩。电磁涡流制动器坚固耐用、维修方便、调速范围大；但低速时效率低、温升高，必须采取散热措施。这种制动器常用于有垂直载荷的机械中。

涡流的第二个机械效应——电磁驱动，如图6-18所示。在磁场运动时带动导体一起运动，这种作用称为“电磁驱动”作用。当磁铁转动时，根据楞次定律，在圆盘上将产生涡流，受到磁场的作用力将产生一个促使金属圆盘按磁场旋转方向发生转动的力矩。但是如果圆盘的转速达到与磁场转速一样，则二者的相对速度为零，感应电流便不会产生，这时电磁驱动作用便消失。所以在电磁驱动作用下，金属圆盘的转速总要比磁铁或磁场的转速小，或者说二者的转速总是异步的。感应式异步电动机就是根据此原理制成的。电磁驱动作用可用来制造测量转速的电表，这类转速表常称为磁性式转速表。用磁性式转速表测量转速时，将被测机器的转轴通过连接器和传动机构与转速表中的永久磁铁的转轴相连，永久磁铁一般是由一块含有4个极的磁钢制成，这便形成一个旋转磁场。在永久磁铁的上方有一个金属圆盘，称为感应片。感应片与永久磁铁间有很小的气隙，二者互不接触。当永久磁铁随着机器的转轴旋转时，感应片上将产生涡流，这涡流又将受到这旋转磁场的作用力，使感应片被驱动，从而沿永久磁铁的旋转方向运动，感应片的转动将带动与感应片转轴相连的弹簧，将其扭紧，从而产生弹性恢复转矩。最后，当感应片转过一定的角度，由电磁驱动作用产生的转矩刚巧与弹性恢复的转矩抵消时，便达到一个暂时平衡状态。由机器带动转动的永久磁铁转速越快，感应片受到的电磁驱动作用所产生的转矩越大，因而指针的偏转角度就越大。这样，便可通过指针的偏转角度来显示机器的转速。

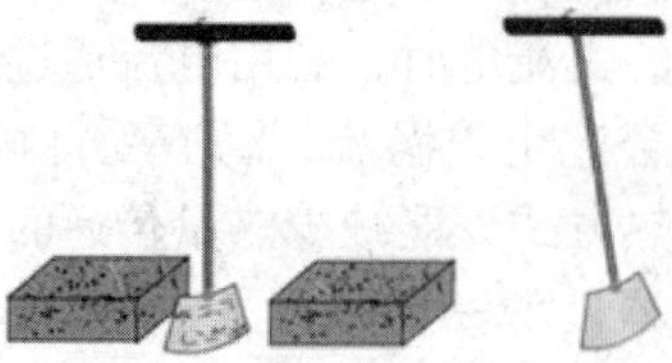

图 6-17　电磁阻尼摆

图 6-18　电磁制动器

3）涡流探伤与管道无损检测

涡流检测就是使导电的试件（导体）内发生涡流，通过测量涡流的变化量，来进行试件的探伤、材质的检验和形状尺寸的测试等。

涡流的分布及其电流大小，是由线圈的形状和尺寸、交流频率（试验频率）、导体的电导率、磁导率、形状和尺寸、导体与线圈间的距离及导体表面裂纹等存在缺陷所决定的，因此，根据检测的导体（试件）中的涡流，就可以取得关于试件材质的情况、有没有缺陷和形状尺寸的变化等信息。

涡流探伤系统设备包括检测线圈、信号耦合装置、涡流检测仪、机械传动机构、控制台及显示记录仪等。

涡流探伤系统的工作原理是由振荡器即交变电压发生器供给检测线圈激励电流，经信号耦合装置在试件及其周围形成一激励磁场，该磁场在试件中感应出涡流，涡流又产生自己涡流磁场，抵消激励磁场，消弱和抵消的程度视试件材质对涡流影响的各种因素而定。涡流磁场中包含试件性质的信息，反过来使检测线圈的阻抗发生变化，而检测线圈可检测出试件中涡流磁场的变化，即检测出有试件性质的信息。将这些信息经放大、相位检波器提取调制信号、滤波器对调制信号滤波、幅度鉴别器对信号幅度判别等处理，就可获得一定信噪比的有用信号，最后由显示记录器、报警器指示检测结果。

涡流探伤技术是常规无损探伤技术之一，现多频涡流、脉冲涡流及低频涡流等探伤方法已得到成功应用。目前，我国涡流探伤技术已应用于冶金、机械、航空、航天、电力、化工、军用及民用各个部门，其作用与应用范围日趋扩大。

4）电涡流传感器

电涡流传感器能静态和动态地非接触、高线性度、高分辨力地测量被测金属导体距探头表面的距离。它是一种非接触的线性化计量工具，能准确测量被测体（必须是金属导体）与探头端面之间静态和动态的相对位移变化。

电涡流传感器，能直接非接触测量转轴的状态，对诸如转子的不平衡、不对中、轴承磨损、轴裂纹及发生摩擦等机械问题的早期判定，可提供关键的信息。电涡流传感器以其长期工作可靠性好、测量范围宽、灵敏度高、分辨率高、响应速度快、抗干扰力强、不受油污等介质的影响、结构简单等优点，在大型旋转机械状态的在线监测与故障诊断中得到广泛应用。

电涡流传感器的结构示意图如图 6-19 所示。

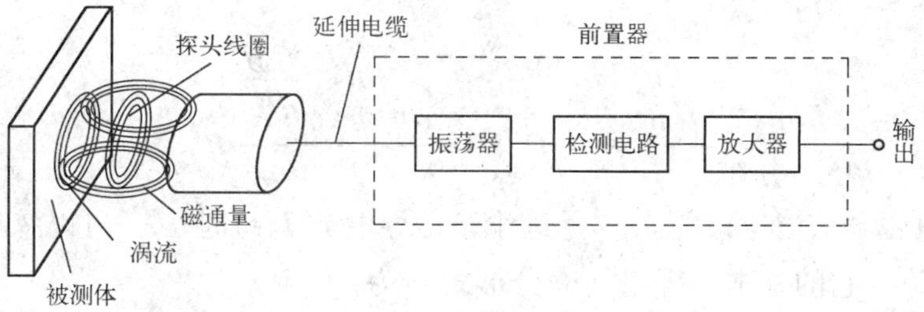

图 6-19 电涡流传感器的结构示意图

前置器中高频振荡电流通过延伸电缆流入探头线圈，在探头头部的线圈中产生交变的磁场。当被测金属体靠近这一磁场，则在此金属表面产生感应电流，与此同时该电涡流场也产生一个方向与头部线圈方向相反的交变磁场，由于其反作用，使头部线圈高频电流的幅度和相位得到改变（线圈的有效阻抗），这一变化与金属体磁导率、电导率、线圈的几何形状、几何尺寸、电流频率及头部线圈到金属导体表面的距离等参数有关。

涡流传感器根据其用途和检测对象的不同，其外观和内部结构各不相同，类型繁多。但是，不管什么类型的传感器其结构总是由激励绕组、检测绕组及其支架和外壳组成，有些还有磁芯、磁饱和器等。

涡流传感器的功能有三种。一是激励形成涡流的功能，即能在被检工件中建立一个交变电磁场，使工件产生涡流的功能；二是检取所需信号的功能，即检测获取工件质量情况的信号并把信号送给仪器分析评价；三是抗干扰的功能，即要求涡流传感器具有抑制各种不需要信号的能力，如探伤时要抑制直径、壁厚变化引起的信号，而测量壁厚时，要求抑制伤痕的信号等。

习题 6-4

1. 试计算铜和铁通以 50 Hz 的交变电流时的透入深度 d，其结果对设计大型交流汇流排有何作用？（工作于 50 Hz）（铜 $\gamma = 5.8\times10^7$ S/m，$\mu_r = 1$；铁 $\gamma = 10^7$，$\mu_r = 10^4$）

2. 半径为 R、厚度为 h、电导率为 γ 的导体圆盘，盘面与均匀正弦磁场 $\boldsymbol{B}$ 正交，如题 2 图所示。已知 $\boldsymbol{B} = B_0\sin\omega t\boldsymbol{e}_x$，忽略圆盘中感应电流对均匀磁场的影响，试求：(1) 圆盘中的涡流电流密度 $\boldsymbol{J}_c$；(2) 涡流损耗 P_e。

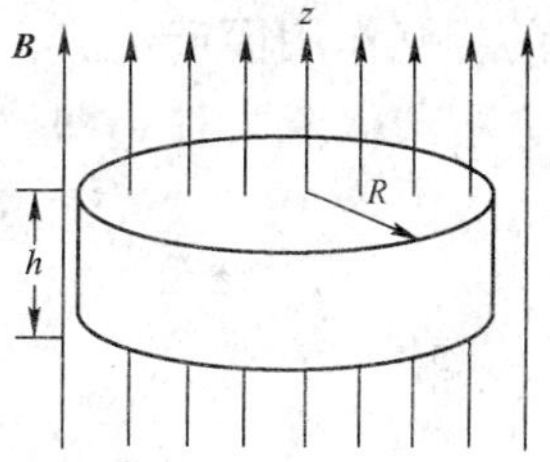

题 2 图

本 章 小 结

(1) 时变电磁场。如果感应电场 $\boldsymbol{E}_1$ 远小于库仑电场 $\boldsymbol{E}_c$，可以忽略感应电场 $\boldsymbol{E}_i = \dfrac{\partial \boldsymbol{B}}{\partial t}$，称为电准静态场（EQS），它的基本方程组（微分形式）为：

$$\begin{cases}\nabla\times\boldsymbol{H} = \boldsymbol{J} + \dfrac{\partial \boldsymbol{D}}{\partial t}\\ \nabla\times\boldsymbol{E} = 0\\ \nabla\cdot\boldsymbol{B} = 0\\ \nabla\cdot\boldsymbol{D} = \rho\end{cases}$$

其求解步骤为：

$$\text{电荷分布}\xrightarrow{\text{静电场公式}}\boldsymbol{E}、\boldsymbol{D}\xrightarrow{\left\{\begin{array}{l}\nabla\times\boldsymbol{H}=\boldsymbol{J}+\frac{\partial\boldsymbol{D}}{\partial t}\\ \nabla\cdot\boldsymbol{B}=0\end{array}\right.}\boldsymbol{B}、\boldsymbol{H}$$

（2）时变电磁场。当位移电流$\frac{\partial\boldsymbol{D}}{\partial t}$远远小于传导电流$\boldsymbol{J}(t)$时，$\frac{\partial\boldsymbol{D}}{\partial t}$可以忽略不计，称为磁准静态场（MQS），它的基本方程组（微分形式）为：

$$\left\{\begin{array}{l}\nabla\times\boldsymbol{H}=\boldsymbol{J}\\ \nabla\times\boldsymbol{E}=-\frac{\partial\boldsymbol{B}}{\partial t}\\ \nabla\cdot\boldsymbol{B}=0\\ \nabla\cdot\boldsymbol{D}=\rho\end{array}\right.$$

其求解步骤为：

$$\text{传导电流}\xrightarrow{\text{恒定磁场公式}}\boldsymbol{B}、\boldsymbol{H}\xrightarrow{\left\{\begin{array}{l}\nabla\times\boldsymbol{E}=-\frac{\partial\boldsymbol{B}}{\partial t}\\ \nabla\cdot\boldsymbol{D}=\rho\end{array}\right.}\boldsymbol{E}、\boldsymbol{D}$$

（3）导体中的自由电荷体密度随时间按指数规律衰减，其衰减快慢取决于弛豫时间$\tau_e=\frac{\varepsilon}{\gamma}$。电荷弛豫过程的电磁场可近似为电准静态场，弛豫过程中导体内的电位分布满足微分方程：$\nabla^2\phi=-\frac{\rho}{\varepsilon}=-\frac{1}{\varepsilon}\rho_0 e^{-\frac{t}{\tau_e}}$。

（4）集肤效应、邻近效应和涡流问题是时变电磁场中常见的三个现象，它们产生的条件都是一样的，都是由于交变电流流过导体，导体自身会产生一个磁场，其实是由时变电磁场的相互作用而产生。三种现象都可近似为磁准静态场，都满足电磁场扩散方程，又称磁扩散方程或涡流方程。即：

$$\left\{\begin{array}{l}\nabla^2\boldsymbol{E}=\mu\gamma\frac{\partial\boldsymbol{E}}{\partial t}\\ \nabla^2\boldsymbol{H}=\mu\gamma\frac{\partial\boldsymbol{H}}{\partial t}\\ \nabla^2\boldsymbol{J}=\mu\gamma\frac{\partial\boldsymbol{J}}{\partial t}\end{array}\right.$$

（5）交变电流在良导体中流动时，其内部电流和电磁场的分布表现出显著的集肤效应现象。对于良导体，透入深度$d=\sqrt{\frac{2}{\omega\mu\gamma}}$。在高频时，应考虑到电流和电磁场分布不均匀的问题。

（6）位于交变磁场中的导体，在其内部产生与磁场交链的感应电流，由于感应电流自行闭合成回路，成旋涡状流动，又称为涡旋电流，简称涡流。

（7）邻近效应是指相互靠近的、通有交变电流时导体间的相互作用和影响。电磁屏蔽是抑制邻近效应的一种常用措施。当电磁能进入导体时，随着与表面距离的增大，能量逐渐减少，从而引起电磁场能量逐渐减弱的现象。

（8）电路理论中的基尔霍夫电流定律、电压定律和电路参数都可由电磁场理论推导出来，因此可为电路提供理论依据。

复习参考题

一、思考题

1. 电准静态场是如何定义的？它的特性是什么？准静态条件是什么？

2. 一金属块在均匀恒定磁场中平移，金属中会产生涡流吗？若金属块在均匀恒定的磁场中旋转，则金属中是否会有涡流？

3. 试分析在高频情况下，为什么导线可以采用空心管状结构？

4. 透入深度是怎么定义的？它与哪些量有关？

5. 用场的观点分析静电屏蔽、磁屏蔽和电磁屏蔽。

6. 在时变电磁场中，判别一种媒质是否属于良导体的条件是什么？

7. 涡流是怎样产生的？应采用哪些措施来减少电工钢片中的涡流损耗？

8. 有人想利用铝制菜盒装置一台半导体收音机，行不行？为什么？

9. 导线的电阻与电感值仅决定于导线的几何形状、尺寸及媒质的参数，而与所加的电压无关，这一结论在时变电磁场中是否仍然适用？为什么？

10. 何谓集肤效应、邻近效应？

11. 电荷在导电媒质的弛豫过程中，位移电流是否刚好抵消了传导电流的磁效应？

二、习题

1. 一平行板电容器如题 1 图所示，极板间距 $d=0.5\text{cm}$，电容器填充 $\varepsilon=5.4$ 的云母介质，极板间外施电压 $u(t)=110\sqrt{2}\cos(314t)\text{V}$，忽略边缘效应，试求极板间的电场与磁场。

2. 同轴电缆接至正弦电源 u，负载为一 RC 串联电路。电缆长度远小于波长，电缆本身电阻可以忽略不计。试用坡印廷向量计算电缆传输的功率。

3. 有一圆柱形电容器，尺寸如题 3 图所示，其中介质有两层。由于介质有漏电流，故考虑为导电媒质。电容器不带电。若 $t=0$ 时，突然接至直流电压源 U，内外导体分别接正负极。分析：(1) $t=0$ 时电场分布；(2) $t\to\infty$ 时电场分布。

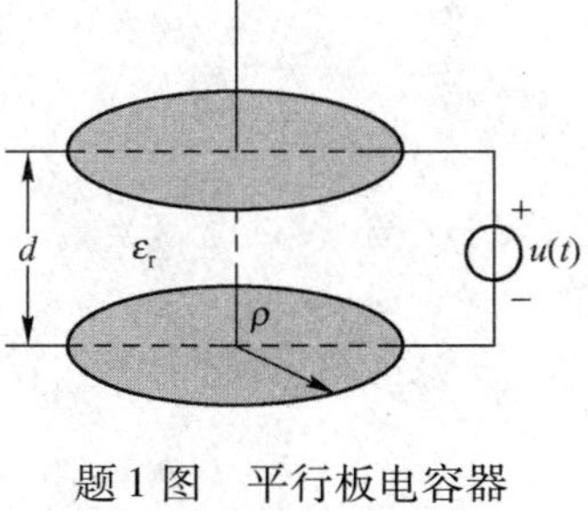

题 1 图　平行板电容器

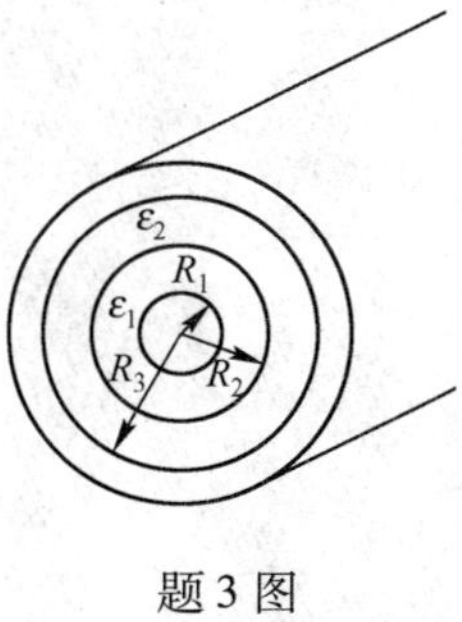

题 3 图

4. 在要求导线的交流电阻很小的场合通常使用多股纱包线代替单股线。证明：相同截面积的 N 股纱包线的交流电阻只有单股线的 $\dfrac{1}{\sqrt{N}}$。

5. 在半径为 1cm 的铜导线中，通以 50Hz 及 5 000Hz 的正弦电流时，其交流电阻各为多少（$\gamma_{Cu}=5.8\times10^7$S/m）？

6. 现测得在13.56MHz的电磁波照射下，脂肪的相对介电常数$\varepsilon_r=20$，电阻率$\rho=34.4\Omega\cdot$m。试计算其透入深度。

7. 电工钢做成的钢片的位置与磁场平行。设磁场以50Hz、200Hz和5 000Hz的频率作正弦变化，求钢片表面和中间处磁感应强度的比值。已知钢片厚0.5mm，$\gamma=10^7$S/m，$\mu=1\,000\mu_0$。

8. 某高灵敏度仪器必须高度地屏蔽外界电磁场，使外界磁场强度降低到0.01 A/m。但根据实测结果，该处可能受到的最大干扰磁场强度达12 A/m 。试计算用铝板屏蔽及$\mu_r=2000$的铁板屏蔽所需的厚度。

9. 当有$f_1=4\times10^3$Hz和$f_1=4\times10^5$Hz两种频率的信号，同时通过厚度为1mm的铜板时，试问在铜板的另一侧能接收到哪些频率的信号？

10. 长直螺线管中载有随时间变化相当慢的电流$i=I_0\sin\omega t$。先用安培环路定律求半径为a的线圈内产生的磁准静态场的磁感应强度，然后利用法拉第定律求线圈里面和外面的感应电场强度；试论证上述磁准静态场的解只有在$\omega\to0$的静态极限情况下，才精确地满足麦克斯韦方程组。

第7章 平面电磁波的传播

【本章内容概要】

从电磁场的基本方程组出发，首先推导出电磁波的电场 $\boldsymbol{E}$ 和磁场 $\boldsymbol{H}$ 所满足的波动方程，然后讨论无界均匀媒质条件下波动方程的解——均匀平面电磁波。重点讨论随时间作正弦变化的情况，并介绍描述正弦波动特性的主要物理量——传播常数和波阻抗、平面电磁波极化的概念，分析平面电磁波的反射和折射，重点讨论全反射和驻波。均匀平面电磁波是电磁波最简单的形态，它的特性及讨论方法都比较简单，但却能表征电磁波重要的和主要的性质。

【本章学习重点难点】

学习重点：均匀平面电磁波在理想介质和导电媒质中的传播特性及基本规律、均匀平面电磁波在工程中的应用、均匀平面电磁波正入射时的传播特性。

学习难点：平面电磁波的性质及应用、平面电磁波的极化和等离子体中平面波的性质及应用。

7.1 波动方程与平面电磁波

第5章的麦克斯韦理论表明：变化的电场激发变化的磁场，变化的磁场激发变化的电场，这种相互激发、在空间传播的变化的电磁场称为电磁波，它是由场源辐射出来的。我们所知道的无线电波、电视信号、雷达波束、激光、X射线和γ射线等都是电磁波。电磁波可以按等相位面的形状分为平面波、柱面波和球面波。研究电磁波在空间的传播规律和特性，就是讨论由麦克斯韦方程组导出的电磁波动方程在给定条件下的解。

本节将由麦克斯韦方程组导出电磁波动的基本方程，并讨论平面电磁波的基本特性。

7.1.1 波动方程及其解

由前面内容得知，已发射的电磁波，即使激发它的源消失后仍将继续存在并向前传播。现介绍已脱离场源的波在无源空间的传播规律和特性。

在无源空间中，传导电流和自由电荷都为零，即 $\boldsymbol{J}=0$、$\rho=0$，另外假设无源空间中的媒介是各向同性、线性和均匀的，即满足 $\boldsymbol{D}=\varepsilon\boldsymbol{E}$、$\boldsymbol{B}=\mu\boldsymbol{H}$、$\boldsymbol{J}=\gamma\boldsymbol{E}$，则由麦克斯韦方程组：

$$\nabla\times\boldsymbol{H}=\boldsymbol{J}+\frac{\partial\boldsymbol{D}}{\partial t} \tag{7-1}$$

$$\nabla\times\boldsymbol{E}=-\frac{\partial\boldsymbol{B}}{\partial t} \tag{7-2}$$

$$\nabla \cdot \boldsymbol{B} = 0 \tag{7-3}$$

$$\nabla \cdot \boldsymbol{D} = 0 \tag{7-4}$$

可以推导出：

$$\nabla \times \boldsymbol{H} = \gamma \boldsymbol{E} + \varepsilon \frac{\partial \boldsymbol{E}}{\partial t} \tag{7-5}$$

$$\nabla \times \boldsymbol{E} = -\mu \frac{\partial \boldsymbol{H}}{\partial t} \tag{7-6}$$

$$\nabla \cdot \boldsymbol{H} = 0 \tag{7-7}$$

$$\nabla \cdot \boldsymbol{E} = 0 \tag{7-8}$$

对式（7-5）取旋度，并利用式（7-6），得：

$$\nabla \times (\nabla \times \boldsymbol{H}) = -\gamma\mu \frac{\partial \boldsymbol{H}}{\partial t} - \mu\varepsilon \frac{\partial^2 \boldsymbol{H}}{\partial t^2}$$

利用矢量恒等式 $\nabla \times (\nabla \times \boldsymbol{H}) = \nabla(\nabla \cdot \boldsymbol{H}) - \nabla^2 \boldsymbol{H}$ 并将式（7-7）带入整理，得：

$$\nabla^2 \boldsymbol{H} - \gamma\mu \frac{\partial \boldsymbol{H}}{\partial t} - \mu\varepsilon \frac{\partial^2 \boldsymbol{H}}{\partial t^2} = 0 \tag{7-9}$$

同理，得：

$$\nabla^2 \boldsymbol{E} - \gamma\mu \frac{\partial \boldsymbol{E}}{\partial t} - \mu\varepsilon \frac{\partial^2 \boldsymbol{E}}{\partial t^2} = 0 \tag{7-10}$$

式（7-9）和式（7-10）是无源空间中电场 $\boldsymbol{E}$ 和磁场 $\boldsymbol{H}$ 所满足的方程，称为电磁波动方程。它们是研究电磁波问题的基础。

7.1.2 平面电磁波

在电磁波的传播过程中，对应于每一时刻 t，空间电磁场中电场 $\boldsymbol{E}$ 和磁场 $\boldsymbol{H}$ 具有相同相位的点构成等相位面，或称为波阵面。等相位面为平面的电磁波称为平面电磁波。如果在平面电磁波的等相位面上的每一点上，电场 $\boldsymbol{E}$ 均相同，磁场 $\boldsymbol{H}$ 也均相同，则称这样的电磁波为均匀平面电磁波。

平面波是一种最简单、最基本的电磁波，它具有电磁波的普遍性质和规律，实际存在的电磁波均可以分解成许多平面波，因此，平面波是研究电磁波的基础，有着十分重要的理论价值。

严格地说，理想的平面电磁波是不存在的，因为只有无限大的波源才能激励出这样的波。但是如果场点离波源足够远，那么空间曲面的很小一部分就十分接近平面，在这一小范围内，波的传播特性近似为平面波的传播特性。例如，距离发射天线相当远的接收天线附近的电磁波，由于天线辐射的球面波的等相位球面非常大，其局部可近似为平面，因此可以近似地看成均匀平面波。远离单元偶极子处的电磁波在小范围内可以近似看成均匀平面电磁波。

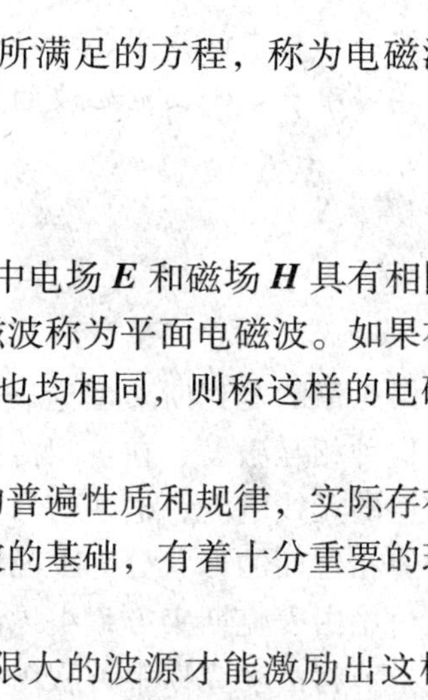

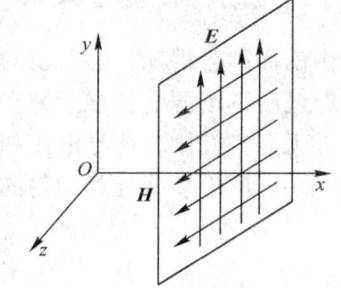

图 7-1 向 x 方向传播的均匀平面波

假设均匀平面电磁波的波阵面与 yOz 平面平行，如图 7-1 所示。根据定义，场强 $\boldsymbol{H}$（或 $\boldsymbol{E}$）的值在波阵面上处处相等，即与坐标 y 和 z 无关，因此场强 $\boldsymbol{H}$ 和 $\boldsymbol{E}$ 除了与时间 t 有关外，只与空间坐标 x 有关，则有：

$$\boldsymbol{E}=\boldsymbol{E}(x,t),\boldsymbol{H}=\boldsymbol{H}(x,t)$$

此时波动方程可以化简为：

$$\frac{\partial^2 \boldsymbol{H}}{\partial x^2}-\gamma\mu\frac{\partial \boldsymbol{H}}{\partial t}-\mu\varepsilon\frac{\partial^2 \boldsymbol{H}}{\partial t^2}=0 \tag{7-11}$$

$$\frac{\partial^2 \boldsymbol{E}}{\partial x^2}-\gamma\mu\frac{\partial \boldsymbol{E}}{\partial t}-\mu\varepsilon\frac{\partial^2 \boldsymbol{E}}{\partial t^2}=0 \tag{7-12}$$

式（7–11）、式（7–12）是场强 $\boldsymbol{H}$ 和 $\boldsymbol{E}$ 关于 x 的一维波动方程。

将 $\boldsymbol{E}=\boldsymbol{E}(x,t)$ 和 $\boldsymbol{H}=\boldsymbol{H}(x,t)$ 分别带入方程式（7–5）、式（7–8），并在直角坐标系中展开，可以得到如下方程组：

$$\begin{cases}\gamma E_x+\varepsilon\dfrac{\partial E_x}{\partial t}=0,\ \dfrac{\partial H_z}{\partial x}=-\gamma E_y-\varepsilon\dfrac{\partial E_y}{\partial t},\ \dfrac{\partial H_y}{\partial x}=\gamma E_z+\varepsilon\dfrac{\partial E_z}{\partial t}\\ \mu\dfrac{\partial H_x}{\partial t}=0,\ \dfrac{\partial E_y}{\partial x}=-\mu\dfrac{\partial H_z}{\partial t},\ \dfrac{\partial E_z}{\partial x}=\mu\dfrac{\partial H_y}{\partial t}\end{cases} \tag{7-13}$$

由式（7 – 13）得出如下结论。

（1）均匀平面电磁波是一横电磁波。从式（7–13）可以看出，H_x 是与时间无关的恒定分量。在波动问题中，常量没有意义，因为求微分之后为零，故可取 $H_x=0$，而 $E_x=E_{x0}\mathrm{e}^{-\frac{\gamma}{\varepsilon}t}$，考虑到一般情况下 $\gamma\gg\varepsilon$，E_x 随时间按指数衰减的很快。因此通常情况下可认为 $E_x=0$。由 $E_x=0$ 和 $H_x=0$ 表明，当取 x 轴为传播方向时，均匀平面电磁波中的电场 $\boldsymbol{E}$ 和磁场 $\boldsymbol{H}$ 均没有和波的传播方向 x 轴相互平行的分量，它们都和波传播的方向相垂直，即传播方向对它们来说是横向的，这样的电磁波称为横电磁波，或 TEM 波（Transverse Electromagnetic Wave）。

（2）电磁波的电场 $\boldsymbol{E}$ 的方向、磁场 $\boldsymbol{H}$ 的方向和波的传播方向三者之间相互垂直，并且满足右手螺旋关系。由式（7–13）可以看出，电场 $\boldsymbol{E}$ 只有分量 E_y，则磁场 $\boldsymbol{H}$ 只有分量 H_z；若电场 $\boldsymbol{E}$ 只有分量 E_z，则磁场 $\boldsymbol{H}$ 只有分量 H_y，这表明均匀平面电磁波的电场 $\boldsymbol{E}$ 和磁场 $\boldsymbol{H}$ 不仅都和波的传播方向相垂直，而且它们二者之间也是相互垂直的。

（3）分量 E_y 和 H_z 构成一组平面波；分量 E_z 和 H_y 构成另一组平面波。这两组分量波彼此独立，但是电磁波中的合成电场 $\boldsymbol{E}$ 和磁场 $\boldsymbol{H}$ 却分别由这两组分量波的有关场强构成，在后面的讨论中，将分析 E_y 和 H_z 构成的一组平面波，以揭示均匀平面电磁波的传播特性。

对于有分量 E_y 和 H_z 构成的均匀平面电磁波，$\boldsymbol{E}=E_y(x,t)\boldsymbol{e}_y$ 和 $\boldsymbol{H}=H_z(x,t)\boldsymbol{e}_z$，则一维波动方程可以简化为：

$$\frac{\partial^2 H_z}{\partial x^2}-\gamma\mu\frac{\partial H_z}{\partial t}-\mu\varepsilon\frac{\partial^2 H_z}{\partial t^2}=0 \tag{7-14}$$

$$\frac{\partial^2 E_y}{\partial x^2}-\gamma\mu\frac{\partial E_y}{\partial t}-\mu\varepsilon\frac{\partial^2 E_y}{\partial t^2}=0 \tag{7-15}$$

习题 7–1

1　试从麦克斯韦方程组出发，推导忽略位移电流（磁准场）时的波动方程。

2　推导出等相位面为 xOy 平面的均匀平面电磁波满足的一维波动方程。

3　根据题 1 推导出的一维均匀平面电磁波的波动方程，对均匀平面电磁波的性质进行讨论。

7.2 理想介质中的均匀电磁波

理想介质是指电导率 $\gamma=0$ 的媒介，这一节将讨论无限大理想介质中的均匀平面电磁波，重点讨论波源以正弦变化的均匀平面电磁波。

7.2.1 理想介质中的均匀平面电磁波

对于理想介质，由于电导率 $\gamma=0$，对一维波动方程进行简化得到：

$$\frac{\partial^2 H_z}{\partial x^2}-\mu\varepsilon\frac{\partial^2 H_z}{\partial t^2}=0 \tag{7-16}$$

$$\frac{\partial^2 E_y}{\partial x^2}-\mu\varepsilon\frac{\partial^2 E_y}{\partial t^2}=0 \tag{7-17}$$

这两个一维波动方程的解分别为：

$$\begin{aligned}E_y(x,t)&=E_y^-(x,t)+E_y^+(x,t)\\&=f_1(t-\frac{x}{v})+f_2(t+\frac{x}{v})\end{aligned} \tag{7-18}$$

$$\begin{aligned}H_z(x,t)&=H_z^-(x,t)+H_z^+(x,t)\\&=g_1(t-\frac{x}{v})+g_2(t+\frac{x}{v})\end{aligned} \tag{7-19}$$

式中 $v=\frac{1}{\sqrt{\mu\varepsilon}}$。

下面讨论式（7-18）和式（7-19）的物理意义。

（1）$E_y^+(x,t)=f_1(t-\frac{x}{v})$ 和 $H_z^+(x,t)=g_1(t-\frac{x}{v})$ 分别是沿 $+x$ 方向前进的波的电场分量和磁场分量，称为入射波；而 $E_y^-(x,t)=f_2(t+\frac{x}{v})$ 和 $H_z^-(x,t)=g_2(t+\frac{x}{v})$ 则分别是沿 $-x$ 方向前进的波的电场和磁场分量，称为反射波。函数 f_1、f_2、g_1、g_2 的具体形式与该波的激励方式有关。

（2）理想介质中均匀平面波的传播速度 v 是一常数，即：

$$v=\frac{1}{\sqrt{\mu\varepsilon}} \tag{7-20}$$

它只与介质的参数 μ 和 ε 有关。在自由空间中，$v=c=3\times10^8\,\mathrm{m/s}$，理想介质中波的传播速度还可以表示为：

$$v=\frac{1}{\sqrt{\mu\varepsilon}}=\frac{c}{\sqrt{\mu_r\varepsilon_r}}=\frac{c}{n} \tag{7-21}$$

式中 n 称为介质的折射率。因为介质的折射率都大于 1，因此电磁波在理想介质中的传播速度小于在自由空间中的传播速度。

（3）把 $E_y^+(x,t)=f_1(\mathrm{t}-\frac{x}{v})$ 和 $H_z^+(x,t)=g_1(\mathrm{t}-\frac{x}{v})$ 代入式（7-13）中 $\frac{\partial E_y}{\partial x}=-\mu\frac{\partial H_z}{\partial t}$，

则有：

$$\frac{\partial H_z^+}{\partial t} = -\frac{1}{\mu}\frac{\partial E_y^+}{\partial x} = \sqrt{\frac{\varepsilon}{\mu}}f'_1\left(t-\frac{x}{v}\right) \tag{7-22}$$

对式（7－22）进行时间积分，并略去表示恒定分量的常数，得：

$$H_z^+(x,t) = \sqrt{\frac{\varepsilon}{\mu}}f'_1\left(t-\frac{x}{v}\right) = \sqrt{\frac{\varepsilon}{\mu}}E_y^+(x,t) \tag{7-23}$$

同理，得：

$$H_z^-(x,t) = -\sqrt{\frac{\varepsilon}{\mu}}f'_2\left(t-\frac{x}{v}\right) = -\sqrt{\frac{\varepsilon}{\mu}}E_y^-(x,t) \tag{7-24}$$

式（7-23）和式（7-24）分别反映了入射波和反射波中电场和磁场的关系。另外，电磁和磁场满足如下关系：

$$\frac{E_y^+(x,t)}{H_z^+(x,t)} = \sqrt{\frac{\mu}{\varepsilon}} = Z_0 \quad \frac{E_y^-(x,t)}{H_z^-(x,t)} = -\sqrt{\frac{\mu}{\varepsilon}} = -Z_0 \tag{7-25}$$

式中 $Z_0 = \sqrt{\frac{\mu}{\varepsilon}}$ 称为理想介质的波阻抗，单位为欧姆（Ω）。

（4）对于入射波来说，空间任意点在每一瞬时的电场能量密度和磁场能量密度相等，即：

$$\omega'_e = \frac{\varepsilon}{2}[E_y^+]^2 = \frac{\mu}{2}[H_z^+]^2 = \omega'_m \tag{7-26}$$

因而总的能量密度为：

$$\omega' = \omega'_e + \omega'_m = \varepsilon[E_y^+]^2 = \mu[H_z^+]^2 \tag{7-27}$$

而坡印廷矢量为：

$$S^+(x,t) = E_y^+\boldsymbol{e}_y \times H_z^+\boldsymbol{e}_z = \sqrt{\frac{\mu}{\varepsilon}}[H_z^+]^2\boldsymbol{e}_x = v\omega'\boldsymbol{e}_x \tag{7-28}$$

式（7-28）表明在理想介质中电磁波能量流动方向与传播方向一致。又因为坡印廷矢量的值表示单位时间内穿过单位面积的电磁能量，应等于电磁能量密度 ω' 和能量流动速度 v_e 的乘积，即 $S^+(x,t) = v_e\omega'\boldsymbol{e}_x$，对照式（7-28）可得 $v_e = v$，这表明，入射波中的电磁能量以与波传播速度 v 相同的速度向前流动。同理，对于反射波来说，也有相似的结论。

7.2.2　理想介质中的正弦均匀平面波

通常情况下，波源都是以正弦（或余弦）变化，所以在稳态情况下，空间各点的电磁波也按正弦（或余弦）变化，因此可以用复数表示，这样在理想介质中的波动方程可以用复数表示为：

$$\nabla^2\dot{E} + \omega^2\mu\varepsilon\dot{E} = 0 \tag{7-29}$$

$$\nabla^2\dot{H} + \omega^2\mu\varepsilon\dot{H} = 0 \tag{7-30}$$

令 $k^2 = \omega^2\mu\varepsilon$，则式（7-29）、式（7-30）可以简化为：

$$\nabla^2\dot{E} + k^2\dot{E} = 0 \tag{7-31}$$

$$\nabla^2 \dot{H} + k^2 \dot{H} = 0 \tag{7-32}$$

将用复数表示的齐次波动方程称为亥姆霍兹方程。

前面讨论的理想介质中的传播的均匀平面波，在正弦激励下，用复数形式可以将式（7-16）和式（7-17）写为：

$$\frac{\partial^2 \dot{H}_z}{\partial x^2} - k^2 \dot{H}_z = 0 \tag{7-33}$$

$$\frac{\partial^2 \dot{E}_y}{\partial x^2} - k^2 \dot{E}_y = 0 \tag{7-34}$$

当只考虑正弦均匀平面波沿 $+x$ 方向传播时，式（7-33）、式（7-34）的解为：

$$\dot{H}_z = \dot{H}_{z0} e^{-jkx} \tag{7-35}$$

$$\dot{E}_y = \dot{E}_{y0} e^{-jkx} \tag{7-36}$$

根据 $\nabla \times \boldsymbol{E} = -\mu \frac{\partial \boldsymbol{H}}{\partial t}$，对沿 $+x$ 方向传播的正弦均匀平面波，有：

$$\frac{\partial \dot{E}_y}{\partial x} = -j\omega\mu \dot{H}_z$$

将式（7-36）代入，得：

$$\frac{\dot{E}_y}{\dot{H}_z} = \frac{\omega\mu}{k} = \sqrt{\frac{\mu}{\varepsilon}} = Z_0 \tag{7-37}$$

在理想介质中，波阻抗 Z_0 为一实常数，这表明在空间任一点的 E_y 和 H_z 不仅在大小上成比例，而且在时间上是同相的。

波数

$$k = \omega\sqrt{\mu\varepsilon} \tag{7-38}$$

为一实常数，它表示电磁波在传播单位长度距离时相位变化的大小。而 jkx 为一虚数，这表明波在传播过程中，沿 x 轴仅有相位的变化，而没有振幅的衰减。这一结论对于理想介质是必然的，因为理想介质是无损耗的。

将式（7-35）和式（7-36）写成瞬态形式：

$$H_z = H_{zm}\sin(\omega t - kx) \tag{7-39}$$

$$E_y = E_{ym}\sin(\omega t - kx) = Z_0 H_{zm}\sin(\omega t - kx) \tag{7-40}$$

从式（7-39）、式（7-40）可以看出，在任意时刻，场矢量的大小沿 x 轴方向是按正弦分布的，并沿 $+x$ 方向相位逐步滞后，在任意一个与 x 轴向垂直的平面上，场强的相位都相同，所以该面又称为等相位面。

根据式（7-39）、式（7-40）画出在 t 时刻电场强度矢量与磁场强度矢量沿 x 轴的分布，如图 7-2 所示。

在时刻 t，位于 x 处的波的相位为 θ，即：

$$\theta = \omega t - kx$$

当 $t_1 = t + \Delta t$ 时，相位为 θ 的等相位面移动到 $x_1 = x + \Delta x$，如图 7-3 所示，此时

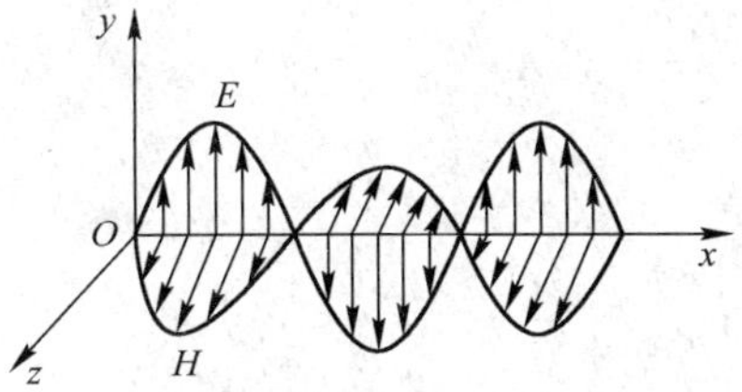

图 7-2　平面电磁波在理想介质中的传播

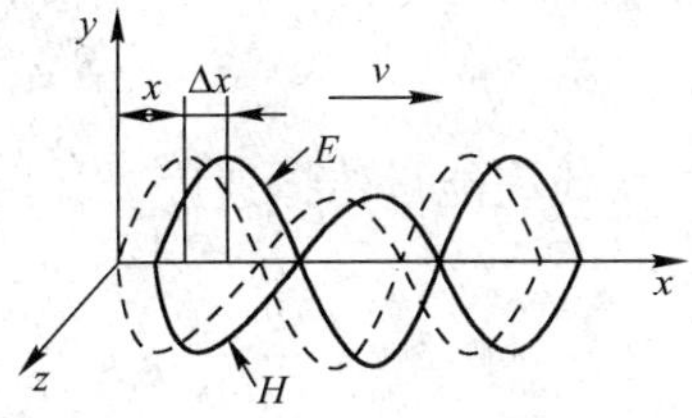

图 7-3　等相位点向 x 方向移动

$$\theta = \omega t_1 - kx_1 = \omega(t + \Delta t) - k(x + \Delta x) = \omega t - kx + \omega\Delta t - k\Delta x$$

即
$$\omega\Delta t = k\Delta x$$

等相位面移动的速度称为相速，记为 v_p：

$$v_p = \lim_{\Delta t \to 0}\frac{\Delta x}{\Delta t} = \frac{dx}{dt} = \frac{\omega}{t}$$

即
$$v_p = \frac{\omega}{k} = \frac{\omega}{\omega\sqrt{\mu\varepsilon}} = \frac{1}{\sqrt{\mu\varepsilon}} \tag{7-41}$$

一般媒质总有 $\varepsilon_r > 1$ 及 $\mu_r = 1$。因此，电磁波在一般媒质内的传播速度，总是小于自由空间的传播速度。

波沿传播方向相位差为 2π 的两点之间的距离称为波长，记为 λ：

$$k(x + \lambda) = kx + 2\pi$$

故
$$\lambda = \frac{2\pi}{k} \tag{7-42}$$

或
$$k = \frac{2\pi}{\lambda} \tag{7-43}$$

由式（7-41）和式（7-43），得：

$$v_p = \frac{\omega}{k} = \frac{2\pi f}{2\pi/\lambda} = f\lambda \tag{7-44}$$

即电磁波的相速等于频率与波长的乘积，由于相速与媒质特性有关，故波长 λ 亦与媒质特性有关，同一频率的电磁波，在不同媒质中的波长是不同的。

复能流密度矢量（坡印廷矢量）：

$$\dot{S} = \dot{E} \times \dot{H} = \boldsymbol{e}_y \dot{\boldsymbol{E}}_{y0} e^{-jkx} \times \boldsymbol{e}_z \dot{H}_{z0} e^{-jkx} = \boldsymbol{e}_x \frac{E_{y0}{}^2}{Z_0} \tag{7-45}$$

由式（7-45）可见，此时复能流密度矢量为实数，虚部为零，即为平均功率流密度。沿 x 轴方向即沿波传播方向的平均功率流密度是与坐标位置无关的量，即在与波传播方向相垂直的所有平面上，每单位面积穿过的平均功率都相同，这说明平面电磁波在理想介质内传播时，在空间各点电磁能量都向同一方向传播，沿途并无损耗。

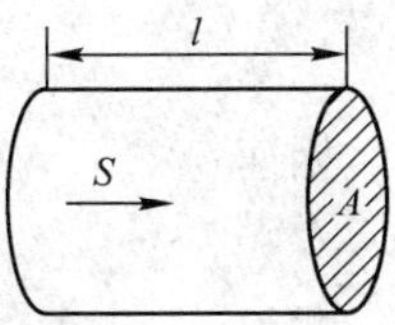

图 7-4　圆柱体

若沿能流方向取出长度为 l、截面为 A 的圆柱体，如图 7-4 所示。设柱体中的平均能量密度为 $W_{平均}$，能流密度的平均值为 $S_{平均}$，圆柱体中的总平均储能为 $W_{平均}Al$，若在 t 时间内这些能量穿过截面 A，则根据能量密度定义，得：

$$S_{平均}A=\frac{W_{平均}Al}{t}=W_{平均}A\ \frac{l}{t}$$

式中比值 l/t 代表能量传播速度 v_e，因此得：

$$v_e=\frac{S_{平均}}{W_{平均}} \tag{7-46}$$

由前面的计算得：$S_{平均}=\frac{E_{y0}^2}{Z_0}$

$$W_{平均}=W_e+W_m=\frac{1}{2}\varepsilon E_{y0}^2+\frac{1}{2}\mu H_{z0}^2=2W_e=\varepsilon E_{y0}^2$$

将 $S_{平均}$、$W_{平均}$代入式（7-46），得：

$$v_e=\frac{1}{\sqrt{\mu\varepsilon}}=v_p \tag{7-47}$$

由此可见，在理想介质中，平面波的能量速度等于波速。

【例 7-1】 $f=10\text{MHz}$ 的正弦平面电磁波，计算在下列条件下的波数、波阻抗、相速和波长。

（1）自由空间中的传播；

（2）纯水（$\varepsilon_r=81$，$\mu_r=1$）中的传播。

解：（1）当电磁波在自由空间传播时：

波数 $$k=\omega\ \sqrt{\mu_0\varepsilon_0}=2\pi\times10^7\times\frac{1}{3\times10^8}=0.21(\text{rad/m})$$

波阻抗 $$Z=\sqrt{\frac{\mu_0}{\varepsilon_0}}=\sqrt{\frac{4\pi\times10^{-7}}{\frac{1}{36\pi}\times10^{-9}}}=120\pi=377(\Omega)$$

相速 $$v_p=\frac{1}{\sqrt{\mu_0\varepsilon_0}}=3\times10^8(\text{m/s})$$

波长 $$\lambda=\frac{v_p}{f}=\frac{3\times10^8}{10^7}=30(\text{m})$$

（2）当电磁波在纯水中传播时：

波数 $$k=\omega\ \sqrt{\mu\varepsilon}=\omega\ \sqrt{\mu_r\varepsilon_r}\ \sqrt{\mu_0\varepsilon_0}=2\pi\times10^7\times\sqrt{81}\times\frac{1}{3\times10^8}=1.89(\text{rad/m})$$

波阻抗 $$Z=\sqrt{\frac{\mu}{\varepsilon}}=\frac{1}{\sqrt{\varepsilon_r}}\sqrt{\frac{\mu_0}{\varepsilon_0}}=\frac{1}{\sqrt{9}}\times\sqrt{\frac{4\pi\times10^{-7}}{\frac{1}{36\pi}\times10^{-9}}}=42(\Omega)$$

相速 $$v_p=\frac{1}{\sqrt{\mu\varepsilon}}=\frac{1}{\sqrt{\varepsilon_r}}\frac{1}{\sqrt{\mu_0\varepsilon_0}}=\frac{1}{9}\times3\times10^8=3.33\times10^7(\text{m/s})$$

波长 $$\lambda=\frac{v_p}{f}=\frac{3.33\times10^7}{10^7}=3.33(\text{m})$$

【例 7-2】 已知某一均匀平面波在理想介质中向 z 方向传播，其电场强度的瞬时值 $E=\boldsymbol{e}_x20\sin\ (6\pi\times10^8t-4\pi z)(\text{V/m})$，试求：（1）电场强度及磁场强度的复矢量表示式；（2）频率及波长；（3）相速及能速、平均电磁功率流密度。

解：(1) 电场强度的复矢量 $\dot{\boldsymbol{E}}$ 和磁场强度的复矢量 $\dot{\boldsymbol{H}}$ 分别为：

$$\dot{\boldsymbol{E}}=\boldsymbol{e}_x\frac{20}{\sqrt{2}}\mathrm{e}^{-\mathrm{j}4\pi z},\quad \dot{\boldsymbol{H}}=\boldsymbol{e}_y\frac{20}{\sqrt{2}Z}\Big/\ \mathrm{e}^{-\mathrm{j}4\pi z}$$

(2) 频率 f、波长 λ 分别为：

$$f=\frac{\omega}{2\pi}=\frac{6\pi\times10^8}{2\pi}=3\times10^8(\mathrm{Hz}),\quad \lambda=\frac{2\pi}{k}=\frac{2\pi}{4\pi}=0.5(\mathrm{m})$$

(3) 相速 v_p、能速 v_e 分别为：

$$v_p=\frac{\omega}{k}=1.5\times10^8(\mathrm{m/s}),\quad v_e=v_p=1.5\times10^8(\mathrm{m/s})$$

平均电磁功率密度为：

$$S_{平均}=\mathrm{Re}(\dot{\boldsymbol{E}}\times\dot{\boldsymbol{H}})=\boldsymbol{e}_z\frac{200}{Z}(\mathrm{W/m^2})$$

式中 $Z=\sqrt{\frac{\mu}{\varepsilon}}=\frac{\mu}{\sqrt{\mu\varepsilon}}=\mu v_p$。对于非铁磁性材料 $\mu=4\pi\times10^{-7}\mathrm{H/m}$，所以 $Z=4\pi\times10^{-7}\times1.5\times10^8=60\pi\,\Omega$，将 Z 代入上式，得：

$$\dot{\boldsymbol{H}}=\boldsymbol{e}_y\frac{1}{3\sqrt{2}\pi}\mathrm{e}^{-\mathrm{j}4\pi z}$$

$$\dot{\boldsymbol{S}}=\boldsymbol{e}_z\frac{200}{60\pi}=\boldsymbol{e}_z1.06(\mathrm{W/m^2})$$

习题 7-2

1. 试证明下式满足电磁场的基本方程组：

$$E_y=f_1(x-vt)+f_2(x+vt)$$

$$H_z=\sqrt{\frac{\varepsilon_0}{\mu_0}}[f_1(x-vt)-f_2(x+vt)]$$

2. 已知自由空间中电磁波的电场强度 $E=50\cos(6\pi\times10^8t-\beta x)\boldsymbol{e}_y(\mathrm{V/m})$。(1) 试问此波是否为均匀平面波？求出该波的频率 f、波长 λ、波速 v、相位常数 β 和波传播方向，并写出磁场强度的表达式 $\boldsymbol{H}$。(2) 若在 $x=x_0$ 处放置一个半径 $R=2.5\mathrm{m}$ 的圆环，求垂直穿过圆环的平均电磁功率。

3. 一频率为 100MHz 的正弦均匀平面波，$\boldsymbol{E}=\boldsymbol{E}_y\boldsymbol{e}_y$，在理想介质中向 $+x$ 方向传播。当 $t=0$，$x=(1/8)\mathrm{m}$ 时，电场 $\boldsymbol{E}$ 的最大值为 $+10^{-4}\mathrm{V/m}$。试求：(1) 波长、相速和相位常数；(2) $\boldsymbol{E}$ 和 $\boldsymbol{H}$ 的瞬时表达式；(3) $t=10^{-8}\mathrm{s}$ 时，$\boldsymbol{E}$ 为最大值的位置。

4. 某电台发射 600kHz 的电磁波，在离电台足够远处可以认为是平面波。设在某一点 a，某瞬间的电场强度为 $10\times10^{-3}\mathrm{V/m}$，求该点瞬间的磁场强度。若沿电磁波的传播方向前行 100m，到达另一点 b，问该点要延迟多长时间，才具有 $10\times10^{-3}\mathrm{V/m}$ 的电场。

7.3 导电媒质中的均匀电磁波

7.3.1 媒质的分类及导电媒质中的平面波

1）媒质的分类

在媒质中存在两种电流密度，传导电流密度 $\dot{J}=\sigma\dot{E}$ 和位移电流密度 $\dot{J}_{\mathrm{D}}=\mathrm{j}\omega\varepsilon\dot{E}$。通常根据$\dfrac{|\dot{J}|}{|\dot{J}_{\mathrm{D}}|}=\dfrac{\sigma}{\omega\varepsilon}$的值对媒质进行分类：

- 理想导体，$\dfrac{\sigma}{\omega\varepsilon}\to\infty$；
- 良导体，$\dfrac{\sigma}{\omega\varepsilon}>50$；
- 半导体介质，$\dfrac{1}{50}<\dfrac{\sigma}{\omega\varepsilon}<50$；
- 良介质，$\dfrac{\sigma}{\omega\varepsilon}<\dfrac{1}{50}$；
- 理想电介质，$\dfrac{\sigma}{\omega\varepsilon}=0$。

其中，σ 为媒质的电导率（本节中 γ 用来表示平面电磁波的传播常数，故本节电导率用 σ 表示）。

同一种材料的导电性能还要随频率变化而变化。均匀平面波在导电媒质中的传播与在理想电介质中的传播是不同的，主要表现在媒质的电导率 $\sigma\neq0$，传导电流密度不能忽略，存在热损耗。

2）导电媒质中的波动方程

导电媒质是指除了理想电介质以外的其他介质。由前面的齐次亥姆霍兹方程式得：

$$\nabla^2\dot{\boldsymbol{E}}+\gamma^2\dot{\boldsymbol{E}}=0 \tag{7-48}$$

$$\nabla^2\dot{\boldsymbol{H}}+\gamma^2\dot{\boldsymbol{H}}=0 \tag{7-49}$$

$$\gamma=\mathrm{j}\omega\sqrt{\mu\varepsilon} \tag{7-50}$$

式中 γ 为导电介质中平面电磁波的传播常数。

令 $\varepsilon=\varepsilon-\mathrm{j}\sigma/\omega$，则有：

$$\nabla\times\dot{\boldsymbol{H}}=\sigma\dot{\boldsymbol{E}}+\mathrm{j}\omega\dot{\boldsymbol{E}}=\mathrm{j}\omega(\varepsilon-\mathrm{j}\frac{\sigma}{\omega})\dot{\boldsymbol{E}}=\mathrm{j}\omega\varepsilon\dot{\boldsymbol{E}} \tag{7-51}$$

式中 ε'为介质的复介电常数或称等效介电常数。

可见，只要将 ε 用 ε'代替，导电媒质中的电磁场方程组，就与理想介质的电磁场方程组具有相同形式。因此，可以把导电媒质看做是介电常数为 ε'的媒质。

波动方程的解（对均匀平面波），首先求 $\boldsymbol{E}$，其次再求 $\boldsymbol{H}$。

（1）由波动方程得：

$$\nabla^2 \dot{\boldsymbol{E}} + \gamma^2 \dot{\boldsymbol{E}} = 0$$

式中 $\gamma = \mathrm{j}\omega\sqrt{\mu\varepsilon'}$，$\varepsilon' = \varepsilon - \mathrm{j}\sigma/\omega$。

对于在自由空间中沿 z 轴方向传播的均匀平面波，电场仍只有 E_x 分量，波动方程可简化为：

$$\frac{\mathrm{d}^2 \dot{\boldsymbol{E}}_x}{\mathrm{d}z^2} - \gamma^2 \dot{\boldsymbol{E}}_x = 0$$

则此方程的通解：

$$\dot{\boldsymbol{E}}_x = \dot{\boldsymbol{E}}_0 \mathrm{e}^{-\gamma z} + \dot{\boldsymbol{E}}_0 \mathrm{e}^{\gamma z} \tag{7-52}$$

实际解：

$$\dot{\boldsymbol{E}}_x = \dot{\boldsymbol{E}}_0 \mathrm{e}^{-\gamma z} \tag{7-53}$$

矢量形式：

$$\dot{\boldsymbol{E}} = \boldsymbol{e}_x \dot{E}_0 \mathrm{e}^{-\gamma z} \tag{7-54}$$

（2）

$$\dot{\boldsymbol{H}} = \boldsymbol{e}_y \dot{H}_y = \boldsymbol{e}_y \left(-\frac{1}{\mathrm{j}\omega\mu}\right)\frac{\partial \dot{E}_x}{\partial z} = \boldsymbol{e}_y \frac{\gamma}{\mathrm{j}\omega\mu} \dot{E}_0 \mathrm{e}^{-\gamma z} \tag{7-55}$$

令 $\gamma = \mathrm{j}\omega\sqrt{\mu\varepsilon'} = \alpha + \mathrm{j}\beta$，则解的瞬时值形式为：

$$\boldsymbol{E}(z,t) = \mathrm{Re}[\boldsymbol{e}_x \dot{E}_x \mathrm{e}^{\mathrm{j}\omega t}] = \boldsymbol{e}_x \dot{E}_0 \mathrm{e}^{-\alpha z}\cos(\omega t - \beta z) \tag{7-56}$$

$$\boldsymbol{H}(z,t) = \mathrm{Re}[\boldsymbol{e}_y \dot{H}_y \mathrm{e}^{\mathrm{j}\omega t}] = \boldsymbol{e}_y \frac{\dot{E}_0}{|Z'|}\mathrm{e}^{-\alpha z}\cos(\omega t - \beta z - \Psi) \tag{7-57}$$

式中 $Z' = \sqrt{\dfrac{\mu}{\varepsilon'}} = |Z'|\mathrm{e}^{\mathrm{j}\Psi}$，称为导电媒质的本征阻抗，它是一个复数阻抗，说明电场和磁场有不同的相位。

从式（7–56）和式（7–57）可以看出，$+z$ 方向传播的电磁波，其传播速度 $v = \omega/\alpha$，但在传播过程中，其振幅按指数规律衰减。这是因为传导电流 $\boldsymbol{J} \neq 0$ 引起能量损耗，使原来电磁波中具有的能量越来越小，所以电磁波的振幅也就随着波的传播而衰减。导电媒质中某一瞬间电磁场分布示意图如图 7–5 所示。

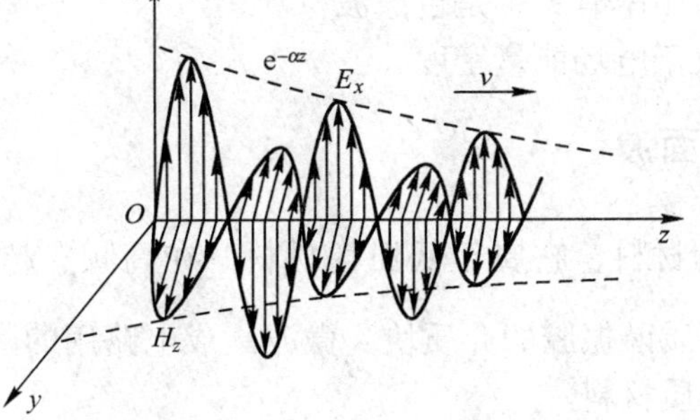

图 7–5　导电媒质中某一瞬间电磁场分布示意图

磁场能量与电场能量的比值为：

$$\frac{W_\mathrm{m}}{W_\mathrm{e}} = \frac{\mu H^2}{\varepsilon E^2} = \frac{\varepsilon E^2/|Z'|^2}{\varepsilon E^2} = \frac{Z^2}{|Z'|^2} = \frac{\sigma}{\mu\varepsilon} \qquad \left(\frac{\sigma}{\mu\varepsilon} \gg 1\right)$$

这说明在导电媒质中的电磁波传播过程中磁场能量占绝大部分。

7.3.2 导电媒质中平面波的参量及特点

1）导电媒质中平面波的参量

（1）传播常数 γ：令 $\gamma = \mathrm{j}\omega\sqrt{\mu\varepsilon'} = \alpha + \mathrm{j}\beta$，则：

$$\dot{E}_x = \dot{E}_0 e^{-\gamma z} = \dot{E}_0 e^{-\alpha z - \mathrm{j}\beta z} = (\dot{E}_0 e^{-\alpha z})\ e^{-\mathrm{j}\beta z} \tag{7-58}$$

式中，α 为导电媒质中的衰减常数，表示横电波在媒质中传播时其幅值在单位长度上的衰减程度；β 为导电媒质中的相移常数，表示横电波在媒质中传播时其相位角在单位长度上的滞后程度。

$$\alpha = \omega\sqrt{\frac{\mu\varepsilon}{2}\left(\sqrt{1+\frac{\sigma^2}{\omega^2\varepsilon^2}}-1\right)}\ (\mathrm{Np/m}) \tag{7-59}$$

$$\beta = \omega\sqrt{\frac{\mu\varepsilon}{2}\left(\sqrt{1+\frac{\sigma^2}{\omega^2\varepsilon^2}}+1\right)}\ (\mathrm{rad/m}) \tag{7-60}$$

式中，α 单位为 Np/m（奈培/米），1Np = 8.686dB；β 单位为 rad/m（弧度/米）。

（2）相速度 v_p：

$$v_\mathrm{p} = \frac{\omega}{\beta} = 1 \Bigg/ \sqrt{\frac{\mu\varepsilon}{2}\left(\sqrt{1+\frac{\sigma^2}{\omega^2\varepsilon^2}}+1\right)} \tag{7-61}$$

（3）色散效应。在导电媒质中，电磁波的传播速度（相速）随频率变化的现象，称为色散效应。

（4）波长 λ：

$$\lambda = \frac{2\pi}{\beta},\ v_\mathrm{p} = \lambda f$$

（5）波阻抗 Z'：

$$Z' = \frac{E_x}{H_y} = \frac{\mathrm{j}\omega\mu}{\gamma} = \sqrt{\frac{\mu}{\varepsilon'}} \tag{7-62}$$

2）导电媒质中平面波的特点

（1）是横电磁波（TEM 波）。

（2）$\boldsymbol{E}$、$\boldsymbol{H}$ 传播方向互相垂直，且满足右手定则。

（3）是衰减波。频率越高，电导率越大，衰减越快。

（4）电场和磁场不同相，即波阻抗为复数。

（5）波的传播速度与频率有关，是色散波。

（6）磁场能量密度大于电场能量密度。

7.3.3 良介质中的平面波

良介质是指 $\frac{\sigma}{\omega\varepsilon} \ll \frac{1}{50}$ 的材料，它属于低损耗材料。在高频、超高频频段所应用的各种介质材料都应属良介质。介质谐振腔的介质块、微波集成电路用的陶瓷片、光导纤维等，这些材料都是非常优质的良介质材料。

（1）传播常数：

衰减常数

$$\alpha \approx \frac{\sigma}{2}\sqrt{\frac{\mu}{\varepsilon}} \tag{7-63}$$

相移常数

$$\beta \approx \omega\sqrt{\mu\varepsilon}\left(1+\frac{\sigma^2}{8\omega^2\varepsilon^2}\right) \tag{7-64}$$

（2）相速度：
$$v_p=\frac{\omega}{\beta}\approx\frac{1}{\sqrt{\mu\varepsilon}\left(1+\frac{\sigma^2}{8\omega^2\varepsilon^2}\right)} \tag{7-65}$$

（3）波阻抗：$Z'\approx\sqrt{\frac{\mu}{\varepsilon}}\left(1-\frac{3\sigma^2}{8\omega^2\varepsilon^2}+\mathrm{j}\frac{\sigma}{2\omega\varepsilon}\right)$　　(7-66)

上述参数的推导均可根据二项式定理展开得出，此处不再作详细讨论。

注意：优质的良介质材料的 σ 极小，$\sigma/\omega\varepsilon\to 0$ 时，传播常数 $\alpha\approx 0$、$\beta\approx\omega\sqrt{\mu\varepsilon}$，相速度 $v_p\approx\frac{1}{\sqrt{\mu\varepsilon}}$，波阻抗 $Z'\approx\sqrt{\frac{\mu}{\varepsilon}}$波阻抗。

（4）损耗角正切。为了评价介质的优劣，通常在介质中引入损耗角正切参量，令
$$\varepsilon'=\varepsilon-\mathrm{j}\sigma/\omega=\varepsilon-\varepsilon_1 \tag{7-67}$$
则损耗角正切为：
$$\tan\delta=\frac{\varepsilon}{\varepsilon_1}=\frac{\sigma}{\omega\varepsilon} \tag{7-68}$$
当损耗角正切越小，表示导电媒质的损耗也越小。

【例 7-3】 频率为 550kHz 的平面波在有损媒质中传播，已知媒质的损耗角正切为 0.02，相对介电常数为 2.5，求该平面波的衰减常数 α、相移常数 β 及相速度 v_p。

解：物质的导电率与频率有关，首先分析本题中媒质的导电特性，再利用相应的公式来求解。由于损耗角正切 $\tan\delta=\frac{\sigma}{\omega\varepsilon}=0.02$，所以，可以按低损耗介质来处理。

由
$$\frac{\sigma}{\omega\varepsilon}=\frac{\sigma}{(2\pi\times 550\times 10^3)\times\left(2.5\times\frac{1}{36}\times 10^{-9}\right)}=0.02$$

得 $\sigma=1.53\times 10^{-6}\text{S/m}$

于是由式（7-61）得到衰减常数：
$$\alpha=\frac{\sigma}{2}\sqrt{\frac{\mu}{\varepsilon}}=\frac{1.53\times 10^{-6}}{2}\times\frac{377}{\sqrt{2.5}}=1.82\times 10^{-4}(\text{Np/m})$$

由式（7-64）得到相移常数：
$$\beta=\omega\sqrt{\mu\varepsilon}\left(1+\frac{\sigma^2}{8\mu^2\varepsilon^2}\right)=0.02(\text{rad/m})$$

相速度为：
$$v_p=\frac{\omega}{\beta}=\frac{1}{\sqrt{\mu\varepsilon}\left(1+\frac{\sigma^2}{8\mu^2\varepsilon^2}\right)}=18.97\times 10^7(\text{m/s})$$

通过例 7-3，可以从概念和具体数值两方面加深对良介质中平面波参数的理解和认识，掌握如何计算良介质中平面波的参数。

7.3.4　良导体中的平面波

良导体属于导电媒质中常见的另一种类型。一般当媒质的电导率 σ 很大（$\sigma\geqslant\omega\varepsilon$）（如铜、铝等），称为良导体。则有：

$$\varepsilon' = \varepsilon - \mathrm{j}\sigma/\omega \approx -\mathrm{j}\sigma/\omega \tag{7-69}$$

$$\gamma = \alpha + \mathrm{j}\beta = \mathrm{j}\omega\sqrt{\mu\varepsilon'} \approx \mathrm{j}\omega\sqrt{\mu\left(-\mathrm{j}\frac{\sigma}{\omega}\right)} = \mathrm{j}\omega\sqrt{\frac{\mu\sigma}{\omega}\mathrm{e}^{\mathrm{j}\frac{3\pi}{4}}} = \sqrt{\frac{\omega\mu\sigma}{2}}(1+\mathrm{j}) \tag{7-70}$$

（1）传播常数。衰减常数等于相移常数，即：

$$\alpha = \beta = \sqrt{\frac{\omega\mu\sigma}{2}} \tag{7-71}$$

（2）相速度：

$$v_{\mathrm{p}} = \frac{\omega}{\beta} \approx \sqrt{\frac{2\omega}{\mu\sigma}} \tag{7-72}$$

（3）波阻抗：

$$Z' = \sqrt{\frac{\mu}{\varepsilon'}} \approx \sqrt{\mathrm{j}\frac{\omega\mu}{\sigma}} = \sqrt{\frac{\omega\mu}{\sigma}}\mathrm{e}^{\mathrm{j}\frac{\pi}{4}} \tag{7-73}$$

从上述公式中可以得出以下结论：

① 良导体中磁场的相位滞后电场45°；

② 良导体中的磁场能量密度远大于电场能量密度。

③ v_{p} 与$\sqrt{\sigma}$成反比，σ 越大，电磁波的传播速度越慢。

例如，频率为 465MHz 的电磁波在铜（5.8 × 10^7S/m）里传播时，其相速度仅为 283.15m/s。它和空气里的音速处在同一数量级上。

如上所述，因为良导体中的衰减常数 σ 很大，所以电磁波在导体内部传播时衰减很快，实际上很难深入导体内部。为了衡量电磁场在导电媒质中的穿透能力，引入穿透深度 d 的概念。定义穿透深度是电磁场振幅衰减到导体表面值的 1/e = 0.368 时所经过的距离，即 $\mathrm{e}^{-\alpha d} = \mathrm{e}^{-1}$，故有 ：

$$d = \frac{1}{\alpha} = \sqrt{\frac{2}{\omega\mu\varepsilon}} \tag{7-74}$$

式（7 - 74）表明，透入深度与频率、电导率成反比。

几种导电介质内不同频率时的透入深度见表 7-1。随着频率的升高，透入深度越小；反之，若频率和电导率越大，透入深度越小。在理想导体中，由于电阻为零，所以，在理想导体中，电场和磁场均为零。对于铜、铝、铁等金属，高频电磁波几乎不能投入，所以这些材料经常用来屏蔽高频电磁场，为了得到有效的屏蔽作用，屏蔽层的厚度必须接近于屏蔽层内部的电磁波波长。即满足 $\lambda = 2\pi d$。

由于高频电磁波能透入非理想电介质内部，用于工业中介质加热，如木材烘干或者制造胶合板等，可以得到比通常加热高得多的效率。

表 7-1　几种导电媒质的透入深度

材料 / d / 频率 f/Hz	铜 $\gamma = 5.7\times10^7$S/m $\mu=\mu_0$	铝 $\gamma = 3.7\times10^7$S/m $\mu=\mu_0$	铁 $\gamma = 10^7$S/m $\mu = 1\,000\mu_0$	海水 $\gamma = 1$S/m $\mu=\mu_0$	干燥土壤 $\gamma = 10^{-2}$S/m $\mu=\mu_0$
50	9.4mm	11.7mm	0.72mm	71m	210m
1000 000	0.067mm	0.083mm	0.0051mm	5.02m	50.2m

【例7-4】 海水的特性参数$\mu = \mu_0$、$\varepsilon = 81\varepsilon_0$ 和 $\sigma = 4$S/m。已知频率$f = 100$Hz 的均匀平

面波在海水中沿 $+z$ 轴方向传播，设 $\boldsymbol{E}=\boldsymbol{e}_x E_x$，其振幅为 1V/m。试求：（1）衰减系数、相位系数、波阻抗、相速和波长；（2）写出电场和磁场的瞬时表达式 $\boldsymbol{E}(z,t)$ 和 $\boldsymbol{H}(z,t)$。

解：因为物质的导电率与频率有关，首先分析本题中海水导电特性，再利用相应的公式求解。

由于 $f=100\text{Hz}$ 时，$\dfrac{\sigma}{\omega\varepsilon}=\dfrac{4}{2\pi\times100\times81\varepsilon_0}=8.89\times10^6\gg50$

可见，海水在频率为 100Hz 时可视为良导体。

（1）$\alpha=\beta=\sqrt{\dfrac{\omega\mu\sigma}{2}}=\sqrt{\pi f\mu\sigma}=\sqrt{100\pi\times4\pi\times10^{-7}\times4}=3.97\times10^{-2}(\text{Np/m})$

$$Z'=\sqrt{\frac{\omega\mu}{\sigma}}\mathrm{e}^{\mathrm{j}\frac{\pi}{4}}=\sqrt{\frac{200\pi\times4\pi\times10^{-7}}{4}}\mathrm{e}^{\mathrm{j}\frac{\pi}{4}}=9.93\times10^{-3}\mathrm{e}^{\mathrm{j}\frac{\pi}{4}}(\Omega)$$

$$v_{\mathrm{p}}=\frac{\omega}{\beta}=\frac{200\pi}{3.97\times10^{-2}}=1.58\times10^4(\text{m/s})$$

$$\lambda=\frac{2\pi}{\beta}=\frac{2\pi}{3.97\times10^{-2}}=1.58\times10^2(\text{m})$$

（2）设电场的初相位为零，故：

$$\boldsymbol{E}(z,t)=\boldsymbol{e}_x E_0\mathrm{e}^{-\alpha z}\cos(\omega t-\beta z)=\boldsymbol{e}_x\mathrm{e}^{-3.97\times10^{-2}z}\cos(200\pi t-3.97\times10^{-2}z)(\text{V/m})$$

$$\boldsymbol{H}(z,t)=\boldsymbol{e}_y\frac{E_0}{|Z'|}\mathrm{e}^{-\alpha z}\cos(\omega t-\beta z-\Psi)$$

$$=\boldsymbol{e}_y\frac{1000}{14.04}\mathrm{e}^{-3.97\times10^{-2}z}\cos(200\pi t-3.97\times10^{-2}z-45^\circ)(\text{A/m})$$

通过例 7-4，掌握如何计算导电媒质中平面波的参数，从概念和具体数值两个方面加强对导电媒质中平面波参数的理解和认识。

习题 7-3

1. 均匀平面电磁波在海水中垂直向下传播，已知 $f=0.5\text{MHz}$，海水的特性参数 $\mu=\mu_0$、$\varepsilon=81\varepsilon_0$ 和 $\sigma=4\text{S/m}$，在 $x=0$ 处 $H=20\cdot5\times10^{-7}\cos(\omega t-35^\circ)\boldsymbol{e}_y$ 试求：（1）海水中的波长和相位速度；（2）$x=1\text{m}$ 处，$\boldsymbol{E}$ 和 $\boldsymbol{H}$ 的表达式；（3）由表面到 1m 深处，每立方海水中损耗的平均功率。

2. 计算并比较铜（$\gamma=5.8\times10^7\text{S/m}$）和银（$\gamma=6.15\times10^7\text{S/m}$）的波阻抗、衰减常数和透入深度。已知频率：（1）$f=50\text{Hz}$；（2）$f=1\text{GHz}$。

3. 求半径为 a 的圆柱导线单位长度的交流电阻（设透入深度 $d\ll a$）。

4. 设一均匀平面电磁波在一良导体内传播，其传播速度为光在自由空间波速的 0.1%，且波长为 0.3mm，设媒质的磁导率为 μ_0，试确定该平面电磁波的频率及良导体的电导率。

7.4　电磁波的极化

电磁波的传播特性与其极化情况有关。比如，在通信中要想正确接受信号，就需要知道波的极化方向。经常传用的极化方式有线极化和圆极化。

极化是指在垂直于传播方向的平面内，场的矢量末端在一个周期内所画出的轨迹。这里仅以电场为例。根据场的矢量末端的轨迹，分为线极化、圆极化、椭圆极化3类。设

$$\boldsymbol{E}(z,t)=\boldsymbol{e}_x E_x+\boldsymbol{e}_y E_y=\boldsymbol{e}_x E_{x0}\cos(\omega t-\varphi_1)+\boldsymbol{e}_y E_{y0}\cos(\omega t-\varphi_2) \tag{7-75}$$

极化类型取决于 E_{x0}、E_{y0} 及 φ_1、φ_2。

7.4.1 线极化波

条件：若 E_x、E_y 同相或反相，即 $\varphi_1=\varphi_2$ 或 $\varphi=\varphi_2-\varphi_1=\pi$，由式(7-75)得：

$$E(z,t)=\sqrt{E_x^2+E_y^2}=\sqrt{E_{x0}^2+E_{y0}^2}\cos(\omega t-\varphi_1) \tag{7-76}$$

设 $\boldsymbol{E}$ 与 x 轴的夹角为 θ，则：

$$\tan\theta=\frac{E_y}{E_x}=\pm\frac{E_{y0}}{E_{x0}} \tag{7-77}$$

可见，合成电场的方向保持在 θ 方向，如图7-6所示。因为电场 $\boldsymbol{E}$ 的矢端轨迹是一根直线，故称为 θ 方向的线极化波。$\boldsymbol{E}$ 的线极化波形如图7-7、图7-8所示。

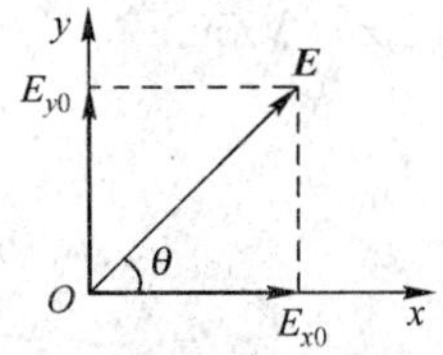

图7-6 合成电场的方向

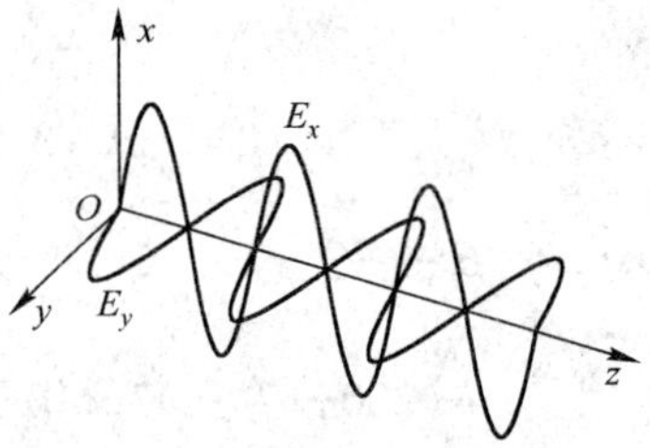

图7-7 $\boldsymbol{E}$ 的线性极化波（$\varphi_1=\varphi_2$）

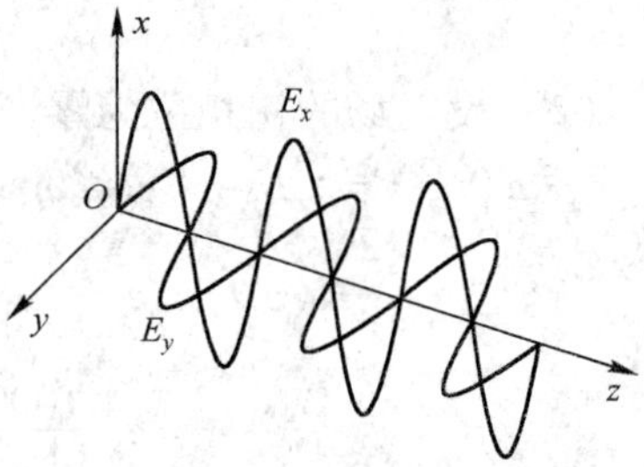

图7-8 $\boldsymbol{E}$ 的线性极化波（$\varphi_2-\varphi_1=\pi$）

工程上，常将垂直于地面的直线极化波称为垂直极化波；常将平行于地面的直线极化波称为水平极化波。

7.4.2 圆极化波

条件：若 E_x、E_y 大小相等，相位相差90°，即：

$$E_{x0}=E_{y0}=E_0,\quad \varphi=\varphi_2-\varphi_1=\pm\frac{\pi}{2}$$

设 $E_x=E_0\cos(\omega t-kz)$，$E_y=E_0\cos(\omega t-kz+\frac{\pi}{2})$，则有：

$$E=\boldsymbol{e}_x E_x+\boldsymbol{e}_y E_y=\boldsymbol{e}_x E_0\cos(\omega t-kz)+\boldsymbol{e}_y E_0\cos(\omega t-kz+\frac{\pi}{2}) \tag{7-78}$$

得

$$E=\sqrt{E_x^2+E_y^2}=\sqrt{E_0^2[\cos^2(\omega t-kz)+\sin^2(\omega t-kz)]}=E_0 \tag{7-79}$$

$$\tan\theta=\frac{E_y}{E_x}=\frac{E_0\cos(\omega t-kz+\frac{\pi}{2})}{E_0\cos(\omega t-kz)}=\tan(\omega t-kz) \tag{7-80}$$

式中 $\theta=\omega t-kz$。

可见，合成电场大小不变，而方向却随时间改变，因此 $\boldsymbol{E}$ 矢端轨迹是圆，如图7-9所示，称为圆极化波。

圆极化波又分左旋极化波、右旋极化波。左旋极化波：向波的传播方向观察，场的旋转方向为逆时针（若向 $+z$ 方向传播，则 E_y 比 E_x 超前 90°）；右旋极化波：向波的传播方向观察，场的旋转方向为顺时针（若向 $+z$ 方向传播，则 E_y 比 E_x 滞后 90°）。是一右旋极化波示意图如图 7-10 所示。

7.4.3　椭圆极化波

椭圆极化波的条件：若 E_x、E_y 大小及相位均不相等，即 $E_{x0}\neq E_{y0}$，$\varphi_2\neq\varphi_1$ 或 $\varphi_2-\varphi_1\neq\pi$

设 $E_x=E_{x0}\cos(\omega t-kz)$，$E_y=E_{y0}\cos(\omega t-kz+\varphi)$

令 $\theta=\omega t-kz$，则有：

$$\frac{E_y}{E_{y0}}=\cos\theta\cos\varphi-\sin\theta\sin\varphi=\frac{E_x}{E_{x0}}\cos\varphi-\sqrt{1-\left(\frac{E_x}{E_{x0}}\right)^2}\sin\varphi \tag{7-81}$$

化简

$$\left[1-\left(\frac{E_x}{E_{x0}}\right)^2\right]\sin^2\varphi=\left(\frac{E_y}{E_{y0}}\right)^2+\left(\frac{E_x}{E_{x0}}\right)^2\cos^2\varphi-2\frac{E_xE_y}{E_{x0}E_{y0}}\cos\varphi \tag{7-82}$$

整理，得：

$$\left(\frac{E_y}{E_{y0}}\right)^2+\left(\frac{E_x}{E_{x0}}\right)^2-2\frac{E_xE_y}{E_{x0}E_{y0}}\cos\varphi=\sin^2\varphi \tag{7-83}$$

式（7-83）的矢端轨迹是一个椭圆方程，故称为椭圆极化波，如图 7-11 所示。

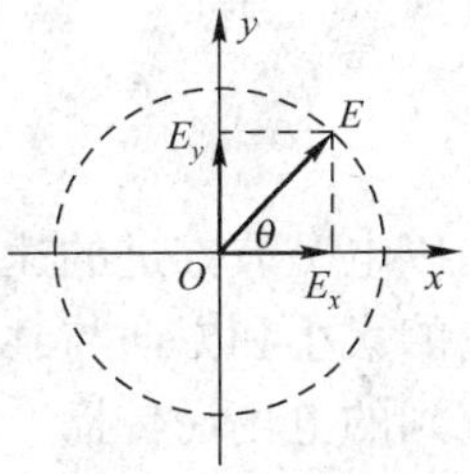

图 7-9　圆极化波

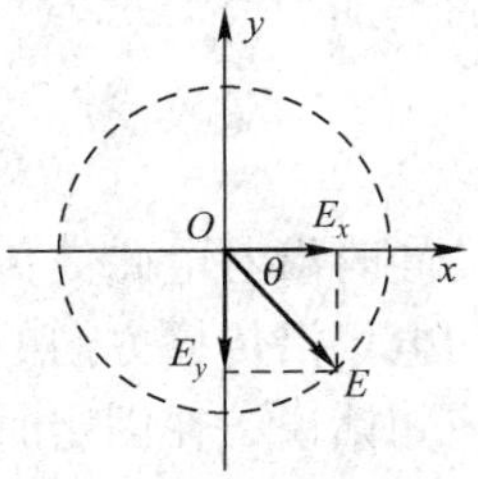

图 7-10　右旋极化波示意图

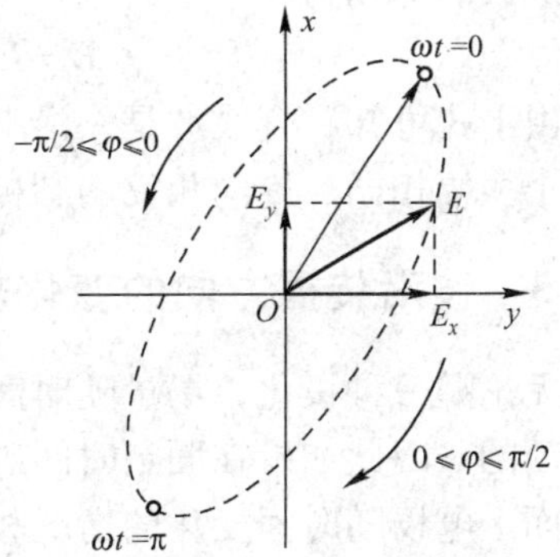

图 7-11　椭圆极化波

若令 $\varphi=0$，便得到线性极化波的情况。

若令 $E_{x0}=E_{y0}$，$\varphi=\dfrac{\pi}{2}$，便得到圆极化波的情况。

同圆极化波一样，椭圆极化波也可分为左旋极化波、右旋极化波。

总之，可以用极化来描述电磁波中电场的组成情况，了解整个电磁波的特性。在进一步分析电磁波在自由空间或有限区域内的传播特性或分析天线的有关问题时，波的极化有着广泛的应用。工程上，对如何应用波的极化技术进行较深入的研究。例如，调幅电台发射出的电磁波中的电场 $\boldsymbol{E}$ 与地面垂直，收听者若想得到最佳的收听效果，应将收音机的天线调整到与电场 $\boldsymbol{E}$ 平行的位置，即与大地垂直。而电视台发射的电磁波中的电场 $\boldsymbol{E}$ 与地面平行，这时电视接收天线应调整到与地面平行的位置。通常电视共用天线都是按照这个原理架设的。再如，在很多情况下，收发系统必须利用圆极化波才能正常工作。例如，由于火箭飞行器在飞行过程中其状态和位置不断改变，因此火箭上的天线方位也在不断改变，此时若利用直线极化的发射信号来遥控火箭，在某些情况下就会出现火箭上的天线收不到地面控制信号的情况。卫星通信系统和电子对抗系统多数利用圆极化波进行工作。

7.4.4 极化波的分解和合成

波动方程是一个线性方程，根据线性方程的叠加原理，其解可以合成也可以分解。这里仅给出结论，进一步的证明可参阅相关书籍。

（1）线极化波可分解为两个振幅相同、旋向相反的圆极化波。

（2）圆极化波可分解为两个振幅相同、相差$\frac{\pi}{2}$、空间正交的线极化波。

（3）椭圆极化波可分解为两个振幅不同、旋向相反的圆极化波。

【例7-5】 证明两个振幅相同、旋向相反的圆极化波可合成为一直线极化波。

解： 考虑沿$+x$方向传播的两个旋向不同的圆极化波，左旋和右旋极化波的电场$\boldsymbol{E}_1$和$\boldsymbol{E}_2$的表达式分别为：

$$\boldsymbol{E}_1 = E_{\mathrm{m}}\cos(\omega t - \beta x + \varphi)\boldsymbol{e}_y + E_{\mathrm{m}}\cos(\omega t - \beta x + \varphi + \frac{\pi}{2})\boldsymbol{e}_z$$

$$\boldsymbol{E}_2 = E_{\mathrm{m}}\cos(\omega t - \beta x + \varphi)\boldsymbol{e}_y + E_{\mathrm{m}}\cos(\omega t - \beta x + \varphi - \frac{\pi}{2})\boldsymbol{e}_z$$

则合成波的电场为：

$$\boldsymbol{E} = \boldsymbol{E}_1 + \boldsymbol{E}_2 = 2E_{\mathrm{m}}\cos(\omega t - \beta x + \varphi)\boldsymbol{e}_y$$

由上式可知，合成波是一沿y方向的直线极化波。与此相反，任一直线极化波可以分解为两个振幅相同、旋向相反的圆极化波的迭加。

7.4.5 波沿传播方向的变化规律

无论哪一种极化，场量随时间变化的同时沿着电磁波传播的方向以电磁波推进的速度向前移动的。因此如果在固定时间观察空间电场沿传播方向的变化，它的大小和方向与某一垂直平面上电场随时间变化的情况相同。换句话说，在固定时间内观察到的电场沿传播方向的分布在某一垂直平面内的投影，就是在固定空间一点观察到的电场随时间的变化轨迹。

习题7-4

1. 试证：一个在理想介质中传播的圆极化波，其瞬时坡印廷矢量是与时间和距离都无关的常数。

2. 有一垂直穿出纸面（$x=0$）的平面电磁波，由两个直线极化波$E_z = 3\cos(\omega t)$和$E_y = 2\cos(\omega t + \frac{\pi}{2})$组成，证明合成波是椭圆极化波，是左旋还是右旋？

3. 试判断$\boldsymbol{E}_1$和$\boldsymbol{E}_2$是左旋还是右旋圆极化波：

$$\boldsymbol{E}_1(x,t) = 15\cos(\omega t - \beta x)\boldsymbol{e}_y + 15\sin(\omega t - \beta x)\boldsymbol{e}_z = E_{y1}\boldsymbol{e}_y + E_{z1}\boldsymbol{e}_z$$
$$\boldsymbol{E}_2(x,t) = 20\sin(\omega t - \beta x)\boldsymbol{e}_y + 20\cos(\omega t - \beta x)\boldsymbol{e}_z = E_{y2}\boldsymbol{e}_y + E_{z2}\boldsymbol{e}_z$$

若是左旋或右旋极化波，则其的幅值及相位应满足什么关系？若是直线极化波或椭圆极化波则又将满足什么关系？

7.5　平面电磁波的反射与折射

均匀平面电磁波在无限大均匀媒质中传播时是沿直线方向前进的。但是，若在电磁波传播的路径上出现两种媒质的分界面，由于电磁参数 μ、ε 和 γ 发生突变，这时部分电磁波将被反射，这部分波称为反射波；另一部分波将透过分界面而继续传播，这部分波称为折射波。这一节将从电磁现象的普遍规律出发，讨论均匀平面电磁波入射到平面分界面时出现的反射与折射情况。为简单起见，这里假设分界面是无限大的平面。

7.5.1　平面电磁波在理想介质分界面上的反射与折射

设两种半无限大理想介质的分界面为 $x=0$ 平面，其法向 n 与 x 轴重合，如图 7–12 所示。这里将入射波的入射线与分界面的法线 n 构成的平面称为入射面（如图 7–12 所示的 xOy 平面）。另外，假设入射波的传播方向与 n 间的夹角为 θ_1，相速度为 v_1；反射波的传播方向与 n 间的夹角为 θ'_1，相速度为 v'_1；折射波的传播方向与 n 间的夹角为 θ_2，相速度为 v_2。θ_1、θ'_1 和 θ_2 分别称为入射角、反射角和折射角。理想介质 1 和 2 的参数分别为 ε_1、μ_1 和 ε_2、μ_2。

1. 反射定律和折射定律

根据分界面上的衔接条件，在分界面（$x=0$）上，对所有 y 值，电场和磁场的切向分量均应连续。这就要求入射波、反射波和折射波三者的电场与磁场对时间 t 的函数关系及对分界面上位置 y 的函数关系分别具有相同的形式，因此反射波和折射波也一定是均匀平面电磁波，且它们的传播方向也都处于入射面内。同时，入射波、反射波和折射波三者沿 y 方向的相速应相等，即：

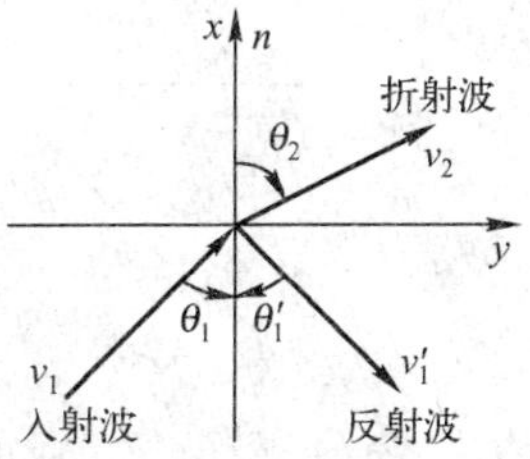

图 7–12　不同媒质分界面发生波的反射和折射

$$\frac{v_1}{\sin\theta_1}=\frac{v'_1}{\sin\theta'_1}=\frac{v_2}{\sin\theta_2} \tag{7-84}$$

考虑到反射波与入射波在同一种介质中传播，有 $v'_1=v_1$，因此由式（7–84）的前一部分等式，得：

$$\theta'_1=\theta_1 \tag{7-85}$$

即反射角等于入射角，这就是反射定律。

由（7–84）式的后一部分等式，得：

$$\frac{\sin\theta_2}{\sin\theta_1}=\frac{v_2}{v_1}=\sqrt{\frac{\mu_1\varepsilon_1}{\mu_2\varepsilon_2}} \tag{7-86}$$

由此可见，当 $v_2\neq v_1$ 时，$\theta_2=\theta_1$，相速数值的改变会产生电磁波的折射现象。式（7–86）叫做折射定律，也就是光学中的斯耐尔定律。

一般介质的磁导率 $\mu_1\approx\mu_2\approx\mu_0$，则：

$$\frac{\sin\theta_2}{\sin\theta_1}=\sqrt{\frac{\varepsilon_1}{\varepsilon_2}} \tag{7-87}$$

定义：介质的折射率 n 为自由空间中电磁波相速与介质中电磁波相速之比，即：

$$n = \frac{c}{v} = \sqrt{\mu_r \varepsilon_r}$$

式中 n 是无量纲量，一般介质 $\mu_r \approx 1$，则：

$$\frac{\sin\theta_2}{\sin\theta_1} = \sqrt{\frac{\varepsilon_{r1}\varepsilon_0}{\varepsilon_{r2}\varepsilon_0}}$$

或

$$\frac{\sin\theta_2}{\sin\theta_1} = \frac{n_1}{n_2} \tag{7-88}$$

式中 n_1 和 n_2 分别为介质 1 和介质 2 的折射率。

2. 反射系数和折射系数

一般的平面电磁波可分解为两种平面电磁波的组合：一种是垂直极化波，即电场方向垂直于入射面；另一种是平行极化波，即电场方向平行于入射面，如图 7-13 所示。下面对这两种极化波分别加以讨论。

（1）对于垂直极化波，取电场 $\boldsymbol{E}$ 垂直于入射面的分量 $\boldsymbol{E}_{\perp}^{+}$ 和磁场 $\boldsymbol{H}$ 平行于入射面的分量 $\boldsymbol{H}_{/\!/}^{+}$ 组成入射平面电磁波，如图 7-13（a）所示。

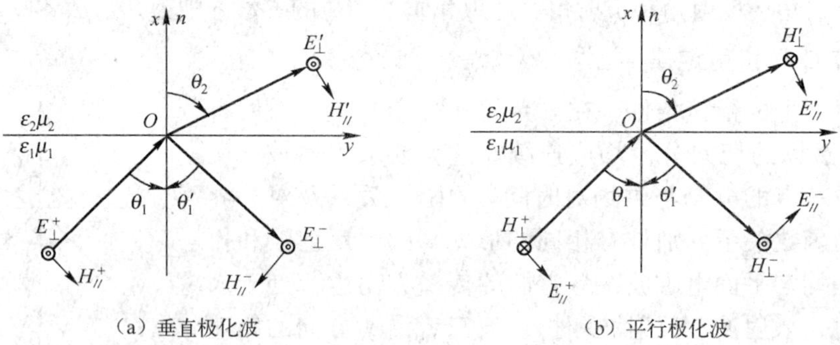

图 7-13　垂直极化波和平行极化波

利用在介质分界面上电场强度和磁场强度二者的切向分量均连续的条件，对垂直极化波可列出关系式：

$$\boldsymbol{E}_{\perp}^{+} + \boldsymbol{E}_{\perp}^{-} = \boldsymbol{E}'_{\perp} \tag{7-89}$$

$$\boldsymbol{H}_{/\!/}^{+}\cos\theta_1 - \boldsymbol{H}_{/\!/}^{-}\cos\theta_1 = \boldsymbol{H}_{/\!/}'\cos\theta_2 \tag{7-90}$$

将 $\dfrac{\boldsymbol{E}_{\perp}^{+}}{\boldsymbol{H}_{/\!/}^{+}} = Z_{01}$，$\dfrac{\boldsymbol{E}_{\perp}^{-}}{\boldsymbol{H}_{/\!/}^{-}} = Z_{01}$，$\dfrac{\boldsymbol{E}'_{\perp}}{\boldsymbol{H}'_{/\!/}} = Z_{02}$ 代入式（7-89）和式（7-90），得：

$$\Gamma_{\perp} = \frac{\boldsymbol{E}_{\perp}^{-}}{\boldsymbol{E}_{\perp}^{+}} = \frac{Z_{02}\cos\theta_1 - Z_{01}\cos\theta_2}{Z_{02}\cos\theta_1 + Z_{01}\cos\theta_2} \tag{7-91}$$

$$T_{\perp} = \frac{\boldsymbol{E}'_{\perp}}{\boldsymbol{E}_{\perp}^{+}} = \frac{2Z_{02}\cos\theta_1}{Z_{02}\cos\theta_1 + Z_{01}\cos\theta_2} \tag{7-92}$$

这里，Z_{01} 和 Z_{02} 分别是介质 1 和介质 2 的波阻抗。而 $\Gamma_{\perp}$ 和 $T_{\perp}$ 分别是垂直极化波的反射系数和折射系数。式（7-91）和式（7-92）是垂直极化波的菲涅耳公式。

（2）对于平行极化波，取磁场 $\boldsymbol{H}$ 垂直于入射面的分量 $\boldsymbol{H}_{\perp}^{+}$ 和电场 $\boldsymbol{E}$ 的平行于入射面的分量 $\boldsymbol{E}_{/\!/}^{+}$ 组成入射平面电磁波，如图 7-13（b）所示。根据介质分界面上的衔接条件，对平行极化波也可列出关系式：

$$\boldsymbol{H}_{\perp}^{+} - \boldsymbol{H}_{\perp}^{-} = \boldsymbol{E}'_{\perp} \tag{7-93}$$

$$\boldsymbol{E}_{/\!/}^{+}\cos\theta_1 + \boldsymbol{E}_{/\!/}^{-}\cos\theta_1 = \boldsymbol{E}'_{/\!/}\cos\theta_2 \tag{7-94}$$

并考虑到$\dfrac{\boldsymbol{E}_{/\!/}^{+}}{\boldsymbol{H}_{\perp}^{+}} = Z_{01}$，$\dfrac{\boldsymbol{E}_{/\!/}^{-}}{\boldsymbol{H}_{\perp}^{-}} = Z_{01}$，$\dfrac{\boldsymbol{E}'_{/\!/}}{\boldsymbol{H}'_{\perp}} = Z_{02}$，则得：

$$\Gamma_{/\!/} = \frac{\boldsymbol{E}_{/\!/}^{-}}{\boldsymbol{E}_{/\!/}^{+}} = \frac{Z_{02}\cos\theta_2 - Z_{01}\cos\theta_1}{Z_{01}\cos\theta_1 + Z_{02}\cos\theta_2} \tag{7-95}$$

$$T_{/\!/} = \frac{\boldsymbol{E}'_{/\!/}}{\boldsymbol{E}_{/\!/}^{+}} = \frac{2Z_{02}\cos\theta_1}{Z_{01}\cos\theta_1 + Z_{02}\cos\theta_1} \tag{7-96}$$

式（7-95）、式（7-96）是平行极化波的菲涅耳公式。$\Gamma_{/\!/}$和 $T_{/\!/}$分别是平行极化波的反射系数和折射系数。菲涅耳公式与波的极化相关。它反映了不同介质分界面上反射波电场、折射波电场与入射波电场之间的关系。

7.5.2　平面电磁波在理想介质分界面上的全反射和全折射

下面讨论平面电磁波斜入射中的两个重要现象，即平面电磁波的全反射和全折射现象。

1. 全反射

当反射系数$|\Gamma_{\perp}|=1$或$|\Gamma_{/\!/}|=1$时，我们说电磁波在介质分界面上发生全反射，即入射波被全部反射回介质 1 中。如果入射角 $\theta_1 \neq 90°$，由上述的菲涅耳公式可以看出，只有当 $\cos\theta_2=0$ 时，才有$|\Gamma_{\perp}|=1$或$|\Gamma_{/\!/}|=1$，即折射角 $\theta_2=90°$时，产生全反射，把使折射角 $\theta_2=90°$的入射角称为临界入射角 θ_c。将 $\theta_2=90°$代入折射定律式（7-87），得到临界入射角 θ_c 应满足关系：

$$\theta_c = \arcsin\sqrt{\frac{\varepsilon_2}{\varepsilon_1}} \tag{7-97}$$

注意：ε_1 应大于 ε_2。这表明，平面电磁波只有由光密介质射向光疏介质，同时满足 $\theta_1 \geqslant \theta_c$ 时，才会发生全反射现象。当发生全反射时，折射波沿分界面传播形成分界面上的表面波。工程上选用介电常数 ε_1 大于周围媒质的介电常数 ε_2 的介质棒或透明纤维，在入射角 θ_1 大于临界 θ_c 时，将电磁波限制在介质棒中或纤维中连续不断地在内壁上全反射，使携带信息的电磁波沿 **Z** 字形路径由发送端传播到接收端（见图 7-14），达到通信的目的。这就是光波导或介质波导的工作原理。

【例 7-6】　如图 7-14 所示，有一介电常数 $\varepsilon > \varepsilon_0$ 的介质棒，欲使波从棒的任一端以任何角度射入都能限制在该棒之内且直到该波从另一端射出，试求该棒相对介电常数 ε_r 的最小值。

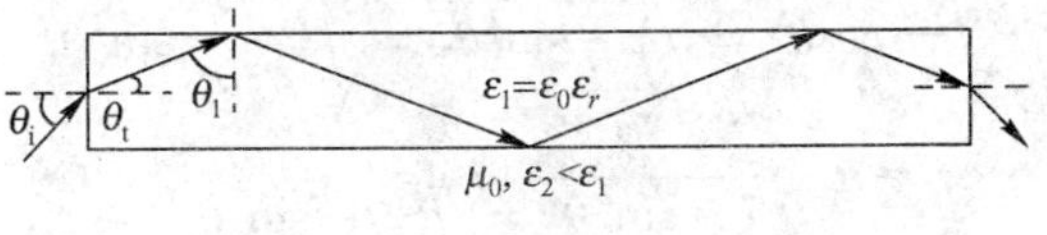

图 7-14　介质棒中电磁波的传播

解：波在介质棒内发生全反射，也就是入射角 $\theta_1 \geqslant \theta_c$，即 $\sin\theta_1 \geqslant \sin\theta_c$

因　$\theta_1 = \dfrac{\pi}{2} - \theta_t$

所以　$\cos\theta_t \geqslant \sin\theta_c$

由斯奈尔定律，得：

$$\sin\theta_t \geqslant \frac{1}{\sqrt{\varepsilon_r}}\theta_i$$

综合以上各式，并考虑到 $\sin\theta_c = \sqrt{\frac{\varepsilon_0}{\varepsilon}}$，则有：

$$\sqrt{1 - \sqrt{\frac{1}{\varepsilon_r}}\sin^2\theta_i} \geqslant \sqrt{\frac{\varepsilon_0}{\varepsilon}} = \sqrt{\frac{1}{\varepsilon_r}}$$

上式中 $\varepsilon_r \geqslant 1 + \sin^2\theta_i$。因为当 $\theta_i = \frac{\pi}{2}$时，上式右边将是最大值，所以该介质棒的相对介电常数 ε_r 最小要等于 2。满足这个条件的介质棒可为玻璃或石英。

2. 全折射

当反射系数为零时，电磁波在分界面上发生全折射。产生全折射的入射角 θ_B，称为布儒斯特角。对于垂直极化波，由式（7-91）可知，当 $Z_{02}\cos\theta_1 = Z_{01}\cos\theta_2$，反射系数 $\Gamma_\perp$ 为零。也就是：

$$\sqrt{\frac{\varepsilon_1}{\varepsilon_2}}\cos\theta_1 = \sqrt{1 - \sin^2\theta_2}$$

这里考虑到一般介质的 $\mu_1 \approx \mu_2 \approx \mu_0$。应用斯奈尔定律，上式可写为：

$$\sqrt{\frac{\varepsilon_1}{\varepsilon_2}}\cos\theta_1 = \sqrt{1 - \frac{\varepsilon_1}{\varepsilon_2}\sin^2\theta_1}$$

所以

$$\cos\theta_1 = \sqrt{\frac{\varepsilon_2}{\varepsilon_1} - \sin^2\theta_1}$$

显然，为满足上式，必有 $\varepsilon_1 = \varepsilon_2$。换句话说，只有当两种介质相同时，垂直极化波才产生全折射。这实际上是同一种介质，不存在分界面。因此，对于垂直极化波，没有任何入射角能使反射系数等于零，在两种介质分界面上总有反射。然而，对于平行极化波，当 $\Gamma_{/\!/} = 0$ 时，有：

$$Z_{01}\cos\theta_1 - Z_{02}\cos\theta_2 = 0$$

设 $\mu_1 \approx \mu_2 \approx \mu_0$ 并应用斯耐尔定律，则有：

$$\sqrt{\frac{\varepsilon_2}{\varepsilon_1}}\cos\theta_1 = \sqrt{1 - \sin^2\theta_2} = \sqrt{1 - \frac{\varepsilon_1}{\varepsilon_2}\sin^2\theta_1}$$

或

$$\frac{\varepsilon_2}{\varepsilon_1}\sqrt{1 - \sin^2\theta_1} = \sqrt{\frac{\varepsilon_2}{\varepsilon_1} - \sin^2\theta_1}$$

解得

$$\sin\theta_1 = \sqrt{\frac{\varepsilon_2}{\varepsilon_1 + \varepsilon_2}} \text{或} \tan\theta_1 = \sqrt{\frac{\varepsilon_2}{\varepsilon_1}} \tag{7-98}$$

当入射角满足式（7-98）时，入射波全部折射到介质 2 中，在介质 1 中没有反射波。满足上式的角就是布儒斯特角 θ_B，即：

$$\theta_B = \arctan\sqrt{\frac{\varepsilon_2}{\varepsilon_1}} \tag{7-99}$$

由此可以得出结论，任意极化波以布儒斯特角 θ_B 入射到两种电介质的分界面时，反射波只包含垂直极化分量，而波的平行极化分量已全折射。布儒斯特角的一个重要用途是将任意极化波中的垂直分量和平行分量分离，起到极化滤波的作用，所以 θ_B 也称为极化角或起偏角。例如，光学中的起偏器就是利用这种极化滤波原理。

【例 7-7】 纯水的相对介电常数为 80，确定平行极化波的布儒斯特角 θ_B 及对应的折射角；如果一垂直极化的平面电磁波自空气中以 $\theta_1 = \theta_B$ 射入水面，求反射系数和折射系数。

解： 由式（7-99）得到平行极化波不产生反射的布儒斯特角：

$$\theta_B = \arctan\sqrt{\varepsilon_{r2}} = \arctan\sqrt{80} = 81.0°$$

由式（7-87）可得对应的折射角：

$$\theta_2 = \arcsin\left(\frac{\sin\theta_B}{\sqrt{\varepsilon_{r2}}}\right) = \arcsin\left(\frac{1}{\sqrt{\varepsilon_{r2}+1}}\right) = \arcsin\left(\frac{1}{\sqrt{81}}\right) = 6.38°$$

对垂直极化的入射波，当 $\theta_i = 81.0°$ 和 $\theta_2 = 6.38°$ 时，由式（7-91）和式（7-92），得：

$$Z_{01} = 377\Omega，Z_{01}\cos\theta_2 = 374.67\ (\Omega)$$

$$Z_{02} = 377/\sqrt{\varepsilon_{r1}} = 42.15(\Omega), Z_{02}\cos\theta_1 = 6.59(\Omega)$$

所以

$$\Gamma_\perp = \frac{Z_{02}\cos\theta_1 - Z_{01}\cos\theta_2}{Z_{02}\cos\theta_1 + Z_{01}\cos\theta_2} = \frac{6.59 - 374.67}{6.59 + 374.67} = -0.97$$

$$T_\perp = \frac{2Z_{02}\cos\theta_1}{Z_{02}\cos\theta_1 + Z_{01}\cos\theta_2} = \frac{2\times 6.59}{6.59 + 374.67} = 0.035$$

7.5.3　平面电磁波在良导体表面上的反射与折射

现在研究平面电磁波在良导体表面上的反射和折射。假设平面电磁波从理想介质（介电常数为 ε_1）以入射角 θ_1 斜入射到良导体表面（介电常数为 ε_2 和电导率为 γ），那么，根据式（7-84）可以得出良导体内折射波的折射角 θ_2 满足关系式：

$$\sin\theta_2 = \frac{v_2}{v_1}\sin\theta_1 \tag{7-100}$$

考虑到 $v_1 = \frac{1}{\sqrt{\mu_1\varepsilon_1}}$，由式（7-72）得到，良导体内波的相速 $v_2 = \sqrt{\frac{2\omega}{\mu_2\gamma}}$，因此，式（7-100）变为：

$$\sin\theta_2 = \sqrt{\frac{\mu_1\varepsilon_1 2\omega}{\mu_2\ \gamma}}\sin\theta_1 \tag{7-101}$$

由于一般的非磁性媒质的特性参数 $\mu_1 \approx \mu_2 \approx \mu_0$，则：

$$\sin\theta_2 = \sqrt{\frac{2\omega\varepsilon_1}{\gamma}}\sin\theta_1 \tag{7-102}$$

如果角频率 ω 不太高，则 $\frac{2\omega}{\gamma} \geqslant 1$。此时，有：

$$\sin\theta_2 \approx 0 \text{ 或 } \theta_2 \approx 0 \tag{7-103}$$

式（7-103）表明，对于良导体，不管入射角 θ_1 如何，透入的电磁波都近似地沿表面的法线方向传播，其波阻抗为：

$$Z_{02} \approx \frac{\mathrm{j}\omega\mu_0}{\gamma}$$

显然，$Z_{02} \ll Z_{01}$，由菲涅耳公式，得：

$$T_{\perp} \ll 1, T_{/\!/} \ll 1, \Gamma_{\perp} \approx -1, \Gamma_{/\!/} \approx -1 \tag{7-104}$$

式（7-104）表明，无论什么极化波在良导体内的折射波都是很小的，几乎均是全反射。

习题 7-5

1. $f=1\mathrm{MHz}$ 的均匀平面电磁波，由自由空间分别垂直入射到：（1）无限大铜板（$\gamma=5.8\times10^7\mathrm{S/m}$，$\varepsilon_r=1$，$\mu_r=1$）；（2）无限大铁板（$\gamma=10^7\mathrm{S/m}$，$\varepsilon_r=1$，$\mu_r=10^4$）；（3）海水平面上（$\gamma=4\mathrm{S/m}$，$\varepsilon_r=80$，$\mu_r=1$），分别求电场反射系数、折射系数。

2. 一个在空气中传播的均匀平面电磁波，以 $\dot{E}_i(x)=10\mathrm{e}^{-\mathrm{j}6x}\boldsymbol{e}_j$ 垂直入射到 $x=0$ 处的理想介质表面，介质的 $\varepsilon_r=2.5$、$\mu_r=1$，试求：（1）反射波和折射波的瞬时表示式；（2）空气中及介质中的坡印廷矢量的平均值。

3. 试证明下述两种情况下，在分界面上无反射的条件是：布儒斯特角与折射角之和为 $\frac{\pi}{2}$。（1）垂直极化（$\mu_1\neq\mu_2$）；（2）平行极化（$\varepsilon_1\neq\varepsilon_2$）。

7.6 平面电磁波的正入射和驻波

当平面电磁波的入射方向和两种媒质分界面相垂直时，称为正入射。这里讨论正入射时反射波、折射波和入射波之间的关系及某些物理现象。

7.6.1 对理想导体的正入射

若媒质 1 是理想介质，媒质 2 是理想导体（即波阻抗 $Z_{02}=0$），当平面电磁波由理想介质正入射到理想导体表面时（见图 7-15），将 $\theta_1=0$ 和 $Z_{02}=0$ 代入菲涅耳公式，得：

$$\Gamma_{\perp}=\Gamma_{/\!/}=-1,\ T_{\perp}=\Gamma_{/\!/}=0 \tag{7-105}$$

由此可见，波全部被反射，没有透入理想导体。不论是垂直极化波还是平行极化波，在分界面 $x=0$ 处，都有 $E^-=-E^+$ 和 $H^-=H^+$。

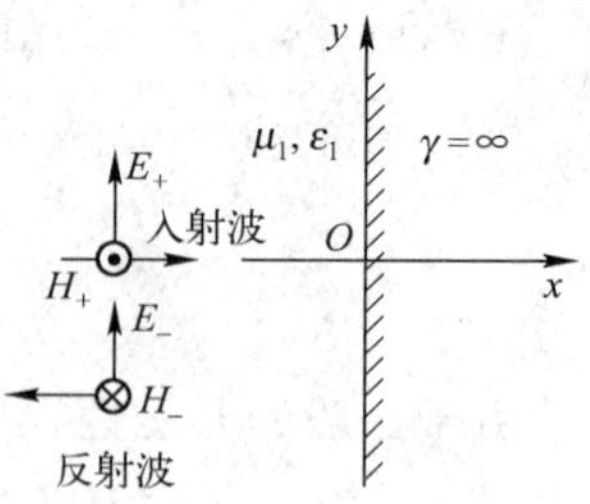

图 7-15　对理想导体的正入射

如果在理想介质中，设入射波的电场强度为：

$$E_y^+(x,t)=\sqrt{2}E\cos(\omega t-\beta x)$$

则反射波的电场强度为：

$$E_y^+(x,t)=\sqrt{2}E\cos(\omega t-\beta x+180°)$$

那么，理想介质中的合成电场强度为：

$$E_y(x,t)=E_y^+(x,t)+E_y^-(x,t)=2\sqrt{2}E\sin\beta x\cos(\omega t-90°) \tag{7-106}$$

同理，理想介质中的合成磁场强度为：

$$H_z(x,t)=\frac{2\sqrt{2}E}{Z_{01}}\cos\beta x\cos\omega t \tag{7-107}$$

由此可见，函数 $E_y(x,t)$ 的性质与入射波电场强度的性质完全不同。函数 $H_z(x,t)$ 的性质和入射波磁场强度的性质也完全不同，但和 $E_y(x,t)$ 的性质相同。下面研究理想介质中合成场的时空特性。

分析式（7-106）和式（7-107）可知，理想介质中的合成场强有如下特点。

（1）在 x 轴上任意点，电场和磁场都随时间作正弦变化，但各点的振幅不同，不同 ωt 值时对应的，$E_y(x,\ t)$ 和 $H_zy(x,\ t)$ 图形不同，如图 7-16 所示。可见，无波的移动，波在空间是驻定的。换言之，空间各点的场量以不同的振幅随时间作正弦振动，而沿 $\pm x$ 方向没有波的移动。这说明入射波和反射波合成的结果形成了驻波。

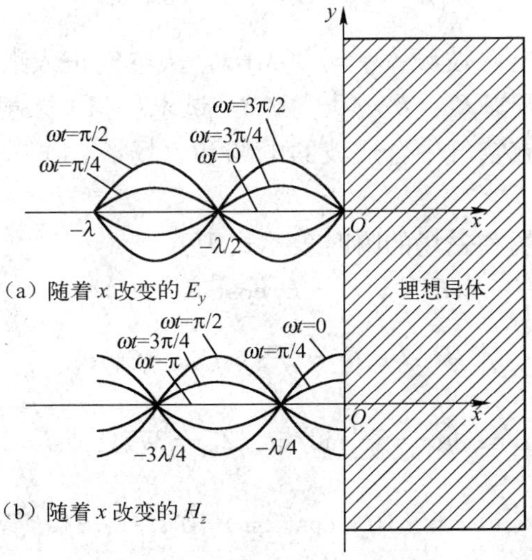

图 7-16　对应不同 ωt 的驻波

（2）在任意时刻，合成电场 $E_y(x,t)$ 和 $H_z(x,t)$ 都在距理想导体表面的某些位置有零或最大值。

电场 $E_y(x,t)$ 的零值和磁场 $H_z(x,t)$ 的最大值发生在：

$$\beta x=-n\pi \text{ 或 } x=-\frac{n\lambda}{2}\qquad (n=0,1,2,\cdots) \tag{7-108}$$

处。这些点称为电场 $\boldsymbol{E}$ 的波节点或磁场 $\boldsymbol{H}$ 的波腹点。

电场 $E_y(x,t)$ 最大值和磁场 $H_z(x,t)$ 的零值发生在：

$$\beta x=-\frac{2n+1}{2}\pi \text{ 或 } x=-\frac{2n+1}{4}\lambda\qquad (n=0,1,2,\cdots) \tag{7-109}$$

处。这些点称为电场 $\boldsymbol{E}$ 的波腹点或磁场 $\boldsymbol{H}$ 的波节点。

电场（或磁场）的相邻波节点间距离为$\frac{\lambda}{2}$，相邻波腹点间距离也为$\frac{\lambda}{2}$。但波节点和相邻的波腹点之间的距离为$\frac{\lambda}{4}$。磁场的波节点正好与电场的波腹点相重合，而电场的波节点正好是磁场的波腹点，说明电场和磁场在空间上错开$\frac{\lambda}{4}$。

（3）合成电场 $E_y(x,t)$ 和磁场 $H_z(x,t)$ 存在$\frac{\pi}{2}$相位差，即在时间上有$\frac{T}{4}$相移。因此，理想介质中总的电磁波的平均功率流密度为零，即没有电磁波能量的传输，只有电场能量和磁场能量间的互相交换。由于在波节点处平均功率流密度恒为零，能量不能通过波节点传输，所以电场能量和磁场能量间的交换只能限于波节点和相邻波腹点之间的$\frac{\lambda}{4}$空间范围内进行。

（4）在理想导体表面上，电场强度为零，磁场强度最大，因此出现一层面电流，其密度为：

$$\boldsymbol{K}_s = \boldsymbol{e}_n \times H = \frac{2\sqrt{2}E}{Z_{01}}\cos\omega t\boldsymbol{e}_y \tag{7-110}$$

【例 7-8】 均匀平面电磁波频率 $f=100\text{MHz}$，从空气正入射到 $x=0$ 理想导体平面上，设入射波电场沿 y 方向，振幅 $E_m = 6\times10^{-3}\text{V/m}$。试求：（1）入射波的电场和磁场；（2）反射波的电场和磁场；（3）在空气中合成波的电场和磁场；（4）空气中离理想导体表面第一个电场波腹点的位置。

解：（1）入射波的电场和磁场的瞬时表达式为：

$$\boldsymbol{E}^+(x,t) = E_m\cos(\omega t-\beta x)\boldsymbol{e}_y$$

$$\boldsymbol{H}^+(x,t) = \frac{E_m}{Z_{01}}\cos(\omega t-\beta x)\boldsymbol{e}_z$$

式中，$E_m = 6\times10^{-3}\text{V/m}$，$\beta=\sqrt{\mu\varepsilon}=\frac{2\pi}{3}\text{rad/m}$，$Z_{01}=377\Omega$，$\omega=2\pi\times10^8\text{rad/s}$。因此，得：

$$\boldsymbol{E}^+(x,t) = 6\times10^{-3}\cos(2\pi\times10^8 t-\frac{2\pi}{3}x)\boldsymbol{e}_y(\text{V/m})$$

$$\boldsymbol{H}^+(x,t) = \frac{6\times10^{-3}}{377}\cos(2\pi\times10^8 t-\frac{2\pi}{3}x)\boldsymbol{e}_z(\text{A/m})$$

（2）理想导体引起全反射，即在 $x=0$ 处，$E^- = -E^+$ 和 $H^- = H^+$，所以，反射波的电场和磁场的瞬时表达式为：

$$\boldsymbol{E}^-(x,t) = -6\times10^{-3}\cos(2\pi\times10^8 t+\frac{2\pi}{3}x)\boldsymbol{e}_y(\text{V/m})$$

$$\boldsymbol{H}^-(x,t) = \frac{6\times10^{-3}}{377}\cos(2\pi\times10^8 t+\frac{2\pi}{3}x)\boldsymbol{e}_z(\text{A/m})$$

（3）空气中合成波的电场和磁场的瞬时表达式为：

$$\boldsymbol{E}(x,t) = \boldsymbol{E}^+(x,t)+\boldsymbol{E}^-(x,t) = 12\times10^{-3}\sin\frac{2\pi}{3}x\sin(2\pi\times10^8 t)\boldsymbol{e}_y(\text{V/m})$$

$$\boldsymbol{H}(x,t) = \boldsymbol{H}^+(x,t)+\boldsymbol{H}^-(x,t) = \frac{12\times10^{-3}}{377}\cos\frac{2\pi}{3}x\cos(2\pi\times10^8 t)\boldsymbol{e}_z(\text{A/m})$$

（4）在空气中，离理想导体表面第一个电场波腹点发生在：

$$x = -\frac{\lambda}{4} = -\frac{3}{4}(\text{m})$$

7.6.2　对理想介质的正入射

若媒质 1 和媒质 2 都是理想介质，当平面电磁波由媒质 1 正入射到两种理想介质分界面时（图 7-17），不会发生全反射。将 $\theta_1=0$ 代入菲涅耳公式，则反射系数和折射系数为：

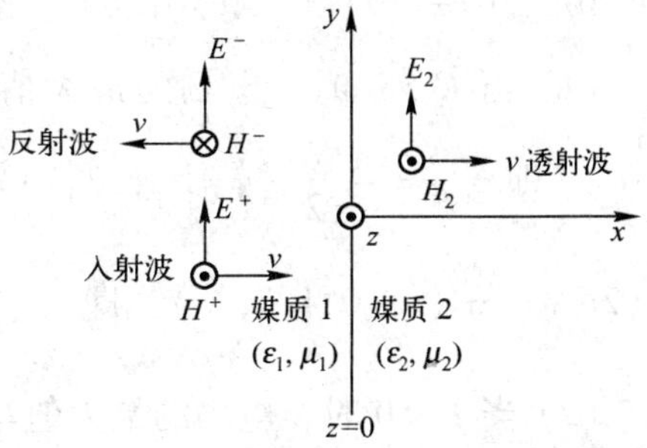

图 7-17　对理想介质面的正入射

$$\Gamma=\frac{Z_{02}-Z_{01}}{Z_{02}+Z_{01}},\ T=\frac{2Z_{02}}{Z_{02}+Z_{01}}$$

所以，$E^-=\Gamma E^+$，$E'=TE^+$

设入射波电场和磁场的复数表达式为：

$$\begin{cases}\dot{E}^+(x)=\dot{E}^+\mathrm{e}^{-\mathrm{j}\beta_1 x}\\ \dot{H}^+(x)=\dfrac{\dot{E}^+}{Z_{01}}\mathrm{e}^{-\mathrm{j}\beta_1 x}\end{cases}\tag{7-111}$$

则反射波电场和磁场的复数表达式为：

$$\begin{cases}\dot{E}^-(x)=\Gamma\dot{E}^+\mathrm{e}^{\mathrm{j}\beta_1 x}\\ \dot{H}^-(x)=\dfrac{\Gamma\dot{E}^+}{Z_{01}}\mathrm{e}^{\mathrm{j}\beta_1 x}\end{cases}\tag{7-112}$$

而媒质 2 中透射波的电场和磁场的复数表达式为：

$$\begin{cases}\dot{E}_2(x)=T\dot{E}^+\mathrm{e}^{-\mathrm{j}\beta_2 x}\\ \dot{H}_2(x)=-\dfrac{T\dot{E}^+}{Z_{02}}\mathrm{e}^{-\mathrm{j}\beta_2 x}\end{cases}\tag{7-113}$$

可见，媒质 2 中的电磁波是等幅行波。

由式（7-111）和式（7-112）得到媒质 1 中合成波的电场和磁场分别为：

$$\begin{aligned}\dot{E}_1(x)&=\dot{E}^+(x)+\dot{E}^-(x)\\&=\dot{E}^+\mathrm{e}^{-\mathrm{j}\beta_1 x}+\Gamma\dot{E}^+\mathrm{e}^{\mathrm{j}\beta_1 x}\\&=\dot{E}^+(1+\Gamma)\mathrm{e}^{-\mathrm{j}\beta_1 x}+2\mathrm{j}\Gamma\dot{E}^+\sin\beta_1 x\end{aligned}\tag{7-114}$$

$$\begin{aligned}\dot{H}_1(x)&=\dot{H}^+(x)+\dot{H}^-(x)\\&=\frac{\dot{E}^+}{Z_{01}}(1-\Gamma)\mathrm{e}^{-\mathrm{j}\beta_1 x}-2\mathrm{j}\Gamma\frac{\dot{E}^+}{Z_{01}}\sin\beta_1 x\end{aligned}\tag{7-115}$$

从式（7-114）可知，$\dot{E}_1(x)$是由两部分组成：一部分是幅值为$(1+\Gamma)|\dot{E}^+|$的行波；另一部分是幅值为$2\Gamma|\dot{E}^+|$的驻波。也就是说，在媒质 1 中，由于反射波振幅小于入射波振幅，所以反射波与部分入射波相加形成驻波，而入射波的其余部分仍为行波。这是一种驻波和行波共存的情形，称合成波为行驻波。

下面讨论在媒质 1 中电场的最大值和最小值位置。将 $\dot{E}_1(x)$写为：

$$\dot{E}_1(x)=\dot{E}^+\mathrm{e}^{-\mathrm{j}\beta_1 x}(1+\Gamma\dot{E}^+\mathrm{e}^{\mathrm{j}2\beta_1 x})\tag{7-116}$$

由式（7-116）可以得出以下结论。

（1）当 $\Gamma>0$ 时，电场的最大值是 $(1+\Gamma)|\dot{E}^+|$，它发生在 $2\beta x_{\max}=-2n\pi$（$n=0,1,2,\cdots$），即 $x_{\max}=-\dfrac{n\lambda_1}{2}(n=0,1,2,\cdots)$ 处；电场的最小值是 $(1-\Gamma)|\dot{E}^+|$，它发生在 $2\beta x_{\min}=-(2n+1)\pi$（$n=0,1,2,\cdots$），即 $x_{\min}=-\dfrac{(2n+1)\lambda_1}{4}(n=0,1,2,\cdots)$ 处。

（2）当 $\Gamma<0$ 时，电场的最大值是 $(1-\Gamma)|\dot{E}^+|$，它发生在 $\Gamma>0$ 时所给的 $x_{\min}$ 处。电场的最小值为 $(1+\Gamma)|\dot{E}^+|$，它发生在 $\Gamma<0$ 时所给的 $x_{\max}$ 处。总之，在入射波和反射波两者相位相同处，它们直接相加，场强取最大值：$E_{1\max}=(1+|\Gamma|)|\dot{E}^+|$；在入射波和反射波两者相位相反之处，它们直接相减，场强取最小值：$E_{1\min}=(1-|\Gamma|)|\dot{E}^+|$。

为了说明媒质 1 中行驻波的性质，通常引入物理量——驻波比 S 来描述，它定义为空间电场强度的最大值与最小值之比，即：

$$S=\frac{E_{1\max}}{E_{1\min}}\tag{7-117}$$

利用 $E_{1\max}=(1+|\Gamma|)|\dot{E}^+|$ 和 $E_{1\min}=(1-|\Gamma|)|\dot{E}^+|$，式（7-117）可写为：

$$S=\frac{1+|\Gamma|}{1-|\Gamma|}\tag{7-118}$$

当 Γ 的值从 -1 变化到 $+1$ 时，S 的值从 1 变化至 ∞。分析可见：当 $\Gamma=0$，即无反射时，$S=1$ 表示为行波，场强的最大值和最小值相等。当 $\Gamma=1$，即发生全反射时，$S=\infty$ 表示为驻波，场强的最小值 $E_{1\min}=0$。

【例 7-9】 设媒质 2 的参数 $\varepsilon_{r2}=8.5$，$\mu_{r2}=1$ 及 $\gamma=0$，媒质 1 为自由空间。波由自由空间正入射到媒质 2，在两区的平面分界面上入射波电场的振幅为 $E_m^+=2.0\times10^{-3}\,\text{V/m}$，求反射波和折射波电场和磁场的复振幅。

解： 因为自由空间的波阻抗 $Z_{01}=\sqrt{\dfrac{\mu_0}{\varepsilon_0}}=120\pi\Omega$，媒质 2 的波阻抗 $Z_{02}=\sqrt{\dfrac{\mu_2}{\varepsilon_2}}=\dfrac{377}{\sqrt{8.5}}\Omega$，于是反射波电场和磁场的复振幅值分别为：

$$\dot{E}_m^-=\Gamma\dot{E}_m^+=\frac{Z_{02}-Z_{01}}{Z_{02}+Z_{01}}\dot{E}_m^+=-0.693\times10^{-3}\ (\text{V/m})$$

$$\dot{H}'=-\frac{\dot{E}'}{Z_{02}}=5.58\times10^{-6}\ (\text{A/m})$$

折射波电场和磁场的复振幅值分别为：

$$\dot{E}'=T\dot{E}_m^+=\frac{2Z_{02}}{Z_{02}+Z_{01}}\dot{E}_m^+=7.21\times10^{-4}\ (\text{V/m})$$

$$\dot{H}_m^-=-\frac{\dot{E}_m^+}{Z_{01}}=-1.84\times10^{-6}\ (\text{A/m})$$

【例 7-10】 一均匀平面电磁波自自由空间正入射到半无限大的理想介质表面上。已知在自由空间中，合成波的驻波比为 3，理想介质内波的波长是自由空间内波长的 1/6，且介质表面上为合成电场最小点，求理想介质的相对磁导率 μ_r 和相对介电常数 ε_r。

解：由驻波比 $S=\frac{1+|\Gamma|}{1-|\Gamma|}=3$，得：$|\Gamma|=\frac{1}{2}$。因为介质表面上是合成电场最小点，故 $\Gamma=\frac{1}{2}$。而反射系数为：

$$\Gamma=\frac{Z_{02}-Z_{01}}{Z_{02}+Z_{01}}$$

式中，$Z_{01}=\sqrt{\frac{\mu_0}{\varepsilon_0}}=120\pi\Omega$，$Z_{02}=\sqrt{\frac{\mu_2}{\varepsilon_2}}=120\pi\sqrt{\frac{\mu_r}{\varepsilon_r}}\Omega$，则得：

$$\sqrt{\frac{\mu_r}{\varepsilon_r}}=\frac{1+\Gamma}{1-\Gamma}=\frac{1}{3}\quad 或\quad \frac{\mu_r}{\varepsilon_r}=\frac{1}{9}$$

又因理想介质内波的波长为：

$$\lambda_2=\frac{\lambda_0}{\sqrt{\mu_r\varepsilon_r}}=\frac{\lambda_0}{6}$$

故

$$\mu_r\varepsilon_r=36$$

因此，不难求得理想介质的相对磁导率和相对介电常数分别为：$\mu_r=2$、$\varepsilon_r=18$。

【例 7-11】 波阻抗为 Z_{02} 及厚度为 d 的理想介质放置在波阻抗为 Z_{01} 的理想介质之间，如图 7-18 所示，求当介质 1 中的均匀平面电磁波正入射到介质 2 的界面时，不发生反射的 d 及 Z_{02}。

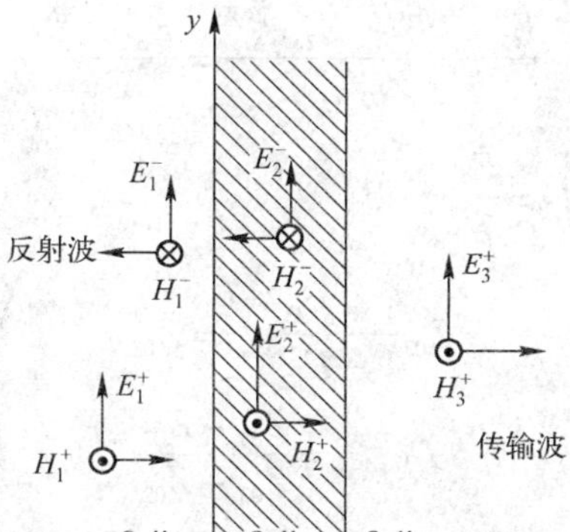

图 7-18　平面电磁波对多层介质分界面的正入射

解：介质 1 中无反射波时，电磁场为：

$$\dot{E}_1=\dot{E}_1^+e^{-j\beta_1x}$$

$$\dot{H}_1=\frac{\dot{E}_1^+}{Z_{01}}e^{-j\beta_1x}$$

介质 2 中的电磁场为：

$$\dot{E}_2 = \dot{E}_2^+ e^{-j\beta_2 x} + \dot{E}_2^- e^{j\beta_2 x}$$

$$\dot{H}_2 = \frac{\dot{E}_2^+}{Z_{02}} e^{-j\beta_2 x} - \frac{\dot{E}_2^-}{Z_{02}} e^{j\beta_2 x}$$

介质 3 中仅有向（$+x$）方向前进的波，即：

$$\dot{E}_3 = \dot{E}_3^+ e^{-j\beta_3 x}$$

$$\dot{H}_3 = \frac{\dot{E}_3^+}{Z_{03}} e^{-j\beta_3 x}$$

在介质分界面，电场和磁场的切向分量必须连续，因此：

在 $x=0$ 处，

$$\dot{E}_1^+ = \dot{E}_2^+ + \dot{E}_2^-$$

$$\frac{\dot{E}_1^+}{Z_{01}} = \frac{\dot{E}_2^+}{Z_{02}} + \frac{\dot{E}_2^-}{Z_{02}}$$

将以上两式相比，且令 $\Gamma = \dfrac{\dot{E}_2^-}{\dot{E}_2^+}$，得：

$$Z_{01} = Z_{02}\frac{1+\Gamma}{1-\Gamma}$$

$$\Gamma = \frac{Z_{01} - Z_{02}}{Z_{01} + Z_{02}}$$

在 $x=d$ 处，

$$\dot{E}_2^+ e^{-j\beta_2 x} + \dot{E}_2^- e^{j\beta_2 x} = \dot{E}_3^+ e^{-j\beta_3 x}$$

$$\frac{\dot{E}_2^+ e^{-j\beta_2 x} + \dot{E}_2^- e^{j\beta_2 x}}{Z_{02}} = \frac{\dot{E}_3^+ e^{-j\beta_3 x}}{Z_{03}}$$

将上面两式相比，且代入 $\Gamma = \dfrac{\dot{E}_2^-}{\dot{E}_2^+}$，得：

$$Z_{02}\frac{1+\Gamma e^{j2\beta_2 d}}{1-\Gamma e^{j2\beta_2 d}} = Z_{03}$$

因此

$$\Gamma e^{j2\beta_2 d} = \frac{Z_{03} - Z_{02}}{Z_{03} + Z_{02}}$$

$$\begin{aligned} e^{j2\beta_2 d} &= \cos(2\beta_2 d) + j\sin(2\beta_2 d) \\ &= \frac{1}{\Gamma}\,\frac{Z_{03} - Z_{02}}{Z_{03} + Z_{02}} = \frac{Z_{01} + Z_{02}}{Z_{01} - Z_{02}} \cdot \frac{Z_{03} - Z_{02}}{Z_{03} + Z_{02}} \end{aligned}$$

由于理想介质的波阻抗都是实数，所以上式右端也为实数，故有：

$$\sin(2\beta_2 d) = 0 \quad 或 \quad 2\beta_2 d = n\pi$$

$$d = \frac{n\pi}{2\beta_2} = \frac{n\lambda_2}{4}$$

另一方面，如 n 等于奇数，则：

$$\cos(2\beta_2 d) = -1 = \frac{Z_{01} + Z_{02}}{Z_{01} - Z_{02}} \cdot \frac{Z_{03} - Z_{02}}{Z_{03} + Z_{02}}$$

得
$$Z_{02}=\sqrt{Z_{01}Z_{03}}$$
这表明，当介质 1 和介质 3 不同时，介质 1 中无反射波的条件是：Z_{02}必须等于 Z_{01} 和 Z_{03} 的几何平均值，且 d 必须是四分之一波长的奇整数倍。光学透镜表面上的介质敷层就是利用此原理来消除光波通过透镜时的反射。

如果 n 等于偶数，则：
$$\cos(2\beta_2 d)=1=\frac{Z_{01}+Z_{02}}{Z_{01}-Z_{02}}\cdot\frac{Z_{03}-Z_{02}}{Z_{03}+Z_{02}}$$
得
$$Z_{03}=Z_{01}$$
这表明，当 $Z_{03}=Z_{01}$时，介质 1 中无反射波的条件是介质 2 的厚度必须为半波长的整数倍。所以半波长厚度的介质片称为“半波窗”，因为它对给定波长的电磁波，犹如一个无反射的“窗”。如“雷达天线罩”就是这样的窗口，它是一个半圆形覆盖物，既保护雷达免受恶劣气候的影响，又使电磁波通过时反射最小。

【例 7-12】 设飞机地面导航雷达的波阻抗与空气相同，雷达的中心工作频率为 5 GHz。为了保护雷达天线的清洁，通常需要附加一个非磁性塑料天线罩，其相对介电常数为 3。为了使雷达天线工作时无反射波，天线罩的厚度至少应为多少?

解：已知天线的波阻抗与空气相同，因此本题意旨在空气中插入一个介质板，使其在空气中不存在反射波。由上述讨论可知，当 $d=\frac{\lambda}{2}$或 $d=n\frac{\lambda}{2}$时，在空气与介质板交界处的波阻抗就是空气波阻抗，即可使雷达天线工作时无反射波的存在。按题意，介质板中的波长为：
$$\lambda=\frac{v}{f}=\frac{c}{f}=\frac{3\times10^8}{\sqrt{3}\times3\times10^9}=3.46(\mathrm{cm})$$
所以天线罩的厚度 $d=\frac{\lambda}{2}=1.73(\mathrm{cm})$。

【例 7-13】 在光纤技术中，常在光学元件表面镀膜以减少光的反射。设激光在自由空间中的波长为 550 nm，光学玻璃为非磁性玻璃，其折射率为 1.52。为了使激光照射在该光学玻璃上无反射，试确定镀膜厚度和镀膜材料的折射率。

解：由于空气和光学玻璃的波阻抗不同，由上述讨论可知，当 $d=\frac{\lambda}{4}$或 $d=n\frac{\lambda}{4}$时，可以使激光照射在该光学玻璃上时无反射波的存在。

根据上述的讨论可知，镀膜材料的波阻抗应为：
$$Z_1=\sqrt{Z_0Z_2}=\sqrt{Z_0\sqrt{\frac{\mu_2}{\varepsilon_2}}}=\sqrt{\frac{1}{\sqrt{\varepsilon_{r2}}}}Z_0=\frac{1}{\sqrt{n_2}}Z_0$$
又因上式可以写为：
$$Z_1=\sqrt{\frac{\mu_1}{\varepsilon_1}}=\frac{1}{\sqrt{\varepsilon_{r1}}}=\frac{1}{n_1}Z_0$$
所以镀膜材料的折射率为：
$$n_1=\sqrt{n_2}=\sqrt{1.52}=1.233$$
镀膜的厚度为：

$$d=\frac{\lambda}{4}=\frac{1}{4}\frac{v}{f}=\frac{1}{4}\frac{c}{\sqrt{\varepsilon_r}f}=\frac{1}{4}\frac{\lambda_0}{n}=\frac{550\times10^{-9}}{4\times1.233}\text{m}=112\,\text{nm}$$

7.6.3 入端阻抗

根据式（7–114）和式（7–115）容易推导出，在媒质 1 中的任意点 x 处，合成波的电场强度与磁场强度的比值为：

$$Z(x)=\frac{E_1(x)}{H_1(x)}=Z_{01}\frac{1+\Gamma(x)}{1-\Gamma(x)} \tag{7-119}$$

式中，$Z(x)$称为 x 处的入端阻抗；$\Gamma(x)=\Gamma e^{j2\beta_1 x}$ 叫做离分界面 x 远处的反射系数，可以应用它决定沿 x 轴任意点的反射波。

入端阻抗 $Z(x)$表示有分界面时，两侧媒质性质对电场和磁场关系的影响，可用 $Z(x)$等值替代自该处起沿（$+x$）方向上所有不同媒质的共同特性。也就是说，如果用波阻抗 $Z_0=Z(x)$的均匀半无限大媒质来代替该处沿（$+x$）方向向右的所有媒质时，它对 x 处左方电磁波的作用与原来媒质的影响是相同的。因此 $Z(x)$又称为等效波阻抗。利用等效波阻抗的概念可以方便地分析多层媒质中波的反射和折射问题，它与电路中的入端阻抗概念非常相似。

若空间存在 3 层媒质，如图 7–17 所示。这时媒质 2 中的合成波是在 $x=0$ 和 $x=d$ 两个分界面上多次反射的结果，但可以归并为一个沿（$+x$）方向传播的行波和一个沿（$-x$）方向传播的行波。因此对于媒质 2 内（$0\leqslant x<d$），$x=0$ 处的入端阻抗由式（7–119），得：

$$Z(0)=Z_{02}\frac{Z_{03}\cos\beta_2 d+jZ_{02}\sin\beta_2 d}{Z_{02}\cos\beta_2 d+jZ_{03}\sin\beta_2 d} \tag{7-120}$$

这样，可以用波阻抗等于入端阻抗 $Z(0)$的半无限大均匀媒质代替右边两种媒质的影响，即对于媒质 1 中的波来说，它在 $x=0$ 处遇到媒质不连续情况，而这种不连续性可等效为在 $x=0$ 处具有波阻抗为 $Z(0)$的半无限大媒质。因此，当媒质 1 中的入射波到达 $x=0$ 分界面时，其反射系数表达式为：

$$\Gamma=\frac{Z(0)-Z_{01}}{Z(0)+Z_{01}} \tag{7-121}$$

由上述分析表明，将厚度为 d、波阻抗为 Z_{02}的介质层插在波阻抗分别为 Z_{01}和 Z_{03}的媒质之间，其效果相当于将波阻抗 Z_{03}变成 $Z(0)$。若 Z_{01}、Z_{03}已知，则可以通过选择适当的 Z_{02}和 d 来达到调整 Γ 的目的。

对于空间存在多层媒质的情况，仍然可以采用上面分析三层媒质的方法。

【例 7–14】 应用入端阻抗的分析方法重新求解例 7–11。

解：如图 7–18 所示，要使 $x=0$ 分界面不发生反射，其条件是该分界面上的反射系数 $\Gamma=0$ 或 $Z(0)=Z_{01}$，由式（7–120），得：

$$Z_{01}(Z_{02}\cos\beta_2 d+jZ_{03}\sin\beta_2 d)=Z_{02}(Z_{03}\cos\beta_2 d+jZ_{02}\sin\beta_2 d)$$

若实部、虚部分别相等，则：

$$Z_{03}\cos\beta_2 d=Z_{01}\cos\beta_2 d$$
$$Z_{02}^2\sin\beta_2 d=Z_{01}Z_{03}\sin\beta_2 d$$

以下分两种情况讨论。

（1）当 $Z_{03}=Z_{01}\neq Z_{02}$时，要求：

$$\sin\beta_2 d=0 \quad 或 \quad d=\frac{n\lambda_2}{2}\ (n=0,1,2,\cdots)$$

即对于给定的工作频率，介质层厚度应为介质中的半波长的整数倍，可以消除反射。这种介质层称为半波介质窗。

（2）当 $Z_{03}\neq Z_{01}$时，要求：

$$Z_{02}=\sqrt{Z_{01}Z_{03}} \quad 和 \quad \cos\beta_2 d=0 \quad 或 \quad d=\frac{(2n+1)\lambda_2}{4} \quad (n=0,1,2,\cdots)$$

这说明当媒质 1 与媒质 3 不同时，Z_{02}应等于 Z_{01}和 Z_{03}的几何平均值，且 d 应为介质 2 中的四分之一波长的奇整数倍，可以消除反射。媒质 2 的作用如同一个四分之一波长的阻抗变换器。

习题 7-6

1. 平面电磁波由空气正入射到金属导体的表面上，若导体为理想导体，入射波的波长为 10 m，磁场强度为 1 A/m，求入射波的电场强度及形成驻波后的磁场强度的波腹值及其位置。

2. 设一平面电磁波，其电场沿 y 轴取向、频率为 1 GHz，振幅为 100 V/m，初相位为零。设该波由媒质 1 正入射至媒质 2，媒质 1 和媒质 2 的分界面为 $x=0$ 平面，且它们的参数分别为 ε_1、μ_1 和 ε_2、μ_2，试求：（1）每一区域中的波阻抗和传播常数；（2）两区域中的电场、磁场的瞬时形式。

3. 在 $x>0$ 区域，媒质的介电常数为 ε_2，在此媒质的表面放置厚度为 d、介电常数为 ε_1 的介质板。对由左面自由空间正入射过来的均匀平面电磁波，证明：当 $\varepsilon_{r1}=\sqrt{\varepsilon_{r2}}$和 $d=\lambda_0/(4\sqrt{\varepsilon_{r2}})$时，不产生反射。$\lambda_0$ 是自由空间中的波长。

4. 证明：平面电磁波正入射至两种理想介质的分界面，若其反射系数与折射系数大小相等，则其驻波比等于 3。

本 章 小 结

（1）在时变电磁场中，电场和磁场之间存在着耦合，这种耦合以波动的形式存在于空间中，即在空间有电磁场的传播。变化电磁场在空间的传播称为电磁波。电磁波的电场强度 $\boldsymbol{E}$ 和磁场强度 $\boldsymbol{H}$ 的波动方程为：

$$\nabla^2 E-\gamma\mu\frac{\partial E}{\partial t}-\mu\varepsilon\frac{\partial^2 E}{\partial t^2}=0$$

$$\nabla^2 H-\gamma\mu\frac{\partial H}{\partial t}-\mu\varepsilon\frac{\partial^2 H}{\partial t^2}=0$$

（2）本章着重介绍不同媒质中传播的平面电磁波。平面电磁波是指等相面为平面的电磁波。如果等相面上各点场强都相等，则称为均匀平面电磁波。

在均匀平面电磁波中，电场 $\boldsymbol{E}$ 和磁场 $\boldsymbol{H}$ 除了与时间 t 有关外，仅与传播方向的坐标变量有关，沿传播方向没有电场 $\boldsymbol{E}$ 和磁场 $\boldsymbol{H}$ 的分量（即为横电磁波或 TEM 波），且 $\boldsymbol{E}$ 和 $\boldsymbol{H}$ 处处互相垂直。$\boldsymbol{E}\times\boldsymbol{H}$ 指向波传播的方向。

此外，在理想介质中，均匀平面电磁波的电场值 $\boldsymbol{E}$ 和磁场值 $\boldsymbol{H}$ 之比等于波阻抗 Z_0，$Z_0=\sqrt{\dfrac{\mu}{\varepsilon}}$，电场能量密度和磁场能量密度相等，且 $\boldsymbol{E}\times\boldsymbol{H}$ 的值等于能量密度与相速的乘积。在导电媒质中，均匀平面电磁波的振幅随着传播距离增加呈指数规律衰减，衰减快慢由衰减常数 α 决定，且 $\boldsymbol{E}$ 和 $\boldsymbol{H}$ 不同相位。

沿（$+x$）方向传播的正弦均匀平面电磁波的一般表达式为：

$$\begin{aligned}E_y^+(x,t)&=\sqrt{2}E_y^+\mathrm{e}^{-\alpha x}\cos(\omega t-\beta x+\varphi)\\&=\sqrt{2}E_y^+\mathrm{e}^{-\alpha x}\cos\omega\left(t-\frac{x}{v}+\frac{\varphi}{\omega}\right)\end{aligned}$$

三类媒质中的均匀平面电磁波特性及参数的比较见表 7-2。

表 7-2　三类媒质中的均匀平面电磁波特性及参数的比较

参数＼介质类型	理想介质	导电媒质	良导体$\left(\dfrac{\gamma}{\omega\varepsilon}>50\right)$
传播常数 k	$\mathrm{j}\omega\sqrt{\mu\varepsilon}=\mathrm{j}\beta$	$\mathrm{j}\omega\sqrt{\mu\varepsilon\left(1+\dfrac{\gamma}{\mathrm{j}\omega\varepsilon}\right)}$	$\sqrt{\dfrac{\omega\varepsilon\gamma}{2}}(1+\mathrm{j})$
相位常数 β	$\omega\sqrt{\mu\varepsilon}$	$\omega\sqrt{\dfrac{\mu\omega}{2}\left(\sqrt{1+\dfrac{\gamma^2}{\omega^2\varepsilon^2}}+1\right)}$	$\sqrt{\dfrac{\omega\mu\gamma}{2}}$
衰减常数 α	0	$\omega\sqrt{\dfrac{\mu\varepsilon}{2}\left(\sqrt{1+\dfrac{\gamma^2}{\omega^2\varepsilon^2}}-1\right)}$	$\sqrt{\dfrac{\omega\mu\gamma}{2}}$
相速度 v_p	$1/\sqrt{\mu\varepsilon}$	$\left[\sqrt{\dfrac{\mu\varepsilon}{2}\left(\sqrt{1+\dfrac{\gamma^2}{\omega^2\varepsilon^2}}+1\right)}\right]^{-1}$	$\sqrt{\dfrac{2\omega}{\mu\gamma}}$
波长 λ	$T/\sqrt{\mu\varepsilon}$	$\left[f\sqrt{\dfrac{\mu\varepsilon}{2}\left(\sqrt{1+\dfrac{\gamma^2}{\omega^2\varepsilon^2}}+1\right)}\right]^{-1}$	$2\pi\sqrt{\dfrac{2}{\omega\mu\gamma}}$
波阻抗 Z_0	$\sqrt{\dfrac{\mu}{\varepsilon}}$	$\sqrt{\dfrac{\mu}{\varepsilon\left(1+\dfrac{\gamma}{\mathrm{j}\omega\varepsilon}\right)}}$	$\sqrt{\dfrac{\omega\mu}{\gamma}}\angle 45^\circ$

（3）如果合成电磁波是由具有相同传播方向的平面电磁波组成，则它们的电场强度 $\boldsymbol{E}$ 的取向，通常用波的极化来描述。按电场强度 $\boldsymbol{E}$ 矢量的端点随时间变化在空间的轨迹的不同，平面电磁波分作直线极化波、圆极化波和椭圆极化波。对于圆极化波和椭圆极化波，又有左旋和右旋之分。

（4）均匀平面电磁波传播到不同媒质分界面处，要发生反射和折射现象。一般的分析方法是将入射波分解为垂直极化波和平行极化波来分别处理。

根据分界面上的衔接条件，得：

反射定律　　反射角 θ' = 入射角 θ

折射定律　　$\dfrac{\sin\theta_1}{\sin\theta_2}=\dfrac{v_1}{v_2}$

在正入射情况下，反射系数和折射系数分别为：

$$\Gamma=\frac{Z_{02}-Z_{01}}{Z_{02}+Z_{01}}$$

$$T=\frac{2Z_{02}}{Z_{02}+Z_{01}}$$

二者有关系式：$T = \Gamma + 1$

描述反射波大小的参数，还有驻波比：

$$S = \frac{E_{max}}{E_{min}} = \frac{1+|\Gamma|}{1-|\Gamma|}$$

当无反射时，$S = 1$，$\Gamma = 0$

当全反射时，$S = \infty$，$|\Gamma| = 1$

（5）当平面电磁波由理想介质（媒质1）传播到理想导体（媒质2）时，发生全反射，这时在理想介质中出现驻波，而在理想导体中不存在电磁波。驻波的一般表达式为：

$$E_y(x,t) = 2\sqrt{2}E\sin\beta x\cos(\omega t - 90°)$$

$$H_z(x,t) = \frac{2\sqrt{2}E}{Z_{01}}\cos\beta x\cos\omega t$$

在驻波中，电场 E_y 和磁场 H_z 都在空间某些固定位置有零值或最大值。零值点称为波节点，最大值点称为波腹点。电场（或磁场）的相邻波节点间距离为 $\lambda/2$，相邻波腹点间距离也为 $\lambda/2$，但波节点和相邻的波腹点之间距离为 $\lambda/4$。

驻波中没有平均功率的传输。只有电能和磁能间的相互交换。

（6）分析多层媒质中波的正入射问题，引入入端阻抗 $Z(x)$ 可使问题简化。

复习参考题

一、思考题

1. 什么是平面电磁波？何谓均匀平面电磁波？它们具有哪些异同点？

2. 在理想介质中 $\gamma = 0$ 的条件下，$\boldsymbol{E}$ 和 $\boldsymbol{H}$ 分别满足什么方程？写出数学表达式，并讨论其通解所表征的性质。

3. 说明电磁波的频率 f、周期 T、角频率 ω、波长 λ、传播常数 Γ、衰减常数 α、相位常数 β 和相速 v 的定义，它们与哪些量有关？彼此间有什么关系？

4. 比较理想介质与导电媒质中传播的均匀平面电磁波的异同点，并解释为何会产生这些差异？

5. 比较在 $\gamma \gg \omega\varepsilon$ 及 $\gamma \ll \omega\varepsilon$ 的两种媒质中平面电磁波的传播特性。

6. 什么是波的极化？如有两互相垂直的线性极化波，试述二者叠加时会发生下列哪种情况：（1）另一直线极化波；（2）圆极化波；（3）椭圆极化波。

7. 什么是反射系数和折射系数。它们的关系怎样？在什么情况下反射系数和折射系数是常数。在介质与理想导体的分界面上，反射系数与折射系数是多少？

8. 在什么种情况下，垂直极化波的反射系数及折射系数和平行极化波的反射系数及折射系数相同？

9. 平面电磁波正入射到何种媒质的分界面时，应满足怎样的条件？反射系数和折射系数如何？

10. 什么是驻波？形成驻波的条件是什么？它和行波有什么差异？

11. 当平面电磁波是圆极化波时，试证瞬时坡印廷矢量为一常数。

12. 什么是无反射与全反射？在什么情况下会发生这些现象？

13. 入端阻抗 $Z(x)$ 是如何定义的？它在分析多层媒质中波的反射和折射问题时都有哪些应用？

二、习题

1. 在空气中，均匀平面电磁波的电场强度 $\boldsymbol{E}=800\cos(\omega t-\beta x)\boldsymbol{e}_y$，波长为 0.61 m，试求：(1) 电磁波的频率；(2) 相位常数；(3) 磁场强度的振幅和方向。

2. 自由空间中传播的电磁波的电场强度 $\boldsymbol{E}$ 的复数形式为：

$$\boldsymbol{E}=\mathrm{e}^{-\mathrm{j}20\pi x}\boldsymbol{e}_y \ \mathrm{V/m}$$

试求：(1) 求频率 f 及 $\boldsymbol{E}$、$\boldsymbol{H}$ 的瞬时表达式；(2) 当 $x=0.025\,\mathrm{m}$ 时，场在何时达到最大值和零值；(3) 若在 $t=t_0$，$x=x_0$ 处场强达到最大值，现从这点向前走 200 m，问在该处要过多少时间，场强才达到最大值。

3. 一信号发生器在自由空间产生一均匀平面电磁波，波长为 12 cm，通过理想介质后波长减小为 8 cm，在介质中电场振幅为 50 V/m，磁场振幅为 0.1 A/m，求发生器的频率、介质的 ε_r 及 μ_r。

4. 频率为 3 GHz、沿 y 方向极化的均匀平面电磁波，在 $\varepsilon_r=25$、$\gamma=1.67\times10^{-3}$ S/m 的非磁性媒质中，沿 $(+x)$ 方向传播，试求：(1) 波的振幅衰减至原来的一半时，传播多少距离；(2) 媒质的波阻抗、波长和相速。

5. 有一非磁性良导体，电磁波在其内的传播速度是自由空间光速的 0.1%，波长为 0.3 mm，求材料的电导率及波的频率。

6. 在导电媒质（物理参数为 μ_0、ε_0 和 γ）中有一向 x 轴传播的均匀平面电磁波。试求：(1) 单位体积中热功率损耗的瞬时值和平均值；(2) 横截面为单位面积、长度为 $0\to\infty$ 的体积中耗散的平均功率；(3) 坡印廷矢量的平均值，并计算横截面为单位面积、长度为 $0\to\infty$ 的体积中耗散的平均功率；(4) 试将 (2) 和 (3) 的结果相比较，以良导体为例说明两者是否相等。

7. 已知一个平面电磁波在空间某点的电场表达式为：

$$\boldsymbol{E}=E_y\boldsymbol{e}_y=E_z\boldsymbol{e}_z$$

其中

$$E_y=(\alpha_1\sin\omega t+\alpha_2\cos\omega t)\ \mathrm{V/m}$$

$$E_z=(3\sin\omega t+4\cos\omega t)\ \mathrm{V/m}$$

若此波为圆极化波，求 α_1、α_2。

8. 均匀平面电磁波的电场 $\dot{E}=100\mathrm{e}^{\mathrm{j}0}$ V/m，从空气垂直入射到理想介质平面上（介质的 $\mu_1=\mu_0$、$\varepsilon_2=4\varepsilon_0$、$\gamma_2=0$）。求反射波和折射波的电场有效值。

9. 均匀平面电磁波在自由空间的 λ 为 3 cm，正入射到玻璃纤维罩（罩的特性参数 $\varepsilon_r=4.9$，$\gamma=0$）。试求：(1) 不发生波反射时罩的厚度；(2) 若入射波的频率降低 10%，透射功率为入射功率的百分之几？

10. 平行极化的平面电磁波由 $\varepsilon_r=2.56$、$\mu_r=1$ 和 $\gamma=0$ 的介质斜入射到空气中。试问：(1) 波能否全部折射入空气中？若能，其条件是什么？(2) 波能否全反射回介质中？若能，其条件又是什么？(3) 当波从空气中斜入射到介质时，重答 (1)、(2)。

11. 垂直极化的平面电磁波由 $\varepsilon_r=2.56$、$\mu_r=1$ 和 $\gamma=0$ 的介质斜入射到空气中。试问：(1)波能否发生全反射现象？为什么？(2)波能否发生全折射现象？为什么？(3)波从空气中斜入射到介质中时，重答（1）及（2）。

12. 从水底下光源射出来的垂直极化电磁波，以 $\theta_1=20°$ 的入射角入射到水、空气的界面。水的 $\varepsilon_r=81$、$\mu_r=1$。试求：(1)临界角 θ_c；(2)反射系数 $\Gamma_\perp$；(3)折射系数 $T_\perp$。

13. 设在空间有沿 x 轴取向、频率为 100 MHz、振幅为 100 V/m、初相为零的均匀平面电磁波，正入射于一个无损耗的介质面，如题 13 图所示。试求：(1)每一区域中的波阻抗及传播常数；(2)反射波和折射波的振幅；(3)两区域中电场强度和磁场强度的复数形式和瞬时形式；(4)坡印廷矢量的复数形式和瞬时形式。

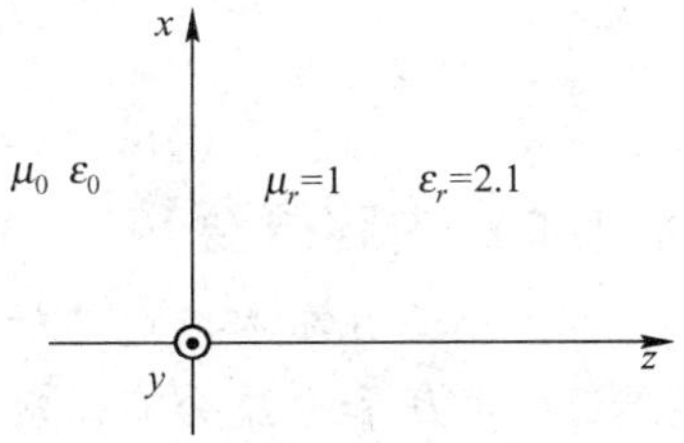

题 13 图

14. 已知 $\boldsymbol{H}_1=2\cos(\omega t-\beta_1 x)\boldsymbol{e}_z$ A/m，在 $\varepsilon_{r1}=4$、$\mu_{r1}=1$ 和 $\gamma=0$ 的媒质 1 中传播，$x=0$ 处为媒质 1 和媒质 2 的分界面，媒质 2 的 $\varepsilon_{r2}=2$，$\mu_{r2}=5$ 和 $\gamma_2=0$，设 $f=5\times10^9$ Hz。试求：(1)媒质 1 中的 E_{max} 及 E_{min}；(2)媒质 1 中驻波比；(3)输入媒质 2 中的平均功率密度。

15. 一段长 300 m、半径 $a=2.5\times10^{-3}$ m 的圆柱形导体，其电导率 $\gamma=5.1\times10^6$ S/m，磁导率 $\mu=100\mu_0$，流过交变电流 $i(t)=1.5\cos(3\times10^4 t)$。试求：(1)透入深度 d；(2)交流电阻 R_s；(3)直流电阻 R_d；(4)该段导体的功率损耗。

16. 设有 3 种不同的均匀无损耗媒质平行放置，媒质参数分别为 ε_1、μ_1；ε_2、μ_2；ε_3、μ_3。媒质 2 的厚度为 d。(1)若波在媒质 1 中电场振幅为 E_{10}，垂直入射后，试求媒质 1 中的反射波、媒质 3 中的折射波，以及媒质 1 中的反射系数和媒质 3 中的折射系数；(2)如何选择媒质 2 的参量 ε_2 和 μ_2 及其厚度 d，才可以实现由媒质 1 到媒质 3 的全反射。

17. 某高灵敏度仪器必须高度屏蔽外界电磁场，使外界磁场强度影响减小到 0.01 A/m 以下。但由于它所工作的地点邻近电力线路，其实测干扰磁场强度为 12 A/m。试计算用铝板（$\mu_r=1$ 和 $\gamma=35.7\times10^6$ S/m）屏蔽及采用铁板（$\mu_r=2000$ 和 $\gamma=8.3\times10^6$ S/m）屏蔽所需的厚度。

18. 海水的特性参数 $\varepsilon_r=81$、$\mu_r=1$ 和 $\gamma=4$ S/m，频率为 300 MHz 的均匀平面电磁波自海面垂直进入海水。设在海面场强 $E=10^{-3}$ V/m（合成波电场幅度）。试求：(1)波在海水中的速度及波长；(2)海水与空气分界面处的磁场强度；(3)进入海水每单位面积的电磁能流；(4)海水中距海面 0.1 m 处的电场强度与磁场强度的振幅；(5)波进入海水多少距离后使场强振幅衰减为原来的 1%？

19. 一均匀平面电磁波由空气正入射到理想介质表面上，介质参数 $\varepsilon_r=9$、$\mu_r=1$ 和 $\gamma=0$。如果在介质中，距介质（介质表面在 $x=0$ 处，初相位 $\varphi=0$）分界面 5 m 处的磁场强度表达式为：

$$\dot{H}_2=10\mathrm{e}^{-\mathrm{j}\beta_2 x}=10\mathrm{e}^{-\mathrm{j}\frac{\pi}{4}x}\,(\mathrm{A/m})$$

试求：(1) 电磁波的频率 f；(2) 空气和理想介质中的电场和磁场瞬时表达式；(3) 介质中的坡印廷矢量的瞬时值和平均值；(4) 介质中电场和磁场的能量密度 w'_e 与 w'_m，以及电场与磁场的最大能量密度的大小 w'_{emax} 与 w'_{mmax}。

第8章

均匀传输线

【本章内容概要】

首先介绍分布参数电路的概念和均匀传输线；其次讨论均匀传输线的方程及其正弦稳态解，沿线电压和电流分布情况，引入行波、入射波、反射波等概念，以及均匀传输线的副参数、特性阻抗和传播常数等概念，无损耗均匀传输线及其传播过程；最后介绍无损耗均匀传输线的波过程。

【本章学习重点难点】

学习重点：

- 讨论的均匀传输线属于分布参数电路的一种。分布参数电路与集总参数电路不同，描述分布参数电路的方程是偏微分方程，以时间 t 和空间长度 x 为自变量，因此，它具有两个自变量，具有电磁场的特点。而集总参数电路的方程是常微分方程，只有一个自变量。
- 分析均匀传输线的正弦稳态过程，包括方程解的性质，传输线的参数，传输线终端接上不同负载时的电压、电流沿线分布的规律，入端阻抗，无损耗传输线的分析。

学习难点：分布参数电路的求解。无论求解其瞬时值还是求解其相量，它们都与自变量 x 有关。

8.1 分布参数电路

在一般的电路分析中，电路的所有参数，如阻抗、容抗、感抗都集中于空间的各个点上，各个元件上各点之间的信号是瞬间传递的，这种理想化的电路模型称为集总电路。分布参数电路是指必须考虑电路元件参数分布性的电路。参数的分布性是指电路中同一瞬间相邻两点的电位和电流都不相同。这说明分布参数电路中的电压和电流除了是时间的函数外，还是空间坐标的函数。

由电磁场理论知，高频信号通过传输线时会产生分布参数效应；由于电流流过导线将使导线发热，这表明导线本身具有分布电阻；由于导线间绝缘不完善而存在漏电流，这表明导线间处处有分布电导；由于导线中通过电流，周围将有磁场，因而导线上存在分布电感效应；又由于导线间有电压，导线间便有电场，于是导线间存在分布电容效应。分布参数是相对于集总参数而言的，在低频电路中，常常忽略分布参数效应，认为：电场能量全部集中在电容器中；磁场能量全部集中在电感器之中；只有电阻消耗能量；连接电路中各元件用的导线是既无电阻又无电感的理想导线，这些由集总参数元件所组成的电路称为集总参数电路，这种电路中导线上的电压、电流视为不随时空而变化的常数。

虽然传输线具有分布参数性质，但是在低频或信号波长远大于传输线实际长度的电子设备中，传输线本身分布参数所引起的效应完全可以忽略不计。但当频率很高时，分布参数效应就不能忽略，传输线上的电压和电流不仅是时间的函数，同时还是距离的函数，传输线上各点的阻抗、导纳等物理量也是随时间和位置而变化的。

一个实际电路如图 8–1（a）所示，它是一个电源通过导线向负载传递信号或能量的传输电路。导线中的电流是由导线中电场产生的，电流在导线外产生磁场（用磁感应强度 B 表示），且由于两导线之间的电压，导线间也有电场（用电场强度 E 来表示），在导线间产生电容电流和漏电流。这些电场—磁场都是沿线分布，即分散在空间。就导线上的能量损耗与磁场效应来说，因导线间的电流导致导线中的电流处处不同，故不能以一项 i^2R 或 $L\dfrac{\mathrm{d}i}{\mathrm{d}t}$（即以一个集总参数 R、L）来概括导线上的物理过程；导线上的电阻、电感压降也导致导线间的电压处处不同，故不能以一项 u^2G 或 $C\dfrac{\mathrm{d}u}{\mathrm{d}t}$（即以一个集总参数 G、C）来概括导线间的物理过程。接近这种物理现象的电路模型，应是由无限多个导线上的电阻、电感及无限多个导线间的电导、电容所组成的分布参数模型，如图 8–1（b）所示。

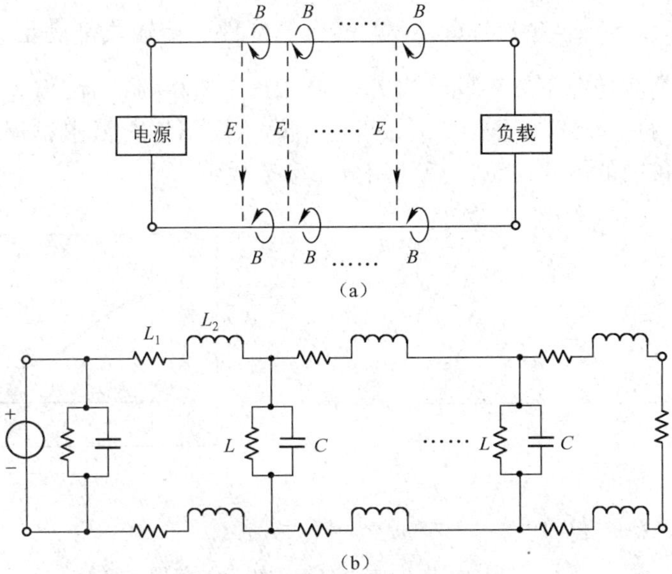

图 8–1　实际电路参数的分布

应当说，任何实际电路都有是否必须采用分布参数模型的问题。以传输线为例，只要沿线流动的电流随空间距离变化很小，即导线间的空间电容电流及电导电流不大时，就可以用单个电阻来描述损耗、单个电感来描述磁场作用。对于一个实际电阻器的情况，在直流工作条件下其模型仅为一个电阻元件，在低频交流工作条件下其模型则是电阻元件和电感元件的串联组合；另一方面，当不计导线上电阻、电感电压降，假定导线间所有漏电流、所有电容电流处于同一个电压时，就可以用单个电导来描述导线间漏电作用、单个电容来描述导线间的电容作用。对于实际电容器，在直流及低频交流下可不计极板上电流的电阻性压降和电感性压降，其模型就是一个电容元件和电导元件的并联组合。这些模型都是集总参数模型，构成的电路模型就是集总参数电路。直流稳态下，有时也要用分布参数模型。例如，在直流输电线中，如果要研究沿线的电压、电流变化，这时虽然电感、电容不产生影响，但还应从导线上电阻及导线间电导所构成的分布参数模型入手。

在交流稳态下，由于电感电压及电容电流都与工作频率成正比，因此在高频下分布参数问题就更为突出。这可以从电磁波的传播来解释。真空中电磁波以有线速度（光速）的波动方式运动，在运动过程中沿传播方向会出现波峰（极值）、波节（零值）的移动。相邻波峰（或波节）的距离称为工作波 λ。众所周知，$\lambda=\dfrac{v}{f}=vT$。其中，v 为波速；f 为工作频率；T 为周期。在电压（或电流）波峰所到之处，电压（电流）达到极值，在电压（电流）波节所到之处，电压（电流）为零。因此沿传播方向，即使在同一时刻，沿线电压（或电流）是以波长 λ 为重复周期的电压（或电流）波动形式。如图 8-2（a）所示，当线长 $l \ll \lambda$ 时，全线的电压（电流）处于同一个变化状态，可使用集总参数模型；如图 8-2（b）所示，当 $l \not\ll \lambda$ 时，即线长 l 可与 λ 作比较时，沿线电压（或电流）有明显的波动，各处数值不一，不可使用集总参数模型，而必须采用分布参数模型。

将线长 l 与工作波长 λ 可比较的传输线称为长线。“长”是以线长相对工作波长 λ 而衡量的，因此与工作频率 f 有关。如果波动的速率以真空中的光速计，即 $v=c=3\times10^8$ m/s。在工频 $f=50$ Hz 时，$\lambda=\dfrac{v}{f}=6\,000$ km。一般的电气部件、传输线都满足 $l \ll \lambda$，可以使用集总参数模型。但在高频情况下就不同，当 $f=300$ MHz（超高频）时，$\lambda=1$ m；$f=30$ GHz 时，$\lambda=1$ cm。此时不长的一段线就是长线，如再使用集总模型将会得出错误的结果。在研究天线、雷达及微波设备中的电路时，广泛使用分布参数模型。

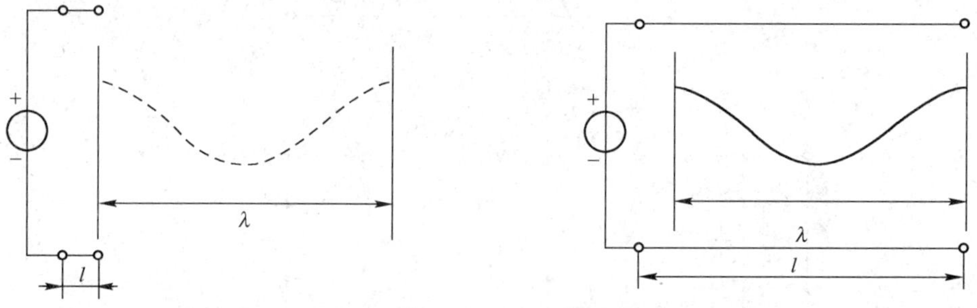

（a）$l<<\lambda$　　（b）$l \not\ll \lambda$

图 8-2　电磁作用在传输线上的传播

令 $\Delta t=\dfrac{l}{v}$，Δt 为电磁作用在传输线长传输所需的时间。条件 $l \ll \lambda$ 两侧均除以 v 后，就可写为 $\Delta t \ll T$。周期 T 是度量正弦时间函数随时间变化快慢的值。因此，使用集总模型的条件也可理解为：在电磁作用在全线传输的时间内，电源值几乎未发生变化。此时自然不会沿线出现具有波峰、波节形式的波动。也相当于波是以无限大速度传播的，沿线不存在电磁作用的推迟作用。

应当指出，如果仅关心长线电源端及负载端的电压、电流，则还是可以将传输线部分看作一个二端口网络，或相应的用等值 T 形、Π 形电路来替代。但是，这些二端口的参数、等值电路应由分布参数模型来求出。此外，虽然等值 T 形、Π 形电路是集总参数电路，但其中

的 Z、Y 都是在一定的频率下求得的，并非传输线路参数的直接归结，不能误解为此时分布参数模型可以由集总参数模型来代替。

8.2 均匀传输线及其方程

辐射源发出的电磁波是向各个方向传播的，在远区将覆盖空间非常大的范围，这是一种非定向的能量传输，若不经导向，则接收机接收的效率很低。工程上采用传输线来引导电磁波，以高效地把能量或信息定向地从一点传输到另一点。

最典型的传输线是由均匀媒质中放置的两根平行直线导体构成的，不同形式的传输线如图 8-3 所示。

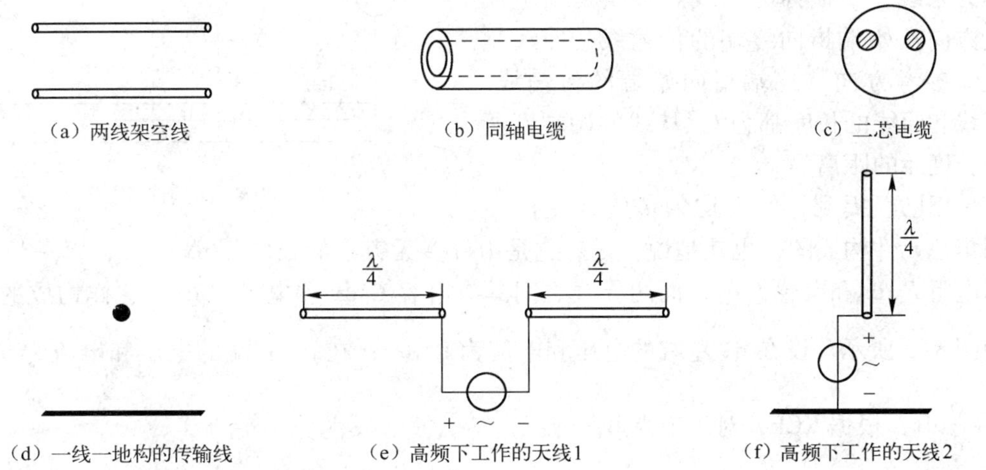

图 8-3　不同形式的传输线

上述传输线中，电流在导线的电阻中引起沿线的电压降，并在导线的周围产生磁场，即沿线有电感的存在，变动的电流沿线产生电感电压降。所以，导线间的电压是连续变化的。另一方面，由于两导体构成电容，因此在导线间存在电容电流；导体间还有漏电导，故还有电导电流。这样，沿线不同的地方，导线中的电流也是不同的。为了计算沿线电压与电流的变化，假设导线的每一元段（无限小长度的一段）上，在导线间均存在电容和电导。这就是传输线的分布参数模型，它是集总参数元件构成的极限情况。由于电阻、电感、电容和电导这些参数分布在线上，因此必须用单位长度上传输线的参数表示，即：

R_0——两根导线每单位长度具有的电阻，取决于导线材料及导线的截面尺寸，Ω/m（在电力传输线中，常用 Ω/km）；

L_0——两根导线每单位长度具有的电感，取决于导线截面尺寸、线间距及介质的磁导率，H/m（或 H/km）；

C_0——每单位长度导线之间的电容，取决于导线截面尺寸、线间距及介质的介电常数，F/m（或 F/km）；

G_0——每单位长度导线之间的电导，取决于导线周围介质材料的损耗角，S/m（或 S/km）。

R_0、L_0、C_0、G_0 称为传输线的原参数，如果传输线沿线原参数处处相等，不随位置变化，则称为均匀传输线。无损耗传输线的 R_0 和 G_0 均等于零。图 8-3（a）、（b）、（c）、（d）均可看为均匀传输线，图 8-3（e）、（f）则不是均匀传输线。当然，实际的传输线不可能是均匀的。图 8-3（a）所示的两线架空线在有支架处和没有支架处是不同的，因为漏电的情况不尽相同。在架空线的每一跨度之间，由导线的自重引起的下垂情况也会改变传输线对大地电容的分布均匀性。但是，为了便于分析，通常忽略所有造成不均匀性的因素而将实际的传输线当作均匀传输线。以后讨论都局限于均匀传输线。

一均匀传输线如图 8-4 所示，传输线的一方与电源连接，称为始端；传输线的另一方与负载相连接，称为终端。两根导线中一根称为来线、一根称为回线。来线是指电流参考方向从始端指向终端的传输线，回线是指电流参考方向从终端指向始端的传输线。设来线和回线的长度都为 l，从线的始端到所讨论长度元的距离为 x。

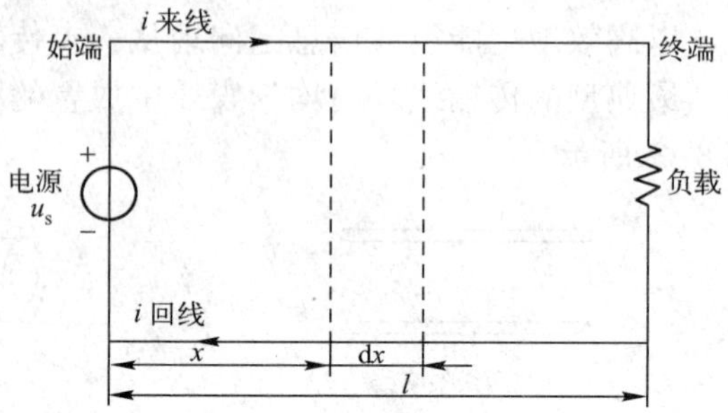

图 8-4　均匀传输线

上面已经提到，假设均匀传输线是由一系列集总元件构成的，也就是说，设想它是由许多无穷小的长度元 dx 组成，每一长度元 dx 具有电阻 R_0dx 和电感 L_0dx，而两导线之间具有电容 C_0dx 和电导 G_0dx。这样构成的电路模型如图 8-5 所示。设在 dx 左端的电压和电流为 u 和 i，在 dx 右端的电压和电流为 $u+\dfrac{\partial u}{\partial x}\mathrm{d}x$ 和 $i+\dfrac{\partial i}{\partial x}\mathrm{d}x$，根据 KCL，对于节点 b，有：

$$i-\left(i+\frac{\partial i}{\partial x}\mathrm{d}x\right)=G_0\left(u+\frac{\partial u}{\partial x}\mathrm{d}x\right)+C_0\ \frac{\partial}{\partial x}\left(u+\frac{\partial u}{\partial x}\mathrm{d}x\right)\mathrm{d}x$$

对回路 $abbcda$ 应用 KVL，则有：

$$u-\left(u+\frac{\partial u}{\partial x}\mathrm{d}x\right)=R_0 i\mathrm{d}x+L_0\ \frac{\partial i}{\partial t}\mathrm{d}x$$

略去二阶无穷小量并约去 dx 后，得到下列方程：

$$\begin{cases}-\dfrac{\partial u}{\partial x}=R_0 i+L_0\ \dfrac{\partial i}{\partial t}\\[2mm] -\dfrac{\partial i}{\partial x}=G_0 i+C_0\ \dfrac{\partial u}{\partial t}\end{cases}\tag{8-1}$$

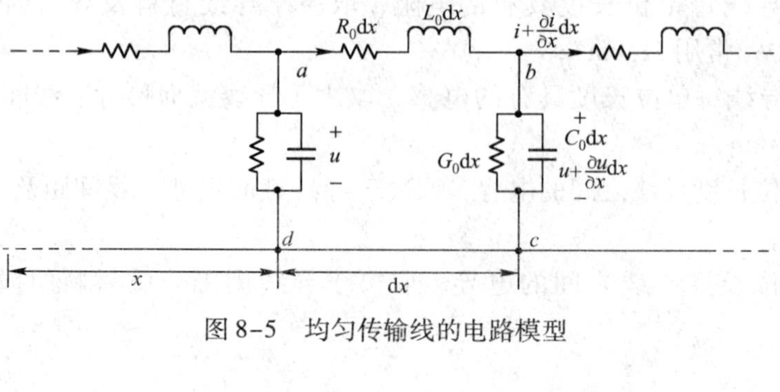

图 8-5　均匀传输线的电路模型

式（8-1）是均匀传输线方程，它是一组偏微分方程。根据边界条件（即始端和终端的情况）和初始条件（即时间起始的条件），求出方程式（8-1）的解即可得到电压 u 和电流 i，它们都是 x 和 t 的函数。可见，电压和电流不仅随时间变化，同时也随距离变化。这是分布电路和集总电路的一个显著区别。

【例 8-1】 如图 8-6 所示，传输线线长 $l=150\,\text{km}$，设始端激励为 $U_s=200\,\text{V}$ 的直流电压源，终端短路。已知传输线每单位长度的参数为：$R_0=1\,\Omega/\text{km}$，$G_0=5\times10^{-5}\,\text{S/km}$。试计算电路达到稳态后终端的电流 I_2。

解： 由于激励为直流电压源，电路到达稳态后沿线的电压都不随时间而变化。

由式（8-1），得：

$$-\frac{\mathrm{d}U}{\mathrm{d}x}=R_0I$$

$$-\frac{\mathrm{d}I}{\mathrm{d}x}=G_0U$$

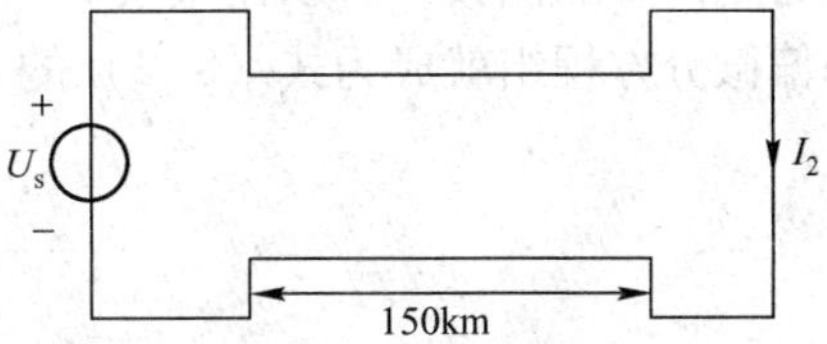

图 8-6　传输线

消去变量 I，得：

$$\frac{\mathrm{d}^2U}{\mathrm{d}x^2}=R_0G_0U$$

则　$$U=A_1\mathrm{e}^{-\alpha x}+A_2\mathrm{e}^{\alpha x}$$

式中，$\alpha=\sqrt{R_0G_0}=\sqrt{50}\times10^{-3}\,\text{1/km}$；$A_1$、$A_2$ 可由边界条件确定。由于 $x=0$ 处，$U=U_s=200\,\text{V}$；$x=l=150\,\text{km}$ 处，$U=0$，因此有：

$$A_1+A_2=0$$

$$A_1\mathrm{e}^{-\alpha l}+A_2\mathrm{e}^{\alpha l}=0$$

故可求得 $A_1=227.24\,\text{A}$，$A_2=-27.24\,\text{A}$，并将 A_1、A_2 代入电压计算式，得：

$$U=227.24\mathrm{e}^{-\sqrt{50}\times10^{-3}x}-27.24\mathrm{e}^{\sqrt{50}\times10^{-3}x}\,(\text{V})$$

$$I_2=\frac{1}{R_0}\left(-\frac{\partial U}{\partial x}\right)_{x=l}=1.11\,(\text{A})$$

如果用集总电路模型分析此传输线，则可用图 8-7 所示的电路，其中 $R=R_0l$ 代表传输线的总电阻，G_1、G_2 分别代表前 85 km 和后 85 km 的线间电导，即 $G_1=G_2=\frac{l}{2}G_0$。由此电路得：$I_2=\frac{U_s}{R}=\frac{200}{150}=1.33\,(\text{A})$

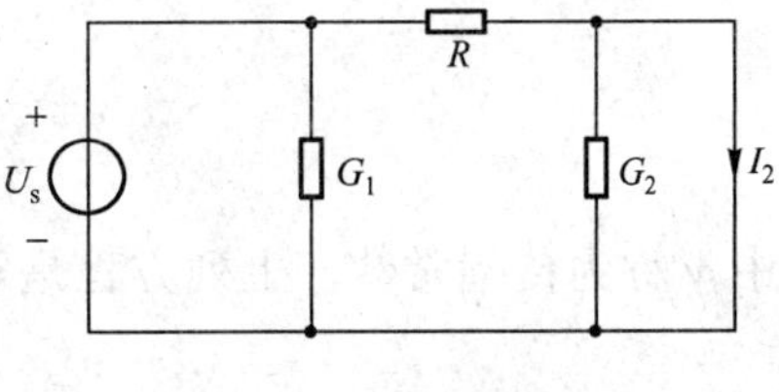

图 8-7　一种集总参数模型

将此结果与前面所得结果 $I_2=1.11\,\text{A}$ 相比较发现，由于集总电路模型造成的误差已经达到 20%。这是由沿线分布的漏电流用集总漏电导表示而引起的。

8.3　均匀传输线方程的正弦稳态解

本节研究均匀传输线在始端电源角频率为 ω 的正弦时间函数条件下电路的稳态分析。在这种情况下，沿线的电压、电流是同一频率的正弦时间函数，因此，可以用相量法分析沿线的电压和电流。即：

$$u(x,t)=\mathrm{Re}[\sqrt{2}\dot{U}(x)\mathrm{e}^{\mathrm{j}\omega t}]$$
$$i(x,t)=\mathrm{Re}[\sqrt{2}\dot{I}(x)\mathrm{e}^{\mathrm{j}\omega t}]$$

式中 $\dot{U}(x)$ 和 $\dot{I}(x)$ 均为 x 的函数，简写为 $\dot{U}$和 $\dot{I}$，因而方程式（8-1）可以写成：

$$\begin{cases}-\dfrac{\mathrm{d}\dot{U}}{\mathrm{d}x}=(R_0+\mathrm{j}\omega L_0)\dot{I}=Z_0\dot{I}\\-\dfrac{\mathrm{d}\dot{I}}{\mathrm{d}x}=(G_0+\mathrm{j}\omega C_0)\dot{U}=Y_0\dot{U}\end{cases}\tag{8-2}$$

式中，$Z_0=R_0+\mathrm{j}\omega L_0$ 为单位长度的阻抗；$Y_0=G_0+\mathrm{j}\omega C_0$ 为单位长度的导纳。由于相量 $\dot{U}$和 $\dot{I}$ 仅为距离 x 的函数，所以在式（8-1）中对 u 和 i 的偏导数可以写成全导数，这样，式(8-1)的偏微分方程组就成为式（8-2）的常微分方程组。将式（8-2）对 x 取一次导数，得：

$$-\frac{\mathrm{d}^2\dot{U}}{\mathrm{d}x^2}=Z_0\frac{\mathrm{d}\dot{I}}{\mathrm{d}x}$$
$$-\frac{\mathrm{d}^2\dot{I}}{\mathrm{d}x^2}=Y_0\frac{\mathrm{d}\dot{U}}{\mathrm{d}x}$$

将式（8-2）中的$\frac{\mathrm{d}\dot{I}}{\mathrm{d}x}$和$\frac{\mathrm{d}\dot{U}}{\mathrm{d}x}$代入上式，得：

$$\frac{\mathrm{d}^2\dot{U}}{\mathrm{d}x^2}=Z_0Y_0\dot{U}$$
$$\frac{\mathrm{d}^2\dot{I}}{\mathrm{d}x^2}=Z_0Y_0\dot{I}$$

令 $\gamma=\alpha+\mathrm{j}\beta=\sqrt{Z_0Y_0}=\sqrt{(R_0+\mathrm{j}\omega L_0)(G_0+\mathrm{j}\omega C_0)}$，并代入上式，得：

$$\frac{\mathrm{d}^2\dot{U}}{\mathrm{d}x^2}=\gamma^2\dot{U}$$
$$\frac{\mathrm{d}^2\dot{I}}{\mathrm{d}x^2}=\gamma^2\dot{I}$$

式中 γ 称为传播常数。上列方程是常系数二阶线性微分方程。它们的通解具有下列形式：

$$\begin{cases}\dot{U}=A_1\mathrm{e}^{-\gamma x}+A_2\mathrm{e}^{\gamma x}\\\dot{I}=B_1\mathrm{e}^{-\gamma x}+B_2\mathrm{e}^{\gamma x}\end{cases}\tag{8-3}$$

利用式（8-2）可以求得积分常数 A_1 和 B_1 及 A_2 和 B_2 之间的关系。由式（8-2）中的第一个方程得：

$$\dot{I}=-\frac{1}{Z_0}\frac{\mathrm{d}\dot{U}}{\mathrm{d}x}=-\frac{1}{Z_0}(-A_1\gamma\mathrm{e}^{-\gamma x}+A_2\gamma\mathrm{e}^{\gamma x})=\frac{A_1}{\sqrt{\frac{Z_0}{Y_0}}}\mathrm{e}^{-\gamma x}-\frac{A_2}{\sqrt{\frac{Z_0}{Y_0}}}\mathrm{e}^{\gamma x}=B_1\mathrm{e}^{-\gamma x}+B_2\mathrm{e}^{\gamma x}$$

令 $Z_c=\sqrt{\frac{Z_0}{Y_0}}$，则 $B_1=\frac{A_1}{Z_c}$，$B_2=-\frac{A_2}{Z_c}$，而电流为：

$$\dot{I}=\frac{A_1}{Z_c}e^{-\gamma x}-\frac{A_2}{Z_c}e^{\gamma x}$$

式中 Z_c 称为特性阻抗或波阻抗。它和传播常数 γ 都是复数，可以用来表征均匀传输线的主要特征。

根据边界条件确定积分常数 A_1、A_2，可以分两种不同情况讨论。

（1）一种情况是设传输线的始端电压 $\dot{U}_1$ 和电流 $\dot{I}_1$ 已知。当以始端作为计算距离 x 的起点时，在始端处 $x=0$。根据给定的边界条件，由式（8-3），得：

$$\dot{U}=A_1+A_2$$

$$\dot{I}=\frac{A_1}{Z_c}-\frac{A_2}{Z_c}$$

则

$$A_1=\frac{1}{2}(\dot{U}_1+Z_c\dot{I}_1)$$

$$A_2=\frac{1}{2}(\dot{U}_1-Z_c\dot{I}_1)$$

那么，传输线上与始端距离为 x 处的电压和电流为：

$$\begin{cases}\dot{U}=\frac{1}{2}(\dot{U}_1+Z_c\dot{I}_1)e^{-\gamma x}+\frac{1}{2}(\dot{U}_1-Z_c\dot{I}_1)e^{\gamma x}\\ \dot{I}=\frac{1}{2}\left(\frac{\dot{U}_1}{Z_c}+\dot{I}_1\right)e^{-\gamma x}-\frac{1}{2}\left(\frac{\dot{U}_1}{Z_c}-\dot{I}_1\right)e^{\gamma x}\end{cases} \tag{8-4}$$

利用双曲线函数：

$$\mathrm{ch}(\gamma x)=\frac{1}{2}(e^{\gamma x}+e^{-\gamma x})$$

$$\mathrm{sh}(\gamma x)=\frac{1}{2}(e^{\gamma x}-e^{-\gamma x})$$

式（8-4）又可改写为：

$$\begin{cases}\dot{U}=\dot{U}_1\mathrm{ch}(\gamma x)-Z_c\dot{I}_1\mathrm{sh}(\gamma x)\\ \dot{I}=\dot{I}_1\mathrm{ch}(\gamma x)-\frac{\dot{U}_1}{Z_c}\mathrm{sh}(\gamma x)\end{cases} \tag{8-5}$$

（2）另一种情况是设传输线终端（即 $x=l$ 处，l 为线长）的电压 $\dot{U}_2$ 和电流 $\dot{I}_2$ 为已知。根据这种边界条件，由式（8-3），得：

$$\dot{U}_2=A_1e^{-\gamma x}+A_2e^{\gamma x}$$

$$\dot{I}_2=\frac{A_1}{Z_c}e^{-\gamma x}-\frac{A_2}{Z_c}e^{\gamma x}$$

从而，有

$$A_1=\frac{1}{2}(\dot{U}_2+Z_c\dot{I}_2)e^{\gamma l}$$

$$A_2=\frac{1}{2}(\dot{U}_2-Z_c\dot{I}_2)e^{-\gamma l}$$

这样，当终端的电压 $\dot{U}_2$ 和电流 $\dot{I}_2$ 已知时，传输线上与始端距离为 x 处的任一点电压和电流为：

$$\dot{U}=\frac{1}{2}(\dot{U}_2+Z_c\dot{I}_2)e^{\gamma(l-x)}+\frac{1}{2}(\dot{U}_2-Z_c\dot{I}_2)e^{-\gamma(l-x)}$$

$$\dot{I}=\frac{1}{2}\left(\frac{\dot{U}_2}{Z_c}+\dot{U}_2\right)e^{\gamma(l-x)}+\frac{1}{2}(\dot{U}_2-Z_c\dot{I}_2)e^{-\gamma(l-x)}$$

如果把计算距离的起点改为传输线的终端，则线上任意一点到终端的距离 $x'=l-x$，则上式可以改写为：

$$\begin{cases}\dot{U}=\frac{1}{2}(\dot{U}_2+Z_c\dot{I}_2)e^{\gamma x'}+\frac{1}{2}(\dot{U}_2-Z_c\dot{I}_2)e^{-\gamma x'}\\ \dot{I}=\frac{1}{2}\left(\frac{\dot{U}_2}{Z_c}+\dot{I}_2\right)e^{\gamma x'}-\frac{1}{2}\left(\frac{\dot{U}_2}{Z_c}-\dot{I}_2\right)e^{-\gamma x'}\end{cases} \tag{8-6}$$

通常将式（8-6）的 x' 仍记为 x，这样做并不会引起混淆，因为式中右方的 $\dot{U}_2$ 和 $\dot{I}_2$ 意味着以传输线的终端作为计算距离的起点。

同样，将式（8-6）用双曲线函数表示时，得：

$$\begin{cases}\dot{U}=\dot{U}_2\cosh(\gamma x)+Z_c\dot{I}_2\sinh(\gamma x)\\ \dot{I}=\dot{I}_2\cosh(\gamma x)+\frac{\dot{U}_2}{Z_c}\sinh(\gamma x)\end{cases} \tag{8-7}$$

式中 x 为线上任意一点到终端的距离。

【例 8-2】 一高压线长 $l=300\,\text{km}$，终端接负载，功率为 30 MW，功率因数 $\lambda=0.9$（感性），已知输电线的 $Z_0=1\angle 80°\ \Omega/\text{km}$，$Y_0=6.5\times10^{-6}\angle 90°\ \text{S/km}$。设负载端电压 $\dot{U}_2=115.5\angle 0°\ \text{kV}$，试求距离始端 200 km 处的电压、电流相量。

解：

$$I_2=\frac{30\times10^6}{115.5\times10^3\times0.9}=288.6(\text{A})$$

$$\dot{I}_2=288.6\angle-25.84°(\text{A})$$

$$\gamma=\sqrt{Z_0Y_0}=2.55\times10^{-3}\angle 85°(\text{km})$$

$$Z_c=\sqrt{\frac{Z_0}{Y_0}}=392.2\angle-5°(\Omega)$$

距离始端 200 km 即距离终端 100 km 处的电压和电流分别为：

$$\dot{U}=\dot{U}_2\cosh(100\gamma)+Z_c\dot{I}_2\sinh(100\gamma)=(128.3+\text{j}23.95)\text{kV}=130.5\angle 10.5°(\text{kV})$$

$$\dot{I}=\dot{I}_2\cosh(100\gamma)+\frac{\dot{U}_2}{Z_c}\sinh(100\gamma)=(252.9-\text{j}44.11)\text{A}=256.7\angle-9.893°(\text{A})$$

其中

$$100\gamma=0.255\angle 85°=0.0222+\text{j}0.254$$

$$\sinh(100\gamma)=0.252\angle 85.11°$$

$$\cosh(100\gamma)=0.968\angle 0.33°$$

为了说明传输线上的电压、电流波动形式，可以先将该式中 $\dot{U}$、$\dot{I}$ 表达式改写为：

$$\begin{cases}\dot{U}=\dot{U}^{+}+\dot{U}^{-}\\ \dot{I}=\dot{I}^{+}+\dot{I}^{-}\end{cases} \tag{8-8}$$

其中 $$\dot{U}^{+}=A_1\mathrm{e}^{-\gamma x}=\frac{1}{2}(\dot{U}_1+Z_{\mathrm{c}}\dot{I}_1)\mathrm{e}^{-\gamma x}=|A_1|\mathrm{e}^{\mathrm{j}\phi_{+}}\mathrm{e}^{-\gamma x}=\dot{U}_0^{+}\mathrm{e}^{\mathrm{j}\phi_{+}}\mathrm{e}^{-\gamma x}$$

$$\dot{U}^{-}=A_2\mathrm{e}^{\gamma x}=\frac{1}{2}(\dot{U}_1-Z_{\mathrm{c}}\dot{I}_1)\mathrm{e}^{\gamma x}=|A_2|\mathrm{e}^{\mathrm{j}\phi_{-}}\mathrm{e}^{-\gamma x}=\dot{U}_0^{-}\mathrm{e}^{\mathrm{j}\phi_{-}}\mathrm{e}^{\gamma x}$$

式中，$U_0^{+}=|A_1|$，$U_0^{-}=|A_2|$；对于电流，$\dot{I}^{+}=\dfrac{\dot{U}^{+}}{Z_{\mathrm{c}}}$，$\dot{I}^{-}=\dfrac{\dot{U}^{-}}{Z_{\mathrm{c}}}$。

由于 $\gamma=\alpha+\mathrm{j}\beta$，式（8-8）中电压 $\dot{U}$ 可写为：

$$\dot{U}=U_0^{+}\mathrm{e}^{-\alpha x}\mathrm{e}^{\mathrm{j}(\phi_{+}-\beta x)}+U_0^{-}\mathrm{e}^{\alpha x}\mathrm{e}^{\mathrm{j}(\phi_{-}+\beta x)}$$

将电压相量 $\dot{U}$化为时间函数形式，得：

$$u=\sqrt{2}U_0^{+}\mathrm{e}^{-\alpha x}\cos(\omega t-\beta x+\phi_{+})+\sqrt{2}U_0^{-}\mathrm{e}^{\alpha x}\cos(\omega t+\beta x+\phi_{-})=u^{+}+u^{-} \tag{8-9}$$

这样，u 可以看做是两个电压分量 u^{+} 和 u^{-} 的叠加。现在分别研究 u^{+} 和 u^{-} 这两个分量的含义。第一个分量 u^{+} 为：

$$u^{+}=\sqrt{2}U_0^{+}\mathrm{e}^{-\alpha x}\cos(\omega t-\beta x+\phi_{+})$$

它既是时间 t 的函数，又是空间位置 x 的函数。如果在传输线的某一固定点，即 $x=x_1$ 的地方观察 u^{+}，它将是时间 t 的正弦函数。假设在某一固定瞬间 $t=t_1$ 观察，则 u^{+} 沿线按照振幅为指数衰减的正弦规律随 x 变化。为了便于理解 u^{+} 的性质，三个不同瞬间 u^{+} 沿线的传播分布情况如图 8-8 所示。可见，可以把 u^{+} 看作一个随时间增加向 x 增加方向（即从线的始端向终端的方向）运动的衰减波，通常将这种波称为电压入射波、直波或正向行波。

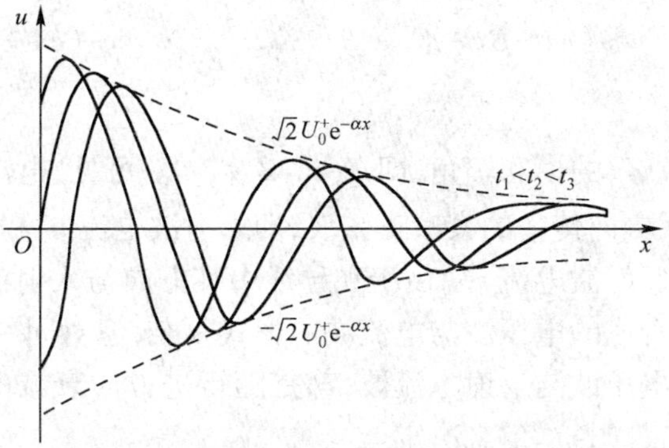

图 8-8　三个不同瞬间 u^{+} 沿线的传播分布

为了确定电压波 u^{+} 运动或传播的速度，假设 $\alpha=0$，这时 $u^{+}=\sqrt{2}U_0^{+}\mathrm{e}^{-\alpha x}\cos(\omega t-\beta x+\phi_{+})$，也就是说，把 u^{+} 看作是一个不衰减的正弦波。现在分析 $x=x_1$ 和 $x=x_2$ 两点上电压波动的情况。在 $x=x_1$ 处，$u^{+}(x_1,t)=\sqrt{2}U_0^{+}\cos(\omega t-\beta x+\phi_{+})$，而在 $x=x_2$ 处，$u^{+}(x_2,t)=\sqrt{2}U_0^{+}\cos(\omega t-\beta x_2+\phi_{+})$。若 $x_2>x_1$，则该两点电压正弦变化的相位关系是 $u^{+}(x_2,t)$ 比 $u^{+}(x_1,t)$ 落后，落后的相位为：$(-\beta x_1+\phi_{+})-(-\beta x_2+\phi_{+})=\beta(x_2-x_1)=\beta\Delta x$。因此，在 x_1 处出现的正弦时间变化过程，要在一定的时间差后才会在距 x_1 为 Δx 的 x_2 处重复出现。这一时间差为：

$$\Delta t=\frac{\beta(x_2-x_1)}{\omega}=\frac{\beta\Delta x}{\omega}$$

故相应的沿线从始端向终端的传播速度为：

$$v_{\varphi}=\lim_{\Delta t\to 0}\frac{\Delta x}{\Delta t}=\frac{\omega}{\beta} \tag{8-10}$$

这就是整个电压波 u^{+} 的传播速度。由于这是同相点的运动速度，称为相位速度，简称相速，以 v_{φ} 表示。

用同样的方法研究式（8-9）右端的第二个分量 $u^{-}=\sqrt{2}U_0^{-}e^{\alpha x}\cos(\omega t+\beta x+\phi_{-})$。

它与 u^{+} 不同之处在于，式中 αx 与 βx 前面的符号恰好相反，所以可以说 u^{-} 也是一种行波，但其传播方向和 u^{+} 相反，u^{-} 是沿 x 减少的方向以相速 v_{φ} 传播的衰减波，即由终端沿线向始端传播的衰减正弦波。通常把 u^{-} 称为电压反射波、回波或反向行波。注意，式（8-9）中 $u=u^{+}+u^{-}$，所以 u^{+} 和 u^{-} 所取参考方向与 u 的参考方向一致，也就是把传输线的来线取为正极。

在波的传播方向上，相位差 2π 的两点间的距离称为波长，以 λ 表示。这样，由式（8-9）右端的第一项，得：

$$\omega t-\beta(x+\lambda)+\phi_{+}=\omega t-\beta x+\phi_{+}-2\pi$$

则

$$\lambda=\frac{2\pi}{\beta} \tag{8-11}$$

而

$$v_{\varphi}=\frac{\omega}{\beta}=\frac{2\pi f}{\beta}=\lambda f=\frac{\lambda}{T} \tag{8-12}$$

也就是说,在一个周期的时间内,波传播的距离等于一个波长。

在式(8-8)中的电流相量 $\dot{I}$ 也可以写成相应的时间函数形式：

$$\begin{aligned}i&=\sqrt{2}\frac{U_0^{+}}{|Z_c|}e^{-\alpha x}\cos(\omega t-\beta x+\phi_{+}-\theta)-\sqrt{2}\frac{U_0^{-}}{|Z_c|}e^{\alpha x}\cos(\omega t+\beta x+\phi_{-}-\theta)\\&=i^{+}-i^{-}\end{aligned} \tag{8-13}$$

式中 $|Z_c|$ 和 θ 为特性阻抗 Z_c 的模和辐角,即 $Z_c=|Z_c|\angle\theta$。可见,电流 i 也可以看做是两个以相同的相位速度而以相反方向传播的衰减正弦波,即入射波电流 i^{+} 和反射波电流 i^{-} 叠加的结果。但应注意的是,对于反射波电流 i^{-},由于在导线中其方向与入射波电流的方向相反,故两者相减。可以看出,虽然合成的电压波与电流波的形式复杂,但对同一方向行进的入射电压波与入射电流波,或是反射电压波与反射电流波,都是随行进方向衰减的行波,且电压波与电流波之间的关系由传输线特性阻抗 Z_c 来决定。

【例 8-3】 有一均匀传输线长 300 km,在频率 $f=50$ Hz 时,传播常数 $\gamma=1.06\times 10^{-3}\angle 84.7°\text{km}^{-1}$, $Z_c=400\angle-5.3°\Omega$,已知 $\dot{U}_1=120\angle 0°\text{kV}$, $\dot{I}_1=30\angle-10°\text{kV}$。试求:(1)行波的相速;(2)距始端 50 km 处的电压、电流入射波和反射波的瞬时值表达式。

解:（1）由于 $\gamma=1.06\times 10^{-3}\angle 84.7°\text{km}^{-1}\leqslant(0.979\times 10^{-4}+\text{j}1.055\times 10^{-3})\text{km}^{-1}$,故相速为:

$$v_{\varphi}=\frac{\omega}{\beta}=\frac{2\pi\times 50}{1.055\times 10^{-3}}\text{km/s}=2.98\times 10^{5}(\text{km/s})$$

（2）$\dot{U}_1^{+}$ 和 $\dot{U}_1^{-}$ 为:

$$\dot{U}_1^{+}=\frac{1}{2}(\dot{U}_1+Z_c\dot{I}_1)=65806\angle-1.381°(\text{V})$$

$$\dot{U}_1^- = \frac{1}{2}(\dot{U}_1 - Z_c\dot{I}_1) = 54236\angle 1.637°(\mathrm{V})$$

由式（8-9），得：

$$u^+ = \sqrt{2}\times 65806\mathrm{e}^{-0.979\times 10^{-4}x}\cos(314t - 1.055\times 10^{-3}x - 1.381°)(\mathrm{V})$$

$$u^- = \sqrt{2}\times 54236\mathrm{e}^{0.979\times 10^{-4}x}\cos(314t + 1.055\times 10^{-3}x + 1.673°)(\mathrm{V})$$

所以在 $x = 50\,\mathrm{km}$ 处，有：

$$u^+ = \sqrt{2}\times 65486\cos(314t - 4.405°)(\mathrm{V})$$

$$u^- = \sqrt{2}\times 54502\cos(314t + 4.697°)(\mathrm{V})$$

根据电压与电流入射波与反射波之间的关系，得：

$$i^+ = \sqrt{2}\times 163.71\cos(314t + 0.9°)(\mathrm{A})$$

$$i^- = \sqrt{2}\times 136.25\cos(314t + 10°)(\mathrm{A})$$

当传输线终端所接的负载阻抗 $Z_2 = Z_c$ 时，电压、电流波中均没有反射波。因此可认为反射波是由 Z_2 与 Z_c 不等而引起的。定义终端反射系数为该处反射波与入射波电压相量或电流相量之比，即：

$$n = \frac{\dot{U}_2^-}{\dot{U}_2^+} = \frac{\dot{I}_2^-}{\dot{I}_2^+} = \frac{\dot{U}_2 - Z_c\dot{I}_2}{\dot{U}_2 + Z_c\dot{I}_2} = \frac{Z_2 - Z_c}{Z_2 + Z_c} \tag{8-14}$$

反射系数是一个复数，反映了反射波与入射波在幅值和相位上的差异。$n = 0$ 时，不存在反射，称为终端阻抗与传输线阻抗相匹配（这里的“匹配”即 $Z_2 = Z_c$，与最大传输功率时的匹配是不同的）。在通信线路和设备连接（如电视接收机与信号馈线的连接）时，均要求匹配，避免反射。

终端开路时，$Z_2 \to \infty$，$n = 1$；终端短路时，$Z_2 = 0$，$n = -1$。$|n| = 1$ 称为全反射。终端开路及短路都会产生全反射，但相位不同，前者使 $\dot{I}_2 = 0$，后者使 $\dot{U}_2 = 0$ 满足边界条件。

习题 8-3

1. 某无损耗传输线长 4.5 m，特性阻抗 300 Ω，在始端接有电压为 100 V、频率为 10^8 Hz 的正弦电源和电阻为 100 Ω 的串联组合，当终端负载阻抗为 400 Ω 时，试求距始端 1 m 处的电压、电流相量。

2. 正弦稳态电路如题 2 图所示，11′ 33′间为空气介质无损耗传输线，特性阻抗为 400 Ω。试求：(1)有效值 U_3、I_3和负载功率 P；(2)有效值 U_2和 I_2。

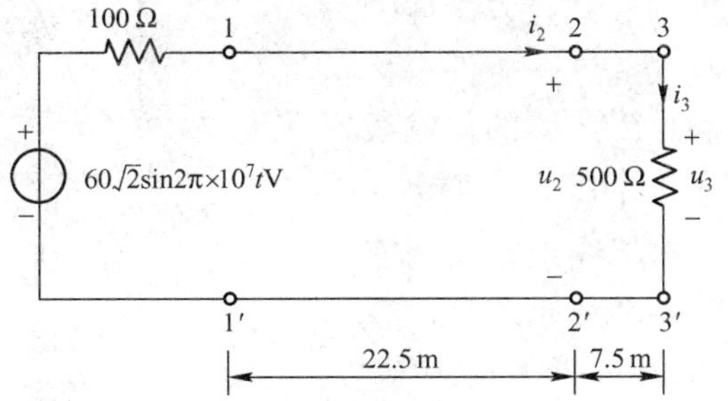

题 2 图

8.4 均匀传输线的原参数和副参数

传输线单位长度的电阻 R_0、电容 C_0 和电导 G_0 称为它的原参数，L_0 和 C_0 的计算公式已在电磁场课程中介绍。8.3 节中引入的传播常数 γ 和特性阻抗 Z_c 称为传输线的副参数。

传播常数 γ 是一个复数，其实部 α 称为衰减常数，虚部 β 称为相位常数。从式（8-9）及以后有关的讨论中可以看出，α 表示入射波和反射波沿线的衰减特性，其单位通常用 Np/m，dB/m，而 β 表示入射波和反射波沿线的相位变化的特性，其单位通常用 rad/m。

为了计算均匀传输线的 α 和 β，设 R_0、L_0、C_0、G_0 已知，根据 $\gamma=\alpha+\mathrm{j}\beta$，则有：

$$\gamma=\alpha+\mathrm{j}\beta=\sqrt{Z_0Y_0}=\sqrt{(R_0+\mathrm{j}\omega L_0)(G_0+\mathrm{j}\omega C_0)}$$

所以

$$|\gamma|^2=\alpha^2+\beta^2=\sqrt{(R_0^2+\omega^2L_0^2)(G_0^2+\omega^2C_0^2)}$$

$$\gamma^2=\alpha^2-\beta^2+\mathrm{j}2\alpha\beta=(R_0G_0-\omega^2L_0C_0)+\mathrm{j}(G_0\omega L_0+R_0\omega C_0)$$

从以上两式分别求得：

$$\begin{aligned}\alpha&=\sqrt{\frac{1}{2}\left[R_0G_0-\omega^2L_0C_0+\sqrt{(R_0^2+\omega^2L_0^2)(G_0^2+\omega^2C_0^2)}\right]}\\ \beta&=\sqrt{\frac{1}{2}\left[\omega^2L_0C_0-R_0G_0+\sqrt{(R_0^2+\omega^2L_0^2)(G_0^2+\omega^2C_0^2)}\right]}\end{aligned}\tag{8-15}$$

值得注意的是，相位常数 β 是单调地随频率增高而增加，α 和 β 与角频率的变化关系如图 8-9 所示。

根据式（8-10）和式（8-11），相位速度和波长是由相位常数 β 决定的，即：

$$v_\varphi=\frac{\omega}{\beta},\quad \lambda=\frac{2\pi}{\beta}$$

当传输线的原参数满足条件 $\dfrac{R_0}{G_0}=\dfrac{L_0}{C_0}$ 时，由式（8-15），得：

$$\alpha=\sqrt{\frac{1}{2}\left[R_0G_0-\omega^2L_0C_0+R_0G_0+\omega^2L_0C_0\right]}=\sqrt{R_0G_0}$$

$$\beta=\sqrt{\frac{1}{2}\left[\omega^2L_0C_0-R_0G_0+R_0G_0+\omega^2L_0C_0\right]}=\omega\sqrt{L_0C_0}$$

此时，衰减系数 α 与频率无关，相位系数 β 与频率成正比。当非正弦信号在线上传输时，各次谐波分量将发生同样程度的衰减且以同样的速度传输，因而不会发生畸变。这一条件也称为传输线的无畸变条件。满足 $R_0=G_0$ 的传输线称为无损耗线（将在 8.5 节中讨论），此时 $\alpha=0$、$\beta=\omega\sqrt{L_0C_0}$，因此，无损耗线也是无畸变线。$\alpha$ 与 β 的频率特性如图 8-9 所示，可以看出，当 ω 提高时，传输线也接近于无畸变线。对于上述两种情况，有：

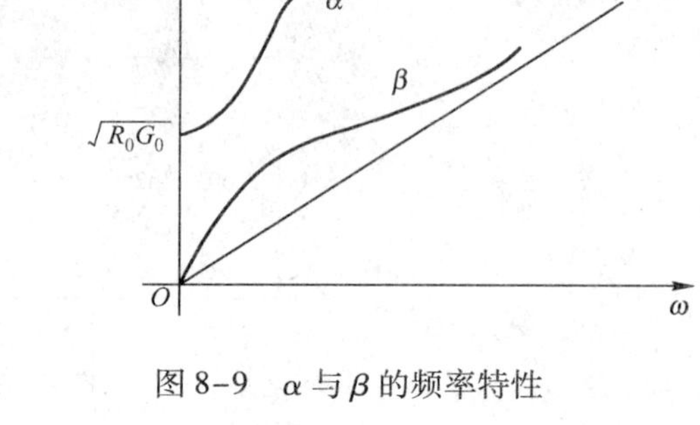

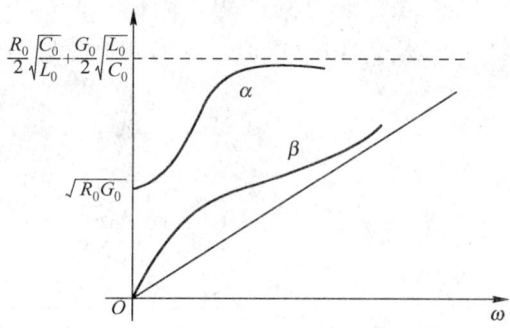

图 8-9　α 与 β 的频率特性

$$v_\varphi = \frac{1}{\sqrt{L_0 C_0}} \quad 或 \quad v_\varphi \approx \frac{c}{\sqrt{\varepsilon_r \mu_r}}$$

后一式中，c 为真空中的光速，ε_r和μ_r分别为导线周围媒质的相对介电常数和相对磁导率。

对于架空线，$\varepsilon_r \approx 1$，$\mu_r \approx 1$，即波的传播速度v_φ实际上等于真空中的光速。对于电缆，这一速度要小一些，因为电缆中用的绝缘介质的相对介电常数$\varepsilon_r \approx 4$　5，所以波的相速比真空中的光速低。在有损耗的线中（$R_0 \neq 0, G_0 \neq 0$），相速总是比光速小。特性阻抗Z_c为入射波（或反射波）电压、电流相量的比值。它与原参数的关系为：

$$Z_c = \sqrt{\frac{Z_0}{Y_0}} = \sqrt{\frac{R_0 + j\omega L_0}{G_0 + j\omega C_0}} = |Z_c| e^{j\theta} \tag{8-16}$$

式中

$$|Z_c| = \sqrt[4]{\frac{R_0^2 + \omega^2 L_0^2}{G_0^2 + \omega^2 C_0^2}} \tag{8-17}$$

$$\theta = \frac{1}{2}\left[\arctan\left(\frac{\omega L_0}{R_0}\right) - \arctan\left(\frac{\omega C_0}{G_0}\right)\right] = \frac{1}{2}\arctan\left(\frac{\omega L_0 G_0 - \omega C_0 R_0}{R_0 G_0 + \omega^2 L_0 C_0}\right) \tag{8-18}$$

当 $\omega = 0$ 时，即在直流情况下：

$$|Z_c| = \sqrt{\frac{R_0}{G_0}} \quad \theta = 0$$

此时特性阻抗是纯电阻。对工作频率较高的传输线，因为 $R_0 \ll \omega L_0$、$G_0 \ll \omega C_0$，所以

$$Z_c = \sqrt{\frac{R_0 + j\omega L_0}{G_0 + j\omega C_0}} = \sqrt{\frac{j\omega L_0\left(1 + \dfrac{R_0}{j\omega L_0}\right)}{j\omega C_0\left(1 + \dfrac{G_0}{j\omega C_0}\right)}} \approx \sqrt{\frac{L_0}{C_0}}$$

由此可见，此时 Z_c 也是纯电阻性质的。

显然，$R_0 = 0$ 和 $G_0 = 0$ 的无损耗传输线的特性阻抗也是一个纯电阻，且 $Z_c = \sqrt{\frac{L_0}{C_0}}$。一般架空线的特性阻抗 $|Z_c|$ 约 400　600 Ω，而电力电缆约 50 Ω，这是因为与架空线相比，电缆中的导线彼此相距较近，而且导线间的绝缘材料的相对介电常数 $\varepsilon_r \approx 4$　5，所以 L_0 和 C_0 的比值要比架空线的小。因此电缆的 $|Z_c|$ 只有架空线的 $\frac{1}{8}$　$\frac{1}{6}$。在通信中使用的同轴电缆的 $|Z_c|$ 一般为 40　100 Ω，常用的有 85 Ω 和 50 Ω 两种。

由于 $G_0 \ll \omega C_0$，式（8-16）中分母复数的辐角接近 45°，要比分子复数的辐角大，所以特性阻抗的辐角 θ 常为负值。

根据式（8-17）和式（8-18）作出 $|Z_c|$ 和 θ 的频率特性，如图 8-10 所示。由式（8-16），得：

当 $\omega = 0$ 时，$|Z_c| = \sqrt{\frac{R_0}{G_0}}$

当 $\omega \to \infty$ 时，$|Z_c| = \sqrt{\frac{L_0}{C_0}}$

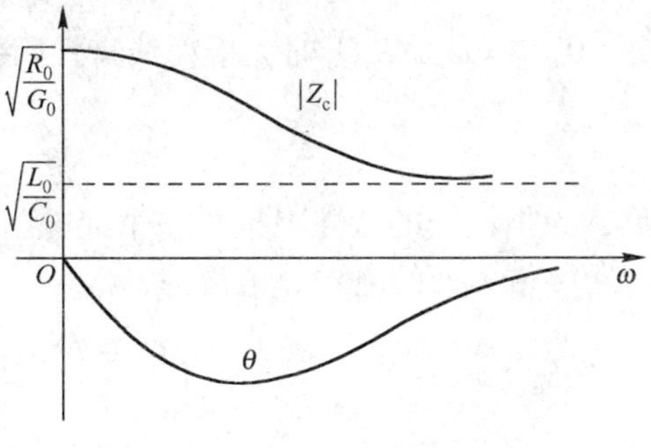

图 8-10　$|Z_c|$ 和 θ 的频率特性

不论是架空线还是电缆，都有 $\frac{R_0}{G_0} > \frac{L_0}{C_0}$，所以 $\omega = 0$

时 $|Z_c|$ 比 $\omega\to\infty$ 时的 $|Z_c|$ 大。

【例 8-4】 已知传输线的特性阻抗 $Z_c=500\angle-37°\Omega$，$\gamma=0.2\angle45°\text{km}^{-1}$；负载阻抗 $Z_2=400\Omega$，负载电流 $I_2=0.5\text{A}$，工作频率为 1 000 Hz，线长 5 km。试求始端电压 $\dot{U}$ 和电流 $\dot{I}$。

解：根据式（8-7），得：

$$\dot{U}=\dot{U}_2\cosh(\gamma x)+Z_c\dot{I}_2\sinh(\gamma x)$$

$$\dot{I}=\dot{I}_2\cosh(\gamma x)+\frac{\dot{U}_2}{Z_c}\sinh(\gamma x)$$

由已知条件求出：

$$\begin{aligned}&\dot{U}_2=Z_2\dot{I}_2=400\times0.5\angle0°\text{V}=240\angle0°(\text{V})\\&\gamma l=0.2\angle45°\times5=1\angle45°=0.707+\text{j}0.707\\&\cosh(\gamma l)=1.08\angle27.48°\\&\sinh(\gamma l)=1.005\angle54.5°\end{aligned}$$

解得

$$\dot{U}_1=(200\angle0°\times1.08\angle27.48°+0.5\times500\angle-37°\times1.005\angle54.4°)\text{V}=465.5\angle22.1°(\text{V})$$

$$\dot{I}_1=(0.5\times1.08\angle27.48°+200\angle0°/500\angle37°\times1.005\angle54.4°)\text{A}=0.802\angle54.3°(\text{A})$$

习题 8-4

1. 输电线在频率 $f=50\text{Hz}$ 下运行，其 $R=0.08\Omega/\text{km}$，$C_0=8.6\times10^{-9}\text{ F/km}$，$L_0=1.336\times10^{-3}\text{ H/km}$；在运行电压 231 kV 下输电线的漏电流有功损耗 P 为 2 kW/km，试求传输线的特性阻抗 Z_c 和传播常数 γ。

2. 有长 4 m 的有损耗均匀传输线，当短路和开路时，其入端阻抗分别为 $360\angle20°\Omega$ 和 $250\angle-50°\Omega$。试求：（1）此线的特性阻抗 Z_c、α、β；（2）R_0、ωL_0、G_0、ωC_0。

8.5 无损耗的均匀传输线

如果传输线的电阻 R_0 和导线间的漏电导 G_0 都等于零，这种传输线就成为无损耗传输线，简称为无损耗线。

在无线电工程中由于工作频率较高，因此 $\omega L_0\gg R_0$、$\omega C_0\gg G_0$。如将损耗略去不计，即令 $R_0=0$，$G_0=0$（不致引起较大的误差），就可视为无损耗线。在这种情况下，有：

$$\gamma=\sqrt{Z_0Y_0}=\sqrt{(\text{j}\omega L_0)(\text{j}\omega C_0)}=\text{j}\omega\sqrt{L_0C_0}$$

故 $\alpha=0$，$\beta=\omega\sqrt{L_0C_0}$ 时无损耗线特性阻抗为：

$$Z_c=\sqrt{\frac{Z_0}{Y_0}}=\sqrt{\frac{L_0}{C_0}}$$

可见，无损耗线的特性阻抗是一个纯电阻，与频率无关。

距终端 x 处的电压、电流为：

$$\begin{cases}\dot{U}_x=\dot{U}_2\cos(\beta x)+\text{j}Z_c\dot{I}_2\sin(\beta x)\\ \dot{I}_x=\dot{I}_2\cos(\beta x)+\text{j}\dfrac{\dot{U}_2}{Z_c}\sin(\beta x)\end{cases}\tag{8-19}$$

距终端 x 处的入端阻抗为：

$$Z_{ix}=\frac{\dot{U}_x}{\dot{I}_x}=\frac{\dot{U}_2\cos(\beta x)+jZ_c\dot{I}_2\sin(\beta x)}{\dot{I}_2\cos(\beta x)+j\dfrac{\dot{U}_2}{Z_c}\sin(\beta x)}=\frac{Z_2\cos(\beta x)+jZ_c\sin(\beta x)}{Z_c\cos(\beta x)+jZ_2\sin(\beta x)}Z_c$$

$$=Z_c\frac{Z_2+jZ_0\tan\dfrac{2\pi}{\lambda}l}{Z_c+jZ_2\tan\dfrac{2\pi}{\lambda}l} \tag{8-20}$$

式中 $Z_2=\dfrac{\dot{U}_2}{\dot{I}_2}$为终端的负载阻抗。

可见，入端阻抗除了和传输线的特性阻抗 Z_c及工作频率有关外，还与传输线的长度 l 及终端负载 Z_2有关。Z_{ix}随传输线长度 l 作周期性变化，每增长二分之一波长，Z_{ix}重复出现一次，即：

$$Z_{ix}=\left(l+\frac{n\lambda}{2}\right)=Z_{ix}(l)$$

以下讨论几种特殊的终端情况。

（1）终端阻抗与传输线匹配，即 $Z_2=Z_c$。此时有：

$$\dot{U}_x=\dot{U}_2\cos(\beta x)+jZ_c\dot{I}_2\sin(\beta x)=\dot{U}_2[\cos(\beta x)+j\sin(\beta x)]=\dot{U}_2e^{j\beta x}$$

$$\dot{I}_x=\dot{I}_2e^{j\beta x}$$

$$Z_{ix}=Z_c$$

传输线上出现的电压、电流是从始端向终端传输的入射行波，且无振幅的衰减；在相位上，离始端越远处，相位越落后，但在同一点上，电压、电流则为同相，其振幅比等于 Z_c（为实数）。电压、电流行波将电能从始端无损耗地传递到终端阻抗中，不产生反射。

（2）终端开路（即空载），即 $Z_2\to\infty$。此时 $\dot{I}_2=0$。由式（8-19），得：

$$\begin{cases}\dot{U}_x=\dot{U}_2\cos(\beta x)\\ \dot{I}_x=j\dfrac{\dot{U}_2}{Z_c}\sin(\beta x)\end{cases} \tag{8-21}$$

假设终端电压 $u_2=\sqrt{2}U_2\sin(\omega t)$，式（8-21）的时间函数形式为：

$$\begin{cases}u_x=\sqrt{2}U_2\cos(\beta x)\sin(\omega t)\\ i_x=\dfrac{\sqrt{2}U_2}{Z_c}\sin(\beta x)\cos(\omega t)\end{cases} \tag{8-22}$$

式(8-22)表明传输线上出现的电压、电流并非行波。由于 $\beta=\dfrac{2\pi}{\lambda}$，因此在 $x=0,\dfrac{\lambda}{2},\lambda,\dfrac{3\lambda}{2},\cdots$处，$\beta x=0,\pi,2\pi,\cdots,\cos(\beta x)=\pm1$，$\sin(\beta x)=0$，故这些地方的电压值始终是沿线电压分布中的极值（最大或最小），称为电压的波腹；而这些地方的电流值始终是沿线电流分布中的零值，称为电流的波节。在 $x=\dfrac{\lambda}{4}$，$\dfrac{3\lambda}{4}$，$\dfrac{5\lambda}{4}$，…处，$\beta x=\dfrac{\pi}{2}$，$\dfrac{3\pi}{2}$，$\dfrac{5\pi}{2}$，$\cdots,\cos(\beta x)=0,\sin(\beta x)=\pm1$，故这些地方既是电流的波腹也是电压的波节。几个不同瞬间 u_x 和 i_x 沿线

的分布曲线如图 8-11 所示，它们对应于时间 $t=0$，$\frac{T}{4}$，$\frac{T}{2}$，$\frac{3T}{4}$等时刻。从图中可看出电流、电压的波腹、波节的位置是固定不变的。这种波腹、波节位置固定不变的波称为驻波。

空载时，在距终端 x 处向终端看去的输入阻抗为：

$$Z_{ix}=\frac{\dot{U}_x}{\dot{I}_x}=-jZ_c\cot(\beta x)=-jZ_c\cot\left(\frac{2\pi}{\lambda}x\right)=jX_{oc} \tag{8-23}$$

式（8-23）表明，输入阻抗是一个纯电抗，以$\frac{\lambda}{4}$的间隔而变号；在电压波节（电流波腹）处，$Z_{ix}=0$，相当于短路，也可理解为是一个串联谐振电路；在电流波节（电压波腹）处，$Z_{ix}=\infty$，相当于开路，理解为一个并联谐振电路，如图 8-12 所示。

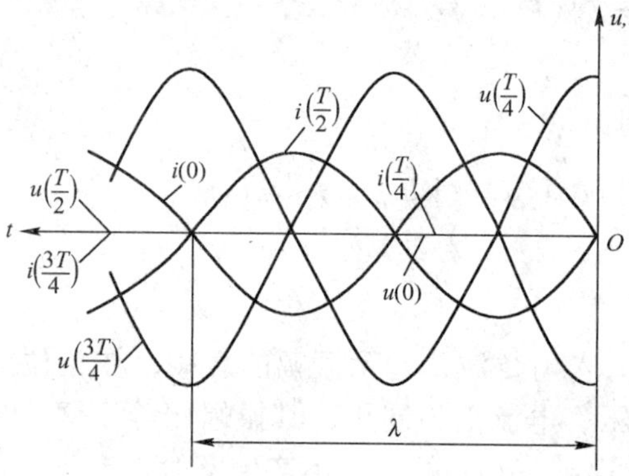

图 8-11 空载无损耗线的电压和电流分布曲线

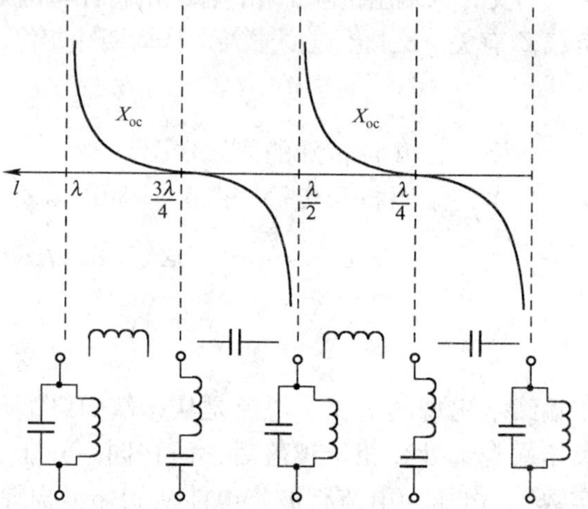

图 8-12 空载无损耗线输入阻抗

（3）终端短路，此时 $Z_2=0$，$\dot{U}_2=0$。由式（8-19），得：

$$\begin{cases}\dot{U}_x=jZ_c\dot{I}_2\sin(\beta x)\\ \dot{I}_x=\dot{I}_2\cos(\beta x)\end{cases} \tag{8-24}$$

设终端电流 $i_2=\sqrt{2}\dot{I}_2\sin(\omega t)$，则 $\dot{U}_x$、$\dot{I}_x$对应的时间函数为：

$$\begin{cases}u_x=\sqrt{2}Z_cI_2\sin(\beta x)\cos(\omega t)\\ i_x=\sqrt{2}I_2\cos(\beta x)\sin(\omega t)\end{cases} \tag{8-25}$$

传输线上也出现电压、电流驻波，但电压—电流驻波的波腹、波节位置与终端开路情况的位置不同，都移动$\frac{\lambda}{4}$。几个特定时刻，短路无损耗线上出现的电压、电流驻波分布如图 8-13 所示。

短路时，在距终端 x 处向终端看去的输入阻抗为：

$$Z_{ix}=\frac{\dot{U}_x}{\dot{I}_x}=jZ_c\tan(\beta x)=jZ_c\tan\left(\frac{2\pi}{\lambda}x\right)=jX_{sc} \tag{8-26}$$

可见，Z_{ix}也是一个纯电抗。短路无损耗线的输入阻抗随 x 的变化如图 8-14 所示，与空载无损耗线阻抗图 8-13 比较，两者图形仅在长度上有$\frac{\lambda}{4}$的移动。

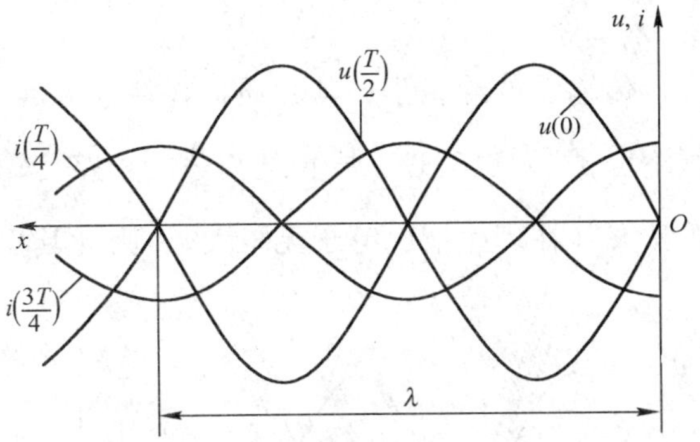

图 8-13 短路无损耗线上出现的电压和电流驻波分布

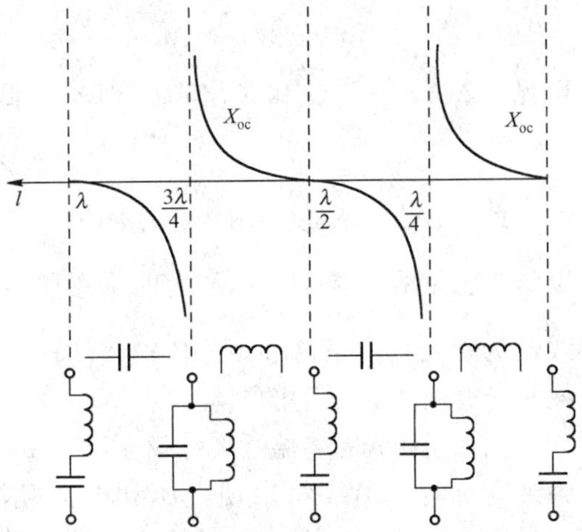

图 8-14 短路无损耗线的输入阻抗随 x 的变化

上述无损耗线在终端开路或短路时，其输入阻抗具有的一些特点在高频技术中得到了应用。

例如，长度小于$\frac{\lambda}{4}$的开路无损耗线可以用来代替电容，而长度小于$\frac{\lambda}{4}$的短路无损耗线可以用来代替电感。考虑到频率较高时，常用的电感线圈或电容器已经不可能作为电感元件或电容元件工作，这种方法的意义就更加明显。假定要替代的容抗 X_C 或感抗 X_L 为已知，则利用下列公式就可以分别决定所需开路无损耗线或短路无损耗线的长度 l。

$$X_C = -\frac{1}{\omega C} = -Z_c\cot\left(\frac{2\pi}{\lambda}l\right)$$

$$X_L = \omega L = Z_c\tan\left(\frac{2\pi}{\lambda}l\right)$$

长度为$\frac{\lambda}{4}$的无损耗线，还可以用来作为接在传输线和负载之间的匹配元件，如同一个阻抗变换器。下面介绍其工作原理。

设无损耗线的特性阻抗为 Z_{c1}，负载阻抗为 Z_2，且 Z_2 为纯电阻（即 $Z_2=R_2$），现在要求设法使 Z_2 和 Z_{c1} 匹配。为此，在传输线的终端与负载 Z_2 之间插入一段 $l=\frac{\lambda}{4}$的无损耗线，如图 8-15所示。根据式（8-20），可以求得这段长度为$\frac{\lambda}{4}$的无损耗线（注意其终端负载为 Z_2）的输入阻抗为：

$$Z_i = Z_c\frac{Z_2 + jZ_c\tan\left(\frac{2\pi}{\lambda}\frac{\lambda}{4}\right)}{jZ_c\tan\left(\frac{2\pi}{\lambda}\frac{\lambda}{4}\right)+Z_c} \tag{8-27}$$

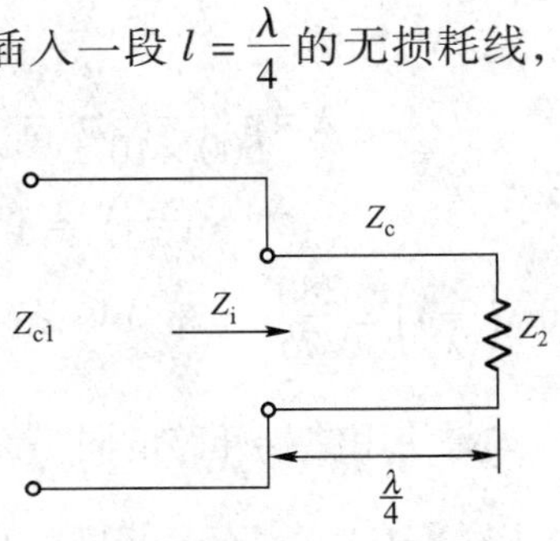

图 8-15 无损耗线作为阻抗变换器

式中 Z_c 为无损耗线的特性阻抗，因为 $\tan\left(\frac{\pi}{2}\right)=\infty$，所以

式（8-27）成为：

$$Z_i=\frac{Z_c^2}{Z_2}$$

可见，$Z_i=Z_{c1}$时 Z_2 和 Z_{c1}匹配。那么，此$\frac{\lambda}{4}$无损耗线的特性阻抗应为：

$$Z_c=\sqrt{Z_{c1}Z_2}$$

此外，在超高频技术中，用固体介质做成支持传输线的绝缘子，其介质损耗往往太大，以致失去绝缘的作用。因而有时采用所谓“金属绝缘子”，也就是一段长度为$\frac{\lambda}{4}$的短路传输线作为支架。由于这种短路传输线的输入阻抗非常大（在理想情况等于无限大），因此其损耗小于介质绝缘子中的损耗。

当无损耗线的终端所接负载（$Z_2=\pm jX_2$）为纯电抗时，沿线将出现电压和电流驻波。这是因为电抗可以用一段开路或短路无损耗线代替，因此，沿终端接有电抗负载的无损耗线的电压和电流的分布，与开路或短路的无损耗线上的分布没有什么本质上的差别。显然，终端接有电抗负载时，在终端处既不是电流或电压的波腹，也不是电流或电压的波节，如图 8-16 所示。

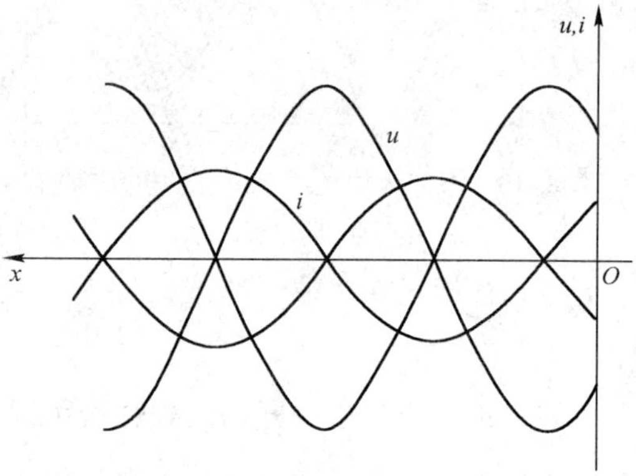

图 8-16　负载为纯电抗的无损耗线的电压和电流分布

不论哪种情况，当出现驻波时，在任何瞬间波节处的电压或电流始终为零。所以在这些波节所在处功率也恒等于零。这样，在相邻电压和电流波节之间能量（线上电感的磁场能量和线间电容的电场能量）被封闭在$\frac{\lambda}{4}$的区域内，不能越出波节而彼此交换。因此，传输线上出现驻波时说明没有有功功率被传输到终端负载。一般来说，只有电压和电流的行波才能传输有功功率。

【例 8-5】　现用特性阻抗为 75 Ω 终端短路的无损耗线来实现工作频率 $f=600$ MHz 下 0.7589 μH 的电感，试求其长度 l。如果改用终端开路的同一线实现，则长度应为多少？

解：根据终端短路时输入阻抗公式，有：

$$Z_i=jZ_c\tan\left(\frac{2\pi}{\lambda}l\right)$$

将 $Z_c=75\,\Omega$，$\lambda=\frac{3\times10^8}{600\times10^6}\text{m}=0.5\text{m}$ 代入上式，得：

$$Z_i=jX_L=j2\pi\times600\times10^6\times0.7589\times10^{-6}=j2861(\Omega)$$

故 $\tan\left(\frac{2\pi}{\lambda}l\right)=\frac{2861}{75}=38.146$，解得 $l=0.123$ m

如果使用终端开路的同一无损耗线，参阅图 8-12 可知，$l'=0.123+\frac{\lambda}{4}=0.248$ m。

【例 8-6】　现有一长度为 0.0625 m、终端开路且 $Z_c=50\,\Omega$ 的无损耗线，已知其工作频率为 600 MHz，试求其输入阻抗，它相当于什么元件？

解：输入阻抗为：

$$Z_i = -jZ_c\cot\left(\frac{2\pi}{\lambda}l\right)$$

将 $Z_c=50\,\Omega$，$\lambda=0.5\,\text{m}$，$l=0.0625\,\text{m}$ 代入上式后可得：$Z_i=-j50\,\Omega$，为容抗。与其相当的电容值为：

$$C=\frac{1}{\omega\times 50}=5.305(\text{pF})$$

【例 8-7】 架空无损耗线的特性阻抗 $Z_c=100\,\Omega$，线长 $l=60\,\text{m}$，工作频率 $f=10^6\,\text{Hz}$。欲使始端的输入阻抗为零，试问终端应接怎样的负载？

解：根据输入阻抗的公式和题意，有：

$$Z_i=Z_c\frac{Z_2+jZ_c\tan(\beta l)}{Z_c+jZ_2\tan(\beta l)}=0$$

得

$$Z_2+jZ_c\tan(\beta l)=0$$

式中 $\beta=\frac{\omega}{c}$，c 为真空中的光速，故：

$$Z_2=-jZ_c\tan(\beta l)=-j100\tan\left(\frac{2\pi\times10^6}{3\times10^8}\times60\right)\Omega=-j307.7(\Omega)$$

终端应接容抗值为 308 Ω 的负载。

【例 8-8】 把两段无损耗传输线连接起来，如图 8-17 所示。已知它们的特性阻抗分别为：$Z_{c1}=60\,\Omega$，$Z_{c2}=100\,\Omega$。为使这两段线上都不产生反射，试求应接的负载 Z_1 和 Z_2。

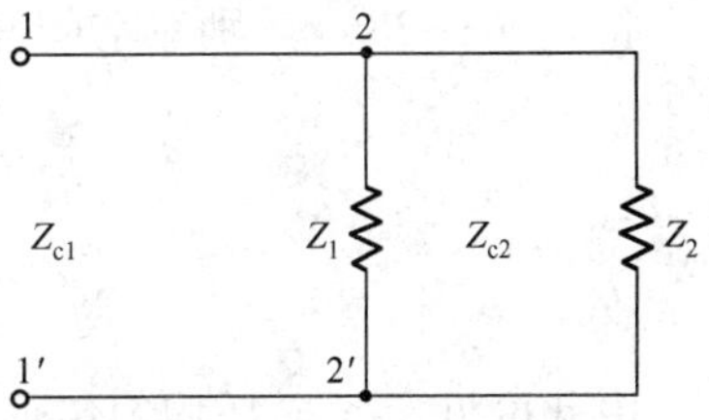

图 8-17　两段无损耗传输线

解：由图 8-17 可以看出，若要求在第 2 段线上不产生反射，必须满足 $Z_2=Z_{c2}=100\,\Omega$。这样，在 2－2′处第 2 段线的输入阻抗 $Z_{i2}=Z_{c2}=100\,\Omega$。

为了使在第一段线上没有反射，必须使该线的特性阻抗为：

$$Z_{c1}=\frac{Z_1Z_{c2}}{Z_1+Z_{c2}}=\frac{100Z_1}{Z_1+100}\quad\text{或}\quad 60=\frac{100Z_1}{Z_1+100}$$

所以

$$Z_1=150\,\Omega$$

习题 8-5

1. 长度为 $l=1.5\,\text{m}$ 的无损耗传输线（设 $1<\lambda/4$），当其终端短路时，测得入端阻抗 $Z_{in\infty}=-j103\,\Omega$；当其终端开路时，测得入端阻抗 $Z_{in0}=-j54.6\,\Omega$。试求该传输线的特性阻抗 Z_0 和传输常数 k。

2. 一长 2 m 的无损耗传输线特性阻抗为 50 Ω，一端接阻抗为 $(40+j30)\,\Omega$ 的负载，在 $f=200\,\text{MHz}$ 时，求入端阻抗 Z_{in}。

8.6　无损耗均匀传输线的传播特性

这一节从传输线方程出发，求解满足边界条件的电压、电流波动方程，推导出传输线上的电压、电流表达式，分析无损耗均匀传输线的传播特性。分析结果表明，无损耗均匀传输线导引的 TEM 波与无限大理想介质中传播的均匀平面电磁波，有许多相似的特性。

8.6.1 无损耗均匀传输线方程的瞬态解

本章 8.2 中推导出的均匀传输线的偏微分方程为：

$$\left.\begin{aligned}-\frac{\partial u}{\partial x}&=R_0 i+L_0\frac{\partial i}{\partial t}\\-\frac{\partial i}{\partial x}&=G_0 i+C_0\frac{\partial u}{\partial t}\end{aligned}\right\}$$

式中，R_0、L_0、C_0和 G_0是传输线的原参数；x 是从始端到讨论点的距离。

在无损耗均匀传输线中，可以认为 $R_0=0$ 和 $G_0=0$，则上述方程变为：

$$\begin{cases}-\dfrac{\partial u}{\partial x}=L_0\dfrac{\partial i}{\partial t}\\-\dfrac{\partial i}{\partial x}=C_0\dfrac{\partial u}{\partial t}\end{cases}\tag{8-28}$$

式（8-28）称为用积分量 U 和 I 表示的无损耗均匀传输线方程，又称为电报方程。它们反映了沿线电压、电流的变化规律。说明，由于沿线有感应电动势的存在，导致导线两导体间的电压随距离 x 变化；由于沿线有位移电流的存在，导致导线中的传导电流 I 随距离 x 而变化。

将式（8-28）分别对空间坐标 x 和时间 t 求偏导数，然后综合在一起，得：

$$\frac{\partial^2 u}{\partial x^2}=L_0C_0\frac{\partial^2 u}{\partial t^2}\tag{8-29}$$

$$\frac{\partial^2 i}{\partial x^2}=L_0C_0\frac{\partial^2 i}{\partial t^2}\tag{8-30}$$

由此可见，无损耗均匀传输线的电压和电流满足波动方程。式（8-29）和式（8-30）称为无损均匀传输线的波动方程。

式（8-29）和式（8-30）的通解分别为：

$$U(x,t)=U^+\left(t-\frac{x}{v}\right)+U^-\left(t+\frac{x}{v}\right)\tag{8-31}$$

$$I(x,t)=I^+\left(t-\frac{x}{v}\right)+I^-\left(t+\frac{x}{v}\right)\tag{8-32}$$

式中 $v=\dfrac{1}{\sqrt{L_0C_0}}$是传播速度。

式（8-31）和式（8-32）和第 7 章中分析的均匀平面电磁波的通解完全相同。$U^+\left(t-\dfrac{x}{v}\right)$和 $I^+\left(t-\dfrac{x}{v}\right)$分别表示向（$+x$）方向传播的入射电压波和入射电流波，而 $U^-\left(t+\dfrac{x}{v}\right)$和 $I^-\left(t+\dfrac{x}{v}\right)$分别表示向（$-x$）方向传播的反射电压波和反射电流波。

将式（8-31）代入式（8-29）中，可得到电压波和电流波之间的关系：

$$I(x,t)=\frac{1}{Z_0}\left[U^+\left(t-\frac{x}{v}\right)+U^-\left(t+\frac{x}{v}\right)\right]\tag{8-33}$$

其中

$$Z_0=\sqrt{\frac{L_0}{C_0}}\tag{8-34}$$

称为无损耗均匀传输线的特性阻抗。它的物理意义和均匀平面电磁波中特性阻抗完全相同，反映了入射波或反射波中电压和电流之间的关系。

上面分析表明：均匀传输线中电压波和电流波沿线的传播特性和均匀平面电磁波的传播特性相似，因此第 7 章中的一些结论和分析方法可以应用于传输线。下面将着重分析传输线上的正弦电压波和电流波的传播特性。

8.6.2　无损耗均匀传输线方程的正弦稳态解

若电压 $U(x,t)$ 和电流 $I(z,t)$ 随时间作正弦变化，式（8–29）和式（8–30）分别可以用复数形式表示为：

$$\frac{\mathrm{d}^2 U}{\mathrm{d}x^2} = -\omega^2 L_0 C_0 \dot{U} = k^2 \dot{U} \tag{8-35}$$

$$\frac{\partial^2 I}{\partial x^2} = -\omega^2 L_0 C_0 \dot{I} = k^2 \dot{I} \tag{8-36}$$

其中

$$k = \mathrm{j}\omega\sqrt{L_0 C_0} = \mathrm{j}\beta \tag{8-37}$$

式（8–35）和式（8–36）的通解分别为：

$$\dot{U}(x) = \dot{U}^+ \mathrm{e}^{-kx} + \dot{U}^- \mathrm{e}^{kx} \tag{8-38}$$

$$\dot{I}(x) = \dot{I}^+ \mathrm{e}^{-kx} + \dot{I}^- \mathrm{e}^{kx} \tag{8-39}$$

式中，$\dot{U}^+$ 和 $\dot{I}^+$ 分别为向（$+x$）方向传播的入射电压波和电流波的复振幅，而 $\dot{U}^-$ 和 $\dot{I}^-$ 分别为向（$-x$）方向传播的反射电压波和电流波的复振幅。k 称为传播常数，β 称为相位常数。

将式（8–38）代入无损耗均匀传输线方程式（8–28）的相应复数形式中，则电压波和电流波之间的关系为：

$$\dot{I}(x) = \frac{1}{Z_0}(\dot{U}^+ \mathrm{e}^{-kx} - \dot{U}^- \mathrm{e}^{kx}) \tag{8-40}$$

因此

$$\frac{\dot{U}^+}{\dot{I}^+} = Z_0, \quad \frac{\dot{U}^-}{\dot{I}^-} = -Z_0 \tag{8-41}$$

式中 $Z_0 = \sqrt{\dfrac{L_0}{C_0}}$。

将式（8–37）代入式（8–38）和式（8–40），得：

$$\dot{U}(x) = \dot{U}^+ \mathrm{e}^{-\mathrm{j}\beta x} + \dot{U}^- \mathrm{e}^{\mathrm{j}\beta x} \tag{8-42}$$

$$\dot{I}(x) = \frac{\dot{U}^+}{Z_0}\mathrm{e}^{-\mathrm{j}\beta x} - \frac{\dot{U}^-}{Z_0}\mathrm{e}^{\mathrm{j}\beta x} \tag{8-43}$$

式中 $\dot{U}^+$ 和 $\dot{U}^-$ 是由传输线的始端和终端条件决定的积分常数。现选取传输线终端为坐标原点，x 坐标的正方向自传输线的始端指向终端，如图 8–18 所示，即沿线坐标取负值。下面讨论不同边界条件下传输线方程的解。

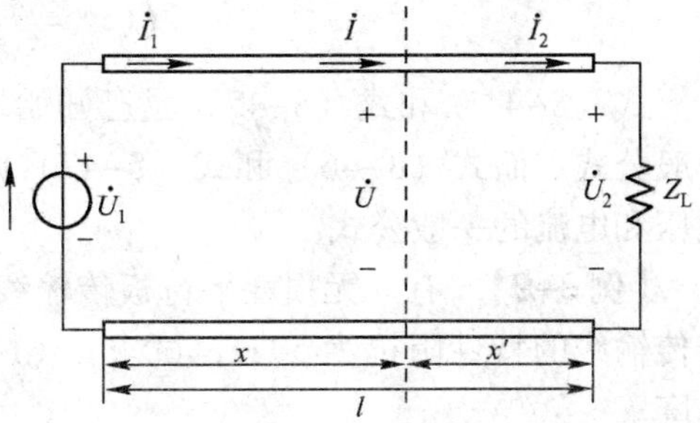

图 8–18　由已知始端（或终端）电压和电流确定积分常数

（1）已知始端电压 $\dot{U}_1$和电流 $\dot{I}_1$时的解，则将 $x=-l$ 及 $\dot{U}(-l)=\dot{U}_1$，$\dot{I}(-l)=\dot{I}_1$代入式（8-42）和式（8-43），得：

$$\dot{U}_1=\dot{U}^+\mathrm{e}^{\mathrm{j}\beta x}+\dot{U}^-\mathrm{e}^{-\mathrm{j}\beta x}$$

$$\dot{I}_1=\frac{\dot{U}^+\mathrm{e}^{\mathrm{j}\beta x}}{Z_0}-\frac{\dot{U}^-\mathrm{e}^{-\mathrm{j}\beta x}}{Z_0}$$

联立解上列两式，得：

$$\dot{U}^+=\frac{1}{2}(\dot{U}_1+Z_0\dot{I}_1)\mathrm{e}^{-\mathrm{j}\beta l}$$

$$\dot{U}^-=\frac{1}{2}(\dot{U}_1-Z_0\dot{I}_1)\mathrm{e}^{\mathrm{j}\beta l}$$

将求得的积分常数值 $\dot{U}^+$和 $\dot{U}^-$代入式（8-42）和式（8-43），整理得到电压、电流的沿线分布：

$$\dot{U}(x)=\dot{U}_1\cos\beta(l+x)-\mathrm{j}Z_0\dot{I}_1\sin\beta(l+x) \tag{8-44}$$

$$\dot{I}(x)=\dot{I}_1\cos\beta(l+x)-\mathrm{j}\frac{U_1}{Z_0}\sin\beta(l+x) \tag{8-45}$$

（2）已知终端电压 $\dot{U}_2$和电流 $\dot{I}_2$时的解，将 $x=0$ 及 $\dot{U}(0)=\dot{U}_2$、$\dot{I}(0)=\dot{I}_2$代入式（8-42）和式（8-43），得：

$$\dot{U}_2=\dot{U}^++\dot{U}^-$$

$$\dot{I}_2=\frac{\dot{U}^+}{Z_0}-\frac{\dot{U}^-}{Z_0}$$

联立解上列两式，得：

$$\dot{U}^+=\frac{1}{2}(\dot{U}_2+Z_0\dot{I}_2)$$

$$\dot{U}^-=\frac{1}{2}(\dot{U}_2-Z_0\dot{I}_2)$$

因此，电压、电流的沿线分布为：

$$\dot{U}(z)=\dot{U}_2\cos\beta x-\mathrm{j}Z_0\dot{I}_2\sin\beta x \tag{8-46}$$

$$\dot{I}(z)=\dot{I}_2\cos\beta x-\mathrm{j}\frac{\dot{U}_2}{Z_0}\sin\beta x \tag{8-47}$$

式（8-44）和式（8-45）是已知始端电压和电流计算距传输线终端 x 处电压和电流的一般公式。而式（8-46）和式（8-47）则是已知终端电压和电流计算距传输线终端 x 处的电压和电流的一般公式。

【例8-9】 有一无损耗平行板传输线，板间介质厚度为0.4mm，相对介电常数为2.25。若传输线的特性阻抗为50Ω，试求：（1）极板宽度；（2）传输线的 L_0，C_0；（3）波的相位速度。

解：设板的宽度为 W，L_0、C_0 由静电场求得，即：

$$C_0=\frac{\varepsilon W}{d},\quad L_0C_0=\mu\varepsilon,\quad L_0=\frac{\mu\varepsilon}{\varepsilon W/d}=\frac{\mu d}{W}$$

由式（8-28）得：

$$Z_0=\sqrt{\frac{L_0}{C_0}}=\sqrt{\frac{\mu}{\varepsilon}}\,\frac{d}{W}$$

（1）极板宽度：

$$W=\sqrt{\frac{\mu}{\varepsilon}}\,\frac{d}{Z_0}=\frac{377\times0.4\times10^{-3}}{50\times\sqrt{2.25}}=2\times10^{-3}(\mathrm{m})$$

（2）L_0 和 C_0 分别为：

$$L_0=\frac{\mu d}{W}=\frac{4\pi\times10^{-7}\times0.4}{2}=2.51\times10^{-7}(\mathrm{H/m})$$

$$C_0=\frac{\varepsilon W}{d}=\frac{10^{-9}\times2.25}{36\pi}\times\frac{2}{0.4}=99.5\times10^{-12}(\mathrm{F/m})$$

（3）相位速度：

$$v=\frac{1}{\sqrt{L_0C_0}}=\frac{1}{\sqrt{\mu\varepsilon}}=\frac{3\times10^8}{\sqrt{2.25}}=\frac{3\times10^8}{1.5}=2\times10^8(\mathrm{m/s})$$

习题 8-6

1. 无损耗的平板传输线，其阻抗特性固定。试问：

（1）在板宽 W 一定时，若介电常数 ε_r 加倍，介质厚度 d 会如何变化？

（2）在 d 一定下，若 ε_r 加倍，W 会如何变化？

（3）在 ε_r 一定下，若 d 加倍，W 会如何变化？

（4）在（1）、（2）、（3）的情况下，沿线波的传播速度如何变化？

2. 利用 $\varepsilon_r=2.25$ 的介质来制造一无损耗均匀传输线，若为二线传输线，导线半径为 0.6 mm，则两线间距离为多少，方能使特性阻抗为 85 Ω？

3. 无损耗传输线的同轴电缆长 10 m，内外导体间的电容容量 600 pF。设电缆的一端短路，另一端接有一脉冲发生器及示波器发现一个脉冲信号来回一次需 0.1 μs，问该电缆的特性阻抗 Z_0 是多少？

8.7 无损耗传输线中波的反射透射及其过程

从 8.6 节中传输线方程的通解可以看出，传输线上的电压波和电流波一般为响应的入射波和反射波的迭加。反射波是当入射波沿线传输到不均匀处时，由发生反射和透射现象所引起的。常见的不均匀处有：在接有阻抗值不同于传输线特性阻抗的负载处及两对特性阻抗值不同的传输线的连接处。下面首先分析传输线不均匀处的反射、透射问题，最后讨论无损耗线在终端开路和短路两种情况下波的反射过程。

8.7.1 反射系数和透射系数

传输线上某点的反射波电压与入射波电压的比值，称为该点处的电压反射系数，用 Γ_z

表示。两对均匀传输线的连接点处的透射波电压和入射波电压的比值，称为传输线的电压透射系数，用 τ 表示。

设特性阻抗 Z_c 的传输线终端 $x=0$ 处接有负载 Z_2，如图 8-19 所示。根据式（8-42）和式（8-43），负载处的电压和电流分别为：

$$\dot{U}(0)=\dot{U}^{+}-\dot{U}^{-}$$

$$\dot{I}(0)=\frac{\dot{U}^{+}}{Z_c}-\frac{\dot{U}^{-}}{Z_c}$$

负载 Z_2 上的电压和电流满足关系：

$$Z_2=\frac{\dot{U}(0)}{\dot{I}(0)}=Z_c\frac{\dot{U}^{+}+\dot{U}^{-}}{\dot{U}^{+}-\dot{U}^{-}}$$

负载端的电压反射系数为：

$$\Gamma_L=\frac{\dot{U}^{-}}{\dot{U}^{+}}=\frac{Z_2-Z_c}{Z_2+Z_c}=|\Gamma_L|e^{j\varphi_L}$$

式中 Γ_L 是一个复数，与 Z_2、Z_c 有关。

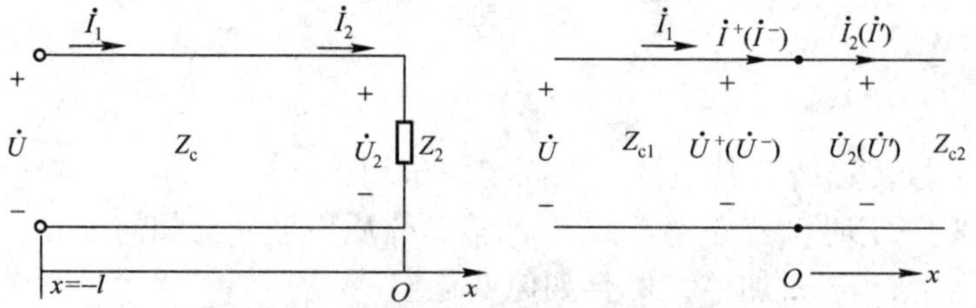

（a）波的反射　　（b）波的透射

图 8-19　无损耗传输线中的波的反射和透射

根据定义，在传输线上任一点处的反射系数为：

$$\Gamma_x=\frac{\dot{U}^{-}e^{j\beta x}}{\dot{U}^{+}e^{-j\beta x}}=\frac{\dot{U}^{-}}{\dot{U}^{+}}e^{2j\beta x}=|\Gamma_L|e^{j(2\beta x+\varphi_L)}=|\Gamma_L|e^{j\varphi_x}$$

显然，反射系数 Γ_x 的模不变，Γ_x 落后于 Γ_L 的相位角是 $2\beta x$。

上式所表达的关于反射系数的关系，同样适用于两对均匀传输线的连接处（见图 8-19（b））。设第 1 对传输线的特性阻抗为 Z_{c1}，则沿线电压和电流分布为：

$$\dot{U}(x)=\dot{U}^{+}e^{-j\beta_1 x}+\dot{U}^{-}e^{j\beta_1 x}$$

$$\dot{I}(x)=\dot{I}^{+}e^{-j\beta_1 x}+\dot{I}^{-}e^{j\beta_1 x}=\frac{\dot{U}^{+}}{Z_{c1}}e^{-j\beta_1 x}-\frac{\dot{U}^{-}}{Z_{c1}}e^{j\beta_1 x}$$

设第 2 对（特性阻抗为 Z_{c2}）传输线无限长，因此没有反射波，沿线的电压、电流分布为：

$$\dot{U}(x)=\dot{U}'e^{-j\beta_2 x}$$

$$\dot{I}(x)=\dot{I}'e^{-j\beta_2 x}=\frac{\dot{U}'}{Z_{02}}e^{-j\beta_2 x}$$

式中$\dot{U}'$和$\dot{I}'$为 $x=0$ 处的透射波电压和透射波电流。

根据两对均匀传输线连接处（$x=0$ 处）的边界条件，应有：

$$\dot{U}^{+}+\dot{U}^{-}=\dot{U}'$$

$$\dot{I}^{+}+\dot{I}^{-}=\dot{I}' \quad 或 \quad \frac{\dot{U}^{+}}{Z_{c1}}-\frac{\dot{U}^{-}}{Z_{c1}}=\frac{\dot{U}'}{Z_{c2}}$$

联立求解上列两式，得

$$反射系数 \quad \Gamma_L=\frac{\dot{U}^{-}}{\dot{U}^{+}}=\frac{Z_{c2}-Z_{c1}}{Z_{c2}+Z_{c1}}$$

$$透射系数 \quad \tau=\frac{\dot{U}'}{\dot{U}^{-}}=\frac{2Z_{c2}}{Z_{c1}+Z_{c2}}$$

分别将$\dot{U}^{-}=\Gamma_L\dot{U}^{+}$和$\dot{U}'=\tau\dot{U}^{-}$代入第 1、2 对传输线沿线电压、电流分布公式，得：

第 1 对线上的电压和电流

$$\dot{U}(x)=\dot{U}^{+}(e^{-j\beta_1 x}+\Gamma_L e^{j\beta_1 x})=\dot{U}^{-}e^{-j\beta_1 x}(1+\Gamma_L e^{2j\beta_1 x})$$

$$\dot{I}(x)=\frac{\dot{U}^{+}}{Z_{01}}(e^{j\beta_1 x}-\Gamma_L e^{j\beta_1 x})=\frac{\dot{U}^{+}}{Z_{01}}e^{-j\beta_1 x}(1-\Gamma_L e^{2j\beta_1 x})$$

第 2 对线上的电压和电流　$\dot{U}(x)=\tau\dot{U}^{+}e^{-j\beta_2 x}$

$$\dot{I}(x)=\dot{I}'e^{-j\beta_2 x}=\tau\frac{\dot{U}^{+}}{Z_{c2}}e^{-j\beta_2 x}$$

可见，传输线上任意点处的电压和电流都可通过反射系数或透射系数来计算。

此外，还可以用驻波比来描述反射波的大小，S 与 Γ_L 的关系为：

$$S=\frac{1+|\Gamma_L|}{1-|\Gamma_L|}$$

当无损耗线的负载与该线的特性阻抗相等时，$\Gamma_L=0$、$S=1$，不发生反射，称传输线工作在匹配状态。当传输线的负载为纯电抗或负载开路或短路时，$|\Gamma_L|=1$、$S=\infty$，发生全反射，形成驻波。

反射系数 Γ_L 的辐角 φ_L 可根据测量值决定，φ_L 与离负载端出现第一个电压最大值之间的距离 $|x|_{max1}$ 有以下关系：$|x|_{max1}=\frac{\lambda}{4\pi}\varphi_L$。负载阻抗 Z_2 和特性阻抗 Z_c 及反射系数之间的关系为：$Z_2=Z_c\frac{1+\Gamma_L}{1-\Gamma_L}$。

8.7.2　传输线上的传输功率

无损耗传输线上任意点的传输功率的计算式为：

$$P=\mathrm{Re}[\dot{U}(x)\dot{I}^{*}(x)]$$

考虑到沿线$\dot{U}(x)=\dot{U}^{+}e^{-j\beta x}+\dot{U}^{-}e^{j\beta x}$和$\dot{I}(x)=\frac{\dot{U}^{+}}{Z_c}e^{-j\beta x}-\frac{\dot{U}^{-}}{Z_c}e^{j\beta x}$,则：

$$P=\frac{(\dot{U}^{+})^2}{Z_c}-\frac{(\dot{U}^{-})^2}{Z_c}$$

式中右边第 1 项表示入射波输送的功率，第 2 项表示反射回电源的功率。

当负载匹配（$\Gamma_L=0$）时，传输功率为：

$$P=\frac{(\dot{U}^+)^2}{Z_c}=\frac{U_2^2}{Z_c}$$

式中 U_2是负载上的电压。上式即为负载吸收的功率，在电力工程中也称传输线的自然功率。这种运行状态称为输送自然功率的状态。工程上都希望传输线尽可能工作在自然状态（也称匹配状态）。

8.7.3 无损耗传输线的波过程

当传输线存在终端且不匹配的情况下，在终端将引起波的反射，因此，传输线上除了入射波以外还将存在反射波。本节讨论无损耗线在终端开路和短路两种情况下波的反射过程。

首先研究终端开路的无损耗线接通直流电压 U_0 的波过程。在入射波未到达终端 $0<t<\frac{l}{v}$的时间间隔内，反射尚未产生，因此线上的波过程和上节所述相同。在 $t=\frac{l}{v}$时波到达终端，由于终端开路，这一边界条件要求电流反射波大小为I_0，因为只有电流的这种全反射才能使终端电流为零（$i=i^+-i^-$），反射波所到之处电流变为零。由于$u^-=Z_c i^-=U_0$，而 $u^+=U_0$，因此，电压的反射波所到之处使线间电压变成 2 U_0，如图 8-20（a）、（b）所示。这一过程发生在$\frac{l}{v}\leqslant t<\frac{2l}{v}$之间。当反射波到达始端的前一瞬间时，全线电流为零，电压为 2 U_0。当反射波到达始端时，由于始端的边界条件要求电压为U_0，因此在始端也将产生反射，反射波也即是第 2 次入射波将以 $-U_0$为满足始端的边界条件，这也决定了第 2 次入射电流波的始端边界条件为 $-I_0$，故$\frac{2l}{v}\leqslant t<\frac{3l}{v}$的时间间隔内，波所到之处将使电压为$U_0$、电流为 $-I_0$，如图 8-20（c）所示。在 $t=\frac{3l}{v}$，第 2 次入射波到达终端时，终端的边界条件要求第 2 次反射电流波为 $-I_0$，以使$i^+-i^-=0$，第 2 次反射电压波为 $-U_0$。故在$\frac{3l}{v}\leqslant t<\frac{4l}{v}$时间间隔内，波所到之处将使线上电压和电流均为零，如图 8-20（d）所示。当 $t=\frac{4l}{v}$时，第 2 次反射波到达始端，全线电压和电流均为零，完成接通过程的一次循环，即恢复到开始接通的状态。以后的过程将周期性地重复出现。此周期等于波行进 4 倍线长所需的时间，即 $T=\frac{4l}{v}=4l\sqrt{L_0C_0}$。

终端短路的无损耗线和直流电压的接通过程与上述开路线相仿。当第 1 次入射波到达终端时将产生电压的全反射，第 1 次电压反射波为 $-U_0$而电流反射波为 $-I_0$，这将使线上电流增加为 2 I_0，这从图 8-21（a）、（b）可以看出，经$\frac{2l}{v}$时间，电压就完成一次周期重复而电流将增至 $-2I_0$。之后每次由终端产生的入射波使沿线电压变为U_0，从终端产生的反射波使电压为零，所以，电压在零和U_0之间变动。对电流来说，在终端产生的入射波和终端产生的反射波，总是使沿线电流增加I_0。因此，线上电流最后将增加到无限大。

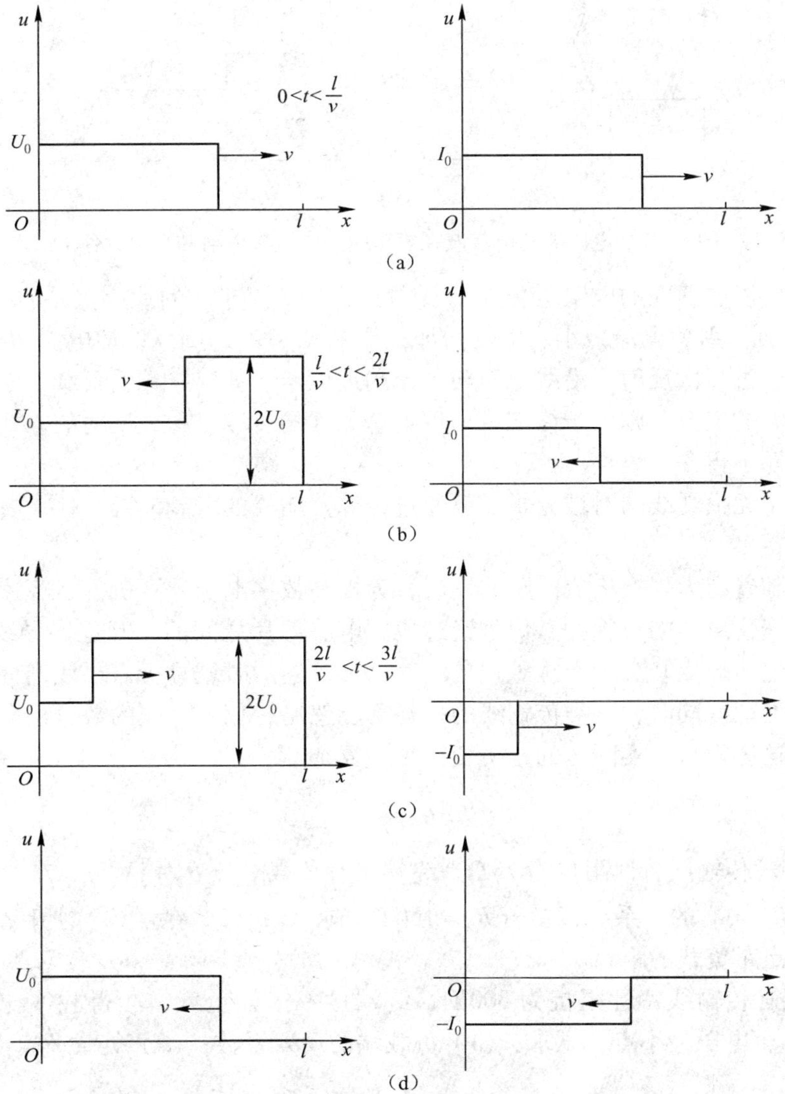

图 8-20 电压波和电流波在开路线上的多次入射和反射

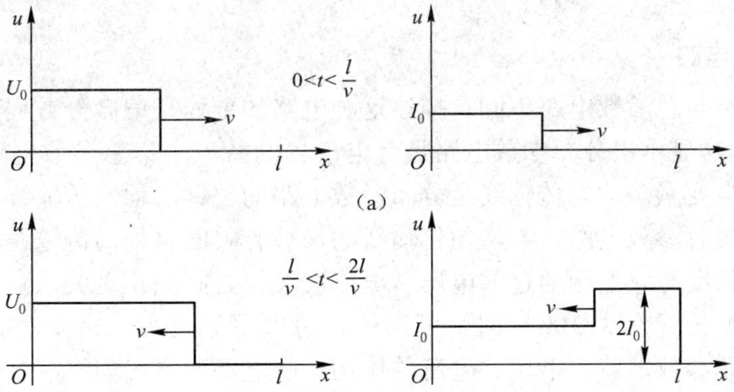

图 8-21 电压波和电流波在短路线上的多次入射和反射

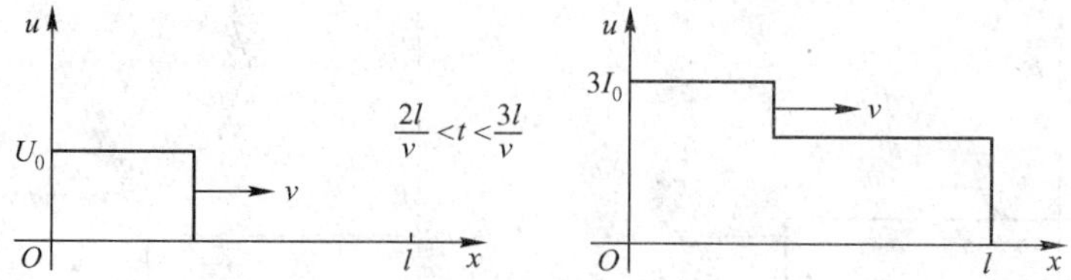

(c)

图 8-21　电压波和电流波在短路线上的多次入射和反射（续）

如果终端接以非匹配的电阻负载 R_L，则视此电阻 R_L 与 Z_c 的大小关系将有不同的反射。如果 $R_L > Z_c$，则反射使电流减小、电压增加；如果 $R_L < Z_c$，则反射使电流增加、电压减少。两种情况下，经过多次反射后沿线电压与电流趋近恒定。如果终端的负载不是纯电阻而是电阻与电感或电容的组合，则由于终端将出现集总元件的过渡过程，反射的方式也将随时间而变。对这类问题不再深入讨论。

前面介绍了无损耗线的时域分析。但通过计算传输线的 R_0 和 G_0，对有损耗线进行时域分析则要困难得多。

近年来，随着超大规模集成电路的发展，为提高数字电子计算机的运算速度，使用更高的工作频率和变化更快的短脉冲，信号经过集成电路芯片之间的相互连接导线（简称互连）时，会产生延迟、畸变和交叉干扰等现象。对这种互连的时域分析需要使用分布参数电路或传输线的观点处理。同时，这类传输线的损耗不能忽略，加上互连的数目很多，它们之间还有互感耦合，这些使得这类问题的分析变得更为复杂。

习题 8-7

1. 一无损耗传输线特性阻抗为 75 Ω，终端接有负载 $Z_2 = R_2 + jX_2$。试求：(1) 当沿线驻波比为 3 时，R_2 与 X_2 的关系。(2) 若 $R_2 = 150\,\Omega$，求 X_2；(3) 在 (1) 的情况下，离负载最近的电压最小点距负载的距离。

2. 一无损耗传输线特性阻抗为 300 Ω，终端接一未知负载，测得驻波比为 2，离负载 0.3λ 处为第 1 个电压最小点，试求：(1) 负载端的反射系数；(2) 负载 Z_2。

本章小结

1. 分布参数电路

分布参数电路与总参数电路不同，描述这种电路的方程是偏微分方程，有两个自变量即时间 t 和空间 x。这显示出分布参数电路具有电磁场的特点。集总参数电路的方程是常微分方程，只有一个自变量。均匀传输线是分布参数电路的一种。均匀传输线何时采用分布参数电路，何时采用集总参数电路，与均匀传输线的长短有关的。均匀传输线的长短是相对的概念，取决于它的长度与它上面通过的电压、电流波波长之间的相对关系。当均匀传输线的长度远远小于工作波长（$l < \lambda/100$）时，可当作集总电路来处理，否则，应作为分布参数电路处理。对于集总参数电路，电压、电流的作用，从电路的始端到终端是瞬时完成的，但在分布参数电路中电压、电流的作用则需要一定的时间。

集总参数电路的连接线，只起到“连接”的作用，若电源通过连接线接至负载，则负载端的电压、电流也就是电源端的电压、电流；而均匀传输线不同，沿线的电压、电流都在发生变化。

2. 均匀传输线及其方程

（1）均匀传输线的原参数为：

R_0——两根导线每单位长度具有的电阻 Ω；

L_0——两根导线每单位长度具有的电感，H/m（或 H/km）；

C_0——每单位长度导线之间的电容，F/m（或 F/km）；

G_0——每单位长度导线之间的电导，S/m（或 S/km）。

这几个参数称为均匀传输线的原参数。

（2）均匀传输线的方程：

$$-\frac{\partial u}{\partial x}=R_0 i+L_0\frac{\partial i}{\partial t}$$

$$-\frac{\partial i}{\partial x}=G_0 i+C_0\frac{\partial u}{\partial t}$$

它是一组对偶的常系数线性偏微分方程。方程中的负号说明随着 X 的增加电压电流在减小。

第 1 个方程表明，由于均匀传输线上连续分布的电阻和电感分别引起相应的压降，致使线间电压沿线变化；第 2 个方程表明，由于均匀传输线导电线间连续分布的电导和电容分别在线间引起泄露电流和电容电流，致使电流沿线间变化。这是研究均匀传输线工作状态的基本依据。

3. 均匀传输线方程的正弦稳态解

在外加正弦电压激励下，可以采用相量法求解均匀传输线方程的稳态解。

（1）已知始端电压电流$\dot U_1$，$\dot I_1$，传输线上与始端的距离为 x 处的电压和电流为：

$$\begin{cases}\dot U=\dfrac{1}{2}(\dot U_1+Z_c\dot I_1)e^{-\gamma x}+\dfrac{1}{2}(\dot U_1-Z_c\dot I_1)e^{\gamma x}\\[2ex]\dot I=\dfrac{1}{2}\left(\dfrac{\dot U_1}{Z_c}+\dot I_1\right)e^{-\gamma x}-\dfrac{1}{2}\left(\dfrac{\dot U_1}{Z_c}-\dot I_1\right)e^{\gamma x}\end{cases}$$

或写成

$$\begin{cases}\dot U=\dot U_1\text{ch}(\gamma x)-Z_c\dot I_1\text{sh}(\gamma x)\\[2ex]\dot I=\dot I_1\text{ch}(\gamma x)-\dfrac{\dot U_1}{Z_c}\text{sh}(\gamma x)\end{cases}$$

（2）已知终端电压电流$\dot U_2$、$\dot I_2$，传输线上与终端的距离为 $x'=l-x$ 处的电压和电流为：

$$\begin{cases}\dot U=\dfrac{1}{2}(\dot U_2+Z_c\dot I_2)e^{-\gamma x'}+\dfrac{1}{2}(\dot U_2-Z_c\dot I_2)e^{-\gamma x'}\\[2ex]\dot I=\dfrac{1}{2}\left(\dfrac{\dot U_2}{Z_c}+\dot I_2\right)e^{\gamma x'}-\dfrac{1}{2}\left(\dfrac{\dot U_2}{Z_c}-\dot I_2\right)e^{-\gamma x'}\end{cases}$$

或写成

$$\begin{cases}\dot U=\dot U_2\text{ch}(\gamma x)+Z_c\dot I_2\text{sh}(\gamma x)\\[2ex]\dot I=\dot I_2\text{ch}(\gamma x)+\dfrac{\dot U_2}{Z_c}\text{sh}(\gamma x)\end{cases}$$

4. 均匀传输线的原参数和副参数

传播常数：　$\gamma=\alpha+j\beta=\sqrt{Z_0Y_0}=\sqrt{(R_0+j\omega L_0)(G_0+j\omega C_0)}$

其中实部 α 为衰减常数，虚部 β 为相位常数。

特性阻抗（又称波阻抗）$Z_c=\sqrt{\dfrac{Z_0}{Y_0}}=\sqrt{\dfrac{R_0+j\omega L_0}{G_0+j\omega C_0}}=|Z_c|e^{j\theta}$

是复数，也是均匀传输线的一个副参数。

5. 无损耗的均匀传输线

（1）无损耗均匀传输线的定义：将把原参数 $R_0=0$、$G_0=0$ 的均匀传输线称为无损耗均匀传输线。

（2）无损耗线的副参数：

传播常数：$\gamma=\sqrt{Z_0Y_0}=\sqrt{(j\omega L_0)(j\omega C_0)}=j\omega\sqrt{L_0C_0}$，为虚数。即 $\alpha=0$、$\omega=\sqrt{L_0C_0}$。

特性阻抗：$Z_c=\sqrt{\dfrac{Z_0}{Y_0}}=\sqrt{\dfrac{L_0}{C_0}}$，为实数、纯电阻。

（3）几种特殊终端的情况：

① 终端阻抗与传输线匹配，即 $Z_2=Z_c$。此时，$Z_{ix}=Z_c$；

② 终端开路（即空载），$Z_2\to\infty$。此时，$Z_{ix}=jX_{oc}$。

③ 终端短路，$Z_2=0$，$\dot{U}_2=0$。此时，$Z_{ix}=jX_{sc}$。

6. 无损耗均匀传输线的传播特性

若 U 和 I 随时间作正弦变化，沿线各点的电压、电流的相量式为：

$$\dot{U}(x)=\dot{U}^+e^{-j\beta x}+\dot{U}^-e^{j\beta x}$$

$$\dot{I}(x)=\dot{I}^+e^{-j\beta x}+\dot{I}^-e^{j\beta x}$$

式中，$\beta=\omega\sqrt{l_0C_0}$，称为相位常数，$\dot{U}^+$、$\dot{U}^-$和$\dot{I}^+$、$\dot{I}^-$由传输线端点的边界条件决定。

沿线各处电压和电流可通过传输线的特性阻抗 Z_0 加以联系，即：

$$Z_2=\frac{\dot{U}^+}{\dot{I}^+}=-\frac{\dot{U}^-}{\dot{I}^-}=\sqrt{\frac{L_0}{C_0}}$$

7. 无损耗传输线中波的反射透射及其波过程

反射系数：$\Gamma_L=\dfrac{\dot{U}^-}{\dot{U}^+}=\dfrac{Z_2-Z_c}{Z_2+Z_c}$ 或 $\Gamma_L=\dfrac{\dot{U}^-}{\dot{U}^+}=\dfrac{Z_{c2}-Z_{c1}}{Z_{c2}+Z_{c1}}$

透射系数：

$$\tau=\frac{\dot{U}'}{\dot{U}^-}=\frac{2Z_{c2}}{Z_{c1}+Z_{c2}}$$

传输线的传输功率：$P=\dfrac{(\dot{U}^+)^2}{Z_c}-\dfrac{(\dot{U}^-)^2}{Z_c}$，负载匹配时：$P=\dfrac{(\dot{U}^+)^2}{Z_c}=\dfrac{U_2^2}{Z_c}$

复习参考题

一、思考题

1. 在什么情况下，必须用分布参数电路的观点来分析传输线上的电磁波传播过程。

2. 均匀传输线的原参数和副参数是指什么？写出无损耗的均匀传输线的传播常数和特性阻抗的表达式。

3. 在不同终端情况下，写出无损耗均匀传输线电压电流的正弦稳态解。

4. 入端阻抗是怎么定义的？它和那些量有关？它和特性阻抗有何差异？什么情况下二者相等？

5. 当负载阻抗不等于特性阻抗时，可采用什么方法使无损耗线处于匹配工作状态？

6. 何谓传输线的匹配？无损耗线在匹配状态下，沿线电压、电流的分布及能量的传输各有什么特点？如何利用四分之一波长传输线实现匹配？

7. 若一开路的无损耗线的长度分别为$\frac{\lambda}{4}$、$\frac{\lambda}{2}$、$\frac{3\lambda}{4}$，试问该线的入端阻抗。

8. 一无损耗传输线长为l，其特性阻抗与传播常数和该线的开路、短路之入端阻抗满足怎样的关系？

9. 什么是电压反射系数？它与电流反射系数相同吗？试解释之。

10. 无损耗均匀传输线上出现纯驻波的几种可能负载情况是什么？试列表归纳。

11. 什么是驻波比？它与电压反射系数的关系如何？对一终端开路的无损耗传输线而言，反射系数和驻波比的值为多少？对一终端短路的无损耗传输线其值又为多少？

12. 接有电阻负载的无损耗线，若（1）$R_2 > Z_c$；（2）$R_2 < Z_c$，试求电压波的最小值在线上出现的位置。

二、习题

1. 一对架空传输线的原参数为：$L_0 = 2.89 \times 10^{-3}$ H/km，$C_0 = 3.85 \times 10^{-9}$ F/km，$R_0 = 0.3\,\Omega$/km，$G_0 = 0$。试求当工作频率为 50 Hz 时的特性阻抗Z_c、传播常数γ、相位速度v_φ和波长λ。如果工作频率为10^4Hz，重求上述各参数。

2. 一同轴电缆的原参数为：$R_0 = 8\,\Omega$/km，$L_0 = 0.3$ mH/km，$C_0 = 0.2\mu$F/km，$G_0 = 0.5 \times 10^6$ S/km。试计算：当工作频率为 800 Hz 时电缆的特性阻抗Z_c、传播常数γ、相位速度v_φ和波长λ。

3. 传输线长$l = 80.8$ km，$R_0 = 1\,\Omega$/km，$\omega C_0 = 4 \times 10^{-4}$ S/km，而$G_0 = 0$、$L_0 = 0$。在线的终端所接阻抗$Z_2 - Z_c$，终端电压$U_2 = 3$ V。试求始端的电压U_1和电流I_1。

4. 一高压输电线长 300 km，线路原参数为：$R_0 = 0.06\,\Omega$/km，$L_0 = 1.4 \times 10^{-9}$ H/km，$G_0 = 3.85 \times 10^{-8}$S/km，$C_0 = 9.0 \times 10^{-9}$ F/km。电源的频率为 50 HZ。终端为一电阻负载，终端的电压为 220 kV、电流为 455 A。试求始端的电压U_1和电流I_1。

5. 两段特性阻抗分别为Z_{c1}和Z_{c2}的无损耗线连接的传输线如题 5 图所示。一只终端所接负载为$Z_2 =$ （$50 + \mathrm{j}50$）Ω。设$Z_{c1} = 85\,\Omega$，$Z_{c2} = 50\,\Omega$，两段线的长度都为 0.2λ（λ 为线的工作波长），试求 1 - 1′端的输入阻抗。

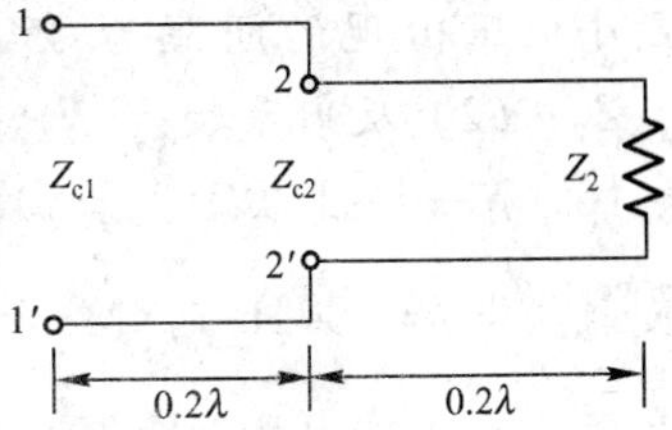

题 5 图

6. 同轴线特性阻抗为 50 Ω，其中介质为空气，终端连接的负载$Z_2 =$ （$50 + \mathrm{j}100$）Ω。已知线的工作波长为 10 cm。试求：终端处的反射系数，距负载 2.5 cm 处的输入阻抗和反射系数。

7. 试证明无损耗线沿线电压和电流的分布及输入导纳可以表示为下面的形式：

$$\dot{U}=\dot{U}_2\left[\cos(\beta x)+\mathrm{j}\frac{Y_2}{Y_c}\sin(\beta x)\right]$$

$$\dot{I}=\dot{I}_2\left[\cos(\beta x)+\mathrm{j}\frac{Y_c}{Y_2}\sin(\beta x)\right]$$

$$Y_i=Y_c\frac{Y_2+\mathrm{j}Y_c\tan(\beta x)}{Y_c+\mathrm{j}Y_2\tan(\beta x)}$$

其中，$Y_c=\dfrac{1}{Z_c}$，$Y_2=\dfrac{1}{Z_2}$，Z_2 为负载阻抗。

8. 有一均匀传输线 $Z_0=r_0+\mathrm{j}\omega L_0=0.427\angle 79°13'\ \Omega/\mathrm{km}$，$Y_0=g_0+\mathrm{j}\omega C_0=2.7\times10^6\angle -90°\mathrm{S/km}$，设终端电压$\dot{U}_2=220\,\mathrm{kV}$，$\dot{I}_2=455\,\mathrm{A}$，工作频率为 50 Hz。求距终端 900 km 处电压、电流的瞬时值表达式。

9. 特性阻抗 $Z_0=100\,\Omega$、长度为$\dfrac{\lambda}{8}$的无损耗传输线，输出端接有负载 $Z_L=(200+\mathrm{j}300)\,\Omega$，输入端接有内阻为 100 Ω、电压为 $500\angle 0°\mathrm{V}$ 的电源。试求：(1) 传输线输入端的电压；(2) 负载吸收的平均功率；(3) 负载端的电压。

10. 一无损耗的均匀传输线，特性阻抗为 Z_c，一端接一感性负载 $Z_2=R_2+\mathrm{j}X_L$。试求证：(1) 其入端阻抗相当于一电阻 R_i 和一电容 X_i 的并联；(2) 输入端与负载端的电压大小的比值。

11. 一无损耗传输线，接有负载 $Z_2=40+\mathrm{j}30\Omega$，试求：(1) 此线特性阻抗为多少时沿线有最小驻波比；(2) 最小驻波比对应的电压反射系数；(3) 离负载最近的最小电压发生处。

12. 一无损耗传输线，特性阻抗为 Z_c，一端接一负载 Z_2。试求：(1) 以 Z_c、Z_2 表示出驻波比 S；(2) 从最大电压处看向负载的入端阻抗，以 S 和 Z_c 表示；(3) 从最小电压处看向负载的入端阻抗，以 S 和 Z_c 表示。

13. 已知传输线在 1GHz 时的分布参数为：$R_0=10.4\,\Omega/\mathrm{m}$；$C_0=8.35\times10^{-12}$ F/m；$L_0=1.33\times10^{-6}$ S/m。试求传输线的特性阻抗、衰减常数、相位常数、传输线上的波长及传播速度。

14. 一无损耗传输线特性阻抗为 300 Ω，一端接一未知负载，驻波比为 2，距负载 0.3λ 为最接近负载的最小值电压。试求：(1) 负载处反射系数；(2) 未知负载 Z_2；(3) 若将 Z_2 拿掉换一电阻，问电阻值及离电阻多少距离处其入端阻抗等于 Z_2。

15. 实验中将一特性阻抗为 50 Ω 的无损耗传输接一未知负载阻抗，测得驻波比为 2.0，两最小电压出现的间隔为 25 cm，且最小电压出现处与负载间最短距离为 5 cm。试求：(1) Z_L；(2) 反射系数；(3) 若终端短路，则最小值电压与终端之间最短距离是多少。

16. 有一特性阻抗 $Z_0=50\,\Omega$ 的无损耗线，周围电解质参数 $\varepsilon_r=2.26$、$u_r=1$，接有 1 Ω 的负载。当 $f=100$ Hz 时的线长为$\dfrac{\lambda}{4}$，试计算：(1) 线的几何长度；(2) 负载端的反射系数；(3) 驻波比，并问第 1 个 U_{min} 出现在何处？(4) 传输线的输入阻抗。

第9章

电磁兼容及电磁技术

【本章内容概要】

首先介绍电磁骚扰和电磁干扰的概念和区别、电磁干扰三要素和电磁兼容的概念，电磁兼容性控制技术的方法和分析电磁兼容性方法；其次介绍屏蔽的原理、屏蔽的分类和屏蔽效能的表示方法；最后介绍接地的概念，安全接地、干扰控制接地和屏蔽层接地的方法。

【本章学习重点难点】

学习重点：理解电磁骚扰和电磁干扰的区别，掌握电磁干扰三要素和电磁兼容的概念；了解屏蔽的分类方法，掌握屏蔽的原理和屏蔽效能的表示方法。

学习难点：了解接地的概念，掌握干扰控制接地的种类和方法。

9.1 电磁兼容技术概述

9.1.1 电磁兼容的概念

1. 电磁骚扰和电磁干扰

电磁骚扰是“任何可能引起装置、设备或系统性能降级或对有生命或无生命物质产生作用的电磁现象。电磁骚扰可能是电磁噪声、无用信号或传播媒介自身的变化”。电磁干扰是“电磁骚扰引起的设备、传输通道或系统性能的下降”。电磁骚扰仅仅是电磁现象，即客观存在的一种物理现象，它可能引起设备性能的降级或损害，但不一定已经形成后果。而电磁干扰是由电磁骚扰引起的后果。过去在术语上并未将物理现象与其造成的后果明确划分，统称为干扰（Interference）。IEC 50（161）于1990年发布后，引入Disturbance这一术语（中文译为“骚扰”），给出明确的区分。但是为了方便，通常人们在分析电磁干扰问题时常常是与电磁骚扰联系在一起讨论，或统称为电磁干扰。

2. 电磁干扰（骚扰）源的分类

表9-1 电磁干扰的频率范围分类

根据频率范围电磁干扰的分类	频率范围	典型电磁干扰源
工频及音频干扰源	50 Hz及其谐波	输电线； 电力牵引系统有线广播
甚低频干扰源	30 kHz以下	雷电等
载频干扰源	10 300 kHz	高压直流输电高次谐波； 交流输电及电气铁路高次谐波

续表

根据频率范围电磁干扰的分类	频率范围	典型电磁干扰源
射频、视频干扰源	300 kHz 300 MHz	工业、科学、医疗设备； 电动机、照明电气； 宇宙干扰
微波干扰源	300 MHz 100 GHz	微波炉； 微波接力通信； 卫星通信

电磁干扰源的分类可以有许多种分法，例如，按传播途径划分，有传导干扰和辐射干扰，其中传导干扰的传输性质有电耦合、磁耦合及电磁耦合；按辐射干扰的传输性质划分，有近区场感应耦合和远区场辐射耦合；按频带划分，有窄带干扰和宽带干扰；按干扰频率范围划分，可细分为五种（见表9-1）；按实施干扰者的主观意向划分，可分为有意干扰源和无意干扰源；按干扰源性质划分，有自然干扰和人为干扰 U_0 等。

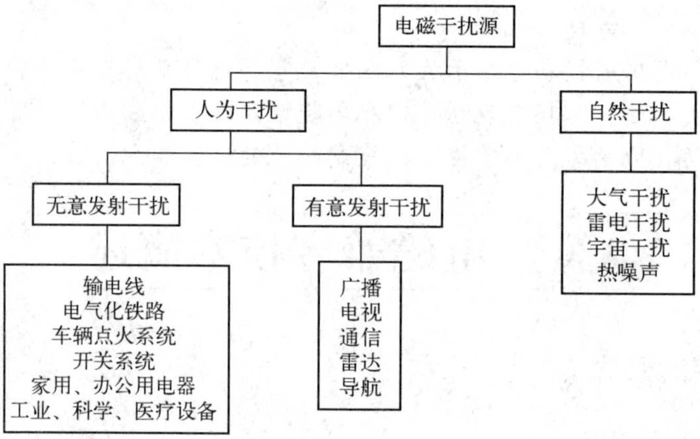

图9-1 电磁干扰源分类

3. 电磁干扰的三要素

所有的电磁干扰都是由三个基本要素组合而产生的，它们是：电磁干扰源；对该干扰能量敏感的设备；将电磁干扰源传输到敏感设备的媒介，即传输通道或耦合途径。相应的对抑制所有电磁干扰的方法也应由这三要素着手解决。

（1）电磁干扰源：是指产生电磁干扰的任何元件、器件、设备、系统或自然现象。

（2）耦合途径（或称传输通道）：是指将电磁干扰能量传输到受干扰设备的通道或媒介。

（3）敏感设备：是指受到电磁干扰影响，或者说对电磁干扰发生响应的设备。

4. 电磁兼容的含义

电磁兼容（Electro Magnetic Compatibility，EMC）一般指电气及电子设备在共同的电磁环境中能执行各自功能的共存状态，即要求在同一电磁环境中的上述各种设备都能正常工作又互不干扰，达到“兼容”状态。换句话说，电磁兼容是指电子线路、设备、系统相互不影响，从电磁角度具有相容性的状态。相容性包括设备内电路模块之间的相容性、设备之间的相容性和系统之间的相容性。

我国国家军用标准 GJB 72—1985《电磁干扰和电磁兼容性名词术语》给出电磁兼容性的定义为："设备（分系统、系统）在共同的电磁环境中能一起执行各自功能的共存状态，即：该设备不会由于受到处于同一电磁环境中其他设备的电磁发射而导致或遭受不允许的性能降级，它也不会使同一电磁环境中其他设备（分系统、系统）因受其电磁发射而导致或遭受不允许的性能降级。"可见，从电磁兼容性的观点出发，除了要求设备（分系统、系统）能按设计要求完成其功能外，还要求设备（分系统、系统）有一定的抗干扰能力，不产生超过规定限度的电磁干扰。

国际电工技术委员会（IEC）认为，电磁兼容是一种能力的表现。IEC 给出的电磁兼容性定义为："电磁兼容性是设备的一种能力，它在其电磁环境中能完成自身的功能，而不至于在其环境中产生不允许的干扰。"

进一步讲，电磁兼容学是研究在有限的空间、有限的时间、有限的频谱资源条件下，各种用电设备或系统（广义的还包括生物体）可以共存，且不至于引起性能降级的一门学科。电磁兼容的理论基础涉及数学、电磁场理论、电路基础、信号分析等学科与技术，其应用范围又几乎涉及所有用电领域。由于其理论基础宽、工程实践综合性强、物理现象复杂，所以在观察与判断物理现象或解决实际问题时，实验与测量具有重要的意义。对于最后的成功验证，也许没有任何其他领域像电磁兼容那样强烈地依赖于测量。在电磁兼容领域中，所面对的研究对象（主要指电磁噪声）无论时域特性还是频域特性都十分复杂。此外，研究对象的频谱范围非常宽，使得电路中的集中参数与分布参数同时存在，近场与远场同时存在，传导与辐射同时存在，为了在国际上对这些物理现象有统一的评价标准和统一实现设备或系统电磁兼容的技术要求，对测量设备与设施的特性及测量方法等均予以严格的规定，并制定了大量的技术标准。在国际上正在掀起一个电磁兼容要求法规化、电磁兼容技术标准国际化及推行电磁兼容强制性认证的热潮。

9.1.2　电磁兼容的工程方法

1. 电磁兼容性控制技术

电磁兼容性控制技术即电磁干扰控制技术，大体可分为如下 6 类。

(1) 传输通道抑制：具体方法有滤波、屏蔽、搭接、接地、合理布线。

(2) 空间分离：地点位置控制、自然地形隔离、方位角控制、电场矢量方向控制。

(3) 时间分隔：时间共用准则、雷达脉冲同步、主动时间分隔、被动时间分隔。

(4) 频谱管理：频谱规划 / 划分、制定标准规范、频率管制等。

(5) 电气隔离：变压器隔离、光电隔离、继电器隔离、DC / DC 变换。

(6) 其他技术。

滤波：是指将信号频谱划分为有用频率分量和骚扰频率分量、剔除和抑制骚扰频率分量、切断骚扰信号沿信号线或电源线传播的路径。借助滤波器可明显地减小传导干扰电平，因此恰当地设计、选择和正确地使用滤波器对抑制干扰是非常重要的。

屏蔽：是指利用屏蔽体（具有特定性能的材料）阻止或衰减电磁骚扰能量的传输。屏蔽分为被动屏蔽与主动屏蔽。被动屏蔽是通过各种屏蔽材料吸收及反射外来电磁能量来防止外来干扰的侵入，是将设备辐射的电磁能量限制在一定区域内，以防止干扰其他设备。屏蔽不仅对辐射干扰有良好的抑制效果，而且对静电干扰和干扰的电容性耦合、电感性耦合均有明显的抑制作用，因此屏蔽是抑制电磁干扰的重要技术。在实际工程设计中，必须在保证通风、散热要求的条件下，实现良好的电磁屏蔽。

接地：是指电子设备工作所必需的技术措施。接地有安全接地和信号接地，同时接地也引入接地阻抗及地回路干扰，事实证明接地设计对各种干扰的影响是很大的。因此，在电磁兼容领域中，接地技术至关重要，包括接地点的选择、电路组合接地的设计和抑制接地干扰措施的合理应用等。

搭接：是指导体间的低阻抗连接，只有良好的搭接才能使电路完成其设计功能，使干扰的各种抑制措施得以发挥作用，而不良搭接将向电路引入各种电磁干扰。因此在电磁兼容设计中，必须考虑搭接技术，以保证搭连的有效性、稳定性及长久性。

布线：是指印刷电路板（PCB）电磁兼容性设计的关键技术。选择合理的导线宽度，采取正确的布线策略，如加粗地线、将地线闭合成环路、减少导线不连续性、采用多层 PCB 板等。

2. 电磁兼容性分析与设计方法

1. 电磁兼容性分析方法

随着电子技术的发展，电磁兼容技术也在不断发展，电磁兼容性分析方法逐步得到提高和完善，按其发展过程，通常分为三种方法，即问题解决法、规范法和系统法。

1）问题解决法

问题解决方法是解决电磁兼容问题的早期方法，首先按常规设计建立系统，然后再对现场实验中出现的电磁干扰问题，设法予以解决。由于系统已安装完工，要解决电磁干扰问题比较困难，为了解决问题可能进行大量的拆卸，甚至要重新设计，对于大规模集成电路要严重地破坏其图版。因此问题解决法是一种非常冒险的方法，而且这种头痛医头、脚痛医脚的方法是不能从根本上解决电磁干扰问题的。这种方法在设计阶段节省电磁兼容支持所增加的成本，但在产品的最后阶段解决电磁兼容问题不仅困难大，而且成本很高。这种方法只适合比较简单的设备。

2）规范法

规范法是比问题解决法较为合理的一种方法，该方法是按照现行电磁兼容标准（国家标准或军用标准）所规定的极限值来进行计算，使组成系统的每个设备或子系统均符合所规定的标准，并按标准所规定的实验设备和实验方法核实它们与规范中规定极限值的一致性。该方法可在系统实验前对系统的电磁兼容提供一些预见性。其缺点：

① 标准与规范中的极限值是根据最坏情况规定的，这就可能导致设备或子系统的设计过于保守，引起过储备保护设计；

② 规范法没有定量考虑系统的特殊性，这就可能遗留下许多电磁兼容问题在系统实验时才能发现，并需事后解决；

③ 该方法对系统之间的电磁耦合常常不做精确考虑和定量分析；

④ 设备或子系统数据与系统性能并不是用固定的规范法联系起来，为了符合对设备或子系统的固定要求，导致提高成本来修改设计，但该固定要求不一定符合实际情况。

由上述可见，规范法的主要缺点在于既有可能过储备设计，同时谋求解决的问题又不一定是真正存在的问题。

3）系统法

系统法是近几年兴起的一种设计方法，它在产品的初始设计阶段对产品的每一个可能影响产品电磁兼容性的元器件、模块及线路建立数学模型，利用计算机辅助设计工具对其电磁兼容性进行分析预测和控制分配，从而为整个产品的满足要求打下良好基础。

系统法是电磁兼容设计的先进方法，它集中电磁兼容方面的研究成就，根据电磁兼容要求给出最佳工程设计的方法。系统法从设计开始就预测和分析电磁兼容性，并在系统设计、制造、组装和实验过程中不断对其电磁兼容性进行预测和分析。由于在设计阶段采取电磁兼容措施，因此可以采取电路与结构相结合的技术措施。这种方法通常在正式产品完成之前解决 90% 的电磁兼容问题。

无论是问题解决法、规范法还是系统法设计，其有效性都应是以最后产品或系统的实际运行情况或检验结果为准则，必要时还需要结合问题解决法才能完成设计目标。

2. 电磁兼容性设计方法

在设备或系统设计的初始阶段，同时进行电磁兼容设计，将电磁兼容的大部分问题解决在设计定型之前，可得到最好的费效比。如果到生产阶段再去解决，非但在技术上带来很大的难度，而且会造成人力、财力和时间的极大浪费，其 EMC 措施与费效比如图 9-2 所示。

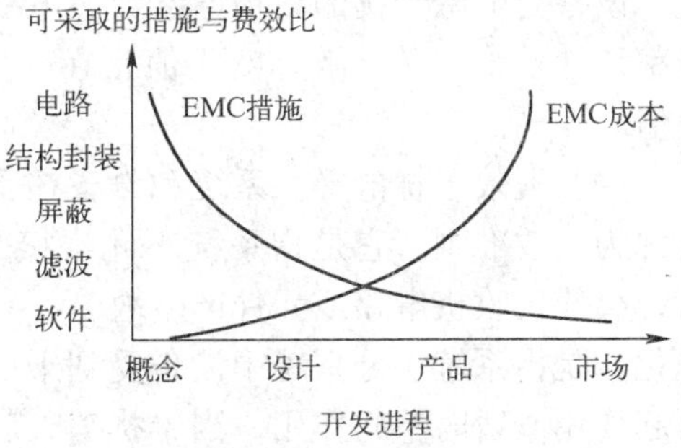

图 9-2　产品开发进程中的可采取的 EMC 措施与费效比

电磁兼容设计的基本方法是指标分贝和功能分块设计，也就是首先要根据有关的标准（国际、国家、行业、特殊标准等）将整体电磁兼容指标逐级分配到各功能块上，细化成系统级、设备级、电路级和元件级的指标。然后，按照要实现的功能和电磁兼容指标进行电磁兼容设计，例如，按电路和设备要实现的功能、按骚扰源的类型、按骚扰传播的渠道及按敏感设备的特性等。

1）电磁兼容设计的具体内容

（1）分析系统所处的电磁环境。为获得对于系统预定工作电磁环境的剖析，必须分析电磁环境，找出周围可能存在的人为干扰源和天然干扰源，为系统制定频谱与电磁场功率密度或场强的关系曲线图，以说明在指定频率范围内可能产生的干扰。

（2）选择频谱及频率。无线电频谱是有限的资源，由于频谱的用户日益增多，可供选择的频谱将受到限制，尤其在某些频段更为突出，信号频率十分拥挤。因此在进行系统设计时，对各分系统的频谱、频率及带宽进行精心选择，既要注意避免系统内相互间的干扰及与周围电磁环境间的干扰，同时也要符合频谱管理的规定。

（3）制定电磁兼容要求与控制计划。为了保证系统内及系统间的电磁兼容，必须制定电磁兼容性大纲。在此大纲中应规定系统的电磁兼容性要求，选取电磁兼容标准与规范及电磁兼容的保证措施，制定电磁兼容控制计划及试验计划。控制计划的内容包括对系统参数提出要求、对系统提出电磁干扰及电磁兼容性要求，例如，减小发射频谱及接收机带宽、控制谐波量、边带及脉冲上升时间及对结构、电缆网、电气与电子电路设计等提出要求。试验计划的内容包括测量仪表、实验设施、被测对象的状态、测试项目、试验步骤、试验报告等。

（4）设备及电路的电磁兼容设计。设备及电路的电磁兼容设计是系统电磁兼容设计的基础，是最基本的电磁兼容性设计，其内容包括控制发射、控制灵敏度、控制耦合及接线、布线与电缆网的设计、滤波、屏蔽、接地与搭接的设计等。在设计中，可针对设备、分系统及系统中可能会出现的电磁兼容问题，灵活地运用这些技术，并要同时采取多种技术措施。

2）电磁兼容设计的主要参数

（1）敏感度门限和干扰允许值是敏感度门限是指敏感设备对干扰所呈现最小的不希望存在的响应电平。敏感度门限越小，设备的抗干扰的能力就越差，因此敏感门限值是进行保护性设计确定干扰允许值的基本出发点。干扰允许值必须小于能在敏感设备中引起错误响应的电平值，在进行保护性设计时，应考虑设备或系统工作受干扰时，在最敏感的频率和最危险的状态下所允许的干扰电平，在统计性设计时，应考虑设备或系统干扰电平的概率。

（2）电磁干扰安全系数。该参数指敏感度门限高于实际干扰的分贝数，是衡量设备或系统所具有的电磁兼容性程度（以分贝表示）。对于影响工程项目的安全或重要战术技术指标的设备或系统，取电磁干扰安全系数为6 dB，对于非主要的设备或系统取3 dB，对含有爆炸装置的设备则应取20 dB。

（3）敏感度阈值。该参数是系统、分系统或设备不能正常工作的干扰临界电平值，是在其工作频段内，受电磁干扰最敏感的频段和最敏感的频率上的干扰临界电平值。这是衡量系统、设备受电磁干扰的易损性参数。电磁敏感度阈值愈低，说明系统、设备愈易受干扰。从概率统计学来定义，敏感度阈值是在一定置信度下，敏感设备或系统受电磁干扰电平的概率值。

（4）失效干扰电平。系统和设备在受到强电磁干扰后将产生失效的现象。失效干扰电平也称为失效准则，它是指系统不允许接受的电磁干扰电平。当不允许的干扰电平进入系统后，会使接收机电路或元件产生故障，其故障可能是永久性恶化或永久性失效。所谓永久性恶化，是指系统、分系统中设备受到干扰后，使元件遭到电气损坏或结构损坏，但元件仍然可起作用或暂时不起作用，当干扰消失后仍能工作，只是元件的工作性能降低，降到性能指标不允许的程度。永久性失效是指系统、分系统中设备受到干扰后，由于电磁能量的作用，使元件遭到永久性电气损坏或结构损坏，例如，连接线熔化、金属镀层损坏或半导体结构损坏等，使元件永久性失效而不能工作。

（5）费效比。通常将采取电磁兼容措施所投资的费用与系统效能之比称为费效比。从安全角度考虑，希望电磁兼容安全裕度越高越好，但选得过高，要采用的干扰抑制措施就越多，投资的费用将增多。从经济观点来考虑，安全裕度不能太高，以减少投资，设计中应采用投资少而系统效能又高的设计方案来减少费效比。实践证明，在设计开始时就进行电磁兼容设计与系统完工后出现电磁兼容问题时再着手解决的设计方案相比，前者有较低的费效比。

9.1.3 电磁兼容标准

我国的电磁兼容技术标准和国际上的一样，也分为四类：基础标准、通用标准、产品类标准和系统间电磁兼容标准。

（1）基础标准（Basic Standard）。已发布的现行国家标准中有20个基础标准，这类标准涉及EMC术语、电磁环境EMC测量设备规范和EMC测量方法等，如《电工术语　电磁兼容》(GB/T 4365—2003)。

(2) 通用标准 (Generic Standard)。已发布的现行国家标准中有 4 个。其中 GB 8702 主要涉及在强磁场环境下对人体的保护要求，GB/T 14431 主要涉及无线电业务要求的信号/干扰保护比。

(3) 产品类标准 (Product Family Standard)。在我国此类标准数量最大，已发布的现行国家标准中有 47 个，如 GB 9254、GB 4343. 1、GB 4343. 2、GB 4824 和 GB 13837 等。

(4) 系统间电磁兼容标准 (Standard of Intersystem Compatibility)。除以上分类以外，我国国标还包含相当数量的系统间 EMC 标准，它们主要规定了经过协调的不同系统之间的 EMC 要求，如 GB 6364、GB 13613　13620 等。在这些标准中，多数根据多年的研究结果规定了不同系统之间的防护距离，例如，机场中的通信导航设备防护距离是为防护广播电台、短波通信发射台、高压电力系统、电气化铁道等系统所需的保护距离。

9. 1. 4　电磁干扰信号的时域与频域分析

通常，引起电磁干扰的重复性信号可以用其时域波形来表示。而且单脉冲干扰，如闪电、静电放电 (ESD)、电力线浪涌等，也总是用波形表示。从另一个方面来看，对 EMC 的描述和分析被定义在频域，如滤波器的性能、屏蔽材料和许多 EMC 元件。所以需要将时域波形转换到频域，反之，由频域转换到时域。

由傅立叶定理可得，任何周期信号都能被表示为正弦信号和余弦信号的级数形式，其频率是基频的整数倍。然而，因为电磁干扰的频域范围是从几赫兹到十亿赫兹，所以需要花费很长时间对每一个谐波的幅度进行严格的分析，频域范围是从基波到几千至几万次的谐波。

由时域波形转换到频域波形或由频域波形转换到时域波形的有力工具是傅立叶变换 (傅氏变换)。

对于非周期性的信号，用傅氏变换将信号从时域变换到频域，得到的频域波形称为频谱。对于非周期信号，频谱是连续的。对于周期性信号，用傅氏级数进行变换。这时的频谱是离散的，即只在有限的频率点上有能量。由于周期信号有限的能量分布在有限的频率上，因此周期信号的能量更集中，所以干扰作用更强。干扰信号的时域与频域分析示意图如图 9-3 所示。

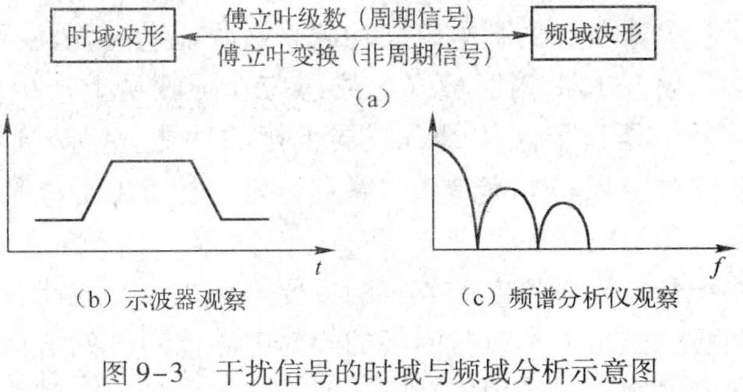

图 9-3　干扰信号的时域与频域分析示意图

习题 9-1

1. 什么是电磁骚扰？什么是电磁干扰？二者有什么区别？
2. 自然干扰和人为干扰各分为哪几类？

3. 电磁兼容的含义指什么？

9.2 屏蔽技术

所谓屏蔽（Shielding），就是用导电或导磁材料制成的金属屏蔽体（Shield）将电磁干扰源限制在一定的范围内，使骚扰源从屏蔽体的一面耦合或当其辐射到另一面时受到抑制或衰减。屏蔽是电磁兼容工程中广泛采用的抑制电磁骚扰的有效方法之一。一般而言，凡是电磁干扰都可以采用屏蔽的方法来抑制。

电气、电子设备或系统中的各电路和元件有电流流过的时候，在其周围空间就产生磁场。又因为电路和各元件上的各部分具有电荷，故在其周围空间产生电场。进一步，这种电场和磁场作用在周围的其他电路和元件上时，在这些电路和元件上就产生相应的感应电压和感应电流。而这种在邻近电路、元件和导线中产生的感应电压和感应电流，又能反过来影响原来的电路和元件中的电流和电压。这就是电气、电子设备或系统中电磁的寄生耦合干扰。这种干扰往往使电气、电子设备或系统工作性能变坏，有时甚至不能正常工作，是一种极为有害的电磁现象。

当工作频率高于100kHz以上时，电路、元件的电磁辐射能力增强，电气、电子设备或系统中就存在着辐射电磁场的寄生耦合干扰。屏蔽的目的是采用屏蔽体包围电磁干扰源，以抑制电磁干扰源对其周围空间存在的接受器的干扰；或采用屏蔽体包围接受器，以避免干扰源对其干扰。

9.2.1 屏蔽的基本原理

1. 屏蔽

屏蔽就是对两个空间区域之间采用屏蔽体进行隔离，以控制电场、磁场和电磁波由一个区域对另一个区域的感应和辐射。具体来讲，就是用屏蔽体将元器件、电路、组合件、电缆或整个系统的干扰源包围起来，防止干扰电磁场向外扩散；或用屏蔽体将接收电路、设备或系统包围起来，防止它们受到外界电磁场的影响。因为屏蔽体对来自导线、电缆、元器件、电路或系统等外部的干扰电磁波和内部电磁波均起着吸收能量（涡流损耗）、反射能量（电磁波在屏蔽体上的界面反射）和抵消能量（电磁感应在屏蔽层上产生反向电磁场，可抵消部分干扰电磁波）的作用，所以屏蔽体具有减弱干扰的功能。屏蔽通常包括两种：一种是电场屏蔽，主要用于防止静电场和恒定磁场的影响；另一种是电磁屏蔽，主要用于防止交变电场、交变磁场及交变电磁场的影响。

屏蔽是提高电子系统和电子设备电磁兼容的重要措施之一。它能有效地抑制通过空间传播的各种干扰，既可阻止或减少电子设备内部的辐射电磁能对外的传输，又可阻止或减少外部辐射电磁能对电子设备的影响。运用主动屏蔽的方式，大部分电磁兼容问题都可以通过电磁屏蔽来解决。用屏蔽的方法来解决电磁干扰问题的最大优点是不会影响电路的正常工作，因此不需要对电路做任何修改。当干扰电磁场的频率较高时，可利用低电阻率金属材料中产生的涡流，形成对外来电磁波的抵消作用，从而达到屏蔽的效果。当干扰电磁波的频率较低时，要采用高磁导率的材料，使磁力线限制在屏蔽体内部，防止扩散到屏蔽的空间。在某些场合下，如果要求对高频和低频电磁场都具有良好的屏蔽效果时，往往采用不同的金属材料组成多层屏蔽体。

麦克斯韦、法拉第和其他人在电子学建立之前就建立了描述电场和磁场的基本方程式，然而对实际中的复杂系统几乎不能直接应用这些方程式。电场和磁场的衰减采用从实验中得到的方程式能够更好地表达，这些方程式在屏蔽的设计中应用广泛。在屏蔽设计中，波阻抗 $\mathbf{Z}_\mathrm{W}$是重要的参数，波阻抗定义为电场 $\boldsymbol{E}$ 与磁场 $\boldsymbol{H}$ 的比值。

由于辐射源分为近场的电场源、磁场源和远场的平面波，因此屏蔽体的屏蔽性能依据辐射源的不同，在材料选择、结构形状和对孔缝泄漏控制等方面也有所不同。有许多因素会影响电磁能量源周围的场，源的种类赋予场一些特征，如辐射幅度。距离源的距离和电磁波传输媒介的特性都会影响场与屏蔽之间的相互作用。源上的驱动电压决定了干扰的特性，如环形天线中流动的电流与较低的驱动电压对应，其结果是在天线附近产生较小的电场和较大的磁场，具有较低的波阻抗。另外，在 1/5 波长的距离上，所有源的波的阻抗趋近于自由空间的特征阻抗（377 Ω），这时称为平面波，作为参考 1 MHz 的波长是 300 m。

空间电磁波的波阻抗因其源不同，在近场所表现出来的波阻抗高低也不同，电场源在近场呈现高的波阻抗，磁场源在近场呈现低的波阻抗。这是相对于自由空间的远场波阻抗 377Ω 而言的。这对如何选择屏蔽材料至关重要，因为电磁波在屏蔽材料表面的反射，取决于表面对人射波所呈现的波阻抗的变化程度。

在源与屏蔽层距离较近的情况下，由于磁屏蔽层的表面阻抗在数值上与磁场波阻抗相近，因而屏蔽磁场时，反射损耗很小，屏蔽效能主要通过屏蔽层所产生的衰减 A（吸收损耗）决定；反之，屏蔽电场时，由于电场的波阻抗数值比屏蔽层的表面阻抗高得多，因此总的屏蔽效能主要由反射损耗 R 决定。在设计中要达到所需的屏蔽性能，则须首先确定辐射源，明确频率范围，然后根据各个频段的典型泄漏结构，确定控制要素，选择恰当的屏蔽材料，设计屏蔽壳体。

2. 场域划分

屏蔽是对场的问题处理，离场源的距离不同场的性质不同。根据离场源的距离 d，电磁波可分为近场和远场两种，两种场的分界以波长 λ 除以 2π 的距离为分界点，$\lambda/2\pi$ 附近的区域称为过渡区。近场波的特性主要由源特性决定，而远场波的特性由传播媒介决定。如果源是大电流、低电压，在近场产生以磁场为主的波；高电压、小电流的源，则在近场产生以电场为主的波。在屏蔽设计时，由于屏蔽壳与源之间的距离通常在厘米数量级，故相对于屏蔽电磁波为近场的情况。在远场，电场和磁场都变为平面波，即波阻抗等于自由空间的特性阻抗。电磁波粗略划分的方法是：

① $d<\lambda/2\pi$ 的区域为近场区；

② $d>\lambda/2\pi$ 的区域为远场区。

电磁波严格划分的方法是：

① $d<d_0/3$ 的区域为近场区（但实际可扩展到 $d<\lambda/1.2\pi$）；

② $d>3d_0$，$d_0=\lambda/2$ 的区域为远场区；

③ $\lambda/20<d<\lambda/2$ 的区域为过渡区。

近场是感应场，对外不辐射能量。远场是辐射场，电场 $\boldsymbol{E}$ 与磁场 $\boldsymbol{H}$ 矢量在时间上同相，向外辐射能量。过渡区是感应电磁场，场的性质比较复杂。设备内部主要是近场问题，用场论解麦克斯韦方程复杂而不实用，在工程上用近似电路理论处理。即用集中参数电容考察电场引起的耦合，用互感集中参数考察磁场引起的耦合。如果波源的电压高、电流小，则电场的作用比磁场的作用明显，可采用电场屏蔽，用法拉第屏蔽来消除电场的影响。如果波源的电压低、电流大，则磁场起主导作用，应采用磁场屏蔽，使回路 1 的磁通发生扭曲或将其引向其他方向，避免与回路 2 交连，从而消除磁场耦合。

3. 波阻抗和能量密度

通过分析波阻抗和能量密度可知，电偶极子在近场（$r<\lambda/2\pi$）的波阻抗为高阻抗（$>377\,\Omega$），近场的能量主要为电场分量，可忽略磁场分量；磁偶极子在近场的波阻抗为低阻抗（$<377\,\Omega$），近场的能量主要为磁场分量，可忽略电场分量。电偶极子和磁偶极子在远场（$r>\lambda/2\pi$）的波阻抗相等（均为 $377\,\Omega$），此时电场和磁场分量相等。这就是说，两类源在近场的差别较大，因此可根据其波阻抗和能量性质，将上述两种源称为高阻抗电场源和低阻抗磁场源。而近场和远场的条件中 r 的大小与频率 f 有关的。因此在较低的频率范围内，干扰一般发生在近场。当频率增高时，干扰趋于远场，此时电场和磁场分量均不可忽略。对应于这三种情况的屏蔽分别称为电（场）屏蔽、磁（场）屏蔽和电磁（场）屏蔽。

采用能将磁通分流的高磁导率铁磁性材料可以屏蔽 200 kHz 以下的低阻抗波。反过来，采用能将电磁波中电矢量短路的高导电性金属能够屏蔽电场波和平面波。入射波的波阻抗与屏蔽体的表面阻抗相差越大，屏蔽体反射的能量越多。因此，一块高电导率的薄铜片对低阻抗波的作用很小。

远场、近场的划分是根据两类基本源的场随 l/r（场点至源点的距离）的变化而确定的，两类源在远场、近场的场特征及传播特性均有所不同。两类源的场与传播特性见表 9-2 所示。

表 9-2 两类源的场与传播特性

场源类型	近场（$r<\lambda/2\pi$）		远场（$r>\lambda/2\pi$）	
	场特性	传播特性	场特性	传播特性
电偶极子	非平面波	以 $1/r^3$ 衰减	平面波	以 $1/r$ 衰减
磁偶极子	非平面波	以 $1/r^3$ 衰减	平面波	以 $1/r$ 衰减

波阻抗 $|Z_W|$ 为空间某点电场强度与磁场强度之比，场源不同，远场、近场不同，则波阻抗也有所不同，见表 9-3，波阻抗与场源距离及源特性的关系如图 9-4 所示。

表 9-3 两种场源在远、近场的波阻抗特性

场源类型	波阻抗 $|Z_W|$ /Ω	
	近场（$r<\lambda/2\pi$）	远场（$r>\lambda/2\pi$）
电偶极子	$\dfrac{60\lambda}{r}$	120π
磁偶极子	$\dfrac{240\pi^2 r}{\lambda}$	120π

能量密度包括电场分量能量密度和磁场分量能量密度，通过对由同一场源所产生的电场、磁场分量的能量密度进行比较，可以确定场源在不同区域内何种分量占主要成分，以便确定具体的屏蔽分类。能量密度的表达式由下列公式给出，电场分量能量密度为：

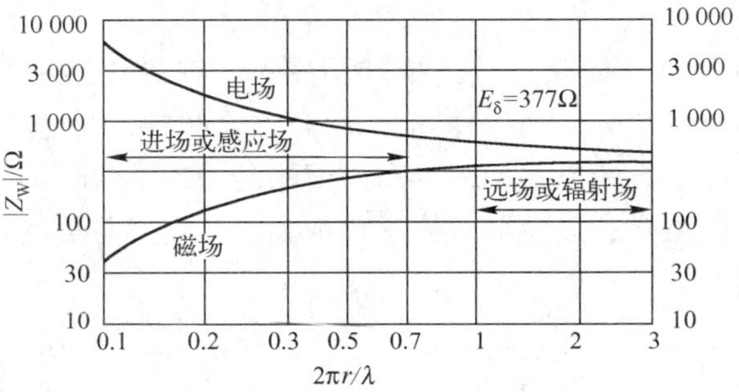

图 9–4　波阻抗与场源距离 r 及源特性的关系

$$W_E = \frac{1}{2}\boldsymbol{E} \times \boldsymbol{D} = \frac{1}{2}\varepsilon \mid \boldsymbol{E} \mid^2$$

磁场分量能量密度为：

$$W_H = \frac{1}{2}\boldsymbol{H} \times \boldsymbol{B} = \frac{1}{2}\mu \mid \boldsymbol{H} \mid^2$$

场源总能量密度为：

$$W = W_E + W_H$$

两种场源在远、近场的能量密度见表 9–4，从表中可以看出，两类源在近场有很大的区别。

表 9–4　两种场源在远、近场的能量密度

场源类型	能量密度比较	
	近场（$r<\lambda/2\pi$）	远场（$r>\lambda/2\pi$）
电偶极子	$W_E \gg W_H$	$W_E = W_H$
磁偶极子	$W_E \gg W_H$	$W_E = W_H$

9.2.2　屏蔽的分类

根据条件的不同，电磁场的屏蔽可分为电场屏蔽和电磁屏蔽。二者既具有质的区别，又具有内在的联系，不能混淆。

1. 地磁屏蔽

地磁场接近于直流磁场（其屏蔽效能取决于屏蔽材料的导磁系数 μ），但实际上它是在 20　50Hz 频率范围内波动的。因此，对地磁屏蔽可以看成是对叠加有效流场的直流磁场屏蔽，其屏蔽效能用增量屏蔽系数 $\varepsilon\Delta$ 表示。增量屏蔽系数 $\varepsilon\Delta$ 取决于增量导磁系数 $\mu\Delta$。对半径为 R 的圆球体单层屏蔽或长度为 L 的立方体单层屏蔽，设屏蔽体厚度为 t，则圆球体增量屏蔽系数 $\varepsilon\Delta$ 为

$$\varepsilon\Delta = 1 + \frac{2}{3} \cdot \frac{\mu\Delta t}{R} \tag{9-1}$$

立方体增量屏蔽系数为：

$$\varepsilon\Delta = 1 + \frac{1}{2} \cdot \frac{\mu\Delta t}{R} \tag{9-2}$$

增量导磁系数$\mu\Delta$是材料磁密或磁感应强度$\boldsymbol{B}$的函数，其最大值等于初始直流导磁系数，并随磁感应强度$\boldsymbol{B}$和直流导磁系数的增加而减小。在磁化饱和时，$\mu\Delta$等于零。因此，为了获得最大的增量屏蔽系数$\varepsilon\Delta$，屏蔽体应采用高磁导材料，通过控制剩余磁感应强度$\boldsymbol{B}$，来抵消外界直流磁场。控制方法是，用一个高强度的高斯线圈放在屏蔽空间中或靠近屏蔽空间，进行急剧磁化和交流去磁，以免屏蔽体磁化饱和或出现不希望的剩余感应，从而使剩余感应达到所期望的数值。

2. 磁场屏蔽

磁场屏蔽通常是指对静磁场或交变磁场的屏蔽。磁场屏蔽的原理是由屏蔽体对干扰磁场提供低磁阻的磁通路，对干扰磁场进行分流，主要用于防止交变电场、交变磁场及交变电磁场的影响。因而，选择钢、铁、坡莫合金等高磁导率的材料，设计盒、壳等封闭壳体成为磁屏蔽的两个关键因素。由于采用磁导率高的材料做屏蔽体，因此它给低频磁通提供了一个闭合回路，并使其限制在屏蔽体内，使得屏蔽体内部的磁场大为减弱，如图9-5所示。屏蔽体的磁导率越高、厚度越大，磁阻越小，磁场屏蔽的效果越好。

磁场屏蔽设计应遵循的原则如下。

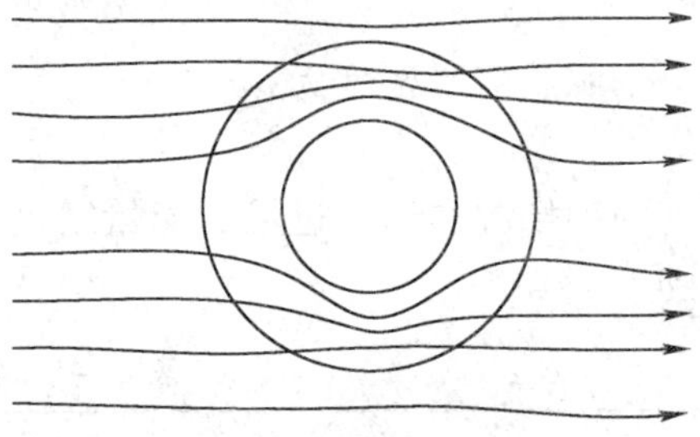

图9-5　磁场屏蔽

(1) 磁屏蔽体应选用高磁导率的铁磁性材料，如坡莫合金，以防止磁饱和。

(2) 被屏蔽的物体不要安排在紧靠屏蔽体的位置，以尽量减小通过被屏蔽物体体内的磁通；被屏蔽物与屏蔽体内壁应留有一定间隙，防止磁短路现象发生。

(3) 可增加屏蔽体壁厚，以减小屏蔽体的磁阻。单层屏蔽体壁厚不宜超过2.5 mm，若单层屏蔽体的屏蔽效果不好，可采用双层屏蔽或多层屏蔽，也可防止磁饱和。

(4) 注意屏蔽体的结构设计，凡接缝、通风孔等均可能增加屏蔽体的磁阻，从而降低屏蔽效果。应使屏蔽体的接缝与孔洞的长边平行于磁场分布的方向，圆孔的排列方向要使磁路增加量最小，以便尽可能不阻断磁通的通过。

(5) 屏蔽体加工成型后都要进行退火处理。

(6) 从磁屏蔽的机理而言，屏蔽体不需接地，但为了防止电场感应，一般还是要接地。

(7) 对于强磁场的屏蔽可采用双层磁屏蔽体的结构，则屏蔽体的外层选用不易饱和的材料，如硅钢；而内部可选用容易达到饱和的高磁导材料，如坡莫合金等；反之，如果要屏蔽内部强磁场时，则材料的排列次序要倒过来。在安装内、外两层屏蔽体时，要注意彼此间的绝缘。当没有接地要求时，可用绝缘材料做支撑件。若需接地时，可选用非铁磁材料（如铜、铝）做支撑件。

1) 交变磁场屏蔽

交变磁场屏蔽有高频和低频之分。低频磁场屏蔽，从狭义角度，是指甚低频（VLF）和极低频（ELF）的磁场屏蔽。低频磁场屏蔽是利用高磁导率的材料构成低磁阻通路，使大部分磁场被集中在屏蔽体内，而尽量不扩散到外部空间。屏蔽壳体对磁场起磁分路作用，其屏蔽效能主要取决于屏蔽材料的导磁系数，随着频率的增加，材料的电导率σ也起一定作用。屏蔽体的磁导率越高、厚度越大，磁阻越小，磁场屏蔽的效果越好。高频磁场的屏蔽是利用高电导率材料产生的涡流的反向磁场来抵消干扰磁场而实现的。

低频磁场往往随距离的缩短衰减很快，因此在很多场合，将磁敏感器件远离磁场源是一个减小磁场干扰十分有效的措施。但由于空间的限制而无法采取这个措施时，屏蔽是一个十分有效的措施。需要注意的是，低频磁场屏蔽与高频磁场屏蔽是完全不同的，高频屏蔽可以用铍铜复合材料、银、锡或铝等材料，而这些材料对低频磁场没有任何屏蔽作用。只有高磁导率的铁磁合金能屏蔽低频磁场。

根据电磁屏蔽的基本原理，低频磁场由于其频率低，趋肤效应很小，吸收损耗很小，并且由于其波阻抗很低，反射损耗也很小，因此单纯靠吸收和反射很难获得需要的屏蔽效能。对这种低频磁场，要通过使用高磁导率材料提供磁旁路来实现低频磁场屏蔽，如图 9-6 所示。

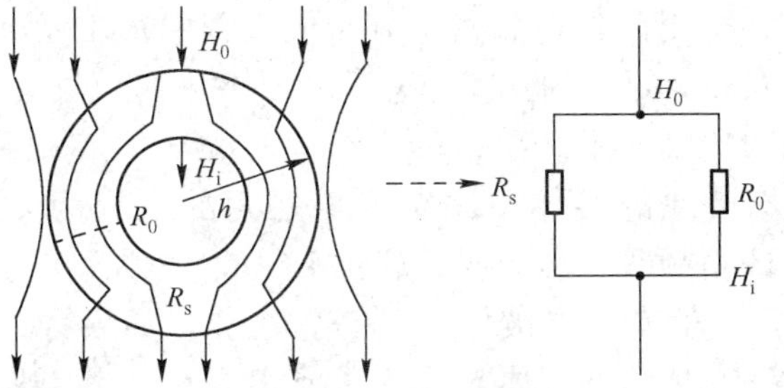

图 9-6　高磁导率材料提供磁旁路以达到屏蔽作用

由于屏蔽材料的磁导率很高，因此为低频磁场提供了一条磁阻很低的通路，空间的磁场会集中在屏蔽材料中，从而使敏感器件免受磁场干扰。从这个机理上看，屏蔽体分流的低频磁场分量越多，则屏蔽效能越高。根据这个原理，可以用电路的计算方法来计算磁屏蔽效果。用两个并联的电阻分别表示屏蔽材料的磁阻和空间的磁阻，用电路分析的方法来计算低频磁场的分流，由此可以按下式计算屏蔽效果：

$$H_i = H_0 \times R_S / (R_S + R_0) \tag{9-3}$$

式中，H_i 为屏蔽体内的磁场强度；H_0 为屏蔽体外的磁场强度；R_S 为屏蔽体的磁阻；R_0 为空气的磁阻。

对于高磁导率屏蔽材料，$R_S \ll R_0$，因此屏蔽效能为：

$$S_E = R_0 / R_S \tag{9-4}$$

从式（9-4）可知，屏蔽体的磁阻越小，屏蔽效能越高。

2）*静磁屏蔽*

静磁场是稳恒电流或永久磁体产生的磁场，静磁屏蔽是利用高磁导率的铁磁材料做成屏蔽罩，以屏蔽外磁场。高磁导率材料提供了磁旁路，则在外磁场中，绝大部分磁场集中在铁磁回路中。这可以把铁磁材料与空腔中的空气作为并联磁路来分析。因为铁磁材料的磁导率比空气的磁导率要大几千倍，所以空腔的磁阻比铁磁材料的磁阻大得多，外磁场的磁感应线的绝大部分将沿着铁磁材料壁内通过，而进入空腔的磁通量极少。这样，被铁磁材料屏蔽的空腔基本上就没有外磁场，从而达到静磁屏蔽的目的。材料的磁导率越高，筒壁越厚，屏蔽效果就越显著。因常用磁导率高的铁磁材料如软铁、硅钢、坡莫合金做屏蔽层，故静磁屏蔽又叫铁磁屏蔽。

静磁屏蔽在电子器件中有着广泛的应用。例如，显示设备中的变压器或其他线圈产生的漏磁通会对电子的运动产生作用，影响示波管或显像管中电子束的聚焦，为了提高产品的质量，必须将产生漏磁通的部件实行静磁屏蔽。由于铁磁物质与空气磁导率的差别只有几个数量级，因此静磁屏蔽总有些漏磁。为了达到更好的屏蔽效果，可采用多层屏蔽，把漏进空腔里的残余磁通量屏蔽掉。

3. 电磁场屏蔽

1）电场屏蔽

电场屏蔽主要用于抑制静电场和恒定磁场的影响，消除两个或几个电路之间由于分布电容耦合而产生的干扰，电场屏蔽的机理是将电场感应看成分布电容间的耦合。电场屏蔽的设计要点是：屏蔽板以靠近被保护物为好，而且屏蔽板的接地必须良好；屏蔽板的形状对屏蔽效能的高低有明显影响，全封闭的金属盒最好，但工程中很难做到；屏蔽板的材料为良导体，但对厚度无要求，只要有足够的强度即可。

静电感应示意图如图 9–7（a）中，导体 A 载有交变正弦电动势，在导体 A 附近有通过阻抗 Z 接地的导体 B，A 与 B 之间的电容为 C_{AB}，则电流 $I=E/(Z+1/j\omega C_{AB})$。当电动势 E 的角频率 ω 较低时，容抗 $1/j\omega C_{AB}$ 很大，所以电流 I 很小，但当 ω 很高时，则 I 所产生的作用，就有可能破坏 B 的正常工作。如果将一个接地导电平板 S 置于 A、B 之间，如图 9–7（b）所示，导体 S 将从 A 到 B 的电力线截断，若在某一瞬间，导体 A 充有正电荷。这时平板 B 上将感应负电荷，在导体 S 与 B 之间就不存在电场或使电场大大减弱。即由于 S 的存在，消除了导体 A 的电场对导体 B 的影响，起到电场屏蔽的作用。必须指出的是，导体 S 接地是电场屏蔽的必要条件。电场屏蔽不但要求有良好的接地，而且要求屏蔽体具有良好的导电连续性，即对屏蔽体的导电性要求较高。因此，为了满足 EMC 要求，常常用高导电性的材料作为屏蔽材料，如钢板、铜箔、铝板、铝箔、钢板或金属镀层、导电涂层。

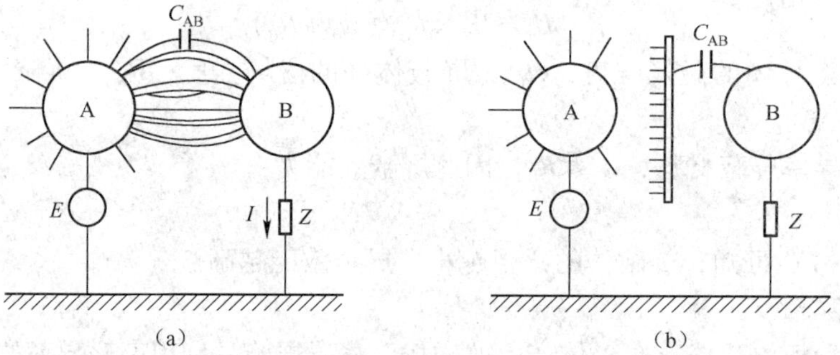

图 9–7 静电感应示意图

电子设备中所涉及的电场一般均是交变电场，这样，可把电位不同的两个单元间的电场感应看做是两者间分布电容的耦合，如图 9–8 所示。圈中干扰源 A 的电位为 U_A，受感物 B 的感应电压为 U_B，由图 9–8 可知：

$$U_B=[C_1/(C_1+C_2)]U_A \tag{9–5}$$

式中，C_1 为 A、B 之间的分布电容，pF/m；C_2 为受感物 B 对地的分布电容，pF/m。

由式（9–5）可知，为减小电场感应，可采取以下措施：

① 增加干扰源人与受感物 B 之间的距离，以减小分布电容；

② 将受感物 B 尽可能贴近底板、地线，以增大 C_2；

③ 为降低交变电场对敏感电路的耦合干扰电压，可以在干扰源和敏感电路之间设置导电性好的金属屏蔽体，并将金属屏蔽体接地。交变电场对敏感电路的耦合干扰电压的大小取决于交变电场电压、耦合电容和金属屏蔽体接地电阻之积。只要设法使金属屏蔽体良好接地，就能使交变电场对敏感电路的耦合干扰电压变得很小。在 A、B 之间加入金属屏蔽，即可减小 C_1，如图 9-9 所示。

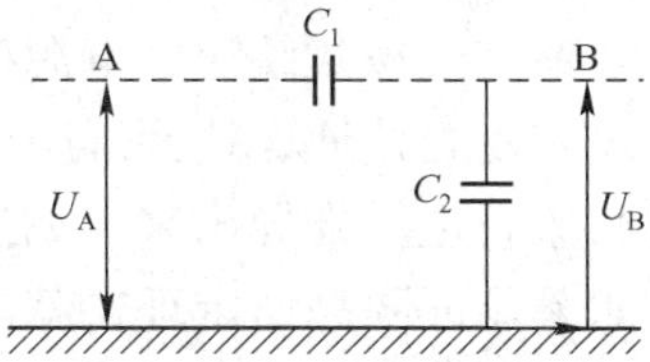

图 9-8　电场感应示意图

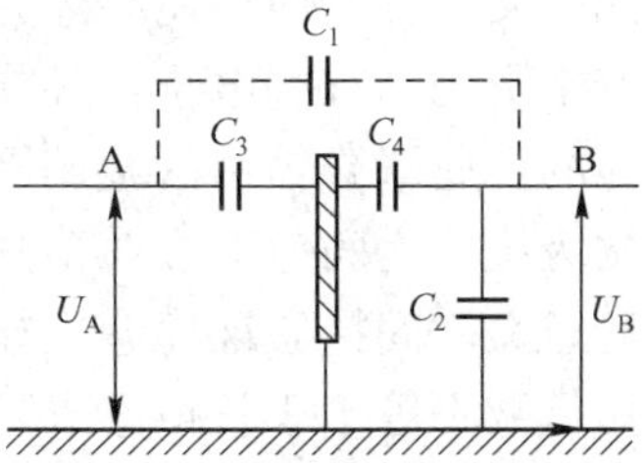

图 9-9　金属板屏蔽

用完整的金属屏蔽体将带正电的导体包围起来，在屏蔽体的内侧将感应出与带电导体等量的负电荷，外侧出现与带电导体等量的正电荷，如果将金属屏蔽体接地，则外侧的正电荷将流入大地，外侧不会有电场存在，即带正电导体的电场被屏蔽在金属屏蔽体内。屏蔽体的形状最好是盒形并全封闭的，孔洞泄漏越小屏蔽效果越好。电场屏蔽对屏蔽体的厚度没有要求，但屏蔽材料应为良导体，刚度和强度要保证结构设计要求。

在电场平衡状态下，无论空心导体还是实心导体，无论导体本身带电多少，或者导体是否处于外电场中，其必定为等势体，即内部场强为零。为此，封闭导体壳内部电场不受壳外电荷或电场影响，若壳内无带电体而壳外有电荷 q，则静电感应使壳外壁带电，静电平衡时壳内无电场。这并不是说壳外电荷不在壳内产生电场，而是由于壳外壁感应出异号电荷，它们与 q 在壳内空间任一点激发的合场强为零，因而导体壳内部不会受到壳外电荷 q 或其他电场的影响。壳外壁的感应电荷起到自动调节作用。如果将上述空腔导体外壳接地，则外壳上感应的正电荷将沿接地线流入大地。静电平衡后空腔导体与大地等势，空腔内场强仍然为零。如果空腔内有电荷，则空腔导体仍与地等电势，导体内无电场，即：时因空腔内壁有异号感应电荷，因此空腔内有电场。此电场由壳内电荷产生，壳外电荷对壳内电场仍无影响。封闭导体壳无论接地与否，其内部电场均不受壳外电荷影响。

接地的封闭导体壳外部电场不受壳内电荷的影响，如果壳内空腔有电荷 q，因为静电感应，壳内壁带有等量异号电荷，壳外壁带有等量同号电荷，壳外空间有电场存在，此电场可以说是由壳内电荷 q 间接产生的，也可以说是由壳外感应电荷直接产生的。但如果将外壳接地，则壳外电荷将消失，壳内电荷 q 与内壁感应电荷在壳外产生的电场为零。可见，如果要使壳内电荷对壳外电场无影响，必须将外壳接地。这与封闭导体壳内部电场不受壳外电荷或电场影响的情况不同。应注意以下几点。

（1）接地将消除壳外电荷，但并不是说在任何情况下壳外壁都一定不带电。假如壳外有带电体，则壳外壁仍可能带电，而不论壳内是否有电荷。

（2）实际应用中金属外壳不必严格完全封闭，用金属网罩代替金属壳体也可达到类似的电场屏蔽效果，虽然这种屏蔽并不是完全、彻底的。

(3) 在静电平衡时，接地线中是无电荷流动的，但是如果被屏蔽的壳内的电荷随时间变化，或者壳外附近带电体的电荷随时间变化，就会使接地线中有电流通过。屏蔽罩也可能出现剩余电荷，这时屏蔽作用又将是不完全和不彻底的。

总之，封闭导体壳无论接地与否，其内部电场均不受壳外电荷与电场的影响；接地封闭导体壳外电场不受壳内电荷的影响。这种现象，叫电场屏蔽。电场屏蔽有以下两方面的意义。

(1) 实际意义。屏蔽使金属导体壳内的设备、电路或工作环境不受外部电场影响，也不对外部电场产生影响。有些电子器件或设备为了免除干扰，都要实行电场屏蔽，如室内高压设备罩上接地的金属罩或较密的金属网罩。又如用于全波整流或桥式整流的电源变压器，在初级绕组和次级绕组之间包上金属薄片或绕上一层漆包线并使之接地，达到屏蔽作用。

(2) 理论意义。间接验证库仑定律。高斯定理可以从库仑定律推导出来，如果库仑定律中的平方反比指数不等于2就得不出高斯定理；反之，如果能证明高斯定理，就能证明库仑定律的正确性，即：根据高斯定理，绝缘金属球壳内部的场强应为零，这也是电场屏蔽的结论。若用仪器对屏蔽壳内带电与否进行检测，根据测量结果进行分析就可判定高斯定理的正确性，也就验证了库仑定律的正确性。

2) 电磁屏蔽

从广义角度讲，所有屏蔽均属电磁屏蔽，但从狭义角度讲，电磁屏蔽是指从1 kHz 50 GHz 频率范围的屏蔽。电磁屏蔽的机理是磁感应现象。在外界交变电磁场作用下，通过电磁感应屏蔽壳体内产生的感应电流，而此感应电流在屏蔽空间又产生与外界电磁场方向相反的电磁场，从而抵消外界电磁场，产生屏蔽效果。因此，电磁屏蔽较适用于高频。低频时感应电流小，屏蔽效果较差。

一般采用电导率高的材料做屏蔽体，并将屏蔽体接地。这是利用屏蔽体在高频磁场的作用下产生反方向的涡流磁场，与原磁场抵消而削弱高频磁场干扰，同时屏蔽体接地可实现电场屏蔽。屏蔽体的厚度不必过大，而以趋肤深度和结构强度为主要考虑因素。

对于高频 EMI 的屏蔽，是通过反射或吸收的方法来承受或排除电磁能的，EMI 穿过一种介质进入另一种介质时，其中一部分被反射。在空气和屏蔽体交界面处未被反射的电磁波将进入屏蔽体，进入屏蔽体内的电磁波将产生感应电流，并在屏蔽体内产生能量损耗（I^2R），即电磁波被屏蔽体吸收。电磁屏蔽不仅要求有良好的接地，而且要求屏蔽体具有良好的导电连续性，对屏蔽体的导电性要求比电场屏蔽高得多。屏蔽层所能吸收的能量取决于干扰场的频率，屏蔽材料的厚度、电导率及磁导率。它可用下式表示：

$$A = 3.34t\sqrt{FG} \cdot q$$

式中，A 为吸收的能量，dB；t 为屏蔽层的厚度；F 为干扰场的频率；G 为相对于铜的电导率；q 为相对于磁铁的磁导率。

任何结构的金属都是良好的 EMI 吸收材料，增加屏蔽物的厚度可以增加 EMI 的吸收量。在低频时，反射量小且不受屏蔽层厚度的影响，故只能增加屏蔽层的吸收量来增大总的屏蔽量。在高频时，铜和铝等导电材料制成的屏蔽层的反射量大于钢。另外，由于铁磁材料屏蔽物在高频时铁磁介质损耗很大，而铜和铝等导电材料的吸收量大，因此磁力线穿过导电屏蔽层时，在导体中产生感应电动势，此电动势在屏蔽层内部短路而产生涡流，涡流又产生反向磁力线，以抵消穿过屏蔽层的磁力线，从而起到屏蔽作用。

电磁波在良导体中衰减很快，将由导体表面衰减到表面值的 1/e（约 36.8%）处的厚度称为趋肤厚度（又称透入深度），用 d 表示，电磁场在导电介质中传播时，其场量（$\boldsymbol{E}$ 和 $\boldsymbol{H}$）的振幅随距离的增加而按指数规律衰减。从能量的观点看，电磁波在导电介质中传播时有能量损耗，因此，表现为场量振幅的减小。导体表面的场量最大，越深入导体内部，场量越小，这种现象也称为趋肤效应。利用趋肤效应可以阻止高频电磁波透入良导体，从而做成电磁屏蔽装置，它比静电、静磁屏蔽更具有普遍意义。

为了得到有效的屏蔽作用，屏蔽层的厚度必须接近于屏蔽物质内部的电磁波波长（$\lambda = 2\pi d$）。例如，在接收机中，若 $f = 580\,\text{kHz}$，铜的趋肤厚度为 $d = 0.095\,\text{mm}$（$\lambda = 0.59\,\text{mm}$），铝的趋肤厚度 $d = 0.12\text{mm}$（$\lambda = 0.75\,\text{mm}$）。所以，在接收机中用较薄的铜或铝材料已能得到良好的屏蔽效果。若接收机的频率更高，透入深度更小，所需屏蔽层厚度可更薄，如果考虑机械强度，要有必要的厚度。高频时，由于铁磁材料的磁滞损耗和涡流损失较大，从而造成谐振电路品质因素 Q 值下降，故一般不采用高磁导率的磁屏蔽，而采用高电导率的材料做电磁屏蔽。在电磁材料中，因趋肤电流是涡电流，故电磁屏蔽又叫涡流屏蔽。

在工频（50Hz）时，铜的趋肤厚度 $d = 9.55\,\text{m}$，铝的趋肤厚度 $d = 11.67\,\text{mm}$。显然，采用铜、铝已很不适宜，而在工频时铁的趋肤厚度 $d = 0.172\,\text{mm}$，这时应采用铁磁材料。因为在铁磁材料中，电磁场衰减比在铜、铝中大得多；又因是低频，无须考虑 Q 值问题。在低频情况下，电磁屏蔽就转化为静磁屏蔽。电磁屏蔽和电场屏蔽有相同点也有不同点。相同点是都应用高电导率的金属材料来制作屏蔽体；不同点是电场屏蔽只能消除电容耦合，防止静电感应，屏蔽必须接地，而电磁屏蔽是使电磁场只能透入屏蔽体一个薄层，借涡流消除电磁场的干扰，这种屏蔽体可不接地。但因用于电磁屏蔽的导体增加了静电耦合，因此即使只进行电磁屏蔽，还是接地为好，这样电磁屏蔽将同时起到电场屏蔽的作用。

电磁屏蔽的原理是由金属屏蔽体通过对电磁波的反射和吸收来屏蔽辐射干扰源的远区场，即同时屏蔽场源所产生的电场和磁场分量。由于随着频率的增高，波长变得与屏蔽体上孔、缝的尺寸相当，从而导致屏蔽体的孔、缝泄漏成为电磁屏蔽最关键的控制要素。在设计中应当特别注意电磁屏蔽的完整性，尤其是电磁场屏蔽，因为它是利用屏蔽体在高频磁场的作用下产生反方向的涡流磁场，与原磁场抵消而削弱高频磁场干扰的。如果屏蔽体不完整，则涡流的效果降低，导致电磁场泄漏，屏蔽的效果将下降。

综上所述，电场屏蔽、静磁屏蔽、电磁屏蔽的物理内容、物理条件、屏蔽作用是不同的，所用材料也要从具体情况出发。但它们都是屏蔽电磁场，是有本质联系的。

9.2.3　屏蔽效能

1. 屏蔽效能的表示

蔽体的好坏用屏蔽效能来描述。屏蔽效能体现屏蔽体对电磁波的衰减程度。由于屏蔽体通常能将电磁波的强度衰减到原来的百分之一至万分之一，因此通常用分贝（dB）来表述。一般的屏蔽体的屏蔽效能可达 40 dB，军用设备的屏蔽体的屏蔽效能可达 60 dB，TEMPEST 设备的屏蔽体的屏蔽效能可达 80 dB 以上。

为了定量地说明屏蔽性能的好坏，通常引入一个新的物理量——屏蔽效能（Shielding Effectiveness，SE）（简称屏效），它定义为屏蔽前某点的场强与屏蔽后该点场强之比。用公式表示为：

$$SE_E = \frac{|E_0|}{|E_S|}$$

$$SE_H = \frac{|H_0|}{|H_S|} \tag{9-6}$$

式中，E_0、H_0 分别为屏蔽前某点的电场强度与磁场强度；E_S、H_S 分别为屏蔽后某点的电场强度与磁场强度。在工程计算中常采用 dB 计算，其表达式为：

$$SE_E = 20\lg \frac{|E_0|}{|E_S|}$$

$$SE_H = 20\lg \frac{|H_0|}{|H_S|} \tag{9-7}$$

对于电路来说，屏蔽效能可用屏蔽前后电路某点的电压或电流之比来定义，由于电屏蔽能有效地屏蔽电场耦合，而磁屏蔽能有效地屏蔽磁场耦合，对于辐射近场或低频场，由式（9-6）或式（9-7）给出的 SE_E 和 SE_H 一般是不相等的，而对于辐射远场，电磁场是统一的整体，E 与 H 比值（波阻抗）为常数，电磁屏蔽之屏效 $SE_E = SE_H$。

另外，还可以用屏蔽系数 η 表示屏蔽效果，它是指被干扰电路加屏蔽体后所感应的电压 U_S 与未加屏蔽体时所感应的电压 U_0 之比，即：

$$\eta = \frac{U_S}{U_0} \tag{9-8}$$

传输系数（或透射系数）T_E 是指存在屏蔽体时某处的电场强度 E_S 与不存在屏蔽体时同一处的电场强度 E_0 之比；或者 T_H 是指存在屏蔽体时某处的磁场强度 H_S 与不存在屏蔽体时同一处的磁场强度 H_0 之比，即：

$$T_E = \frac{E_S}{E_0}$$

$$T_H = \frac{H_S}{H_0} \tag{9-9}$$

传输系数（或透射系数）与屏蔽效能互为倒数关系，即：

$$SE_E = 20\lg \frac{1}{T_E}$$

$$SE_H = 20\lg \frac{1}{T_H} \tag{9-10}$$

2. 金属平板屏蔽效能的计算

屏蔽有两个目的：一是限制屏蔽体内部的电磁骚扰越出某一区域；二是防止外来的电磁干扰（骚扰）进入屏蔽体内的某一区域。屏蔽的作用是通过一个将上述区域封闭起来的壳体实现。这个壳体可以做成金属隔板式、盒式，也可以做成电缆屏蔽和连接器屏蔽。屏蔽体一般有实芯型、非实芯型（例如金属网）和金属编织带等几种类型。后者主要用作电缆的屏蔽。各种屏蔽体的屏蔽效果，均用该屏蔽体的屏蔽效能来表示。

计算和分析屏蔽效能的方法主要有解析方法、数值方法和近似方法。解析方法是基于存在屏蔽体及不存在屏蔽体时，在相应的边界条件下求解麦克斯韦方程。采用解析方法求出的解是严格的解，在实际工程中也常常使用。但是，解析方法只能求解几种规则形状屏蔽体（例如球壳、柱壳、平板屏蔽体）的屏蔽效能，且求解比较复杂。随着计算机和计算技术的发展，数值方法显得越来越重要。从原理上讲，数值方法可以用来计算任意形状屏蔽体的屏蔽效能。然而，数值方法可能成本过高。为了避免解析方法和数值方法的缺陷，各种近似方法在评估屏蔽体屏蔽效能中就显得非常重要，在实际工程中获得广泛应用。

此外，依据电磁干扰（骚扰）源的波长与屏蔽体的几何尺寸的关系，屏蔽效能的计算又分为场的方法和路的方法。

由理论分析得出，在金属平板屏蔽体两侧媒质相同时，总的磁场传输系数（或透射系数）T_H与传输系数（或透射系数）T_E，即：

$$T_H = T_E = T = t(1 - re^{-2kl})^{-1} e^{(k-k_0)l} \tag{9-11}$$

由式（9–10），得：

$$\begin{aligned} SE &= -20\lg|T| = 20\lg\frac{(1-re^{-2kl})^{-1} e^{(k-k_0)l}}{t} \\ &= 20\lg|e^{(k-k_0)l}| - 20\lg|t| + 20\lg|1-re^{-2kl}| \\ &= A + R + B \end{aligned} \tag{9-12}$$

式中，$A = 20\lg|e^{(k-k_0)l}|$，是电磁波在屏蔽体中的传输损耗（或吸收损耗）；

$R = -20\lg|t|$，是电磁波在屏蔽体的表面产生的反射损耗；

$B = 20\lg|1 - re^{-2kl}|$，是电磁波在屏蔽体内多次反射的损耗。

如图 9–10 所示，屏蔽体的屏蔽效能由吸收损耗和反射损耗两部分构成，当电磁入射到不同媒质的分界面时，就会发生反射，于是减小了继续传播的电磁波的强度。反射的电磁波称为反射损耗，当电磁波在屏蔽材料中传播时，会产生损耗时，构成吸收损耗。屏蔽体的屏蔽效能为：

$$SE = R + A + B \quad (\text{dB}) \tag{9-13}$$

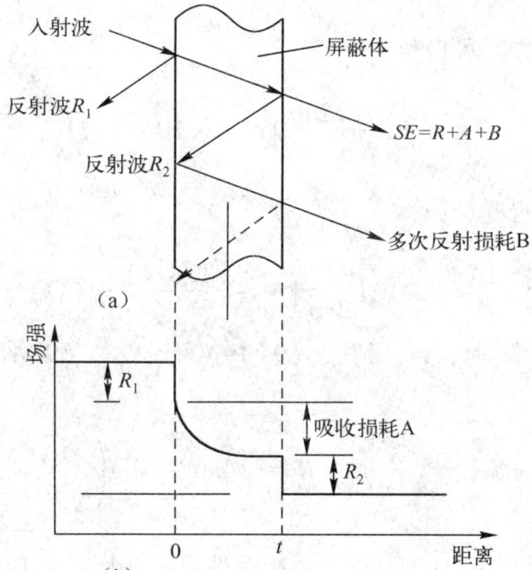

图 9–10　金属平板屏蔽效能的计算

1）传输损耗（吸收损耗）A 的计算

吸收损耗是电磁波通过屏蔽体所产生的热损耗引起的，电磁波在屏蔽体内的传播常数为：

$$k = (1 + j)\sqrt{\pi\mu f\sigma} = \frac{1}{\delta} + \frac{j}{\delta} = \alpha + j\beta \tag{9-14}$$

式中，$\delta = \sqrt{\pi\mu f\sigma}$为趋肤深度；$\alpha = 1/\delta$ 为衰减常数，$\beta = 1/\delta$ 为相移常数。

由于 $k_0 \ll \alpha$，因而吸收损耗可忽略 $e^{-k_0 l}$因子。因此吸收损耗表达式为：

$$A = 20\lg|e^{kl}| = 1.3l\sqrt{f\mu_r\sigma_r} \quad (\mathrm{dB}) \tag{9-15}$$

式中，f 为频率，Hz；μ_r、σ_r 为屏蔽体材料相对于铜的相对磁导率和相对电导率（铜的 $\mu_0 = 4\pi\times10^{-7}\mathrm{H/m}$，$\sigma_0 = 5.82\times10^{-7}\Omega/\mathrm{m}$）；$l$ 为壁厚，cm。

从式（9-15）可以看出，在频率较高时，吸收损耗是相当大的。

2）反射损耗 R 的计算

反射损耗是由屏蔽体表面处阻抗不连续性引起的，计算式为：

$$R = -20\lg|t| = 20\lg\left|\frac{(Z_W + \dot{\eta})^2}{4Z_W + \dot{\eta}}\right| \tag{9-16}$$

其中

$$\dot{\eta} = (1+\mathrm{j})\sqrt{\frac{\pi\mu f}{\sigma}} \approx (1+\mathrm{j})\sqrt{\frac{\mu_r f}{2\sigma_r}} \times 3.69\times10^{-7} \tag{9-17}$$

式中，Z_W 为干扰场的特征阻抗；$\dot{\eta}$即自由空间波阻抗；$\dot{\eta}$为屏蔽材料的特征阻抗。

通常 $|Z_W| \gg |\dot{\eta}|$，则有：

$$R \approx \left|20\lg\frac{Z_W}{4\dot{\eta}}\right| \tag{9-18}$$

自由空间波阻抗在不同类型的场源和场区中，其数值是不一样的。

（1）在远场$\left(r \gg \dfrac{\lambda}{2\pi}\right)$平面波的情况下：

$$Z_W = 120\pi \approx 377(\Omega) \tag{9-19a}$$

（2）在低阻抗磁场源的近场$\left(r \ll \dfrac{\lambda}{2\pi}\right)$：

$$Z_W = \mathrm{j}120\pi\left(\frac{2\pi r}{\lambda}\right) \approx \mathrm{j}8\times10^{-6}fr(\Omega) \tag{9-19b}$$

（3）在高阻抗电场源的近场$\left(r \ll \dfrac{\lambda}{2\pi}\right)$：

$$Z_W = \mathrm{j}120\pi\left(\frac{\lambda}{2\pi r}\right) \approx -\mathrm{j}\frac{1.8\times10^{10}}{fr}(\Omega) \tag{9-19c}$$

式中，r 为场源至屏蔽体的距离，m，将式（9-19）代入式（9-18），可得出以下三种情况下的反射损耗。

- 干扰源为低阻抗磁场源，$r \ll \dfrac{\lambda}{2\pi}$时，$R_H \approx 14.6 - 20\lg\left(\sqrt{\dfrac{\mu_r}{fr^2\sigma_r}}\right)$；
- 干扰源为高阻抗磁场源，$r \ll \dfrac{\lambda}{2\pi}$时，$R_H \approx 321.7 - 20\lg\left(\sqrt{\dfrac{\mu_r f^3 r^2}{\sigma_r}}\right)$；
- 干扰源为原厂平面波，$r \gg \dfrac{\lambda}{2\pi}$时，$R_H \approx 168 - 20\lg\left(\sqrt{\dfrac{\mu_r f}{\sigma_r}}\right)$。

式中，f 为频率；r 为干扰源到屏蔽体的距离；μ_r、σ_r 为屏蔽材料相对于铜的磁导率和电导率。

屏蔽体的反射损耗不仅与材料自身的特性（电导率、磁导率）有关，而且与金属板所处的位置有关，因而在计算反射损耗时，应先根据电磁波的频率及场源与屏蔽体间的距离确定所处的区域。如果是近区，还需知道场源的特性，当无法知道场源的特性及干扰的区域（无法判断是否为远、近场）时，为安全起见，一般选用 R_H 的计算公式，因为 R_H、R_E、R_P 存在关系：$R_E > R_P > R_H$。

习题 9-2

1. 屏蔽一般分为几种类型？
2. 磁场屏蔽的原理是什么？
3. 什么是屏蔽效能？

9.3　接地技术

9.3.1　接地的概念

关于“接地”中的“地”，不同人有不同的理解，如电气工程师可能理解为供电变压器 V 联结绕组的中性点，而电子工程师则可能理解为印制电路板上的地平面。因此，要掌握和运用好接地技术，就必须要弄清什么是接地及如何实现它。

1. 接地的定义

接地，顾名思义，是指设备或系统与“大地”相连接。大地具有非常大的电容量，无论向其注入多大的电流或电荷，在稳态时其电位都为零，因此，大地是一个理想的零电位面（体）。一般情况下，接地就是使设备或系统与大地保持良好的电连接。在理想情况下，接地阻抗可以忽略不计，参考点的电位能始终保持为零。

从广义上讲，接地并非一定是与大地直接连接，而是指连接到一个作为参考点或参考面的良导体上。理想的接地导体的电位为零，且任何电流流入它都不产生电压降，可作为电路中各信号电平的参考点。

2. 接地的目的

在不同情况下，接地的目的是不一样的，常见的有以下几种。

（1）建立与大地相连的低阻抗通路，使雷击电流、静电放电电流等从接地通路直接流入大地，而不致影响设备或系统的正常工作及人身安全。

（2）建立设备外壳与附近金属导体之间的低阻抗通路，当设备中存在漏电流时，不至于危及人身安全。

（3）设备或系统的各部分都连接到一个公共点或等位面，以便有一个公共的参考电位，消除两个悬浮电路之间可能存在的干扰电压。

（4）将屏蔽体接地，使屏蔽发挥作用。

（5）将滤波器接地，使滤波器能起到抑制共模干扰的作用。

（6）将印制电路板上的信号电路接到地平面，以提供一个信号返回通路。

（7）汽车、飞机上的非重要电路接车体或机体的金属外壳，以提供一个电流返回通路。

上述接地中，（1）、（2）是有关安全的接地，（3）　（5）是有关干扰控制的接地，（6）、（7）是与实现电路的功能有关的接地。归纳起来，我们将接地分为安全接地、干扰控制接地和功能接地等。

对于（6）、（7）的功能接地，这里的“地”是功能电路必不可少的一部分，通过它电路可以构成一个回路，即它是信号或电流的返回通路。在这种情况下，只要提供电气连接即可，与是否是“地”毫无关系，因此，本节不讨论这种情况。

9.3.2 安全接地

安全接地就是用低阻抗的导体将设备或系统的外壳连接到大地，以保证人身及设备的安全。安全接地包括防止设备漏电的设备安全接地和防止雷击的防雷安全接地。

1. 设备安全接地

为了安全，任何高压电气、电子设备的机壳、底座都要接地，以避免高压直接接触外壳或漏电时机壳带电，使触及机壳的人体触电。

有多种原因都会导致设备漏电，如高压线绝缘老化、因擦碰而破损；高压与机壳之间浸水、潮湿、灰尘等。人体触及机壳，就相当于机壳和大地之间连接一个人体电阻。人体电阻的变化范围很大，从人体处于出汗、潮湿状态下的大约 1000 Ω 左右，到人体皮肤处于干燥洁净和无破损情况下的 40　100 kΩ。对人体造成伤害的是流经人体的电流。对于交流电，其安全限值为 15　20 mA；对于直流电，其安全限值为 50 mA，而当流经人体的电流达到 10 mA 时，人就可能死亡。因此，我国规定的安全电压，在没有高度危险的建筑物中为 36 V，在特别危险的建筑物中为 12 V。一般家用电器的安全电压限定为 36 V，以保证触电时流经人体的电流小于 40 mA。

为了保证安全，应将设备的金属外壳（正常情况下不带电）与接地体相连接，一般情况下，接地电阻为 5　10 Ω，当人体接触带电外壳时，流经人体的电流可减少到原先漏电流的 1/100　1/200，而大部分电流经接地电阻分流。

对于采用三相四线制电源的电气设备，应将正常不带电的金属外壳与零线相连接。这样，在任何情况下，短路电流将从零线回流，因而起到保护人身安全的作用。

当电流从接地体流入大地时，在接地体周围会存在流散电流和流散电场。如图 9-11 所示，设接地体是半径为 a 高度为 h 的接地棒，并完全埋于大地中，接地电阻为 r_0，当流入电流 I_0 时，将在接地棒上建立电压 $U_0 = I_0 r_0$，流入大地的电流沿径向扩散，在接地棒表面，流散电流密度 $J = \dfrac{I_0}{2\pi ah}$，而在距接地棒中心的距离 r 处，电流密度 $J = \dfrac{I_0}{2\pi rh}$。由于存在流散电流，接地棒附近的地电位将升高，若人体跨步之间的电位差（跨步电压）太高，则可能引起人身触电危险；而对于设备或系统，若接地的两点电压过高，也会使设备受到干扰或损坏。

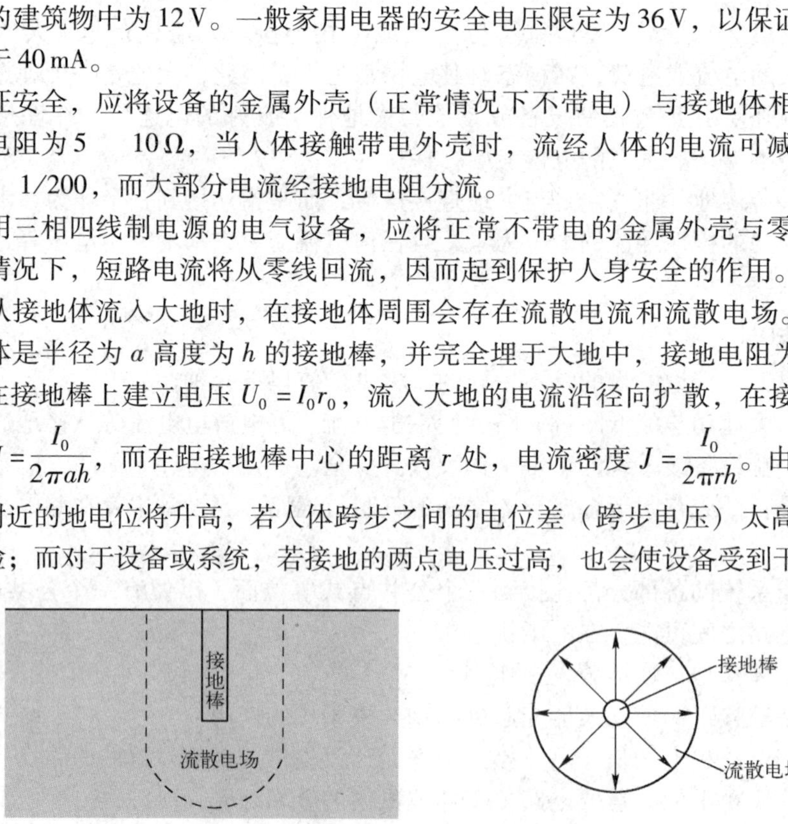

图 9-11　接地电流及跨步电压

2. 防雷安全接地

防雷击是电气、电子设备及人身安全防护最重要的内容之一，也是抗干扰需要考虑的重要问题。防雷接地的目的就是把雷电流引入大地，从而保护设备及人身安全，以免遭雷击，并且要求在消除雷击时不要影响其他接地系统。

雷闪电的发生是由于雷雨云中的电荷累积到一定程度而引起静电放电。云层的底部主要积累负电荷，上部为正电荷，而在局部范围内底部积累正电荷，上部为负电荷。放电可以在云层与云层之间发生，也可以在云层和地面间某一点发生，特别是在平地或水面上的突出点，如山峰、高建筑物、塔架、树木等。云层与地面之间发生的放电称为直接雷击，它所释放的巨大能量将使被击中的目标受到破坏，如引起树林火灾、建筑物被摧毁、金属熔化、设备损坏、人畜死亡等。

一次雷闪往往包含多次闪击，在第 1 次闪击之后数毫秒又会发生一系列的闪击，直至闪击结束。一次雷闪将延续几十毫秒至几秒钟。一次典型的雷闪约有 2　4 个闪击，每次闪击的电流峰值达 20 kA，上升时间为 0.5　2 μs，宽度约为 50 μs，每次闪击的间隔约 50 ms，相应的电磁波频率为 160　640 kHz

从防雷安全保护观点出发，人们特别关心这种直接雷击。防雷接地的作用就在于把雷闪的强大电流引离保护对象，导入大地，并使由此引起的流散电场降低到安全水平以下。防止雷击的措施，一般是采用避雷针。若避雷针高度为 h，则保护区域是以投影为中心、半径为 3 倍高度的面积，即 $9\pi h^2$。雷击电流沿避雷针的下引导体接至大地，一次典型闪击的电流峰值为 20 kA，即使接地电阻只有 1 Ω，也将产生 20 kV 的电压，并且在附近产生流散电场。接地电阻越小越好，但要做得很低，十分困难，且不经济。实验表明，接地电阻 10 Ω 左右时就可以使附近的建筑物、传输线、变压器及其他露天设施得到保护。

但是，从抗干扰角度出发，还必须注意雷闪放电在建筑物或设施附近可能导致的电气、电子设备损坏。雷闪的上升时间快、电流脉冲高，所产生的电压很高，可能击穿绝缘，造成人身伤害，并导致元器件的损坏。由于接地线存在电感，当电流变化很快时，会产生很大的感应电压 $U = L\dfrac{\mathrm{d}i}{\mathrm{d}t}$，可能使其与近处导体之间的绝缘被击穿，因此，接地线近处（如 15cm 以内）的金属导体应和引线导体良好搭接在一起。

9.3.3　干扰控制接地

干扰控制接地是指给设备或系统内部各种电路的信号电压提供一个零电位的公共参考点或参考面。设备内部的地可由金属板构成，各单元之间的地一般由连接导线网络构成。接地线必须采用低阻抗的导线，且不能随意连接，如以建筑物内的结构金属体、水管等作为接地线（因为其阻抗很大，即使很小的电流流过也会产生严重的干扰）。对于干扰控制的地线连接，必须认真分析，决不能掉以轻心。干扰控制接地有三种基本的接法：浮地、单点接地和多点接地，以及由单点接地和多点接地派生出来的混合接地。这些接地方法既适用于设备内部电路及印制电路板，也适用于多台设备构成的系统。

1. 浮地

浮地是将设备或电路单元与公共地或可能引起环流的公共导体隔离开来，如图 9-12 所示。

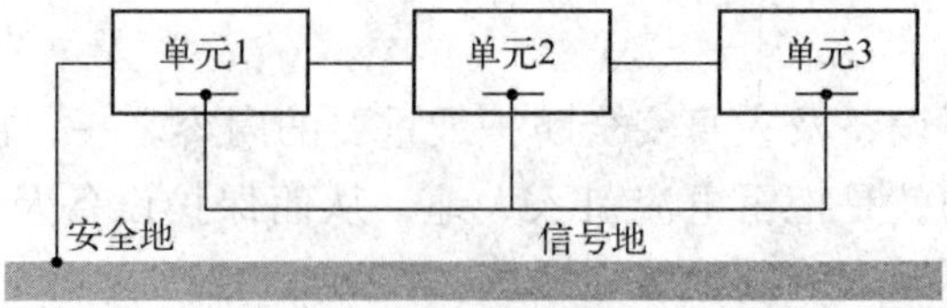

图 9-12 浮地

浮地一般用于便携式设备，其抗干扰能力强（取决于浮地与其他接地系统的隔离程度），且可使不同电位的电路之间易于配合（通过光耦或变压器）；但由于设备不与大地直接连接，容易产生静电积累，当电荷积累到一定程度，会在设备与大地之间产生放电，这就成为新的干扰源。为避免这种干扰，可在采用浮地的设备与公共地之间接一个阻值很大的电阻，以泄放静电荷。

2. 单点接地

单点接地是指在设备或电路单元中，只有一个参考接地点，如图 9-13 所示，所有需要接地的点都必须通过地线连接到这一点上。如果系统中有多台设备，每台设备的“地”都是独立的，设备内的电路需采用各自的单点接地，再将各设备的“地”连接到系统中的唯一参考接地点。注意，在地线连接中不能形成地回路。

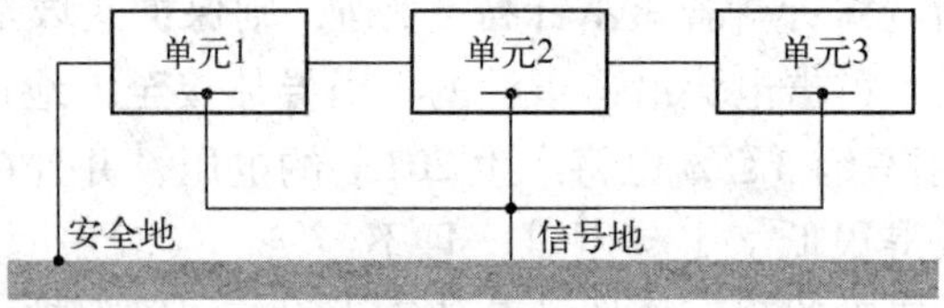

图 9-13 单点接地

单点接地的优点是简单，不存在多点接地时形成的地回路干扰；但当系统工作频率很高，致使系统接地线长度与波长 λ 可比（如达到 $\lambda/4$）时，地线会成为天线，向外辐射电磁波，其接地效果变差，此时，不宜再用单点接地，而应当采取多点接地。一般，当工作频率在 1 MHz 以下或地线长度小于 $\lambda/20$ 时，可采用单点接地方式来防止辐射，并降低地阻抗。

需要特别注意的是，干扰控制接地只是提供了一个公共参考点，接地线中并不流通正常的信号电流，即使将接地线断开，也不影响电路的正常工作（虽然所受干扰严重了），这与功能接地不同。

对于单点接地，根据其地线的具体连线方式又可分为两种：即独立地线的并联单点接地和共用地线的串联单点接地，如图 9-14 所示。独立地线的并联单点接地是指各设备或电路单元分别用地线连接到一个接地点上，如图 9-14（a）所示；共用地线的串联单点接地是指各设备或电路单元共用一根地线，然后单点接地，如图 9-14（b）所示。由于地线连线方式及阻抗不同，故两种接地方式各有特点。

对于独立地线的并联单点接地方式，各设备或电路单元的地电位只与本电路的地电流和地线阻抗有关，不受其他电路影响，这样，可有效地防止各电路单元之间的互相干扰。当一个设备内部各电路单元的连线很短且频率比较低的情况下，电路基本上不受其他电路的影响，因此，在设备中经常采用这种接地方式。

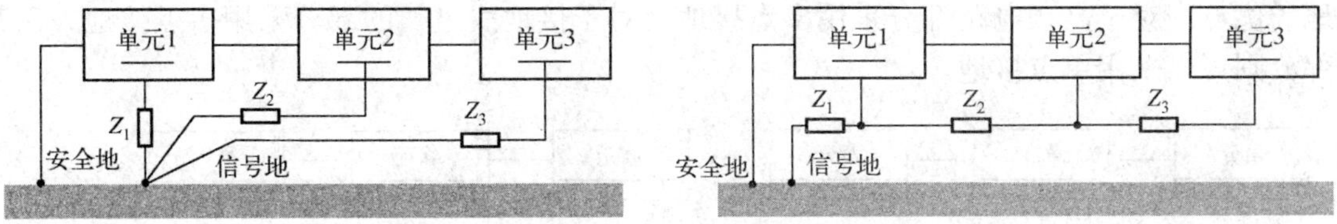

（a）并联单点接地　　　　（b）串联单点接地

图 9-14　并联单点接地和串联单点接地

并联单点接地方式也有缺点，因为它需要很多根接地线，当设备内部或机箱间的接地线多，且长时，则连接线很繁杂。由于分别接地，势必增加地线长度，从而增加地线阻抗，地线阻抗的干扰增大。另外，各地线间的电感耦合、分布电容耦合随着频率增加也会增大，因此，这种接地方式不适用于高频。

对于共用地线的串联单点接地方式，单元 1 与单元 2 的地线连接处到接地点的一段地线是单元 1、单元 2 和单元 3 的共用地线，单元 2 与单元 3 的地线连接处到单元 1 与单元 2 的地线连接处的一段地线是单元 2 和单元 3 的共用地线。由于共用一根地线，各接地点的电位并不相同，且受其他单元的影响，因此，从抑制干扰的角度来看，这种接地方式并不好，但非常简单，所以在设备或电路单元中经常使用。在采用串联单点接地方式时，注意要将最高电平电路放在最靠近接地点的位置，以使各接地点电位升高最小。

3. 多点接地

多点接地是指设备或电路单元中各接地点都是直接连接到离其最近的接地平面，以使接地线的长度最短，如图 9-15 所示。多点接地一般用于高频系统，为降低地线阻抗，地线应尽量加宽，或采用地平面、地栅网。

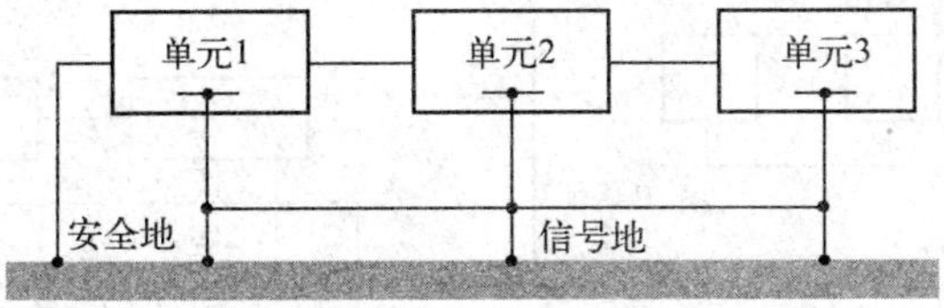

图 9-15　多点接地

多点接地的优点是地线较短，适用于高频情况。但因多点接地，便形成了各种地线回路，从而造成地回路干扰，这对较低频率的电路产生不良影响。另外，多点接地虽然形式上比较简单，但对接地的维护提出了很高的要求，因为任何接地点上的腐蚀、松动都会使接地呈现高阻抗，使接地效果变差。

一般来说，频率在 1 MHz 以下时，可采用单点接地方式；当频率高于 10 MHz 时，应采用多点接地方式；当频率在 1　　101 MHz 之间时，如地线长度小于 $\lambda/20$，可采用单点接地方式，否则应采用多点接地方式。

4. 混合接地

实际情况往往比较复杂，很难通过一种简单的接地方式来解决，因而，常将单点接地和多点接地结合起来构成混合接地方式，如图 9-16 所示。混合接地方式利用单点接地和多点接地的优点，对于高频电路部分采用多点接地，对于接地线过长的部分采用多点接地，而其余部分则可以采用单点接地。

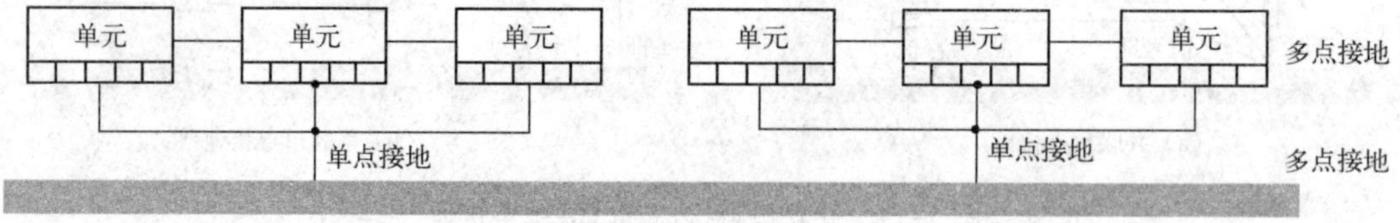

图 9-16　混合接地

有的设备，内部电路较复杂，既有模拟电路，又有数字电路，既有产生强骚扰的电路，又有对骚扰高度敏感的电路。一般可先将所有内部电路分割成模拟、数字、功率等几个独立接地的系统，然后再将几个系统合并成一个接地系统连接至参考点，如图 9-17 所示。在金属机壳中，系统参考地一般要和机壳接在一起，以避免机壳天线效应等产生的影响。

对于宽频系统，电路中既有高频信号，又有低频信号。为同时满足低频单点接地和高频多点接地的不同要求，可利用电容器对高频相当于短路（高频地）、对低频相当于开路的特点来实现，如图 9-18 所示，从而避免在低频电路中出现地回路。

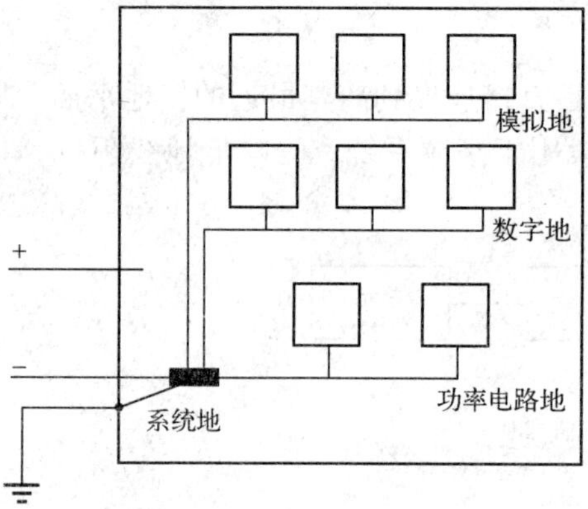

图 9-17　设备内部接地

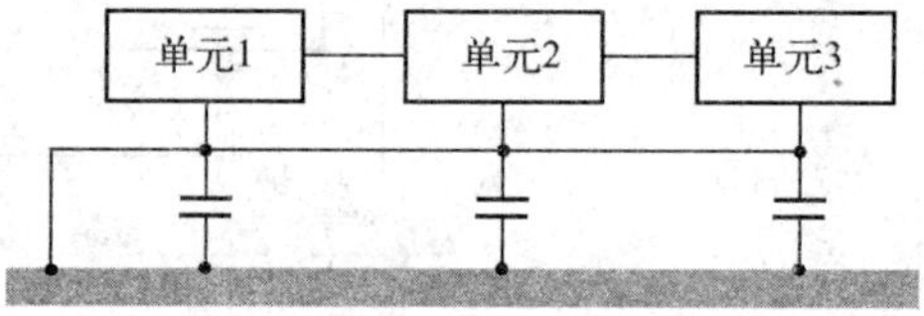

图 9-18　宽频系统接地

9.3.4　屏蔽层接地

为了实现对电场的屏蔽，需要采用良导体作静电屏蔽层，并且屏蔽体必须接地，否则，该屏蔽层不但起不到静电屏蔽作用，反而还会加大分布电容，加强电容耦合。同样，屏蔽高频电磁场的良导体屏蔽层也应当接地。此外，对于屏蔽低频磁场的磁屏蔽体最好也接地。屏蔽层接地也属于干扰控制接地。

在设备或系统中，除了上述屏蔽体外还存在许多缆线的屏蔽，屏蔽电缆的屏蔽层的接地方式选择，要求既要保证其屏蔽效果，又要避免形成不合理的地回路。对缆线的屏蔽通常安排在两部分：一是信号输入部分，用于削弱外界骚扰对敏感电路引起的干扰；二是输出部分，用来屏蔽自身产生的骚扰电平。

1. 低频信号屏蔽层的接地

对于频率低于的低频接地系统，通常应当采用单点接地方式。低频信号的传输一般采用双绞屏蔽线或多芯绞合屏蔽线，其屏蔽层的接地位置应根据信号端、接收端接地情况的不同，采取不同接地方式，如图 9-19 所示。

当信号端浮空、接收端接地时，屏蔽层应当在接收端侧接地，如图 9-19(a) 所示。当信号端接地、接收端浮空时，屏蔽层应当在信号端接地，如图 9-19(b) 所示。而当信号端、接收端都接地时，则屏蔽层应当在两端分别与信号端地和接收端地相连，如图 9-19(c) 所示。但由于两点接地，屏蔽层与大地会构成地回路，从而引起地回路干扰，如图 9-20(a) 所示。为此，需要先采用隔离变压器、平衡变压器、光耦合器、差动电路等，将信号地与接收端地隔离，如图 9-20(b)　(d)所示，然后再采用图 9-19(a)、图 9-19(b) 的方法处理屏蔽接地。

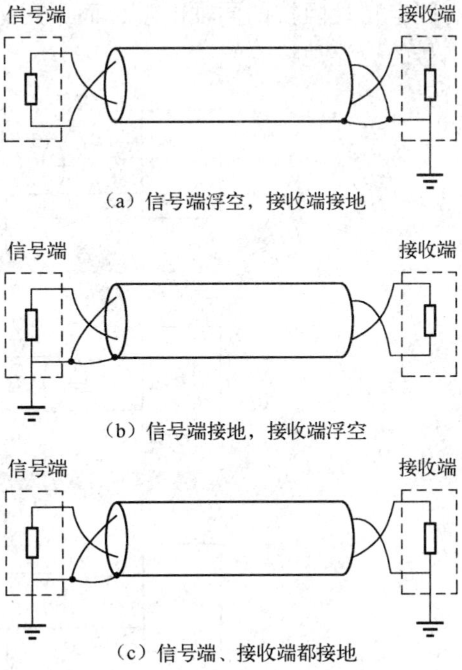

图 9-19　低频信号的屏蔽层接地方式

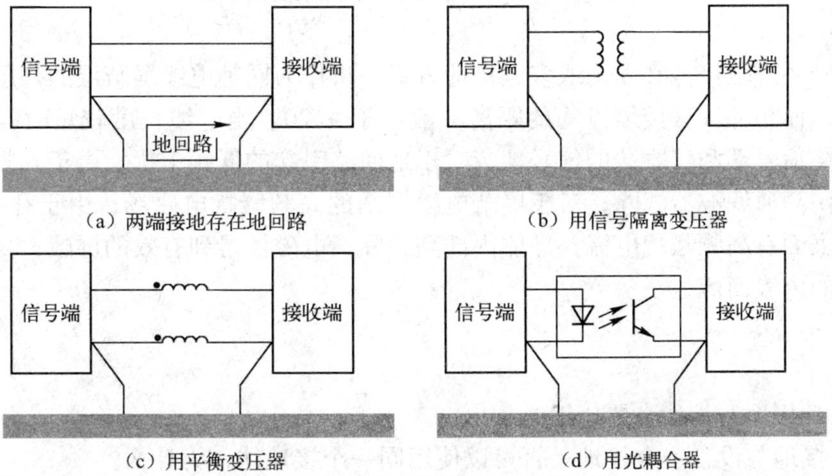

图 9-20　地回路的隔离

2. 高频信号屏蔽层的接地

当频率高于 1 MHz，或电缆线长度超过 $\lambda/20$，以及在处理高速脉冲数字电路时，信号地就必须采用多点接地方式，通过就近接地及地平面或地栅网等，使系统的信号地保持同一电位，如图 9-21 所示。

对于高频信号的传输，必须考虑阻抗匹配的问题，否则，传输信号会在阻抗突变的位置发生反射，引起传输信号波形的振荡，造成波形严重畸变。因此，高频信号的传输一般使用具有固定特性阻抗的同轴电缆，而不用是带双绞芯线的屏蔽线，同轴电缆的外层导体作为传输信号的返流地线。

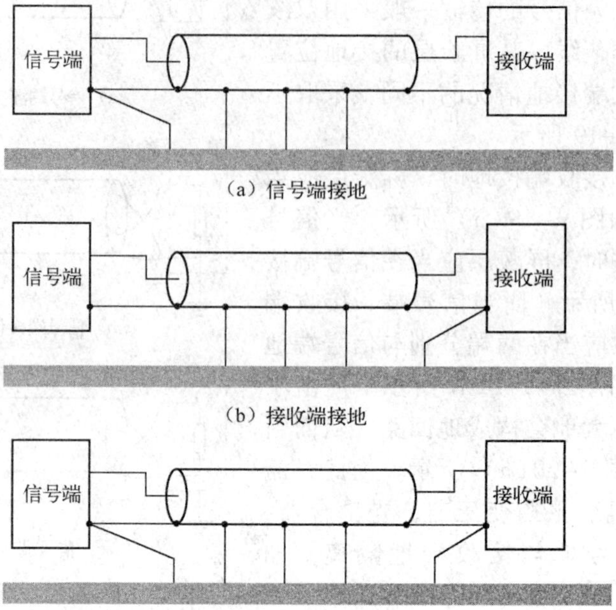

（a）信号端接地

（b）接收端接地

（c）信号端、接收端都接地

图 9-21 高频信号的屏蔽层接地方式

高频信号的屏蔽接地必须采取多点接地方式，将作为同轴电缆屏蔽层的外层导体多点接信号地平面，而相邻屏蔽接地点间的距离一般小于 $\lambda/20$。当电缆长度较短时，将电缆屏蔽层两端分别接信号端和接收端的信号地。对于地回路引起的低频干扰，由于其频率远低于信号频率，可用高通滤波器滤除；对于屏蔽电缆周围的高频骚扰电磁场，由于存在集肤效应，只在屏蔽层表面有高频骚扰电流，导体内部高频骚扰电磁场得到有效的屏蔽；高频信号电流则在屏蔽层的内表面流过。

习题 9-3

1. 什么是接地？为什么要接地？
2. 防雷接地与设备安全接地是否可以使用同一个接地体，为什么？
3. 常用的降低地阻抗的方法有哪些？

本 章 小 结

（1）电磁骚扰是“任何可能引起装置、设备或系统性能降级或对有生命或无生命物质产生作用的电磁现象。电磁骚扰可能是电磁噪声、无用信号或传播媒介自身的变化”。电磁干扰是“电磁骚扰引起的设备、传输通道或系统性能的下降”。

（2）电磁干扰的三要素为：电磁干扰源、耦合途径、敏感设备。

(3) 电磁兼容一般指电气及电子设备在共同的电磁环境中能执行各自功能的共存状态，即要求在同一电磁环境中的上述各种设备都能正常工作又互不干扰，达到“兼容”状态。

(4) 电磁兼容性控制技术即电磁干扰控制技术，大体可分为如下六类：传输通道抑制；空间分离；时间分隔；频谱管理；电气隔离；其他技术。

(5) 电磁兼容性分析方法有问题解决法、规范法、系统法。

(6) 屏蔽分为地磁屏蔽、磁场屏蔽、电磁场屏蔽。

(7) 磁场屏蔽的原理是由屏蔽体对干扰磁场提供低磁阻的磁通路。

(8) 屏蔽有两个目的：一是限制屏蔽体内部的电磁骚扰越出某一区域；二是防止外来的电磁干扰（骚扰）进入屏蔽体内的某一区域。

(9) 屏蔽效能为屏蔽前某点的场强与屏蔽后该点场强之比。

(10) 屏蔽效能表示为：

$$\begin{aligned} SE &= -20\lg|T| = 20\lg\frac{(1-re^{-2kl})^{-1}e^{(k-k_0)t}}{t} \\ &= 20\lg|e^{(k-k_0)l}| - 20\lg|t| + 20\lg|1-re^{-2kl}| \\ &= A+R+B \end{aligned}$$

式中，$A=20\lg|e^{(k-k_0)l}|$为电磁波在屏蔽体中的传输损耗（或吸收损耗）；

$R=-20\lg|t|$为电磁波在屏蔽体的表面产生的反射损耗；

$B=20\lg|1-re^{-2kl}|$为电磁波在屏蔽体内多次反射的损耗。

(11) 接地是指提供一个公共的参考点（面）。

(12) 安全接地是指设备外壳通过低阻抗导体接大地。

(13) 干扰控制接地是指提供一个公共的参考点（面）。

(14) 干扰控制接地并非是电路功能所必需的，不要将其与信号返回通路相混淆。

(15) 干扰控制接地有浮地、单点接地、多点接地和混合接地。

(16) 单点接地用于低频电路（一般$f<1$ MHz）。

(17) 多点接地用于高频电路（一般$f>10$ MHz）及长地线（$\lambda>20$）。

(18) 电缆屏蔽层的接地位置应与电路的接地位置相一致。

复习参考题

一、思考题

1. 电磁兼容分析方法有哪几种？电磁兼容设计的具体内容和主要参数有哪些？
2. 电磁兼容技术标准与规范涉及的内容与特点有哪些？
3. 电场屏蔽的机理是什么？设计要点是什么？
4. 什么是屏蔽系数？
5. 什么是单点接地、多点接地？如何选择？
6. 为什么在设备中有时会通过电容接地？
7. 什么是插入损耗？什么是平滤波器的频率响应？

二、习题

1. 电磁干扰的三要素有哪些？

2. 电磁兼容控制技术分为哪几类？

3. 一长方体屏蔽盘的尺寸为 120 mm × 25 mm × 50 mm 材料为铜（其厚度为 0.5 mm）。求频率为 1 MHz 时该屏蔽盒的电磁屏蔽效能。

4. 接地分为哪几种？各包括哪些内容？

5. 人体的安全电压是多少？为什么 50 Hz 交流电作用于人体对人体非常有害？

6. 屏蔽电缆的屏蔽层应如何确定接地方式及接地位置？

7. 画出共模网络差模网络图。

附录 A

模拟试题

A1 模拟试题一

一、选择题（共 8 分，2 分/题）

1. 在恒定电场中，媒质 1 是导体（$\gamma_1 \neq 0$），媒质 2 是理想介质（$\gamma_2 = 0$）。则正确答案是（　　）

A. 电场切向分量不为零，导体非等位体，导体表面非等位面；

B. 电场切向分量不连续；

C. 电位移的法向分量连续；

D. 电场切向分量为零，导体是等位体，导体表面为等位面。

2. 下面的矢量函数中，哪个不可能是磁场的矢量？（其中 a 为常数）（　　）

A. $\boldsymbol{B} = \boldsymbol{e}_x(-ax) + \boldsymbol{e}_y ay$　　B. $\boldsymbol{B} = \boldsymbol{e}_x(-ay) + \boldsymbol{e}_y ax$

C. $\boldsymbol{B} = \boldsymbol{e}_x ax + \boldsymbol{e}_y ay$　　D. $\boldsymbol{B} = \boldsymbol{e}_x ax + \boldsymbol{e}_y(-ay)$

3. 下面物理量只满足拉普拉斯方程，不满足泊松方程的是（　　）

A. 磁矢位（矢量磁位）　　B. 磁位（标量磁位）

C. 电位　　D. 以上都不对

4. 两种介质分界面为平面，已知 $\varepsilon_1 = 2\varepsilon_0$，$\varepsilon_2 = 4\varepsilon_0$，介电常数为 ε_1 的介质一侧的电场强度大小为 E_1，其方向与分界面的法线成 45°，分界面另外一侧电场强度大小 E_2 等于（　　）

A. $\frac{\sqrt{3}}{2}E_1$　　B. $\sqrt{\frac{5}{8}}E_1$　　C. $\frac{\sqrt{2}}{2}E_1$　　D. $\frac{E_1}{3}$

二、填空题（共 22 分，2 分/空）

1. 已知空气中的电位分布为 $\varphi = 100xyz$，则在点（1，0，1）处的电场强度为________，电荷体密度为________。

2. 一长直输电线的半径为 a，距离地面高度为 h，$a \ll h$，考虑大地影响时单位长度导线对大地的电容为________。

3. 恒定磁场是________（有源/无源）、________（有旋/无旋）场。

4. 已知某导体的介电常数为ε_0，电导率为 γ。此导体中存在时变电场 $E_m \sin\omega t$，则传导电流密度 $\boldsymbol{J}$ 的大小为________；位移电流密度 $\boldsymbol{J}_d$ 的大小为________。

5. 设 $z = 0$ 处为空气与理想导体的分界面，$z < 0$ 一侧为理想导体，分界面处的磁场强度

为$\boldsymbol{H}$（x，y，0，t）$=H_0\sin\beta x\cos$（$\omega t-\beta y$）$\boldsymbol{e}_x$，则理想导体表面上的电流密度分布$\boldsymbol{K}$为________（只有x方向分量/只有y方向分量/x和y方向均有分量）。

6. 已知自由空间中电磁波电场强度$\boldsymbol{E}=12\pi\cos$（$6\pi\times10^8t+2\pi z$）$\boldsymbol{e}_x$（V/m），则该电磁波________（是/不是）均匀平面波；传播方向为________。

7. 为达到屏蔽要求，通常用厚度为5个透入深度的铜皮（$\mu_r=1$，$\varepsilon_r=1$，$\gamma=5.8\times10^7$ S/m）包裹放有电子设备的仪器室。当所屏蔽电磁波的频率是10 kHz时，铜皮的厚度至少为________。

三、非客观题（共70分，10分/题）

1. 空气中两块平行导电板相隔$d=1$ cm，面积$S=100\ \text{cm}^2$，充电到电压$U=100$ V后脱离电源，然后将厚度为5 mm，介电常数为$\varepsilon=2\varepsilon_0$的绝缘介质插入两板之间，如题3-1图所示。问：忽略边缘效应，（1）两板间的电压为多大？（2）电容为多少？（3）储存于极板间的能量多大？绝缘介质吸收了多少能量？

2. 如题3-2图所示，由不同电导率γ_1和γ_2的薄钢片构成一导电弧片，若电弧片的内外半径分别是R_1和R_2，电极间电压是U_0，试用边值问题求解电弧片中电位、电场及分界面上的电荷面密度σ。

3. 如题3-3图所示，同轴圆柱浸入磁导率为μ、质量密度为ρ_m的磁性液体中。电流I从中心导体流下去，并从外导体流回。圆柱导体的总高为$l+s$，其中，l是高于液面的高度；s是在液面下的导体高度。求：（1）同轴圆柱导体内高度为h的液体所受的磁场力；（2）高度h。

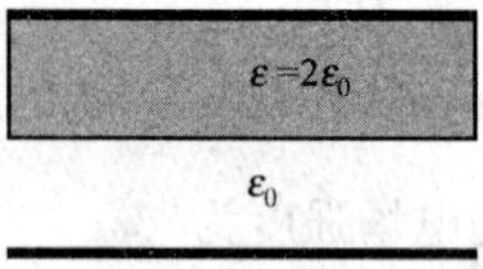

题3-1图

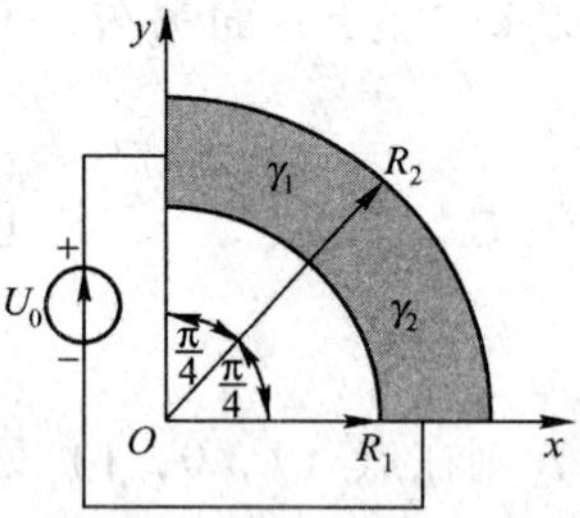

题3-2图

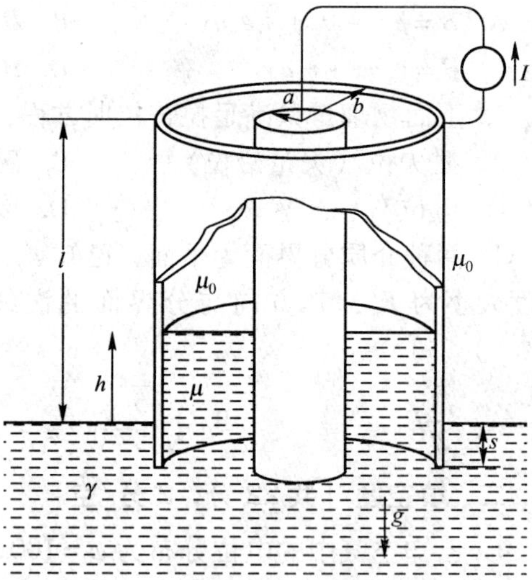

题3-3图

4. 已知无源自由空间（介电常数为ε_0，磁导率为μ_0）中平面波的电场强度瞬时表达式为：
试求：

$$\boldsymbol{E}=50\pi\cos(\omega t-kz)\ \boldsymbol{e}_x$$

（1）电场强度的复数表达式；

（2）磁场强度的复数表达式；

（3）磁场强度的瞬时表达式；

（4）坡印廷矢量的瞬时表达式。

5. 推导出存在电荷体密度 ρ 和电流密度 $\boldsymbol{J}$ 的无损耗媒质中 $\boldsymbol{H}$ 的波动方程，并写出其复数形式。

6. 一条无损耗传输线路的参数为：$L_0 = 1.3 \times 10^{-6}$ H/m、$C_0 = 8.55 \times 10^{-12}$ F/m，线路长度 $l = 2 \times 10^5$ m，工作频率 $f = 50$ Hz，线路始端所加电压为 $\dot{U}_1 = 120\angle 0°$ kV。计算：（1）线路终端开路时的终端电压 $\dot{U}_2$；（2）线路终端短路时的终端电流 $\dot{I}_2$。

7. 简述静电屏蔽应具有的基本要点，并简述高频磁场的屏蔽原理。

A2　模拟试题二

一、是非题：正确的在（　）中打"√"，错误的在（　）中打"×"（本大题共5小题，每小题2分，总计10分）

1. 设平行板电容器的极板面积为 S，板间距离为 d，介质的介电常数为 ε。若二极板间加电压 U，则作用于每一极板 S 面上的力 $F=-\dfrac{U^2\varepsilon S}{2d^2}$，式中负号表示力的方向与广义坐标 d 增加的方向相反。　答：（　　）

2. 可以证明，当真空中的电荷分布不变时，在场域中引入任何形状的介质，其静电能量都将减少。　答：（　　）

3. 恒定电流场中，介电常数和电导率分别为 ε_1，ε_2，γ_1，γ_2 的两种不同导电媒质交界面上的面电荷密度等于零的条件是 $\varepsilon_1/\varepsilon_2>\gamma_1/\gamma_2$。　答：（　　）

4. 在求解题1-4图（a）中导线所在区域的磁场时，镜像电流如题1-4图（b）所示。
答：（　　）

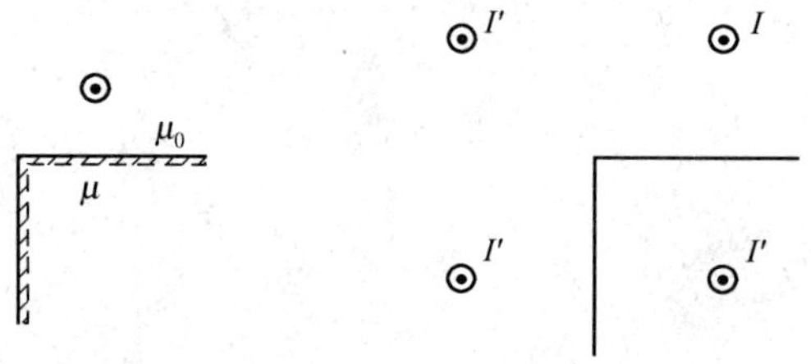

（a）　　（b）

题1-4图

5. 在应用安培环路定律 $Z \cdot dI = I$ 求解场分布时，环路上的磁场强度值是由与环路交链的电流 I 产生的，与其他电流无关。　答：（　　）

二、单项选择题：把正确选项的代号填入（　）中（本大题共 5小题，每小题3分，总计15分）

1. 在平行板电容器中，放入厚度为两电极间距离一半，且与两极板平行，长度相同的介质板（设介质板的相对介电常数为 ε_r），此时平行板电容器的电容

A. 增加到原来电容的2倍

B. 增加到原来电容的 $\dfrac{2\varepsilon_r}{\varepsilon_r+1}$ 倍

C. 不变　答：（　　）

2. 长直同轴圆柱电容器，内外导体单位长度带电荷量分别为 $+\tau$ 与 $-\tau$，内外导体之间充满两种电介质，内层为 ε_1，外层为 ε_2。分界面是以 ρ 为半径的柱面，如题2-2图所示。则两种介质分界面上的电场强度 E 和电通密度（电位移）D 的关系为：

A. $\boldsymbol{E}_1\neq\boldsymbol{E}_2$、$\boldsymbol{D}_1\neq\boldsymbol{D}_2$

B. $\boldsymbol{E}_1=\boldsymbol{E}_2$、$\boldsymbol{D}_1\neq\boldsymbol{D}_2$

C. $\boldsymbol{E}_1 \neq \boldsymbol{E}_2$、$\boldsymbol{D}_1 = \boldsymbol{D}_2$　　答：(　　)

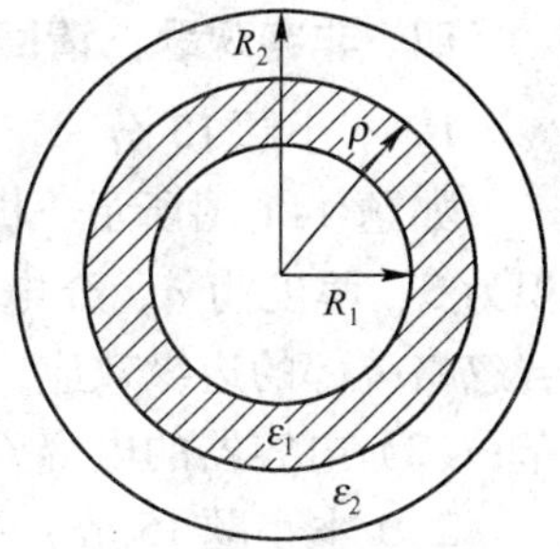

题 2-2 图

3. 下列矢量哪些不可能是磁感应强度 $\boldsymbol{B}$（式中 a 为常数）：

A. $\boldsymbol{F} = ar\,\boldsymbol{e}_r$

B. $\boldsymbol{F} = a\ (x\,\boldsymbol{e}_y - y\,\boldsymbol{e}_x)$

C. $\boldsymbol{F} = a\rho\,\boldsymbol{e}_\varphi$　　答：(　　)

球坐标系

$$\nabla\times\boldsymbol{A} = \frac{1}{r\sin\theta}\left[\frac{\partial}{\partial\theta}\ (A_\Phi\sin\theta)\ - \frac{\partial A_\theta}{\partial\varphi}\right]\boldsymbol{e}_r + \frac{1}{r}\left[\frac{1}{\sin\theta}\frac{\partial A_r}{\partial\varphi} - \frac{\partial}{\partial r}\ (rA_\varphi)\right]\boldsymbol{e}_\theta + \frac{1}{r}\left[\frac{\partial}{\partial r}\ (rA_\theta)\ - \frac{\partial A_r}{\partial\theta}\right]\boldsymbol{e}_\varphi$$

$$\nabla\cdot\boldsymbol{A} = \frac{1}{r^2}\frac{\partial}{\partial r}\ (r^2A_r)\ - \frac{1}{r\sin\theta}\frac{\partial}{\partial\theta}\ (A_\theta\sin\theta)\ + \frac{1}{r\sin\theta}\frac{\partial A_\varphi}{\partial\varphi}$$

柱坐标系

$$\nabla\times\boldsymbol{A} = \left(\frac{1}{\rho}\frac{\partial A_z}{\partial\varphi} - \frac{\partial A_\varphi}{\partial z}\right)\boldsymbol{e}_\rho + \left(\frac{\partial A_\rho}{\partial z} - \frac{\partial A_z}{\partial\rho}\right)\boldsymbol{e}_\varphi + \frac{1}{\rho}\left(\frac{\partial}{\partial\rho}\ (\rho A_\varphi)\ - \frac{\partial A_\rho}{\partial\varphi}\right)\boldsymbol{e}_z$$

$$\nabla\cdot\boldsymbol{A} = \frac{1}{\rho}\frac{\partial}{\partial\rho}\ (\rho A_\rho)\ + \frac{1}{\rho}\frac{\partial A_\varphi}{\partial\varphi} + \frac{\partial A_z}{\partial z}$$

4. 一对平行输电线之间存在着相互作用。若在输电线下方放置一无限大导磁板，则该作用力

A. 增加

B. 减小

C. 不变　　答：(　　)

5. 已知两载流线圈间的互感为 M_1。若在两线圈下方放置一块无限大铁板，则它们之间的互感为 M_2。此时，M_1、M_2 及线圈受力情况为：

A. $M_2 > M_1$，磁场力的方向使线圈靠近铁板

B. $M_2 < M_1$，磁场力的方向使线圈靠近铁板

C. $M_2 > M_1$，磁场力的方向使线圈远离铁板　　答：(　　)

三、填空题：把答案填入题中空格内（本大题共 4 小题，总计 15 分）

1. (本小题 4 分) 静电场中，$\nabla\times\boldsymbol{E}=0$ 说明静电场是________________场；由此可以引出电位函数 φ，它满足 $\boldsymbol{E}=$________________。

2. (本小题 4 分) 真空中两个异号的点电荷 $Q_1 = Q$、$Q_2 = -3Q$，相距为 d，以 Q_1 为原点，Q_1Q_2 的连线为 x 轴，如题 3-2 图所示。在两电荷的连线上电场强度为零的点 $x=$________；而由两电荷产生的电场强度量值相等、方向相同的点 $x=$________。

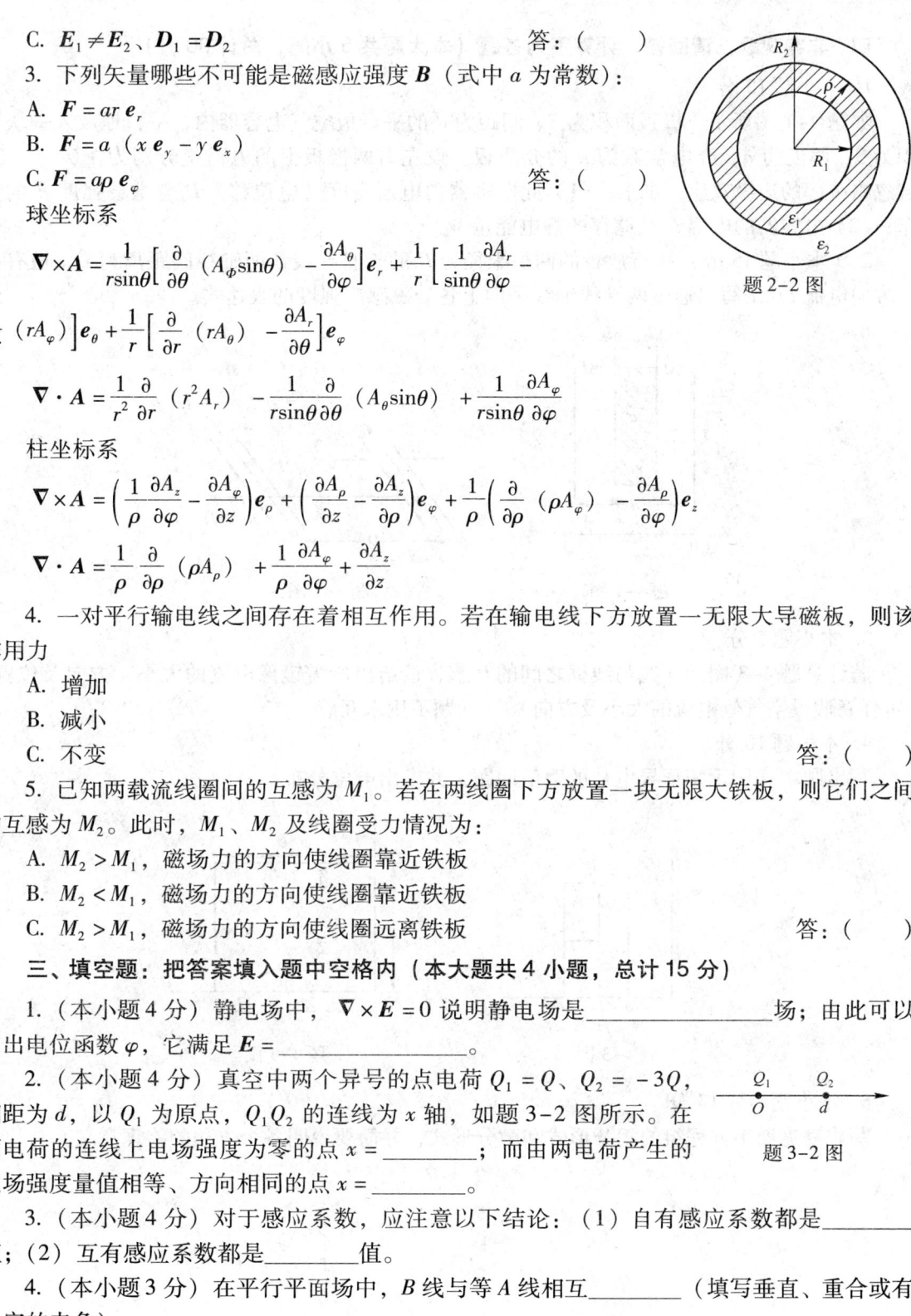

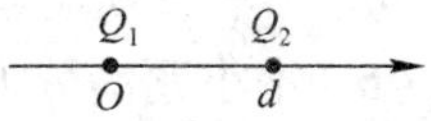

题 3-2 图

3. (本小题 4 分) 对于感应系数，应注意以下结论：(1) 自有感应系数都是________值；(2) 互有感应系数都是________值。

4. (本小题 3 分) 在平行平面场中，B 线与等 A 线相互________（填写垂直、重合或有一定的夹角）。

四、非客观题：请回答、计算下列各题（本大题共 5 小题，总计 60 分）

1. 本小题 15 分

如题 4-1 图所示，极板面积为 S、间距为 d 的平行板空气电容器内，平行地放入一块面积为 S、厚度为 a、介电常数为 ε 的介质板。设左右两极板上的电荷量分别为 $+Q$ 与 $-Q$。若忽略端部的边缘效应，试求：(1) 此电容器内电通密度（电位移）$\boldsymbol{D}$ 与电场强度 $\boldsymbol{E}$ 的分布；(2) 电容器的电容 C 及储存的静电能量 W_e。

2. （本小题 15 分）平行放置的两根半径为 R 的长直导线，两轴线间距离为 D，通有相反方向电流 I，试写出通过两导线轴线平面上各处磁感应强度的表达式。

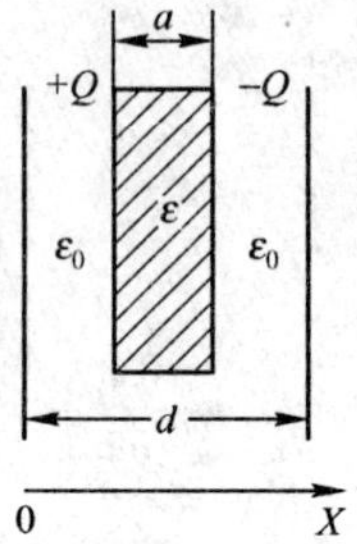

题 4-1 图

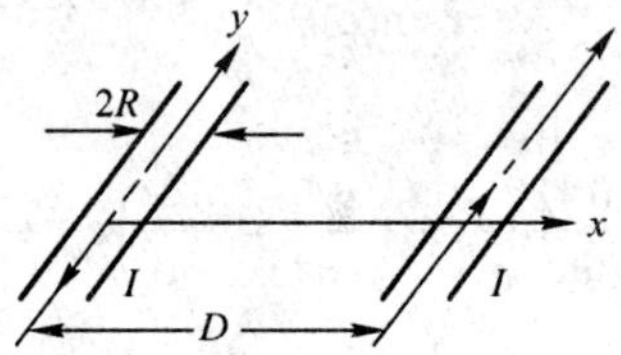

题 4-2 图

3. 本小题 5 分

若计算题 4-3 图示导线与线框之间的互感，请给出所需镜像电流的大小、方向及位置。（可任意假设空气侧电流的大小及方向）。（此题不用求互感）

4. 本小题 10 分

写出题 4-4 图示矩形导电片的边值问题，并求出电位分布。

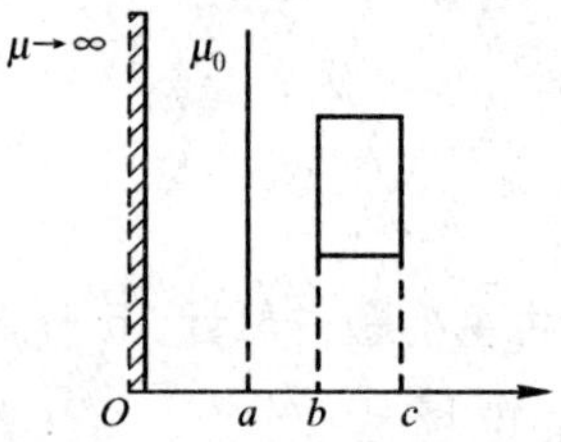

题 4-3 图

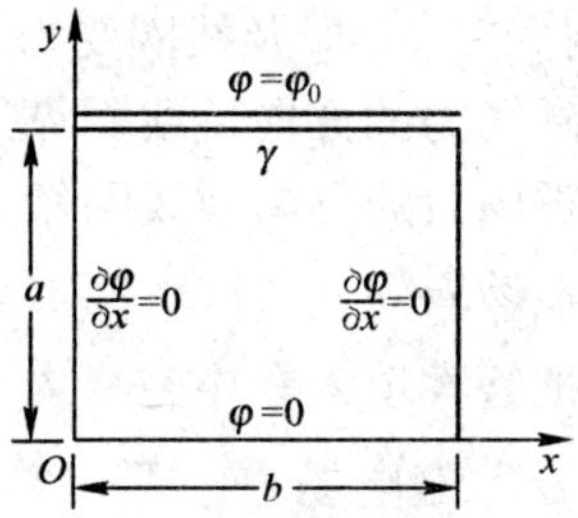

题 4-4 图

5. 本小题满分 15 分

写出麦克斯韦方程组的积分形式和微分形式，并简要说明各个方程的物理意义。

参 考 文 献

[1] 倪光正. 工程电磁场原理. 2 版. 北京：高等教育出版社，2009.

[2] 杨尔滨，杨欢红，刘蓉晖. 工程电磁场基础与应用. 2 版. 北京：中国电力出版社，2009.

[3] 叶齐政，孙敏. 电磁场. 武汉：华中科技大学出版社，2008.

[4] 邱关源，罗先觉. 电路. 5 版. 北京：高等教育出版社，2006.

[5] 冯慈章，马西奎. 工程电磁场导论. 北京：高等教育出版社，2000.

[6] 路宏敏. 电磁场与电磁波基础. 北京：科学出版社，2002.

[7] 宋铮，张建华，唐伟. 电磁场、微波技术与天线. 西安：西安电子科技大学出版社，2011.

[8] 杨克俊. 电磁兼容原理与设计技术. 北京：人民邮电出版社，2011.

[9] 周旭. 电磁兼容基础及工程应用. 北京：中国电力出版社，2010.

[10] 郭银景. 电磁兼容原理及应用教程. 北京：清华大学出版社，2004.